U0389842

《压力容器实用技术丛书》编写委员会

压力容器实用技术丛书

压力容器安全与管理

第二版

The Second Edition

《压力容器实用技术丛书》编写委员会　组织编写

陈长宏　吴恭平　主编

化学工业出版社

·北京·

本书是《压力容器实用技术丛书》之一。本书结合近年来新颁布的许多涉及压力容器的各种行政规章和安全技术规范，对压力容器的安全监察法规体系及压力容器的设计、制造、使用、检验、安装、改造、维修、事故调查处理、节能等方面的管理要求进行了全面介绍；还详细介绍了压力容器的安全评定、失效分析及风险评估、移动式压力容器管理的有关知识。

本书可供从事压力容器安全监察、制造、使用及检验检测的管理人员及工程技术人员参考。

图书在版编目（CIP）数据

压力容器安全与管理/陈长宏，吴恭平主编．—2 版．—北京：化学工业出版社，2015.7

（压力容器实用技术丛书）

ISBN 978-7-122-24369-0

Ⅰ.①压… Ⅱ.①陈…②吴… Ⅲ.①压力容器安全-安全管理 Ⅳ.①TH490.8

中国版本图书馆 CIP 数据核字（2015）第 135684 号

责任编辑：张兴辉 韩亚南　　文字编辑：刘砚哲

责任校对：宋 玮　　装帧设计：王晓宇

出版发行：化学工业出版社（北京市东城区青年湖南街 13 号 邮政编码 100011）

印　　装：北京科印技术咨询服务有限公司数码印刷分部

787mm×1092mm 1/16 印张 25½ 字数 588 千字 2016 年 6 月北京第 2 版第 1 次印刷

购书咨询：010-64518888　　售后服务：010-64518899

网　　址：http：//www.cip.com.cn

凡购买本书，如有缺损质量问题，本社销售中心负责调换。

定　　价：118.00 元

丛书序

随着科学技术的进步和工业生产的发展，特别是国民经济持续稳定的发展，压力容器已经广泛应用于化工、石油化工、冶金、国防等诸多工业领域及人们的日常生活中，且数量在不断增加，高参数大容积的设备也越来越多。这就对压力容器的设计、材料、制造、现场组焊、检验、监督、使用、维护、修理、管理等诸多环节提出了越来越高的要求。压力容器又是一种多学科、跨学科、综合性很强的学科，一台压力容器从参数确定到投入正常使用要通过上述各环节及相关各部门的各类工程技术人员的共同努力才能实现。要使各类工程技术人员和管理使用者全面掌握压力容器的各种知识是非常困难的。《压力容器实用技术丛书》就是从这一客观实际需求出发，将压力容器的各种实用技术做一全面介绍，以满足不同岗位、不同部门的工程技术人员和管理者、使用者对其相关知识，特别是非本职、非本岗位的其他相关知识的了解和掌握，以不断提高我国压力容器的建造和应用水平。

《压力容器实用技术丛书》共分六册，第一册《压力容器设计知识》，第二册《压力容器材料及选用》，第三册《压力容器制造和修理》，第四册《压力容器检验检测》，第五册《压力容器安全与管理》，第六册《压力容器腐蚀控制》，涉及压力容器的全过程和方方面面的知识。这是我国第一套有关压力容器实用技术的丛书，本书为第一版成功发行和使用10年后的第二次出版。邀请了国内多个单位的上百名知名专家和学者参加编审。

《压力容器实用技术丛书》修订的基本原则是与现行法律法规和国家标准统一，符合现行法律法规和压力容器常用标准（主要是《固定式压力容器安全技术监察规程》、GB 150），侧重一些标准之外的新知识、新理念和新的设计思想，公平、公正、科学地反映压力容器的先进技术水平；体现国内最新技术和国外压力容器技术的发展趋势；将国内外技术内容进行对比，以满足国际国内技术交流与合作的需要；突出写些关于在压力容器这方面比较权威的心得体会经验，坚持原创风格。

《压力容器实用技术丛书》重点突出实用性和全面性，对一些压力容器制造和使用现场出现的一些小故障等能提供一些解决方案，突出现场实用性的要求。例如，《压力容器安全与管理》和《压力容器腐蚀控制》突出现场使用、维护、管理、维修等实用性的内容。本丛书遍及压力容器教学、研究、设计、制造、监督、检验、使用等各个方面，反映国内的最新技术内容和研究成果以及国外压力容器技术的发展和趋势。本次修订内容将更全面、更深入，突出查阅和应用的功能，而不仅仅是指导书。

《压力容器实用技术丛书》由甘肃蓝科石化高新装备股份有限公司牵头组织，《压力容器实用技术丛书》编写委员会组织编写，丛书责任主编刘福录。各分册主编为：第一册朱保国，第二册程真喜，第三册王增新，第四册王纪兵，第五册陈长宏、吴恭平，第六册郭志军。雒淑娟负责丛书的文秘工作。

由于本丛书篇幅浩大，编者甚多，各册和各章节内容的协调和取舍等方面难免有不妥之处，而且限于编者的水平，不足之处不可避免，恳请广大读者批评指正。

《压力容器实用技术丛书》编写委员会

前 言

《中华人民共和国特种设备安全法》于2013年6月29日由中华人民共和国第四号主席令公布，于2014年1月1日起实施，这是我国特种设备安全监察一个新的里程碑。《中华人民共和国特种设备安全法》对压力容器等特种设备的安全监察与管理提出了许多新的规定和要求。国家近年来相继颁布了一系列新的安全技术规范，进一步明确和细化了对压力容器等特种设备的安全监察与管理要求，其中涉及压力容器的新安全技术规范主要有：《固定式压力容器安全技术监察规程》、《非金属压力容器安全技术监察规程》、《超高压容器安全技术监察规程》、《简单压力容器安全技术监察规程》、《移动式压力容器安全技术监察规程》、《压力容器使用管理规则》、《压力容器压力管道设计单位资格许可与管理规则》、《压力容器定期检验规则》、《压力容器监督检验规则》等。

2006年1月，化学工业出版社出版了《压力容器实用技术丛书》。近年来，随着压力容器技术的发展和进步，标准和规范大多进行了更新和修订，出版社安排对该套丛书进行修订再版，并将本分册定名为《压力容器安全与管理》。在前一版的基础上，本书进一步突出实用性和全面性，强化了压力容器安全管理、使用、维护、维修等实用性内容，重点介绍了法律、法规和安全技术规范关于压力容器安全与管理的新内容，附了相关的实例和典型案例。

本书共12章，与前一版相比新增加了3章，分别是“压力容器安装、改造、维修监督管理”、“压力容器节能管理”、“移动式压力容器管理”。本书与前一版相比修订或新增的内容：第1章“压力容器安全监察与法规标准体系”，对照《中华人民共和国特种设备安全法》和新颁布的安全技术规范对前一版内容进行了修改，增加了国外法规标准体系的介绍内容。第2章“压力容器设计管理”，按照新法规标准体系在设计管理方面的要求进行了修订。第3章“压力容器制造监督管理”，按照新法规标准体系在制造监督管理方面的要求进行了修订，细化质量管理体系和管理制度内容。第4章“压力容器使用管理”，增加安全装置、紧急异常情况处理、日常维护、安全操作规程和年度检查等内容，突出实用性和全面性，强化安全使用管理的内容，对照新法规标准体系在使用管理方面的要求进行了修订。第5章“压力容器检验管理”，增加了检验机构质量管理体系内审和管理评审及检验方案的内容；增加了RBI检验管理、进口压力容器监督检验管理、小型制冷装置中压力容器、氧舱和非金属压力容器（包括非金属衬里）专项检验要求。第6章“压力容器安装、改造、维修监督管理”，为新增加章节，分许可工作程序、许可条件、安全性能监督检验三方面。第7章“压力容器事故调查与处理”，增加了事故应急救援预案一节，增加了新的典型案例；对照新的法规标准体系在事故管理方面的要求进行了修订。第8章“压力容器节能管理”，为新增加章节，分为压力容器节能概述、节能主要法规、节能途径、节能监管、热交换器性能测试与能效评价五方面的内容。原第7章、第8章、第9章按顺序改为第9章“压力容器安全评定”、第10章“压力容器失效分析”、第11章“压力容器的风险评估”，架构不变，由作者对照新法规标准体系的要求和相关新技术、新方法进行修订、补遗、完善。新增加第12章“移动式压力容器管理”，分为移动式压力容器概述、设计管理、制造管理、使用管理、充装管理、改造与维修管理、检验管理、事故案例八方面的内容。

本书由甘肃省锅炉压力容器检验研究院主持编写。各章节编写人员分别是：第1章张建荣（国家质检总局特种设备安全监察局）、严勇（甘肃省质量技术监督局特种设备安全监察局）、谢铁军（中国特种设备检测研究院）、赵吉鹏（甘肃省锅炉压力容器检验研究院）；第

2章刘福录（甘肃蓝科石化高新装备股份有限公司）；第3章竺国桢、邓红星（宁波市特种设备检测研究院）；第4章吴恭平、张万良、李沧（甘肃省锅炉压力容器检验研究院）、王景晞（北京市特种设备检测中心）、张峥（甘肃蓝科石化高新装备股份有限公司）；第5章曾欣达、梁航（福建省特种设备检测研究院）、姜国锋（中国特种设备检验协会）；第6章叶伟文、陈志刚、汪文锋、周扬飞（广州市特种设备检测研究院）；第7章孙宝财、陈长宏（甘肃省锅炉压力容器检验研究院）、何毅（国家质检总局特种设备安全监察局）、吴旭正（国家质检总局特种设备事故调查处理中心）、严勇；第8章张杰、何颜红（甘肃省锅炉压力容器检验研究院）；第9章贾国栋（国家质检总局特种设备安全监察局）、张巨银（甘肃省锅炉压力容器检验研究院）、孙亮（中国特种设备检验研究院）；第10章郭志军、宋文明、吴学纲、周建军、李永健、王克栋（甘肃蓝科石化高新装备股份有限公司）、何颜红；第11章缪春生、王志成、郭培杰（江苏省特种设备检测研究院）；第12章夏锋社、王晓桥（陕西省锅炉压力容器检验研究中心）。

本书由陈长宏、吴恭平主编，由宋继红、寿比南、谢铁军、李军主审。

本书在编写过程中，得到了国家质检总局特种设备安全监察局的大力支持，得到了中国特种设备检测研究院和中国特种设备检验协会的大力协助，在此一并表示感谢。

本书可供从事压力容器安全监察、设计、制造、使用管理及检验检测的专业人员及工程技术人员参考。由于水平有限，书中难免有疏漏之处，恳请专家和读者批评指正。

编者

目 录

第1章 压力容器安全监察与法规标准体系

CHAPTER 1

1.1 压力容器安全监察概述

1.1.1 压力容器安全监察的概念

压力容器是一种量多面广的设备，广泛用于石油化工行业。工作介质往往是高压、高温、易燃、易爆、有毒的气体或液体，一旦使用不当或容器存在未及时处理的缺陷，就有可能发生爆炸和介质泄漏事故。这些事故不仅危害操作人员的安全，而且还将引发易燃、易爆介质的二次爆炸，有毒介质的扩散会污染环境，对周围居民造成危害，以及引起严重的人身伤亡事故和重大财产损失。

在国外，压力容器等特种设备的安全问题历来受到各国的高度重视，几乎所有的工业国家都将其作为特殊的设备而进行专门的监察管理，由政府部门或技术权威的民间组织来实施监督或管理，并利用法律、行政、经济等手段实施强制的监督管理措施。如美国、日本、德国、英国、意大利等都设有专门的安全监察管理机构，制定出一系列法规、规范、标准，供压力容器的设计、制造、安装、使用、检验、修理及改造等各方面有关人员共同遵守，并监督各方面对规范的执行情况，从而形成了对压力容器等特种设备的安全监察或监督管理体制，目的是把事故发生率控制到最低程度。

我国对压力容器等特种设备实行全过程的安全监察，所谓全过程，即对压力容器从设计、制造、安装、使用、检验、修理、改造直到进出口等全部环节实行安全监察。国家质检总局特种设备安全监察局将特种设备安全监察定义为：安全监察是负责特种设备安全的政府行政机关为实现安全目的而从事的决策、组织、管理、控制和监督检查等活动的总和。对特种设备实行安全监察是国务院赋予质检部门的职责和权利。它区别于工业主管部门、行业组织（总会、联合会）及大企业的安全管理。安全监察活动，是为了公众安全从国家整体利益出发以政府的名义并利用行政权力进行的，不受部门或行业的限制，行为比较超脱、客观。在1963年5月28日，国务院批准劳动部《关于加强各地锅炉和受压容器安全监察机构的报告》中，将政府负责锅炉和压力容器的行政管理工作称为安全监察。1982年2月6日，国务院颁布的《锅炉压力容器安全监察暂行条例》中正式使用了安全监察概念，并使其法制化，在以后的几十年中一直使用至今。2003年2月19日国务院第68次常务会议通过的《特种设备安全监察条例》，更加全面明确地使用了特种设备安全监察这一概念。2013年6月29日中华人民共和国第十二届全国人民代表大会常务委员会第三次会议通过的《中华人民共和国特种设备安全法》（下文简称《特种设备安全法》）对于特种设备的生产（包括设计、制造、安装、改造、修理）、经营、使用、检验、检测和特种设备安全的监督管理同样适用。

1.1.2 压力容器安全监察的作用

压力容器安全监察是一项由政府向社会提供的公共安全服务，安全监察是一种行政强制措施，主要作用如下。

① 压力容器安全监察制定必须普遍遵守的有关压力容器的规则，禁止或限制导致压力容器事故发生的行为，防止以牺牲公众利益为代价，追求经济效益最大化，牺牲压力容器安全指标（社会福利的经济指标之一）。

② 压力容器事故原因可以归结为人的不安全行为和设备（即物）的不安全状态，压力容器安全监察监督企业识别、控制、排除人的不安全行为和设备的不安全状态，发现压力容器处于不安全状态时，限制其使用，防止事故的发生。

③ 事故是可以预防的，利用对事故的认识，采取有效措施，可以把事故降低到可以接受的程度；人的不安全行为和物的不安全状态是导致事故发生的直接原因，事故风险伴随着设备生命周期；企业安全管理水平对人的不安全行为和物的不安全状态产生重大影响，是事故的根本原因；安全监察影响企业安全管理水平，安全监察对国家的压力容器安全水平起到重要的作用。

④ 对压力容器进行安全监察是世界各国通用做法，实践证明它是一种防止压力容器事故的有效方法。

1.1.3 我国压力容器安全监察法律制度特点

（1）预防为主

压力容器安全监察工作要贯彻我国安全生产预防为主的方针，主要体现在如下方面。

① 从生产源头把关：通过行政许可和制造过程监督检验，确保压力容器优生；

② 从使用登记把关：确保压力容器及时纳入安全监察范围，处于有效监管之中；

③ 从定期检验把关：确保压力容器保持良好运行状况；

④ 从人员素质把关：增强压力容器生产、使用、检验、管理等相关人员的适应性；

⑤ 从规范管理把关：促进各项压力容器安全制度和节能制度的完善和实施。

（2）从严管理

我国经济与社会发展仍处于社会主义初级阶段，为了确保压力容器安全，“从严管理”是一种客观需求，在压力容器安全工作中，需要加大工作力度，继续实施较为严格的行政监管措施，主要体现在如下方面。

① 在监管主体上，强化政府部门作为压力容器安全监察主体的职能与责任。

② 在监管环节上，实施了压力容器设计、制造、安装、改造、修理、使用、检验 7 个环节的全过程安全监察。

③ 在监管方式上，确立了压力容器行政许可和监督检查两项基本制度。行政许可制度包括设计许可、制造许可、安装改造维修许可、充装许可、使用登记、检验检测机构核准、检验检测人员考核、作业人员考核 8 类许可；监督检查制度包括强制检验制度、现场监察制度、事故调查处理制度、安全责任追究制度、安全状况公布制度 5 种制度。

（3）统一监管、内外一致、强调效率

统一监管、内外一致、强调效率可总结为“统一高效”的管理原则，该原则主要内容如下：

① 由一个压力容器监督管理职能部门统一监管各类压力容器；

② 对境内、境外相关压力容器安全监督管理事项提出了一致的监管要求；

③ 规定了压力容器行政许可、监督检查等工作的程序、时限和要求，强调效率。

（4）技术机构及科学技术在压力容器安全工作中发挥重要作用

压力容器安全监察法律制度强化了检验检测机构及科学技术在压力容器安全工作中的作用，可总结为强化了“技术支撑”的法定作用，其主要内容如下：

① 赋予了检验检测机构在安全把关中的技术支撑地位，同时规定了相应条件、工作程序及要求；

② 推行科学的管理方法，鼓励采用先进技术，提高压力容器安全质量和管理水平。

（5）压力容器安全法律责任清晰、明确

压力容器安全监察法律制度规定了压力容器安全相关方的法律责任，这可以总结为明确了“各负其责”的管理思想，其主要内容如下：

① 生产、使用单位承担对压力容器安全质量和能效；

② 检验检测机构承担压力容器安全的技术把关责任；

③ 政府安全监督管理部门承担压力容器安全监管责任；

④ 各级政府对压力容器安全实行统一领导，并负责协调、解决压力容器安全工作中的重大问题。

（6）压力容器安全管理与节能管理相结合

实践证明，《特种设备安全监察条例》（2009）所确立的法律制度，与中国经济社会发展的客观情况相适应，具有很强的可操作性，为防止和减少压力容器事故的发生和实现高耗能压力容器的节能目标奠定了坚实的基础。

1.2 压力容器法规标准体系

1.2.1 概述

国家质检总局特种设备安全监察局提出了“以安全技术规范为核心内容的法规标准体系”框架，完善的压力容器法规标准体系现状应该是“法律（A层次)-行政法规（B层次)-部门规章（C层次)-安全技术规范（D层次)-技术标准（E层次)”5个层次。目前，国务院颁布的《特种设备安全监察条例》属于行政法规范畴，2013年6月29日中华人民共和国第十二届全国人民代表大会常务委员会第三次会议通过的《中华人民共和国特种设备安全法》是关于特种设备安全监察的专门法律。

如果仅针对有相应立法权限的地方，压力容器法规标准体系的5个层次中的C层，由地方性法规、自治条例和单行条例、规章组成，其中规章包括国务院部门规章和地方政府规章。

1.2.2 标准体系的A层次——法律

法律由全国人民代表大会和全国人民代表大会常务委员会行使国家立法权。分为全国人民代表大会通过的法律和全国人民代表大会常务委员会通过的法律，法律均由国家主席签署主席令予以公布。

1.2.2.1 相关法律

现行法律中涉及压力容器安全和压力容器安全监察工作的主要有：《中华人民共和国特种设备安全法》；《中华人民共和国安全生产法》；《中华人民共和国节约能源法》；《中华人民共和国石油天然气管道保护法》；《中华人民共和国进出口商品检验法》；《中华人民共和国突发事件应对法》；《中华人民共和国建筑法》；《中华人民共和国行政许可法》；《中华人民共和国劳动法》；《中华人民共和国产品质量法》。

1.2.2.2 《中华人民共和国特种设备安全法》

（1）特点

① 法律条文具体明确，有很强的可执行性。

② 妥善处理法律的稳定性和实践的变动性的关系，为改革预留了空间。

③ 认真总结实践经验，妥善处理条例的既有规定与制定法律的关系。

(2) 主要内容

① 调整范围。特种设备的种类有锅炉、压力容器（含气瓶）、压力管道、电梯、起重机械、客运索道、大型游乐设施、场（厂）内专用机动车辆八大类；本法贯穿了特种设备设计、制造、安装、维修、保养一直到报废的全过程，还增加了销售、租赁环节使之更加完整；采取了目录管理；监管的范围是特种设备的安全管理和节能监管工作相结合。

② 工作原则。“安全第一、预防为主、节能环保、综合治理”。另外还有两个原则对管理工作更为重要的原则，一是分类监管的原则，二是重点监管的原则。这两个原则的确定对特种设备安全监察管理改革是方向性的、战略性的、根本性的。充分体现了对八大类特种设备的分类监管，这是该法的原则和灵魂。

③ 特种设备安全监管工作的体制。“三位一体”的工作监管模式和体制，主要主体是三大块，即企业主体、政府监管、社会齐抓共管。这个体制的描述和思想比条例高出一个层级，是一大进步。条例更重要的是一部行政的法规，更强调的是行政部门对安全的监察，而《特种设备安全法》强化了企业的主体责任和社会监督。

④ 明确了企业安全主体责任。该部法律对特种设备生产、经营、使用单位的安全义务和要求做了详细规定，强化了企业的主体责任。一是明确生产、经营、使用单位及其主要负责人对特种设备安全负责，对其生产、经营、使用的特种设备负有质量保证、安全管理、自行检测和维护保养等义务，对国家规定实行检验的特种设备应当及时申报并接受检验。二是建立特种设备的“身份证”制度，确保特种设备“从生到死”整个生命周期都有相应的安全信息记录，产品质量责任和使用管理责任可以追溯。三是规定对存在严重事故隐患的特种设备实行报废制度，对达到设计使用年限的特种设备的继续使用作出规定。四是对电梯、客运索道、大型游乐设施的使用管理和维护保养作出特别规定。

⑤ 确立检验、检测制度。检验、检测专门设立了一章，其内容共分为两大类，一类是企业自检，另一类是政府监检，政府又分为监检和定检。特种设备安全工作需要依托特种设备检验、检测机构的技术支撑。同时，对特种设备检验、检测机构及其人员的执业要求作出统一规定。一是特种设备检验、检测机构经核准，检验、检测机构的检验、检测人员经考核取得资格后，方可从事检验、检测工作。二是明确检验、检测机构及其人员的执业要求和职业道德。三是规定检验、检测机构及其人员对检验、检测结果和鉴定结论负责。四是要求特种设备生产、经营、使用单位配合检验、检测工作，提供必要资料和条件。

⑥ 完善政府监督管理。政府部门对特种设备的安全负有监管职责，依法督促相关责任主体认真落实法律规定的各项义务和要求，依法查处违法行为，纠正“违章”。本法对政府负责特种设备安全监督管理部门的工作职责、权限义务、程序等做了具体规定。

⑦ 突出社会监督。本法有针对性地对社会监督、公众安全和自我保护等问题做了规定。一是社会公众有权举报涉及特种设备安全的违法行为。二是负责人在省内安全监督管理的部门应当定期向社会公布特种设备安全总体情况，组织对检验、检测结果和鉴定结论进行监督抽查。三是国家鼓励投保特种设备安全责任保险，发挥保险公司对特种设备安全的督促作用。四是负责特种设备安全监督管理的部门应当加强特种设备安全宣传教育，增强公众安全意识。五是社会公众乘坐或者操作电梯、客运索道、大型游乐设施，应当遵守安全要求，服从管理和指挥。

⑧ 对特种设备的使用实行了使用登记制度。实行特种设备使用登记制度，是安全监督管理制度的一项重要措施，这有利于对特种设备的管理和监督。

⑨ 设立了召回制度。召回制度主要共性是对批量生产的特种设备，由于设计制造的原

因，在使用过程中发现不合理的危险。对批量生产的特种设备实施召回制度，为此还要进一步细化完善这项制度。特种设备涉及人身和财产安全，具有危险性和潜在危害性，在生产过程中有可能留下缺陷，埋下事故隐患，一旦发现就需要立即消除。召回制度一般用于针对批量产品或者具有同一性质缺陷的产品，这些基本要求同样适用于特种设备。

除以上所述方面，此法还涉及企业内部管理自律要求、实施重点场所设备安全监督检查、定期公布特种设备安全总体状况、事故应急救援与调查处理、民事赔偿与安全责任保险等制度规定和监管要求。

1.2.3　法规标准体系的 B 层次——行政法规

行政法规主要指国务院颁布的条例及省、自治区、直辖市人大通过的条例、法规性文件、地方性法规等。行政法规不得同宪法相抵触。行政法规的效力高于地方性法规、部门规章和地方政府规章。

现行行政法规中，与压力容器有关的行政法规主要有：

①《特种设备安全监察条例》（中华人民共和国国务院令第 373 号 2003 年 3 月 11 日，第 549 号 2009 年 1 月 24 日修订，下文简称《条例》）；

②《国务院对确需保留的行政许可审批项目设定行政许可的决定》（中华人民共和国国务院第 412 号令　2004 年 6 月 29 日）；

③《生产安全事故报告和调查处理条例》（中华人民共和国国务院第 493 号令 2007 年 4 月 9 日）；

④《危险化学品安全管理条例》（中华人民共和国国务院令第 344 号　2002 年 1 月 9 日，第 591 号 2011 年 3 月 2 日修订）；

⑤《国务院关于特大安全事故行政责任追究的规定》（中华人民共和国国务院令第 302 号 2001 年 4 月 21 日）；

⑥《建设工程安全生产管理条例》（中华人民共和国国务院令　第 39 号 2003 年 11 月 12 日）；

⑦《安全生产许可条例》（中华人民共和国国务院令第 397 号　2004 年 1 月 13 日）；

⑧《民用核设施安全管理条例》（中华人民共和国国务院令第 500 号　1986 年 10 月 29 日）；

⑨《国家突发公共事件总体应急预案》（国务院 2006 年 1 月 8 日发布）；

⑩《国家安全生产事故灾难应急预案》（国务院 2006 年 1 月 22 日发布）。

1.2.4　法规标准体系的 C 层次——地方性法规、自治条例、单行条例、规章

此处仅对地方性法规和规章进行简介。

(1) 地方性法规

省、自治区、直辖市的人民代表大会及其常务委员会根据本行政区域的具体情况和实际需要，在不同宪法、法律、行政法规相抵触的前提下，可以制定地方性法规。较大的市的人民代表大会及其常务委员会根据本市的具体情况和实际需要，在不同宪法、法律、行政法规和本省、自治区的地方性法规相抵触的前提下，可以制定地方性法规，报省、自治区的人民代表大会常务委员会批准后施行。地方性法规可以就为执行法律、行政法规的规定，需要根据本行政区域的实际情况作具体规定的事项；属于地方性事务需要制定地方性法规的事项作出规定。经济特区所在地的省、市的人民代表大会及其常务委员会根据全国人民代表大会的授权决定，制定法规，在经济特区范围内实施。比如，《江苏省特种设备安全监察条例》（2002 年 12 月 17 日通过）、《淄博市承压设备安全监察条例》、深圳市《深圳经济特区锅炉

压力容器压力管道质量监督与安全监察条例》（2002 年 6 月 26 日深圳市第三届人民代表大会常务委员会第十六次会议通过）等。

（2）部门规章

国务院各部、委员会、中国人民银行、审计署和具有行政管理职能的直属机构，可以根据法律和国务院的行政法规、决定、命令，在本部门的权限范围内，制定规章。国家质检总局是国务院具有行政管理职能的国务院直属机构，可以根据法律和国务院有关特种设备的行政法规、决定、命令，在本部门的权限范围内，制定部门规章。部门规章规定的事项应当属于执行法律或者国务院的行政法规、决定、命令的事项。涉及两个以上国务院部门职权范围的事项，应当提请国务院制定行政法规或者由国务院有关部门联合制定规章。部门规章应当经部务会议或者委员会会议决定。部门规章由部门首长签署命令予以公布。目前与压力容器有关的“部门规章”主要有：

①《锅炉压力容器压力管道特种设备事故处理规定》（2001 年 9 月 17 日国家质量监督检验检疫总局令第 2 号发布）；

②《锅炉压力容器压力管道特种设备安全监察行政处罚规定》（2001 年 12 月 29 日国家质量监督检验检疫总局令第 14 号发布）；

③《锅炉压力容器制造监督管理办法》（2002 年 7 月 12 日国家质量监督检验检疫总局令第 22 号发布）；

④《气瓶安全监察规定》（2003 年 4 月 24 日国家质量监督检验检疫总局令第 46 号发布）；

⑤《特种设备作业人员监督管理办法》（2005 年 1 月 10 日国家质量监督检验检疫总局令第 70 号发布）。

1.2.5 法规标准体系的 D 层次——安全技术规范

特种设备安全技术规范是指《条例》所规定的、国务院特种设备安全监督管理部门制定并公布的安全技术规范。包括规定强制执行的特种设备安全性能和相应的设计、制造、安装、修理、改造、使用管理规定和检验检测方法，以及许可、考核条件、程序的一系列规范性文件，包括有关的管理规则、核准规则、考核规则及程序规定和有关的安全技术监察规程、技术检验规则、审查评定细则、人员考核大纲等。这部分内容是监察制度的具体操作性文件，因此，是法规标准体系中的主要内容，体现了监察制度的具体实施方式。目前已有《特种设备检验检测机构核准规则》、《压力容器定期检验规则》、《固定式压力容器安全技术监察规程》等特种设备安全技术规范 130 余项。在国家质检总局特种设备安全监察局的立法规划中，将基本完成特种设备安全技术规范（150 项左右）体系的建设。随着形势的发展，今后各类设备的安全技术规范将形成一个大规范（法典），目前的各技术规范将成为大规范中的一个章或节。包括综合管理类规范在内，安全技术规范的最终目标是形成约 20 个大规范（法典），目前已经开始试点起草（氧舱）。

根据质检总局公布的特种设备目录，安全技术规范分为综合、锅炉、压力容器、压力管道（及元件）、电梯、起重机械、游乐设施、客运索道、场（厂）内机动车辆九大类。综合类规范以安全监察管理内容为主，并将适用于各类设备的综合性规范划入其中；其他各类设备规范以该类设备的全过程基本安全要求为主，包括管理要求和技术要求。

特种设备安全技术规范体系的特点是在单位（机构）、人员、设备、方法等方面体现管理和技术要求的全方位；在设计、制造、安装、改造维修、使用、检验、监察等环节体现管理和技术要求的全过程；在锅炉、压力容器、压力管道等设备上体现管理和技术要求的全覆盖。

在《条例》颁布后，国家质检总局特种设备安全监察局对特种设备的立法工作进行了改革，按条例的要求，开始特种设备安全技术规范（代号TSG）的制修订工作，2004年至今，以TSG形式颁布的特种设备安全技术规范94个，其中综合部分在用有效14个，压力容器气瓶氧舱在用有效20个，详见表1-1。

表1-1　已颁布的TSG特种设备安全技术规范（综合及压力容器气瓶氧舱部分）

序号	种类	安全技术规范名称
1	综合	TSG Z0001—2009 特种设备安全技术规范制定程序导则
2		TSG Z0002—2009 特种设备信息化工作管理规则
3		TSG Z0003—2005 特种设备鉴定评审人员考核大纲
4		TSG Z0004—2007 特种设备制造、安装、改造、维修质量保证体系基本要求
5		TSG Z0005—2007 特种设备制造、安装、改造、维修许可鉴定评审细则
6		TSG Z0006—2009 特种设备事故调查处理导则
7		TSG Z6001—2005 特种设备作业人员考核规则
8		TSG Z6002—2010 特种设备焊接操作人员考核细则
9		TSG Z7001—2004 特种设备检验检测机构核准规则 2007年第1号修改单、2009年第2号修改单、2010年第3号修改单
10		TSG Z7002—2004 特种设备检验检测机构鉴定评审细则 2010年第1号修改单
11		TSG Z7003—2004 特种设备检验检测机构质量管理体系要求
12		TSG Z7004—2011 特种设备型式试验机构核准规则
13		TSG ZC001—2009 锅炉压力容器专用钢板(带)制造许可规则
14		TSG ZF003—2011 爆破片装置安全技术监察规程
15	压力容器气瓶氧舱	TSG R0001—2004 非金属压力容器安全技术监察规程
16		TSG R0002—2005 超高压容器安全技术监察规程
17		TSG R0003—2007 简单压力容器安全技术监察规程
18		TSG R0004—2009 固定式压力容器安全技术监察规程 2010年第1号修改单
19		TSG R0005—2011 移动式压力容器安全技术监察规程
20		TSG R1001—2008 压力容器压力管道设计许可规则
21		TSG R3001—2006 压力容器安装改造维修许可规则
22		TSG R4002—2011 移动式压力容器充装许可规则
23		TSG R6001—2011 压力容器安全管理人员和操作人员考核大纲
24		TSG R6003—2006 压力容器压力管道带压密封作业人员考核大纲
25		TSG R7001—2004 压力容器定期检验规则 2005年第1号修改单、2006年第2号修改单、2008年第3号修改单
26		TSG R0009—2009 车用气瓶安全技术监察规程
27		TSG R1003—2006 气瓶设计文件鉴定规则
28		TSG R4001—2006 气瓶充装许可规则
29		TSG R5001—2005 气瓶使用登记管理规则

续表

序号	种类	安全技术规范名称
30	压力容器 气瓶氧舱	TSG R6002—2006 医用氧舱维护管理人员考核大纲
31		TSG R6004—2006 气瓶充装人员考核大纲
32		TSG RF001—2009 气瓶附件安全技术监察规程
33		TSG R7002—2009 气瓶型式试验规则
34		TSG R7003—2011 气瓶制造监督检验规则

除上述特种设备安全技术规范（TSG）外，2004 年以前制定，目前仍然有效的特种设备规范性文件见表 1-2。

表 1-2　目前有效的特种设备规范性文件

序号	种类	规范性文件名称(安全技术规范)
1	压力容器、 气瓶、氧舱	锅炉压力容器检验单位监督考核办法
2		锅炉压力容器压力管道及特种设备检验人员资格考核规则
3		特种设备无损检测人员考核与监督管理规则
4		锅炉压力容器制造许可条件
5		锅炉压力容器制造许可工作程序
6		锅炉压力容器使用登记管理办法
7		锅炉压力容器产品安全性能监督检验规则
8		医用氧舱安全管理规定
等等		

1.2.6 法规标准体系的 E 层次——技术标准

(1) 标准的分类

我国的标准分为国家标准、行业标准、地方标准和企业标准。

国家标准是对需要在全国范围内统一的技术要求制定的标准，国家标准由国务院标准化行政主管部门制定。

行业标准是对没有国家标准而又需要在全国某个行业范围内统一的技术要求所制定的标准。行业标准不得与有关国家标准相抵触。有关行业标准之间应保持协调、统一，不得重复。行业标准在相应的国家标准实施后，即行废止。

对没有国家标准和行政标准而又需要在省、自治区、直辖市范围内统一的工业产品的安全、卫生要求，可以制定地方标准。地方标准由省、自治区、直辖市标准化行政主管部门制定，并报国务院标准化行政主管部门和国务院有关行政主管部门备案，在公布国家标准或者行业标准之后，该项地方标准即行废止。

企业生产的产品没有国家标准和行业标准的，应当制定企业标准，作为组织生产的依据。企业的产品标准须报当地政府标准化行政主管部门和有关行政主管部门备案。已有国家标准或者行业标准的，国家鼓励企业制定严于国家标准或者行业标准的企业标准，在企业内部适用。

国际标准是指国际标准化组织（ISO）和国际电工委员会（IEC）所制定的标准，以及国际标准化组织的确认并列入《国际标准题内关键词索引》中的其他 27 个国际组织，如国际计量局（BIPM）、国际电器设备合格认证委员会（CEE）等组织制定的标准。《中华人民共和国标准化法》第四条规定，国家鼓励积极采用国际标准。

在标准化工作中，有时还用到国外先进标准的概念。国外先进标准是指国际上有权威的区域标准，如欧洲标准化委员会标准（CEN），世界上通行的团体标准，如英国劳氏船级社规范（LR）、美国材料试验协会标准（ASTM）、美国机械工程师协会标准（ASME）等和工业发达国家如美国（ANSI）、英国（BS）、法国（NF）、日本（JIS）、德国（DIN）等国家的国家标准。

国外的标准都是自愿采用的，只有法律、法规规定强制执行的标准才具有强制性。

（2）强制性标准和推荐性标准

我国的国家标准、行业标准分为强制性标准和推荐性标准，也有一份标准中分列强制性条款和推荐性条款的情况。保障人体健康，人身、财产安全的标准和法律、行政法规规定强制执行的标准是强制性标准，其他标准是推荐性标准。省、自治区、直辖市标准化行政主管部门制定的工业产品的安全、卫生要求的地方标准，在本行政区域内是强制性标准。强制性标准必须执行。不符合强制性标准的产品，禁止生产、销售和进口。推荐性标准，国家鼓励企业自愿采用。

（3）国家标准和行业标准的分类代号

国家标准的代号是GB。推荐性的国家标准代号为GB/T，强制性的国家标准代号直接用GB。我国现有几十类行业标准，与特种设备相关的常用行业标准的类别、代号如：NB（能源）、轻工（QB）、纺织（FZ）、医药（YY）、黑色冶金（YB）、有色冶金（YS）、石油天然气（SY）、化工（HG）、石油化工（SH）、建材（JC）、机械（JB）、船舶（CB）、核工业（EJ）、铁路运输（TB）、交通（JT）、劳动和劳动安全（LD）、电子（SJ）、电力（DL）、商检（SN）、环境保护（HJ）、城镇建设（CJ）、建筑工业（JG）、公共安全（GA）。推荐性的行业标准的代号表示方法也是在分类代号后加“/T”，如“HG/T”，而强制性的行业标准直接使用代号，如“YB”。

（4）压力容器常用技术标准

指安全技术规范引用的有关国家及行业标准。部分压力容器国家和行业标准见表1-3、表1-4。

表1-3 部分压力容器国家标准

序号	标准号	中文标准名称
1	GB 150.1—2011	压力容器 第1部分:通用要求
2	GB 150.2—2011	压力容器 第2部分:材料
3	GB 150.3—2011	压力容器 第3部分:设计
4	GB 150.4—2011	压力容器 第4部分:制造、检验和验收
5	GB 151—1999	管壳式换热器
6	GB 567.1—2012	爆破片安全装置 第1部分:基本要求
7	GB 567.2—2012	爆破片安全装置 第2部分:应用、选择与安装
8	GB 567.3—2012	爆破片安全装置 第3部分:分类及安装尺寸
9	GB 567.4—2012	爆破片安全装置 第4部分:型式试验
10	GB/T 5458—2012	液氮生物容器
11	GB/T 9019—2001	压力容器公称直径
12	GB/T 10478—2006	液化气体铁道罐车
13	GB/T 12130—2005	医用空气加压氧舱

续表

序号	标准号	中文标准名称
14	GB 12337—2014	钢制球形储罐
15	GB/T 14174—2012	大口径液氮容器
16	GB/T 14566.1—2011	爆破片型式与参数 第1部分:正拱形爆破片
17	GB/T 14566.2—2011	爆破片型式与参数 第2部分:反拱形爆破片
18	GB/T 14566.3—2011	爆破片型式与参数 第3部分:平板形爆破片
19	GB/T 14566.4—2011	爆破片型式与参数 第4部分:石墨爆破片
20	GB 16749—1997	压力容器波形膨胀节
21	GB/T 16774—2012	自增压式液氮容器
22	GB/T 17261—2011	钢制球形储罐型式与基本参数
23	GB/T 18182—2012	金属压力容器声发射检测及结果评价方法
24	GB/T 18300—2011	自动控制钠离子交换器技术条件
25	GB/T 18442.1—2011	固定式真空绝热深冷压力容器 第1部分:总则
26	GB/T 18442.2—2011	固定式真空绝热深冷压力容器 第2部分:材料
27	GB/T 18442.3—2011	固定式真空绝热深冷压力容器 第3部分:设计
28	GB/T 18442.4—2011	固定式真空绝热深冷压力容器 第4部分:制造
29	GB/T 18442.5—2011	固定式真空绝热深冷压力容器 第5部分:检验与试验
30	GB/T 18442.6—2011	固定式真空绝热深冷压力容器 第6部分:安全防护
31	GB/T 18443.1—2010	真空绝热深冷设备性能试验方法 第1部分:基本要求
32	GB/T 18443.2—2010	真空绝热深冷设备性能试验方法 第2部分:真空度测量
33	GB/T 18443.3—2010	真空绝热深冷设备性能试验方法 第3部分:漏率测量
34	GB/T 18443.4—2010	真空绝热深冷设备性能试验方法 第4部分:漏放气速率测量
35	GB/T 18443.5—2010	真空绝热深冷设备性能试验方法 第5部分:静态蒸发率测量
36	GB/T 18443.6—2010	真空绝热深冷设备性能试验方法 第6部分:漏热量测量
37	GB/T 18443.7—2010	真空绝热深冷设备性能试验方法 第7部分:维持时间测量
38	GB/T 18443.8—2010	真空绝热深冷设备性能试验方法 第8部分:容积测量
39	GB 18564.1—2006	道路运输液体危险货物罐式车辆 第1部分:金属常压罐体技术要求
40	GB 18564.2—2008	道路运输液体危险货物罐式车辆 第2部分:非金属常压罐体技术要求
41	GB/T 19284—2003	医用氧气加压舱
42	GB/T 19293—2003	对接焊缝X射线实时成像检测法
43	GB/T 19624—2004	在用含缺陷压力容器安全评定
44	GB/T 19904—2005	医用氧舱用电化学式测氧仪
45	GB/T 19905—2005	液化气体运输车
46	GB/T 20663—2006	囊式蓄能用压力容器
47	GB/T 21432—2008	石墨制压力容器
48	GB/T 21433—2008	不锈钢压力容器晶间腐蚀敏感性检验

续表

序号	标准号	中文标准名称
49	GB/T 25197—2010	静置常压焊接热塑性塑料储罐(槽)
50	GB/T 25198—2010	压力容器封头
51	GB/T 26610.1—2011	承压设备系统基于风险的检验实施导则 第1部分:基本要求和实施程序
52	GB/T 26610.2—2014	承压设备系统基于风险的检验实施导则 第2部分:基于风险的检验策略
53	GB/T 26610.3—2014	承压设备系统基于风险的检验实施导则 第3部分:风险的定性分析方法
54	GB/T 26610.4—2014	承压设备系统基于风险的检验实施导则 第4部分:失效可能性定量分析方法
55	GB/T 26610.5—2014	承压设备系统基于风险的检验实施导则 第5部分:失效后果定量分析方法
56	GB/T 26466—2011	固定式高压储氢用钢带错绕式容器
57	GB/T 26467—2011	承压设备带压密封技术规范
58	GB/T 26468—2011	承压设备带压密封夹具设计规范
59	GB/T 26556—2011	承压设备带压密封剂技术条件
60	GB/T 26929—2011	压力容器术语
61	GB/T 27513—2011	载人低压舱
62	GB/T 27698.1—2011	热交换器及传热元件性能测试方法 第1部分:通用要求
63	GB/T 27698.2—2011	热交换器及传热元件性能测试方法 第2部分:管壳式热交换器
64	GB/T 27698.3—2011	热交换器及传热元件性能测试方法 第3部分:板式热交换器
65	GB/T 27698.4—2011	热交换器及传热元件性能测试方法 第4部分:螺旋板式热交换器
66	GB/T 27698.5—2011	热交换器及传热元件性能测试方法 第5部分:管壳式热交换器用换热管
67	GB/T 27698.6—2011	热交换器及传热元件性能测试方法 第6部分:空冷器用翅片管
68	GB/T 27698.7—2011	热交换器及传热元件性能测试方法 第7部分:空冷器噪声测定
69	GB/T 27698.8—2011	热交换器及传热元件性能测试方法 第8部分:热交换器工业标定
70	GB/T 28266—2012	承压设备无损检测 射线胶片数字化系统的鉴定方法
71	GB/T 28712.1—2012	热交换器型式与基本参数 第1部分:浮头式热交换器
72	GB/T 28712.2—2012	热交换器型式与基本参数 第2部分:固定管板式热交换器
73	GB/T 28712.3—2012	热交换器型式与基本参数 第3部分:U形管式热交换器
74	GB/T 28712.4—2012	热交换器型式与基本参数 第4部分:立式热虹吸式重沸器
75	GB/T 28712.5—2012	热交换器型式与基本参数 第5部分:螺旋板式热交换器
76	GB/T 28712.6—2012	热交换器型式与基本参数 第6部分:空冷式热交换器
77	GB/T 28713.1—2012	管壳式热交换器用强化传热元件 第1部分:螺纹管

续表

序号	标准号	中文标准名称
78	GB/T 28713.2—2012	管壳式热交换器用强化传热元件 第2部分:不锈钢波纹管
79	GB/T 28713.3—2012	管壳式热交换器用强化传热元件 第3部分:波节管
80	GB/T 29459.1—2012	在役承压设备金属材料小冲杆试验方法 第1部分:总则
81	GB/T 29459.2—2012	在役承压设备金属材料小冲杆试验方法 第2部分:室温下拉伸性能的试验方法
82	GB/T 29463.1—2012	管壳式热交换器用垫片 第1部分:金属包垫片
83	GB/T 29463.2—2012	管壳式热交换器用垫片 第2部分:缠绕式垫片
84	GB/T 29463.3—2012	管壳式热交换器用垫片 第3部分:非金属软垫片
85	GB/T 29464—2012	两相流喷射式热交换器
86	GB/T 29465—2012	浮头式热交换器用外头盖侧法兰
87	GB/T 29466—2012	板式热交换器机组
88	GB/T 30578—2014	常压储罐基于风险的检验及评价
89	GB/T 30579—2014	承压设备损伤模式识别
90	GB/T 30583—2014	承压设备焊后热处理规程

表1-4 部分压力容器行业标准

序号	标准号	标准名称
1	NB/T 47001—2009	钢制液化石油气卧式储罐型式与基本参数
2	NB/T 47002.1—2009	压力容器用爆炸焊接复合板 第1部分:不锈钢-钢复合板
3	NB/T 47002.2—2009	压力容器用爆炸焊接复合板 第2部分:镍-钢复合板
4	NB/T 47002.3—2009	压力容器用爆炸焊接复合板 第3部分:钛-钢复合板
5	NB/T 47002.4—2009	压力容器用爆炸焊接复合板 第4部分:铜-钢复合板
6	NB/T 47003.1—2009(JB/T 4735.1)	钢制焊接常压容器
7	NB/T 47003.2—2009(JB/T 4735.2)	固体料仓
8	NB/T 47004—2009(JB/T 4752)	板式热交换器
9	NB/T 47005—2009(JB/T 4753)	板式蒸发装置
10	NB/T 47006—2009(JB/T 4757)	铝制板翅式热交换器
11	NB/T 47007—2010(JB/T 4758)	空冷式热交换器
12	NB/T 47008—2010(JB/T 4726)	承压设备用碳素钢和合金钢锻件
13	NB/T 47009—2010(JB/T 4727)	低温承压设备用低合金钢锻件
14	NB/T 47010—2010(JB/T 4728)	承压设备用不锈钢和耐热钢锻件
15	NB/T 47011—2010	锆制压力容器
16	NB/T 47012—2010	制冷装置用压力容器
17	NB/T 47013.7—2012(JB/T 4730.7)	承压设备无损检测 第7部分:目视检测
18	NB/T 47013.8—2012(JB/T 4730.8)	承压设备无损检测 第8部分:泄漏检测
19	NB/T 47013.9—2012(JB/T 4730.9)	承压设备无损检测 第9部分:声发射检测
20	NB/T 47013.10—2010	承压设备无损检测 第10部分:衍射时差法超声检测
21	NB/T 47014—2011	承压设备焊接工艺评定

续表

序号	标准号	标准名称
22	NB/T 47015—2011	压力容器焊接规程
23	NB/T 47016—2011	承压设备产品焊接试件的力学性能检验
24	NB/T 47017—2011	压力容器视镜
25	NB/T 47018.1—2011	承压设备用焊接材料订货技术条件 第1部分:采购通则
26	NB/T 47018.2—2011	承压设备用焊接材料订货技术条件 第2部分:钢焊条
27	NB/T 47018.3—2011	承压设备用焊接材料订货技术条件 第3部分:气体保护电弧焊钢焊丝和填充丝
28	NB/T 47018.4—2011	承压设备用焊接材料订货技术条件 第4部分:埋弧焊钢焊丝和焊剂
29	NB/T 47018.5—2011	承压设备用焊接材料订货技术条件 第5部分:堆焊用不锈钢焊带和焊剂
30	NB/T 47018.6—2011	承压设备用焊接材料订货技术条件 第6部分:铝及铝合金焊丝和填充丝
31	NB/T 47018.7—2011	承压设备用焊接材料订货技术条件 第7部分:钛及钛合金焊丝和填充丝
32	NB/T 47019.1—2011	锅炉、热交换器用管订货技术条件 第1部分:通则
33	NB/T 47019.2—2011	锅炉、热交换器用管订货技术条件 第2部分:规定室温性能的非合金钢和合金钢
34	NB/T 47019.3—2011	锅炉、热交换器用管订货技术条件 第3部分:规定高温性能的非合金钢和合金钢
35	NB/T 47019.4—2011	锅炉、热交换器用管订货技术条件 第4部分:低温用低合金钢
36	NB/T 47019.5—2011	锅炉、热交换器用管订货技术条件 第5部分:不锈钢
37	NB/T 47019.6—2011	锅炉、热交换器用管订货技术条件 第6部分:铁素体/奥氏体型双相不锈钢
38	NB/T 47019.7—2011	锅炉、热交换器用管订货技术条件 第7部分:有色金属铜和铜合金
39	NB/T 47019.8—2011	锅炉、热交换器用管订货技术条件 第8部分:有色金属钛和钛合金
40	NB/T 47020—2012(JB/T 4700)	压力容器法兰分类与技术条件
41	NB/T 47021—2012(JB/T 4701)	甲型平焊法兰
42	NB/T 47022—2012(JB/T 4702)	乙型平焊法兰
43	NB/T 47023—2012(JB/T 4703)	长颈对焊法兰
44	NB/T 47024—2012(JB/T 4704)	非金属软垫片
45	NB/T 47025—2012(JB/T 4705)	缠绕垫片
46	NB/T 47026—2012(JB/T 4706)	金属包垫片
47	NB/T 47027—2012(JB/T 4707)	压力容器法兰用紧固件
48	NB/T 47028—2012(JB/T 4708)	压力容器用镍及镍合金锻件
49	NB/T 47029—2012(JB/T 4709)	压力容器用铝及铝合金锻件
50	NB/T 47033—2013	减温减压装置

续表

序号	标准号	标准名称
51	NB/T 47036—2013	制冷装置用小型压力容器
52	NB/T 47038—2013	恒力弹簧支吊架
53	NB/T 47039—2013	可变弹簧支吊架
54	NB/T 47041—2014	塔式容器
55	NB/T 47042—2014	卧式容器
56	JB/T 4711—2003	压力容器涂敷与运输包装
57	JB/T 4712.1—2007	容器支座　第 1 部分:鞍式支座
58	JB/T 4712.2—2007	容器支座　第 2 部分:腿式支座
59	JB/T 4712.3—2007	容器支座　第 3 部分:耳式支座
60	JB/T 4712.4—2007	容器支座　第 4 部分:支承式支座
61	JB/T 4730.1—2005	承压设备无损检测　第 1 部分:通用要求
62	JB/T 4730.2—2005	承压设备无损检测　第 2 部分:射线检测
63	JB/T 4730.3—2005	承压设备无损检测　第 3 部分:超声检测
64	JB/T 4730.4—2005	承压设备无损检测　第 4 部分:磁粉检测
65	JB/T 4730.5—2005	承压设备无损检测　第 5 部分:渗透检测
66	JB/T 4730.6—2005	承压设备无损检测　第 6 部分:涡流检测
67	JB 4732—1995(2005 年确认)	钢制压力容器——分析设计标准(2005 年确认)
68	JB/T 4734—2002	铝制焊接容器
69	JB/T 4736—2002	补强圈
70	JB 4741—2000	压力容器用镍铜合金热轧板材
71	JB 4742—2000	压力容器用镍铜合金无缝管
72	JB/T 4745—2002	钛制焊接容器
73	JB/T 4751—2003	螺旋板式换热器
74	JB/T 4755—2006	铜制压力容器
75	JB/T 4756—2006	镍及镍合金制压力容器
76	JB/T 4780—2002	液化天然气罐式集装箱
77	JB/T 4781—2005	液化气体罐式集装箱
78	JB/T 4782—2007	液体危险货物罐式集装箱
79	JB/T 4783—2007	低温液体汽车罐车
80	JB/T 4784—2007	低温液体罐式集装箱

1.2.7 国外主要标准体系简介

国内外压力容器法规标准体系，从大的方面，基本都可以划分为由立法机构制定的法律、政府机构制定的法规、标准机构（多为民间机构）制定的标准三部分。法律和法规属于强制性的，标准是自愿性的（中国和少数国家的部分标准强制执行）。

欧盟的压力容器法规标准体系由欧盟指令和欧洲协调标准（EN）两层结构组成。欧盟指令是对成员国要达到的目的具有约束力的法律，由成员国转化为成员国本国法律后执行。

这些指令规定了压力容器安全方面的基本要求。为使这些基本要求能够得到有效贯彻实施，欧洲标准化组织（CEN）负责起草制定与欧盟指令配套、将指令具体细化的协调标准（harmonized standards）。

以承压设备指令 PED 为例，CEN 计划为其配套的协调标准共有 700 多件。到 2005 年为止，CEN 已经完成大部分标准的制定工作，只有约 50 个标准尚在起草或待批准过程中。这些 EN 标准包括有关锅炉、压力容器和工业管道材料、部件（附件）、设计、制造、安装、使用、检验等诸多方面。其中 EN 13445 系列标准是压力容器方面的通用主体标准，由总则（EN 13445-1）、材料（EN 13445-2）、设计（EN 13445-3）、制造（EN 13445-4）、检测和试验（EN 13445-5）、铸铁压力容器和压力容器部件设计与生产要求（EN 13445-6）、合格评定程序使用指南（EN Bb13445-1）等部分构成。除 EN 13445 标准外，另有简单压力容器通用标准 EN 286，系列基础标准 EN 764 和一些特定压力容器产品标准（如换热器、液化气体容器、低温容器、医疗用容器等）。

移动式压力容器标准主要有危险品运输容器标准（EN 14025、EN 12561 系列）、铁路罐车标准（EN 12561 系列）、液化石油气汽车罐车标准（EN 14334）、低温运输容器标准（EN 14398 系列、EN 1251 系列）等。气瓶方面主要有移动式气瓶标准（EN 13322 系列）、无缝气瓶标准（EN ISO 11120）、液化石油气钢瓶标准（EN 12807、EN 14140）等，以及大量有关充装、充装检验和定期检验等方面的标准。

PED（压力设备）指令侧重于产品生产环节，目的是保障安全和减少贸易技术壁垒。因此，支持欧盟指令的协调标准中，产品标准居多（在低温容器和液化气体容器方面涉及安装、使用和检验后续环节）。EN 标准属自愿性标准，由欧盟成员国将 EN 标准转化为本国标准后（如德国标准 DIN EN 13445）由企业自愿采用。若企业采用了 EN 标准，则被认为其产品满足了指令的基本安全要求，有利于产品进入欧盟市场，或在欧盟市场内流通。对于移动式压力容器（罐车、气瓶等），由于是在欧洲境内移动，与相应欧盟指令配套的 EN 标准涵盖了设计、制造、使用、充装、定期检验等全过程。

对于压力容器投入使用以后的各环节（使用、检验、修理改造等）欧盟 PED 指令没有涉及，EN 固定式压力容器标准中除低温容器和液化气体容器外，涉及较少，主要由欧盟各成员国自行制定压力容器法律法规（以下简称法规）和标准予以规范。因此，对于欧盟成员国的压力容器法规标准体系而言，是由欧盟压力容器法规标准和本国法规标准共同构成的体系。大致分为由议会制定的法律、政府制定的法规（包括有关政府部门制定的规章）和标准三个层次。

第2章 压力容器设计管理

CHAPTER 2

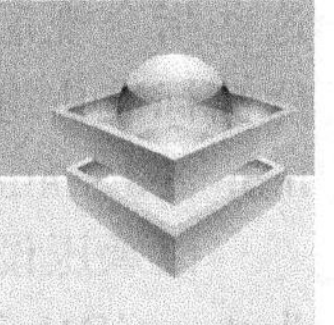

压力容器一般在受压状态下工作，其介质大多数为高温、高压、易燃、易爆、有腐蚀性、有毒性等。这就要求压力容器设计、制造、安装、使用和维护等各环节都必须有专业的技术管理人员和机构。而作为压力容器的源头——压力容器设计，我国有着较为严格的管理制度，对设计单位的资格和条件有较高的要求，对设计单位更是有专门的机构进行审查、监察与管理。本章主要介绍压力容器设计许可证制度、单位及人员的资格、条件、考核及监督管理。

2.1 设计许可制度

根据《中华人民共和国特种设备安全法》（自 2014 年 1 月 1 日起实施，以下简称《特种设备安全法》）、《固定式压力容器安全技术监察规程》（TSG R0004—2009，自 2010 年 12 月 1 日起实施，以下简称《固容规》）和《压力容器压力管道设计许可规则》（TSG R1001—2008，自 2008 年 4 月 30 日起实施，以下简称《规则》）等的有关规定，从事压力容器设计的单位（以下简称设计单位），必须具有相应级别的设计资格，取得《特种设备设计许可证》（以下简称《设计许可证》）。未取得国家质量监督检验检疫总局（以下简称国家质检总局）颁发的《设计许可证》的任何单位不得进行压力容器的设计，对于有压力容器设计资格的单位，其压力容器设计审核和批准人员、分析设计人员未经过专业考核合格，取得压力容器相应的审批、设计人员资格，不得从事相应的技术工作。

根据《规则》的规定，压力容器设计许可级别划分如下。

（1）A 级

① A1 级　指超高压容器、高压容器（注明单层、多层）；

② A2 级　指第三类低、中压容器；

③ A3 级　指球形储罐；

④ A4 级　指非金属压力容器。

（2）C 级

① C1 级　指铁路罐车；

② C2 级　指汽车罐车、长管拖车；

③ C3 级　指罐式集装箱。

（3）D 级

① D1 级　指第一类压力容器；

② D2 级　指第二类压力容器。

（4）SAD 级

指压力容器应力分析设计。压力容器设计类别及压力等级、品种的划分详见《固容规》。

对于 A 级、C 级、SAD 级压力容器设计单位的《设计许可证》，由国家质检总局负责受理和审批。对 D 级压力容器设计单位的《设计许可证》，由省级质量技术监督部门负责受理和审批。压力容器设计单位只有取得《设计许可证》后，才可以在全国范围内从事许可范围内的压力容器设计工作。《设计许可证》有效期为 4 年。

取得A级或者C级压力容器设计许可的设计单位和审批人员，即具备D级压力容器设计资格和设计审批资格；取得D2级压力容器设计许可的设计单位和审批人员，即具备D1级压力容器设计资格和设计审批资格；取得SAD级压力容器设计许可的设计单位和审批人员，必须同时具备A级、C级或D级压力容器设计许可和设计审批资格，才能从事相应级别的压力容器分析设计工作。

2.2 设计单位条件及设计许可申请程序

我国对压力容器设计资格的管理比较严格，规定只有符合有关条件的单位才有资格申请压力容器设计资格。尤其是新申请设计资格的单位，更是有专门的部门进行严格的审查，如：申请设计A级、C级、SAD级压力容器的单位，由国家质检总局负责受理和审批。申请设计D级压力容器的单位，由省级质量技术监督部门负责受理和审批。

2.2.1 设计单位的条件

根据《规则》的有关规定，压力容器设计单位必须具备下列基本条件：

① 有企业法人营业执照或者分公司性质的营业执照，或者事业单位法人证书。

② 有中华人民共和国组织机构代码证。

③ 有与设计范围相适应的设计、审批人员。

④ 有健全的质量保证体系和程序性文件（管理制度）及其设计技术规定。

⑤ 有与设计范围相适应的法规、安全技术规范、标准。

⑥ 有专门的设计工作机构、场所。

⑦ 有必要的设计装备和设计手段，具备利用计算机进行设计、计算、绘图的能力，利用计算机辅助设计和计算机出图率达到100%，具备在互联网上传递图样和文字所需的软件和硬件。

⑧ 有一定设计经验和独立承担设计的能力。

⑨ 具有规定数量持有《设计审批员资格证书》的设计审批人员。具体为：A级、C级压力容器设计单位专职设计人员总数一般不得少于10名，其中A级或者C级审批人员不得少于2名，A4级压力容器设计单位，根据其实际工作量，专职设计人员数量可以适当降低；D级压力容器单位的专职设计人员总数一般不得少于5名，其中，审批人员不得少于2名；SAD级压力容器设计单位的专职设计人员，除满足A级、C级或D级设计单位的人员要求外，其中专职分析设计人员一般不少于3名，专职SAD级压力容器设计审批人员不少于2名。

另外，《规则》规定下列单位不能申请设计许可：学会、协会等社会团体；咨询性公司、社会中介机构；从事特种设备检验检测的机构或者单位。

2.2.2 设计许可程序

设计单位许可程序包括：申请、受理、试设计、鉴定评审、审批和发证。

2.2.2.1 申请

申请设计许可的单位（以下简称申请单位），在申请前应当对本单位进行自查，并且形成自查报告。自查报告应当包括以下内容：

① 申请单位的综合情况（包括机构设置、人员情况）；

② 设计历史及现状；

③ 质量保证体系的建立和实施情况；

④ 试设计文件及相关材料；

⑤ 各级设计人员及其设计业绩情况；

⑥ 执行有关法规、安全技术规范、标准的情况；

⑦ 设计业绩的综合分析和评价；

⑧ 对复用设计文件的清理及处置情况；

⑨ 存在的问题及改进措施。

申请单位应当向国家质检总局或者省级质量技术监督部门（以下统称许可实施机关）提交《设计许可申请书》（以下简称《申请书》，其格式在国家质检总局网站 www.aqsiq.gov.cn 上公布），一式四份，并且按规定进行网上填报。提交《申请书》时，应同时提交以下资料各一份：

① 营业执照或者事业单位法人证书（复印件）；

② 中华人民共和国组织机构代码（复印件）；

③ 自查报告；

④ 质量保证手册。

2.2.2.2 受理

对符合申请条件的申请单位，许可实施机关应当在 5 个工作日内予以受理，并且在《申请书》上签署意见，对申请材料不齐全或者不符合法定形式的，许可实施机关应当在 5 个工作日内一次性告知申请单位需要补正的全部内容。

2.2.2.3 试设计

申请单位的申请被受理后，应当进行试设计。试设计文件应当覆盖所申请设计许可类别、品种范围、级别，并且具有代表性。压力容器每个级别试设计文件数量一般不少于 2 套，每名从事压力容器设计的人员至少准备 1 套试设计文件。

试设计文件不能用于制造和安装。

2.2.2.4 鉴定评审

试设计完成后，申请单位应当约请有相应设计鉴定评审资格的鉴定评审机构进行鉴定评审，并且按照《鉴定评审规则》的要求，向鉴定评审机构提交相关资料。

鉴定评审机构在收到约请后，应当对申请单位提交的资料进行确认，不符合规定的，应当当场或者在 10 个工作日内一次性告知申请单位需要补正的全部内容。符合规定的，应当在 10 个工作日内做出鉴定评审的工作日程安排，并且与申请单位商定具体的鉴定评审日期。

鉴定评审机构派出鉴定评审组对申请单位进行鉴定评审，许可实施机关根据实际情况，可以派相关人员对鉴定评审工作进行监督。

鉴定评审应当包括以下内容：

① 听取申请单位的基本概况介绍，核对《申请书》内容的真实性；

② 核查营业执照或者事业单位法人证书（原件）；

③ 核查设计工作机构、工作场所、设计手段和设计装备以及技术力量；

④ 检查质量保证体系的建立及实施情况；

⑤ 考查各级设计人员的配备情况，对设计人员，包括负责校核工作的设计人员（以下简称校核人员），进行基础知识的书面考试（含异地分支机构的相关人员）；

⑥ 检查实际设计水平和质量，审查（试）设计文件，进行（试）设计文件答辩。对压力容器申请单位的试设计文件进行审查时，要求从设计人员试设计的压力容器设计文件中，抽取一定比例人员的试设计文件进行审查，一般不少于设计人员的 50%，少于 10 名设计人员的压力容器申请单位，审查其全部设计人员的试设计文件。

鉴定评审中发现有下列情况之一的，应当立即停止评审工作：

① 申请单位没有符合要求的营业执照或者事业单位法人证书（原件）；

② 没有专门的设计机构和工作场地；

③ 没有建立质量保证体系；

④ 申请单位条件与《申请书》不符，有虚假行为；

⑤ 原设计产品或者试设计产品有重大隐患或者违反现行法规、安全技术规范、标准的行为。

2.2.2.5　审批和发证

鉴定评审组在完成对申请单位的评审后，应当及时出具鉴定评审工作报告，提出鉴定评审意见。鉴定评审意见分为具备设计许可条件、基本具备设计许可条件和不具备设计许可条件三种情况。

① 符合以下情况者为具备设计许可条件：

a. 符合《规则》的第二章规定；

b. 设计、校核人员具备相应的能力和技术水平，基础知识专业考试平均成绩不得低于80分，答辩回答问题基本正确；

c. 设计文件符合有关法规、安全技术规范、标准的要求，设计文件齐全完整，设计质量较好，无重大设计质量事故。

② 符合以下情况者为基本具备设计许可条件：

a. 质量保证体系健全，实施基本正常；

b. 程序性文件（管理制度）及设计技术规定文件比较完善，并且能够执行；

c. 专门的设计机构已经建立，并且能适应设计工作的需要，有专门工作场所但需改善；

d. 具有与申请的设计类别、品种、级别范围相适应的技术力量，各级设计人员配备基本符合要求；

e. 试设计文件以及抽查的原设计级别设计文件基本齐全完整；

f. 法规、安全技术规范、标准基本齐全，并且能够执行；

g. 设计、校核人员基础知识专业考试平均成绩不低于 70 分，答辩回答问题基本正确；

h. 设计手段比较齐全，技术装备基本满足设计工作需要。

③ 不符合上述基本具备设计许可条件中的任一情况者为不具备设计许可条件。

鉴定评审意见为基本具备设计许可条件的，申请单位应当在 6 个月内完成对鉴定评审中发现问题的整改工作，并且向鉴定评审机构提交整改报告。鉴定评审机构应当对整改情况进行核实、确认，必要时可以派出鉴定评审人员进行现场核实、确认。对逾期未完成整改工作或者整改后仍不符合要求者，鉴定评审机构应当做出不具备设计许可条件的鉴定评审结论。

鉴定评审机构应当按《鉴定评审规则》的规定及时出具鉴定评审报告，鉴定评审报告应当经鉴定评审机构技术负责人审核、鉴定评审机构负责人批准。鉴定评审报告及资料上报相应的许可实施机关。

许可实施机关收到鉴定评审机构的鉴定评审报告及相应资料后，应当在 20 个工作日内完成审查、批准或者不批准手续。对批准的申请单位，在批准后的 10 个工作日内颁发《特种设备设计许可证》。

对未予许可的申请单位，1 年之内不再受理该单位的设计许可申请。

设计单位在取得《设计许可证》后，应当刻制特种设备设计许可印章，在所设计的压力容器图样（总图）上加盖特种设备设计许可印章。

设计单位应当建立特种设备设计许可印章的使用管理制度，对设计许可印章进行管理。

2.2.3 设计许可增项和变更的申请程序

取得《设计许可证》的设计单位需要增加设计许可类别、品种和级别时，应当向相应的许可实施机关提出增项申请。

增项许可程序与申请设计许可相同。

设计单位名称、产权（所有制）、主要资源条件或者单位地址等发生变更时，应当按以下程序办理变更手续：

① 设计单位应当在变更 1 个月内向许可实施机关提交《特种设备许可（核准）变更申请表》（格式在国家质检总局网站公布，一式三份），并且提交与变更有关的证明文件。

② 许可实施机关应当在 5 个工作日内，确定是否需要进行确认审查或者直接确认变更，告知设计单位。对资源条件和质量保证体系发生变化，一般应当由鉴定评审机构进行现场确认审查；对单位名称改变、地址变化（一般指整体迁移）等，资源条件和质量保证体系未发生变化的，许可实施机构可以直接认可办理变更手续。确认审查由设计单位约请鉴定评审机构按《规则》第三章相关要求进行，鉴定评审机构针对变更项目上报确认的鉴定评审报告，许可实施机关在接到鉴定评审报告后，按照规定程序进行审批。

③ 变更后需要更换《设计许可证》的，由许可实施机关换发新证；不需要更换《设计许可证》的，许可实施机关在《特种设备许可（核准）变更申请表》上签署意见，一份返回申请单位，一份交许可实施机关下一级的质量技术监督部门。

2.2.4 设计许可证换证程序

2.2.4.1 换证鉴定评审内容

① 设计单位在《设计许可证》有效期满 6 个月前，应当向许可实施机关提交换证《申请书》。换证的申请、受理、鉴定评审程序按照《规则》的第三章规定。如逾期未提出申请，即自动放弃设计资格。

② 受约请的鉴定评审机构应当在设计单位的《设计许可证》有效期满 2 个月前完成评审工作（由于设计单位原因不能完成的除外）。

③ 换证鉴定评审包括以下内容：

a. 听取设计单位的基本概况介绍，核对《申请书》内容；

b. 核查营业执照或者事业单位法人证书（原件）；

c. 核查设计工作机构、工作场所、设计手段和设计装备以及技术力量；

d. 检查质量保证体系的运行和改进情况；

e. 核查设计工作遵循有关法规、安全技术规范、标准的情况；

f. 检查特种设备设计许可印章的使用管理情况；

g. 审查设计回访工作和用户反馈意见处理情况；

h. 从完整的设计文件清单（台账）中，抽查有效期内设计文件档案，每个级别至少抽查 1 套有代表性的设计文件，检查压力容器、级别划分是否正确，是否存在超范围设计，检查实际设计水平和质量；

i. 审阅《设计许可证》有效期内的设计项目和数量；

j. 审查设计的审核记录；

k. 检查各级设计人员配备及变动情况，人员培训、考核情况，组织设计、校核人员进行专业考试和设计文件答辩（满足《规则》第九条要求的压力容器设计单位可不查该项）；

l. 检查《设计许可证》有效期内，主要设计项目出现问题后的处理情况；

m. 核查每年向许可实施机关所报送的年度综合报告；

n. 核查上次换证（取证）时，鉴定评审组所提意见的整改情况。

2.2.4.2 设计许可换证意见

换证鉴定评审组完成鉴定评审后，应当出具设计许可换证鉴定评审工作报告，并且提出换证鉴定评审意见。换证鉴定评审意见分为具备、基本具备和不具备设计换证条件。对某一品种、级别建议取消设计许可的，应当在换证鉴定评审意见中加以说明。

① 符合以下情况者为具备设计许可换证条件：

a. 质量保证体系健全，实施情况良好；

b. 程序性文件（管理制度）齐全，并能认真贯彻执行；

c. 各级设计人员配备及人员变动符合本规则规定，设计、校核人员具有相应的能力和技术水平，专业考试平均成绩不得低于 80 分，答辩回答问题基本正确；

d. 没有超越《设计许可证》范围的设计，设计质量良好；

e. 设计手段和技术装备较好并且逐年有所改善；

f. 适合本单位设计许可项目需要的法规、安全技术规范、标准齐全，并且具有与设计级别相适应的图书、杂志设计参考资料；

g. 设计文件档案和各项上报材料记录完整、真实可靠；

h. 没有发生由于设计原因而造成的重大事故，设计回访工作和用户反馈意见能够得到合理安排和及时处理，用户对设计质量评价良好；

i. 对上次换证（或者取证）时鉴定评审组提出的整改意见，全部认真整改。

② 符合以下情况者，为基本具备设计许可换证条件，整改后符合要求的予以换证：

a. 质量保证体系基本实施，但有缺陷；

b. 程序性文件（管理制度）及其设计技术规定基本齐全且能够贯彻执行，个别制度贯彻执行不认真、不规范；

c. 各级设计人员配备及人员变动基本符合规定，设计、校核人员具有一定的能力和技术水平，专业考试平均成绩不得低于 70 分，答辩回答问题基本正确；

d. 没有超越《设计许可证》范围的设计，设计质量基本符合法规、标准要求；

e. 设计手段和技术装备能够满足当前设计工作的需要；

f. 适合本单位设计许可项目需要的法规、安全技术规范、标准齐全，并且有一定数量的图书、杂志等设计参考资料；

g. 设计文件档案和各项上报材料真实可靠，但个别的尚不够完整；

h. 设计回访工作和用户反馈意见虽已得到重视，但安排和处理得不够及时，用户对设计质量无不良反映；

i. 对上次换证（或者取证）时鉴定评审组提出的整改意见，基本进行整改。

③ 下列情况之一者，为不具备设计许可换证条件，不予换证：

a. 不具备上述基本具备设计许可换证条件任一款条件的；

b. 审查中发现弄虚作假的。

当设计单位提供的设计档案不能覆盖《设计许可证》的级别时，鉴定评审组应当查明情况，按规定提出取消没有被覆盖级别设计许可的建议。

2.3 设计人员的资格及其考核

我国对压力容器各级设计人员的资格及其考核都有相关的规定，各设计单位应根据要求对各级设计人员资格进行培训、考核。

2.3.1 设计人员的资格

按照《规则》的规定，各级设计人员应符合下列条件：

(1) 设计单位技术负责人

由设计单位主管设计工作的负责人担任，具有压力容器相关专业知识，了解法规、安全技术规范、标准的有关规定，对重大技术问题能够做出正确决定。

(2) 压力容器设计批准人员

① 从事本专业工作，而且具有较全面的相应设计专业技术知识；

② 能够正确运用有关法规、安全技术规范、标准，并且能够组织、指导各级设计人员贯彻执行；

③ 熟知相应设计工作和国内外有关技术发展情况，具有综合分析和判断能力，在关键技术问题上能做出正确决断；

④ 具有 3 年以上相应设计审核经历；

⑤ 具有高级技术职称；

⑥ 经压力容器设计审批人员专业考核合格。

(3) 审核人员

① 能够认真贯彻执行国家的有关技术方针、政策，工作责任心强，具有较全面的相应设计专业技术知识，能保证设计质量；

② 能够指导设计、校核人员正确执行有关法规、安全技术规范、标准，能解决设计、安装和生产中的技术问题；

③ 具有审查计算机设计的能力；

④ 具有 3 年以上相应设计校核经历；

⑤ 具有中级以上（含中级）技术职称；

⑥ 经压力容器设计审批人员专业考核合格。

(4) 校核人员

① 能够运用有关法规、安全技术规范、标准，指导设计人员的设计工作；

② 具有相应设计专业知识，有相应的压力容器设计成果并且已投入制造、使用；

③ 具有应用计算机进行设计的能力；

④ 具有 3 年以上相应设计经历；

⑤ 具有初级以上（含初级）技术职称。

(5) 设计人员

① 具有一定的相应设计专业知识；

② 贯彻执行有关规程、安全技术规范、标准；

③ 能够在审核人员的指导下独立完成设计工作，并且能够使用计算机进行设计；

④ 具有初级（含初级）技术职称和一年以上设计经历。

(6) 压力容器 SAD 级各级设计人员专项条件

① 具有压力容器相关专业本科以上学历；

② 具有两年以上压力容器常规设计经历；

③ 具有包括有限元法在内的应力分析专业知识；

④ 能独立完成分析设计的相应设计、校核审核工作，能使用计算机进行应力分析计算，并能按照标准对分析结果进行评定；

⑤ 压力容器分析设计的设计人员或者相应审批人员专业考核合格。

2.3.2　设计人员的考核

2.3.2.1　考核的内容

（1）设计工作的成果

① 从事压力容器设计或业务建设工作所完成的数量；

② 压力容器设计项目或业务建设项目的复杂程度；

③ 履行职责的表现；

④ 完成任务的质量；

⑤ 设计成品的实际水平、图面质量或设计答辩的成绩；

⑥ 上级审批人员对压力容器设计文件的审查意见；

⑦ 业务建设成品的审查或鉴定意见；

⑧ 用户反映的意见。

（2）实际工作能力

① 熟悉规程、规定、标准和技术条件的程度；

② 吸收消化国内外先进技术和实际应用情况；

③ 技术岗位责任制执行情况；

④ 压力容器设计工作的组织能力或指导能力。

（3）技术水平

① 压力容器设计基础理论和专业知识的实际水平，通过平时考核与测验成绩评定；

② 技术调查报告的内容、结论，及解决实际设计问题的效果；

③ 基础理论、专业知识、规范标准等学习或培训的考试成绩；

④ 在压力容器设计中应用计算机技术的情况。

2.3.2.2　考核方法

考核分为经常性考核和定期考核两种。

① 经常性考核主要通过日常完成技术业务工作的情况、工作质量及技术水平予以考核。

② 定期考核在一定期限内进行一次，应对包括本人总结、设计工作或业务建设成果，技术调查报告和论文、设计答辩成绩，学习考试成绩等方面进行全面考核。

2.4　设计管理制度

2.4.1　程序性文件（管理制度）

设计管理制度是确保设计质量的主要文件，设计管理制度不得违背国家有关压力容器法规和标准的规定，设计单位应建立健全下列程序性文件（管理制度）：

① 各级设计人员管理制度；

② 各级设计人员培训考核管理规定；

③ 各级设计人员岗位责任制；

④ 设计条件编制与审查制度；

⑤ 设计文件编制管理规定；

⑥ 设计文件更改管理规定；

⑦ 设计文件复用管理规定；

⑧ 设计条件图（表）编写制度；

⑨ 设计文件签署及标准化审查制度；

⑩ 设计文件档案（含电子文档）保管管理规定；

⑪ 设计文件的质量评定及信息反馈管理规定；

⑫ 特种设备设计许可印章使用管理规定；

⑬ 设计工作程序。

2.4.2 各级设计人员岗位责任制

(1) 设计人技术岗位责任

① 承担分配的设计任务，对全部设计文件的设计质量和设计进度负责。

② 认真贯彻全国人大、国家质检总局颁发的有关压力容器设计的法规和规程，执行国家和行业标准、规范和规定。遵守有关压力容器设计的各种规章制度。

③ 正确应用压力容器设计资料和计算机软件，做好受压元件的设计计算。

④ 按规定进行设计文件的编制工作。做到制图比例适中，视图投影正确，图面清晰，尺寸、数字、符号、图例准确无误，文字叙述通顺、简练、切题、字迹端正。

⑤ 设计文件完成后，应将整套设计资料交校核人、审核人校对、审核，尊重校核人和审核人的意见，并进行设计修改。

⑥ 负责打印文件的复校，按规定签署设计文件。

⑦ 做好设计图纸、计算书和说明书的整理、归档。

⑧ 认真处理制造、安装、生产中的有关设计问题，并将处理问题的技术文件及时、完整地归档。

(2) 校核人技术岗位责任

① 会同设计人商讨压力容器设计原则、设计方案、确定选型、选材和结构。帮助设计人解决设计中的一般技术问题。

② 全面校对压力容器设计文件（包括图纸、强度计算书和设计说明书等），校对设计是否符合设计条件；是否符合制造、安装、生产的要求；是否符合技术先进、安全可靠和经济合理的原则。对所校对的设计文件质量和完整无误负责。

③ 校对压力容器设计是否正确贯彻全国人大、国家质检总局颁发的有关安全法规和规程；是否正确执行国家和行业标准、规范、规定；是否遵守压力容器设计的各种规章制度。

④ 认真校对受压元件的强度计算书，包括遵循的规范和计算中采用的设计条件、基础数据、计算公式、计算结果。

⑤ 校对设计是否完整齐全；标准图、复用图的选用是否恰当。

⑥ 校对技术条件是否完整、恰当、文字叙述是否通顺、简练、切题。

⑦ 认真填写“设计文件校审记录”，按规定签署设计文件。

⑧ 负责对归档后设计文件修改的校对。

(3) 审核人技术岗位责任

① 参加压力容器设计原则和主要技术问题的讨论研究，并作出决定，帮助设计人、校核人解决疑难技术问题。

② 负责审核压力容器设计原则、设计方案是否符合设计条件；是否符合技术先进、安全可靠、经济合理，设计是否切合实际。对主要技术问题和设计方案的正确合理、安全可靠负责。

③ 密切与设计人、校核人的联系，及时协调和处理好设计、校对之间在设计技术上的分歧意见。

④ 审核压力容器设计是否贯彻全国人大、国家质检总局等颁发的有关安全法规和规程；是否正确执行国家及行业标准、规范和规定。

⑤ 审核压力容器的主要结构、材料选用和主要构件的加工要求是否正确。

⑥ 审核强度计算公式、基础数据和主要计算结果是否正确。

⑦ 审核主要的装配尺寸和关键零部件尺寸是否正确；选用和复用图、标准图是否

恰当。

⑧ 审核技术条件是否正确，叙述是否完整、明确。

⑨ 认真填写“设计文件校审记录”，按规定签署设计文件。

(4) 批准人技术岗位责任

批准 A 级、C 级、SAD 级压力容器的设计，按规定签署设计文件。

(5) 压力容器设计单位技术负责人岗位责任

① 负责压力容器设计技术工作。对设计质量和重大技术问题负主要责任。

② 主持设计原则、设计方案和重要技术措施的制订，负责全面管理压力容器设计质量保证活动。

③ 负责组织学习和贯彻执行国家有关压力容器的政策和规定。

2.4.3 设计工作程序

① 接受设计任务：按压力容器设计条件规定的内容，接受用户提出的条件。

② 对设计条件进行审查，特别注意条件的完整性、内容的准确性，签署是否完善，并按条件进行分类，按设计条件安排设计任务。

③ 根据安排的任务，分工设计人、校核人、审核人，明确工作内容及计划进度。

④ 校核人会同设计人共同确定设计原则、设计方案、选型、选材和结构。

⑤ 设计人按设计文件的要求，全面开展设计工作，校审人员应认真校对，审核填写校、审记录。设计人对校对、审核的意见，在校审记录上应表明自己的看法，统一意见后修改图纸，若有不同意见，可以协商，有争议的问题可以提交更高一级讨论解决。对已决定的意见，设计人应执行，若仍有不同意见，可在校审记录上说明个人意见。

⑥ 设计文件修改后 CAD 底图由设计、校核、审核、标准化审查人经校审记录修改意见核对后签署。D 级压力容器设计一般按设计、校核、审核 3 级签署，对 A 级、C 级和 SAD 级压力容器，应有设计、校核、审核、批准 4 级签署。所有压力容器设计均必须经标准化审查签署。在同一台设备的设计文件签署栏中，各级设计人员只能签署 1 级，不得兼签 2 级或 3 级。

⑦ 进行设计图纸、强度计算书（或分析设计计算书）、制造技术条件、风险评估报告、设计说明书（有必要时）、设计输入评审记录表、校对、审核、标审及批准（如有）记录、质量评定等必须同时归档。

⑧ 压力容器设计总图盖章前必须检查归档是否齐全、各级签署是否完整。盖章时要进行登记。总图上必须加盖红色《特种设备设计许可印章》，无印章的设计图纸对外发送均属无效。底图上不得加盖《特种设备设计许可印章》。

⑨ 做好技术服务和用户信息征集工作，及时填写用户信息反馈意见，存档。

2.4.4 设计文件的管理

设计文件管理包括压力容器设计文件的编号、归档、备案、发送、修改、复用等方面的管理。

① 设计文件应按具体情况进行编号。

② 设计文件归档：

a. 压力容器设计完成后，设计文件必须按规定编号归档，不得自行保管；

b. 压力容器全部设计文件包括图纸、强度计算书（或分析设计计算书）、制造技术条件、风险评估报告、设计说明书（有必要时）、设计输入评审记录表、校对、审核、标审及批准（如有）记录、质量评定等必须同时归档；

c. 压力容器设计文件归档时，资料档案部门必须认真履行检查手续，如文件不齐或审查签署不全的，应拒绝接收入库；

d. 设计文件的最短保存时间，应是该容器的设计使用寿命期限。

③ 设计文件发送和借阅：

a. 所有压力容器设计文件根据合同规定份数发送用户；

b. 压力容器设计文件一般不借阅和交流。有需要借阅时，必须按存档密级办理有关手续。

④ 设计文件修改：

a. 设计文件归档后，未经原设计负责人批准并办理有关手续，任何人都无权修改。

b. 如发现错误而确需修改，应填写修改申请单，经批准。原则性的修改还需经压力容器设计技术负责人批准。

c. 设计文件修改后，应向正在使用该设计文件的单位发出修改通知，并附修改图。

d. 在压力容器制造过程中若有更改，应根据压力容器设计更改单，在图纸中更改并标记。

e. 设计变更单需设计、校对、审核共同签署生效。

⑤ 设计文件的复用：设计文件可以复用，但必须由复用人和复用校、审人员负责对不符合现行标准之处进行修改。

2.5 监督管理

2.5.1 设计单位日常管理

① 在《设计许可证》有效期内从事批准范围内的设计，不得随意扩大设计范围。禁止在外单位设计的图纸上加盖本单位的特种设备设计许可印章。

② 对本单位设计的设计文件质量负责。

③ 进行技术培训，有计划地安排设计人员深入制造、安装、使用现场，结合设计学习有关实践知识，不断提高各级设计人员能力和技术水平。

④ 落实各级设计人员责任制。

⑤ 建立设计工作档案。

⑥ 按照《规则》对设计文件进行审批，审批手续完善。

⑦ 设计工作能够遵循有关法规、安全技术规范、标准。

⑧ 对设计、校核人员，每年进行有关法规、安全技术规范、标准以及本职工作应具备知识和能力等方面的培训考核，具备相应能力后，方可独立工作。

⑨ 设计审批人员工作单位变动时，能够办理相关的变更手续。

⑩ 按照要求向国家质检总局和质量技术监督部门报送设计工作情况（压力容器设计单位每年第一季度内向许可实施机关报送上年度综合报告，并且抄报相应的鉴定评审机构）。

2.5.2 特种设备安全监察机构对设计单位的监督检查

设计单位有以下情况之一的，应当根据情节严重程度，由许可实施机关按照有关规定对其做出通报批评或者取消设计许可资格的处理，对于负有相应责任的人员，应当由设计单位做出相应的处理：

① 设计文件超出《设计许可证》批准的类别、品种或者级别范围；

② 主要设计文件没有特种设备设计许可印章，或者加盖的特种设备设计许可印章已作废，或者为复印形式；

③ 设计文件有外单位设计审批人员签字，或者标题栏内没有按有关规定履行签字手续；

④ 在外单位的图样上签字或者加盖特种设备设计许可印章；

⑤ 因设计违反现行法规、安全技术规范、标准等规定，导致重大经济损失或者事故；

⑥ 涂改、转让或者变相转让《设计许可证》。

第3章 压力容器制造监督管理

CHAPTER 3

我国实行压力容器制造资格许可制度和压力容器产品安全性能强制性监督检验制度。2003年1月1日起实施的《锅炉压力容器制造监督管理办法》（以下简称《管理办法》）、2004年1月1日起实施的《锅炉压力容器制造许可条件》（以下简称《许可条件》）、《锅炉压力容器制造许可工作程序》（以下简称《工作程序》）及2014年6月1日起实施的《压力容器监督检验规则》（以下简称《监督检验规则》）分别对制造许可和产品安全性能监督检验做出了明确的规定。

3.1 制造许可工作程序

制造压力容器的单位，必须首先进行制造单位资格认可，并取得《中华人民共和国特种设备制造许可证》（以下简称《制造许可证》），未取得《制造许可证》的企业，其产品不得在境内销售、使用。

压力容器制造许可工作程序是指：压力容器及安全附件制造许可申请、受理、审查、证书的批准颁发及有效期满时的换证程序。按照《管理办法》的规定，压力容器制造许可划分为A、B、C、D 4个级别（见表3-1）。

表3-1 压力容器制造许可证级别划分

级别	制造压力容器范围	代表产品
A	超高压容器、高压容器(A1) 第三类低、中压容器(A2) 球形储罐现场组焊或球壳板制造(A3) 非金属压力容器(A4) 医用氧舱(A5)	A1应注明单层、锻焊、多层包扎、绕带、热套、绕板、无缝、锻造、管制等结构形式
B	无缝气瓶(B1) 焊接气瓶(B2) 特种气瓶(B3)	B2注明含(限)溶解乙炔气瓶或液化石油气瓶 B3注明机动车用、缠绕、非重复充装、真空绝热低温气瓶等
C	铁路罐车(C1) 汽车罐车或长管拖车(C2) 罐式集装箱(C3)	
D	第一类压力容器(D1) 第二类低、中压容器(D2)	

注：1. 一、二、三类压力容器的划分按照《固定式压力容器安全技术监察规程》确定。

2. 超高压容器：设计压力≥100MPa的压力容器。

高压容器：设计压力≥10MPa且＜100MPa的压力容器；

中压容器：设计压力≥1.6MPa且＜10MPa的压力容器；

低压容器：设计压力≥0.1MPa且＜1.6MPa的压力容器。

3. 按分析设计标准设计的压力容器，其制造企业应持有A或C级许可证。

4. 球壳板制造项目含直径大于等于1800mm的各类型封头。

5. 对于产品种类单一的制造企业，应对其许可范围进行限制，如限制产品或制造方法、材质、种类、用途等。

3.1.1 申请

① 申请 A、B、C 级压力容器以及安全阀、爆破片、气瓶阀门等安全附件制造许可的境内企业应向国家质量检验检疫总局特种设备安全监察局（以下简称总局安全监察机构）提交申请。申报的资料应先经省级质量技术监督部门特种设备安全监察机构（以下简称省级安全监察机构）审核并签署意见。

② 申请 D 级压力容器制造许可的境内企业向企业所在地的省级安全监察机构提交申请。

③ 申请压力容器或安全阀、爆破片、气瓶阀门等安全附件制造许可的境外制造企业应向总局安全监察机构提交申请。

④申请时企业应提交以下申请资料（申请资料应采用中文或英文，原始件为其他文种时，应附中或英译文）：

a. 特种设备制造许可申请表一式二份；

b. 工厂概况说明；

c. 依法在当地政府注册或登记的文件复印件；

d. 工厂已获得的认证或认可证书复印件；

e. 典型产品名称及相关参数和规格；

f. 产品图纸和设计文件（适用于有型式试验要求的产品，见《工作程序》第十四条）；

g. 工厂质量手册；

h. 其他必要的补充资料。

申请报告应重点概述本单位从事压力容器生产的技术力量、工装设备、检测手段等情况，说明申请的必要性、充分性及生产能力。

3.1.2 申请受理

① 负责受理申请的安全监察机构对企业提交的《申请表》和全部申请资料进行审查后，应在 15 个工作日内确定是否予以受理。

② 对符合申请条件的制造企业，安全监察机构在申请表上签署同意受理意见，并将一份申请表返回申请企业。总局安全监察机构受理的境内制造企业，在同意申请受理时，发函通知该企业所在地省级安全监察机构。

③ 对不符合申请条件的制造企业，发证部门在申请表上签署不受理意见并说明理由，将一份申请表返回申请企业。

④ 获得申请受理的制造企业，应按 TSG Z0005—2007《特种设备制造、安装、改造、维修许可鉴定评审细则》中附件 A（特种设备许可试制产品数量的有关规定）试制相应级别的典型产品（或承压部件），以备制造许可审查和进行型式试验（仅适用于有型式试验要求的产品）。

3.1.3 审查

① 制造企业完成产品试制后，应当按照 TSG Z0005—2007《特种设备制造、安装、改造、维修许可鉴定评审细则》（以下简称《评审细则》）的要求约请鉴定评审机构，安排进行实地条件的鉴定评审，并在约定的时限内完成评审工作。鉴定评审机构按评审要求制订评审计划、组织评审组，并将评审日程安排至少提前一周通知到申请企业。

② 评审组按《许可条件》和《评审细则》的规定对工厂进行检查和产品检验，审查主要分为以下几个方面：

a. 核实生产场地、加工制造设备、检验试验设备及人员状况。

b. 审查质量手册和相关文件。

c. 审查质量管理体系的实施情况。

d. 审查相关的技术资料。

e. 对试制产品进行检查和试验。

③ 有型式试验要求的产品，如气瓶、安全阀、爆破片、蓄能器和简单压力容器等，应在工厂检查前完成以下工作：

a. 审查有关设计文件、图纸；

b. 在现场随机抽样，由型式试验机构进行产品型式试验，试验结果应符合相应标准。

④ 根据评审情况，评审组应做出书面评审报告，评审报告结论分为：符合条件、需要整改、不符合条件。

⑤ 评审报告结论为需要整改或不符合条件的，评审组应书面通知企业。评审结论为需要整改的企业应在6个月内完成整改，并将整改报告书面报评审组组长，由评审组核实确认，符合《许可条件》的，评审报告结论应改为符合条件。6个月内未完成整改的企业或整改后仍不符合《许可条件》的，评审报告结论应改为不符合条件。

⑥ 鉴定评审机构应依据评审组的评审报告，完成书面鉴定评审报告报发证部门的安全监察机构。

3.1.4 许可证的批准、颁发和换证

① 发证部门的安全监察机构对鉴定评审报告进行审核并提出审核结论意见。对于审核结论意见为符合《许可条件》的企业，由安全监察机构上报发证部门为其签发《制造许可证》。对于审核结论意见为不符合《许可条件》的企业，由安全监察机构上报发证部门后向申请单位发出不许可通知。

②《制造许可证》自签署之日起，4年内有效。持证企业如需在有效期满后继续持有《制造许可证》，应在有效期满前6个月向总局安全监察机构或省级质量技术监督部门书面提出换证申请。逾期未提出换证申请的，《制造许可证》在有效期满时自动失效，企业被视为自动放弃。

③ 换证的申请、受理、审查及批准发证程序同《工作程序》第二章至第五章的规定。

④ 对有型式试验要求的产品，换证审查时，若其产品未发生适用标准、材质、结构型式和使用条件的改变，可免做型式试验。

⑤ 对于审查结论为不具备换证条件的制造企业，由安全监察机构上报发证部门后向申请单位发出不许可通知。并允许另行申请低于原制造级别的许可。

3.1.5 许可证的注销、暂停和吊销

① 企业由于破产、转产等原因不再制造锅炉压力容器产品时，应将《制造许可证》交回发证部门，办理注销。

② 按照《管理办法》对持证制造企业实施责令改正时，发证部门应书面通知制造企业，明确责令改正的内容和时限。

③ 按照《管理办法》对持证制造企业实施暂停使用《制造许可证》时，发证部门应书面通知制造企业，说明暂停使用《制造许可证》的原因和暂停期限以及责令企业整改的要求。

④ 按照《管理办法》对持证制造企业实施吊销《制造许可证》时，发证部门应书面通知制造企业，说明吊销《制造许可证》的原因。制造企业应将《制造许可证》交回发证部门。

3.2　制造许可条件

为了确保压力容器的制造质量，对制造压力容器单位的条件有一定的要求。首先，制造单位的生产场地、加工设备、技术力量、检测手段等条件应与所制造的压力容器品种、范围相适应。其次，压力容器制造单位要建立健全质量保证体系，并能有效运转。最后，制造单位能够保证产品安全性能符合中国安全技术法规的要求。

压力容器制造企业制造许可条件由压力容器制造许可资源条件、质量保证体系要求和压力容器产品安全质量要求三部分构成。资源条件要求包括基本条件和专项条件，基本条件是制造各级别压力容器产品的通用要求，专项条件是制造相关级别压力容器产品的专项要求，企业应同时满足基本条件和相应的专项条件。企业的无损检测、热处理和理化性能检验工作，可由本企业承担，也可与具备相应资格或能力的企业签订分包协议，分包协议应向发证机构备案。所委托的工作由被委托的企业出具相应的报告，所委托工作的质量控制应由委托方负责，并纳入本企业压力容器质量保证体系控制范围。专项条件要求具备的内容不得分包。企业必须有能力独立完成压力容器产品的主体制造，不得将压力容器产品的所有受压部件都进行分包。企业必须建立与制造压力容器产品相适应的质量管理体系并保证连续有效运转。企业应有持续制造压力容器的业绩，以验证压力容器质量管理体系的控制能力。

3.2.1　制造许可资源条件

3.2.1.1　基本条件

① 申请压力容器制造许可的企业，应具有独立法人资格或营业执照，取得当地政府相关的注册登记。

② 具有 A1 级或 A2 级或 C 级压力容器制造许可证的企业即具备 D 级压力容器制造许可资格。如制造的压力容器设计压力＜0.1MPa，同时最大直径＜150mm 且水容积＜25L，则无须申请压力容器制造许可。同样，制造机器上非独立的承压部件壳体和无壳体的套管换热器、波纹板换热器、空冷式换热器、冷却排管，也无须申请压力容器制造许可。制造不规则形状的承压壳体应报总局安全监察机构决定是否需要申请压力容器制造许可。

③ 压力容器质保体系人员。压力容器制造企业具有与所制造压力容器产品相适应的，具备相关专业知识和一定资历的下列质量控制系统（以下简称质控系统）责任人员：

a. 设计工艺质控系统责任人员；

b. 材料质控责任人员；

c. 焊接质控系统责任人员；

d. 理化质控责任人员；

e. 热处理质控系统责任人员；

f. 无损检测质控系统责任人员；

g. 压力试验质控系统责任人员；

h. 最终检验质控系统责任人员。

④ 技术人员。压力容器制造企业应具备适应的压力容器制造和管理需要的专业技术人员。各级别压力容器制造许可证的技术人员应满足下列要求：

a. A1 级、A2 级、C 级和 B1 级许可证企业技术人员比例不少于本企业职工的 10%，且具有所制造压力容器产品相关的专业技术人员。

b. A3 级、A4 级、A5 级、B2 级、B3 级许可证企业技术人员比例不少于本企业职工数的 5%，且不少于 5 人；具有与所制造压力容器产品相关的专业技术人员。

⑤ 专业作业人员。

a. 各级别压力容器制造许可企业中，制造焊接压力容器的企业，应具有满足制造需要的，且具备相应资格条件的持证焊工。A2 级、A3 级和 C 级许可企业，具有不少于 10 名持证焊工，且具备至少 4 项合格项目；A1 级、A5 级、B2 级、B3 级许可企业，具有不少于 8 名持证焊工，且应具有至少 4 项合格项目（非焊接容器除外）；D 级许可企业，具有不少于 6 名持证焊工，且具备至少 2 项合格项目。

b. 各级别压力容器制造许可企业，应具有满足压力容器制造要求的组装人员。

c. 各级别压力容器制造许可企业，委托制造许可企业，委托外企业进行压力容器无损检测的，应按照许可级别，配备相应的高、中级无损检测责任人员；由本企业负责压力容器无损检测的，应具备相应的无损检测作业人员，并应满足以下要求：

ⅰ. A1 级许可企业，至少应具有 RT（或 UT、MT、PT）高级无损检测责任人员 1 人。

ⅱ. C 级许可企业，至少应具有 RT（或 UT）高级无损检测责任人员 1 人，有 RT 和 UT 中级人员各 2 人/项。

ⅲ. A2 级、A3 级许可企业，至少应具有 RT 和 UT 中级人员各 3 人/项，无损检测责任人员应具有中级资格证书。

ⅳ. A5、B2 和 D 级许可企业，至少应具有 RT 和 UT 中级人员各 2 人/项，无损检测责任人员应具有中级资格证书。

ⅴ. B1 级许可企业，至少应具有 UT 或 MT 中级人员 2 人/项，无损检测责任人员应具有中级资格证书。

ⅵ. B3 级许可企业需要进行无损检测的，应分别符合 B1 级或 B2 级许可企业无损检测人员数量和级别的要求。

⑥ 各级别压力容器制造许可企业，应具备适应压力容器制造需要的制造场地、加工设备、成形设备、切割设备、焊接设备、起重设备和必要的工装，并满足以下要求：

a. 具有存放压力容器材料的库房和专用场地，并应有有效的防护措施，合格区与不合格区应有明显的标志。

b. 具有满足焊接材料存放要求的专用库房和烘干、保温设备。

c. 具有与所制造产品相适应的足够面积的射线曝光室和焊接试验室。

3.2.1.2 专项条件

(1) A 级压力容器制造许可专项条件

① A1 级许可企业中制造超高压容器的企业，应具有满足超高压容器的机加工设备和检测设备，应有满足要求的热处理设备，应具有中、高级机加工人员至少 2 人。制造高压容器的企业，应有满足要求的热处理设备。

② A2 级许可企业应具备额定能力不小于 30mm 的卷板机和起重能力不小于 20t 的吊车。深冷（绝热）容器制造企业，应具备填料烘干、充填、抽真空设备和检漏仪器。

③ A3 级许可企业中制造球壳板的企业，应具备能力不小于 1200t 的压力机和经验丰富的球壳板制造专业操作人员。

④ A4 级许可企业中，制造纤维缠绕容器的，应具备自控缠绕机械。

⑤ A5 级许可企业，应具有中级（或以上）持证电工至少 2 人和电气检测设备。

(2) B 级压力容器制造许可专项条件

① B 级许可企业，应具有满足气瓶爆破试验要求的专用场地和爆破试验自动记录设备。

② B1 级许可企业，应具备气瓶连续制造流水线，制造调质钢气瓶的，应具备 UT 或

MT 无损检测设备，淬火、回火的热处理设施及外测法水压试验设备。

③ B2 级许可企业，应具备气瓶制造线。其中乙炔瓶应具备配料、搅拌、振动、烘干和蒸压釜等设备；液化石油气瓶应具备连续制造流水线和热处理及其自动记录装置。

④ B3 级许可企业，应具备专用制造设备和制造线。制造缠绕气瓶的应具有自动缠绕机械和固化设备。

⑤ 满足制造专门产品需要的其他专用设备。

(3) C 级压力容器制造许可专项条件

① C1 级许可企业，应具备铁路专用线。

② C2 级和 C3 级许可企业，应具备相应组装能力和试验设施。

(4) 不锈钢或有色金属容器制造企业必须具备专用的制造场地和专用的加工设备、成形设备、切割设备、焊接设备和必要的工装，不得与碳钢混用。

(5) 同时具备几个级别许可的企业，应分别满足相应的专项条件。

3.2.1.3 专项规定

国家质检总局特种设备安全监察局于 2005 年 4 月 14 日发文《关于锅炉压力容器制造许可管理工作有关问题的意见》(国质检特函 [2005] 203 号)，对锅炉压力容器制造的有关问题进行了专项规定，涉及压力容器制造的规定如下。

(1) 关于压力容器壳体制造

压力容器壳体是压力容器产品的主要受压元件，压力容器制造单位应当具备生产壳体的能力，一般不得委托其他单位加工。但是，对于锻造、铸造等无纵向焊缝的压力容器壳体允许压力容器制造单位委托具备相应生产条件的单位加工。压力容器制造单位应当对被委托单位的生产条件、质量保证措施等按照本单位压力容器质量保证体系的要求进行评价。委托加工的压力容器壳体质量由委托单位负责，主要包括壳体几何尺寸、化学成分、力学性能、冲击试验结果（有要求时）和无损检测结果等。

对于无蓄能器壳体制造能力的蓄能器组装企业，不颁发相应的压力容器制造许可证，允许其向取得相应制造资格的单位购买蓄能器壳体进行组装，但在蓄能器产品上必须注明蓄能器壳体制造单位的名称和许可证编号。

(2) 关于大型压力容器现场制造（组焊）

大型压力容器是指因设备重量或运输道路限制，需在现场制造（组焊）完成的压力容器。具体分两类：一类是需在现场完成最后环焊缝焊接工作的，此类压力容器可以由该设备的制造单位到现场完成最后环焊缝的焊接工作，也可以委托具备相应的压力容器制造资格的单位或者具备 A3 级压力容器制造许可资格的单位完成最后环焊缝的焊接工作；另一类是需在现场分片组焊的压力容器，实施现场组焊压力容器的单位应当具备 A3 级压力容器制造许可证。

对需在现场制造（组焊）完成的压力容器，制造单位在实施现场制造（组焊）前，应当书面告知设备安装地的直辖市或设区的市质量技术监督部门，并按属地管理的原则，接受设备安装地经过核准的检验检测机构的监督检验。

(3) 关于封头制造

根据国家质检总局 2004 年 1 月 19 日公布的《特种设备目录》(国质检锅 [2004] 31 号）的要求，生产锅炉压力容器封头的单位，应当取得相应的制造资格。鉴于目前大多数锅炉压力容器封头生产企业已经取得相应制造许可证，为了进一步规范此项工作，凡未取得封头制造许可证的单位，不得再生产锅炉压力容器用封头。对违反规定的，将按《特种设备安全监察条例》第六十七条规定予以处罚。已取得相应锅炉压力容器制造许可证的单位，不需另取封头制造许可证。

(4) 关于气瓶集装箱

组装总容积大于或等于 $1m^3$ 的气瓶集装箱的单位应取得 C3 级（限组装气瓶集装箱）制造许可证。

C3 级（限组装气瓶集装箱）制造许可的基本条件为：

① 应当建立质量管理体系，制定质量控制文件和管理制度，并保证质量体系有效运转；

② 应当具有生产满足组装气瓶集装箱需要的车间；

③ 气瓶集装箱应当通过中国船级社的相关检验；

④ 应当具备组装气瓶集装箱所需的耐压和气密性试验设备；

⑤ 应当具有专业技术人员和操作人员，人数不少于 3 名。

对已取得 B1 级（无缝气瓶）制造许可证的单位，不需另取 C3 级（限组装气瓶集装箱）制造许可证，但气瓶集装箱需通过中国船级社的相关检验，并将检验报告报送发证部门备案。

3.2.2 质量管理体系的基本要求

根据国家质检总局颁布的 TSG Z0004—2007《特种设备制造、安装、改造、维修质量保证体系基本要求》，压力容器制造质量管理体系的基本要求如下：

① 压力容器制造单位应当结合受理的许可项目特性和本单位实际情况，按照以下原则建立质量保证体系，并且得到有效实施：

a. 符合国家法律、法规、安全技术规范和相应标准；

b. 能够对特种设备安全性能实施有效控制；

c. 质量方针、质量目标适合本单位实际情况；

d. 质量保证体系组织能够独立行使职责；

e. 质量保证体系责任人员（质量保证工程师和各质量控制系统责任人员）职责、权限及各质量控制系统的工作接口明确；

f. 质量保证体系基本要素设置合理，质量控制系统、控制环节、控制点的控制范围、程序、内容、记录齐全；

g. 质量保证体系文件规范、系统、齐全；

h. 满足特种设备许可制度的规定。

② 压力容器制造单位质量保证体系责任人员的要求如下：

a. 压力容器制造单位法定代表人（或者其授权的最高管理者）是承担安全质量责任的第一责任人，应当在管理层中应当任命 1 名质量保证工程师，协助最高管理者对压力容器制造质量保证体系的建立、实施、保持和改进负责，任命各质量控制系统责任人员，对压力容器制造过程中的质量控制负责；

b. 质量保证工程师和各质量控制系统责任人员应当是压力容器制造单位聘用的相关专业工程技术人员，其任职条件应当符合安全技术规范的规定，并与压力容器制造单位签订了劳动合同，但是不得同时受聘于两个以上单位；

c. 质量控制系统责任人员最多只能兼任两个管理职责不相关的质量控制系统责任人。

③ 压力容器制造单位应当编制质量保证体系文件，包括质量保证手册、程序性文件（管理制度）、作业（工艺）文件和质量记录等。质量保证手册应当由法定代表人（或者其授权的最高管理者）批准、颁布。

④ 压力容器制造单位可以根据其特种设备许可项目范围和特性以及质量控制的需要设置质量保证体系基本要素。但是，至少包括管理职责、质量保证体系文件、文件和记录控制、设计控制、材料（零、部件）控制、作业（工艺）控制，检验与试验控制、设备和检验

检测仪器控制、不合格品（项）控制、质量改进、人员培训、执行特种设备许可制度、许可规则（条件）等安全技术规范规定的其他主要过程控制等质量保证体系基本要素。

对于法规、安全技术规范规定允许分包的项目、内容，当压力容器制造单位进行分包时，应当制定分包质量控制的基本要求，包括资格认定、评价、活动的监督、质量记录、报告的审核和确认等要求。

⑤ 压力容器制造单位应当定期对质量保证体系进行管理评审，并且做好评审纪录。

⑥ 质量保证体系发生变化时，应当及时按规定程序修订质量保证体系文件，必要时对质量保证手册进行再版。

3.2.3 质量管理制度的基本要求

压力容器制造单位根据其特种设备许可项目范围和特性以及质量控制的需要，设置质量保证体系基本要素。

3.2.3.1 管理职责

(1) 质量方针和目标

质量方针和目标应当经法定代表人（或者其授权的代理人）批准，形成正式文件。质量方针和目标应当符合以下要求：

① 符合本单位的实际情况和许可项目范围、特性，突出特种设备安全性能要求；

② 质量方针体现了对特种设备安全性能及其质量持续改进的承诺，指明本单位的质量方向和所追求的目标；

③ 质量目标进行量化和分解，落实到各质量控制系统及其相关的部门和责任人员，并且定期对质量目标进行考核。

(2) 质量保证体系组织

根据许可项目特性和本单位的实际情况，建立独立行使特种设备安全性能管理职责的质量保证体系组织。

(3) 职责、权限

规定法定代表人对特种设备安全质量负责，任命质量保证工程师和各质量控制系统责任人员。质量保证工程师应为在管理层中成员且具有与所许可项目专业相关的知识，对质量保证体系建立、实施、保持和改进的管理职责和权限。

任命质量控制系统（如设计、材料、工艺、焊接、机械加工、金属结构制作、电控系统制作、热处理、无损检测、试验、检验、安装调试、其他主要过程控制系统等）责任人员，明确各质量控制系统责任人员以及需要独立行使与保证特种设备安全性能相关人员的职责、权限，各质量控制系统之间、质量保证工程师与各质量控制系统责任人员之间、各质量控制系统责任人员之间的工作接口控制和协调措施。

(4) 管理评审

每年至少应当对特种设备质量保证体系进行一次管理评审，确保质量保证体系的适应性、充分性和有效性，满足质量方针和目标，并保存管理评审记录。

3.2.3.2 质量保证体系文件

质量保证体系文件包括质量保证手册、程序文件（管理制度）、作业（工艺）文件（如作业指导书、工艺规程、工艺卡、操作规程等，下同）、质量记录（表、卡）等

① 质量保证手册　质量保证手册应当描述质量保证体系文件的结构层次和相互关系，并至少包括以下内容：术语和缩写；体系的适用范围；质量方针和目标；质量保证体系组织及管理职责；质量保证体系基本要素、质量控制系统、控制环节、控制点的要求。

② 程序文件（管理制度） 程序文件（管理制度）与质量方针相一致、满足质量保证手册基本要素要求，并且符合本单位的实际情况，具有可操作性。

③ 作业（工艺）文件和质量记录 作业（工艺）文件（通用或者专用）和质量记录应当符合许可项目特性，满足质量保证体系实施过程的控制需要。文件格式及其包括的项目、内容应当规范标准。

④ 质量计划（过程控制表卡、施工组织设计或者施工方案） 质量计划能够有效控制产品（设备）安全性能，能够依据各质量控制系统要求，合理设置控制环节、控制点（包括审核点、见证点、停止点），满足受理的许可项目特性和申请单位实际情况，并且包括以下内容：控制内容、要求；过程中实际操作要求；质量控制系统责任人员和相关人员的签字确认的规定。

3.2.3.3 文件和记录控制

（1）文件控制

文件控制的范围、程序、内容如下：

① 受控文件的类别确定，包括质量保证体系文件、外来文件（外来文件包括法律、法规、安全技术规范、标准、设计文件，设计文件鉴定报告，型式试验报告，监督检验报告，分供方产品质量证明文件、资格证明文件等。其中安全技术规范、标准必须有正式版本）、其他需要控制的文件等；

② 文件的编制、会签、审批、标识、发放、修改、回收，其中外来文件控制还应当有收集、购买、接收等规定；

③ 质量保证体系实施的相关部门、人员及场所使用的受控文件为有效版本的规定；

④ 文件的保管方式、保管设施、保存期限及其销毁的规定。

（2）记录控制

① 压力容器制造过程形成的质量记录的填写、确认、收集、归档、贮存等；

② 记录的保管和保存期限等；

③ 质量保证体系实施部门、人员及场所使用相关受控记录表格有效版本的规定。

3.2.3.4 合同控制

① 合同评审的范围、内容，包括执行的法律法规、安全技术规范、标准及技术条件等，并且形成评审记录并且保存；

② 合同签订、修改、会签程序等。

3.2.3.5 设计控制

① 设计输入的内容包括依据的法规、安全技术规范、标准及技术条件等，形成设计输入文件（如设计任务书等）；

② 设计输出，应当形成设计文件（包括设计说明书、设计计算书、设计图样等），设计文件应当满足法规、安全技术规范、标准及技术条件等要求；

③ 按照相关规定需要设计验证的，制定设计验证的规定；

④ 设计文件修改的规定；

⑤ 设计文件由外单位提供时，对外来设计文件控制的规定；

⑥ 法规、安全技术规范对设计许可、设计文件鉴定、产品型式试验等有规定时，应当制定相关规定。

3.2.3.6 材料、零部件控制

材料、零部件（包括配套设备，下同）控制的范围、程序、内容如下：

① 材料、零部件的采购（包括采购计划和采购合同），明确对分供方实施质量控制的方

式和内容（包括对分供方进行评价、选择、重新评价，并编制分供方评价报告，建立合格供方名录等），对法规、安全技术规范有行政许可规定的分供方，应当对分供方许可资格进行确认；

② 材料、零部件验收（复验）控制，包括未经验收（复验）或者不合格的材料、零部件不得投入使用等；

③ 材料标识（可追溯性标识）的标识编制、标识方法、位置和标识移植等；

④ 材料、零部件的存放与保管，包括储存场地、分区堆放或分批次（材料炉批）等；

⑤ 材料、零部件领用和使用控制，包括质量证明文件、牌号、规格、材料炉批号、检验结果的确认，材料领用、切割下料、成型、加工前材料标识的移植及确认，余料、废料的处理等；

⑥ 材料、零部件代用，包括代用的基本要求及代用范围，代用的审批、代用的检验试验等。

3.2.3.7　作业（工艺）控制

① 作业（工艺）文件的基本要求，包括通用或者专用工艺文件制定的条件和原则要求；

② 作业（工艺）纪律检查，包括工艺纪律检查时间、人员，检查的工序，检查项目、内容等；

③ 工装、模具的管理，包括工装、模具的设计、制作及检验，工装、模具的建档、标识、保管、定期检验、维修及报废等。

3.2.3.8　焊接控制

① 焊接人员管理，包括焊接人员培训、资格考核，持证焊接人员的合格项目，持证焊接人员的标识，焊接人员的档案及其考核记录等；

② 焊接材料控制，包括焊接材料的采购、验收、检验、储存、烘干、发放、使用和回收等；

③ 焊接工艺评定报告（PQR）和焊接工艺指导书（WPS）控制，包括焊接工艺评定报告、相关检验检测报告、工艺评定施焊记录以及焊接工艺评定试样的保存；

④ 焊接工艺评定的项目覆盖特种设备焊接所需要的焊接工艺；

⑤ 焊接过程控制，包括焊接工艺、产品施焊记录、焊接设备、焊接质量统计以及统计数据分析；

⑥ 焊缝返修（母材缺陷补焊）控制，包括焊缝返修（母材缺陷补焊）工艺、焊缝返修次数和焊缝返修审批、焊缝返修（母材缺陷补焊）后重新检验检测等；

⑦ 依据安全技术规范、标准有产品焊接试板要求时，对产品焊接试板控制，包括焊接试板的数量、制作、焊接方式、标识、热处理、检验检测项目、试样加工、检验试验、焊接试板和试样不合格的处理、试样的保存等。

3.2.3.9　热处理控制

结合许可项目特性和本单位实际情况，依据安全技术规范、标准的要求，制定热处理控制的范围、程序、内容如下：

① 热处理工艺基本要求；

② 热处理控制，包括所用的热处理设备、测温装置、温度自动记录装置、热处理记录（注明热处理炉号、工件号/产品编号、热处理日期、热处理操作工签字、热处理责任人签字等）和报告的填写、审核确认等；

③ 热处理由分包方承担时，对分包方热处理质量控制，包括对分包方的评价、选择和重新评价，分包方热处理工艺控制，分包方热处理报告、记录（注明热处理炉号、工件号/

产品编号、热处理日期、热处理操作工签字、热处理责任人签字等）和报告的审查确认等。

3.2.3.10 无损检测控制

结合许可项目特性和本单位实际情况，依据安全技术规范、标准的要求，制定无损检测控制的范围、程序、内容如下：

① 无损检测人员管理，包括无损检测人员的培训、考核，资格证书，持证项目的管理，无损检测人员的职责、权限等；

② 无损检测通用工艺、专用工艺基本要求，包括无损检测方法，依据安全技术规范、标准等；

③ 无损检测过程控制，包括无损检测方法、数量、比例，不合格部位的检测、扩探比例，评定标准等；

④ 无损检测记录、报告控制，包括无损检测记录、报告的填写、审核、复评、发放，RT 底片的保管，UT 试块的保管等；

⑤ 无损检测设备及器材控制；

⑥ 无损检测工作由分包方承担时，对分包方无损检测质量控制，包括对分包方资格、范围及人员资格的确认，对分包方的评价、选择、重新评价并且形成评价报告，对分包方的无损检测工艺、无损检测记录和报告的审查和确认等。

3.2.3.11 理化检验控制

① 理化检验人员培训上岗；

② 理化检验控制，包括理化检验方法确定和操作过程的控制；

③ 理化检验记录、报告的填写、审核、结论确认、发放、复验以及试样、试剂、标样的管理等；

④ 理化检验的试样加工及试样检测；

⑤ 理化检验由分包方承担时，对分包方理化检验质量控制，包括对分包方的评价、选择、重新评价并且形成评价报告，对分包方理化检验工艺、理化检验记录和报告审查和确认等。

3.2.3.12 检验与试验控制

① 检验与试验工艺文件基本要求，包括依据、内容、方法等；

② 过程检验与试验控制，包括前道工序未完成所要求的检验与试验或者必须的检验与试验报告未签发和确认前，不得转入下道工序或放行的规定；

③ 最终检验与试验控制（如出厂检验、竣工验收、调试验收、试运行验收等），包括最终检验与试验前所有的过程检验与试验均已完成，并且检验与试验结论满足安全技术规范、标准的规定；

④ 检验与试验条件控制，包括检验与试验场地、环境、温度、介质、设备（装置）、工装、试验载荷、安全防护、试验监督和确认等；

⑤ 检验与试验状态，如合格、不合格、待检的标识控制；

⑥ 安全技术规范、标准有型式试验或其他特殊试验规定时，应当编制型式试验或其他特殊试验控制的规定，包括型式试验项目及其覆盖产品范围、型式试验机构、型式试验报告、型式试验结论及其他特殊试验条件、方法、工艺、记录、报告及试验结论等；

⑦ 检验试验记录和报告控制，包括检验试验的记录、报告的填写、审核和确认等，检验试验记录、报告、样机（试样、试件）的收集、归档、保管的特殊要求等。

3.2.3.13 设备和检验试验装置控制

① 设备和检验试验装置控制，包括采购、验收、操作、维护、使用环境、检定校准、

检修、报废等；

② 设备和检验试验装置档案管理，包括建立设备和检验试验装置台账和档案，质量证明文件、使用说明书、使用记录、维修保养记录、校准检定计划，校准检定记录、报告等档案资料；

③ 设备和检验试验装置状态控制，包括检定校准标识，法定检验要求的设备定期检验的检验报告等。

3.2.3.14 不合格品（项）控制

① 不合格品（项）的记录、标识、存放、隔离等；

② 不合格品（项）原因分析、处置及处置后的检验等；

③ 对不合格品（项）所采取纠正措施的制定、审核、批准、实施及其跟踪验证等。

3.2.3.15 质量改进与服务

① 质量信息控制，包括内、外部质量信息，质量技术监督部门和监督检验机构提出的质量问题，质量信息收集、汇总、分析、反馈、处理等；

② 规定每年至少进行一次完整的内部审核，对审核发现的问题分析原因、采取纠正措施并跟踪验证其有效性；

③ 对产品一次合格率和返修率进行定期统计、分析，提出具体预防措施等；

④ 用户服务，包括服务计划、实施、验证和报告，以及相关人员职责等。

3.2.3.16 人员培训、考核及其管理

① 人员培训要求、内容、计划和实施等；

② 压力容器制造许可所要求的相关人员的培训、考核档案；

③ 压力容器制造许可所要求的相关人员的管理，包括聘用、借调、调出的管理。

注：本条不包括焊接人员、无损检测人员、理化检验人员，这些人员的培训、考核及其管理在相关条中规定。

3.2.3.17 其他过程控制

结合许可项目特性，应当将其他过程控制单独编制独立的控制要素，规定控制范围、程序、内容如下：

① 明确对压力容器制造安全性能有重要影响的其他过程；

② 任命其他过程控制责任人员，明确其职责、权限；

③ 其他过程控制实施中的特殊控制要求、过程记录、检验试验项目、检验试验记录和报告。

注：其他过程是指在压力容器制造过程中，对压力容器安全性能有重要影响、需要加以特别控制的过程。如球片的压制，封头的成形，锻件加工，容器的表面处理，缠绕容器的缠绕或绕带，无缝气瓶的拉伸成形、收口、收底、瓶口加工等；溶解乙炔气瓶的填料配料、蒸压、烘干等；缠绕气瓶的纤维缠绕、烘干、固化等；医用氧舱的安装、通信系统、电器系统、照明系统、供排气系统等。

对于许可规则（条件）等安全技术规范规定明确规定的其他过程控制中的主要控制过程，应当单独作为一个基本要素做出专门规定，其他一般性的过程控制可以在作业（工艺）控制中规定。对于某些许可项目，如果没有焊接、热处理、无损检测等要求的，可以不进行专门规定，而将许可规则（条件）等安全技术规范规定的其他主要过程控制列入。

3.2.3.18 执行特种设备许可制度

结合许可项目特性和本单位实际情况，制定执行特种设备许可制度控制，控制范围、程序、内容如下：

① 执行特种设备许可制度；

② 接受各级质量技术监督部门的监督；

③ 接受监督检验，包括法规、安全技术规范对压力容器制造实施监督检验的要求时，制定接受监督检验的规定，明确专人负责与监督检验人员的工作联系，提供监督检验工作的条件，对监督检验机构提出的《监检工作联络单》、《监检意见通知书》的处理内容等；

④ 做好特种设备许可证管理，包括遵守相关法律、法规和安全技术规范的规定，特种设备许可情况（如名称、地点、质量保证体系）发生变更、变化时，及时办理变更申请和备案的规定，特种设备许可证及许可标志管理规定，特种设备许可证的换证的要求等；

⑤ 提供相关信息，包括按照法规、安全技术规范，向质量技术监督部门、检验机构和社会提供压力容器制造设备及其过程的相关信息，以及机构设置、人员配备和设备的情况等。

3.2.4 压力容器产品安全质量基本要求

3.2.4.1 *总要求*

压力容器制造企业所制造的压力容器产品必须满足下列有关的中国压力容器安全技术规程的要求：

①《固定式压力容器安全技术监察规程》；

②《超高压容器安全监察规程》；

③《医用氧舱安全管理规定》；

④《气瓶安全监察规程》；

⑤《溶解乙炔气瓶安全监察规程》；

⑥《液化气体汽车罐车安全监察规程》；

⑦《简单压力容器安全技术监察规程》；

⑧《移动式压力容器安全技术监察规程》。

境外企业如果短期内完全执行上述中国压力容器安全技术规范确有困难时，对出口到中国的压力容器产品，在征得总局安全监察机构的同意后，可以采用国际上成熟的、体系完整的、被多数国家采用的技术规范或标准，但同时必须满足上述3.2.3.2～3.2.3.7各节的要求。

3.2.4.2 *压力容器产品安全质量技术资料要求*

压力容器产品在出厂时应附有至少包括下列与安全有关的技术资料。

① 竣工图样：竣工图样应有设计单位资格印章（复印章无效），并且加盖竣工图章，竣工图章上应有制造单位名称、制造许可证编号、审核人签字和“竣工图”字样。若制造中发生了材料代用、无损检测方法改变、加工尺寸变更等，制造单位应按照设计单位书面批准文件的要求在竣工图样上直接标注，标注处应有修改人的签字及修改日期。

② 压力容器产品合格证（含产品数据表）。

③ 产品质量证明文件：含主要受压元件材质证明书、材料清单、封头和锻件等外购件的质量证明文件、质量计划或检验计划、结构尺寸检查报告、焊接记录、无损检测报告、热处理报告及自动记录曲线、耐压试验报告及泄漏性试验报告、与风险预防和控制相关的制造文件、现场组焊容器的组焊和质量检验技术资料等。

④ 产品铭牌的拓印件或复印件。

⑤ 特种设备制造监督检验证书（对需监督检验的压力容器）。

⑥ 容器设计文件（含强度计算书或者应力分析报告、按相关规定要求的风险评估报告，

以及其他必要的设计文件)。

⑦ 对容器使用有特殊要求时，还应提供使用说明书。

⑧ 移动式压力容器还应提供产品使用说明书（含安全附件使用说明书)、随车工具及安全附件清单、底盘使用说明书和强度计算书等技术文件和资料。

3.2.4.3　*产品铭牌要求*

在压力容器的明显位置装有金属铭牌。铭牌上的项目至少应包括以下内容（用中文或英文表示，采用国际单位制)：

① 产品名称；

② 制造单位名称；

③ 制造单位许可证编号/级别；

④ 产品标准；

⑤ 主体材料；

⑥ 介质名称；

⑦ 设计温度；

⑧ 设计压力或最高允许工作压力；

⑨ 耐压试验压力；

⑩ 产品编号；

⑪ 设备代码；

⑫ 制造日期；

⑬ 压力容器类别；

⑭ 容积（换热面积)。

3.2.4.4　*设计要求*

① 材料许用应力的系数（设计安全系数）按下列要求确定：基于材料常温抗拉强度的考虑，钢制压力容器一般不得低于 2.7；基于材料常温屈服强度考虑，碳素钢和低合金钢一般不得低于 1.5，高合金钢一般不得低于 1.5。按分析设计的钢制压力容器，基于材料常温抗拉强度考虑，一般不得低于 2.4；基于材料常温和设计温度的屈服强度考虑，一般不得低于 1.5，否则，应报总局安全监察机构批准。钢制和有色金属压力容器的设计安全系数选取详见表 3-2。

② 采用应力分析设计的压力容器产品，压力容器制造企业应向总局安全监察机构备案。

③ 当采用标准规定以外的强度计算方法或试验方法进行设计时，压力容器制造企业应向总局安全监察机构备案。

④ 移动式压力容器的设计应报总局安全监察机构审查、备案。

⑤ 压力容器的所有 A、B 类焊接接头均需按相应标准和设计图样的规定进行无损检测（RT 或 UT)。焊接接头系数应根据受压元件的焊接接头型式及无损检测的比例确定（焊接接头系数规定见《许可条件》表 2)。

⑥ 常温贮存液化石油气的压力容器，设计压力应按不低于 50℃时的混合液化石油气成分的实际饱和蒸气压力确定，并应在设计图样上注明液化石油气的限定成分和对应的工作压力。

⑦ 压力容器筒体与筒体、筒体与封头之间的连接以及封头的拼接不允许采用搭接结构，也不允许存在十字焊缝。

⑧ 内径大于等于 500mm 的压力容器应设置一个人孔或两个手孔（当容器无法开人孔时)（夹套容器、换热器和其他不允许开孔的容器除外)。

⑨ 压力容器的快开门（盖）应装设安全联锁装置。

表 3-2　钢、铝、铜、钛、镍及其合金的设计安全系数

<table>
<tr><th colspan="2">条件
材料</th><th>室温下的抗拉强度 R_m</th><th>设计温度下的屈服强度 $R_{eL}^t(R_{p0.2}^t)$</th><th>设计温度下的持久(平均值)强度 R_D^t</th><th>设计温度下的蠕变极限平均值(每1000h蠕变率为0.01%) R_n^t</th></tr>
<tr><td colspan="2">碳素钢和低合金钢</td><td>$n_b \geqslant 2.7$</td><td>$n_s \geqslant 1.5$</td><td>$n_d \geqslant 1.5$</td><td>$n_n \geqslant 1.0$</td></tr>
<tr><td colspan="2">高合金钢</td><td>$n_b \geqslant 2.7$</td><td>$n_s \geqslant 1.5$</td><td>$n_d \geqslant 1.5$</td><td>$n_n \geqslant 1.0$</td></tr>
<tr><td colspan="2">钛及钛合金</td><td>$n_b \geqslant 2.7$</td><td>$n_s \geqslant 1.5$</td><td>$n_d \geqslant 1.5$</td><td>$n_n \geqslant 1.0$</td></tr>
<tr><td colspan="2">镍及镍合金</td><td>$n_b \geqslant 2.7$</td><td>$n_s \geqslant 1.5$</td><td>$n_d \geqslant 1.5$</td><td>$n_n \geqslant 1.0$</td></tr>
<tr><td colspan="2">铝及铝合金</td><td>$n_b \geqslant 3.0$</td><td>$n_s \geqslant 1.5$</td><td></td><td></td></tr>
<tr><td colspan="2">铜及铜合金</td><td>$n_b \geqslant 3.0$</td><td>$n_s \geqslant 1.5$</td><td></td><td></td></tr>
<tr><td rowspan="2">铸铁</td><td>灰铸铁</td><td>$n_b \geqslant 10.0$</td><td></td><td></td><td></td></tr>
<tr><td>球墨铸铁
可锻铸铁</td><td>$n_b \geqslant 8.0$</td><td></td><td></td><td></td></tr>
<tr><td rowspan="7">螺栓</td><td rowspan="2">碳素钢</td><td>≤M22</td><td>$n_s \geqslant 2.7$(热轧、正火)</td><td rowspan="7">$n_d \geqslant 1.5$</td><td></td></tr>
<tr><td>M24～M48</td><td>$n_s \geqslant 2.5$(热轧、正火)</td><td></td></tr>
<tr><td rowspan="3">低合金钢
高合金钢、
马氏体钢</td><td>≤M22</td><td>$n_s \geqslant 3.5$(调质)</td><td></td></tr>
<tr><td>M24～M48</td><td>$n_s \geqslant 3.0$(调质)</td><td></td></tr>
<tr><td>≥M52</td><td>$n_s \geqslant 2.7$(调质)</td><td></td></tr>
<tr><td rowspan="2">奥氏体钢
奥氏体钢</td><td>≤M22</td><td>$n_s \geqslant 1.6$(固溶)</td><td></td></tr>
<tr><td>M24～M48</td><td>$n_s \geqslant 1.5$(固溶)</td><td></td></tr>
</table>

注：1. 如果本规程引用标准允许采用 $R_{tp}1.0$，则可以选用该值计算其许用应力。

2. 根据设计使用年限选用 1.0×10^5h、1.5×10^5h、2.0×10^5h 等持久强度极限值。

3. 如果本规程引用标准允许采用 $R_{tp}1.0$，则可以选用该值计算其许用应力。

3.2.4.5　压力容器用钢要求

① 用于容器受压元件的材料，其使用范围不得超过相应标准规定的允许范围。

② 用于焊接结构压力容器主要受压元件的碳钢和低合金碳钢，钢材的含磷（P）量不应大于0.030%，含硫（S）量不应大于0.020%。

③ 用于焊接结构压力容器主要受压元件的碳钢和低合金钢，钢材的含碳量不应大于0.25%，且碳当量（C_{eq}）不大于0.45%。

④ 用于焊接结构压力容器受压元件的调质低合金钢，如果钢材的标准抗拉强度下限值≥540MPa，钢材的含磷（P）量不应大于0.025%，含硫（S）量不应大于0.015%。

⑤ 用于设计温度低于－20℃并且标准抗拉强度下限值小于540MPa的钢材，含磷量≤0.025%、含硫量≤0.012%；

⑥ 用于设计温度低于－20℃并且标准抗拉强度下限值大于或者等于540MPa的钢材，含磷量≤0.020%、含硫量≤0.010%。

⑦ 用于移动式压力容器罐体的钢板，每批应抽两张钢板进行冲击试验，试验温度为－20℃或按图样规定。冲击试验要求和冲击韧性合格指标按《许可条件》表3的规定。

⑧ 沸腾钢不允许用于制造压力容器的受压元件。

⑨ 铸铁用于压力容器的受压元件时，应符合《许可条件》表4规定的范围，且不得用于下列压力容器的受压元件：

a. 盛装毒性程度为极度、高度或中度危害介质的压力容器元件；

b. 设计压力大于等于0.15MPa且介质为易燃物质的压力容器受压元件；

c. 管壳式余热锅炉；

d. 移动式压力容器。

3.2.4.6 制造要求

① 冷成形的碳钢和低合金钢制凸形封头应在成形后进行消除应力热处理。

② 符合下列条件之一的压力容器，需进行焊后整体消除应力热处理：

a. 盛装毒性程度为极度、高度危害介质的压力容器；

b. 图样注明有应力腐蚀的压力容器；

c. 容器焊接接头厚度符合GB 150《压力容器》中8.2.2条规定时；

d. 当相关标准和图样另有规定时。

③ 常温下贮存混合液化石油的压力容器以及贮存能力导致应力腐蚀的其他介质的压力容器，其所用钢板应逐张进行UT（超声检测），焊后应进行消除应力热处理。

④ 按疲劳分析设计的压力容器，其A、B类对接接头应去除焊缝余高；各类焊接接头均具有圆滑过渡。

⑤ 所有板壳式换热设备均应为可拆的和可清洗的结构。

3.2.4.7 检验要求

① 下列压力容器应按台制作纵焊缝产品焊接试板。

a. 碳钢、低合金钢制低温压力容器；

b. 材料标准抗拉强度下限值大于或者等于540MPa的低合金钢制压力容器；

c. 需经过热处理改善或者恢复材料力学性能的钢制压力容器；

d. 设计图样注明盛装毒性为极度或者高度危害介质的压力容器；

e. 设计图样和规程引用标准要求制备产品焊接试件的压力容器。

② 压力容器的焊接接头应按设计图样的要求进行无损检测。但下列压力容器的A类及B类焊接接头应进行100%射线或超声检测，材料厚度≤38mm时，其焊接接头应采用射线检测。

a. 设计压力大于或者等于1.6MPa的第Ⅲ类压力容器；

b. 按照分析设计标准制造的压力容器；

c. 采用气压试验或者气液组合压力试验的压力容器；

d. 焊接接头系数取1.0的压力容器或者使用后需要但是无法进行内部检验的压力容器；

e. 标准抗拉强度下限值大于或者等于540MPa的低合金钢制压力容器，厚度大于20mm时，其对接接头还应当采用所规定的与原无损检测方法不同的检测方法进行局部检测，该局部检测应当包括所有的焊缝交叉部位；

f. 设计图样和规程引用标准要求时。

③ 除②规定以外的压力容器，允许对其A类及B类焊接接头进行局部无损检测。局部无损检测的检测长度为不少于每条焊缝长度的20%，且不小于250mm。但下列焊接接头应按GB 150《压力容器》全部检测，合格级别按容器的要求：

a. 对所有T形焊接接头；

b. 开孔区域内（以开孔中心为圆心，1倍开孔直径为半径的圆内）的焊接接头；

c. 被补强圈、支座、垫板等其他元件所覆盖的焊接接头；

d. 拼接封头和拼接管板的对接接头；

e. 公称直径大于250mm接管的对接接头的无损检测比例及合格级别应与压力容器本体

焊接接头要求相同。

④ 不允许采用降低焊接接头系数而不进行无损检测。

⑤ 压力容器的压力试验报告和气密性试验报告应记载试验压力、试验介质、试验介质温度、保压时间和试验结果。试验报告随同设备同时交给客户。

3.3 产品安全性能监督检验

根据《中华人民共和国特种设备安全法》和国务院颁布的《特种设备安全监察条例》的规定，压力容器出厂产品安全性能监督检验（以下简称监检）应由各级安全监察机构授权的特种设备检验单位进行。压力容器制造单位必须建立相应的质量保证体系，以保证产品制造质量符合有关规程、标准和技术文件的要求。接受监检的压力容器制造企业（以下简称受检企业），必须持有国家质量技术监督部门颁发的《中华人民共和国特种设备制造许可证》。

3.3.1 监督检验通用要求

3.3.1.1 产品监督检验定义

压力容器的监检应当在压力容器制造过程中进行。监检是在压力容器制造单位（以下简称受检单位）的质量检验、检查与试验（以下简称自检）合格的基础上进行的过程监督和满足基本安全要求的符合性验证。监检工作不能代替受检单位的自检。

3.3.1.2 适用范围

压力容器制造监检适用于以下产品的制造：

① 整体或者分段（片）出厂的压力容器；

② 现场制造、现场组焊、现场粘接的压力容器；

③ 压力容器封头；

④ 单独出厂并且采用焊接方法相连的压力容器承压部件。

3.3.1.3 监检机构

① 监检机构指经国家质检总局核准，具有相应资质，承担压力容器监检工作的特种设备检验机构。

② 现场制造（含分片出厂现场组装）压力容器的监检，由压力容器使用地的监检机构承担。已在工厂内完成大部分制造过程，采用分段运输到使用地完成最终制造过程的压力容器（现场组焊、粘接）的监检，由压力容器原制造地的监检机构或者使用地的监检机构承担。

3.3.1.4 受检单位的义务

受检单位应当持有相应压力容器制造许可证（或者其许可申请已被受理），在监检工作中履行以下义务：

① 建立质量保证体系并且保持有效实施，对压力容器的制造、施工质量负责；

② 在压力容器的制造、施工前，向监检机构提出监检申请；

③ 向监检机构提供必要的工作条件，提供与受检产品有关的真实、有效的质量保证体系文件、技术资料、检验记录和试验报告等；

④ 确定监检联络人员，需要监检员现场确认或者现场抽查的项目，提前通知监检员，使监检员能够按时到场；

⑤ 对《特种设备监督检验联络单》（以下简称《监检联络单》）和《特种设备监督检验意见通知书》（以下简称《监检意见书》），在规定的期限内处理并且书面回复，如受检单位

未在规定期限内处理并且书面回复，监检机构应当暂停对其监检；

⑥ 应当监检但未经监检的压力容器及其部件不得出厂或者交付使用。

3.3.1.5 监检机构职责

监检机构在监检工作中履行以下职责：

① 建立质量体系并且保持有效实施，对压力容器监检工作质量负责；

② 向受检单位提供监检工作程序以及监检员资格情况；

③ 定期组织对受检单位的质量保证体系实施状况进行评价；

④ 发现受检单位质量保证体系实施或者压力容器安全性能存在严重问题时，发出《监检意见书》，同时报告所在地的质量技术监督部门（以下简称质监部门）；

⑤ 对监检员加强管理，定期对监检员进行培训、考核，防止和及时纠正监检失当行为；

⑥ 按照信息化工作和统计年报的要求，及时汇总、统计有关监检的数据。

注：④中所说严重问题，是指监检项目不合格并且不能纠正；受检单位质量保证体系实施严重失控；对《监检联络单》提出的问题拒不整改；已不再具备制造或者施工的许可条件；严重违反特种设备许可制度（如发生涂改、伪造、转让或者出卖特种设备许可证，向无特种设备许可证的单位出卖或者非法提供产品质量证明书）；发生重大质量事故等问题。

3.3.1.6 监检员职责

承担压力容器监检工作的监检员应当持有国家质检总局颁发的相应资格证书，在监检工作中应当履行以下义务：

① 按照受检单位的生产安排，及时对报检的产品进行监检并且对监检工作质量负责；

② 妥善保管受检单位提供的技术资料，并且负有保密的义务；

③ 发现受检单位质量保证体系实施或者压力容器安全性能存在一般问题时，及时向受检单位发出《监检联络单》；

④ 发现受检单位质量保证体系实施或者压力容器安全性能出现不符合本规程的严重问题时，及时停止监检并且向监检机构报告；

⑤ 及时在工作见证上签字（章）确认，填写监检记录；

⑥ 对监检合格的压力容器，及时出具《特种设备监督检验证书》（以下简称《监检证书》），负责打监检钢印（制造监检时）。

3.3.1.7 监检程序

压力容器监检的一般程序如下：

① 受检单位提出监检申请并且与监检机构签署监检工作协议，明确双方的权力、责任和义务；

② 监检员审查相关技术文件后，确定监检项目；

③ 监检员根据确定的监检项目，对制造、施工过程进行监检，填写监检记录等工作见证；

④ 制造监检合格后，打监检钢印；

⑤ 出具《监检证书》。

3.3.1.8 监检内容

压力容器监检包括以下内容：

① 通过相关技术资料和影响基本安全要求工序的审查、检查与见证，对受检单位进行的压力容器制造过程及其结果是否满足本规程要求进行符合性验证；

② 对受检单位的质量保证体系实施状况检查与评价。

3.3.1.9 监检项目

(1) 监检项目的确定原则

监检员应当依据本规程、设计总图规定的产品标准和制造技术条件、工艺文件，综合考虑所监检的压力容器制造、施工过程对安全性能的影响程度，结合受检单位的质量保证体系实施状况，基于产品质量计划确定监检项目。

(2) 监检项目的分类

监检项目分为A类、B类和C类，其要求如下：

① A类，是对压力容器安全性能有重大影响的关键项目，在压力容器制造、施工到达该项目时，监检员现场监督该项目的实施，其结果得到监检员的现场确认合格后，方可继续施工；

② B类，是对压力容器安全性能有较大影响的重点项目，监检员一般在现场监督该项目的实施，如不能及时到达现场，受检单位在自检合格后可以继续进行该项目的实施，监检员随后对该项目的结果进行现场检查，确认该项目是否符合要求；

③ C类，是对压力容器安全性能有影响的检验项目，监检员通过审查受检单位相关的自检报告、记录，确认该项目是否符合要求；

④ 本规程监检项目设为C/B类时，监检员可以选择C类，当本规程相关条款规定需要进行现场检查时，监检员此时应当选择B类；

⑤ 监检项目的类别划分要求见本规程（TSG R0004，本节下同）相应章节的有关要求。

3.3.1.10 监检工作见证

监检机构根据监检工作的需要，制定有关监检工作见证的要求。

① 监检工作见证包括监检员签字（章）确认的受检单位提供的相应检验、试验报告和监检记录；

② 监检记录应当能够表明监检过程的实施情况，并且具有可追溯性。除本规程明确要求的监检记录外，监检员还应当记录监检工作中的抽查情况以及发现问题的项目、内容；

③ 监检员完成监检项目后，及时填写相关监检工作见证。

3.3.1.11 监检钢印与监检证书

监检钢印与监检证书应当符合以下要求：

① 当监检产品为整台压力容器、现场组焊或者现场制造的压力容器时，监检员在产品铭牌上打上监检钢印；

② 当监检产品为封头或者单独出厂并且采用焊接方法相连的承压部件时，监检员在产品质量证明文件上盖注监检标志；

③ 经监检合格的产品，监检员汇总监检记录及见证资料，监检机构在监检工作完成后10个工作日内按台出具《监检证书》。

定型产品或者批量制造的压力容器可以不按台出具《监检证书》。当不按台出具《监检证书》时，《监检证书》的份数应当与受检单位协商确定。

3.3.1.12 监检机构存档资料

监检工作结束后，监检员应当及时出具《监检证书》并且将相关监检资料交监检机构存档。监检资料至少包括以下内容：

①《监检证书》；

② 签字（章）确认的质量计划复印件、监检记录等有关的监检工作见证；

③ 压力容器产品数据表；

④《监检联络单》和《监检意见书》；

⑤ 监检机构质量体系文件中规定存档的其他资料。

3.3.2　制造监督检验

3.3.2.1　制造监督检验通用要求

(1) 设计文件与工艺文件

① 文件审查基本要求　受检单位在制造投料前将压力容器的设计文件、质量计划、焊接或者浸渍、粘接工艺规程（WPS）和热处理工艺等相关工艺文件提交监检员审查。监检员逐台审查压力容器的设计文件、质量计划和相关工艺文件。如果监检的压力容器为定型产品（定型产品，是指具有相同设计文件、相同工艺文件、相同质量计划的压力容器产品）时，监检员可以按照型号进行设计文件审查；适用批量监检时，监检员可以按批进行设计文件审查。

② 设计文件审查至少包括的内容

a. 设计单位的资质、设计总图的批准手续是否符合要求。

b. 外来图样是否按照质量保证体系文件的规定进行工艺审图。

c. 强度计算书或者应力分析报告、设计总图及其制造技术条件、必要的风险评估报告等设计文件是否齐全。

d. 设计变更（含材料代用）手续是否符合要求。

e. 设计采用的本规程及产品标准、主要受压元件的材料标准是否为有效版本；当采用国际标准或者境外标准设计时是否有设计文件与我国基本安全要求的符合性申明。

f. 当设计方法采用规则设计方法或者分析设计方法之外的方法时，是否按照本规程的要求进行了技术评审并且履行了相应的批准手续；采用试验方法设计时，监检员现场确认试验过程（现场确认试验过程的方法与要求可参照耐压试验过程的监检，由受检单位以外的机构进行试验时，审查相关见证资料），并且在试验报告上签字（章）确认。

g. 蓄能器、简单压力容器等需要进行型式试验产品的型式试验报告（证书）是否符合要求。

h. 设计总图上注明的无损检测要求、热处理要求、耐压试验和泄漏试验要求是否符合本规程及产品标准的规定。

监检员完成上述监检项目后，记录设计总图图号。

③ 工艺文件审查　审查相关工艺文件是否符合受检单位质量保证体系的批准程序；下列内容是否符合本规程及产品标准、设计总图规定的制造技术条件：

a. 是否依据经过评定合格的焊接工艺规程（WPS）编制了焊接作业指导书（WWI）；

b. 当压力容器需要进行焊后热处理时，其要求是否与相应的焊接工艺评定或者焊接工艺规程（WPS）中的焊后热处理要求相符；

c. 当采用本规程及产品标准中没有规定的无损检测方法、消除焊接残余应力方法、改善材料性能方法、泄漏试验方法等新工艺时，新工艺是否进行了本规程要求的技术评审及履行了相应的审批手续。

监检员完成相关工艺文件审查后，记录已审查的工艺文件编号。

(2) 质量计划审查

审查质量计划是否符合受检单位质量保证体系的批准程序；下列内容是否符合本规程及产品标准、设计总图规定的制造技术条件：

① 主要受压元件材料验收；

② 焊接工艺评定、粘接浸渍工艺评定等；

③ 产品试件检验与试验；

④ 无损检测；

⑤ 焊后热处理等特殊过程；

⑥ 外观与几何尺寸检验；

⑦ 耐压试验和泄漏试验；

⑧ 设计总图中规定的特殊技术要求；

⑨ 采用本规程及产品标准中没有规定的新材料、新工艺的质量控制要求。

监检员完成质量计划审查后，根据 3.3.1.9 的规定在质量计划中明确监检项目并且签字（章）确认。

（3）材料

① 材料监检基本要求　材料监检包括压力容器主要受压元件材料的验收、标志移植检查和材料代用的审查。监检员完成材料监检后，在材料质量证明书或者主要受压元件材料清单上签字（章）确认。当需要进行现场抽查时，还应当记录现场抽查的材料入库编号。

② 材料验收监检（C/B 类）　监检至少包括以下内容：

a. 审查主要受压元件材料验收的见证资料是否符合受检单位质量保证体系的规定，审查主要受压元件的材料质量证明书原件或者加盖材料供应单位检验公章和经办人章的复印件，其材料质量证明书的材料化学成分、力学性能是否符合设计总图规定的材料验收标准及其提出的特殊要求。

b. 当主要受压元件为外协件或者外购件，并且未实施监督检验时，按照 a 项的内容实施监检；当主要受压元件为外协件或者外购件，并且已实施监督检验时，审查外协件和外购件验收的见证资料和监督检验证书。

c. 当主要受压元件需要进行材料复验、无损检测时，审查材料复验报告、无损检测报告的批准手续是否符合受检单位质量保证体系的规定，其试验项目、验收要求是否符合本规程及产品标准、设计总图规定的制造技术条件。

d. 当受检单位使用境外牌号材料制造在境内使用的压力容器时，审查所使用的境外牌号材料是否符合本规程及产品标准中的相关要求。

e. 当使用本规程要求技术评审的材料制造压力容器时，审查材料是否通过了本规程要求的技术评审并且履行了相应的批准手续。

③ 材料标志移植监检（C/B 类）

a. 主要受压元件材料标志移植监检，监检员根据受检单位质量保证体系实施状况和压力容器的材料种类，确定主要受压元件材料标志移植的现场抽查数量；

b. 当主要受压元件用材料是标准抗拉强度下限值大于或者等于 540MPa 的低合金钢钢板、奥氏体-铁素体不锈钢钢板、用于设计温度低于－40℃的低合金钢钢板以及受检单位首次施焊的材料时（含满足上述条件的复合钢板，下同），至少现场抽查 1 节筒节和 1 个封头的材料标志移植情况。

④ 材料代用监检（C 类）　当受检单位对主要受压元件材料代用时，审查原设计单位的书面批准文件。

（4）耐压试验与泄漏试验

① 耐压试验与泄漏试验监检基本要求

a. 受检单位应当保证压力容器在耐压试验前的工序及检验已全部完成，耐压试验与泄漏试验的准备工作符合本规程及产品标准、设计总图规定的制造技术条件的要求；

b. 受检单位应当提前通知监检员耐压试验的时间，监检员应当按时到达耐压试验现场。

② 耐压试验监检（A 类）至少包括以下内容：

a. 检查确认耐压试验用介质、介质温度、试验压力和保压时间是否符合本规程及产品标准、设计总图规定的制造技术条件的要求；

b. 确认耐压试验是否有渗漏、可见的变形，试验过程中有无异常的响声。

监检员现场见证耐压试验后，审查耐压试验报告并且签字（章）确认。

③ 泄漏试验监检（C/B类） 监检时，监检员审查泄漏试验的试验方法和试验报告是否符合本规程及产品标准、设计总图规定的制造技术条件的要求，并且在泄漏试验报告上签字（章）确认。

(5) 出厂资料（C类）

监检员对出厂（竣工）资料进行审查。

① 产品出厂资料 当监检对象为整台压力容器、分段（片）出厂的压力容器、现场组焊或者现场制造的压力容器时，出厂（竣工）资料的审查至少包括以下内容：

a. 竣工图样、压力容器产品合格证（含压力容器产品数据表）的批准程序是否符合受检单位质量保证体系的规定；

b. 压力容器产品合格证（含压力容器产品数据表）、产品质量证明文件是否齐全并且符合本规程及产品标准的要求；

c. 设计修改、变更是否按照规定办理手续并且在竣工图上清晰标注；

d. 安全泄放装置质量证明书及其校验报告，检查其制造单位是否持有特种设备制造许可证，其校验报告是否有效，动作压力是否符合安全技术规范的要求。

监检员完成出厂（竣工）资料的审查后，在竣工图和压力容器产品数据表上签字（章）确认。

② 部件出厂资料 当监检对象为封头、单独出厂并且采用焊接方法相连接的承压部件时，监检员审查产品质量证明文件的批准程序是否符合受检单位质量保证体系的规定，其内容是否符合本规程及产品标准的要求，并且在产品质量证明文件或者产品合格证上签字（章）确认。

(6) 产品铭牌（B类）

监检员检查产品铭牌的内容是否符合本规程及产品标准的相应要求。

3.3.2.2 金属压力容器制造监督检验要求

(1) 焊接工艺评定

当受检单位需要进行焊接工艺评定时，监检员应当对焊接工艺的评定过程进行监检。监检至少包括以下内容：

① 焊接工艺评定程序审查（C类），审查焊接工艺评定的程序是否符合受检单位质量保证体系的规定；

② 焊接工艺评定试件检查（A类），在制取拉伸、弯曲、冲击试样前，现场检查焊接工艺评定试件，并且标注监检标记；

③ 焊接工艺评定试验报告确认（C/B类），审查焊接工艺评定的力学性能、弯曲性能的试验报告，当监检员认为有必要时，现场检查试样；

④ 焊接工艺评定报告审查（C类），审查焊接工艺评定报告（PQR）和焊接工艺规程（WPS）。

监检员完成焊接工艺评定的监检后，在焊接工艺评定报告（PQR）上签字（章）确认。

(2) 焊接过程（C/B类）

监检至少包括以下内容：

① 审查焊接记录与施焊记录。受检单位在热处理或者耐压试验前，将焊接记录提交监检员审查，监检员抽查焊工资格是否符合本规程的规定，抽查实际施焊的工艺参数是否符合焊接作业指导书（WWI）的要求；

② 当主要受压元件用材料是标准抗拉强度下限值大于或者等于540MPa的低合金钢钢板、奥氏体-铁素体不锈钢钢板、用于设计温度低于-40℃的低合金钢钢板以及受检单位首次施焊的材料时，监检员还应当对焊接过程进行现场抽查，抽查焊工资格、焊接材料、焊接工艺参数是否符合焊接作业指导书（WWI）的要求；

③ 审查超次返修是否经过受检单位技术负责人批准，审查返修工艺是否有经过评定合格的焊接工艺规程（WPS）支持。

监检员完成焊接过程的监检后，在抽查的焊接记录上签字（章）确认，当需要对焊接过程进行现场抽查时，还应当记录现场抽查的焊接接头的编号。

(3) 焊接试件（板）与试样

产品焊接试件监检。监检至少包括以下内容：

① 产品焊接试件制备的审查（C/B类），审查焊接试件制备的方法和数量是否符合本规程及产品标准、设计总图规定的制造技术条件；当压力容器需要进行焊后热处理时，还应当检查产品焊接试件的热处理工艺与实际热处理工艺的一致性；

② 产品焊接试件检查（A类），在制取拉伸、弯曲、冲击试样前，现场检查焊接产品焊接试件，并且标注监检标记；

③ 产品焊接试件的试样和试验结果的确认（C/B类），审查产品焊接试件的试验报告；当监检员认为有必要时，现场检查试验后的试样。

监检员完成产品焊接试件的监检后，在产品焊接试件试验报告上签字（章）确认。

(4) 现场组焊（B类）

受检单位在压力容器组对后焊接前将组对质量检验记录或者报告提交监检员。

监检员审查组对质量的检验项目是否满足本规程及产品标准、设计总图规定的制造技术条件的要求，对组对精度、坡口表面质量、坡口间隙等进行现场抽查。抽查数量根据压力容器的组对难度确定，但至少抽查一条对接焊接接头。

监检员完成组对质量的监检后，记录现场抽查的焊接接头编号。

(5) 外观与几何尺寸

受检单位在耐压试验前，将压力容器管口位置图、焊缝布置图、外观与几何尺寸的检验报告提交给监检员。监检员在耐压试验前进行宏观检查。

① 记录报告审查（C类） 监检员审查管口位置图、焊缝布置图、外观与几何尺寸检验报告的批准程序是否符合受检单位质量保证体系的规定；审查外观与几何尺寸检验报告中的检验项目是否符合本规程及产品标准、设计总图规定的制造技术条件的要求。

② 宏观检查（B类）至少包括以下内容：

a. 检查焊缝布置情况；

b. 抽查母材表面机械接触损伤情况和焊缝外观，抽查部位应当至少包括封头及与封头相连筒节的母材表面和对接焊接接头；

c. 对于按照疲劳分析设计的压力容器，还应当重点检查纵、环焊缝的余高，是否按照规定予以去除，焊缝表面是否与母材表面平齐或者圆滑过渡。

监检员完成宏观检查后，记录检查的部位。

(6) 无损检测

受检单位在压力容器热处理或者耐压试验前，将焊接接头无损检测记录与报告、射线检测底片提交监检员审查。

① 无损检测记录与报告审查（C类）监检至少包括以下内容：

a. 从事无损检测工作的人员的资格证书是否有效；

b. 无损检测报告和无损检测工艺的批准程序是否符合受检单位质量保证体系的规定；

c. 无损检测实施的时机、比例、部位、执行的技术标准和评定级别是否符合本规程及产品标准、设计总图规定的制造技术条件。

监检员完成焊接接头无损检测记录与报告的审查后，在无损检测报告上签字（章）确认。

② 射线底片审查（C 类） 监检员根据受检单位质量保证体系的实施状况、压力容器焊接结构复杂程度和材料的焊接性，确定射线底片审查的数量和部位，审查射线底片质量及评定是否符合本规程及产品标准、设计总图规定的制造技术条件。

射线底片审查的数量和部位至少满足以下要求：

a. 审查交叉焊缝、返修部位及其扩探部位、采用不可记录的脉冲反射法超声检测而附加的局部射线检测的底片；

b. 对于受检单位首次施焊的材料、标准抗拉强度下限值大于或者等于 540MPa 的低合金钢、铬钼钢、用于设计温度低于−40℃的低合金钢制的压力容器，审查抽查的数量不低于表 3-3 的要求。

表 3-3 射线底片审查数量要求

每台压力容器射线底片总数 N/张	压力容器射线检测比例	
	全部(100%)	局部(≥20%)
$N \leqslant 10$	N	N
$10 < N \leqslant 100$	30%N 且不少于 10 张	50%N 且不少于 10 张
$100 < N \leqslant 500$	20%N 且不少于 30 张	25%N 且不少于 50 张
$N > 500$	15%N 且不少于 100 张	20%N 且不少于 125 张

监检员完成射线底片审查后，记录已审查的射线底片编号。

(7) 热处理

在耐压试验前完成热处理的监检。热处理的监检包括审查热处理记录及报告、检查热处理试件、检查现场热处理的实施情况。

监检员完成热处理的监检后，在热处理报告上签字（章）确认。

① 热处理记录和报告审查（C 类） 受检单位在耐压试验前，将热处理的记录、报告及相关的检验试验报告提交给监检员。监检至少包括以下内容：

a. 审查热处理报告的批准程序是否符合受检单位质量保证体系的规定；

b. 审查热处理记录曲线、热处理报告是否符合热处理工艺的要求；

c. 当热处理后需要进行相关检验和试验时，审查相应的检验和试验报告。

② 热处理后返修（C 类） 对有焊后热处理要求的压力容器，审查是否在热处理后进行了焊接返修，若有焊接返修，审查是否按照本规程及产品标准、设计总图规定的制造技术条件的要求重新进行了焊后热处理。

③ 热处理试件监检至少包括的内容

a. 热处理试件制备的审查（C/B 类），审查热处理试件制备的方法和数量是否符合本规程及产品标准、设计总图规定的制造技术条件；

b. 热处理试件检查（A 类），在制取试样前，现场检查热处理试件，并且标注监检标记；

c. 热处理试件的试样和试验结果的确认（C/B 类），审查热处理试件的试样和试验结果；当监检员认为有必要时，现场检查试验后的试样。

④ 现场热处理监检（B 类） 当现场组焊或者现场制造的压力容器焊后热处理时，审查

现场热处理方案，检查热电偶的布置和热处理温度数据采集情况，当需要制备热处理试件时，试件摆放的区域是否符合热处理方案、本规程及产品标准、设计总图规定的制造技术条件。

3.3.2.3 非金属及非金属衬里压力容器制造监督检验要求

(1) 石墨及石墨衬里压力容器制造监督检验专项要求

① 石墨材料及零部件（C/B类） 审查自制或者外购浸渍石墨材料的力学性能是否符合GB/T 21432《石墨制压力容器》的要求。对于外购的浸渍石墨材料，还应当审查石墨材料供方提供的材料质量证明书及验收、复验记录。监检项目完成后，监检员在材料质量证明书或者材料清单上签字（章）确认。

② 粘接

a. 粘接工艺评定

ⅰ. 审查粘接工艺评定的程序是否符合《非金属压力容器安全技术监察规程》的要求，审查拟定的粘接工艺规程、试件和试样的制取、性能测定等程序的符合性（B类）；

ⅱ. 现场确认粘接工艺评定性能试验的准备工作和试验过程（A类）；

ⅲ. 审查粘接工艺评定的试验报告，并且签字（章）确认（C类）。

b. 粘接工艺实施（C/B类） 审查产品粘接所采用的粘接工艺是否具有经过评定合格的粘接工艺规程支持，抽查产品的粘接工艺条件和工艺纪律执行情况是否符合粘接工艺规程的要求。

c. 粘接接头试件（C/B类）

ⅰ. 审查粘接接头试件制备的方法和数量是否符合相关标准、规范要求；

ⅱ. 审查粘接接头试件性能检验报告并且在试验报告上签字（章）确认。

③ 浸渍

a. 浸渍工艺评定

ⅰ. 审查浸渍工艺评定的程序是否符合《非金属压力容器安全技术监察规程》的要求，审查拟定的浸渍工艺规程、试件和试样的制取、性能测定等程序的符合性（B类）；

ⅱ. 现场确认浸渍工艺评定性能试验的准备工作和试验过程（A类）；

ⅲ. 审查浸渍工艺评定的试验报告（C类），并且签字（章）确认。

b. 浸渍工艺实施（C/B类） 审查产品浸渍所采用的浸渍工艺是否具有经过评定合格的浸渍工艺规程支持，抽查产品的浸渍工艺条件和工艺纪律执行情况是否符合浸渍工艺规程的要求。

④ 外观与几何尺寸（C/B类） 审查石墨压力容器外观与几何尺寸检验记录。

(2) 纤维增强塑料及纤维增强塑料衬里压力容器制造监督检验专项要求

① 材料及零部件（C/B类） 审查树脂、玻璃纤维等原材料质量证明书及验收、复验记录，审查零部件质量证明书。监检项目完成后，监检员在材料质量证明书或者材料清单上签字（章）确认。

② 粘接和成形工艺评定

a. 审查粘接和成形工艺评定的程序是否符合本规程的要求。审查拟定的粘接和成形工艺规程，试件和试样的制取，性能测定等程序的符合性（C类）。

b. 现场确认粘接和成形工艺评定性能试验的准备工作和试验过程，审查试验报告（A类），并且签字（章）确认。

③ 粘接和成形 审查产品的粘接和成形工艺是否具有经过评定合格的粘接和成形工艺规程支持，现场的粘接和成形工艺条件和工艺纪律执行情况是否符合粘接和成形工艺规程的要求。

④ 粘接试件（C/B类）

ⅰ. 审查粘接、缠绕层试件制备的方法和数量是否符合相关标准、规范要求；

ⅱ. 审查粘接试件、缠绕层试件性能检验报告，并且签字（章）确认。

⑤ 衬里层厚度和直流高电压检验（C类）　审查衬里层厚度、巴氏硬度和直流高电压检测记录。

⑥ 纤维增强塑料压力容器筒体厚度检测（C类）　审查纤维增强塑料压力容器筒体厚度、巴氏硬度检测记录。

⑦ 设备、工具、模具（C类）　审查制作设备、检验工具的年检记录、状态标示；模具的材料合格报告、尺寸检验记录。

（3）搪玻璃压力容器制造监督检验专项要求

① 材料及零部件（C/B类）　审查搪玻璃釉理化性能是否符合GB 25025《搪玻璃设备技术条件》的要求，审查金属材料及搪玻璃釉质量证明书及验收、复验记录。

监检项目完成后，监检员应当在材料质量证明书或者材料清单上签字（章）确认。

② 搪玻璃面表面处理（C类）　金属基体搪玻璃面表面处理应当符合产品标准和工艺文件的要求。

③ 烧成工艺评定

a. 审查烧成工艺评定是否符合规范、有关标准和受检单位技术文件的要求，审查拟定的烧成工艺规程、试件和试样的制取、性能测定等程序的符合性（C类）；

b. 现场见证烧成工艺评定性能试验的准备工作和试验过程，审查试验报告（A类），并且签字确认。

④ 烧成工艺实施（C/B类）　审查产品烧成所采用的烧成工艺是否具有经过评定合格的烧成工艺规程支持，抽查产品的烧成工艺条件和工艺纪律执行情况是否符合烧成工艺规程的要求。

⑤ 烧成试件（C/B类）

a. 审查烧成试件制备的方法和数量是否符合相应规范、标准和受检单位技术文件的要求；

b. 审查烧成试件性能检验报告，确认试验结果。

⑥ 搪玻璃层表面质量与几何尺寸检验（C类）　审查搪玻璃件成品质量检验记录。

⑦ 搪玻璃层厚度及直流高电压检验（C/B类）　审查搪玻璃层厚度和直流高电压检验记录。

（4）非金属压力容器中的金属承压部件或者装置的制造监督检验

与非金属压力容器组合或者连接的金属承压部件、装置的制造监督检验应当符合本规程中关于金属压力容器的相应规定。

3.3.3 进口压力容器监督检验

监督检验依据《压力容器监督检验规程》及对外贸易合同、契约、协议等中规定的建造规范、标准。

3.3.3.1 监检方式和监检程序

（1）监检方式

进口压力容器的监检可以采用境外制造过程监检的方式进行。当未能在境外完成制造过程监检时，可以在压力容器到岸或者到达使用地后，对产品安全性能进行监督检验（以下简称到岸检验，到岸检验是指在进口压力容器到达口岸或者使用地进行的产品安全性能监督检验，以验证其是否符合相应安全技术规范的基本安全要求）。对于进口成套设备中由境内制造单位制造的压力容器，如果已经由制造单位所在地的监检机构进行了监检，压力容器到岸或者到达使用地后，不再重复进行到岸检验。

（2）监检程序

进口压力容器监检的程序一般包括如下：

① 受检单位提出监检申请；

② 境外监检项目和到岸检验项目的确定与实施；

③ 相关技术文件和检验资料的审查；

④ 打监检钢印并且出具《进口压力容器安全性能监督检验证书》。

3.3.3.2 申请进口压力容器监督检验

进口压力容器的单位或者境外压力容器制造单位应当向使用地或者口岸地（使用地不确定时）的监检机构提出监检申请。

当采用国际标准或者境外标准设计的压力容器时，申请时还应当提供进口压力容器的境外制造单位已获得批准的符合中国安全技术规范规定的压力容器基本安全要求的申明（以下简称符合性申明）和其产品与符合压力容器基本安全要求的比照表（以下简称比照表）。

3.3.3.3 监检项目的确定与实施

进口压力容器监督检验参照 TSG R7004—2013 第十五条和第三章的要求，确定境外监检项目或者到岸检验项目。

3.3.3.4 境外监检

境外监检项目由监检机构与进口压力容器的使用单位或者境外压力容器的制造单位确定境外监检的时机，派出监检员到境外进行监检，填写监检记录等工作见证。

3.3.3.5 到岸检验

监检员根据 TSG R7004 第十五条和相关技术文件要求以及检验资料的审查结果，确定需要进行到岸检验项目，但是以下项目应当进行检验：

① 主要受压元件的厚度；

② 外观及几何尺寸等宏观检验；

③ 对接焊接接头的无损检测抽查（抽查数量不少于10%的对接焊接接头并且不少于1条）；

④ 产品铭牌；

⑤ 相关检验资料审查时，有怀疑的检验项目。

进口压力容器在境外已经我国监检机构进行监检的，到岸后不再重复进行到岸检验。

3.3.3.6 相关技术文件和检验资料的审查

参照 TSG R7004—2013 第十五条和第三章的要求，确定需要审查的技术文件和检验资料。但下列技术资料和检验资料应当审查：

① 审查压力容器设计文件；当采用国际标准或者境外标准设计的压力容器时，还需要审查设计方法、安全系数、风险评估报告、快开门容器的安全联锁装置是否满足符合性申明、比照表的要求。

② 审查压力容器主要受压元件的材料清单及质量证明文件，当采用境外材料牌号时，还需要审查材料化学成分、力学性能和钢板的超声检测是否满足符合性申明、比照表的要求。

③ 审查压力容器焊接工艺评定报告。

④ 审查压力容器焊接记录。

⑤ 审查压力容器焊接产品试件报告；当采用国际标准或者境外标准设计的压力容器时，还需要审查焊接产品试件的制备是否满足符合性申明、比照表的要求。

⑥ 审查压力容器焊缝无损检测报告，当采用国际标准或者境外标准设计的压力容器时，还需要审查无损检测方法、比例是否满足符合性申明、比照表的要求。

⑦ 审查压力容器焊缝射线检测底片。

⑧ 审查压力容器热处理报告。

⑨ 审查压力容器外观及几何尺寸检验报告。

⑩ 审查压力容器耐压试验和泄漏试验报告，当采用国际标准或者境外标准设计的压力容器时，还需要审查试验方法、压力系数是否满足符合性申明、比照表的要求。

⑪ 审查粘接工艺评定报告。

⑫ 审查浸渍工艺评定报告。

⑬ 审查压力容器出厂（竣工）资料。

3.3.3.7 监检钢印与《监检证书》

监检合格后，监检员按照 TSG R7004 第四十八条的要求，打监检钢印并且出具《监检证书》。到岸监检还应当参照压力容器定期检验报告的格式，根据所检验的项目出具检验报告（报告封面可改为《进口压力容器监督检验报告》）。

3.3.4 批量制造压力容器产品的监督检验方法

3.3.4.1 适用范围

适用于组批制造的简单压力容器、封头和同时满足下列条件的容积小于 5m^3 的第Ⅰ类和第Ⅱ类固定式压力容器的监检：

① 采用相同的设计文件、相同的工艺文件、相同的质量计划、相同牌号的材料、同一生产计划号、制造数量不少于 30 台并且出厂编号连续；

② 不需要制备产品焊接试件或者进行焊后热处理。

受检单位向监检机构提出实施批量制造产品监检的申请，监检机构确认产品满足批量要求后实施批量监检。

3.3.4.2 监检数量要求

监检员根据受检单位质量保证体系实施状况确定现场抽查的压力容器数量。对于简单压力容器，不得低于 5%并且不少于 3 台；其他批量生产的压力容器或者封头，不得低于制造计划数的 10%并且不少于 4 台。同批次的首台压力容器必须监检。

3.3.4.3 抽查产品的监检

所抽查的压力容器或者封头产品的设计文件与工艺文件、材料、组对装配、焊接、无损检测、外观与几何尺寸、耐压试验的监检按照 TSG R7004—2013 第三章的相关要求执行。对简单压力容器的爆破试验，监检员现场见证并且在试验报告上签字（章）确认。

3.3.4.4 监检记录

除按照 TSG R7004—2013 第三章的要求完成监检工作见证外，还应当记录抽查产品的编号。

3.3.4.5 出厂（竣工）资料、监检钢印与《监检证书》(C/B 类)

① 对所抽查的压力容器或者封头的出厂（竣工）资料内容按照 TSG R7004—2013 第四十六条的要求进行审查，压力容器的产品铭牌内容按照 TSG R7004—2013 第四十七条的要求进行审查；审查合格后，对制造计划数的全部压力容器或者封头按照 TSG R7004—2013 第四十八条的要求打上监检钢印或者标注监检标志。

② 按批出具《监检证书》，《监检证书》的份数应当与受检单位协商确定。

③ 在《压力容器产品数据表》、封头产品合格证上，加注“本产品按批量制造产品的监督检验方法监检”，《监检证书》上还应当注明该批次全部压力容器或者封头的产品编号，并且注明监检所抽压力容器的产品编号。

3.3.4.6 不合格的处理

监检员在材料、施焊过程、无损检测、几何与外观尺寸和耐压试验的监检中，发现所抽查的压力容器或者封头存在一般问题时，监检人员应当增加抽查数量，增加的抽查数量不少于发现问题的压力容器或者封头数量的两倍，并且向受检单位发出《监检联络单》。

出现下列情况之一时，监检员及时向监检机构报告，并且中止采用批量制造产品监检方法：

① 所抽查的压力容器或者封头存在严重问题；

② 所抽查的压力容器或者封头存在一般问题，经增加监检后，仍然存在不符合安全技术规范的问题。

3.3.5 压力容器制造单位质量保证体系实施状况评价

3.3.5.1 基本要求

监检机构应当根据以下要求组织对受检单位的质量保证体系实施状况进行评价。

① 进行压力容器制造监检（现场组焊、现场制造除外）时，对受检单位的质量保证体系实施状况每年至少进行一次评价；

② 进行压力容器的现场组焊、现场制造监检时，根据压力容器制造特点，对受检单位现场的质量保证体系实施状况进行评价；

③ 将质量保证体系实施状态评价的结果及时向受检单位通报，当发现受检单位的质量保证体系存在严重问题时，还需要及时以书面形式报颁发受检单位许可证的质监部门。

3.3.5.2 评价内容

监检机构根据监检员在监检过程中发现的受检单位资源条件变化情况、质量保证体系的保持和改进情况、许可制度的执行情况和发现的问题及其处理情况，对受检单位的质量保证体系实施状况进行评价。

3.3.5.3 受检单位资源条件的变化情况

检查受检单位的技术人员、质量保证体系责任人员、特种设备作业人员、检验检测人员等技术力量以及生产用厂房、场地和工装设备等资源条件的变化情况，是否能够持续满足《锅炉压力容器制造许可条件》的要求。

3.3.5.4 质量保证体系的保持和改进

① 质量体系文件。检查质量体系文件是否根据法规、标准的变更及生产实际及时进行了修订。

② 文件和记录控制。检查法规、标准等外来文件是否满足生产的需要，检查工艺文件、检验与试验等作业指导书的修改是否符合质量保证体系的规定，检查检验与试验记录的收集、归档、贮存、保管期限等方面的控制是否符合质量保证体系的规定。

③ 分包（供）方控制。检查理化、热处理、无损检测分包方和主要受压元件材料的分供方评审和管理是否符合质量保证体系的规定。

④ 设备和检验与试验装置控制。检查压力容器制造所使用的主要设备、检验与试验装置的控制与管理是否符合质量保证体系的规定。

⑤ 不合格品（项）控制。检查不合格品（项）的处置是否符合质量保证体系的规定。

⑥ 人员培训、考核及其管理。检查质量体系责任人员、检验人员、产品性能试验人员

等对产品质量有重要影响的人员继续教育情况。评价持证人员到期换证情况。

⑦ 质量改进与服务控制。检查质量信息反馈、数据分析控制情况、客户投诉的处置、质量体系内审和管理评审是否符合质量保证体系的规定。

3.3.5.5　执行特种设备许可制度

检查特种设备许可制度的执行情况和制造许可证的使用、管理情况是否符合法规的规定。

3.3.5.6　监检过程中发现的问题及其处理

检查《监检联络单》和《监检意见书》的处理是否符合质量保证体系的规定，处理结果是否符合法规的规定。

3.3.5.7　评价报告

监检机构及时出具评价报告，评价报告应当送受检单位，并且报授权监检的质监部门。

3.3.5.8　监督检验其他要求

① 申诉。在监检过程中，受检单位与监检机构发生争议时，境内受检单位应当提请所在地的地市级以上（含地市级）质监部门仲裁。必要时，可向上级质监部门申诉；境外受检单位向国家质检总局提请申诉。

② 举报。受检单位有权向质监部门举报监检机构或者监检员在监检工作中的失职行为。

CHAPTER 4

第4章 压力容器使用管理

压力容器安全监察的重点是使用环节，因为只有使用才是压力容器实现其内在品质的最终功能。使用管理是一项系统工程，其要点是“三落实、两有证”和严格操作规程及精心维护保养。“三落实”为：落实安全生产责任制度，落实安全管理机构和人员及各项安全管理制度，落实定期检验制度；“两有证”是指有压力容器注册登记证和有压力容器作业人员上岗证。国家质量监督检验检疫总局于 2013 年 1 月 16 日颁布了《压力容器使用管理规则》(TSG R5002—2013，2013 年 7 月 1 日起施行，以下简称《管理规则》)。《管理规则》对固定式压力容器、移动式压力容器的使用登记、变更登记及安全管理、安全操作、监督管理等方面均作了具体的规定。本章主要介绍固定式压力容器的使用管理。

4.1 使用登记

4.1.1 使用登记总的规定

① 压力容器使用单位，是指有压力容器使用管理权和义务的公民、法人和其他组织，一般是压力容器的产权所有者，也可以是由合同关系确立的具有压力容器使用管理权和义务者。产权所有者出租压力容器时，应当在合同中约定安全责任主体。未约定的，由产权所有者承担安全责任。

压力容器使用单位应当按《管理规则》的规定办理压力容器使用登记手续，领取《特种设备使用登记证》。

②《固定式压力容器安全技术监察规程》规定需要办理使用登记的压力容器、《超高压容器安全技术监察规程》适用范围内的压力容器、《移动式压力容器安全技术监察规程》适用范围内的压力容器、《非金属压力容器安全技术监察规程》适用范围内的压力容器，均需办理压力容器使用登记手续。租赁的压力容器，由承担安全责任主体的单位办理使用登记。

③ 压力容器使用登记证在压力容器定期检验合格期间内有效。

④ 固定式压力容器的使用登记机关为设备所在地的地级州（盟）和设区的市质量技术监督部门（以下简称质监部门)，未设区的地级市等同于设区的市，负责办理本行政区域内锅炉压力容器的使用登记工作。直辖市质监部门可以委托下一级质监部门，以直辖市质监部门的名义办理锅炉压力容器的使用登记工作。

4.1.2 办理使用登记的时间规定

压力容器在投入使用前或者投入使用后 30 日内，使用单位应当向所在地的登记机关申请办理使用登记。使用单位办理使用登记程序包括申请、受理、审查和颁发《使用登记证》。

4.1.3 办理使用登记应提供的文件

使用单位申请办理压力容器使用登记时，应逐台向登记机关提交下列资料，并且对其真实性负责：

①《压力容器使用登记表》（一式两份）；

② 使用单位组织机构代码证或者个人身份证明（适用于公民个人所有的压力容器）；

③ 压力容器产品合格证；

④ 压力容器产品安全性能监督检验证书；

⑤ 压力容器安装质量证明；

⑥ 移动式压力容器车辆走行部分行驶证；

⑦ 压力容器使用安全管理制度目录；

⑧ 压力容器作业人员名录或者证书的复印件。

使用单位为租赁方时，应当提供与产权所有者签定的明确安全责任的租赁合同。新压力容器出厂 1 年后才投入使用的，使用单位应当委托检验机构进行检验合格后才能办理使用登记。机器设备附属的且与机器设备为一体的压力容器、锅炉房内的分汽（水）缸随锅炉一同办理使用登记，不单独领取压力容器使用登记证。

4.1.4　办理使用登记的程序及时限规定

① 登记机关能够当场受理的，应当当场作出受理或者不予受理决定。不能当场受理的，应当在 5 个工作日内作出受理或者不予受理决定；对于不予受理的，应当一次性书面告知不予受理的理由。

② 对准予受理的，应当自受理之日起 15 个工作日内完成审核和发证，对于一次申请登记数量超过 50 台的可以延长至 30 个工作日；对于不予登记的，出具不予登记的决定，并且一次性书面告知不予登记的理由；需要对压力容器现场进行核查的，其核查的时间除外。

③ 登记机关办理使用登记证时，应当按照《使用登记证编号编制方法》编制使用登记证编号和注册代码，并且将压力容器基本信息录入特种设备动态管理信息系统，实施动态管理。

4.1.5　使用登记证的悬挂

使用单位应当将压力容器使用登记证悬挂或者固定在压力容器本体上（无法悬挂或者固定的除外），并在压力容器的明显部位喷涂使用登记证号码。

4.1.6　使用登记证的注销

压力容器报废时，使用单位应当将《使用登记证》交回登记机关，予以注销。

4.2　变更登记

压力容器安全状况发生变化、长期停用、移装、改造、使用单位变更名称或者过户的，使用单位应当向登记机关申请变更登记。

4.2.1　安全状况发生变化

压力容器安全状况发生下列变化的，使用单位应当在变化后 30 日内持有关文件向登记机关申请变更登记：

① 压力容器经过重大修理改造或者压力容器改变用途、介质的，应当提交压力容器的技术档案资料、施工质量证明文件和重大修理改造监督检验报告。

② 压力容器安全状况等级发生变化的，应当提交压力容器登记卡、压力容器的技术档

案资料和定期检验报告。

4.2.2 停用压力容器的申报

压力容器拟停用1年以上的，使用单位应当封存压力容器，在封存后30日内向登记机关办理报停手续，并且将《使用登记证》交回登记机关。重新启用时，应当按照定期检验的有关要求进行检验，停用2年以上的还应当进行耐压试验。经过检验允许使用的，使用单位到登记机关办理启用手续，领取新的《使用登记证》。

4.2.3 压力容器的移装和过户

① 在登记机关行政区域内移装的压力容器，移装后应当按照定期检验的有关规定进行检验并且进行耐压试验。使用单位应当在投入使用前或者投入使用后30日内向登记机关提交原《使用登记证》、重新填写《使用登记表》（一式两份）和移装后的定期检验报告，申请变更登记，领取新的《使用登记证》。

② 跨登记机关行政区域移装压力容器的，移装后应当按照定期检验的有关规定进行检验并且进行耐压试验。使用单位应当持原《使用登记证》和《使用登记表》向原登记机关申请办理注销。原登记机关应当注销《使用登记证》，并在《使用登记表》上做注销标记，向使用单位签发《特种设备使用登记证变更证明》。移装完成后，使用单位应当在投入使用前或者投入使用后30日内持《特种设备使用登记证变更证明》、标有注销标记的原《使用登记表》、重新填写的新《使用登记表》（一式两份）和移装后的检验报告，向移装地登记机关申请变更登记，领取新的《使用登记证》。

③ 压力容器需要过户的，原使用单位应当持《使用登记证》、《使用登记表》和有效期内的定期检验报告到原登记机关办理注销手续。原登记机关应当注销《使用登记证》，并且在《使用登记表》上做注销标记，向原使用单位签发《特种设备使用登记证变更证明》。原使用单位应当将《特种设备使用登记证变更证明》、标有注销标志的原《使用登记表》、历次定期检验报告和登记资料全部移交压力容器新使用单位。

④ 压力容器过户但是不移装的，新使用单位应当在投入使用前或者投入使用后30日内持全部移交文件向原登记机关申请变更登记，重新填写《使用登记表》（一式二份）、领取新的《使用登记证》。压力容器过户并且在原登记机关行政区域内移装的，新使用单位应当按规定重新办理使用登记。压力容器过户并且跨登记机关行政区域移装的，新使用单位应当按规定重新办理使用登记。

⑤ 压力容器使用单位更名时，使用单位应当持原《使用登记证》、单位变更的证明材料，重新填写《使用登记表》（一式两份），到登记机关换领新的《使用登记证》。

压力容器有下列情形之一的，不得申请变更登记：

a. 在原使用地未办理使用登记的；

b. 在原使用地未按照规定进行定期检验的；

c. 在原使用地已经报废的；

d. 擅自变更使用条件进行过非法修理改造的；

e. 无技术资料和铭牌的；

f. 超过设计使用年限的（使用单位已经更名的除外）；

g. 安全状况等级为4、5级的压力容器；

h. 存在危及压力容器安全使用的隐患的。

其中g和h两项在通过改造维修消除隐患后，可申请变更登记。

4.3 使用单位的安全管理

使用单位是压力容器安全责任的主体。使用单位负责人是安全管理的第一责任人，其主要职责为按照要求建立健全安全管理制度和安全管理机构，配备安全管理人员，定期召开压力容器安全会议，督促、检查压力容器安全工作，保障压力容器安全必要投入。

4.3.1 安全监察法规对压力容器使用单位的通用要求

① 压力容器使用单位应当采购具有相应许可资质的单位设计、制造的压力容器，产品安全性能应当符合有关安全技术规范及相应标准的要求，产品技术资料应当符合有关安全技术规范的要求。使用的高耗能压力容器能效应当符合有关安全技术规范及相应标准的相关能耗的规定。进口二手压力容器应当满足我国压力容器基本安全要求，并且在压力容器离岸前经过我国压力容器检验机构检验合格后方可办理进口手续。使用单位不得采购报废和超过设计使用年限的压力容器。

② 压力容器使用单位应当选择具有相应许可资质的单位进行压力容器的安装、改造和维修，并且督促施工单位履行压力容器安装改造维修告知义务。压力容器改造、重大维修的施工过程，必须经过具有相应资质的特种设备检验检测机构进行监督检验，未经监督检验合格的压力容器不得投入使用。

4.3.2 安全监察法规对压力容器操作人员的要求

压力容器操作人员应按照《特种设备作业人员监督管理办法》要求必须持证上岗，按章操作。其主要职责有：严格执行压力容器有关安全管理制度并且按照操作规程操作；按照规定填写运行、交接班等记录；参加安全教育和技术培训；进行日常维护保养，对发现的异常情况及时处理并记录；在操作过程中发现事故隐患或者其他不安全因素，应当立即采取紧急措施，并且按照规定的报告程序，及时向单位有关部门报告；参加应急救援演练，掌握相应的基本救援技能。

压力容器安全管理人员应当持有相应的特种设备作业人员证。其主要职责为：贯彻执行国家有关法律、法规和安全技术规范，编制并适时更新安全管理制度；组织制定压力容器安全操作规程；组织开展安全教育培训；组织压力容器验收、办理压力容器使用登记和变更手续；组织开展压力容器经常性安全检查和年度检查工作；编制压力容器的年度定期检验计划，督促安排落实定期检验和事故隐患的整治；组织制定压力容器应急救援预案并组织演练；按照压力容器事故救援预案的规定，组织、参加压力容器事故救援；按照规定报告压力容器事故，协助进行调查和善后处理；协助特种设备监督管理部门实施安全监察；发现特种设备事故隐患，立即进行处理，情况紧急时，可以决定停止使用压力容器，并报告本单位有关负责人。

4.3.3 安全管理机构

压力容器安全可靠的使用，从广义上讲，是一种有组织的技术管理活动。它必须在压力容器使用单位内部形成一个系统，并将其纳入组织管理轨道，按照可靠性管理的计划、执行、检查、处理程序开展工作，才能全面实现压力容器使用的安全可靠性。

压力容器使用单位的技术负责人，必须对压力容器的安全技术负责，并组织相应机构或专（兼）职安全技术人员负责压力容器的安全技术管理工作。就我国目前大多数压力容器使用单位的情况看，其压力容器管理机构的设置大致有两种形式。

① 专职管理机构：一般大、中型化工、石油化工等企业均设有主管压力容器使用管理的机动处（科），并配备专业技术人员和一定的检测力量；

② 兼职机构：一般小型化工企业，特别是为数众多的小型化肥厂，其压力容器的使用管理一般由兼职的机构和人员担任，兼职人员一般由设备、安全部门和生产车间技术人员组成。

压力容器使用单位的安全管理工作主要包括：

① 贯彻执行《中华人民共和国特种设备安全法》、《特种设备安全监察条例》、《压力容器使用管理规则》、《压力容器定期检验规程》、《固定式压力容器安全技术监察规程》等有关法律、法规、规章、安全技术规范；

② 制定压力容器安全管理规章制度；

③ 参加压力容器订购、设备进厂、安装验收及试车；

④ 监督、检查压力容器的运行、维修和安全附件校验情况；

⑤ 负责压力容器的检验、修理、改造和报废等技术审查；

⑥ 根据压力容器安全状况等级编制压力容器的年度定期检验计划，并负责组织实施；

⑦ 向主管部门和当地安全监察机构报送当年压力容器数量和变动情况的统计报表，压力容器定期检验计划的实施情况，存在的主要问题及处理情况等；

⑧ 压力容器事故的抢救、报告、协助调查和善后处理；

⑨ 负责检验、焊接和操作人员的安全技术培训管理；

⑩ 负责压力容器使用登记及技术资料的管理。

4.3.4 安全管理制度

为了有效地控制压力容器的使用过程，必须建立一套完整的、科学的管理制度，主要包括压力容器管理制度和安全操作规程两个方面。

(1) 压力容器管理制度

压力容器使用单位应当按照相关法律、法规和安全技术规范的要求建立健全压力容器使用安全管理制度，安全管理制度应至少包括以下内容：

① 相关人员岗位职责；

② 安全管理机构职责；

③ 压力容器安全操作规程；

④ 压力容器技术档案管理规定；

⑤ 压力容器日常维护保养和运行记录规定；

⑥ 压力容器经常性安全检查、年度检查和隐患整治规定；

⑦ 压力容器定期检验报检和实施规定；

⑧ 压力容器作业人员管理和培训规定；

⑨ 压力容器设计、采购、安装、改造、维修、报废等管理规定；

⑩ 压力容器事故报告和处理规定；

⑪ 贯彻执行有关安全技术规范和接受安全监察的规定。

(2) 压力容器安全操作规程

为保证压力容器安全正常的运行，容器的使用单位应根据生产工艺要求和容器技术性能制订压力容器安全操作规程和工艺规程，其内容至少应包括：

① 压力容器的操作工艺控制指标如介质参数（如最高工作压力、最高或最低操作温度、压力及温度波动幅度）的控制值，介质成分特别是有腐蚀性的成分控制值等；

② 压力容器的操作方法，开停车的操作规程和注意事项；

③ 压力容器运行中进行日常检查的部位和内容要求；

④ 压力容器运行中可能出现的异常现象的判断和处理方法以及防范措施；

⑤ 压力容器的防腐措施和停用时的维护保养方法。

4.3.5 压力容器的技术档案管理

压力容器的技术档案是否完整、准确，是正确使用压力容器的主要依据，它可以使压力容器运行和管理人员掌握设备的结构特性、介质参数和了解缺陷产生和发展趋势，防止因情况不明盲目使用而发生事故，还可以用来指导压力容器的定期检验和维修。当压力容器发生事故时，容器的档案材料是分析事故原因的重要依据之一。因此，建立完整的技术档案是搞好压力容器使用管理的基础。压力容器的技术档案主要包括原始技术资料、使用情况记录和使用登记资料3个方面内容：

(1) 原始技术资料

包括压力容器设计、制造和安装过程中的基本技术资料。分别由设计、制造和安装单位提供。

① 设计技术资料　至少应有压力容器竣工总图以及主要受压元件图。对高压反应容器、储存容器和低温容器还应有强度计算书。按应力分析，疲劳分析设计的容器应附有局部应力计算分析、疲劳分析等资料。

② 制造技术资料

a. 产品合格证。一般包括容器的设计技术参数（设计压力、设计温度、工作介质）、结构型式和主要规格尺寸等技术特性指标，还有无损检测、耐压试验、气密性试验要求以及质量检验结论。

b. 质量证明书。其内容包括主要受压元件材料的化学成分、力学性能检验或复验数据，产品焊接试板力学性能和弯曲性能检验结果、产品焊缝无损检测报告、压力容器外观及几何尺寸检验报告以及耐压和气密性试验结果等。要求焊后热处理的压力容器，还应有产品的热处理报告，焊缝经过返修的还应有焊缝返修记录等。

c. 产品铭牌拓印件。

d. 安全装置的技术资料。包括各种安全装置的名称、数量、型式、规格尺寸。各种安全装置均应有产品合格证、产品技术鉴定的技术资料。安全装置的技术说明书，应包括名称、型式、规格、结构图、技术条件（如安全阀的起跳压力和排放量、爆破片的设计爆破压力等）以及适用的范围等。安全装置检验或更换记录，检验和校验日期，检验单位及校验结果。

③ 安装技术资料　压力容器安装单位提供的安装过程及竣工验收技术资料。

(2) 使用情况记录

主要包括容器运行情况、检验修理记录、事故情况记录等。

① 运行情况记录

a. 容器投用日期。如使用期间多次停用，则应记录停用次数和重新启用的起止日期；如容器使用条件发生变化，则应记录操作工艺参数变更日期。

b. 操作条件及工艺参数。如容器操作压力和温度，压力和温度波动幅度频次；如容器为间歇式操作，则应注明其升压、卸压操作周期、容器工作介质特性及其对容器壁的作用等。

② 检验修理记录

a. 定期检验报告。详细记录每次定期检验的日期，检验项目及相应的检验方法和检验结果等。检验中所发现的缺陷部位、缺陷情况和处理意见等。如对受压部件进行了修理或更换，则应保存修理方案，实际修理情况记录及有关技术文件和资料。

b. 压力容器技术改造方案，图样、材料质量证明书，施工质量检验技术文件和资料。

c. 安全装置和仪表的定期校验、修理、调试及更换记录，下次检验日期等。

d. 容器停用期间的防腐保养措施及实施情况。

③ 事故情况记录　发生事故压力容器的详细记录和有关处理情况的记录。

压力容器的使用情况应由容器管理人员，操作人员按各自的职责范围认真填写，记录要及时、准确。若容器发生过户变更时，容器的设备技术档案也应一并转交。

(3) 使用登记资料

按照《锅炉压力容器使用登记管理办法》取得的《特种设备使用登记证》和《压力容器登记卡》是压力容器合法使用的证明。应当妥善保管，设备管理人员发生变化时，使用登记资料一定要及时转交给新的设备管理人员。

如果由于历史的原因，造成一些在用压力容器原始资料不全或没有资料，对于这种情况，应请有资格的检验检测机构对容器进行全面检验，通过对受压元件进行材质分析、壁厚测定、强度校核等检验检测，以获得必要的技术资料，进而确定容器的安全状况等级。这类压力容器往往存在较多的质量问题，根本的措施还是有计划地进行报废更新。

使用单位应按照要求建立压力容器管理台账，填写压力容器登记卡片，记录有关的结构和技术参数，便于查阅和管理。

4.4 安全操作

压力容器的安全操作非常重要，必须从容器使用条件、环境条件和维修条件等方面采取控制措施，严格操作规程，做好年度检查和日常维护保养工作，使压力容器达到设计所规定的技术要求，确保压力容器安全经济运行。

4.4.1 使用条件的控制

(1) 使用压力和使用温度的控制

压力和温度是压力容器使用过程中的两个主要技术参数。工作压力和工作温度既是选定容器设计压力和设计温度的依据，也是制定容器安全操作控制指标的依据。因此，只有按照压力容器安全操作规程中规定的操作压力和操作温度运行，才能保证压力容器的使用安全。

鉴于压力容器的最高工作压力不得超过其设计压力，因此，使用压力的控制要点主要是控制压力容器的操作压力不超过最高工作压力。

使用温度的控制要点主要是控制其极端的工作温度。高温下使用的压力容器，主要控制其最高工作温度，因为一般压力容器用的碳素钢或低合金钢在 400～500℃以上时的力学性能将显著下降，有可能使容器在正常的压力负荷下因承载能力不够而变形或破坏；低温下使用的压力容器，主要控制其介质的最低温度，并保证容器壁金属温度不低于设计温度，这是因为容器壁金属温度的降低，将会直接引起材料韧性的下降，从而导致允许容器存在的临界裂纹尺寸减小，且有可能导致压力容器脆性破坏事故的发生。

(2) 超温、超压的防止

在内压作用下，压力容器各部位产生的应力，对容器的破坏所起的作用是不同的。现行常规设计方法的计算，是基于使筒体的切向应力低于材料的设计许用应力。超温、超压将导致容器壁应力数值的增加或容器壁材料机械强度的下降。从应力的分类可以知道，短时间的超温超压，虽不至于导致器壁中的一次薄膜应力超过材料的屈服极限而失效，但却会在结构不连续处（包括焊接缺陷处）使局部应力、峰值应力大幅度增加，而疲劳破坏往往就从这些高应力区开始。因此，短时间的超温超压虽不一定会立即引起破坏事故的发生，但会影响容器的疲劳寿命，削弱容器的安全裕度。

压力容器运行过程中出现的超温超压现象主要是人为因素造成的，即违反操作规程所致。根据以往发生的事故分析，大概有以下几种情况。

① 盲目提高压力容器工作压力　有些单位为了片面追求产值产量而盲目提高容器的工作压力，使容器超温超压超负荷运行，导致容器使用寿命缩短，事故增多，对安全生产造成严重的威胁。这种现象近年来虽有好转，但未能完全杜绝，必须引起足够的重视。

② 操作失误　当压力源的压力高于容器的设计压力时，若操作者误将应打开的容器出口阀关闭或误将应关闭的容器进口阀打开，而连接管路上的减压阀又失灵时，即会引起容器超压。还有一种情况是在压力容器经定期检验中发现有影响其继续按设计条件使用的缺陷而降压使用后，系统未作相应的更改，加上没有可靠的减压装置，造成超压运行。

③ 容器内的化学反应失控　这往往是由于反应容器物料过量、杂质含量超过允许范围或物料中混有杂质而使化学反应速度加快，介质温度失控，导致压力急剧上升。

④ 液化气体的过量充装　盛装液化气体的容器，应严格按规定的充装系数充装，以保证在设计温度下容器内有足够的气相空间。由于容器内的液化气体为气液两相共存，并在一定温度下达到动态平衡，即介质的压力取决于容器的操作温度。为了避免盛装液化气体的容器因液体膨胀而产生过大的压力，则必须使容器内的液化气体在设计条件下单位容积充装的液化气体重量小于液化气体在 50℃（设计温度）时的液相密度。为了保证安全，并考虑到量具的误差，还需留有适当的安全裕度，一般是保证容器在最高使用温度下，其介质的液相占该温度下液相容积的 95%～98%，至少保留 2%～5%的气相空间。因此，过量充装液化气体的容器在温度升高时，由于液体的膨胀将会使容器内的压力急剧增高，严重时甚至会发生容器爆炸。

4.4.2 环境条件的控制

压力容器工作环境的好坏也是影响压力容器使用安全性能的重要环节，因此，在其使用过程中实行环境条件的控制至关重要。一方面是压力容器的介质环境，另一方面是压力容器力学环境（主要指交变载荷环境）。

（1）介质腐蚀性的控制

从理论上讲，钢材受介质腐蚀是不可避免的，因而压力容器在设计时必须考虑介质的腐蚀性能及使用温度等，以选用适合容器使用条件的金属材料，并按规定给予一定的腐蚀裕量。由于各种钢材的耐腐蚀性能不同，介质的腐蚀性也千差万别，因此减缓腐蚀速度，延长使用寿命也是压力容器使用环节必须注意的重要问题。解决压力容器的腐蚀问题必须从以下两个方面做起。

① 介质杂质含量的控制　在特定的条件下，由于杂质的存在会造成严重的腐蚀。通常影响较为严重的杂质有氯离子、氢离子及硫化氢等。在液化石油气球形储罐开罐检查中发现的诸多危及安全使用的问题中，除制造质量外，介质中的硫化氢含量高是很重要的因素之一。对一些储存容器，因杂质部分密度不同，会在容器上部液面或容器底部积聚，产生浓度差电池腐蚀效应，这是容器液面附近或容器底部易被腐蚀的重要原因之一。

② 含水量控制　气体、液化气体中水分的存在，对于加速介质对容器壁的腐蚀起着重要的作用。由于水能溶解多种介质而形成电解质溶液，从而导致电化学腐蚀环境的形成，产生电化学腐蚀。如无水氯介质对容器不构成腐蚀，而在少量水存在的情况下，水中的氯离子浓度值、酸度值对容器就构成极大的腐蚀威胁，使容器产生强烈的腐蚀。尤其是对奥氏体不锈钢材料容器，更易造成晶间腐蚀。

(2) 交变载荷的控制

在反复交变载荷的作用下金属将产生疲劳破坏。压力容器的疲劳破坏绝大多数是属于金属的低周疲劳，其特点是所承受的交变应力较高而应力交变的次数并不太高。这些条件在很多压力容器中是存在的。

低周疲劳的条件之一是其应力接近或超过材料的屈服极限。在压力容器的某些部位如接管、开孔、转角等几何不连续的地方以及焊缝附近都存在程度不同的应力集中，有的往往比设计应力大好几倍，完全有可能达到甚至超过材料的屈服极限。这些高水平的局部应力如果仅仅作用几次，并不会对容器使用的安全性、可靠性构成威胁。但是如果反复加载与卸载，将会使受力最大的晶粒产生塑性变形并逐渐发展成微小裂纹。随着应力的周期变化，裂纹逐渐扩展，最终导致压力容器的破坏。

压力容器器壁上的交变应力主要来源于以下5个方面：

① 间歇操作的容器经常开停车（即反复地加压和卸压）；

② 容器在运行中压力在较大幅度的范围（例如超过20%）内变化和波动；

③ 容器操作温度发生周期性较大幅度的变化，引起容器壁温度应力的反复变化；

④ 容器有较大的强迫振动并由此产生较大的局部应力；

⑤ 容器受到周期性的外载荷作用。

为了防止容器发生疲劳破坏，在容器使用过程中，应当尽量避免不必要的频繁加压和卸压、过分的压力波动及过大的温度变化。

4.4.3 压力容器的年度检查

压力容器使用单位应按照要求实施年度检查，年度检查包括压力容器安全管理情况检查、压力容器本体及运行状况检查和压力容器安全附件检查等。年度检查不属于法定检验，可以由使用单位的专业人员进行，也可委托有资格的特种设备检验机构进行。

压力容器安全管理情况检查的至少包括以下内容：

① 压力容器的安全管理制度和安全操作规程是否齐全有效；

② 压力容器安全技术规范规定的设计文件、竣工图样、产品合格证、产品质量证明文件、监督检验证书以及安装、改造、维修资料等是否完整；

③《使用登记表》、《使用登记证》是否与实际相符；

④ 压力容器作业人员是否持证上岗；

⑤ 压力容器运行记录、充装记录是否齐全真实；

⑥ 压力容器日常维护保养和检查记录是否符合要求；

⑦ 压力容器年度检查、定期检验报告是否齐全，上次检验、检查报告中所提出的问题是否解决；

⑧ 安全附件校验、修理和更换记录；

⑨ 压力容器应急救援预案和演练记录；

⑩ 压力容器事故情况记录。

压力容器本体及其运行状况的检查至少包括以下内容：

① 压力容器的产品铭牌、漆色、标志及喷涂的使用登记证编号是否符合有关规定；

② 压力容器的本体、接口（阀门、管路）部位、焊接接头等是否有裂纹、过热、变形、泄漏、损伤等；

③ 外表面有无腐蚀，有无异常结霜、结露等；

④ 保温层有无破损、脱落、潮湿、跑冷；

⑤ 检漏孔、信号孔有无漏液、漏气，检漏孔是否畅通；

⑥ 压力容器与相邻管道或者构件有无异常振动、响声或者相互摩擦；

⑦ 支承或者支座有无损坏，基础有无下沉、倾斜、开裂，紧固螺栓是否齐全、完好；

⑧ 排放（疏水、排污）装置是否完好；

⑨ 运行期间是否有超压、超温、超量等现象；

⑩ 罐体有接地装置的，检查接地装置是否符合要求；

⑪ 监控使用的压力容器，监控措施执行情况有无异常；

⑫ 快开门式压力容器安全联锁装置是否符合要求。

安全附件的检查包括对压力表、液位计、测温仪表、爆破片装置、安全阀的检查和校验。

年度检查工作完成后，检查人员根据实际检查情况出具检查报告，年度检查由使用单位自行实施时，其年度检查报告应当由使用单位安全管理人员或者主要负责人审批提出检查结论：

① 允许运行，是指未发现或者只有轻度不影响安全使用的缺陷；

② 监督运行，是指发现一般缺陷，经过使用单位采取措施后能保证安全运行，结论中应当注明监督运行需解决的问题及其完成期限；

③ 暂停运行，仅指安全附件的问题逾期仍未解决的情况，如果问题解决并且经过确认后，可以允许恢复运行；

④ 停止运行，是指发现严重缺陷，不能保证压力容器安全运行的情况，应当停止运行或者由检验机构持证的压力容器检验人员做进一步检验。

年度检查不同于操作人员在运行期间经常进行的检查，即对运行中的压力容器进行检查，包括工艺条件、设备状况以及安全装置等；在工艺条件方面，主要检查操作条件，检查操作压力、温度、液位是否在操作规程规定的范围内；检查工作介质的化学成分，特别是那些影响容器安全（如产生腐蚀，使压力、温度升高等）的成分是否符合要求；在设备状况方面，主要检查压力容器各连接部位有无泄漏现象；压力容器有无明显变形；基础和支座是否松动和磨损；压力容器的表面腐蚀以及其他缺陷或可疑现象；在安全装置方面，主要检查压力容器的安全泄压装置，以及与安全有关的计量器具（如温度计、压力表、计量用的衡器及流量计）是否保持完好状态，主要检查内容有：压力表的取压管有无泄漏和堵塞现象，旋塞手柄是否处在全开位置，弹簧式安全阀的弹簧是否有锈蚀，安全装置和计量器具是否在规定的使用期限内，其精度是否符合要求。

对年度检查中发现的压力容器安全隐患，要采取相应的措施及时消除，防止安全隐患的扩大和延续，保证压力容器安全运行。

4.4.4 压力容器安全附件检查

4.4.4.1 压力表

压力表的检查至少包括以下内容：

① 压力表的选型是否符合要求；

② 压力表的定期检修维护制度，校验有效期及其封签是否符合规定；

③ 压力表外观、精度等级、量程、表盘直径是否符合要求；

④ 在压力表和压力容器之间装设三通旋塞或者针形阀的位置、开启标记及其锁紧装置是否符合规定；

⑤ 同一系统上各压力表的读数是否一致。

压力表检查时，发现以下情况之一的，使用单位应当限期改正并且采取有效措施确保改正期间的安全运行，否则应当暂停该压力容器使用：

① 选型错误的；

② 表盘封面玻璃破裂或者表盘刻度模糊不清的；

③ 封签损坏或者超过校验有效期限的；

④ 表内弹簧管泄漏或者压力表指针松动的；

⑤ 指针扭曲断裂或者外壳腐蚀严重的；

⑥ 通旋塞或者针形阀开启标记不清或者锁紧装置损坏的。

4.4.4.2 液位计

液位计的检查至少包括以下内容：

① 液位计的定期检修维护是否符合规定；

② 液位计外观及其附件是否符合规定；

③ 寒冷地区室外使用或者盛装0℃以下介质的液位计选型是否符合规定；

④ 用于易爆、毒性程度为极度、高度危害介质的液化气体压力容器时，液位计的防止泄漏保护装置是否符合规定。

液位计检查时，发现以下情况之一的，使用单位应当限期改正并且采取有效措施确保改正期间的安全，否则应当暂停该压力容器使用：

① 超过规定的检修期限；

② 玻璃板（管）有裂纹、破碎；

③ 阀件固死；

④ 出现假液位；

⑤ 液位计指示模糊不清；

⑥ 选型错误；

⑦ 防止泄漏的保护装置损坏。

4.4.4.3 测温仪表

测温仪表的检查至少包括以下内容：

① 测温仪表的定期校验和检修是否符合规定；

② 测温仪表的量程与其检测的温度范围是否匹配；

③ 测温仪表及其二次仪表的外观是否符合规定。

测温仪表检查时，凡发现以下情况之一的，使用单位应当限期改正并且采取有效措施确保改正期间的安全，否则暂停该压力容器使用：

① 超过规定的校验、检修期限的；

② 仪表及其防护装置破损的；

③ 仪表量程选择错误的。

4.4.4.4 爆破片装置

爆破片装置的检查至少包括以下内容：

① 爆破片是否超过产品说明书规定的使用期限；

② 爆破片的安装方向是否正确，产品铭牌上的爆破压力和温度是否符合运行要求；

③ 爆破片装置有无渗漏；

④ 爆破片使用过程中是否存在未超压爆破或者超压未爆破的情况；

⑤ 与爆破片夹持器相连的放空管是否通畅，放空管内是否存水（或者冰），防水帽、防雨片是否完好；

⑥ 爆破片单独作泄压装置，检查爆破片和容器间的截止阀是否处于全开状态，铅封是否完好；

⑦ 爆破片和安全阀串联使用，如果爆破片装在安全阀的进口侧，爆破片和安全阀之间装设的压力表有无压力显示，打开截止阀检查有无气体排出；

⑧ 爆破片和安全阀串联使用，如果爆破片装在安全阀的出口侧，爆破片和安全阀之间装设的压力表有无压力显示，如果有压力显示应当打开截止阀，检查能否顺利疏水、排气；

⑨ 爆破片和安全阀并联使用时，爆破片与容器间装设的截止阀是否处于全开状态，铅封是否完好。

爆破片检查时，凡发现以下情况之一的，使用单位应当限期更换爆破片装置并且采取有效措施确保更换期的安全，否则暂停该压力容器使用：

① 爆破片超过规定使用期限的；

② 爆破片安装方向错误的；

③ 爆破片装置标定的爆破压力、温度和运行要求不符的；

④ 使用中超过标定爆破压力而未爆破的；

⑤ 爆破片装在安全阀进口侧与安全阀串联使用时，爆破片和安全阀之间的压力表有压力显示或者截止阀打开后有气体漏出的；

⑥ 爆破片单独作泄压装置或者爆破片与安全阀并联使用时，爆破片和容器间的截止阀未处于全开状态或者铅封损坏的；

⑦ 爆破片装置泄漏的。

4.4.4.5 安全阀

安全阀检查至少包括以下内容：

① 选型是否正确；

② 是否在校验有效期内使用；

③ 杠杆式安全阀的防止重锤自由移动和杠杆越出的装置是否完好，弹簧式安全阀的调整螺钉的铅封装置是否完好，静重式安全阀的防止重片飞脱的装置是否完好；

④ 如果安全阀和排放口之间装设了截止阀，截止阀是否处于全开位置及铅封是否完好；

⑤ 安全阀是否泄漏；

⑥ 放空管是否通畅，防雨帽是否完好。

安全阀检查时，凡发现以下情况之一的，使用单位应当限期改正并且采取有效措施确保改正期间的安全，否则暂停该压力容器使用：

① 选型错误的；

② 超过校验有效期的；

③ 铅封损坏的；

④ 安全阀泄漏的。

安全阀校验周期：安全阀一般每年至少校验一次，符合特殊情况，经过使用单位技术负责人批准可以按照规范要求适当延长校验周期。凡是校验周期延长的安全阀，使用单位应当将延期校验情况书面告知发证机构。弹簧直接载荷式安全阀，当满足以下①～⑧条件，并且同时满足⑨、⑩条件时，其校验周期最长可以延长至3年：

① 安全阀制造单位已取得国家质检总局颁发的制造许可证的；

② 安全阀制造单位能提供证明，证明其所用弹簧按GB/T 12243—2005《弹簧直接载荷式安全阀》标准进行了强压处理或者加温强压处理，并且同一热处理炉同规格的弹簧取10%（但不少于2个）测定规定负荷下的变形量或者刚度，其变形量或者刚度的偏差不大于15%的；

③ 安全阀内件材料耐介质腐蚀的；

④ 安全阀在使用过程中未发生过开启的；

⑤ 压力容器及其安全阀阀体在使用时无明显锈蚀的；

⑥ 压力容器内盛装非黏性与毒性程度中度及中度以下介质的；

⑦ 使用单位建立、实施了健全的设备使用、管理与维修保养制度，并且有可靠的压力控制与调节装置或者超压报警装置的；

⑧ 使用单位建立了符合要求的安全阀校验站，具有可以自行进行安全阀校验的资质；

⑨ 安全阀制造企业能提供证明，证明其所用弹簧按 GB/T 12243—2005《弹簧直接载荷式安全阀》标准进行了强压处理或者加温强压处理，并且同一热处理炉同规格的弹簧取20%（但不少于4个）测定规定负荷下的变形量和刚度，其变形量或者刚度的偏差不大于10%的；

⑩ 压力容器内盛装毒性程度低度以及低度以下的气体介质，工作温度不大于200℃的。

安全阀的现场校验和调整：安全阀需要进行现场校验（在线校验）和压力调整时，使用单位主管压力容器安全的技术人员和经过安全阀校验培训合格的人员应当到场确认。调校合格的安全阀应当加铅封。调整及校验装置用压力表的精度应当不低于1级。在校验和调整时，应当有可靠的安全防护措施。

4.4.5 压力容器紧急异常情况处理

在用压力容器运行过程中，如果突然发生故障，严重威胁设备和人身安全时，操作人员应立即按照操作规程要求采取紧急措施，紧急措施包括停止容器运行；压力容器的停止运行包括卸放容器内的气体或其他物料，使容器内压力下降，并停止向内输入气体或其他物料。对于系统性连续生产的压力容器，紧急停止运行时必须与前后有关岗位相联系，一并采取措施。

压力容器发生以下异常现象之一时，操作人员应当立即采取紧急措施，并且按照规定的报告程序，及时向有关部门报告：

① 工作压力、介质温度或者壁温超过规定值，采取措施仍不能得到有效控制；

② 主要受压元件发生裂缝、鼓包、变形、泄漏、衬里层失效等危及安全的现象；

③ 安全附件失灵、损坏等不能起到安全保护的情况；

④ 接管、紧固件损坏，难以保证安全运行；

⑤ 发生火灾、交通事故等直接威胁到压力容器安全运行；

⑥ 过量充装；

⑦ 液位异常，采取措施仍不能得到有效控制；

⑧ 压力容器与管道发生严重振动，危及安全运行；

⑨ 真空绝热压力容器外壁局部存在严重结冰、介质压力和温度明显上升；

⑩ 其他异常情况。

压力容器使用单位应当制订应急救援预案，建立相应的应急救援组织机构，配置与之适应的救援装备，适时演练并且记录。使用单位发生压力容器事故，应当立即采取应急救援措施，防止事故扩大，并且按照《特种设备事故报告和调查处理规定》的规定向有关部门报告，同时协助事故调查和做好善后处理工作。

压力容器使用单位对出现故障或发生异常情况的压力容器，及时进行检验，消除事故隐患；对存在严重事故隐患，无改造维修价值的压力容器，应该及时报废，并且办理注销手续。

4.4.6　压力容器的日常维护保养

搞好压力容器维护，是延长容器使用寿命、防止发生事故的重要措施。压力容器维护与保养必须坚持“预防为主”和“日常维护与计划检修相结合”的原则，做到正确使用、精心维护与坚持日常保养，使压力容器投用后经常处于良好的运行状态。

压力容器使用单位应当对压力容器及其安全附件、安全保护装置、测量调控装置、附属仪器仪表进行日常维护保养，对发现的异常情况，应当及时处理并记录。

安全阀、压力表等是防止压力容器超压的重要措施，要加强维护和定期校验，保证这些装置准确灵敏。要防止容器和管道的跑、冒、滴、漏。如果出现以上现象，表明容器已不正常，存在隐患，不及时处理，就会导致事故发生。有些容器的介质是有腐蚀性的，应有防腐设施，如涂漆、喷镀或设置衬里等。压力容器尽量减少振动，以防进气管处发生疲劳裂纹。对容器和管道积存的油污、碳化物等要及时清理，以免引起燃烧爆炸事故。总之，压力容器必须坚持日常维护和保养及定期检验修理制度。维护检修过程中，也要注意安全工作。在检修容器前，除要用盲板切断有联系的管道外，必须打开人孔、手孔。进入易燃、有毒介质的容器内工作时，应对容器进行清洗和置换，加强通风。容器外面要有专人监护，使用的手持电动工具电压不能超过 12V。压力容器检修后，投入运行时必须彻底清理，防止容器和管道中残存能与工作介质起反应的物质，如氧容器中有残油，氯容器中有水等，以免发生事故。

4.4.6.1　压力容器缺陷修复

压力容器破裂大多是制造质量较差所致。压力容器的制造缺陷有成型组装缺陷和焊接缺陷两个类型。确认材质无劣化或劣化甚微不影响使用，或可用焊接方法修复的压力容器，应该进行修复。在材质没有劣化的前提下，表面缺陷如裂纹、咬边、划伤、电弧擦伤等，可通过打磨圆滑过渡消除，如果剩余壁厚能够满足结构强度要求，则可接着采用防腐措施或改进工艺参数防止继续腐蚀。对于塑性、韧性、可焊性较好的钢材，其缺陷可采用补焊或堆焊的方法处理。施焊时应采取必要措施，防止焊接产生新的焊接缺陷和金属损伤。发现有大面积腐蚀和磨损难以堆焊处理时，可采用局部挖补方法，也可采用开设接管或人孔的方法。发现材质严重劣化时，不应轻易补焊或堆焊，必要时可局部更换或报废。临氢介质容器缺陷涉及焊接修复时，必须消氢后施焊。根据上述缺陷处理原则，可采用以下方法修复。

① 打磨法　表面缺陷可用打磨法处理。考虑到缺陷底部可能产生裂纹或表面裂纹有超深的可能，打磨时应注意：如点状或小面积缺陷应用指形砂轮打磨；条状缺陷应用角形砂轮沿缺陷走向打磨成条形深槽，边打磨边进行磁粉或着色探伤，直到消除缺陷为止。打磨后不得有棱角或条痕。如打磨缺陷过深需要补焊时，应进行补焊处理。

② 补焊和堆焊方法　表面超深缺陷和埋藏缺陷，首先将有缺陷部位按焊接要求打磨成坡口，用补焊方法消除。表面龟裂或大面积腐蚀，需要堆焊处理。如母材和焊缝存在埋藏缺陷，当清除缺陷深度达 2/3 板厚时仍存在缺陷，应停止清除，开始补焊；然后在背面重新清除再补焊。如采用碳弧气刨清除缺陷，应用砂轮修整刨槽，并清除渗碳层后补焊。补焊后应进行无损探伤。

③ 局部挖补或部分更换法　发现局部腐蚀超深、局部材质劣化、局部蠕变或局部鼓胀变形，难以保证安全使用，可采取局部挖补或部分更换筒节或封头的方法处理。挖补就是挖掉一块补上一块，也叫镶块补焊。对厚壁容器的局部挖补，补板中心要加厚，边缘与筒体等厚，焊后应进行热处理或消除应力处理。如果局部损伤严重、面积较大，可以采用局部更换筒节或封头的方法。更换筒节的长度不得小于 300mm，且不小于 5 倍壁厚。局部更换筒节，施焊时必须保证一端能自由伸缩，防止焊缝产生过高的收缩应力和残余应力。

④ 层板包扎加固法　容器局部腐蚀严重，材料可焊性较差，缺陷无法用焊接方法消除时，容器受力由环向应力控制，轴向强度有足够安全裕量，在结构允许的条件下，层板包扎加固。层板一般采用可焊性好的材质，防止使用层板与筒体会产生电化学腐蚀的材料。

⑤ 堵孔　厚壁容器发生穿孔腐蚀、制造时钻孔失误、运行中泄漏时，只要孔径小于设计规定的壳体无补强开孔直径时，可以采用自紧密封焊封堵。

4.4.6.2　日常维护保养示例——管式反应器的日常维护要点

(1) 管式反应器的特点

① 由于反应物的分子在反应器内停留时间相等，所以在反应器内任何一点上的反应物浓度和化学反应速度都不随时间而变化，只随管长变化。

② 管式反应器的单位反应器体积具有较大的换热面，特别适用于热效应较大的反应。

③ 由于反应物在管式反应器中反应速度快、流速快，所以它的生产率高。

④ 管式反应器适用于大型化和连续化的化工生产。

⑤ 和釜式反应器相比较，其返混较小，在流速较低的情况下，其管内流体流型接近于理想置换流。

(2) 管式反应器的优点

① 结构简单紧凑；

② 强度高；

③ 抗腐蚀强；

④ 抗冲击性能好；

⑤ 使用寿命长；

⑥ 便于检修。

(3) 管式反应器的应用

通常按管式反应器管道的连接方式的不同，把管式反应器分为多管串联管式反应器和多管并联管式反应器。

多管串联结构的管式反应器，一般用于气相反应和气液相反应。例如烃类裂解反应和乙烯液相氧化制乙醛反应。

多管并联结构的管式反应器，一般用于气固相反应。例如气相氯化氢和乙炔在多管并联装有固相催化剂中反应制氯乙烯，气相氮和氢混合物在多管并联装有固相铁催化剂中合成氨。

(4) 管式反应器的维护要点

① 反应器的振动通常有两个来源：一是超高压压缩机的往复运动造成的压力脉动的传递；二是反应器末端压力调节阀频繁动作而引起的压力脉动。振幅较大时要检查反应器入口、出口配管接头箱紧固螺栓及本体抱箍是否有松动，若有松动，应及时紧固。但接头箱紧固螺栓的紧固只能在停车后才能进行。同时要注意碟形弹簧垫圈的压缩量，一般允许为压缩量的50%，以保证管子热膨胀时的伸缩自由。反应器振幅控制在0.1mm以下。

② 要经常检查钢结构地脚螺栓是否有松动，焊缝部分是否有裂纹等。

③ 开停车时要检查管子伸缩是否受到约束，位移是否正常。除直管支架处碟形弹簧垫圈不应卡死外，弯管支座的固定螺栓也不应该压紧，以防止反应器伸缩时的正常位移受到阻碍。

(5) 管式反应器的故障分析及处理方法（表4-1）

表4-1 管式反应器的故障分析及处理方法

序号	故障分析	处理方法
1	安装密封面受力不均	按规范要求重新安装
2	振动引起紧固件松动	把紧紧固螺栓
3	滑动部件受阻造成热胀冷缩局部不均匀	检查、修正相对活动部位
4	密封环材料处理不符合要求	更换密封环
5	阀杆弯曲度超过规定值	更换阀杆
6	阀芯、阀座密封面受伤	阀座密封面研磨
7	装配不当,使油缸行程不足;阀杆与油缸锁紧螺母不紧;密封面光洁度差;装配前清洗不够	解体检查重装,并做动作试验
8	阀体与阀杆相对密封面过大,密封比压减小	更换阀门
9	油压系统故障造成油压降低	检查并修理油压系统
10	填料压盖螺母松动	拧紧螺母或更换
11	膜片存在缺陷	注意安装前爆破片的检验
12	爆破片疲劳破坏	按规定定期更换
13	油压放出阀联系失灵,造成压力过高	检查油压放出阀联锁系统
14	运行中超温超压发生分解反应	分解反应爆破后,应做下列各项检查:接头箱超声波探伤;相接邻近抄高压配管超声波探伤。经检查不合格接头箱及高压配管应更新
15	安装不当,使弹簧压缩量大,调整垫板厚度不当	重新安装,控制碟形弹簧压缩量,选用适当厚度的调整垫板
16	机架支托滑动面相对运动受阻	检查清理滑动面
17	支撑点固定螺栓与机架上长孔位置不正	调整反应管位置或修正机架孔
18	套管进出口因管径变化引起汽蚀,穿孔套管定心柱处冲刷磨损穿孔	停车局部修理
19	套管进出接管结构不合理	改造套管进出接管结构
20	套管材料较差	选用合适的套管材料
21	接口处焊接存在缺陷	焊口按规范修补
22	联络管法兰紧固不均匀	重新安装联络管,更换垫片

4.4.7 压力容器的操作规程

压力容器设计的承压能力、耐蚀性能和耐高低温性能是有条件、有限度的。操作的任何失误都会使压力容器过早失效甚至酿成事故。国内外压力容器事故统计资料显示，因操作失误引发的事故占50%以上。特别是化工新产品不断开发、容器日趋大型化、高参数和中高强钢广泛应用的条件下，更应重视因操作失误引起的压力容器事故。制订并严格执行操作规程显得尤其重要。操作规程应遵循压力容器工艺参数原则。

压力容器的工艺参数应规定在压力容器结构强度允许的安全范围内。工艺规程和岗位操作法应控制下列内容：

① 压力容器工艺操作指标及最高工作压力、最低工作壁温；

② 操作介质的最佳配比和其中有害物质的最高允许浓度，及反应抑制剂、缓蚀剂的加入量；

③ 正常操作法、开停车操作程序，升降温、升降压的顺序及最大允许速度，压力波动允许范围及其他注意事项；

④ 运行中的巡回检查路线，检查内容、方法、周期和记录表格；

⑤ 运行中可能发生的异常现象和防治措施；

⑥ 压力容器的岗位责任制、维护要点和方法；

⑦ 压力容器停用时的封存和保养方法。

使用单位不得任意改变压力容器设计工艺参数，严防在超温、超压、过冷和强腐蚀条件下运行。操作人员必须熟知工艺规程、岗位操作法和安全技术规程，通晓容器结构和工艺流程，经理论和实际考核合格者方可上岗。

压力容器的维护保养也是操作规程的内容，维护保养工作一般包括防止腐蚀，消除"跑、冒、滴、漏"和做好停运期间的保养，注意事项是：

① 应从工艺操作上制订措施，保证压力容器的安全经济运行。如完善平稳操作规定，通过工艺改革，适当降低工作温度和工作压力等。

② 应加强防腐蚀措施，如喷涂防腐层、加衬里，添加缓蚀剂，改进净化工艺，控制腐蚀介质含量等。

③ 根据存在缺陷的部位和性质，采用定期或状态监测手段，查明缺陷有无发展及发展程度，以便采取措施。

④ 还要注意压力容器在停运期间的保养。

4.4.7.1 反应釜操作维护保养规程

① 目的：建立反应釜标准操作维护保养规程。

② 职责：操作人员、维修人员、技术人员、车间管理人员对本规程实施负责。

③ 检查：

a. 检查减速机润滑油是否足够；

b. 检查机械密封油盘内冷却油是否足够；

c. 检查机械密封动静环间的压紧程度是否适中；

d. 启动电机，检查搅拌桨是否按顺时针方向（从上往下看）转动。

④ 操作：严防任何金属硬物掉进反应釜。尽量避免冷釜时加热料，热釜时加冷料，以免影响使用寿命。采用夹套加热应缓慢进行加压、升温。一般先通入 0.1MPa（表压）压力蒸汽，保持 15min 后，再缓慢升压、升温（升温速度以每 10min 升 0.1MPa 压力为宜）直到所需操作温度。采用夹套冷却时，若采用冷却水，可将冷却水直接通入夹套冷却；若采用冷冻水时，在通入冷冻水前应先排尽夹套内的存水，冷冻完毕后，应及时将冷冻水用空压压回冷冻水槽。蒸汽加热采用上进下出，热水加热采用下进上出；冷却水、冷冻水冷却采用下进上出。反应釜作为反应容器用时，充装裕数不超过 75%，作为贮罐时不超过 90%。出料时，若出料阀、出料管堵塞，一律用非金属工具（与介质无反应的材料），轻轻捅开，不得碰敲。清洗反应釜内部时不得使用金属器具。对黏结在釜内表面上的物料必须及时清洗彻底。不锈钢反应釜严禁使用强酸介质，搪玻璃反应釜严禁使用含氟介质。

⑤ 反应釜减速器的日常维护、保养：减速器在第一次加油工作 200h 须更换新油，以后每 3 个月更换一次。每次换油后须做好相应的记录。减速器每周加一次润滑油，油位控制在油标 2/3 直径处，每班开机前应检查油位，如油位不到应及时加，并做好相应记录。减速器工作油温不能大于 85℃。减速器转臂轴和骨架式橡胶油封是易磨损件、每月或停产时应进行检查、有无磨损、变形和老化，漏油现象，及时发现、及时处理，并做好相应记录。减速器润滑油的选用，当电机功率 $P \leqslant 7.5$kW 时应用 50# 机械油。当 $P > 7.5$kW 时，70#、90# 工业齿轮油。

⑥ 反应釜机械密封日常维护、保养：机械密封冷却液每班检查一次，数量不够时加冷却液至油盘高度2/3左右，冷却液每月更换一次，并做好相应记录。每天在开机前检查机械密封紧箍圈螺钉有无松动，动静环压紧程度、压紧环与弹簧座之间的弹簧是否有歪曲、跳出现象，如有应及时调整，并做好相应记录。

⑦ 反应釜储罐管道、阀门日常维护、保养：由于生产药物时，加入化学物质有一定腐蚀性，所以生产完毕后，必须对储罐进行清洗，如有物料粘在罐上时不能用金属工具，应用木制和塑料工具，以免损坏罐子内表面。避免冷罐加热料和热罐加冷料，以免影响设备使用寿命。阀门开启和关闭，必须灵活，如出现泄漏和滴漏现象，应及时通知维护人员更换并做好记录。

⑧ 减速器更换润滑油方法和零件安装：拧下机座上的放油塞，放去污油，用煤油冲洗干净。换上润滑油，油位应在油标2/3处。应用柴油清洗各零件。滚动或滑动面须（浸）润滑油。摆齿轮有标记的面应向上。装橡胶油封，切勿损伤唇口，装时应抹些黄油，以利装配。装配完毕，注入润滑油，油位不低于示油器的中心。用手拨动输入轴，若转动轻松灵活。

4.4.7.2　不锈钢反应釜操作规程

不锈钢反应釜开车前：检查水、电、气是否符合安全要求。检查釜内、搅拌器、转动部分、附属设备、指示仪表、安全阀、管路及阀门是否符合安全要求。

不锈钢反应釜开车中：

① 随时检查反应釜运转情况，发现异常应停车检修。

② 打开蒸气阀前，先开回气阀，后开进气阀。打开蒸气阀应缓慢，使之对夹套预热，逐步升压，夹套内压力不准超过规定值。

③ 加料前应先开反应釜的搅拌器，无杂音且正常时，将料加到反应釜内，加料数量不得超过工艺要求。

④ 开冷却水阀门时，先开回水阀，后开进水阀。冷却水压力不得低于0.1MPa，也不准高于0.2MPa。

⑤ 蒸气阀门和冷却阀门不能同时启动，蒸气管路过气时不准锤击和碰撞。

⑥ 清洗钛环氧反应釜时，不准用碱水刷反应釜，注意不要损坏。

⑦ 水环式真空泵，要先开泵后给水，停泵时，先停泵后停水，并应排除泵内积水。

4.4.7.3　空气压缩机及储罐安全操作规程

① 开机前检查及操作：检查压缩机润滑油是否加满到曲轴箱加油孔螺塞油尺刻度的位置。用手拨动压缩机皮带几圈，应无异常。手动排放空气压缩机、油气水分离器及储气罐的冷凝水，并旋紧所有螺塞。检查空气压缩系统上管路阀门是否打开，并移走机器上的所有杂物。

② 开机运行：当两台压缩机主机需同时运转时，分别接通电源，各自启动的时间应相差30s，避免出现不必要的电网波动。当两台压缩机主机不同时启动时，第二台主机应在第一台主机卸荷状态下启动。检查压缩机的级间压力和中体压力，级间压力应为0.175～0.25MPa，中体压力为0.07～0.21MPa，如压力不在此范围之内应更换配件。待无热再生干燥器的空气压力至0.4～0.6MPa后，接通无热再生干燥电源进行干燥处理。

③ 关机：把空气压缩机电源切断后，再切断无热再生干燥电源。

④ 维护保养：压缩机润滑油应根据油质变化进行检查更换。空压机每运转200h后，应打开消声滤清器上盖取出滤芯，清除污物，进行保养，每1000h更换一次滤芯。油气水分离器每班至少排放上、下罐分离水2次。当油、气、水分离器以及精密过滤的压差表指示位置，进入淡红区时，应及时清洗或更换滤芯。

⑤ 注意事项：在设备运转过程中，如出现异常声音，应立即切断电源，进行检查，排

除故障后，才能重新开机。压缩机系统在工作或有压力的情况下不得进行拆卸及修理。

4.5 压力容器安全等级的划分和含义

4.5.1 安全等级的划分和含义

按照 TSG R7001—2013《压力容器定期检验规则》，根据压力容器检验结果综合评定其安全状况等级，以其中项目等级最低者为评定等级；需要改造或者维修的压力容器，按照改造或者维修结果进行安全状况等级评定（安全附件检验不合格的压力容器不允许投入使用）。

压力容器划分为 1～5 级 5 个等级，TSG R7001—2013《压力容器定期检验规则》根据压力容器使用条件、缺陷检出或制造遗留情况进行安全状况等级划分原则如下。

① 主要受压元件材料与原设计不符、材质不明或材质劣化时，按照在以下要求进行安全状况等级评定：

a. 用材与原设计不符，如果材质消除，强度校核合格，经过检验未查出新生缺陷（不包括正常的均匀腐蚀）；检验人员认为可以安全使用的，不影响定级；如果使用中产生缺陷，并且确认是用材不当所致，可以定为 4 级或者 5 级。

b. 材质不明，对于经过检验未查出新生缺陷（不包括正常的均匀腐蚀），强度校核合格的（按照同类材料的最低强度进行），在常温下工作的一般压力容器，可以定为 3 级或者 4 级；罐车和液化石油气储罐，定为 5 级。

c. 材质劣化，发现存在表面脱碳、渗碳、石墨化、蠕变、回火脆化、高温氢腐蚀等材质劣化现象并且已经产生不可修复的缺陷或者损伤时，根据材质劣化程度，定为 4 级或者 5 级；如果劣化程度轻微，能够确认在规定的操作条件下和检验周期内安全使用的，可以定为 3 级。

② 有不合理结构的，按照以下要求评定安全状况等级：

a. 封头主要参数不符合相应制选标准，但是经过检验未查出新生缺陷（不包括正常的均匀腐蚀），可以定为 2 级或者 3 级；如果有缺陷，可以根据相应的条款进行安全状况等级评定。

b. 封头与筒体的连接，如果采用单面焊对接结构，而且存在未焊透时，罐车定为 5 级，其他压力容器，可以根据未焊透情况，按照 TSG R7001—2013 第四十四条的规定定级；如果采用搭接结构，可以定为 4 级或者 5 级；不等厚度板（锻件）对接接头未按照规定进行削薄（或者堆焊）处理，经过检验未查出新生缺陷（不包括正常的均匀腐蚀）的，可以定为 3 级，否则定为 4 级或者 5 级。

c. 焊缝布置不当（包括采用“十”字焊缝），或者焊缝间距不符合相应标准的要求，经过检验来查出新生缺陷（不包括正常的均匀腐蚀），可以定为 3 级；如果查出新生缺陷，并且确认是由于焊缝布置不当引起的，则定为 4 级或者 5 级。

d. 按照规定应当采用全熔透结构的角接焊或者接管角焊缝，而没有采用全焊透结构的，如果未查出新生缺陷（不包括正常的均匀腐蚀），可以定为 3 级，否则定为 4 级或者 5 级。

e. 如果开孔位置不当，经过检验未查出新生缺陷（不包括正常的均匀腐蚀），可以定为 3 级或者 4 级；如果开孔的几何参数不符合相应标准的要求，其计算和补强结构经过特殊考虑的，不影响定级，未作特殊考虑的，可以定为 4 级或者 5 级。

③ 内、外表不允许有裂纹。如果有裂纹，应当打磨消除，打磨后形成的凹坑在允许范围内的，不影响定级；否则，应当补焊或者进行应力分析，经过补焊合格或者应力分析结果表明不影响安全使用的，可以定为 2 级或者 3 级（打磨后形成凹坑是否在允许范围内，按 TSG R7001—2013 第三十八条进行）。

④ 变形、机械接触损伤、工卡具焊迹、电弧灼伤等，按照以下要求评定安全状况等级：

a. 变形不处理不影响安全的，不影响定级；根据变形原因分析，不能满足强度和安全要求的，可以定为4级或者5级。

b. 机械接触损伤、工卡具焊迹、电弧灼伤等，打磨后按照 TSG R7001—2013 第十八条的规定定级。

⑤ 内表面焊缝咬边深度不超过0.5mm、咬边连续长度不超过100mm，并且焊缝两侧咬边总长度不超过该焊缝长度的10%时；外表面焊缝咬边深度不超过1.0mm、咬边连续长度不超过100mm，并且焊缝两侧咬边总长度不超过该焊缝长度的15%时，按照以下要求评定其安全状况等级：

a. 一般压力容器不影响定级，超过时应当予以修复。

b. 罐车或者有特殊要求的压力容器，检验时如果未查出新生缺陷（例如焊趾裂纹），可以定为2级或者3级；查出新生缺陷或者超过本条要求的，应当予以修复。低温压力容器不允许有焊缝咬边。

⑥ 有腐蚀的压力容器，按照以下要求评定安全状况等级：

a. 分散的点腐蚀，如果腐蚀深度不超过壁厚（扣除腐蚀裕量）的1/3，不影响定级；如果在任意200mm直径的范限内，点腐蚀的面积之和不超过4500mm^2，或者沿任一直径点腐蚀长度之和不超过50mm，不影响定级。

b. 均匀腐蚀，如果按照剩余壁厚（实测壁厚最小值减去至下次检验期的腐蚀量）强度校核合格的，不影响定级；经过补焊合格的，可以定为2级或者3级。

c. 局部腐蚀，腐蚀深度越过壁厚余量的，应当确定腐蚀坑形状和尺寸，并且充分考虑检验周期内腐蚀坑尺寸的变化，可以按照 TSG R7001—2013 第三十八条的规定定级。

d. 对内衬和复合板压力容器，腐蚀深度不越过衬板或者覆材厚度1/2的不影响定级，否则应当定为3级或者4级。

⑦ 存在环境开裂倾向或者产生机械损伤现象的压力容器，发现裂纹，应当打磨消除，并且按照 TSG R7001—2013 第三十八条的要求进行处理，可以满足在规定的操作条件下和检验周期内安全使用要求的，定为3级，否则定为4级或者5级。

⑧ 错边量和棱角度超出相应制造标准，根据以下具体情况综合评定安全状况等级：

a. 错边量和棱角度尺寸在表4-2范围内，压力容器不承受疲劳载荷并且该部位不存在裂纹、未熔合、未焊透等缺陷时，可以定为2级或者3级。

表4-2 错边量和棱角度尺寸范围 mm

<table>
<tr><th>对口处钢材厚度 t</th><th>错边量</th><th>棱角度①</th></tr>
<tr><td>t≤20</td><td>≤1/3t，且≤5</td><td rowspan="3">≤1/10t+3，且≤8</td></tr>
<tr><td>20<t≤50</td><td>≤1/4t，且≤8</td></tr>
<tr><td>t>50</td><td>≤1/6t，且≤20</td></tr>
<tr><td colspan="2">对所有厚度锻焊压力容器</td><td>≤1/6t，且≤8</td></tr>
</table>

① 测量棱角度所用样板按照相应制造标准的要求选取

b. 错边量和棱角度不在表4-2范围内，或者在表4-2范围内的压力容器承受疲劳载荷或者该部位伴有未熔合、未焊透等缺陷时，应当通过应力分析，确定能否继续使用；在规定的操作条件下和检验周期内，能安全使用的定为3级或者4级。

⑨ 相应制造标准允许的焊缝埋藏缺陷，不影响定级；超出相应制造标准的，按照以下要求评定安全状况等级：

a. 单个圆形缺陷的长径大于壁厚的1/2或者大于9mm，定为4级或者5级；圆形缺陷的长径小于壁厚的1/2并且小于9mm，其相应的安全状况等级评定见表4-3和表4-4。

表 4-3 规定只要求局部无损检测的压力容器（不包括低温压力容器）圆形缺陷与相应的安全状况等级

安全状况等级	评定区					
	10mm×10mm			10mm×20mm		10mm×30mm
	实测厚度/mm					
	$t\leqslant 10$	$10<t\leqslant 15$	$15<t\leqslant 25$	$25<t\leqslant 50$	$50<t\leqslant 100$	$t>100$
	缺陷点数					
2 级或者 3 级	6～15	12～21	18～27	24～33	30～39	36～45
4 级或者 5 级	>15	>21	>27	>33	>39	>45

表 4-4 规定要求 100%无损检测的压力容器（包括低温压力容器）圆形缺陷与相应的安全状况等级

安全状况等级	评定区					
	10mm×10mm			10mm×20mm		10mm×30mm
	实测厚度/mm					
	$t\leqslant 10$	$10<t\leqslant 15$	$15<t\leqslant 25$	$25<t\leqslant 50$	$50<t\leqslant 100$	$t>100$
	缺陷点数					
2 级或者 3 级	3～12	6～15	9～18	12～21	15～24	18～27
4 级或者 5 级	>12	>15	>18	>21	>24	>27

注：表 4-3、表 4-4 中圆形缺陷尺寸换算成缺陷点数，以及不计点数的缺陷尺寸要求．见 JB/T 4730 相应规定。

b. 非圆形缺陷与相应的安全状况等级评定，见表 4-5 和表 4-6。

表 4-5 一般压力容器非圆形缺陷与相应的安全状况等级

缺陷位置	缺陷尺寸			安全状况等级
	未融合	未焊透	条状夹渣	
球壳对接焊缝，圆筒形环焊缝，以及与封头连接的环焊缝	$H\leqslant 0.1t$， 且 $H\leqslant 2$mm； $L\leqslant 2t$	$H\leqslant 0.15t$， 且 $H\leqslant 3$mm； $L\leqslant 3t$	$H\leqslant 0.2t$， 且 $H\leqslant 4$mm； $L\leqslant 6t$	3 级
圆筒形环焊缝	$H\leqslant 0.15t$， 且 $H\leqslant 3$mm； $L\leqslant 4t$	$H\leqslant 0.2t$， 且 $H\leqslant 4$mm； $L\leqslant 6t$	$H\leqslant 0.25t$， 且 $H\leqslant 5$mm； $L\leqslant 12t$	

表 4-6 有特殊要求的压力容器非圆形缺陷与相应的安全状况等级

缺陷位置	缺陷尺寸			安全状况等级
	未融合	未焊透	条状夹渣	
球壳对接焊缝，圆筒形环焊缝，以及与封头连接的环焊缝	$H\leqslant 0.1t$， 且 $H\leqslant 2$mm； $L\leqslant t$	$H\leqslant 0.15t$， 且 $H\leqslant 3$mm； $L\leqslant 2t$	$H\leqslant 0.2t$， 且 $H\leqslant 4$mm； $L\leqslant 3t$	3 级或者 4 级
圆筒形环焊缝	$H\leqslant 0.15t$， 且 $H\leqslant 3$mm； $L\leqslant 2t$	$H\leqslant 0.2t$， 且 $H\leqslant 4$mm； $L\leqslant 4t$	$H\leqslant 0.25t$， 且 $H\leqslant 5$mm； $L\leqslant 6t$	

注：表 4-5、表 4-6 中 H 是指缺陷在板厚方向的尺寸，亦称缺陷高度；L 指缺陷长度（单位为 mm）。对所有超标非圆形缺陷均应当测定其高度和长度，并且在下次检验时对缺陷尺寸进行复验。

c. 如果能采用有效方式确认缺陷是非活动的，则表 4-5、表 4-6 中的缺陷长度容限值可以增加 50%。

⑩ 母材有分层的，按照以下要求评定安全状况等级：

a. 与自由表面平行的分层，不影响定级；

b. 与自由表面夹角小于 10°的分层，可以定为 2 级或者 3 级；

c. 与自由表面夹角大于或者等于 100°的分层，检验人员可以采用其他检测或者分析方法进行综合判定，确认分层不影响压力容器安全使用的，可以定为 3 级，否则定为 4 级或者 5 级。

⑪ 使用过程中产生的鼓包，应当查明原因，判断其稳定状况，如果能查清鼓包的起因并且确定其不再扩展，而且不影响压力容器安全使用的，可以定为 3 级；无法查清起因时，或者虽查明原因但是仍然会继续扩展的，定为 4 级或者 5 级。

⑫ 固定式真空绝热热容器，真空度及日蒸发率测量结果在表 4-7 范围内，不影响定级；大于表 4-7 规定指标，但不超出其 2 倍时，可以定为 3 级或者 4 级；否则定为 4 级或者 5 级。

表 4-7 真密度及日蒸发率测量

绝热方式	真空度		日蒸发率测量
	测量状态	数值/Pa	
粉末绝热	未装介质	≤65	实测日蒸发率数值小于 2 倍额定日蒸发率指标
	装有介质	≤10	
多层绝热	未装介质	≤20	
	装有介质	≤0.2	

⑬ 属于压力容器本身原因，导致耐压试验不合格的，可以定为 5 级。

4.5.2 安全状况的有关原则

① 安全状况等级中所述缺陷，是制造该压力容器最终存在的状态。如缺陷已消除，则以消除后的状态，确定该压力容器的安全状况等级。

② 技术资料不全的，按有关规定由原制造单位或检验单位经过检验验证后补全技术资料，并能在检验报告中作出结论的，则可按技术资料基本齐全对待。无法确定原制造单位具备制造资格的，不得通过检验验证补充技术资料。

③ 安全状况等级中所述问题与缺陷，只要确认其具备最严重之一者，即可按其性质确定该压力容器的安全状况等级。

4.5.3 安全状况等级的处理原则

综合评定安全状况等级为 1～3 级的，检验结论为符合要求，可以继续使用；安全状况等级为 4 级的，检验结论为基本符合要求，有条件地监控使用；安全状况等级为 5 级的，检验结论为不符合要求，不得继续使用。

安全状况等级评定为 4 级并且监控期满的压力容器，或者定期检验发现严重缺陷可能导致停止使用的压力容器，应当对缺陷进行处理。缺陷处理的方式包括采用维修的方法消除缺陷或者进行合乎使用评价。负责压力容器定期检验的检验机构应当根据合乎使用评价报告的结论和其他定期检验项目的结果综合确定压力容器的安全状况等级、允许使用参数和下次检验日期。

对于应用基于风险的检验（RBI）的压力容器，使用单位应当根据其结论所提出的检验策略制订压力容器的检验计划，定期检验机构依据其检验策略制订具体的定期检验方案并且实施定期检验。

4.5.4 关于安全状况为4级的压力容器的处理原则

有些企业存在着大量20世纪60～70年代生产的压力容器，其安全状况等级被评为4级，属监控使用一类。由于经济原因，本着“合乎使用”的原则，慎重确定其安全状况等级及检验周期。被判为4级的压力容器，其监控使用条件为：检验周期一般在1～2年。但在检验过程中，许多容器未发现有新的缺陷，原有缺陷也未见发展。所以，在保证其安全运行的前提下，有必要对一些原定为4级的压力容器的安全状况进行全面考察，重新核定其安全状况等级及检验周期。从统计情况来看，以往被判为4级的压力容器多属以下情况：

① 制造过程中产生了较严重的内部缺陷，如裂纹、未熔合、未焊透等；

② 结构不合理及成型不良，如十字焊、封头凹凸量过大、角边有严重超标等；

③ 腐蚀、磨损严重，已不能保证强度安全。

如因原有缺陷而产生新的缺陷，对安全使用构成严重威胁的；原有缺陷（如裂纹）在继续发展的；腐蚀、磨损严重，经强度校核已不能保证其强度安全的，应判为4级，加强监控。但也可能存在以下情况，应具体分析其安全状况：

a. 虽存在一定缺陷，但并未由此产生新生缺陷；

b. 棱角度、错边量较严重，但未进行应力分析，而主观定为“严重超标”的；

c. 虽存在各种缺陷，但因容器本身应力水平不高，而能保证其安全运行的，等等。

如某副食厂一台蒸球，1960年制造，1973年投用，主体材质不详，设计压力0.8MPa，设计温度175℃，直径2500mm，公称壁厚14mm，工作介质为饱和蒸汽。设备在运行20多年后，在1994年进行全面检验，结果如下：

球体表面有3条裂纹，最长达15mm，埋藏裂纹一条，长5mm，未焊透10处，最长达250mm，球体表面有ϕ10mm×2.0mm（深）机械坑5个，最小壁厚为12mm。

对球体进行强度校核（材质按A3计），满足强度要求。在对表面缺陷进行打磨处理后，结合该设备其他情况，安全状况定为4级，检验周期为1年。

1995年再次对蒸球进行检验，经无损探伤，未发现新生缺陷，原有埋藏裂纹也未见发展。经过了解，该蒸球操作工艺要求球内压力在0.3MPa以下，蒸汽源最高输送压力在0.6MPa以下。鉴于该蒸球内部缺陷为死缺陷，整体应力水平又较低，重新核定其安全状况等级为3级，检验周期为3年。之后该蒸球安全运行。

总之，压力容器安全状况等级的评定及检验周期的确定，应就其设计、制造、使用等各个因素的不同，进行具体分析、判定，尽量做到安全、经济、合理。

第5章 CHAPTER 5 压力容器检验管理

压力容器检验管理包括对检验检测机构的管理、核准和检验人员的资格考核与压力容器专项检验。

5.1 检验检测机构管理

2004年12月28日，国家质检总局批准实施了《特种设备检验检测机构核准规则》、《特种设备检验检测机构评审细则》、《特种设备检验检测机构质量管理体系要求》3个安全技术规范（国家质检总局公告2004年第203号），这3个安全技术规范自2005年3月1日正式执行。对检验检测机构的核准应按照这3个安全技术规范的要求进行。2007年5月9日国家质检总局公告2007年第72号（即第1号修改单）、2009年5月13日国家质检总局公告2009年第46号（即第2号修改单）、2011年12月16日国家质检总局公告2010年第150号（即第3号修改单）对检验检测机构的核准要求做出了进一步的修订。《中华人民共和国特种设备安全法》（自2014年1月1日起实施）对从事法定监督检验、定期检验的特种设备检验机构做出了明确的规定要求。

5.1.1 总则

5.1.1.1 检验检测机构的定义

特种设备检验检测机构是指从事特种设备定期检验、监督检验、型式试验、无损检测等检验检测活动的技术机构，包括综合检验机构、型式试验机构、无损检测机构、气瓶检验机构（以下简称检验检测机构）。

5.1.1.2 检验检测机构的工作范围

① 履行特种设备安全监察职能的政府部门设立的专门从事特种设备检验检测活动、具有事业法人地位且不以营利为目的的公益性检验检测机构，可以从事特种设备监督检验、定期检验和型式试验等工作。

② 在特定领域或者范围内从事特种设备检验检测活动的检验检测机构，可以从事特种设备型式试验、无损检测和定期检验工作。

③ 特种设备使用单位设立的检验机构，负责本单位一定范围内的特种设备定期检验工作。

5.1.1.3 检验检测机构的分级

检验检测机构按照其规模、性质、能力、管理水平等核定为A级、B级、C级，具体级别核定按《特种设备检验检测机构核准规则》、《特种设备检验检测机构评审细则》和《特种设备检验检测机构质量管理体系要求》3个安全技术规范的要求执行。

5.1.1.4 资格核准和监督管理

① 检验检测机构应当经国家质量监督检验检疫总局（以下简称国家质检总局）核准，取得《特种设备检验检测机构核准证》（以下简称《核准证》）后，方可在核准的项目范围内从事特种设备检验检测活动。

② 国家质检总局对全国检验检测机构实施统一监督管理，省级质量技术监督部门负责本行政区域内检验检测机构的监督管理。

5.1.2 检验检测机构的核准

检验检测机构的核准按照《特种设备检验检测机构核准规则》（TSG Z7001—2004）、《特种设备检验检测机构鉴定评审细则》（TSG Z7002—2004）和《特种设备检验检测机构质量管理体系要求》（TSG Z7003—2004）3个规范性文件的要求进行。

5.1.2.1 基本条件

① 必须是独立承担民事责任的法人实体（特种设备使用单位设立的检验机构除外），能够独立公正地开展检验检测工作。

② 单位负责人应当是专业工程技术人员，技术负责人应当具有检验师（或者工程师）及以上持证资格，熟悉业务，具有适应岗位需要的政策水平和组织能力。

③ 具有与其承担的检验检测项目相适应的技术力量，持证检验检测人员、专业工程技术人员数量应当满足相应规定要求。

④ 具有与其承担的检验检测项目相适应的检验检测仪器、设备和设施。

⑤ 具有与其承担的检验检测项目相适应的检验检测、试验及办公场地和环境条件。

⑥ 建立质量管理体系，并能有效实施。

⑦ 具有检验检测工作所需的法规、安全技术规范和有关技术标准。

5.1.2.2 核准程序

检验检测机构核准程序为：申请、受理、鉴定评审、审批、发证。

(1) 申请和受理

申请资格核准的检验检测机构（以下简称申请机构），应当填写国家质检总局统一规定的核准申请书，并附有关资料，经所在地省级质量技术监督部门签署意见后，向国家质检总局提出申请。省级质量技术监督部门应当在接到申请书后的5个工作日内签署意见，国家质检总局应当在接到申请后的15个工作日内做出是否受理申请的决定，并告知申请机构。

其中气瓶检验机构申请资格核准，由所在地的市（地）级、省级质量技术监督部门按照上述程序分别做出资料确认和受理决定。

(2) 鉴定评审

资格核准申请被受理后，申请机构应当约请经国家质检总局确定并公布的鉴定评审机构实施鉴定评审。鉴定评审工作程序、内容、要求按照《特种设备检验检测机构鉴定评审规则》进行。

(3) 审批和发证

国家质检总局应当对鉴定评审报告进行审批（其中气瓶检验机构鉴定评审报告由省级质量技术监督部门审批），合格的由国家质检总局统一颁发《核准证》。审批和发证工作应当在接到鉴定评审报告之日起30个工作日内完成。

5.1.2.3 核准证的换证及变更

①《核准证》有效期为4年。

② 检验检测机构应当在有效期满前6个月内向国家质检总局提出复核准申请（其中气瓶检验机构向省级质量技术监督部门提出复核准申请）。复核准具体程序按《特种设备检验检测机构管理规定》相关规定执行。

③ 在有效期内，机构名称、负责人、地址、所有制及隶属关系变更时，应当在变更后15日内向原受理机构备案并办理变更换证，同时告知检验检测机构所在地质量技术监督部门。

5.1.3　对检验检测活动的规定

① 检验检测机构应当及时安排特种设备生产、使用单位报检的检验检测工作，落实检验检测任务计划，高效率、高质量地完成检验检测工作。

② 检验检测机构应当严格按照国家有关法律、法规、规章及安全技术规范，依法实施检验检测，为特种设备的安全、经济运行提供技术服务。保证检验检测结论真实、可靠。

③ 检验检测机构应当客观、公正、及时出具检验检测结果、鉴定结论，并对检验检测结果、鉴定结论负责。检验检测结果、鉴定结论应经检验检测机构授权的技术负责人签署。

④ 检验检测机构应当指派持有检验检测人员证的人员从事相应的检验检测工作。检验检测机构对涉及的受检单位的商业秘密，负有保密义务。

⑤ 经核准的检验检测机构，在从事检验检测工作中，不得将所承担检验检测工作转包给其他检验检测机构。特种设备使用单位的检验机构，不能如期完成本单位经核准的特定范围的检验检测工作时，应当及时告知当地质量技术监督部门。

⑥ 检验检测机构在分包无损检测等专项检验检测项目时，应当选择经核准的专项检验检测机构（材料检测、金属监督等未设立专项检测核准要求的除外），并对检验检测的最终结果负责。

⑦ 检验检测机构跨地区从事检验检测工作时，应当在检验检测前书面告知负责设备注册登记的质量技术监督部门。检验检测机构应当按照有关规定将检验检测结果报负责设备注册登记的质量技术监督部门。

⑧ 检验检测机构在检验检测工作中，发现被检设备存在严重事故隐患，应当及时告知设备使用单位，并立即向负责设备注册登记的质量技术监督部门报告，同时按照有关规定填报检验案例。

⑨ 检验检测机构应当加强信息化建设，建立科学可靠的检验检测数据档案，按照国家质检总局有关特种设备动态监督管理的要求，实现检验检测与安全监察之间的网络数据传输和共享。

⑩ 检验检测机构在核准的检验检测项目内开展的检验检测工作，应当严格执行国家和地方有关部门规定的收费标准。

⑪ 检验检测机构不得从事特种设备的生产、销售，不得进行推荐或者监制、监销特种设备等影响公正性的活动。

⑫ 检验检测机构应当加强内部管理，确保检验检测质量管理体系有效运行，严格按照安全技术规范规定的检验检测项目、周期、方法、程序和质量控制要求进行检验检测。检验检测机构应当建立并实施检验检测质量管理体系、检验检测工作质量和工作人员行为等检查制约制度。

⑬ 检验检测机构应当建立健全现场检验检测安全制度，落实安全责任，加强检验检测人员安全教育，督促检验检测人员遵章守纪，严格按照操作规程实施检验检测，保证检验检测人员自身安全与健康。

⑭ 检验检测机构必须接受各级质量技术监督部门的监督检查，并按照规定报送有关材料。

5.1.4　监督管理

5.1.4.1　常规性监督检查、抽查、考核

① 市（地）级质量技术监督部门负责组织对本行政区域内检验检测机构的检验检测工作质量进行日常监督检查，每年至少进行 1 次常规性监督检查。并将监督检查结果报省级质量技术监督部门。

② 省级质量技术监督部门负责组织或者委托有关机构对本行政区域的检验检测机构的检验检测工作质量进行监督抽查，每年抽查数量不少于检验检测机构总数的25%，4年中至少应当对每个检验检测机构抽查1次。同时将监督抽查结果报国家质检总局。

③ 国家质检总局组织或者委托有关机构对检验检测机构的检验检测工作质量进行抽查考核。常规性监督检查、监督抽查、抽查考核，抽查考核的要求按《特种设备检验检测机构监督考核规则》执行。

④ 常规性监督检查不合格的，由实施检查的市级质量技术监督部门责令改正。

⑤ 常规性监督抽查连续2次不合格，或者抽查考核不合格，由省级质量技术监督部门或国家质检总局暂停其核准项目的检验检测工作；情节严重的，由国家质检总局吊销《核准证》。

5.1.4.2 违规处理

检验检测机构有下列违规情形的，由市级及以上质量技术监督部门责令改正；逾期未改，情节严重的，由市级及以上质量技术监督部门暂停其核准项目的检验检测工作：

① 机构名称、主要负责人、地址、所有制及隶属关系发生变更，未在15日内向原受理机构备案并办理变更换证，并告知其所在地质量技术监督部门的；

② 无正当理由，拒不接受使用单位报检，或者未完成已落实任务范围内特种设备检验检测工作的；

③ 将所承担检验检测工作转包给其他检验检测机构的；

④ 检验检测机构分包无损检测等专项检验检测项目时选择未经核准的专项检验检测机构的；

⑤ 跨地区检验检测前，未书面告知负责设备注册登记的质量技术监督部门，或者未按有关规定向其报告检验检测结果的；

⑥ 发现被检设备存在严重事故隐患未及时告知设备使用单位，并立即向负责设备注册登记的质量技术监督部门报告的；

⑦ 违章操作，造成检验检测人员人身或健康伤害的；

⑧ 未按规定填报检验案例、有关材料的；

⑨ 未按国家和地方有关部门制定的标准收费的。

暂停核准项目的检验检测工作期限为30日。停检期间，检验检测机构不得从事核准项目的检验检测工作。停检期满，由做出停检决定的部门视其整改情况决定。整改合格的，恢复检验检测；整改不合格的，报国家质检总局吊销《核准证》。被吊销《核准证》的检验检测机构，2年内其重新申请不予受理。

《中华人民共和国特种设备安全法》规定，特种设备检验检测机构及其检验、检测人员有下列行为之一的，责令改正，对机构处5万元以上20万元以下罚款，对直接负责的主管人员和其他责任人员处5千元以上5万元以下罚款；情节严重的，吊销机构资质和有关人员的资格：

① 未经核准或者超出核准范围，使用未取得相应资格的人员从事检验、检测的；

② 未按照安全技术规范的要求进行检验、检测的；

③ 出具虚假的检验、检测结果和鉴定结论或者检验、检测结果和监督结论严重失实的；

④ 发现特种设备存在严重事故隐患，未及时告知相关单位，并立即向负责特种设备安全监督管理的部门报告的；

⑤ 泄露检验、检测过程中知悉的商业秘密的；

⑥ 从事有关特种设备的生产、经营活动的；

⑦ 推荐或者监制、监销特种设备的；

⑧ 利用检验工作故意刁难相关单位的。

5.1.4.3 申诉

① 特种设备使用单位对检验检测机构出具的检验检测结果、鉴定结论有异议的，可向

当地质量技术监督部门提出申诉。

② 检验检测机构对鉴定评审结果有异议的，可向国家质检总局提出申诉。

③ 检验检测机构对监督检查、监督抽查、抽查考核结果或者相关处理决定有异议的，可向组织监督检查、监督抽查、抽查考核或者做出相关处理决定的上一级质量技术监督部门提出申诉。

5.1.5　检验机构的内审和管理评审

5.1.5.1　内审

(1) 内审目的

确保质量管理体系运行持续符合质量管理体系文件的要求，并实施有效，为质量管理体系的改进提供依据。

(2) 内审工作程序

① 内审员的选择与培训　检验检测机构应选择经过内审员培训和具有经验的人员进行内审工作，内审员的选择和内审工作的实施必须确保审核过程的客观性和公正性，内审员独立于被审核的工作。

② 年度内审的策划　年度审核一般每年一次，检验检测机构应编制年度内部质量管理体系审核计划，经机构质量负责人批准后实施。当出现严重的不符合检测工作或连续客户抱怨，对质量管理体系完善性和其运行有效性产生怀疑时，应增加审核频次，或进行专项内审。

③ 内审的准备

a. 根据年度内部质量管理体系审核计划或任务（附加审核），以书面文件形式任命内审组长和若干名内审员组成内审组；

b. 根据确定的审核时间和内容编制《质量管理体系内审计划日程表》，并将计划的任务分配到与被审核部门无直接责任的内审员；

c.《质量管理体系内审计划日程表》经机构质量负责人批准后，提前一周通知被审核部门，要求他们做好准备工作；

d. 内审组成员根据内审日程表中确定的审核范围和审核任务，做好审核前的必要准备工作；

e. 被审核部门收到《质量管理体系内审计划日程表》后，应根据审核内容做好有关备查资料的整理工作，并确定参加内部审核会议的有关人员。有关人员包括：被审核部门负责人，相关审核内容的负责人员、陪同人员等。

④ 内审的实施

a. 首次会议；

b. 内审员根据《质量管理体系内审计划日程表》和《内审检查表》的提示实施现场审核；

c. 现场审核结束，内审组召开内部会议对所有观察到不符合事实的结果进行讨论，初步确定不符合项，并与被审核部门有关人员沟通，取得被审核部门负责人和相关人员的确认，最终确定不符合项；

d. 末次会议。

⑤ 编制《质量管理体系内部审核报告》　内容包括：目的、范围、依据、现场审核时间、审核人员、审核综述、审核结论、纠正措施要求等，并形成文件。

⑥ 纠正措施的跟踪验证

a. 检验检测机构有关部门应根据《内部审核不符合项报告》中的事实进行整改，当不符合事实导致对体系运行的有效性，或对检验结果的正确性或有效性产生怀疑时，有关部门应制订出纠正措施和完成期限；

b. 如不符合项导致对以前的检验结果的公正性或有效性产生怀疑时，应书面通知可能受到影响的客户；

c. 原内审员对纠正措施实施情况进行跟踪、验证。

⑦ 附加审核　当出现下列情况之一时，或遇到重大质量问题时，检验检测机构应及时安排有针对性的附加审核。

a. 质量手册、程序文件或其他相关标准、文件有重大修改后；

b. 近期质量体系审核发现某质量要素存在严重不符合或不符合涉及范围较大时；

c. 客户投诉及单位内外质量信息反馈涉及某些质量要素问题较严重时；

d. 为满足社会需要，质量体系有较大变动时。

5.1.5.2　管理评审

(1) 目的

评审检验检测机构质量管理体系的适宜性、充分性、有效性，持续改进与完善质量管理体系，确保质量方针、目标的实现和满足客户的要求。

(2) 工作程序

管理评审一般由检验检测机构的负责人主持，每年至少进行一次。遇到以下影响质量管理体系运行的情况，可增加管理评审次数：

a. 组织机构发生重大变化；

b. 发生重大质量事故或客户有严重投诉的；

c. 市场需求或外部环境有重大变化时。

① 管理评审的准备　管理评审的输入包括：

a. 质量方针、目标和质量体系的适宜性；

b. 近期内部审核结果的报告；

c. 纠正措施和预防措施执行情况的报告；

d. 由外部机构进行的审核结果的报告；

e. 比对和参加能力验证结果的报告；

f. 工作量和工作类型的变化分析与对策报告；

g. 客户反馈意见的汇总分析报告；

h. 客户投诉及其处理结果汇报；

i. 其他相关因素（如质量控制活动、资源充分性、员工培训教育状况分析）的报告。

② 管理评审会议　管理评审由检验检测机构负责人主持，对此次管理评审的目的、范围、依据、内容等进行介绍，然后对所列评审内容和所提供背景资料进行逐项分析、评估，确定不符合工作、分析原因、寻求改进，提出纠正措施；讨论组织机构调整、资源配置；制订今后发展方向、评价现有质量管理体系（包括方针、目标）的适宜性、充分性和有效性。

③管理评审结论　管理评审结束后，可根据评审内容做出以下评价：

a. 本机构的质量体系能否满足相关标准、法律法规或客户提出的要求；

b. 本机构的质量体系是否持续有效，并有效地实现了本单位质量方针和质量目标；

c. 本机构的质量体系是否适应内、外环境要求；

d. 本机构的资源配置能否满足要求；

e. 本机构的质量体系文件是否能保证控制所需的程度和符合文件的控制要求，有关的文件是否要进行更改或补充；

f. 质量改进意见和完成期限；

g. 下一年度的质量目标和行动计划。

④ 质量改进意见的实施　检验检测机构各有关部门应根据《管理评审报告》中的质量改进意见按照本单位相关程序文件的要求实施改进。

5.1.6　压力容器检验方案（通用和典型案例）

5.1.6.1　压力容器检验方案分类

压力容器检验方案一般可分为通用检验方案、典型检验方案。

① 通用检验方案是指针对某一类压力容器制订的作业指导书；

② 典型检验方案是指针对某一台（或多台同型号）特定典型压力容器制订的检验方案，编制压力容器典型检验方案应征求使用单位的意见，必要时还应征求原设计单位的意见。

5.1.6.2　压力容器检验方案内容

压力容器检验方案至少应包含以下内容：

① 被检设备基本概况：包括设备名称、编号、材料、规格型号、壁厚、介质、产品出厂信息、运行参数及使用情况，制造单位、施工单位、安装地点、用户的特殊要求，历次检验发现的问题和已做过的检测项目及其结果，现场勘察情况。

② 检验依据：法规、标准及有效的技术文件等。

③ 本次检验计划进行的检验检测项目及检验方法：依据检规、检验工艺、经验，结合资料审查的信息，以及可能存在的缺陷，确定必要的检验检测项目；检测项目选择的前提条件是确保可能存在的危险缺陷不漏检；确定检测项目时应考虑为什么要做，为什么不做。

④ 检测仪器设备准备：明确列出需要使用哪些检测仪器、设备及持证人员。

⑤ 参检人员：指定项目负责人，参检人员的数量和人员组织分工应适应检验工作的需要。

⑥ 使用单位检验准备和现场配合工作事项；被检设备应做的准备工作：如停机（车）、隔离、清洗置换、脚手架、打磨部位、保温拆除部位，用电、用水、用气等事项；指定检验联络和配合人员。

⑦ 检验时间及计划进度。

⑧ 检验检测现场安全注意事项及应急措施。

⑨ 可能发现重大缺陷的报告、处理和质量技术信息的反馈处理程序。

⑩ 检验人员可以根据被检设备的复杂程度确定检验方案的繁简程度，但至少应包括设备的技术参数、检验依据和检验检测项目。

5.1.6.3　压力容器检验方案示例

【示例 1】　压力容器定期检验（通用方案）

1. 适用范围

适用于 TSG R0004《固定式压力容器安全技术监察规程》适用范围内的在用压力容器定期检验。TSG R0003《简单压力容器安全技术监察规程》适用范围内的在用压力容器定期检验可参照执行。

但不包括在用医用氧舱、在用小型制冷装置中的压力容器、在用尿素合成塔、50m^3以上在用钢制球形储罐。

2. 规范性引用文件

国务院令（第 549 号）《特种设备安全监察条例》

GB 150《压力容器》

GB 151《钢制管壳式换热器》

NB/T 47042《卧式容器》

NB/T 47041《塔式容器》

JB/T 4730《承压设备无损检测》

TSG R0004《固定式压力容器安全技术监察规程》

TSG R0003《简单压力容器安全技术监察规程》

TSG R7001《压力容器定期检验规则》

TSG R5002《压力容器使用管理规则》

3. 工作程序

(1) 检验仪器设备

压力容器定期检验所用仪器设备根据压力容器结构、材料、损伤模式、检验单位仪器设备状况、技术水平和检验方法确定。

(2) 检验工作流程

① 检验工序流程图（图 5-1）

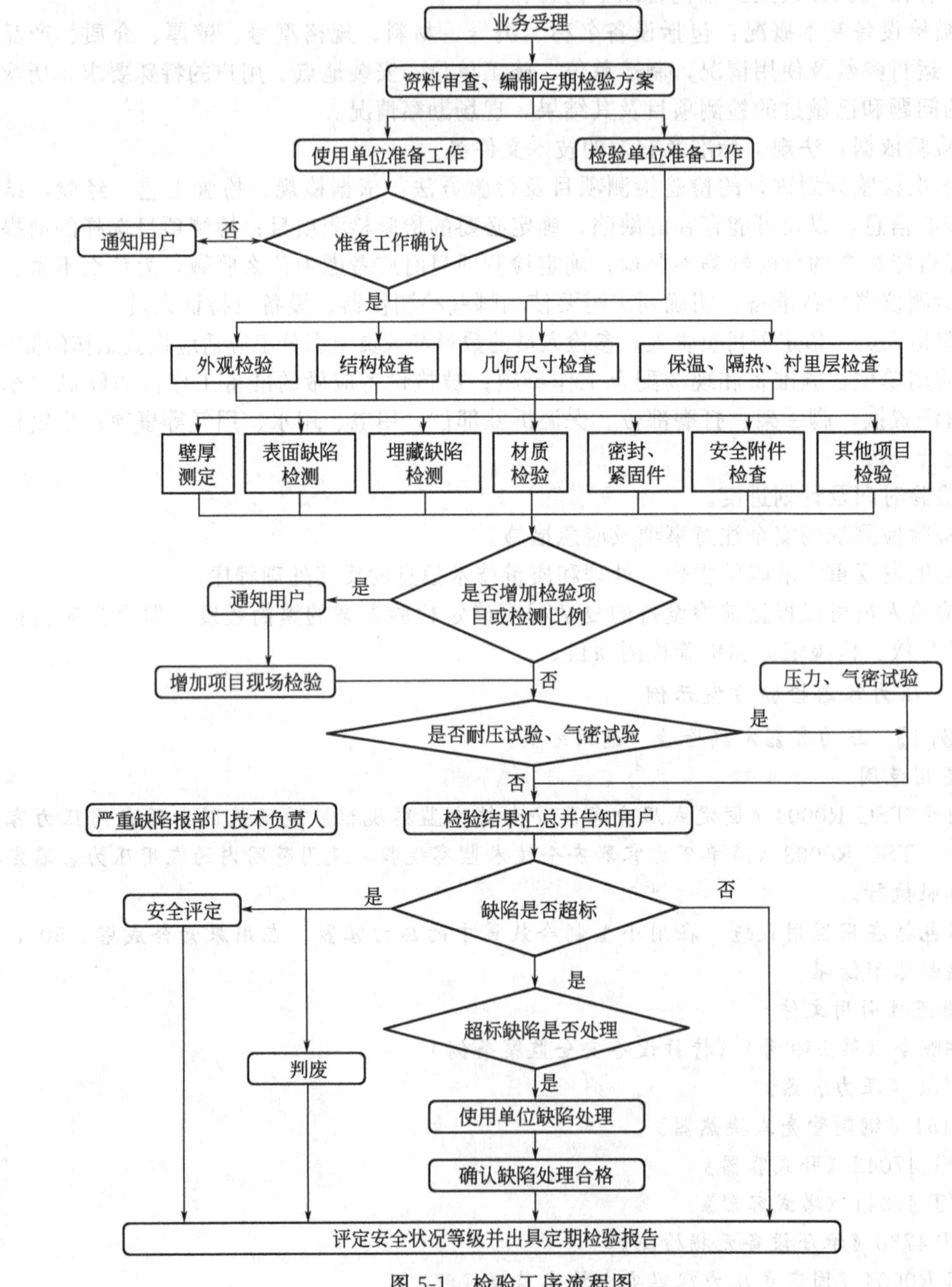

图 5-1 检验工序流程图

② 工作流程说明

a. 检验工作流程应当严格按照批准的检验方案或院标规定的工作流程进行，对于因现场原因，无法按照检验方案实施检验时，检验人员应及时向方案审核人员和部门技术负责人报告，若方案可以调整，按调整后的方案实施检验。

b. 检验的顺序一般依次为宏观检验（包括内外表面检测、结构检查、几何尺寸检测、保温层、隔热层、衬里检查）→壁厚测定→表面无损检测→埋藏缺陷检测→理化检验→安全保护装置检验→耐压试验→泄漏试验。

(3) 检验方法与检验步骤

① 资料审查 检验前，检验人员一般需要审查以下资料：

a. 设计资料，包括设计单位资质证明，设计、安装、使用说明书，设计图样，强度计算书等；

b. 制造（含现场组焊）资料，包括制造单位资质证明，产品合格证，质量证明书（对真空绝热压力容器，还包括封口真空度、真空夹层泄漏率检测结果、静态蒸发率指标等），竣工图等，以及制造监督检验证书、进口压力容器安全性能监督检验报告；

c. 压力容器安装竣工资料；

d. 改造或者重大维修资料，包括施工方案和竣工资料，以及改造、重大维修监督检验证书；

e. 使用管理资料，包括《使用登记证》和《特种设备使用登记表》，以及运行记录、开停车记录、运行条件变化情况以及运行中出现异常情况的记录等；

f. 检验、检查资料，包括定期检验周期的年度检查报告和上次的定期检验报告。

其中a～d条的资料，在压力容器投用后首次定期检验时必须进行审查，以后的检验视需要（如发生移装、改造及重大维修等）进行审查。

资料审查发现使用单位没有按照要求对压力容器进行年度检查，以及发生使用单位变更、更名，使压力容器的现时状况与《使用登记表》内容不符，而没有按照《压力容器使用管理规则》(TSG R5002）要求办理变更的，应将情况报使用登记机关。发现压力容器未按照规定实施制造监督检验（进口压力容器未实施安全性能监督检验）或者无《特种设备使用登记证》，应停止检验，并将有关情况向使用登记机关报告。

资料审查后，应按质量管理体系规定的格式做好原始资料审查记录，在原始资料审查问题记录中应明确审查的内容（资料名称），存在的问题和遗留缺陷部位、性质和几何尺寸。在上次检验问题记录中应记录上次检验报告号、检验发现的缺陷及处理情况，上次检验安全状况等级等。

② 检验项目与检验方法 检验人员在资料审查的基础上，根据被检容器的使用情况、损伤及失效模式、损伤部位，确定检验项目、检验部位和检测比例。

压力容器常见的损伤模式主要有：壁厚减薄、表面开裂、内部开裂、金相组织变化、内部微裂纹、材质脆化、几何形状变化等。

检验项目包括宏观检验、壁厚测定、表面缺陷检测、安全附件检验为主，必要时增加埋藏缺陷检测、材料分析、密封紧固件检验、强度校核、耐压试验、泄漏试验等。

检验方法有宏观检验、壁厚测定、磁粉检测、渗透检测、超声波检测、射线检测、TOFD检测、涡流检验、声发射检测、硬度检测、金相检测、光谱分析、化学成分分析、导波检测、相控阵检测等。

③ 检验前准备工作

a. 使用单位和相关的辅助单位准备工作 使用单位和相关的辅助单位，应当按照要求做好停机后的技术性处理和检验前的安全检查，确认现场条件符合检验工作要求，做好有关的准备工作。检验前，现场至少具备以下条件：

ⅰ. 影响检验的附属部件或者其他物体，按照检验要求进行清理或者拆除。

ⅱ. 为检验而搭设的脚手架、轻便梯等设施安全牢固（对离地面2m以上的脚手架设置安全护栏）。

ⅲ. 需要进行检验的表面，特别是腐蚀部位和可能产生裂纹性缺陷的部位，彻底清理干净，露出金属本体；进行无损检测的表面到达JB/T 4730《承压设备无损检测》的有关要求。

ⅳ. 需要进入压力容器内部进行检验，将内部介质排放、清理干净，用盲板隔断所有液体、气体、气体或者蒸汽的来源，同时设置明显的隔离标志，禁止用关闭阀门代替盲板隔断。

ⅴ. 需要进入盛装易燃、易爆、助燃、毒性或者窒息性介质的压力容器内部进行检验，必须进行置换、中和、消毒、清洗，取样分析，分析结果达到有关规范、标准规定。取样分析的间隔时间应当符合使用单位的有关规定；盛装易燃、易爆、助燃介质的，严禁用空气置换。

ⅵ. 人孔和检查孔打开后，必须清除可能滞留的易燃、易爆、有毒、有害气体和液体，压力容器内部空间的气体含氧量在18%～23%（体积比）之间；必要时，还应当配备通风、安全救护等设施。

ⅶ. 高温或者低温条件下运行的压力容器，按照操作规程的要求缓慢地降温或者升温，使之达到可以进行检验工作的程度，防止造成伤害。

ⅷ. 能够转动的或者其中有可动部件的压力容器，必须锁住开关，固定牢靠。

ⅸ. 切断与压力容器有关的电源，设置明显的安全警示标志；检验照明用电电压不得超过24V，引入压力容器内的电缆必须绝缘良好，接地可靠。

ⅹ. 需现场进行射线检测时，隔离出透照区，设置警示标志。

检验时，使用单位压力容器安全管理人员、操作和维护等相关人员应当到场协助检验工作，及时提供有关资料，负责安全监护，并且设置可靠的联络方式。

b. 检验单位准备工作　检验准备工作有特殊要求的，项目负责人或其指定的检验人员应向使用单位交底，并在检验前对用户的准备工作情况进行确认。

④ 现场检验检测

a. 宏观检验　主要采用目视方法（可利用内窥镜、放大镜或者其他辅助仪器设备、测量工具）检验压力容器本体结构、几何尺寸、表面情况（如裂纹、腐蚀、泄漏、变形），以及焊缝、隔热层、衬里等。一般包括以下内容。

ⅰ. 结构检验，包括封头类型，封头与筒体的连接，开孔位置及补强，纵（环）焊缝的布置及型式，支承或者支座的类型与布置，排放（疏水、排污）装置的设置等是否符合有关标准和设计文件的规定。

ⅱ. 几何尺寸检验，包括筒体同一断面最大与最小内径之差，纵（环）焊缝对口错边量、棱角度、咬边、焊缝余高等是否符合有关标准和设计文件的规定。

ⅲ. 内外表面检查，包括如下项目：

ⓐ 铭牌和标志是否完好。

ⓑ 容器内外表面有无腐蚀、裂纹、泄漏、鼓包、变形、机械接触损伤、过热，工卡具焊迹、电弧灼伤等缺陷。

ⓒ 法兰有无变形、裂纹和腐蚀、密封面有无损伤。

ⓓ 紧固螺栓有无腐蚀、损伤、裂纹，有无缺失。

ⓔ 支承、支座或者基础有无下沉、倾斜、开裂等缺陷。

ⓕ 塔式容器有无倾斜，铅垂度是否符合要求。

ⓖ 卧式容器是否能自由膨胀。

ⓗ 排放（疏水、排污）装置和泄漏信号指示孔有无堵塞、腐蚀、沉积物等情况。

ⓘ 隔热层有无破损、脱落、潮湿。

ⓙ 衬里层、堆焊层有无破损、腐蚀、裂纹、脱落，检查孔有无介质泄漏痕迹。

ⓚ 真空绝热压力容器外表面有无“出汗”、结霜、结露等异常现象。

结构和几何尺寸等检验项目应当在首次定期检验时进行，以后定期检验仅对承受疲劳载荷的压力容器进行，并且重点是检验有问题部位的新生缺陷。

ⓛ 隔热层、衬里和堆焊层检验一般包括以下内容：隔热层的破损、脱落、潮湿，有隔热层下容器壳体腐蚀倾向或者产生裂纹可能性的应当拆除隔热层进一步检验。衬里的破损、腐蚀，裂纹，脱落，查看检查孔是否有介质流出；发现衬里层穿透性缺陷或者有可能引起容器本体腐蚀的缺陷时，应当局部或者全部拆除衬里，查明本体腐蚀状况和其他缺陷。堆焊层的裂纹、剥离和脱落。

ⓜ 真空绝热压力容器除进行外部宏观检查外，还应当进行以下补充检验：夹层上装有真空测试装置的，检验夹层的真空度；夹层上未装真空度测试装置的，必要时进行压力容器日蒸发率测量。

b. 壁厚测定　一般采用超声测厚方法。测定位置应当有代表性并有足够的点数。厚度测点一般应选择以下位置：液位经常波动的部位；物料进口、流动转向、截面突变等易受腐蚀、冲蚀的部位；制造成型时壁厚减薄部位和使用中易产生变形及磨损的部位；接管部位；宏观检验时发现的可疑部位。

测定后标图记录，测厚点布局应合理，并覆盖到有代表性的部位，在没有特殊要求时，尽可能均布，同时应覆盖上述部位。原则上每个筒节一般不少于4点，每个封头一般不少于5点（封头、筒体为多块钢板拼接而成时，每块钢板至少测4点）。

壁厚测定时，如果发现母材存在分层缺陷或壁厚异常值时，应当增加测点或者采用超声检测，找出分层或异常值的分布范围，并对该部位进行定位。定位可用简图、照相或其组合方式进行，同时应记录异常值的波动范围和最小值。对分层缺陷，还应查明其与母材表面的倾斜度。

c. 表面缺陷检测　应当采用JB/T 4730中的磁粉检测、渗透检测方法。铁磁性材料制压力容器的表面检测应当优先采用磁粉检测。

ⅰ. 碳钢低合金钢制低温压力容器、存在环境开裂倾向或者产生机械损伤现象的压力容器、有再热裂纹倾向的压力容器、Cr-Mo钢制压力容器、标准抗拉强度下限值大于或者等于540MPa的低合金钢制压力容器、按照疲劳分析设计的压力容器、首次定期检验的设计压力大于或者等于1.6MPa的第Ⅲ类压力容器，表面缺陷检测长度不少于对接焊缝长度的20%；

ⅱ. 应力集中部位、变形部位、宏观检验发现裂纹的部位，奥氏体不锈钢堆焊层，异种钢焊接接头、T型接头、接管角接接头、其他有怀疑的焊接接头，补焊区、工卡具焊迹、电弧损伤处和易产生裂纹部位应当重点检验；

ⅲ. 检测中发现裂纹，检验人员应当扩大表面无损检测的比例或者区域，以便发现可能存在的其他缺陷；

ⅳ. 如果无法在内表面进行检测，可以在外表面采用其他方法对内表面进行检测；

ⅴ. M36以上（含M36）的设备主螺柱原则上应进行表面缺陷检测，重点检验螺纹及过渡部位有无环向裂纹。

表面缺陷检测重点抽查焊接接头错边、咬边、棱角、焊缝余高等超标部位、补焊区、纵环焊缝交叉部位及上次检测未抽查部位。

d. 埋藏缺陷检测　应当采用JB/T 4730中的射线检测或者超声检测等方法。超声检测包括衍射时差法超声检测（TOFD）、可记录的脉冲反射法超声检测和不可记录的脉冲反射法超声检测。

有下列情况之一时，应当进行射线检测或者超声检测抽查，当发现超标缺陷，但无法对超标缺陷进行准确定位、定性和定量时，可以采用不同的检测方法相互复验；抽查比例或者是否采用其他检测方法复验，由检验人员根据具体情况确定；对一时无法修复的超标缺陷且检测人员认为是危险性缺陷时，可以用声发射判断缺陷的活动性：

ⅰ. 使用过程中补焊过的部位；

ⅱ. 检验时发现焊缝表面裂纹，认为需要进行焊缝埋藏缺陷检测的部位；

ⅲ. 错边量和棱角度超过相应制造标准要求的焊缝部位；

ⅳ. 使用中出现焊接接头泄漏的部位及其两端延长部位；

ⅴ. 承受交变载荷压力容器的焊接接头和其他应力集中部位；

ⅵ. 使用单位要求或者检验人员认为有必要的部位。

已进行过埋藏缺陷检测的，使用过程中如果无异常情况，可以不再进行检测。

e. 材料分析　一般采用化学分析或者光谱分析、硬度检测、金相分析等方法。

ⅰ. 对于材质不明的第Ⅲ类压力容器、承受疲劳载荷的压力容器，采用应力分析设计的压力容器，盛装极度、高度危害介质的压力容器，盛装易爆介质的压力容器，标准抗拉强度下限值大于或者等于540MPa的低合金钢制压力容器等，首次检验时应进行材料分析检验，以查明材质（非首次检验，并且上次检验已作出明确处理的，不需要再重复检验）；

ⅱ. 高温环境或应力腐蚀环境工作，有引起材质劣化倾向的压力容器，应进行材料分析检验，以查明材质是否劣化；

ⅲ. 烘缸等有硬度要求的压力容器，应进行硬度检测。

f. 强度校核　经检验，对大面积均匀腐蚀（及磨蚀）减薄量超过腐蚀裕量压力容器、名义厚度不明的压力容器、检验人员对强度有怀疑的压力容器，应当进行强度校核。当容器结构复杂或常规校核方法不能反映容器的实际受力状况时，强度校核可委托有资质的压力容器设计单位进行。

强度校核时应遵循以下原则：

ⅰ. 原设计已明确所用强度设计标准的，可以按照该标准进行强度校核；

ⅱ. 原设计没有注明所依据的强度设计标准或者无强度计算的，原则上可以根据用途（例如石油、化工、冶金、轻工、制冷等）或者结构型式（例如球罐、废热锅炉、搪玻璃设备、换热器、高压容器等），按照当时的有关标准进行强度校核；

ⅲ. 进口或者按照境外规范设计的，原则上仍然按照原设计规范进行强度校核；如果设计规范不明，可以参照境内相应的规范；

ⅳ. 材料牌号不明并且无特殊要求的压力容器，按照同类材料的最低强度值进行强度校核；

ⅴ. 焊接接头系数根据焊接接头的实际结构型式和检验结果，参照原设计规定选取；

ⅵ. 剩余壁厚按照实测最小值减去至下次检验日期的腐蚀量，作为强度校核的壁厚；

ⅶ. 校核用压力应当不小于压力容器允许（监控）使用压力；

ⅷ. 强度校核时的壁温取设计温度或者操作温度，低温压力容器取常温；

ⅸ. 壳体直径按照实测最大值选取；

ⅹ. 塔、球罐等设备进行强度校核时，还应当考虑风载荷、地震载荷等附加载荷。对不能以常规方法进行强度校核的，可以采用应力分析或者实验应力测试等方法校核。

采用校核压力的方法进行强度校核时，如果校核压力大于设计文件规定的最高允许工作压力（没有最高允许工作压力的，以设计压力作为最高允许工作压力），以设计文件规定的最高允许工作压力为本次校核允许的使用压力。当强度校核不能满足现行使用参数的要求，如果生产工艺可行，可以按校核合格的压力使用（降压使用）。降压使用的压力容器，还应对安全泄放装置的安全泄放量进行校核。

g. 安全附件检查　主要检查以下内容：

ⅰ. 安全阀，检验是否在校验有效期内；

ⅱ. 爆破片装置，检验是否按期更换；

ⅲ. 压力表，检验是否在检定有效期内（适用于有检定要求的压力表）。

h. 耐压试验　经检验，检验人员或使用单位对压力容器的安全状况有怀疑时，应进行耐压试验。耐压试验的试验参数（试验压力、温度等以本次定期检验确定的允许（监控）使用参数为基础计算确定），耐压试验由使用单位负责实施，检验人员负责检验确认，无渗漏、无可见变形、试验过程中无异常响声为合格。

i. 泄漏试验　对于介质毒性程度为极度、高度危害，或者设计上不允许有微量泄漏的压力容器，应当进行泄漏试验。泄漏试验包括气密性试验和氨、卤素、氦检漏试验。泄漏试验方法按照压力容器设计图样的要求进行。泄漏试验由使用单位负责实施，检验人员负责检验。

ⅰ. 气密性试验，气密性试验压力为定期检验确定的允许（监控）使用压力；定期检验采用气压试验进行耐压试验的压力容器，气密性试验可以和气压试验合并进行；对大型成套装置中的压力容器，可以用系统密封试验代替气密性试验；

ⅱ. 氨、卤素、氦检漏试验，按照设计图样或者相应试验标准的要求执行。

（4）缺陷处理

① 容器本体内外表面的超标缺陷，如表面裂纹、损伤、焊缝咬边、局部腐蚀等，应打磨消除并圆滑过渡。打磨深度在壁厚余量范围内的，可以不进行补焊，超过壁厚余量范围并影响容器安全运行的，应进行补焊处理。

② 均匀性腐蚀减薄，按有关规程和标准的规定进行强度校验，强度校验合格的，不影响定级，否则应降压使用或报废。

③ 焊缝内部的超标缺陷，所有裂纹类活动性缺陷，应修复消除；未熔合、未焊透、夹渣、气孔等非活动缺陷，可根据缺陷性质和缺陷自身高度，按本标准的有关规定进行安全状况等级评定，影响设备安全运行的缺陷，应进行修复消除。

④ 采用维修方法消除缺陷时，使用单位应委托有资格的检修单位进行修理，检修单位应按有关规程和标准的要求编制检修方案和焊接检修工艺，维修单位必须保证其结构和强度满足安全使用要求，并应向使用单位提供维修图样和施工质量证明文件等技术资料。重大维修前，维修单位应向压力容器使用登记机关书面告知并委托有资格的检验单位进行监督检验。未经监督检验合格的重大维修，检验人员不予认可。

（5）安全状况等级评定与检验结论

① 压力容器安全状况等级的划分按照 TSG R7001《压力容器定期检验规则》的相关规定进行。

② 安全状况等级根据压力容器检验结果综合评定，以其中项目等级最低者为评定等级。

需要改造或者维修的压力容器，按照改造或者维修结果进行安全状况等级评定。安全附件检验不合格的压力容器不允许投入使用。

③ 检验结论

综合评定安全状况等级为 1～3 级的，检验结论为符合要求，可以继续使用；安全状况等级为 4 级的，检验结论为基本符合要求，有条件地监控使用；安全状况等级为 5 级的，检验结论为不符合要求，不得继续使用。

④ 安全状况等级评定为4级并且监控期满的压力容器，或者定期检验发现严重缺陷可能导致停止使用的压力容器，应当书面要求使用单位对缺陷进行处理。缺陷处理的方式包括采用维修的方法消除缺陷或者进行合于使用评价。负责压力容器定期检验的检验人员应当根据合于使用评价报告的结论和其他定期检验项目的结果综合确定压力容器的安全状况等级、允许使用参数和下次检验日期。

(6) 检验反馈

现场检验工作完成后，检验人员根据现场检验情况，可以选择口头或书面的形式向受检单位现场反馈。书面反馈用《特种设备检验意见通知书》的形式。

检验发现设备存在严重缺陷，需要使用单位进行维修方式消除缺陷、监控使用或者停止使用的，采用《特种设备检验意见通知书》将情况通知使用单位，要求使用单位查明原因并进行处理，使用单位应将处理结果在规定的时间内书面反馈回检验单位。检验发现严重隐患，结论为不符合要求，不得继续使用的，《特种设备检验意见通知书》还应抄送压力容器使用登记机关。

(7) 检验记录与检验报告

① 检验人员检验时应根据TSG R7001《压力容器定期检验规则》和检验检测机构质量保证体系的有关要求详细认真地做好检验原始记录。检验记录应当详尽、真实、准确，检验记录记载的信息量不得少于检验报告的信息量。

② 检验工作结束后，检验人员应当在质量管理体系规定的时间内出具检验报告，检验报告的信息必须来自于检验原始记录。

③ 检验报告应根据实际检验情况按照相关规定，逐项进行安全状况等级评定，以其中项目等级最低者，作为该容器本次定期检验的最终级别。需要维修改造的压力容器，按维修改造后的复检结果进行安全状况等级评定。

④ 检验过程中发现压力容器存在影响安全的缺陷或者损坏，需要重大维修或者不允许使用的，应按照质量管理体系规定的格式逐台填写并且上报检验案例。

⑤ 检验结论报告应归纳整理本次检验发现的缺陷、性质、程度，并逐一提出处理意见。明确检验结论，最终安全状况等级、允许（监控）使用参数和下次检验日期。安全附件不合格的压力容器不允许投入使用。

⑥ 下次检验日期的确定。

a. 一般按以下检验周期确定下次检验日期：

ⅰ. 安全状况等级为1、2级的，一般每6年检验一次；

ⅱ. 安全状况等级为3级的，一般每3～6年检验一次；

ⅲ. 安全状况等级为4级的，根据缺陷性质、程度和使用情况确定，原则上监控使用时间不超过1年且累计监控使用时间不得超过3年；

ⅳ. 安全状况等级为5级的，应当对缺陷进行处理，否则不得继续使用。

b. 有下列情况之一的压力容器，定期检验周期可以适当缩短：

ⅰ. 介质对压力容器材料的腐蚀情况不明或者腐蚀情况异常的；

ⅱ. 具有环境开裂倾向或者产生机械损伤现象，并且已经发现开裂的；

ⅲ. 改变使用介质并且可能造成腐蚀现象恶化的；

ⅳ. 材质劣化现象比较明显的；

ⅴ. 使用单位没有按照规定进行年度检查的；

ⅵ. 检验中对其影响安全的因素有怀疑的。

(8) 检验安全注意事项

① 项目负责人或其指定的检验人员准备并调试好所需的检验、检测仪器，准备好检验现场所需要的劳保用品、照明设备。

② 检验检测人员应严格执行检验检测方案，不可违章作业。

③ 进入检验现场禁止吸烟或其他原因动用明火。

④ 进入检测现场应选择配备合适的防护用品。

⑤ 登高作业必须系好安全带，并注意脚手架、扶梯、平台的稳定与牢固。

⑥ 检测人员在检测过程中应随时注意防止高处坠落、触电、灼烫（火焰烧伤、高温物体烫伤、化学或腐蚀介质灼伤等）、粉尘吸入、窒息、中毒。

⑦ 遵守使用单位的安全生产管理制度，被检单位有要求时，检验人员进入检验现场前还应接受被检单位组织的安全教育培训。

⑧ 检验人员在进行检验前应对使用单位的以下安全准备工作进行确认，发现安全问题应及时向使用单位提出整改意见，无法保证安全时应中止检验。

a. 为检验而搭设的脚手架、轻便梯等设施，必须安全牢固，便于进行检验和检测工作；

b. 必须切断与容器或相邻设备有关的电源，拆除保险丝，并设置明显的安全标志；

c. 如需现场射线检验时，应隔离出透照区，设置安全标志；

d. 将容器内部介质排除干净，用盲板隔断所有液体、气体或蒸汽的来源，设置明显的隔离标志；

e. 进入容器内部检验所用的电源电压应符合现行国家标准《特低电压（ELV）限值》GB/T 3805 的规定；

⑨ 对于检验工作有特殊安全要求前面条款内容不能覆盖的，项目负责人应在检验方案中进行明确，并对参加检验人员进行培训。

4. 其他情况说明

① 明确有检验人员、审核人员等签字的原始记录和检验报告必须由具有相应资格的检验检测人员、审核人员签字方为有效。审核人员应是质量管理体系核准的授权签字人。

② 检验原始记录应经持相应项目和级别的检验检测人员校核。

③ 存档资料。下列检验检测资料应存入压力容器定期检验档案：压力容器定期检验原始记录；压力容器定期检验报告；《特种设备检验意见通知书（1）》（如有）；《特种设备检验意见通知书（2）》（如有）；经技术负责人批准的专用检验方案（如有）；报告流转单。

【示例 2】 低压溶剂后冷器定期检验方案（典型方案）

一、概述

1. 设备主要技术参数

见表 5-1。

表 5-1　设备主要技术参数

<table>
<tr><td colspan="2">设计压力/MPa</td><td>壳程/管程:0.8/0.88</td><td colspan="2">操作压力/MPa</td><td>壳程/管程:0.45/0.5</td></tr>
<tr><td colspan="2">设计温度/℃</td><td>壳程/管程:120/120</td><td colspan="2">操作温度/℃</td><td>壳程/管程:59/42</td></tr>
<tr><td colspan="2">工作介质</td><td>壳程/管程:低压溶剂/循环水</td><td colspan="2">内径/mm</td><td>1800</td></tr>
<tr><td colspan="2">高度/mm</td><td>8500</td><td colspan="2">类别</td><td>Ⅰ类</td></tr>
<tr><td rowspan="2">材质</td><td>筒体</td><td>16MnR</td><td rowspan="2">厚度</td><td>筒体/mm</td><td>18</td></tr>
<tr><td>封头</td><td>16MnR</td><td>封头/mm</td><td>20</td></tr>
<tr><td colspan="2">容积/m³</td><td>21.4</td><td colspan="2">出厂编号</td><td>LH8-10</td></tr>
</table>

2. 设备概况

本低压溶剂后冷器由抚顺石油机械有限责任公司设计，由抚顺石油机械有限责任公司根据GB 150—1998、GB 151—1999标准生产制造。工艺编号为1200-E113A。2009年5月本容器投入生产运行。

二、检验依据

①《特种设备安全监察条例》(国务院令第549号)；

②《固定式压力容器安全技术监察规程》(TSG R0004—2009)；

③《压力容器定期检验规则》(TSG R7001—2013)；

④《压力容器》(GB 150.1～150.4—2011)；

⑤《承压设备无损检测》(JB/T 4730—2005)。

三、检验前的准备工作

1. 使用单位的准备工作

① 准备好设计、制造、安装等设备技术资料、设备运行记录、历次年度检验报告等资料；

② 停机卸压，使容器与系统安全隔绝。排净容器内介质并进行置换，使容器内介质符合受限空间动火作业的国家现行标准的规定。拆除内件及影响设备检验的附属工件；

③ 容器内、外按检验人员指定部位搭脚手架或作业平台，脚手架或作业平台必须安全牢固可靠并便于进行检验和检测操作。容器内的塔盘内件可部分拆除以便人员上下，其余部位作为作业平台，平台之间应有可供上下的装置；

④ 协助检验单位办理用电、受限空间许可证、高空作业等有关作业许可票证。检验现场应配备消防和救护设施，并保持消防通道畅通；

⑤ 清除容器内、外部影响检验和安全作业的污物或构件，容器内表面纵环焊缝、接管角焊缝、人孔角焊缝等检验人员指定部位应打磨除锈至露出金属光泽并经检验人员验收合格，打磨范围为焊缝本身及焊缝两侧各250mm；

⑥ 为检验现场提供检验所需的水源、电源。现场检验时的用电，应提供现场分电源箱到检验部位的50m区域内；

⑦ 对参检人员进行安全教育并指派安全管理人员进行现场安全监护。

2. 检验单位的准备工作

① 资料审查。包括：出厂技术资料审查。主要审查竣工图、产品质量证明书、合格证、监检证等，重点审查对接焊缝结构形式、制造遗留检验部位及其几何尺寸；运行及检修记录审查。主要审查开停车记录、超温超压记录，运行过程中是否发生过异常等。重点审查实际操作压力、温度及介质的主要化学成分和硫化物等有害杂质成分。

② 检验工器具的准备。准备并调试好所需要的检验、检测仪器并送到检验现场，检验检测所用的工器具和检测材料不得损伤和污染容器内部。

③ 组织参检人员学习检验方案。

④ 准备好检验现场所需要的劳保用品、照明设备。

⑤ 检验期间，应指定专人在设备外进行安全监护。

四、检验方法

本台容器为首次全面检验。本次检验以宏观检查、壁厚测定、内表面磁粉检测，必要时可采取以下检验方法进行辅助检验：衍射时差法超声检测(TOFD)；超声波检测；射线检测；其他检验方法。

五、检验内容和重点检验部位

1. 宏观检查

① 检查容器本体纵环焊缝、接管角焊缝、支座与容器本体连接焊缝有无裂纹、变形和泄漏；

② 检查容器内表面有无腐蚀、鼓泡、变形、开裂和机械损伤；

③ 检查外表面防腐层、保温层是否完好，有无腐蚀和破损等异常现象；

④ 检查接管、开孔及其补强、支座和焊缝布置是否符合有关要求；

⑤ 检查各类焊缝表面质量是否符合要求；

⑥ 检查支承或支座有无变形或开裂、基础下沉、破损等缺陷。

2. 壁厚测定

对每个筒节、封头、管箱、接管进行测厚，每个筒节至少测8点，每个封头至少测12点，每个管箱至少测8点，管程出、入口接管和壳程开口接管各至少测4点。法兰、接管附近区域为重点测厚部位，测厚过程中发现壁厚有异常情况或宏观检查发现有异常部位应重点密集测厚，以确定壁厚异常部位的面积和分布情况，并分析其原因，必要时可用超声波检测仪进行校验。

3. 表面无损检测

对容器内表面纵环焊缝进行磁粉检测抽查（抽查部位见图5-2）。当发现裂纹等超标缺陷时，应按规定进行扩探。

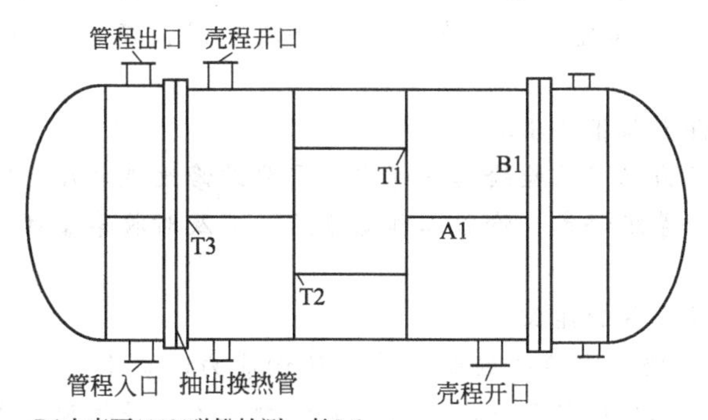

图5-2 低压溶剂后冷器检验检测部位示意图

4. 超声波检测

当磁粉检测发现裂纹等超标缺陷、宏观检查发现使用过程中有补焊过的部位及错边量、棱角度、咬边、焊缝余高等超标时，应用超声波检测进行埋藏缺陷检测。

5. TOFD检测

当超声波检测发现超标缺陷时，采用衍射时差法超声检测（TOFD）对缺陷进行精确检测，以确定缺陷性质和缺陷自身高度。

6. 安全附件检查

主要检查安全阀、压力表型号规格是否符合要求，是否在检定有效期内；防雷接地等设施是否完好。

六、缺陷处理

检验人员对检验过程中发现的缺陷应认真做好详细记录，根据缺陷的性质、程度、部位进行综合分析，并按照检验结果反馈的要求及时告知使用单位。缺陷一般应按照以下原则进行处理：①容器本体内外表面的超标缺陷，如表面裂纹、损伤、焊缝咬边、局部腐蚀等，应打磨消除并圆滑过渡。打磨深度在壁厚余量范围内的，可以不进行补焊，超过壁厚余量范围并影响容器安全运行的，应进行补焊处理。②均匀性腐蚀减薄，按有关规程和标准的规定进行强度校验，强度校验合格的，不影响定级，否则应降压使用或报废。③焊缝内部的超标缺陷，所有裂纹类活动性缺陷，应进行修复消除。未熔合、未焊透、夹渣、气孔等非活动缺陷，可根据缺陷性质和缺陷自身高度，按照有关规定进行安全状况等级评定，影响设备安全运行的缺陷，应进行修复消除。

缺陷处理或修复前，使用单位应制订修复方案，缺陷的修复应由使用单位按有关规范的要求进行。缺陷修复后，由检验单位复查确认合格后，容器方可投入使用。

当采用焊补的方法进行修复时，使用单位应委托有资格的检修单位进行修理，检修单位应按有关规程和标准的要求编制检修方案和焊接检修工艺，报安全监察机构备案并委托有资格的检验单位进行监督检验。检修单位必须保证其结构和强度满足安全使用要求，并向使用单位提供修理后的图样、施工质量证明文件等技术资料。

七、检验结果反馈

① 经检验，发现一般超标缺陷，检验人员应当天出具检验结果告知单，及时告知使用单位。

② 经检验，发现一些难以修复的超标缺陷，检验人员应及时告知部门技术负责人，由部门技术负责人安排进行复检，复检后出具检验意见书或检验结果告知单，由使用单位按国家有关规定进行办理和处理。存在重大安全隐患时，还应及时上报特种设备安全监察机构。

八、安全状况等级评定与报告出具

安全状况等级根据压力容器的检验结果评定。需要维修改造的压力容器，按维修改造后的复检结果进行安全状况等级评定。检验工作结束后，应及时收集整理检验检测原始记录并出具检验报告。

九、人员和检验仪器设备的组织

① 项目负责人应具有较丰富检验经验和沟通协调能力，负责装置检验检测人力调配和检验协调工作。参检人员配合项目负责人开展检验检测工作，根据项目负责人的要求负责部分检验检测任务，并将检验检测结果报项目负责人汇总。

② 项目负责人应根据检验项目的工作量、拟采取的检验方法调配合适的检验仪器设备，保证检验项目的顺利进行。检验前，参检人员应将所用的仪器设备调试合格并送到检验现场并妥善保管，检验完成后，应将设备交回指定地点，由设备管理员回收登记。本项目需要的仪器设备情况如下：磁粉探伤仪 2 台；超声波探伤仪 1 台；测厚仪 2 台；TOFD 探伤仪 1 台；检验锤、检验尺、放大镜及其他检验工具。

十、检验安全注意事项

① 检验人员应遵守福建省锅炉压力容器检验研究院的安全管理程序和安全管理制度，并按照《检验检测危险源评价表》和使用单位的有关要求，配备齐全的安全防护用品。

② 检验检测前，检验人员应接受使用单位进行的 HSE 教育，了解并遵守使用单位 HSE 规定，开具动火、用电、高空作业、罐内作业等有关作业票，做好安全防护与监护措施，充分了解设备可能产生的危险源后，方可进行检验检测工作。

③ 检验检测现场准备工作由使用单位进行。检验检测前，检验人员应对使用单位现场准备工作进行确认，并认真检查被检设备状况，核实检验现场的环境和场地条件是否符合检验质量和安全的要求，在确认检验条件合格后，方可开展检验工作。检验人员对现场检验条件的确认应包括：a. 确认检验现场不存在有毒介质、高温、辐射、多粉尘等对检验人员可

能造成损害的有害环境；b. 交叉作业时，确认现场无影响检验工作的其他单位作业；c. 确认检验现场无影响检验工作正常进行的障碍物，无与检验无关的人员；d. 确认电气设备配有合格的漏电保护器，设备接地保护完好，电源线路无破损裸露；e. 确认为登高检测搭设的脚手架、检查平台、轻便梯等设施安全牢固，离地面 2m 以上的脚手架设置了安全护栏；f. 确认影响检测的附属部件或其他物体（如保温层、隔热层、衬里等）已按检测要求清理或拆除；g. 确认检测现场提供的电源、水源、气源等符合检测的要求，并准备了必需的通风、排气和防火设备，检测照明用电的电压不超过 24V，引入设备内的电缆绝缘良好，接地可靠；h. 确认被测设备的电气、泵、风机等能够转动的设备或者其中有可动部件的设备已锁住开关，固定牢靠；i. 确认需要进行检测的设备表面，特别是腐蚀部位和可能产生裂纹性缺陷的部位，已彻底清理干净；j. 确认现场有安全监护人员，且有可靠的联络措施。

④ 检验人员在检验过程中应随时注意防止工具、落物的砸击、起重或机械的碰撞、挤压、剪切、高处坠落、触电、雷击、灼烫（火焰烧伤、高温物体烫伤、化学或腐蚀介质灼伤等）、粉尘吸入、窒息、中毒、射线照射等伤害。

⑤ 检验人员随身携带的检验设备、仪表、工具应放置稳当、牢靠，避免坠落损坏或伤人，不得从高空向下抛掷物品。攀爬过程中不得手持物体，应装在工具包内。

⑥ 当检验工作环境无法满足安全要求、继续检验可能造成安全和健康损害时，或有事故苗头时，检验人员必须立即停止有关检验检测工作，及时上报，并与使用单位管理人员协商解决。

5.2　检验人员资格考核

2013 年 6 月 1 日施行的 TSG Z8002—2013《特种设备检验人员考核规则》对压力容器检验人员的资格考核做出了具体的规定。

5.2.1　总则

5.2.1.1　检验人员的资格分级

根据规则规定，检验人员按照级别分为检验员、检验师；按照检验类别，分为监督检验、定期检验；其证书项目，包括锅炉、压力容器、压力管道、气瓶、电梯、起重机械、大型游乐设施、客运索道和场（厂）内专用机动车辆。与压力容器有关的检验人员资格有：

① 检验员：压力容器检验员（RQ-1/2）；

② 检验师：压力容器检验师（RS）。

5.2.1.2　检验人员的职责

（1）检验员的职责

① 掌握基本的检验相关基础知识，具备被检对象的专业知识；熟练掌握检验技能，包括检验程序与方法、缺陷判别，正确使用检验工具、仪器设备，熟知检验工作中的安全与防护知识；

② 根据检验遵循的相关法规标准，依照规定的检验方案、作业指导书以及设定的检验工艺，填写检验记录、检验报告，完成检验工作；

③ 掌握出具检验报告所具备的基本计算与分析能力；

④ 了解被检对象主要引发事故的失效模式；

⑤ 了解被检对象的制造、安装、维修、改造和使用的基本知识；

⑥ 了解特种设备安全监察知识；

⑦ 熟知特种设备相关的法规标准。

(2) 检验师除正确履行检验员职责外，还具有以下职责：

① 准确理解相关法规标准的要求，依照法规标准的要求正确制订适宜的检验方案以及审核检验方案与检验报告；

② 了解对被检对象各种失效模式的失效原理，能够对常见设备失效情况进行分析、处理；

③ 具有较广泛的相关专业理论知识，能运用专业知识分析解决一般的技术问题；

④ 了解相关项目检验手段、方式、设备、工具的特点与适用性，并且合理选用；

⑤ 具有对设备检验结果的综合判断、处置能力；

⑥ 具有对检验员进行技能培训、工作指导和考评的能力；

⑦ 具有事故调查和分析能力。

5.2.1.3 检验人员允许从事的检验项目

① 检验员 检验项目分定期检验和监督检验。压力容器检验员（RQ-1/2）：第一、二类压力容器检验、医用氧舱检验。

② 检验师 检验项目分定期检验、监督检验。压力容器检验师（RS）：所有压力容器（含气瓶、氧舱）。

③ 代号中：1——定期检验，2——监督检验；申请监督检验资格人员，需持有定期检验资格，并且接受不少于40学时的监督检验相关知识与技能的培训；若已持有检验员监督检验资格，在申请对应的检验师项目时，前述能力培训要求可以免除。

④ 持有压力容器检验员或者压力容器检验师资格证书的检验人员，若从事医用氧舱的检验，需接受不少于20小时的医用氧舱有关知识与检验技能的专门培训。

5.2.2 申报条件

5.2.2.1 申报压力容器检验员资格条件及培训要求

理工类本科以上（含本科）；非理工类大专以上（含大专），需接受过发证机关认可的培训不少于200学时，参加报考项目检验实习时间总计不少于2年；或者从事特种设备检验、管理工作5年以上。

专业培训经历（学时）要求：

① 与所申请项目相对应的设备专业知识（含设备组成、工作特性、失效模式）24学时；

② 检验操作技能（工具或者仪器的使用、目视检验、检验的基本方法和程序、安全防护）48学时；

③ 相关法规与标准24学时。

5.2.2.2 申报压力容器检验师资格条件及培训要求

持检验员证4年以上（含4年），工程师以上（含工程师）或者技师。

专业培训经历（学时）要求：

① 相关法规与标准24学时；

② 相关检测（诊断、试验）技术、方法的实际操作40学时；

③ 与设备失效模式和检测诊断相关的专业知识，包括失效原理与过程、检验方案（工艺）的设计、相关的分析计算方法、设备能否被继续使用的综合评价（评估、判断）方法、

检验案例的解析等 64 学时。

5.2.3 考试机构及取证考试

5.2.3.1 考试机构

考试机构应当符合以下要求：

① 具备独立法人资质；

② 不得从事特种设备生产、维修保养、经销和检验检测活动；

③ 具有满足与所承担的考试项目相适应的考试条件；

④ 具有健全的考试管理、保密管理、档案管理、财务管理、应急预案等各项规章制度；制定有效的考场纪律规定及考评人员守则，并且有效实施；

⑤ 能够按照国家质检总局“特种设备检验检测人员许可系统”的要求，进行相关数据填报、信息发布与数据下载。

5.2.3.2 取证考试

取证考试程序，包括考试报名、报考条件审查、考试、考试成绩评定与通知。

报名参加检验人员取证考试的人员（以下简称申请人），应当在考试机构规定的报名期限内，通过网上报名系统（即“特种设备检验检测人员许可系统”）报名，填写《特种设备检验检测人员考试与证书申请表》（以下简称《申请表》），并且向考试机构提交以下报考资料：

①《申请表》(1 份，在网上填报后下载，贴上一寸、免冠、正面、白底彩色照片)；

② 身份证（复印件，1 份)；

③ 学历证明（毕业证或者其他有效证明复印件 1 份)；

④ 检验资历证明（已持有的《检验人员证》复印件，1 份)；

⑤ 技术职称证明（复印件，1 份)；

⑥ 专业培训经历证明（原件 1 份)。

报名参加检验员取证考试的，应当提交①、②、③、⑥项资料；报名参加检验师取证考试的，应当提交①、②、④、⑤、⑥项资料。

申请人应当对所提交资料的真实性负责。

考试机构在收到报考资料后 15 个工作日内，应当完成对申请人报考资料即条件的审查。对报考资料不符合要求的，考试机构应当一次性全部告知申请人，说明不符合要求的项目和理由，以便申请人及时补正。对符合要求允许参加考试的申请人，考试机构应当及时向其发出考试通知。

考试机构应当在考试结束后的 20 个工作日内，将考试成绩通知参加考试的人员，并公布考试合格人员的名单、合格项目等有关信息。

5.2.3.3 审批发证

审核发证程序，包括取证申请、受理、审批和发证。

考试合格人员应当在考试结束后的 30 个工作日内，自行或者委托考试机构，向发证机关申请办理《检验人员证》。

由考试合格人员自行申请办理《检验人员证》时，需要向发证机关提交以下资料：

①《申请表》(1 份，贴上一寸、免冠、正面、白底彩色照片)；

② 考试成绩单；

③ 相关见证资料。

由考试机构申请办理《检验人员证》时，考试机构应当按照“特种设备检验检测人员许可系统”规定的程序办理。

发证机关接到申请后，应当在5个工作日内对申请报送的资料进行审查，并作出是否受理的决定；不予以受理的，应当告知申请人或者委托的考试机构在20日内补正申请资料。能够当场审查的，应当当场办理。

对同意受理的申请，发证部门应当在20个工作日内完成审核批准手续。准予发证的，在10个工作日内向申请人颁发《检验人员证》；不予发证的，应当书面说明理由。

5.2.4 考核科目、内容及方式

5.2.4.1 申报检验员资格考核

① 年龄在18周岁以上（含18周岁），60周岁以下（含60周岁），具有完全民事行为能力；

② 学历、检验经历、技术职称、专业培训等资历满足申请项目的要求；

③ 身体条件能够满足从事申请项目检验工作的要求；

④ 具备相应的特种设备检验知识和技能。

5.2.4.2 考试内容与方式

检验人员的考试方式，包括理论笔试和实际操作技能考试。各级别检验人员的取证考试的科目、方式见表5-2。

表5-2 各级别检验人员考试科目、方式

<table>
<tr><th>级别</th><th>科目序号</th><th colspan="2">科目</th><th>考试方式</th><th>备注</th></tr>
<tr><td rowspan="4">检验员</td><td>科目A</td><td>基础知识与专业知识</td><td>与报考项目相对应的设备类型、结构、工作原理、安全要求、失效模式；相关检测、诊断、试验技术或者方法的基本知识等</td><td>闭卷笔试</td><td rowspan="2"></td></tr>
<tr><td>科目B</td><td colspan="2">法规与标准</td><td>开卷笔试</td></tr>
<tr><td>科目C</td><td>检验技能</td><td>检验的基本方法和程序、缺陷判别、工具或者仪器的使用、安全与防护</td><td>实际操作</td><td>定期检验科目</td></tr>
<tr><td>科目D</td><td colspan="2">质量保证体系要素和工艺评定</td><td>开卷笔试</td><td>监督检验科目</td></tr>
<tr><td rowspan="3">检验师</td><td>科目E</td><td>专业知识A</td><td>与设备失效模式和检测诊断相关的失效原理与过程</td><td>闭卷笔试</td><td></td></tr>
<tr><td>科目F</td><td>专业知识B</td><td>检验方案；工艺的设计、相关的分析计算方法、综合评价；评估；判断方法、检验案例的解析、质量保证体系基本要求等</td><td>开卷笔试</td><td>可查阅限定的法规或者标准</td></tr>
<tr><td>科目G</td><td colspan="2">质量保证体系要素、设计审查和工艺评定</td><td>开卷笔试</td><td>监督检验科目</td></tr>
</table>

注：1. 初试各科目的评分采用百分制，合格标准均为70分，规定的考试科目均达到合格标准，总评为合格的人员，方可申请《检验人员证》；

2. 考试成绩未达到合格标准的科目允许补考，考试单科合格成绩有效期为2年，在有效期内所规定的全部考试科目均达到合格标准，总评为合格。

5.2.5 证书有效期及资格复试

① 持有《检验人员证》的人员（以下简称持证人员）在其证书有效期届满需要继续从事相应检验工作，符合审核换证要求，应当在有效期届满前3个月，按照要求向相应的换证

审核机构提出换证申请。年龄 65 周岁以上（含 65 周岁）人员的申请，不再予以受理。身体不能胜任所从事的工作，或者因发生过失造成事故的检验人员不能申请换证。

② 换证采取审核的方式，但是应当满足以下要求：

a. 申请换证项目的证书在有效期内，并且未中断检验工作或者未中断注册 6 个月以上（含 6 个月）的；

b. 聘用期间未发生过失或者责任事故的；

c. 接受经发证机关授权公布的换证知识更新与技能培训（以下简称继续教育培训）指南所涉及内容的培训，其累积培训课时不少于 40h 的。

③ 换证申请时，应当按照考核规则的相关规定进行网上填报《申请表》，并且向换证机构提交以下资料：

a.《申请表》；

b. 换证项目的《检验人员证》（复印件，1 份）；

c. 身份证（复印件，1 份）；

d. 持证人员执业注册所在单位出具的持证人在证书有效期内未中断检验工作 6 个月以上（含 6 个月），并且在聘用期间未发生过失或者责任事故的书面证明，包括在注册机构取得的执业注册记录、相应的执业工作见证（每 4 个月 1 份在执业单位签署的检验记录或检验报告复印件）；

e. 检验师换证还应按照规定每年在质检总局检验案例网上填报检验案例至少 5 例（应为主要编写人员）；

f. 符合 TSG Z8002—2013 第二十七条和第二十九条的要求的继续教育培训证明；或者提供参加地市级以上，已通过鉴定的科研项目的见证资料；

g. 继续教育培训的内容，以相关类别、专业的法规标准、检验案例、新技术和新知识为主。

④ 不符合考核规则有关要求，未通过审核换证的人员，如果需要继续从事相应检验工作，可以在 1 年内参加同项目与级别的开卷笔试科目的取证考试，合格后重新取得原项目与级别的证书；也可放弃原有级别的资格，直接申请领取同项目的低一级别的《检验人员证》。

⑤ 未通过审核换证的人员，其原《检验人员证》到期后，不能继续从事相应检验工作。

⑥ 中断检验工作或者中断注册 6 个月以上（含 6 个月）人员，以及在持证期间曾发生过失或者责任事故，并且已超过被处罚期的人员，可以在参加同级别与项目的开卷笔试科目取证考试合格后，予以换证。

⑦ 曾经持有《检验人员证》，在所持证书逾期失效后的 8 年内提出申请人员，可在参加同级别与项目的开卷笔试科目取证考试合格后，申请重新取得《检验人员证》。

5.2.6 监督管理

① 各省级质量技术监督局负责对本辖区内检验人员考试进行现场监督，发现问题应当及时报告发证机关。

② 持证人员出具虚假检测结果、鉴定结论的，或者从事特种设备生产、销售，或者同时在两个以上机构中执业的，发证机关按照《特种设备安全监察条例》的规定予以处罚。

③ 被吊销《检验人员证》的人员，3 年内不受理其任何种类、项目、级别的考试申请。3 年后需要重新申请《检验人员证》的，应当按照相关规定重新申请取证考试。

④《检验人员证》遗失，由持证人本人向发证机关提出补证书面申请，经发证机关核准

后，在 20 个工作日内补发证书。

⑤ 违纪处理

检验检测人员有发现下列情况之一的，责令改正，对直接负责的主管人员和其他责任人员处 5 千元以上 5 万元以下罚款；情节严重的，吊销其检验人员的资格：

a. 未按照安全技术规范的要求进行检验、检测的；

b. 出具虚假的检验、检测结果和鉴定结论或者检验、检测结果和监督结论严重失实的；

c. 发现特种设备存在严重事故隐患，未及时告知相关单位，并立即向负责特种设备安全监督管理的部门报告的；

d. 泄露检验、检测过程中知悉的商业秘密的；

e. 利用检验工作故意刁难相关单位的；

f. 同时在两个以上检验、检测机构中执业的，处 5 千元以上 5 万元以下罚款；情节严重的，吊销其检验人员的资格。

5.3 压力容器专项检验

5.3.1 RBI 检验

5.3.1.1 应用条件

申请应用基于风险的检验（RBI）的压力容器使用单位至少符合以下条件，并且应当通过压力容器使用单位安全管理标准化审查和风险评价：

① 具有完善的管理体系和较高的管理水平；

② 建立健全应对各种突发情况的应急预案，并且定期进行演练；

③ 压力容器、压力管道等设备运行良好，能够按照有关规定进行检验和维护；

④ 生产装置及其重要设备资料齐全、完整；

⑤ 工艺操作稳定；

⑥ 生产装置采用数字集散控制系统，并且有可靠的安全联锁保护系统。

5.3.1.2 RBI 的实施

① 承担 RBI 的检验机构须经过国家质检总局核准，取得基于风险的检验（RBI）资质；

② 压力容器使用单位应当向检验机构提出 RBI 应用申请，同时书面告知使用登记机关；

③ 承担 RBI 的检验机构，应当根据设备状况、失效模式、失效后果、管理情况等评估装置和压力容器的风险水平；

④ 承担 RBI 的检验机构应当根据风险分析结果，以压力容器的风险处于可接受水平为前提制定检验策略，包括检验时间、检验内容和检验方法；

⑤ 对于应用基于风险的检验（RBI）的压力容器，使用单位应当根据其结论所提出的检验策略制订压力容器的检验计划，定期检验机构依据其检验策略制订具体的定期检验方案并且实施定期检验；

⑥ 对于装置运行期间风险位于可接受水平之上的压力容器，应当采用在线检验等方法降低其风险；

⑦ 应用 RBI 的压力容器使用单位，应当将 RBI 结论报使用登记机关备案，使用单位应当落实保证压力容器安全运行的各项措施，承担安全主体责任。

5.3.1.3 检验周期的确定

实施RBI的压力容器，可以采用以下方法确定其检验周期：

① 参照《压力容器定期检验规则》确定压力容器的检验周期，可以根据压力容器风险水平延长或者缩短检验周期，但最长不得超过9年；

② 以压力容器的剩余使用年限为依据，检验周期最长不超过压力容器剩余使用年限的一半，并且不得超过9年。

5.3.2 进口压力容器监督检验

5.3.2.1 监督检验依据

《固定式压力容器安全技术监察规程》及对外贸易合同、契约、协议等中规定的建造规范、标准。

5.3.2.2 监检方式和监检程序

(1) 监检方式

进口压力容器的监检可以采用境外制造过程监检的方式进行。当未能在境外完成制造过程监检时，可以在压力容器到岸或者到达使用地后，对产品安全性能进行监督检验（以下简称到岸检验，到岸检验是指在进口压力容器到达口岸或者使用地进行的产品安全性能监督检验，以验证其是否符合基本安全要求）。

对于进口成套设备中由境内制造单位制造的压力容器，如果已经由制造单位所在地的监检机构按照TSG R7004—2013第一章至第三章的要求进行了监检，压力容器到岸或者到达使用地后，不再重复进行到岸检验。

(2) 监检程序

进口压力容器监检的程序一般包括如下项目：

① 受检单位提出监检申请；

② 境外监检项目和到岸检验项目的确定与实施；

③ 相关技术文件和检验资料的审查；

④ 打监检钢印并且出具《进口压力容器安全性能监督检验证书》。

5.3.2.3 申请

进口压力容器的单位或者境外压力容器制造单位应当向使用地或者口岸地（使用地不确定时）的监检机构提出监检申请。

当采用国际标准或者境外标准设计的压力容器时，申请时还应当提供进口压力容器的境外制造单位已获得批准的符合中国安全技术规范规定的压力容器基本安全要求的申明（以下简称符合性申明）和其产品与符合压力容器基本安全要求的比照表（以下简称比照表）。

5.3.2.4 监检项目的确定与实施

参照《固定式压力容器安全技术监察规程》的相关要求，确定境外监检项目或者到岸检验项目。

5.3.2.5 境外监检

境外监检项目由监检机构与进口压力容器的使用单位或者境外压力容器的制造单位确定境外监检的时机，派出监检员到境外进行监检，填写监检记录等工作见证。

5.3.2.6 到岸检验

监检员根据《固定式压力容器安全技术监察规程》和相关技术文件要求以及检验资料的

审查结果，确定需要进行到岸检验项目，但是以下项目应当进行检验：

① 主要受压元件的厚度；

② 外观及几何尺寸等宏观检验；

③ 对接焊接接头的无损检测抽查（抽查数量不少于10%的对接焊接接头并且不少于1条）；

④ 产品铭牌；

⑤ 相关检验资料审查时，有怀疑的检验项目。

进口压力容器在境外已经我国监检机构进行监检的，到岸后不再重复进行到岸检验。

5.3.2.7　相关技术文件和检验资料的审查

按TSG R7004—2013第十五条和第三章的要求，确定需要审查的技术文件和检验资料。但下列技术资料和检验资料应当审查：

①《固定式压力容器安全技术监察规程》的相关要求，审查压力容器设计文件；当采用国际标准或者境外标准设计的压力容器时，还需要审查设计方法、安全系数、风险评估报告、快开门容器的安全联锁装置是否满足符合性申明、比照表的要求；

② 按照《固定式压力容器安全技术监察规程》的相关要求，审查压力容器主要受压元件的材料清单及质量证明文件，当采用境外材料牌号时，还需要审查材料化学成分、力学性能和钢板的超声检测是否满足符合性申明、比照表的要求；

③ 按照《固定式压力容器安全技术监察规程》的相关要求，审查压力容器焊接工艺评定报告；

④ 按照《固定式压力容器安全技术监察规程》的相关要求，审查压力容器焊接记录；

⑤ 按照《固定式压力容器安全技术监察规程》的相关要求，审查压力容器焊接产品试件报告，当采用国际标准或者境外标准设计的压力容器时，还需要审查焊接产品试件的制备是否满足符合性申明、比照表的要求；

⑥ 按照《固定式压力容器安全技术监察规程》的相关要求，审查压力容器焊缝无损检测报告，当采用国际标准或者境外标准设计的压力容器时，还需要审查无损检测方法、比例是否满足符合性申明、比照表的要求；

⑦ 按照《固定式压力容器安全技术监察规程》的相关要求，审查压力容器焊缝射线检测底片；

⑧ 按照《固定式压力容器安全技术监察规程》的相关要求，审查压力容器热处理报告；

⑨ 按照《固定式压力容器安全技术监察规程》的相关要求，审查压力容器外观及几何尺寸检验报告；

⑩ 按照《固定式压力容器安全技术监察规程》的相关要求，审查压力容器耐压试验和泄漏试验报告，当采用国际标准或者境外标准设计的压力容器时，还需要审查试验方法、压力系数是否满足符合性申明、比照表的要求；

⑪ 按照《固定式压力容器安全技术监察规程》的相关要求，审查粘接工艺评定报告；

⑫ 按照《固定式压力容器安全技术监察规程》的相关要求，审查浸渍工艺评定报告；

⑬ 按照《固定式压力容器安全技术监察规程》的相关要求，审查压力容器出厂（竣工）资料。

5.3.2.8　监检钢印与《监检证书》

监检合格后，监检员按照《固定式压力容器安全技术监察规程》的相关要求，打监检钢印并且出具《监检证书》。

到岸监检还应当参照压力容器定期检验报告的格式，根据所检验的项目出具检验报告（报告封面可改为《进口压力容器监督检验报告》）。

5.3.3 小型制冷装置中压力容器的检验

5.3.3.1 适用范围

本专项要求适用于以氨为制冷剂，单台贮氨器容积不大于 $5m^3$ 并且总容积不大于 $10m^3$ 的小型制冷装置中压力容器的定期检验。采用其他制冷剂的小型制冷装置中压力容器定期检验，应当考虑制冷剂的特性，参照本专项要求执行。

小型制冷装置中压力容器主要包括冷凝器、贮氨器、低压循环贮氨器、氨液分离器、中间冷却器、集油器、油分离器等。

5.3.3.2 检验前的准备工作

使用单位除按照《固定式压力容器安全技术监察规程》的相关要求准备外，还应当提交氨液充装时间及氨液成分检验记录，进行现场环境氨浓度检测，确保现场环境氨浓度不得超过国家相应标准允许值。

5.3.3.3 检验项目、内容和方法

小型制冷装置中压力容器的定期检验可以在系统不停机的状态下进行。检验项目包括资料审查、宏观检验、氨液成分检验、壁厚测定、高压侧压力容器的外表面无损检测。必要时还应当进行压力容器低压侧的外表面无损检测、声发射检测、埋藏缺陷检测、材料分析、强度校核、安全附件检验、耐压试验等检验项目。

(1) 资料审查

除按照《固定式压力容器安全技术监察规程》的相关要求审查的资料外，还应当审查氨液充装时间及氨液成分检验记录。

(2) 宏观检验

① 首次全面检验时应当检验容器结构（如壳体与封头连接、开孔部位及补强、焊缝布置等）是否符合相关要求，以后的检验仅对运行中可能发生变化的内容进行复查；

② 检验铭牌、标志等是否符合有关规定；

③ 检验隔热层是否有破损、脱落、跑冷等现象，表面油漆是否完好；

④ 检验高压侧压力容器外表面是否有裂纹、腐蚀、变形、机械接触损伤等缺陷；

⑤ 用酚酞试纸检测工作状态下压力容器的焊缝、接管等各连接处是否存在渗漏；

⑥ 必要时在停水状态下对冷凝器管板与换热管的角接接头部位进行腐蚀、渗漏检验；

⑦ 检验紧固螺栓是否齐全、牢固，表面锈蚀程度；

⑧ 检验支承或者支座的下沉、倾斜、基础开裂情况。

(3) 氨液成分检验

审查使用单位的氨液成分检验记录是否符合 NB/T 47012《制冷装置用压力容器》的要求，成分不符合要求的，应当按照《固定式压力容器安全技术监察规程》的相关要求进行检测。

(4) 壁厚测定

《固定式压力容器安全技术监察规程》的相关要求，选择有代表性的部位进行壁厚测定，并且保证足够的测点数。

(5) 无损检测

① 高压侧表面无损检测　压力容器的高压侧应当进行外表面无损检测抽查，对应力集中部位、变形部位、有怀疑的焊接接头、补焊区、工卡具焊迹、电弧损伤处和易产生裂纹部位应当重点检测。

② 低压侧声发射检测或者表面无损检测　压力容器低压侧有以下情况之一的，应当进

行声发射检测或者外表面无损检测抽查：

a. 使用达到设计使用年限，或者没有设计使用年限但使用达到 20 年的；

b. 氨液成分分析不符合 NB/T 47012 要求的；

c. 宏观检验有异常情况，检验人员认为有必要的。

③ 超声检测 有以下情况之一的，应当采用超声检测方法进行埋藏缺陷检测，必要时进行开罐检测：

a. 宏观检验或者表面无损检测发现有缺陷的压力容器，认为需要进行焊缝埋藏缺陷检测的；

b. 氨液成分分析不符合 NB/T 47012 要求的压力容器高压侧的；

c. 按照 GB/T 18182—2012《金属压力容器声发射检测及结果评价方法》，需要对声发射源进行复验的；

d. 检验人员认为有必要的。

(6) 材料分析

主要受压元件材质不明的，应当查明材质，对于压力容器低压侧，也可以按照 Q235A 进行强度校核。

(7) 强度校核

有下列情况之一的，应当进行强度校核：

① 均匀腐蚀深度超过腐蚀裕量的；

② 检验人员对强度有怀疑的。

(8) 安全附件检验

安全附件检验按照《固定式压力容器安全技术监察规程》的相关规定进行。

(9) 耐压试验

需要进行耐压试验的，按照《固定式压力容器安全技术监察规程》的相关规定进行。

5.3.3.4 安全状况等级评定与检验周期

(1) 安全状况等级评定

根据检验结果，按照《固定式压力容器安全技术监察规程》的相关规定进行安全状况等级评定。需要改造、修理的压力容器，按照改造、修理后的复检结果进行安全状况等级评定。

安全附件不合格的压力容器不允许投入使用。

(2) 检验周期

① 安全状况等级为 1～3 级的，检验结论为符合要求，可以继续使用，一般每 3 年进行一次定期检验；

② 安全状况等级为 4 级的，检验结论为基本符合要求，应当监控使用，其检验周期由检验机构确定，累计监控使用时间不得超过 3 年，在监控使用期满前，使用单位应当对缺陷进行处理，提高其安全状况等级，否则不得继续使用；

③ 安全状况等级为 5 级的，检验结论为不符合要求，应当对缺陷进行处理，否则不得继续使用。

5.3.4 氧舱的检验

5.3.4.1 适用范围

本专项要求适用于医用氧舱（以下简称氧舱）及其配套设施和场所的定期检验。氧舱配套压力容器的定期检验，应当满足《压力容器定期检验规则》的有关要求。氧舱安全附件的定期检验按照《压力容器定期检验规则》及其有关安全技术规范的规定进行。

5.3.4.2 检验类别与检验周期

氧舱的定期检验包括年度检验和全面检验：

① 年度检验，每年至少一次；对连续停用时间达到6个月（不包括改造、维修时间）的氧舱，重新投入使用前，应当按照年度检验的内容进行检验。

② 全面检验，每3年至少一次；氧舱改造或者重大维修监督检验时，对未涉及改造或者重大维修的检验项目，按照全面检验的相关内容进行检验。

5.3.4.3 检验前的准备工作

检验前的准备工作除满足《压力容器定期检验规则》的有关要求外，使用单位还应当进行以下准备工作：

① 停舱，对氧舱内、外进行清理，并且对舱内进行消毒处理；

② 对首次进行年度检验的氧舱，使用单位应当填写《医用氧舱基本状况表》。

5.3.4.4 年度检验项目、内容和要求

年度检验项目，包括资料审查、舱体及舱内装饰检验、电气和通信系统检验、测氧仪和测氧记录仪检验及舱体气密性试验等、供（排）气和供（排）氧管路系统检验、安全附件检验、消防系统检验、舱体气密性试验。

（1）资料审查

检验人员应当首先对氧舱使用单位提供的资料进行查阅，全面了解受检氧舱的使用、管理情况及现状，做好记录。首次定期检验的氧舱，应当进行全面审查；以后的检验，重点审核新增加和有变更的内容。

资料审查至少包括以下内容：

① 与氧舱及配套压力容器安全有关的制造、安装、改造、维修等技术资料；

② 氧舱的管理制度，包括氧舱操作规程，医护、操舱、维护管理人员职责，患者进舱须知，应急情况处理措施，氧源间管理规定，安全防火规定等；

③ 氧舱的运行（升、降压次数）记录、维护保养记录；

④ 安全附件校验（检定）记录、报告；

⑤ 维护管理人员持证上岗情况；

⑥ 检验资料，特别是上次检验报告中提出问题（主要是指整改后免于现场复检的项目）的整改记录。

（2）舱体及舱内装饰检验

① 观察窗、照明窗、摄像窗和有机玻璃舱体是否有明显划痕、机械接触损伤、银纹等缺陷；

② 上次检验后，舱内装饰隔层板、地板、柜具及油漆发生改变的，查阅有关的证明资料，检验其所变更的材料的难燃或者不燃性是否符合相应标准的要求；

③ 查阅有关的证明资料，检验空气舱内的床、椅的包覆面料的耐燃性，或者氧气舱内床罩、枕套的抗静电性是否符合相应标准的要求；

④ 舱内氧气采样口，是否畅通无堵塞，采样管路与测氧探头、流量计是否连接可靠；

⑤ 舱门及递物筒密封圈是否老化、变形；

⑥ 氧气加压舱舱内是否安装导静电装置，并且连接可靠；

⑦ 舱体与接地装置的连接是否可靠，实测接地电阻值不得大于40Ω；

⑧ 有机玻璃氧舱端盖与舱体是否连接可靠。

（3）电气和通信系统检验

① 氧舱照明系统是否完好、可靠；

② 应急电源装置在正常供电网络中断时，是否能自动投入使用，维持供电的时间是否符合相应标准的规定；

③ 氧舱的通信对讲装置通话是否正常；

④ 按动舱内应急呼叫装置按钮时，控制台上是否有声光报警信号显示，并且该信号是否必须由舱外操作人员手动操作才能复位；

⑤ 舱内测温传感器防护是否良好，控制台上的测温仪表显示是否正确；

⑥ 舱内电器元件的使用电压是否符合相应标准的要求。

(4) 测氧仪和测氧记录仪检验

① 空气加压舱控制台上是否配置测氧仪和测氧记录仪（氧气加压舱可以仅配置测氧仪）；

② 测氧仪的精度（引用误差）与测量范围是否满足使用要求；

③ 测氧仪传感器寿命（氧电极）是否在有效期内；

④ 空气加压舱配置的测氧仪在设定的上下限报警点是否能同时以声光形式报警。

(5) 供（排）气和供（排）氧管路系统检验

① 供（排）气和供（排）氧管路系统是否通畅，进出气、进出氧阀门动作是否灵敏、可靠；

② 舱内（外）的应急排气阀动作是否灵敏，应急排气阀门处是否有明显的红色警示标志；

③ 排废氧口位置是否符合相应标准的要求。

(6) 安全附件检验

① 安全阀的铅封是否完好，是否在校验有效期内；

② 选用的压力表是否与使用的介质相适应，其精度是否符合相应标准要求，压力表（控制台、递物筒、汇流排）的检定是否在有效期内；

③ 氧舱的快开门式舱门、递物筒是否设置动作灵敏、可靠的安全联锁装置，必要时可以采用压力测试方法确认。

(7) 消防系统检验

检验空气加压舱内灭火器的种类是否符合要求，并且在使用有效期内，设有水灭火装置的氧舱，对其进行动作性试验，确认其是否能处于工作状态。

(8) 舱体气密性试验

按照产品标准规定的试验压力、试验介质、试验温度等要求进行舱体气密性试验，检验舱体的密封性能。

5.3.4.5 全面检验项目、内容和方法

全面检验项目，包括年度检验的全部内容、配套压力容器检验、电气系统检验、供（排）气和供（排）氧管路系统检验、急救吸氧装具检验、舱体气密性试验等。

(1) 配套压力容器检验

氧舱配套压力容器的定期检验项目、内容和方法、结论及其安全状况等级的评定按照《压力容器定期检验规则》的有关规定执行。

(2) 电气系统检验

① 上次检验后，氧舱的电器元件等进舱导线的布置发生改变的，检验其隐蔽性和防护是否满足相应标准的要求；

② 测试氧舱保护接地端子与其相连接的任何部位之间的阻抗，检验阻抗值是否满足相应标准的要求；

③ 对未配置馈电隔离变压器的氧舱，检验电源的输入端与舱体之间的绝缘是否满足相应标准的要求。

(3) 供（排）气和供（排）氧管路系统检验

① 应急排气装置及排气管路是否畅通；

② 与汇流排连接的氧气瓶是否在检验有效期内；

③ 汇流排是否可靠接地；

④ 氧源间通风是否良好，舱房内外、氧源间内是否设置了明显的禁火标志，舱房内是否配备灭火装置。

(4) 急救吸氧装置检验

检验急救吸氧装置的设置是否符合相应标准的规定。

(5) 舱体气密性试验

按照产品标准规定的试验压力、试验介质、试验温度等要求进行舱体气密性试验，检验舱体的密封性能。

(6) 检验结论

检验结论按照以下要求分为符合要求、基本符合要求、不符合要求：

① 符合要求，经年度检验或者全面检验，未发现缺陷或者只有轻度不影响安全使用的缺陷，可以继续使用；

② 基本符合要求，发现有影响氧舱安全使用的缺陷或者配套设施及场所有严重违反规定的现象，必须对缺陷及违反规定的现象进行整改后（注明整改后需检验人员到场确认或者仅对整改报告审查确认），方可继续使用；

③ 不符合要求，发现严重缺陷，不能保证氧舱正常安全使用，不得继续使用。

氧舱不进行安全状况等级的评定。

5.3.5 非金属（包括非金属衬里）压力容器的检验

5.3.5.1 检验项目

非金属及非金属衬里压力容器定期检验项目，以表面检查、安全附件及仪表检验为主，必要时增加密封紧固件检验、耐压试验等项目。

设计文件对压力容器定期检验项目、方法和要求有专门规定的，还应当从其规定。

5.3.5.2 搪玻璃压力容器检验

(1) 铭牌和标志检验

检验铭牌和标志是否清楚，牢固可靠。

(2) 搪玻璃层检验

① 搪玻璃层表面是否有腐蚀迹象，是否有磨损、机械接触损伤、脱落，法兰边缘的搪玻璃层是否有脱落。

② 依据GB/T 7993《用在腐蚀条件下的搪玻璃设备的高电压试验方法》，对搪玻璃层进行直流高电压检测，检测电压为10kV；如果进行耐压试验，直流高电压检测应当在耐压试验后进行。

③ 依据GB/T 7991《搪玻璃层厚度测量　电磁法》测定搪玻璃层厚度。

(3) 附件、仪表与部件检验

① 卡子、活套法兰、压力表、液面计、温度计是否有腐蚀迹象；

② 法兰密封面有无泄漏，密封垫片的聚四氟乙烯包覆层是否完好，结构层是否完好和具有良好弹性；

③ 搪玻璃放料阀关闭时是否有泄漏，孔板防腐层是否完好。

(4) 夹套介质进口管口挡板检验

检验夹套介质进口管口挡板及附近部位是否完好、功能是否符合要求。

(5) 搪玻璃层修复部位检验

检验搪玻璃层修复部位是否有腐蚀、开裂和脱落现象。

5.3.5.3 *石墨及石墨衬里压力容器检验*

(1) 石墨压力容器

① 铭牌和标志检验　检验铭牌和标志是否清楚，牢固可靠。

② 表面检验　检验以下内容：

a. 容器筒体、侧盖板、上下盖板是否有变形与腐蚀情况；

b. 石墨件表面是否有腐蚀、疏松、磨损、分层、掉块、裂纹等缺陷；

c. 石墨件粘接部位的粘接剂是否完好，是否有腐蚀、开裂和渗漏。

③ 法兰密封面检验　检验法兰密封面是否有泄漏，密封垫片是否完好。

④ 附件、仪表检验　检验阀门、压力表、液面计、温度计等附件防腐层是否完好。

(2) 石墨衬里压力容器

石墨衬里压力容器的衬里部分除按照《压力容器定期检验规则》要求检验外，还应当检验石墨衬里层是否有腐蚀、酥松、磨损、剥落、裂纹、鼓包，与金属基体是否有脱离，粘接缝是否开裂。

5.3.5.4 *纤维增强塑料及纤维增强塑料衬里压力容器检验*

(1) 纤维增强塑料压力容器

① 铭牌和标志检验　检验铭牌和标志是否清楚，牢固可靠。

② 外表面检验　检验纤维增强塑料压力容器外表面是否有腐蚀破坏、开裂、磨损和机械接触损伤、鼓包、变形、纤维外露等。

③ 内表面检验

a. 是否光滑平整，是否有杂质、纤维裸露、裂纹，是否有明显划痕；

b. 是否有变色、龟裂、树脂粉化、纤维失强等化学腐蚀缺陷；

c. 是否有破损、裂纹、银纹等力学腐蚀缺陷；

d. 是否有溶胀、分层、鼓泡等浸渗腐蚀缺陷；

e. 容器角接、搭接及筒体与封头的内粘接缝树脂是否饱满，是否有脱层、起皮，粘接缝是否裸露，粘接基面法兰是否有角裂、起皮、分层、破损等缺陷；

f. 人孔、检查孔、接管法兰及其内补强结构区是否有破损、起皮、分层、翘边等缺陷；

g. 容器本体、内支撑架及内件连接是否牢固，连接受力区是否有裂纹、破损等缺陷。

④ 连接部位检验　检验纤维增强容器管口、支撑件等连接部位是否有开裂、拉脱现象。

⑤ 附件、仪表防腐层检验　检验阀门、压力表、液面计、温度计等附件、仪表与介质接触部分防腐层是否完好。

(2) 纤维增强塑料衬里压力容器

纤维增强塑料衬里压力容器的衬里部分除《压力容器定期检验规则》（作为衬里表面要求）要求检验外，还应当检验以下内容：

① 衬里是否鼓包、与基体是否有分离等缺陷；

② 用非金属层测厚仪测定纤维增强衬里层的厚度。

5.3.5.5　塑料衬里压力容器检验

塑料衬里压力容器衬里部分除了检验是否有腐蚀破坏、老化开裂、磨损和机械接触损伤、鼓包外，还应当检验以下内容：

① 衬里是否有鼓包、与基体分离等缺陷；

② 对塑料衬里进行 5kV 直流高电压检测和厚度测定，如果进行耐压试验，直流高电压检测应当在耐压试验后进行。

5.3.5.6　耐压试验

有下列情况之一的非金属及非金属衬里压力容器，定期检验时应当进行耐压试验：

① 定期检验过程中，使用单位或者检验机构对压力容器的安全状况有怀疑的；

② 非金属主要受压元件或者衬里更换的；

③ 对非金属部分进行局部修复的。

5.3.5.7　非金属压力容器中的金属承压部件或者装置的定期检验

与非金属压力容器组合或者连接的金属承压部件、装置的定期检验应当符合《固定式压力容器安全技术监察规程》中关于金属压力容器的相应规定。

5.3.5.8　非金属及非金属衬里压力容器安全状况等级评定

(1) 评定原则

① 安全状况等级应当根据非金属部分以及与其组合或者连接的金属承压部件综合评定，以其中项目等级最低者，作为该压力容器的安全状况等级；

② 需要改造或者修理的压力容器，按照改造或者修理结果进行安全状况等级评定；

③ 安全附件检验不合格的压力容器不允许投入使用。

(2) 搪玻璃压力容器

搪玻璃层的安全状况等级按照以下要求评定：

① 搪玻璃层表面光亮如新，没有腐蚀失光、破损、磨损、机械接触损伤时，为 1 级；

② 搪玻璃层表面有轻微的腐蚀失光现象，或者有轻微的磨损、机械接触损伤，经 10kV 直流高电压检测通过时，为 2 级；不通过时，为 5 级；

③ 搪玻璃层经过局部修复时，为 3 级，钽钉加聚四氟乙烯的修复部位不影响安全状况等级评定；

④ 搪玻璃层表面有明显的腐蚀失光现象，或者有明显的磨损、机械接触损伤，但经 10kV 直流高电压检测通过时，为 4 级，不通过时，为 5 级；

⑤ 搪玻璃层表面有严重腐蚀、裂纹、脱落、磨损、机械接触损伤，经 10kV 直流高电压检测通过时，为 4 级，不通过时，为 5 级；

⑥ 定为 4 级的容器，如果是明显的腐蚀失光现象，则不能继续在当前介质下使用；如果是有明显的磨损、机械接触损伤，则应当评价损伤对容器安全性能影响的程度；

⑦ 定为 5 级的容器，已失去搪玻璃设备的使用性能；

⑧ 搅拌器、温度计套管、放料阀等可拆卸和可更换的搪玻璃零部件在检验中发现有搪玻璃层腐蚀、磨损、破损时，如果更换新件，则不影响安全状况等级评定。

(3) 石墨及石墨衬里压力容器

石墨部件和衬里的安全状况等级按照以下要求评定：

① 石墨件表面规整，粘接部位完好，没有腐蚀、酥松、剥层、掉块、裂纹、磨损、机械接触损伤等缺陷；石墨衬里表面光滑，没有腐蚀、酥松、磨损、机械接触损伤、裂纹等缺陷，衬里层与金属基体没有分层时，为 1 级。

② 石墨件表面有轻微的腐蚀，粘接部位完好，没有剥层、掉块、裂纹，有轻微磨损、

机械接触损伤现象；石墨衬里表面有轻微的腐蚀、磨损、机械接触损伤现象，无裂纹，衬里层与金属基体没有明显分层时，为2级。

③ 石墨压力容器经过局部修复时，为3级。

④ 石墨件表面有明显的腐蚀、磨损、机械接触损伤，但没有出现泄漏；石墨衬里层表面有明显的腐蚀、磨损、裂纹、机械接触损伤时，为4级。

⑤ 石墨件表面有严重腐蚀、掉块、裂纹、磨损等损伤，粘接部位开裂，石墨容器出现泄漏时；或者石墨衬里层表面有严重腐蚀、裂纹、磨损、机械接触损伤等，石墨衬里层破损时，为5级。

⑥ 定为4级的石墨压力容器，如果是腐蚀现象，则不能继续在当前介质下使用；如果是有明显的磨损、机械接触损伤，则应当消除损伤的原因并且综合判定损伤对设备安全性造成的影响。

⑦ 定为5级的容器，已失去石墨压力容器的使用性能。

⑧ 对于可拆卸和可更换的石墨零部件在检验中发现腐蚀、磨损、破损时，如果更换新件，则不影响安全状况等级评定。

(4) 纤维增强塑料及纤维增强塑料衬里压力容器

纤维增强塑料基体或者衬里的安全状况等级按照以下要求评定：

① 内表面光亮如新，没有腐蚀失光、龟裂、变色、树脂粉化、纤维失强、溶胀，无磨损、机械接触损伤，无裂纹、玻璃纤维裸露和分层，容器无鼓包和变形，衬里层无鼓包和脱落时，为1级；

② 内表面有轻微的腐蚀失光、破坏、变色现象，或者有轻微磨损、机械接触损伤现象，无裂纹、龟裂、树脂粉化、纤维失强、溶胀、玻璃纤维裸露和分层，衬里层无脱落，容器有轻微鼓包和变形时，为2级；

③ 纤维增强塑料及纤维增强塑料衬里压力容器经过局部修复时，为3级；

④ 内表面有明显的腐蚀现象，或者有明显的磨损、裂纹、机械接触损伤，有明显的鼓包和变形，但没有出现泄漏和严重变形时，为4级；

⑤ 内表面有严重腐蚀破坏，或者有裂纹、龟裂、树脂粉化、纤维失强、溶胀、磨损、机械接触损伤等，并且已经穿透衬里层，出现泄漏和严重变形时，为5级；

⑥ 定为4级的容器，如果是腐蚀破坏现象，则不能继续在当前介质下使用；如果是有明显的磨损、机械接触损伤，则应当消除损伤的原因并且综合判定损伤对设备安全性造成的影响；

⑦ 定为5级的容器，已失去纤维增强塑料设备的使用性能；

⑧ 对于可拆卸和可更换的纤维增强塑料零部件在检验中发现腐蚀、磨损、破损时，如果更换新件，则不影响安全状况等级评定。

(5) 塑料衬里压力容器

塑料衬里的安全状况等级按照以下要求评定：

① 内表面光亮如新，没有腐蚀失光、变色、老化开裂、渗漏，无磨损、机械接触损伤，无裂纹和鼓包，连接部位没有开裂、拉脱现象，附件完好，衬里层与金属基体没有分层时，为1级；

② 内表面有轻微的腐蚀失光、变色现象，或者磨损、机械接触损伤现象，无裂纹、老化开裂、渗漏和鼓包，连接部位没有开裂、拉脱现象，附件完好，衬里层与金属基体没有明显分层时，为2级；

③ 塑料衬里压力容器经过局部修复时，为3级；

④ 内表面有明显的腐蚀现象，或者有明显的磨损、裂纹、机械接触损伤，塑料衬里经

5kV 直流高电压检测通过时，为 4 级，不通过时，为 5 级；

⑤ 内表面有严重腐蚀、磨损、裂纹、老化开裂、机械接触损伤等，塑料衬里经 5kV 直流高电压检测通过时，为 4 级，不通过时，为 5 级；

⑥ 定为 4 级的容器，如果是腐蚀破坏现象，则不能继续在当前介质下使用；如果是有明显的磨损、机械接触损伤，则应当消除损伤的原因并且综合判定损伤对设备安全性造成的影响。

(6) 耐压试验

属于压力容器本身原因，导致耐压试验不合格的，可以定为 5 级。

第6章 CHAPTER 6 压力容器安装、改造、维修监督管理

压力容器安装、改造、维修是直接关系到压力容器能否安全经济运行的重要环节。《中华人民共和国特种设备安全法》、国务院《特种设备安全监察条例》将其纳入压力容器生产环节，《中华人民共和国行政许可法》对压力容器安装、改造、维修机构实施行政许可，进行监督管理具有重大意义。

压力容器的安装主要分两种情况：一种是指由于运输等原因压力容器不能在制造厂完成全部制造工序，须在现场进行组焊，如大型压力容器的现场组焊和球形储罐的组焊；另一种是指将已完成制造工序的压力容器产品在使用现场安装就位，通过与其他容器和管道的连接使之能正常使用。压力容器的现场组焊则是制造工作（工序）的延续。两种情况的安装质量都对压力容器的安全使用有很大的影响。

压力容器的改造是指改变主要受压元件的结构或者改变压力容器运行参数、盛装介质、用途等。

压力容器的重大维修是指主要受压元件的更换、矫形、挖补，以及对焊制压力容器筒体的纵向接头、筒节与筒节（封头）连接的环向接头、封头的拼接接头，以及球壳板间的对接接头焊缝的补焊。

根据《中华人民共和国特种设备安全法》的规定，国家按照分类监督管理的原则对特种设备生产实行许可制度，特种设备生产单位（包括设计、制造、安装、改造、修理）应当具备下列条件，并经负责特种设备安全监督管理的部门许可，方可从事生产活动：

① 有与生产相适应的专业技术人员；

② 有与生产相适应的设备、设施和工作场所；

③ 有健全的质量保证、安全管理和岗位责任等制度。

因此，压力容器的安装、改造、维修单位必须取得相应项目的许可后，方能从事相应的安装、改造、维修工作。

压力容器的改造方案应经原设计单位或具备相应资格的设计单位同意，实施改造的单位应保证经改造后的压力容器的结构和强度满足安全使用的要求。压力容器的重大维修方案应经原设计单位或具备相应资格的设计单位同意。

安装、改造、维修单位在施工前，应书面告知施工所在地的地、市级质量技术监督部门。施工结束后，应向使用单位提供相应压力容器技术资料、图样和施工质量证明文件。

6.1 许可工作程序

压力容器安装、改造、维修许可的一般工作程序包括申请、受理、鉴定评审、审批和发证。

根据《压力容器安装改造维修许可规则》（TSG R3001—2006）的规定，压力容器安装、

改造、维修许可资格分为1、2级。取得1级许可资格的单位允许从事压力容器安装、改造和维修工作，取得2级许可资格的单位允许从事压力容器维修工作。

取得压力容器制造许可资格的单位（A3级注明仅限球壳板压制和仅限封头制造者除外），可以从事相应制造许可范围内的压力容器安装、改造、维修工作，不需要另取压力容器安装改造维修许可资格。

取得GC1级压力管道安装许可资格的单位，或者取得2级（含2级）以上锅炉安装资格的单位可以从事1级许可资格中的压力容器安装工作，不需要另取压力容器安装许可资格。

压力容器安装、改造、维修许可由压力容器安装、改造、维修单位所在地的省级质量技术监督部门负责审批（以下简称“审批机关”）。1级许可资格的许可证由国家质检总局颁发，2级许可资格的许可证由省级质量技术监督局颁发。《压力容器安装改造维修许可证》从签发之日起4年内在全国范围有效。

6.1.1 申请

根据《压力容器安装改造维修许可规则》的规定，申请压力容器安装、改造、维修的单位（以下简称“申请单位”），填写《特种设备许可申请书》（以下简称申请书，一式四份，附电子文件），附以下证明资料（各一份），向审批机关提出书面申请；

① 工商营业执照或者工商行政管理部门同意办理工商营业执照的证明（复印件）；

② 组织机构代码证（复印件）；

③ 单位情况介绍（包括办公室、资料档案室、仪器设备室、仓库、车间、设备、人员、专业分包、质量管理等方面情况）；

④ 质量管理手册；

⑤ 其他需要附加说明的资料。

审批机关接到书面申请后，应当在5个工作日内做出是否受理其申请的决定，在申请书上签署受理意见或者不受理意见。不同意受理的，还应当向申请单位出具不受理决定书。

申请被受理后，受理的单位应当按照受理范围内进行压力容器试安装（改造、维修）工作，并且约请由国家质检总局公布的压力容器安装（改造、维修）鉴定评审机构（以下简称“鉴定评审机构”）进行鉴定评审。

6.1.2 鉴定评审申请受理

申请单位在取得许可受理后，根据国家质检总局公布的鉴定评审机构名单，约请鉴定评审机构进行鉴定评审。

申请单位约请未经国家质检总局公布的鉴定评审机构进行鉴定评审，或者鉴定评审机构超范围进行鉴定评审的，其鉴定评审报告无效。

根据《特种设备制造、安装、改造、维修许可鉴定评审细则》（TSG Z0005—2007）（以下简称《鉴定评审细则》）的规定，申请单位的许可申请，经许可实施机关受理后，应当及时约请从事特种设备许可鉴定评审工作的机构进行现场鉴定评审，并且向鉴定评审机构提交如下资料：

① 特种设备许可申请书（已受理，正本一份）；

②《特种设备鉴定评审约请函》（格式见表6-1，一式三份）；

③ 特种设备质量保证手册（一份）；

④ 设计文件鉴定报告和产品型式试验报告（安全技术规范及其相应标准有设计文件鉴定和型式试验要求时，复印件一份）。

表 6-1 特种设备鉴定评审约请函

特种设备鉴定评审约请函

______（鉴定评审机构名称）______：

我单位的______申请已经被受理，申请受理号为______。现特约请进行鉴定评审，请给予安排。

拟约请鉴定评审日期：　　年　　月　　日至　　年　　月　　日

申请单位名称：____________________

通信地址：____________________

联 系 人：__________ 电　　话：__________

邮政编码：__________ 传　　真：__________

电子信箱：__________

申请单位法定代表(负责)人：　　　　日期：

（单位公章）

鉴定评审机构意见：

最终确定的鉴定评审日期：　　年　　月　　日至　　年　　月　　日

鉴定评审机构负责人：　　　　日期：

（机构公章）

注：本表一式三份，鉴定评审机构签署意见后，返回申请单位一份，抄报受理部门一份，鉴定评审机构存档一份。

根据《特种设备行政许可鉴定评审管理与监督规则》（以下简称《鉴定评审规则》）的规定，鉴定评审机构收到约请后，应当对提交的资料进行确认，不符合规定的，应当当场或者在10个工作日内一次性告知申请单位需要补正的全部内容；符合规定的，应当在10个工作日内作出鉴定评审的工作日程安排，并与申请单位商定具体的鉴定评审日期。

鉴定评审机构收到约请后，认为不能在规定时间内完成鉴定评审工作或者因其他原因不接受约请的，应当在约请函上签署意见，于5个工作日内书面告知申请单位，并退回提交的资料。

6.1.3 鉴定评审

根据《鉴定评审细则》的规定，鉴定评审机构接受约请后，应当了解申请单位试安装（改造、维修）和有关准备工作情况。其试安装（改造、维修）应当满足和涵盖受理的许可项目，试安装（改造、维修）数量详见表6-2和表6-3。鉴定评审机构可以针对申请单位的具体情况，对试安装（改造、维修）进行适当调整，但是必须在接受约请时确定。

表 6-2 压力容器试安装设备数量

申请安装级别	试安装设备数量	备　注
各种类、级别	1台	技术参数应当满足所申请种类、类别、级别并完成耐压试验

表 6-3 承压类特种设备试改造、维修设备数量

申请改造、维修级别	试改造、维修设备数量	备　注
各种类、级别	1台(或1个项目)	技术参数应当满足所申请种类、级别，其中申请压力容器安装改造维修1级资格的，试改造1台压力容器

鉴定评审机构接受约请后，应当及时做好各项鉴定评审准备工作。鉴定评审准备工作包括制订鉴定评审计划、组成鉴定评审组、查阅申请资料、准备鉴定评审工作文件等。

鉴定评审机构依据《鉴定评审规则》的规定组成鉴定评审组，并且根据申请单位受理的许可项目特性，配备质量保证、材料、焊接、热处理、无损检测、电气（电器）和制造、安装、改造、维修检验等方面的专业技术人员。

鉴定评审工作时间一般为2～3天，安全技术规范、标准有其他过程检验与试验、型式试验要求或者需到施工现场抽查安装、改造、维修安全性能时，可适当延长鉴定评审时间，但最长不得超过5天。

鉴定评审机构按照申请单位提出的拟鉴定评审时间，协商确定评审工作日程，并及时向申请单位发出《特种设备鉴定评审通知函》（见表6-4），同时抄报许可实施机关及其下一级质量技术监督部门。

表6-4　特种设备鉴定评审通知函

特种设备鉴定评审通知函

编号：

______（申请单位名称）______：

经协商，定于____年____月____日至____年____月____日对你单位进行现场鉴定评审，请做好有关准备。

对日期安排、鉴定鉴定评审组人员组成如有意见，请在收到本通知函的5个工作日内提出书面意见。

鉴定评审机构：

年　　月　　日

（机构公章）

附：鉴定鉴定评审组成员名单

姓名	性别	所属单位	鉴定鉴定评审组中职务	证书号

注：本通知函一式四份，一份送申请单位，一份送许可实施机关，一份送许可实施机关下一级质量技术监督部门，一份鉴定评审机构存档。

申请单位在接到《特种设备鉴定评审通知函》后，认为鉴定评审组的组成不利于鉴定评审工作的公正性或不能保护申请单位的商业秘密时，应当在收到《特种设备鉴定评审通知函》的5个工作日内向鉴定评审机构书面提出，鉴定评审机构确认后应当对鉴定评审组的组成进行调整。

特种设备现场鉴定评审工作程序，包括预备会议、首次会议、现场巡视、现场鉴定评审、鉴定评审情况汇总、交换鉴定评审意见、鉴定评审总结会议等。

现场鉴定评审时，申请单位应当向鉴定评审组提供以下资料：

① 申请单位的基本概况；

② 依法在当地政府注册或者登记的文件（原件）和组织机构代码证（原件）；

③ 换证申请单位所持有特种设备许可证（原件）及持证期间压力容器安装、改造、维修清单；

④ 特种设备质保证理手册及其相关的程序文件、作业（工艺）文件；

⑤ 质量保证工程师、质量控制系统责任人员明细表及任命书、聘用合同、工资表、相关保险凭证、身份证、职称证明、学历证明；

⑥ 工程技术人员、特种设备作业人员（焊接、无损检测）明细表及其聘用合同、工资表、相关保险凭证、身份证、职称证明、学历证明和特种设备作业人员证（原件）；

⑦ 设备、工装、仪器、器具、检验与试验装置等台账；

⑧ 检验与试验装置检定校准台账和检定校准记录；

⑨ 受理的许可项目试安装（改造、维修）的设计文件（包括设计图样、设计计算书、安装使用说明书等）、作业（工艺）文件（包括作业指导书、工艺评定报告、工艺规程、工艺卡、检验工艺规程等）、质量计划（过程质量控制卡、施工组织设计或施工方案）、检验与试验、验收记录与报告（分项验收报告、验收报告、竣工报告）、监督检验报告（法规、安全技术规范规定时），质量证明资料等；

⑩ 申请单位的合格分供（包）方名录、分供（包）方评价报告；

⑪ 受理的产品的设计文件鉴定报告、型式试验报告（安全技术规范及其相应标准有规定时）；

⑫ 相关法律、法规、安全技术规范及其相应标准清单；

⑬ 管理评审、不合格品（项）控制、质量改进与服务等质量保证体系实施的有关记录；

⑭ 鉴定评审过程中需要的其他资料。

根据申请受理的许可项目特性和规模及实际情况，鉴定评审组可分为若干评审小组开展工作。通过查阅相关资料、现场实际检查、座谈和交流、产品安全性能抽查等方式，对申请单位的资源条件、质量保证体系建立和产品安全性能是否符合安全技术规范及其相应标准的规定进行鉴定评审。

现场鉴定评审结束后，鉴定评审组向鉴定评审机构提交鉴定评审工作报告，做出鉴定评审结论意见。鉴定评审结论意见分为：“符合条件”、“不符合条件”、“需要整改”。

全部满足许可条件，鉴定评审结论意见为“符合条件”。

申请单位现有部分条件不能满足受理的许可项目规定，但在规定时间内能够完成整改工作，并满足相关许可条件，鉴定评审结论意见为“需要整改”。

申请单位存在以下情况之一时，鉴定评审结论意见为“不符合条件”：

① 法定资格不符合相关法律法规的规定；

② 实际资源条件不符合相关法规、安全技术规范的规定；

③ 质量保证体系未建立或者不能有效实施，材料（零部件）控制、作业（工艺）控制，检测与试验控制、不合格品（项）控制，以及与许可项目有关的主要过程控制，如焊接、无损检测等质量控制系统未得到有效控制，管理混乱；

④ 产品安全性能抽查结果不符合相关安全技术规范及其相应标准规定；

⑤ 申请单位有违反特种设备许可制度行为。

鉴定评审结论意见为“需要整改”时，申请单位应当按照《特种设备鉴定评审工作备忘录》通报所提出的问题，在 6 个月内完成整改工作，并在整改工作完成后将整改报告和整改见证资料提交鉴定评审机构。

鉴定评审组对整改报告和整改见证资料进行确认，并出具整改情况确认报告，必要时应当安排鉴定评审人员进行整改情况现场确认。鉴定评审机构在进行整改情况现场确认前，应当报告许可实施机关。整改情况确认符合条件的，整改情况确认报告结论为“经整改后符合条件”。申请单位在 6 个月内未完成整改或者整改后仍不符合条件，整改情况确认报告结论为“不符合条件”。

鉴定评审机构应当按照《鉴定评审规则》的规定，及时出具《特种设备许可鉴定评审报告》（以下简称《鉴定评审报告》），并由评审机构审批、加盖公章（或鉴定评审专用章）。

对申请多个许可项目、类别、级别进行鉴定评审时，鉴定评审机构应当对每个许可项目、类别、级别分别做出鉴定评审结论。

鉴定评审时发现申请单位的实际资源条件不能满足受理许可项目要求，但满足下级别许可要求时，经申请单位书面申请、许可实施机关受理后，评审机构按照重新受理的许可范围进行鉴定评审。

申请单位在许可证有效期内许可条件发生变化时，应当按照相关规定进行许可变更申请。鉴定评审机构依据实施机关的批复，对申请单位许可变更情况进行鉴定评审。

现场鉴定评审工作结束，鉴定评审组应当向鉴定评审机构提交鉴定评审工作报告、鉴定评审记录及其相关的见证材料，并对鉴定评审工作报告的真实性负责。

鉴定评审机构应当在现场鉴定评审工作结束后的 20 个工作日内出具鉴定评审报告。鉴定评审结论要求申请单位整改的，自整改结果确认后 10 个工作日内出具鉴定评审报告。

鉴定评审机构应当对所使用的鉴定评审资料，包括申请书、申请单位提供的相关资料、鉴定评审记录、鉴定评审报告等，妥善保存归档，保存期限不少于 5 年。

6.1.4　许可证的批准、颁发和换证

根据《压力容器安装改造维修许可规则》的规定，审批机关在接到鉴定评审报告后，应当在 20 个工作日内完成审查、批准手续。由审批机关负责发证的，在 10 个工作日内对符合规定的申请单位颁发许可证。由国家质检总局颁发许可证的，按照有关规定报国家质检总局颁发相应许可证。

《压力容器安装改造维修许可证》的有效期为 4 年。压力容器安装、改造、维修单位应当在许可证有效期满前 6 个月向原审批机关提出书面换证申请。换证申请时，申请单位如果未增加许可项目，可以不提供试安装（改造、维修）的压力容器。逾期未按时提出申请的，其许可资格自行作废。

6.1.5　许可证的注销、暂停和吊销程序

根据《压力容器安装改造维修许可规则》的规定，安装、改造、维修单位改变企业名称、法人代表、主要技术负责人、登记地址或者停业等情形时，应当报请审批机关办理变更、备案或注销许可手续。

各级质量技术监督部门负责对压力容器安装、改造、维修单位的监督管理，并且按照规定对其进行监督检查。发现压力容器安装、改造、维修单位有违反《中华人民共和国特种设备安全法》和相关安全技术规范的行为时，应当按照规定立即予以制止并限期改正，情节严重的，建议发证机关暂停或吊销其许可资格。

6.2 许可条件

6.2.1 许可资源条件

根据《压力容器安装改造维修许可规则》的规定，从事压力容器安装、改造、维修单位应当具备以下条件：

① 具有法定资格；

② 有与压力容器安装、改造、维修相适应，并具有一定的安装、改造、维修经验的专业技术人员和技术工人，具体条件见《压力容器安装改造维修许可人员条件》（见表 6-5）；

③ 有与压力容器安装、改造、维修相适应的起重、成形、加工、焊接、防腐、试压、检测等工作的需要的生产条件和检测手段，具体条件见《压力容器安装改造维修许可生产条件和检测手段》（见表 6-6）；

④ 有固定的办公地点、资料档案室、仪器设备室；

⑤ 建立能够确保压力容器安装、改造、维修安全性能的质量管理体系，并且能够正常运行；

⑥ 有与压力容器安装、改造、维修工作相关的安全技术规范、标准和制度，安全技术规范和标准应当是正式版本，并且能够有效执行；

⑦ 能够保证压力容器安装、改造、维修的安全性能。

表 6-5 压力容器安装改造维修许可人员条件

1 级和 2 级许可的人员条件：

专业技术人员数量	焊接人员数量 人数	合格项目的试件位置代号 管材	板材	管板	Ⅱ级无损检测人员数量 RT、UT、MT 或 PT	铆工、钳工、管工	电工	起重工
6(3)	8(2+2)	2G、5G（5 人）	2G、3G（5 人）	5FG（2 人）	*1	10	2	3

1 级中安装许可的人员条件：

专业技术人员数量	焊接人员数量 人数	合格项目的试件位置代号 管材	板材	管板	Ⅱ级无损检测人员数量 RT、UT、MT 或 PT	铆工、钳工、管工	电工	起重工
5(2)	4(2)	5G（2 人）	3G（2 人）	5FG（1 人）	*1	6	2	3

注：1. *者允许分包。

2. 专业技术人员是指具备安装（起重）或者化工机械、焊接（金属材料）、无损检测、电气、仪表、防腐等专业技术员以上（含技术员）职称的人员。括号内数字为至少具备的具有中级以上（含中级）职称的人员。

3. 无损检测工作分包时，本安装、改造、维修单位至少要有 1 名持 RTⅡ级以上（含 RTⅡ级）或者 UTⅡ级（含 UTⅡ级）证无损检测人员，负责此项工作的质量管理，分包单位必须是具有无损检测专项资格证的单位。

4. 焊接人员数量括号内的数字为氩弧焊接人员数和埋弧自动焊接人员数。安装单位的焊接人员中，具有Ⅱ类以上（含Ⅱ类）材料试件合格项目的人数不少于 50%。

5. 电工必须具有特殊工种资格证，起重作业人员必须具有特种设备作业人员证。

表 6-6　压力容器安装改造维修许可生产条件和检测手段

1、2级许可的生产条件和检测手段：

1	2	3	4	5	6	7	8	9	10
起重设备	卷板机	水准仪经纬仪	电焊机	烘箱	无损检测设备	试压泵	空压机	焊条保温筒	换热器抽芯设备
≤8t 2台，*20t以上汽车吊1台	16mm 1台	各1台	8台(氩弧焊机2台、埋弧焊机1台)	2	*3	1	1	按焊接人员数配备	*若干台

1级中安装许可的生产条件和检测手段：

1	2	3	4	5	6	7	8	9
起重设备	水准仪经续仪	电焊机	烘箱	无损检测设备	试压泵	空压机	焊条保温筒	换热器抽芯设备
≤8t 2台，*20t以上汽车吊1台	各1台	4台(氩弧焊机2台)	2	*3	1	1	按焊接人员数配备	*若干台

注：1. *者允许分包。

2. 1级中安装许可的生产条件和检测手段表中的5～9项中，安装单位应至少满足3项。

3. 安装、改造、维修单位还应当配备必要的安装、改造、维修工具，并具有一定的安全防护设施。

4. 设备应当完好，仪器仪表应当按照规定进行定期校验。

5. 对申请单项安、维修或者有限制范围许可的单位，上述条件可以适当放宽。但必须满足所申请范围施工的需要。

6. 申请1级许可（只取单项安装许可除外）的单位，必须具备焊接工艺评定的设备。

6.2.2　质量管理体系的基本要求

根据《特种设备制造、安装、改造、维修质量保证体系基本要求》（以下简称《质量保证体系要求》）（TSG Z0004—2007）的规定，压力容器安装、改造、维修单位应当结合受理的许可项目特性和本单位实际情况，按照以下原则建立质量保证体系，并且得到有效实施：

① 符合国家法律、法规、安全技术规范和相应标准；

② 能够对特种设备安全性能实施有效控制；

③ 质量方针、质量目标适合本单位实际情况；

④ 质量保证体系组织能够独立行使职责；

⑤ 质量保证体系责任人员（质量保证工程师和各质量控制系统责任人员）职责、权限及各质量控制系统的工作接口明确；

⑥ 质量保证体系基本要素设置合理，质量控制系统、控制环节、控制点的控制范围、程序、内容、记录齐全；

⑦ 质量保证体系文件规范、系统、齐全；

⑧ 满足特种设备许可制度的规定。

6.2.3　质量管理制度的基本要求

根据《质量保证体系要求》的规定，压力容器安装、改造、维修单位质量保证体系责任人员的要求如下：

① 压力容器安装、改造、维修单位法定代表人（或者其授权的最高管理者）是承担安

全质量责任的第一责任人，应当在管理层中应当任命1名质量保证工程师，协助最高管理者对压力容器安装、改造、维修质量保证体系的建立、实施、保持和改进负责，任命各质量控制系统责任人员，对压力容器安装、改造、维修过程中的质量控制负责；

② 质量保证工程师和各质量控制系统责任人员应当是压力容器安装、改造、维修单位聘用的相关专业工程技术人员，其任职条件应当符合安全技术规范的规定，并与压力容器安装、改造、维修单位签订了劳动合同，且不得同时受聘于两个以上单位；

③ 质量控制系统责任人员最多只能兼任两个与管理职责不相关的质量控制系统责任人。

压力容器安装、改造、维修单位应当编制质量保证体系文件，包括质量保证手册、程序性文件（管理制度）、作业（工艺）文件和质量记录等。质量保证手册应当由法定代表人（或者其授权的最高管理者）批准、颁布。

压力容器安装、改造、维修单位可以根据其特种设备许可项目范围和特性以及质量控制的需要设置质量保证体系基本要素。其中至少包括管理职责、质量保证体系文件、文件和记录控制、设计控制、材料（零、部件）控制、作业（工艺）控制，检验与试验控制、设备和检验检测仪器控制、不合格品（项）控制、质量改进、人员培训、执行特种设备许可制度、许可规则（条件）等安全技术规范规定的其他主要过程控制等质量保证体系基本要素。

对于法规、安全技术规范规定允许分包的项目、内容，当压力容器安装、改造、维修单位进行分包时，应当制订分包质量控制的基本要求，包括资格认定、评价、活动的监督、质量记录、报告的审核和确认等要求。

6.2.4 产品安全质量要求

压力容器安装、改造、维修活动直接影响压力容器安全性能，需加强对压力容器安装、改造、维修的监督管理，以确保安装、改造、维修质量，提供压力容器安全运行的基础。

压力容器安装、改造、维修的监督管理的主要手段有：

① 明确压力容器安装、改造、维修单位责任；

② 设立压力容器安装、改造、维修许可；

③ 实行压力容器安装、改造、维修告知；

④ 实施压力容器安装、改造、维修过程的监督检验；

⑤ 特种设备安全监督管理部门对压力容器安装、改造、维修单位进行现场监督检查。

6.3 安全性能监督检验

6.3.1 总则

根据《中华人民共和国特种设备法》的规定，压力容器的安装、改造、重大修理过程，应当按照安全技术规范的要求，经特种设备检验机构进行监督检验；未经监督检验或者监督检验不合格的，不得交付使用。

压力容器在安装、改造与维修前，从事压力容器安装改造维修的单位应当向压力容器使用登记机关书面告知。

根据《压力容器监督检验规则》（TSG R7004—2013）的规定：安装监检仅适用于医用氧舱的安装。

改造与重大维修监检适用于以下情况：

① 改变主要受压元件结构或者改变使用条件（运行参数、盛装介质、用途），并且需要进行耐压试验的改造；

② 主要受压元件进行更换、矫形、挖补以及壳体对接接头进行补焊，并且需要重新进行焊后热处理或者耐压试验的重大维修。

承担压力容器监检工作的特种设备检验检测机构（以下简称监检机构）应当取得国家质量监督检验检疫总局（以下简称国家质检总局）核准的相应资质；承担压力容器监检工作的检验人员（以下简称监检员）应当持有国家质检总局颁发的相应资格证书。

压力容器安装、改造与重大修理的监检由压力容器使用地的监检机构承担。现场制造（含分片出厂现场组装）压力容器的监检，由压力容器使用地的监检机构承担。已在工厂内完成大部分制造过程，采用分段运输到使用地完成最终制造过程的压力容器（现场组焊、粘接）的监检，由压力容器原制造地的监检机构或者使用地的监检机构承担。

6.3.2　监督检验的项目和方法

根据《压力容器监督检验规则》的规定，压力容器的监检应当在压力容器安装、改造与重大维修的过程中进行。监检是在压力容器安装、改造、维修单位（以下简称受检单位）的质量检验、检查及试验（以下简称自检）合格的基础上进行的过程监督和满足基本安全要求的符合性验证。监检工作不能代替受检单位的自检。

压力容器监检包括以下内容：

① 通过相关技术资料和影响基本安全要求工序的审查、检查与见证，对受检单位进行的压力容器安装、改造与重大修理过程及其结果是否满足安全技术规范要求进行符合性验证；

② 对受检单位的质量保证体系实施状况检查与评价。

压力容器监检的一般程序如下：

① 受检单位提出监检申请并且与监检单位签署监检工作协议；

② 监检员审查相关技术文件后，确定监检项目；

③ 监检员根据确定的监检项目，对安装、改造与重大修理过程进行监检，填写监检记录等工作见证；

④ 出具《特种设备监督检验证书》（以下简称《监检证书》）（见表 6-7）。

监检项目分为 A 类、B 类和 C 类，其要求如下：

① A 类，是对压力容器安全性能有重大影响的关键项目，在压力容器安装、改造与重大修理工作进行到该项目时，监检员需现场监督该项目的实施，其结果得到监检员的现场确认合格后，方可继续施工；

② B 类，是对压力容器安全性能有较大影响的重点项目，监检员一般在现场监督该项目的实施，如不能及时到达现场，受检单位在自检合格后可以继续进行该项目的实施，监检员随后对该项目的结果进行现场检查，确认该项目是否符合要求；

③ C 类，是对压力容器安全性能有影响的检验项目，监检员通过审查受检单位相关的自检报告、记录，确认该项目是否符合要求。

监检项目设为 C/B 类时，监检员可以选择 C 类，当相关条款规定需进行现场检查时，监检员应当选择 B 类。

压力容器安装、改造与重大维修监检，至少包括以下内容：

① 检查受检单位向质监部门办理告知情况，审查受检单位的安装改造维修许可资质；

② 审查施工方案和质量计划，确定监检项目；

③ 检查受检单位安装、改造与重大维修的现场条件和质量保证体系的实施情况；

④ 根据所确定的监检项目对安装、改造与重大维修过程进行监检；

⑤ 审查安装、改造与重大修理的竣工资料。

施工方案和质量计划的审查（C类）。受检单位在压力容器现场施工前将施工方案提交监检员审查。审查至少包括以下内容：

① 施工方案和质量计划的编制、审批程序是否符合受检单位质量保证体系的规定；改造与重大维修施工方案是否经过原设计单位或者具备相应资质的设计单位同意；

② 材料、焊接、热处理、无损检测、耐压试验、泄漏试验的技术要求是否符合安全技术规范、产品标准的规定。

施工方案和质量计划审查合格后，监检员按《压力容器监督检验规则》的要求，在质量计划中明确监检项目，并且在质量计划上签字（章）确认。

受检单位施工现场条件与质量保证体系实施的检查（B类）。检查至少包括以下内容：

① 检查受检单位是否能够在施工现场有效实施质量保证体系，审查相关责任人员的设置是否齐全；

② 检查受检单位施工现场的焊工、无损检测人员等是否具有相应资格；

③ 根据施工方案，检查受检单位施工现场是否配置了必要的工装及设备；

④ 根据施工方案，检查受检单位施工现场是否配置了必要的焊材、零部件等存放场所。

施工过程中的监检至少满足以下要求：

① 主要受压元件的补焊前，检查缺陷是否完全清除（B类）；

② 压力容器施工过程中涉及材料、组对装配与焊接、无损检测、热处理、外观与几何尺寸、耐压试验与泄漏试验的监检按《压力容器监督检验规则》的相关规定执行。

审查施工的竣工资料（C类）。压力容器施工竣工时，受检单位应当出具安装、改造与重大修理的质量证明文件以及改造与重大修理部位竣工图，监检员应当对其资料进行审查，出具《监检证书》。

表 6-7　特种设备安装、改造与重大修理监督检验证书

施工单位			
组织机构代码		安装改造修理许可级别	
安装改造修理许可证编号		施工类别	（新装、移装、改造、重大修理）
使用单位			
设备使用地点			
组织机构代码		使用登记证编号	
设备类别		设备名称	
设备代码		产品图号	
竣工日期	年　月　日		

安装、改造与重大修理项目：

续表

按照《中华人民共和国特种设备安全法》的规定，该台压力容器安装、改造与重大修理经我机构监督检验，安全性能符合 (有关安全技术规范) 的要求，特发此证书。

监检员： 日期：

审 核： 日期：

批 准： 日期：

监检机构： (监检机构检验专用章)

年 月 日

机构核准证号：

注：使用登记证编号，在安装时不填写，划“—”。

6.3.3 监督检验单位和监检员

根据《压力容器监督检验规则》的规定，承担压力容器监检工作的监检机构应当取得国家质检总局核准的相应资质，监检员应当持有国家质检总局颁发的相应资格证书。

质量保证体系抽查由监检机构组织实施。当进行压力容器的现场组对、现场安装、改造与重大维修监检时，监检机构根据压力容器的重要程度以及安装、改造与重大维修工程的特点，对每个项目的现场质量体系运转情况进行适时检查。

监检机构应当将检查结果及时向受检单位通报，当发现受检单位的质量体系不能有效实施时还应当及时书面报相关质监部门。

监检员在监检过程中发现受检单位质量保证体系实施或者压力容器的安全性能不满足安全技术规范及其相应标准要求的一般问题时，应当向受检单位发出《特种设备监督检验联络单》(以下简称《监检联络单》)；发现受检单位质量体系实施或者压力容器安全性能不满足安全技术规范及其相应标准要求的严重问题时，应当及时向质监部门报告情况，并且监检机构向受检单位发出《特种设备监督检验意见通知书》(以下简称《监检意见书》)。

监检工作结束后，监检员应当及时出具《监检证书》并且将相关监检资料交监检机构存档。监检资料至少包括以下内容：

①《监检证书》；

② 签字（章）确认的质量计划复印件、监检记录等有关的监检工作见证；

③《监检联络单》和《监检意见书》；

④ 监检机构质量体系文件中规定存档的其他资料。

监检机构应当持有相应的压力容器监督检验资质，在监检工作中履行以下义务：

① 建立质量保证体系并且保持有效实施，对压力容器监检工作质量负责。

② 向受检单位告知监检工作程序以及监检员资格情况。

③ 定期组织对受检单位的质量保证体系实施状况进行评价。

④ 发现受检单位质量保证体系实施或者压力容器安全性能存在严重问题时，发出《监检意见书》，同时报告所在地的质监部门。

注：

严重问题是指：监检项目不合格并且不能纠正；受检单位质量保证体系实施严重失控；对《监检联络单》提出的问题拒不整改；已不再具备制造或施工的许可条件；严重违反特种设备许可制度（如发生涂改、伪造、转让或出卖特种设备许可证的，向无特种设备许可证的单位出卖或非法提供产品质量证明书的）；发生重大质量事故等问题。

⑤ 对监检员加强管理，定期对监检员进行培训、考核，防止和及时纠正监检失当行为。

⑥ 按照信息化工作和统计年报的要求，及时汇总、统计有关监检的数据。

监检员在监检工作中应当履行以下义务：

① 对所进行的监检工作质量负责；

② 对受检单位提供的技术资料妥善保管，并且具有保密的义务；

③ 发现受检单位质量保证体系实施或者压力容器安全性能存在一般问题时，及时向受检单位发出《监检联络单》；

④ 发现受检单位质量保证体系实施或者压力容器安全性能出现不符合安全技术规范的严重问题时，及时停止监检并向监检机构报告；

⑤ 及时在工作见证上签字（章）确认，填写监检记录；

⑥ 对监检合格的压力容器，及时出具《特种设备监督检验证书》，负责打监检钢印（制造监检时）。

6.3.4 受检企业

受检单位应当持有相应压力容器安装改造修理许可证（或者其许可申请已被受理），在监检工作中履行以下义务：

① 建立质量保证体系并且保持有效实施，对压力容器的施工质量负责；

② 在压力容器的施工前，向监检机构提出监检申请并且签订监检协议，明确双方权利、义务；

③ 向监检机构提供必要的工作条件，提供与受检产品有关的真实、有效的质量保证体系文件、技术资料、检验记录和试验报告等；

④ 确定监检联络人员，需要监检员现场确认或者现场抽查的项目，提前通知监检员，使监检员能够按时到场；

⑤ 对《监检联络单》和《监检意见书》，在规定的期限内处理并且书面回复，如受检单位未在规定期限内处理并且书面回复，监检机构应当暂停对其监检；

⑥ 应当监检但未经监检的压力容器及其部件不得交付使用。

6.3.5 监督检验注意事项

监督检验过程中的注意事项：

监检机构根据监检工作的需要，制订有关监检工作见证的要求。

监检工作见证包括监检员签字（章）确认的受检单位提供的相应检验（检测）、试验报告和监检记录。

监检记录应当能够表明监检过程的实施情况，并且具有可追溯性。除 TSG R7004—2013 明确要求的监检记录外，监检员还应当记录监检工作中的抽查情况以及发现问题的项目、内容。

监检员完成监检项目后，及时填写相关监检工作见证。

第7章 压力容器事故调查与处理

CHAPTER 7

7.1 压力容器事故调查

7.1.1 法律法规相关规定

法律和安全监察法规是特种设备事故调查和处理的法律依据，本节主要介绍《中华人民共和国特种设备安全法》和《特种设备事故报告和调查处理规定》对特种设备事故调查和处理的相关规定。

7.1.1.1 《中华人民共和国特种设备安全法》(中华人民共和国主席令2013年第4号令)

有关压力容器等特种设备事故方面的有关内容如下：

第七十条　特种设备发生事故后，事故发生单位应当按照应急预案采取措施，组织抢救，防止事故扩大，减少人员伤亡和财产损失，保护事故现场和有关证据，并及时向事故发生地县级以上人民政府负责特种设备安全监督管理的部门和有关部门报告。

县级以上人民政府负责特种设备安全监督管理的部门接到事故报告，应当尽快核实情况，立即向本级人民政府报告，并按照规定逐级上报。必要时，负责特种设备安全监督管理的部门可以越级上报事故情况。对特别重大事故、重大事故，国务院负责特种设备安全监督管理的部门应当立即报告国务院并通报国务院安全生产监督管理部门等有关部门。

与事故相关的单位和人员不得迟报、谎报或者瞒报事故情况，不得隐匿、毁灭有关证据或者故意破坏事故现场。

第七十一条　事故发生地人民政府接到事故报告，应当依法启动应急预案，采取应急处置措施，组织应急救援。

第七十二条　特种设备发生特别重大事故，由国务院或者国务院授权有关部门组织事故调查组进行调查。

发生重大事故，由国务院负责特种设备安全监督管理的部门会同有关部门组织事故调查组进行调查。

发生较大事故，由省、自治区、直辖市人民政府负责特种设备安全监督管理的部门会同有关部门组织事故调查组进行调查。

发生一般事故，由设区的市级人民政府负责特种设备安全监督管理的部门会同有关部门组织事故调查组进行调查。

事故调查组应当依法、独立、公正开展调查，提出事故调查报告。

第七十三条　组织事故调查的部门应当将事故调查报告报本级人民政府，并报上一级人民政府负责特种设备安全监督管理的部门备案。有关部门和单位应当依照法律、行政法规的规定，追究事故责任单位和人员的责任。

事故责任单位应当依法落实整改措施，预防同类事故发生。事故造成损害的，事故责任单位应当依法承担赔偿责任。

第六章　法律责任

第七十四条　违反本法规定，未经许可从事特种设备生产活动的，责令停止生产，没收违法制造的特种设备，处十万元以上五十万元以下罚款；有违法所得的，没收违法所得；已经实施安装、改造、修理的，责令恢复原状或者责令限期由取得许可的单位重新安装、改造、修理。

第七十五条　违反本法规定，特种设备的设计文件未经鉴定，擅自用于制造的，责令改正，没收违法制造的特种设备，处五万元以上五十万元以下罚款。

第七十六条　违反本法规定，未进行型式试验的，责令限期改正；逾期未改正的，处三万元以上三十万元以下罚款。

第七十七条　违反本法规定，特种设备出厂时，未按照安全技术规范的要求随附相关技术资料和文件的，责令限期改正；逾期未改正的，责令停止制造、销售，处二万元以上二十万元以下罚款；有违法所得的，没收违法所得。

第七十八条　违反本法规定，特种设备安装、改造、修理的施工单位在施工前未书面告知负责特种设备安全监督管理的部门即行施工的，或者在验收后三十日内未将相关技术资料和文件移交特种设备使用单位的，责令限期改正；逾期未改正的，处一万元以上十万元以下罚款。

第七十九条　违反本法规定，特种设备的制造、安装、改造、重大修理以及锅炉清洗过程，未经监督检验的，责令限期改正；逾期未改正的，处五万元以上二十万元以下罚款；有违法所得的，没收违法所得；情节严重的，吊销生产许可证。

第八十条　违反本法规定，电梯制造单位有下列情形之一的，责令限期改正；逾期未改正的，处一万元以上十万元以下罚款：

（一）未按照安全技术规范的要求对电梯进行校验、调试的；

（二）对电梯的安全运行情况进行跟踪调查和了解时，发现存在严重事故隐患，未及时告知电梯使用单位并向负责特种设备安全监督管理的部门报告的。

第八十一条　违反本法规定，特种设备生产单位有下列行为之一的，责令限期改正；逾期未改正的，责令停止生产，处五万元以上五十万元以下罚款；情节严重的，吊销生产许可证：

（一）不再具备生产条件、生产许可证已经过期或者超出许可范围生产的；

（二）明知特种设备存在同一性缺陷，未立即停止生产并召回的。

违反本法规定，特种设备生产单位生产、销售、交付国家明令淘汰的特种设备的，责令停止生产、销售，没收违法生产、销售、交付的特种设备，处三万元以上三十万元以下罚款；有违法所得的，没收违法所得。

特种设备生产单位涂改、倒卖、出租、出借生产许可证的，责令停止生产，处五万元以上五十万元以下罚款；情节严重的，吊销生产许可证。

第八十二条　违反本法规定，特种设备经营单位有下列行为之一的，责令停止经营，没收违法经营的特种设备，处三万元以上三十万元以下罚款；有违法所得的，没收违法所得：

（一）销售、出租未取得许可生产，未经检验或者检验不合格的特种设备的；

（二）销售、出租国家明令淘汰、已经报废的特种设备，或者未按照安全技术规范的要求进行维护保养的特种设备的。

违反本法规定，特种设备销售单位未建立检查验收和销售记录制度，或者进口特种设备未履行提前告知义务的，责令改正，处一万元以上十万元以下罚款。

特种设备生产单位销售、交付未经检验或者检验不合格的特种设备的，依照本条第一款规定处罚；情节严重的，吊销生产许可证。

第八十三条　违反本法规定，特种设备使用单位有下列行为之一的，责令限期改正；逾期未改正的，责令停止使用有关特种设备，处一万元以上十万元以下罚款：

（一）使用特种设备未按照规定办理使用登记的；

（二）未建立特种设备安全技术档案或者安全技术档案不符合规定要求，或者未依法设置使用登记标志、定期检验标志的；

（三）未对其使用的特种设备进行经常性维护保养和定期自行检查，或者未对其使用的特种设备的安全附件、安全保护装置进行定期校验、检修，并作出记录的；

（四）未按照安全技术规范的要求及时申报并接受检验的；

（五）未按照安全技术规范的要求进行锅炉水（介）质处理的；

（六）未制定特种设备事故应急专项预案的。

第八十四条　违反本法规定，特种设备使用单位有下列行为之一的，责令停止使用有关特种设备，处三万元以上三十万元以下罚款：

（一）使用未取得许可生产，未经检验或者检验不合格的特种设备，或者国家明令淘汰、已经报废的特种设备的；

（二）特种设备出现故障或者发生异常情况，未对其进行全面检查、消除事故隐患，继续使用的；

（三）特种设备存在严重事故隐患，无改造、修理价值，或者达到安全技术规范规定的其他报废条件，未依法履行报废义务，并办理使用登记证书注销手续的。

第八十五条　违反本法规定，移动式压力容器、气瓶充装单位有下列行为之一的，责令改正，处二万元以上二十万元以下罚款；情节严重的，吊销充装许可证：

（一）未按照规定实施充装前后的检查、记录制度的；

（二）对不符合安全技术规范要求的移动式压力容器和气瓶进行充装的。

违反本法规定，未经许可，擅自从事移动式压力容器或者气瓶充装活动的，予以取缔，没收违法充装的气瓶，处十万元以上五十万元以下罚款；有违法所得的，没收违法所得。

第八十六条　违反本法规定，特种设备生产、经营、使用单位有下列情形之一的，责令限期改正；逾期未改正的，责令停止使用有关特种设备或者停产停业整顿，处一万元以上五万元以下罚款：

（一）未配备具有相应资格的特种设备安全管理人员、检测人员和作业人员的；

（二）使用未取得相应资格的人员从事特种设备安全管理、检测和作业的；

（三）未对特种设备安全管理人员、检测人员和作业人员进行安全教育和技能培训的。

第八十七条　违反本法规定，电梯、客运索道、大型游乐设施的运营使用单位有下列情形之一的，责令限期改正；逾期未改正的，责令停止使用有关特种设备或者停产停业整顿，处二万元以上十万元以下罚款：

（一）未设置特种设备安全管理机构或者配备专职的特种设备安全管理人员的；

（二）客运索道、大型游乐设施每日投入使用前，未进行试运行和例行安全检查，未对安全附件和安全保护装置进行检查确认的；

（三）未将电梯、客运索道、大型游乐设施的安全使用说明、安全注意事项和警示标志置于易于为乘客注意的显著位置的。

第八十八条　违反本法规定，未经许可，擅自从事电梯维护保养的，责令停止违法行为，处一万元以上十万元以下罚款；有违法所得的，没收违法所得。

电梯的维护保养单位未按照本法规定以及安全技术规范的要求，进行电梯维护保养的，依照前款规定处罚。

第八十九条　发生特种设备事故，有下列情形之一的，对单位处五万元以上二十万元以下罚款；对主要负责人处一万元以上五万元以下罚款；主要负责人属于国家工作人员的，并依法给予处分：

（一）发生特种设备事故时，不立即组织抢救或者在事故调查处理期间擅离职守或者逃匿的；

（二）对特种设备事故迟报、谎报或者瞒报的。

第九十条　发生事故，对负有责任的单位除要求其依法承担相应的赔偿等责任外，依照下列规定处以罚款：

（一）发生一般事故，处十万元以上二十万元以下罚款；

（二）发生较大事故，处二十万元以上五十万元以下罚款；

（三）发生重大事故，处五十万元以上二百万元以下罚款。

第九十一条　对事故发生负有责任的单位的主要负责人未依法履行职责或者负有领导责任的，依照下列规定处以罚款；属于国家工作人员的，并依法给予处分：

（一）发生一般事故，处上一年年收入百分之三十的罚款；

（二）发生较大事故，处上一年年收入百分之四十的罚款；

（三）发生重大事故，处上一年年收入百分之六十的罚款。

第九十二条　违反本法规定，特种设备安全管理人员、检测人员和作业人员不履行岗位职责，违反操作规程和有关安全规章制度，造成事故的，吊销相关人员的资格。

第九十三条　违反本法规定，特种设备检验、检测机构及其检验、检测人员有下列行为之一的，责令改正，对机构处五万元以上二十万元以下罚款，对直接负责的主管人员和其他直接责任人员处五千元以上五万元以下罚款；情节严重的，吊销机构资质和有关人员的资格：

（一）未经核准或者超出核准范围、使用未取得相应资格的人员从事检验、检测的；

（二）未按照安全技术规范的要求进行检验、检测的；

（三）出具虚假的检验、检测结果和鉴定结论或者检验、检测结果和鉴定结论严重失实的；

（四）发现特种设备存在严重事故隐患，未及时告知相关单位，并立即向负责特种设备安全监督管理的部门报告的；

（五）泄露检验、检测过程中知悉的商业秘密的；

（六）从事有关特种设备的生产、经营活动的；

（七）推荐或者监制、监销特种设备的；

（八）利用检验工作故意刁难相关单位的。

违反本法规定，特种设备检验、检测机构的检验、检测人员同时在两个以上检验、检测机构中执业的，处五千元以上五万元以下罚款；情节严重的，吊销其资格。

第九十四条　违反本法规定，负责特种设备安全监督管理的部门及其工作人员有下列行为之一的，由上级机关责令改正；对直接负责的主管人员和其他直接责任人员，依法给予处分：

（一）未依照法律、行政法规规定的条件、程序实施许可的；

（二）发现未经许可擅自从事特种设备的生产、使用或者检验、检测活动不予取缔或者不依法予以处理的；

（三）发现特种设备生产单位不再具备本法规定的条件而不吊销其许可证，或者发现特种设备生产、经营、使用违法行为不予查处的；

（四）发现特种设备检验、检测机构不再具备本法规定的条件而不撤销其核准，或者对其出具虚假的检验、检测结果和鉴定结论或者检验、检测结果和鉴定结论严重失实的行为不予查处的；

（五）发现违反本法规定和安全技术规范要求的行为或者特种设备存在事故隐患，不立即处理的；

（六）发现重大违法行为或者特种设备存在严重事故隐患，未及时向上级负责特种设备安全监督管理的部门报告，或者接到报告的负责特种设备安全监督管理的部门不立即处理的；

（七）要求已经依照本法规定在其他地方取得许可的特种设备生产单位重复取得许可，或者要求对已经依照本法规定在其他地方检验合格的特种设备重复进行检验的；

（八）推荐或者监制、监销特种设备的；

（九）泄露履行职责过程中知悉的商业秘密的；

（十）接到特种设备事故报告未立即向本级人民政府报告，并按照规定上报的；

（十一）迟报、漏报、谎报或者瞒报事故的；

（十二）妨碍事故救援或者事故调查处理的；

（十三）其他滥用职权、玩忽职守、徇私舞弊的行为。

第九十五条　违反本法规定，特种设备生产、经营、使用单位或者检验、检测机构拒不接受负责特种设备安全监督管理的部门依法实施的监督检查的，责令限期改正；逾期未改正的，责令停产停业整顿，处二万元以上二十万元以下罚款。

特种设备生产、经营、使用单位擅自动用、调换、转移、损毁被查封、扣押的特种设备或者其主要部件的，责令改正，处五万元以上二十万元以下罚款；情节严重的，吊销生产许可证，注销特种设备使用登记证书。

第九十六条　违反本法规定，被依法吊销许可证的，自吊销许可证之日起三年内，负责特种设备安全监督管理的部门不予受理其新的许可申请。

第九十七条　违反本法规定，造成人身、财产损害的，依法承担民事责任。

违反本法规定，应当承担民事赔偿责任和缴纳罚款、罚金，其财产不足以同时支付时，先承担民事赔偿责任。

第九十八条　违反本法规定，构成违反治安管理行为的，依法给予治安管理处罚；构成犯罪的，依法追究刑事责任。

7.1.1.2 《特种设备事故报告和调查处理规定》（国家质量监督检验检疫总局2009年第115号令）

第一章　总则

第一条　为了规范特种设备事故报告和调查处理工作，及时准确查清事故原因，严格追究事故责任，防止和减少同类事故重复发生，根据《特种设备安全监察条例》和《生产安全事故报告和调查处理条例》，制定本规定。

第二条　特种设备制造、安装、改造、维修、使用（含移动式压力容器、气瓶充装）、检验检测活动中发生的特种设备事故，其报告、调查和处理工作适用本规定。

第三条　国家质量监督检验检疫总局（以下简称国家质检总局）主管全国特种设备事故报告、调查和处理工作，县以上地方质量技术监督部门负责本行政区域内的特种设备事故报告、调查和处理工作。

第四条　事故报告应当及时、准确、完整，任何单位和个人对事故不得迟报、漏报、谎报或者瞒报。

事故调查和处理工作必须坚持实事求是、客观公正、尊重科学的原则，及时、准确地查清事故经过、事故原因和事故损失，查明事故性质，认定事故责任，提出处理和整改措施，并对事故责任单位和责任人员依法追究责任。

第五条　任何单位和个人不得阻挠和干涉特种设备事故报告、调查和处理工作。

对事故报告、调查和处理中的违法行为，任何单位和个人有权向各级质量技术监督部门或者有关部门举报。接到举报的部门应当依法及时处理。

第二章 事故定义、分级和界定

第六条 本规定所称特种设备事故，是指因特种设备的不安全状态或者相关人员的不安全行为，在特种设备制造、安装、改造、维修、使用（含移动式压力容器、气瓶充装）、检验检测活动中造成的人员伤亡、财产损失、特种设备严重损坏或者中断运行、人员滞留、人员转移等突发事件。

第七条 按照《特种设备安全监察条例》的规定，特种设备事故分为特别重大事故、重大事故、较大事故和一般事故。

第八条 下列情形不属于特种设备事故：

（一）因自然灾害、战争等不可抗力引发的；

（二）通过人为破坏或者利用特种设备等方式实施违法犯罪活动或者自杀的；

（三）特种设备作业人员、检验检测人员因劳动保护措施缺失或者保护不当而发生坠落、中毒、窒息等情形的。

第九条 因交通事故、火灾事故引发的与特种设备相关的事故，由质量技术监督部门配合有关部门进行调查处理。经调查，该事故的发生与特种设备本身或者相关作业人员无关的，不作为特种设备事故。

非承压锅炉、非压力容器发生事故，不属于特种设备事故。但经本级人民政府指定，质量技术监督部门可以参照本规定组织进行事故调查处理。

房屋建筑工地和市政工程工地用的起重机械、场（厂）内专用机动车辆，在其安装、使用过程中发生的事故，不属于质量技术监督部门组织调查处理的特种设备事故。

第三章 事故报告

第十条 发生特种设备事故后，事故现场有关人员应当立即向事故发生单位负责人报告；事故发生单位的负责人接到报告后，应当于1小时内向事故发生地的县以上质量技术监督部门和有关部门报告。

情况紧急时，事故现场有关人员可以直接向事故发生地的县以上质量技术监督部门报告。

第十一条 接到事故报告的质量技术监督部门，应当尽快核实有关情况，依照《特种设备安全监察条例》的规定，立即向本级人民政府报告，并逐级报告上级质量技术监督部门直至国家质检总局。质量技术监督部门每级上报的时间不得超过2小时。必要时，可以越级上报事故情况。

对于特别重大事故、重大事故，由国家质检总局报告国务院并通报国务院安全生产监督管理等有关部门。对较大事故、一般事故，由接到事故报告的质量技术监督部门及时通报同级有关部门。

对事故发生地与事故发生单位所在地不在同一行政区域的，事故发生地质量技术监督部门应当及时通知事故发生单位所在地质量技术监督部门。事故发生单位所在地质量技术监督部门应当做好事故调查处理的相关配合工作。

第十二条 报告事故应当包括以下内容：

（一）事故发生的时间、地点、单位概况以及特种设备种类；

（二）事故发生初步情况，包括事故简要经过、现场破坏情况、已经造成或者可能造成的伤亡和涉险人数、初步估计的直接经济损失、初步确定的事故等级、初步判断的事故原因；

（三）已经采取的措施；

（四）报告人姓名、联系电话；

（五）其他有必要报告的情况。

第十三条　质量技术监督部门逐级报告事故情况，应当采用传真或者电子邮件的方式进行快报，并在发送传真或者电子邮件后予以电话确认。

特殊情况下可以直接采用电话方式报告事故情况，但应当在24小时内补报文字材料。

第十四条　报告事故后出现新情况的，以及对事故情况尚未报告清楚的，应当及时逐级续报。

续报内容应当包括：事故发生单位详细情况、事故详细经过、设备失效形式和损坏程度、事故伤亡或者涉险人数变化情况、直接经济损失、防止发生次生灾害的应急处置措施和其他有必要报告的情况等。

自事故发生之日起30日内，事故伤亡人数发生变化的，有关单位应当在发生变化的当日及时补报或者续报。

第十五条　事故发生单位的负责人接到事故报告后，应当立即启动事故应急预案，采取有效措施，组织抢救，防止事故扩大，减少人员伤亡和财产损失。

质量技术监督部门接到事故报告后，应当按照特种设备事故应急预案的分工，在当地人民政府的领导下积极组织开展事故应急救援工作。

第十六条　对本规定第八条、第九条规定的情形，各级质量技术监督部门应当作为特种设备相关事故信息予以收集，并参照本规定逐级上报直至国家质检总局。

第十七条　各级质量技术监督部门应当建立特种设备应急值班制度，向社会公布值班电话，受理事故报告和事故举报。

第四章　事故调查

第十八条　发生特种设备事故后，事故发生单位及其人员应当妥善保护事故现场以及相关证据，及时收集、整理有关资料，为事故调查做好准备；必要时，应当对设备、场地、资料进行封存，由专人看管。

因抢救人员、防止事故扩大以及疏通交通等原因，需要移动事故现场物件的，负责移动的单位或者相关人员应当做出标志，绘制现场简图并做出书面记录，妥善保存现场重要痕迹、物证。有条件的，应当现场制作视听资料。

事故调查期间，任何单位和个人不得擅自移动事故相关设备，不得毁灭相关资料、伪造或者故意破坏事故现场。

第十九条　质量技术监督部门接到事故报告后，经现场初步判断，发现不属于或者无法确定为特种设备事故的，应当及时报告本级人民政府，由本级人民政府或者其授权或者委托的部门组织事故调查组进行调查。

第二十条　依照《特种设备安全监察条例》的规定，特种设备事故分别由以下部门组织调查：

（一）特别重大事故由国务院或者国务院授权的部门组织事故调查组进行调查；

（二）重大事故由国家质检总局会同有关部门组织事故调查组进行调查；

（三）较大事故由事故发生地省级质量技术监督部门会同省级有关部门组织事故调查组进行调查；

（四）一般事故由事故发生地设区的市级质量技术监督部门会同市级有关部门组织事故调查组进行调查。

根据事故调查处理工作的需要，负责组织事故调查的质量技术监督部门可以依法提请事故发生地人民政府及有关部门派员参加事故调查。

负责组织事故调查的质量技术监督部门应当将事故调查组的组成情况及时报告本级人民政府。

第二十一条 根据事故发生情况，上级质量技术监督部门可以派员指导下级质量技术监督部门开展事故调查处理工作。

自事故发生之日起30日内，因伤亡人数变化导致事故等级发生变化的，依照规定应当由上级质量技术监督部门组织调查的，上级质量技术监督部门可以会同本级有关部门组织事故调查组进行调查，也可以派员指导下级部门继续进行事故调查。

第二十二条 事故调查组成员应当具有特种设备事故调查所需要的知识和专长，与事故发生单位及相关人员不存在任何利害关系。事故调查组组长由负责事故调查的质量技术监督部门负责人担任。

必要时，事故调查组可以聘请有关专家参与事故调查；所聘请的专家应当具备5年以上特种设备安全监督管理、生产、检验检测或者科研教学工作经验。设区的市级以上质量技术监督部门可以根据事故调查的需要，组建特种设备事故调查专家库。

根据事故的具体情况，事故调查组可以内设管理组、技术组、综合组，分别承担管理原因调查、技术原因调查、综合协调等工作。

第二十三条 事故调查组应当履行下列职责：

（一）查清事故发生前的特种设备状况；

（二）查明事故经过、人员伤亡、特种设备损坏、经济损失情况以及其他后果；

（三）分析事故原因；

（四）认定事故性质和事故责任；

（五）提出对事故责任者的处理建议；

（六）提出防范事故发生和整改措施的建议；

（七）提交事故调查报告。

第二十四条 事故调查组成员在事故调查工作中应当诚信公正、恪尽职守，遵守事故调查组的纪律，遵守相关秘密规定。

在事故调查期间，未经负责组织事故调查的质量技术监督部门和本级人民政府批准，参与事故调查、技术鉴定、损失评估等有关人员不得擅自泄露有关事故信息。

第二十五条 对无重大社会影响、无人员伤亡、事故原因明晰的特种设备事故，事故调查工作可以按照有关规定适用简易程序；在负责事故调查的质量技术监督部门商同级有关部门，并报同级政府批准后，由质量技术监督部门单独进行调查。

第二十六条 事故调查组可以委托具有国家规定资质的技术机构或者直接组织专家进行技术鉴定。接受委托的技术机构或者专家应当出具技术鉴定报告，并对其结论负责。

第二十七条 事故调查组认为需要对特种设备事故进行直接经济损失评估的，可以委托具有国家规定资质的评估机构进行。

直接经济损失包括人身伤亡所支出的费用、财产损失价值、应急救援费用、善后处理费用。

接受委托的单位应当按照相关规定和标准进行评估，出具评估报告，对其结论负责。

第二十八条 事故调查组有权向有关单位和个人了解与事故有关的情况，并要求其提供相关文件、资料。有关单位和个人不得拒绝，并应当如实提供特种设备及事故相关的情况或者资料，回答事故调查组的询问，对所提供情况的真实性负责。

事故发生单位的负责人和有关人员在事故调查期间不得擅离职守，应当随时接受事故调查组的询问，如实提供有关情况或者资料。

第二十九条 事故调查组应当查明引发事故的直接原因和间接原因，并根据对事故发生的影响程度认定事故发生的主要原因和次要原因。

第三十条 事故调查组根据事故的主要原因和次要原因，判定事故性质，认定事故责任。

事故调查组根据当事人行为与特种设备事故之间的因果关系以及在特种设备事故中的影响程度，认定当事人所负的责任。当事人所负的责任分为全部责任、主要责任和次要责任。当事人伪造或者故意破坏事故现场、毁灭证据、未及时报告事故等，致使事故责任无法认定的，应当承担全部责任。

第三十一条　事故调查组应当向组织事故调查的质量技术监督部门提交事故调查报告。事故调查报告应当包括下列内容：

（一）事故发生单位情况；

（二）事故发生经过和事故救援情况；

（三）事故造成的人员伤亡、设备损坏程度和直接经济损失；

（四）事故发生的原因和事故性质；

（五）事故责任的认定以及对事故责任者的处理建议；

（六）事故防范和整改措施；

（七）有关证据材料。

事故调查报告应当经事故调查组全体成员签字。事故调查组成员有不同意见的，可以提交个人签名的书面材料，附在事故调查报告内。

第三十二条　特种设备事故调查应当自事故发生之日起60日内结束。特殊情况下，经组织调查的质量技术监督部门批准，事故调查期限可以适当延长，但延长的期限最长不超60日。

技术鉴定时间不计入调查期限。

因事故抢险救灾无法进行事故现场勘察的，事故调查期限从具备现场勘察条件之日起计算。

第三十三条　事故调查中发现涉嫌犯罪的，负责组织事故调查的质量技术监督部门商有关部门和事故发生地人民政府后，应当按照有关规定及时将有关材料移送司法机关处理。

第五章　事故处理

第三十四条　依照《特种设备安全监察条例》的规定，省级质量技术监督部门组织的事故调查，其事故调查报告报省级人民政府批复，并报国家质检总局备案；市级质量技术监督部门组织的事故调查，其事故调查报告报市级人民政府批复，并报省级质量技术监督部门备案。

国家质检总局组织的事故调查，事故调查报告的批复按照国务院有关规定执行。

第三十五条　组织事故调查的质量技术监督部门应当在接到批复之日起10日内，将事故调查报告及批复意见主送有关地方人民政府及其有关部门，送达事故发生单位、责任单位和责任人员，并抄送参加事故调查的有关部门和单位。

第三十六条　质量技术监督部门及有关部门应当按照批复，依照法律、行政法规规定的权限和程序，对事故责任单位和责任人员实施行政处罚，对负有事故责任的国家工作人员进行处分。

第三十七条　事故发生单位应当落实事故防范和整改措施。防范和整改措施的落实情况应当接受工会和职工的监督。

事故发生地质量技术监督部门应当对事故责任单位落实防范和整改措施的情况进行监督检查。

第三十八条　特别重大事故的调查处理情况由国务院或者国务院授权组织事故调查的部门向社会公布，特别重大事故以下等级的事故的调查处理情况由组织事故调查的质量技术监督部门向社会公布；依法应当保密的除外。

第三十九条 事故调查的有关资料应当由组织事故调查的质量技术监督部门立档永久保存。

立档保存的材料包括现场勘察笔录、技术鉴定报告、重大技术问题鉴定结论和检测检验报告、尸检报告、调查笔录、物证和证人证言、直接经济损失文件、相关图纸、视听资料、事故调查报告、事故批复文件等。

第四十条 组织事故调查的质量技术监督部门应当在接到事故调查报告批复之日起30日内撰写事故结案报告，并逐级上报直至国家质检总局。

上报事故结案报告，应当同时附事故档案副本或者复印件。

第四十一条 负责组织事故调查的质量技术监督部门应当根据事故原因对相关安全技术规范、标准进行评估；需要制定或者修订相关安全技术规范、标准的，应当及时报告上级部门提请制定或者修订。

第四十二条 各级质量技术监督部门应当定期对本行政区域特种设备事故的情况、特点、原因进行统计分析，根据特种设备的管理和技术特点、事故情况，研究制定有针对性的工作措施，防止和减少事故的发生。

第四十三条 省级质量技术监督部门应在每月25日前和每年12月25日前，将所辖区域本月、本年特种设备事故情况、结案批复情况及相关信息，以书面方式上报至国家质检总局。

第六章 法律责任

第四十四条 发生特种设备特别重大事故，依照《生产安全事故报告和调查处理条例》的有关规定实施行政处罚和处分；构成犯罪的，依法追究刑事责任。

第四十五条 发生特种设备重大事故及其以下等级事故的，依照《特种设备安全监察条例》的有关规定实施行政处罚和处分；构成犯罪的，依法追究刑事责任。

第四十六条 发生特种设备事故，有下列行为之一，构成犯罪的，依法追究刑事责任；构成有关法律法规规定的违法行为的，依法予以行政处罚；未构成有关法律法规规定的违法行为的，由质量技术监督部门等处以4000元以上2万元以下的罚款：

（一）伪造或者故意破坏事故现场的；

（二）拒绝接受调查或者拒绝提供有关情况或者资料的；

（三）阻挠、干涉特种设备事故报告和调查处理工作的。

第七章 附则

第四十七条 本规定所涉及的事故报告、调查协调、统计分析等具体工作，负责组织事故调查的质量技术监督部门可以委托相关特种设备事故调查处理机构承担。

第四十八条 本规定由国家质检总局负责解释。

第四十九条 本规定自公布之日起施行，2001年9月17日国家质检总局发布的《锅炉压力容器压力管道特种设备事故处理规定》同时废止。

7.1.2 事故分类

《特种设备安全监察条例》将压力容器事故分为特别重大事故、重大事故、较大事故、和一般事故。

(1) 特别重大事故

① 特种设备事故造成30人以上死亡，或者100人以上重伤（包括急性工业中毒，下同），或者1亿元以上直接经济损失的；

② 600MW以上锅炉爆炸的；

③ 压力容器、压力管道有毒介质泄漏，造成15万人以上转移的。

(2) 重大事故

① 特种设备事故造成 10 人以上 30 人以下死亡，或者 50 人以上 100 人以下重伤，或者 5000 万元以上 1 亿元以下直接经济损失的；

② 600MW 以上锅炉因安全故障中断运行 240 小时以上的；

③ 压力容器、压力管道有毒介质泄漏，造成 5 万人以上 15 万人以下转移的。

(3) 较大事故

① 特种设备事故造成 3 人以上 10 人以下死亡，或者 10 人以上 50 人以下重伤，或者 1000 万元以上 5000 万元以下直接经济损失的；

② 锅炉、压力容器、压力管道爆炸的；

③ 压力容器、压力管道有毒介质泄漏，造成 1 万人以上 5 万人以下转移的。

(4) 一般事故

① 特种设备事故造成 3 人以下死亡，或者 10 人以下重伤，或者 1 万元以上 1000 万元以下直接经济损失的；

② 压力容器、压力管道有毒介质泄漏，造成 500 人以上 1 万人以下转移的。

除前款规定外，国务院特种设备安全监督管理部门可以对一般事故的其他情形做出补充规定。

7.1.3 事故调查

7.1.3.1 事故调查组的组成

压力容器发生事故后，根据事故的严重程度，按照国家质量监督检验检疫总局《特种设备事故报告和调查处理规定》(以下简称《规定》)第二十条的规定，组成相应级别的事故调查组。

发生压力容器爆炸事故或严重事故单位所在地的质量技术监督主管部门应立即组织有关部门进行事故调查。为了搞好压力容器事故调查分析工作，调查组应由下列人员组成：

① 当地锅炉压力容器安全监察机构的派出人员。

② 事故发生地政府派出人员。

③ 当地事故单位主管部门的领导及安全技术管理人员。

④ 爆炸事故并造成较大经济损失和死亡 3 人以上的事故应有上级锅炉压力容器安全监察机构派出人员。

⑤ 有人员伤亡时要有工会的派出人员。

⑥ 根据事故的情况，可邀请科研单位和大专院校有关专家和技术人员参加。参加事故调查组的专家应符合《规定》第二十二条要求，事故调查组的职责见《规定》第二十三条。

7.1.3.2 事故调查的一般工作程序

为了搞好事故调查分析工作，调查组一般可按以下工作程序工作：

① 召集有关人员了解事故情况，并有笔录；

② 查阅压力容器有关设计、制造、检验、修理、运行记录等资料，并形成文字材料；

③ 对事故现场进行详细调查；

④ 做好必要的技术检验和鉴定工作；

⑤ 根据调查资料和技术检验及鉴定资料正确分析事故发生的原因；

⑥ 提出预防发生类似事故的措施；

⑦ 按要求写出压力容器事故调查报告，呈送事故发生单位的当地锅炉压力容器安全监察机构、当地政府和主管部门。

7.1.3.3　事故前的情况调查

① 收集有关资料。为了便于分析事故原因，应调查收集发生事故容器的设计、制造、安装、改造、修理、运行（包括试运行）及检验有关资料。

② 调查内容。根据压力容器技术资料，检查结构是否合理，强度计算是否正确，强度是否足够，检查材质是否符合工艺要求，投产使用年份，分析是否超出使用年限，分析修理对容器发生事故的影响，是否超过检验期。检验时危及安全的缺陷是否漏检，运行中是否有违章操作或误操作等。

7.1.3.4　事故现场的调查

(1) 事故现场检查的一般要求

① 进入事故现场后，应对事故现场进行周密的检查，仔细观察记录各种现象，并进行必要的技术测量；如属爆炸事故，尽量收集齐容器所有爆炸碎片，记录压力容器及周围设施损坏情况，拍摄现场照片，典型的事故要录像，绘制事故现场简图，记录环境温度。

② 检查容器本体的破裂情况，是现场检查最重要的内容。主要包括对断裂面的初步观察，容器变形或碎裂形状的检查测量以及对容器内外表面情况的检查，包括爆炸碎块或碎片的收集等。

③ 事故现场的调查检验工作应该在事故发生后尽快进行。在情况尚未调查清楚以前，事故现场必须认真保护。

(2) 人员伤亡及建筑破坏情况的调查

压力容器破裂爆炸时往往造成现场人员的伤亡及周围建筑物的破坏。这些破坏情况对估算容器的爆炸能量、判断爆破压力以分析事故原因很有参考价值，要详细检查、测定。

① 人员的伤亡情况。包括伤亡原因（如：冲击波震成内伤、碎片击伤、烧伤、烫伤或中毒），事故发生时的所在位置、受伤程度（如骨折、内脏损伤、耳膜破裂等）。人员伤亡情况的调查包括死亡人数、受伤人数、受伤部位及受伤程度的统计记录。

② 检查容器爆炸后周围建筑物的破坏情况，包括地坪、屋顶、墙壁及门窗的损坏情况，并注意测量有关尺寸，如墙壁厚度、损坏建筑物与爆炸中心的距离。

③ 检查并记录远处被破坏的建筑物的型式和尺寸（例如钢筋混凝土墙或砖墙的厚度、多大多厚、用什么材料制成的门等）、与爆破容器的距离，被破坏的程度（如墙倒塌或开裂等）。远处被损坏的门窗及玻璃的规格（厚度、大小）、损坏的最远距离及损坏程度（如窗框部分损坏、玻璃部分或全部破碎等）。

④ 对爆炸现场及周围易燃物燃烧情况及牲畜、植物损伤情况也应做调查统计。此外，对于现场周围的某些异常现象如着火燃烧的痕迹，不正常反应的残留物等也应密切注意检查。

(3) 容器破裂情况的检查

① 容器破裂和变形形状的检查测量。容器破裂形状的检查和测量对于分析容器事故原因也很重要，要认真作好记录。对只是裂开缺口的容器，应该测量并记录（必要时绘图记录）。其开裂的方向、位置、裂口的宽度、长度以及开裂处的周长（可以多测量几个截面）及壁厚，并与容器原有的周长及壁厚进行比较，估算破断后的伸长率及壁厚减薄率。对无碎块或碎片的容器，应测量开裂位置、方向、长度及壁厚，并与容器原有周长和壁厚进行对比，计算容器破裂后的周长伸长率，厚度减薄及容积变形率；有可能时最好根据测量得的数据粗略地估计容器破裂时的容积变形。如果容器碎裂成数大块，可以按原来的部位拼装起来进行测量和计算。对破裂后分为几大块或有碎块飞出的容器，应尽量收集齐所有碎片，并应准确测量碎块或碎片飞出的距离，称量飞出碎片的重量；绘制碎片形状图。对于裂成碎片的

容器，应详细测量并记录各碎片（主要的）的重量、飞出的距离，并最好能从现场的情况判断碎片飞出的角度及受阻挡的情况。根据检查资料绘出容器破裂简图。

② 检查容器内外表面情况。主要是检查壳体金属表面状况，如光泽、颜色、光洁程度、有无表面损伤（局部腐蚀、磨损以及其他伤痕）等，以及检查表面残留物。这种检查对于分析事故原因有时候是十分必要的，例如金属表面状况往往有助于判断介质对容器的腐蚀以及壳体表面是否有燃烧过的痕迹，残留物的检查往往可以发现金属的腐蚀产物或其他不正常状态下生成反应物等。有时还会在容器的内表面或外表面上发现有可燃性气体不完全燃烧而残留的游离碳等。

(4) 容器断口宏观检查

对断裂面的初步观察是为进一步的进行断口分析打好基础。应对断裂面的形状、颜色、晶粒及其他一些特征进行认真的观察和记录。应注意保护好严重损伤部位（特别注意保护断口），仔细检查碎片内外表面情况，注意检查是否有腐蚀、减薄、烧损和材料缺陷，作好记录。应对断口形状、颜色、晶粒和断口纤维形状等特征进行认真观察记录，找出起爆点，若破断口在容器焊缝部位，则应认真检查焊缝破断口有无焊接缺陷，注意观察有无腐蚀痕迹，如有腐蚀物应取样分析；通过对破断面的初步观察，可初步确定压力容器的破裂形式。

(5) 安全附件的检查

检查容器发生事故时附件是否齐全，然后对安全阀、压力表、温度测量仪表及其他附件进行初步检查，最后再拆卸下来进行详细检查，以确定安全附件的完好情况和是否超压或超温运行。

① 对安全阀的检查：检查进气口是否被堵塞，阀瓣与阀座是否被粘住，弹簧是否有锈蚀、卡住或过分拧紧、重锤是否被移动等失灵现象，安全阀是否有开启的迹象；必要时应将安全阀放到安全阀试验台上进行试验。

② 装设爆破片的压力容器，应检查爆破片是否已破坏，若未破坏，如有必要应做爆破压力试验，测定其实际爆破压力，并与同一型号的爆炸片的标定爆破压力进行比较。

③ 对压力表的检查：检查进气口是否被堵塞，爆破前压力表是否已失灵，爆炸后压力表的损坏情况。

④ 检查温度计或温度测量仪表是否失灵。

⑤ 检查其他附件是否正常。

另外，确定是否需要进行材料力学性能试验、化学成分分析、断口微观检查、无损检查，若需要，则应标出其部位，并对这些部位进行保护处理。

7.1.3.5 事故过程的调查

在对事故现场进行过检查和必要的测量后，应该对事故发生的过程进行调查了解，调查的内容主要有：

① 事故发生前压力容器的运行情况，包括工艺条件是否正常，有无异常现象或其他可疑迹象，如物料数量、压力、温度等运行参数是否正常，有无波动；容器是否渗漏、有无变形或异常响声。

② 事故发生的经过，异常现象开始出现的时间，采取的应急措施，安全泄压装置的动作情况，发生事故时操作人员所在位置，爆炸过程及现象，如有无闪光、着火、一次或两次响声等。对易燃易爆的介质，应特别注意是否有发生化学爆炸的可能性，应重点检查是否存在发生化学爆炸的条件。

③ 查清发生事故前及事故过程中当班操作人员的操作经过，操作人员的技术水平，操作人员的安全培训及考核合格情况。

调查了解事故发生的过程，可以通过开座谈会、个别查访等方式进行。调查对象主要是本岗位的操作人员及相邻岗位的在场人员，也可以找附近的职工及居民进行了解情况。因为有些情况往往是本岗位操作人员没有发现（由于当时过分紧张或其他原因）而由附近的其他人员发现的，例如响声、闪光等爆炸时的现象在很多情况下是由场外人员提供的。

7.1.3.6 发生事故的压力容器情况的调查

为了便于分析事故原因，应调查收集发生事故容器的设计、制造、安装、改造、修理、运行（包括试运行）及检验有关档案、资料。调查内容主要有：

① 容器的技术资料情况：包括调查分析结构是否合理，强度计算是否正确，强度是否足够，材质是否满足设计与工艺要求，设计使用年限，修理对容器发生事故的影响，检验时危及安全的缺陷是否漏检，运行中是否有违章操作或误操作的情况记录等。

② 容器的历史情况：包括容器的制造厂、出厂日期、有无产品合格证及材质检验证明（对有些容器还应有材料复验证明）、过去的使用情况及已使用的年限，投产使用时间是否超出使用年限，上次检验日期是否超过检验期，检验内容以及检查发现的问题和处理方法等。

③ 容器的使用条件：包括操作规程规定的正常工作压力、温度、介质成分或浓度和其他主要控制指标以及使用中的实际执行情况。应特别注意介质是否是易燃气体或有产生这种气体的可能性。介质对容器的腐蚀，特别是产生应力腐蚀、晶间腐蚀的可能性；容器在使用过程中压力与温度的波动或变化的周期及范围。

④ 安全装置的装设和使用情况：包括安全装置的型式、规格、日常的维护情况，以及最近一次的检验校正日期等。

⑤ 操作人员的情况：包括操作人员的实际操作水平、本岗位操作的熟练程度及工作经历等。主要通过查阅设备档案、资料和操作规程以及组织有关人员回忆座谈等方法来进行。

7.2 压力容器事故分析及处理

7.2.1 爆炸能量的估算和波及范围

在压力容器的调查过程中，往往对容器在破裂时的压力无法查明，或者当介质有可能产生化学性爆炸的气体，对容器内是否发生过化学性爆炸存在怀疑时，常需要对事故现场造成的破坏所需要的能量（简称破坏能量）进行推算，以便与容器的气体爆炸能量相比较，作为查证容器是否在超压的情况下爆炸，或者是否产生化学性爆炸的补充依据。

压力容器破裂时，气体的爆炸能量一般消耗于：将容器壳体进一步撕裂、将容器或其碎片抛离原地、产生冲击波破坏周围的建筑物。一般来说，在已产生裂口的情况下，进一步将容器撕裂所需要（消耗）的能量是很小的，可以忽略不计。因此破坏现场所需要的能量就可以根据以下两方面所显现出的破坏现象及程度进行具体推算。

7.2.1.1 抛出容器或其碎片需要的能量

计算将容器或其碎片抛出所需要的能量，需要先估算容器或其碎片被抛出时的初速度。这个初速度一般可以根据容器或其碎片所抛出的距离来确定。

① 用容器或其碎片抛出的初速，估算容器或其碎片被抛离原地时，可以水平方向的速度，也可以与地面成一角度的斜抛速度飞出。

当容器或其碎片所在位置较地高，容器或其碎片以水平方向抛出时。其初速度可以按下式计算：

$$v_0=R\sqrt{2H/g}=2.21R\sqrt{H} \tag{7-1}$$

式中 v_0——容器或其碎片抛出时的速度，m/s；

R——抛出的距离，m；

H——容器或其碎片原来位置离地面的高度，m；

g——重力加速度，$g=9.8\mathrm{m/s^2}$。

当容器在地面上，容器或其碎片向上斜抛时，其初速度可以按下式计算：

$$v_0=\sqrt{Rg/\sin 2\theta}=3.13\sqrt{R/\sin 2\theta} \tag{7-2}$$

式中 θ——容器或碎片抛出方向与地面的夹角；

其他同式(7-1)。

根据式(7-1)、式(7-2)计算出的初速度，均没有考虑空气阻力的影响，实际上，像容器或其碎片这样一些形状的物体，与炮弹不同，空气阻力还是相当大的。空气阻力与碎片的迎风面积及碎片速度的平方成正比，一般很难精确计算，在通常情况下，可以根据碎片的形状、风向等具体条件将以上两式所算得的理论初速度乘以空气阻力系数1.1～1.2，作为考虑空气阻力后的实际初速度。

至于容器或其碎片是以水平方向抛出或是向上斜抛，以及向上斜抛时与地面所成的角度，则只能根据目击者所提供的情况或地面周围的阻挡情况等加以判断确定。

如果容器撕裂成多块碎片抛出，而且抛出的距离又相差较大，则可以按某些抛出时不受阻挡的碎片所抛出的距离计算其平均初速度，作为全部被抛出碎片的初速度。

② 抛出能量的计算。将容器或其碎片抛出所需要的能量可以根据它的初速度（或平均初速度）按下列公式计算：

$$L_1=\frac{1}{2g}mv_0^2 \tag{7-3}$$

式中 L_1——将容器或其碎片抛出所需要的能量，J；

m——被抛出的容器或其碎片的质量，kg；

v_0——碎片被抛出时的初速度，m/s；

g——固定端的反作用力或重力加速度，$\mathrm{m/s^2}$。

注：$1\mathrm{kgf}=9.807\mathrm{N}$；$1\mathrm{kgf/cm^2}=98067\mathrm{N/m^2}=98067\mathrm{Pa}=0.098067\mathrm{MPa}$；$1\mathrm{kgf\cdot m}=9.8067\mathrm{N\cdot m}=9.8067\mathrm{J}$，下列各式均同。

7.2.1.2 破坏周围建筑物需要的能量

计算对周围建筑物的破坏能量可以根据事故现场附近的建筑物的破损情况推算出该处的冲击波超压，然后再通过测量破损建筑物与破裂容器的距离估算容器爆破时产生冲击波所需要的能量。

推算冲击波超压，一般都是选择一些比较典型的破损对象，如砖墙倒塌、开裂、窗框破损等，或参考表7-1确定该处的冲击波超压。

表 7-1 冲击波超压对建筑物的破坏作用

超压,Δp/MPa	破坏情况
0.005～0.006	门窗玻璃部分破碎
0.008～0.01	受压面的门窗玻璃大部分破碎
0.015～0.02	窗框损坏
0.02～0.03	墙裂缝
0.04～0.05	墙下裂缝,屋瓦掉下
0.06～0.07	木建筑厂房房柱折断,房架松动
0.07～0.1	砖墙倒塌
0.1～0.2	防震钢筋混凝土破坏,小房屋倒塌
0.2～0.3	大型钢架结构破坏

为了与破坏力进行比较，常常需要将爆炸力折算为梯恩梯（TNT）炸药的当量。1kg 梯恩梯炸药相当于 1000kcal 的热能，又相当于 4.2kJ（427kgf・m）的功。

被破坏的建筑物所在处的冲击波超压 Δp 确定以后，即可从表 7-2（1000kg 梯恩梯爆炸时的冲击波超压）找出 1000kg 梯恩梯炸药爆炸时所产生同样的超压 Δp 处与爆炸中心的距离 R。然后按下式求相似比 α，即：

$$\alpha = R/R_0 \tag{7-4}$$

式中　R——被破坏建筑物与破裂容器的距离，m；

R_0——表 7-2 中具有与 Δp 相同的超压处的距离，m。

表 7-2　1000kg 梯恩梯爆炸时的冲击波超压

距离 R_0/m	5	6	7	8	9	10	12	14	16	18	20
超压 Δp/MPa	3.0	2.1	1.7	1.3	0.97	0.78	0.51	0.34	0.24	0.174	0.129
距离 R_0/m	25	30	35	40	45	50	55	60	65	70	75
超压 Δp/MPa	0.081	0.059	0.044	0.034	0.028	0.024	0.021	0.018	0.016	0.014	0.013

应注意的是，表 7-2 中是炸药在空中爆炸时的超压值，若在地面爆炸，超压值要增加 50%～100%。

由相似比 α 可以计算出产生冲击波的能量的梯恩梯当量为：

$$q' = (10\alpha)^3 \text{kg} \tag{7-5}$$

故破坏能量为：

$$L_2 = 4.3q' \times 10^6 \text{J} \tag{7-6}$$

在任何情况下，容器破裂爆炸时事故现场的计算能量都应小于气体的爆炸能量，即：

$$U > L = L_1 + L_2 \tag{7-7}$$

有时为方便计算，采用了不同的单位制，应注意在计算后统一。

7.2.1.3　压缩气体与水蒸气的爆炸能量估算

压力容器破裂时，气体膨胀所释放的能量（即爆炸能量）不但与盛装气体的压力容器的容积有关，而且与介质在器内的物性集态有关。容积与压力相同而集态不同的介质，在容器破裂时产生的爆炸能量也不相同，而爆炸的过程也不完全一样。

压缩气体的爆炸能量可按下式计算：

$$U_g = C_g V \tag{7-8}$$

式中　U_g——压缩气体爆炸能量，J；

C_g——压缩气体爆炸能量系数（参见表 7-3），J/m³。

$$C_g = 2.5 \times p(1 - p^{-0.2857}) \times 10^5 \tag{7-9}$$

式中　V——气体的体积，m³；

p——气体的压力，MPa。

表 7-3　常用压力下的气体爆炸能量系数 C_g（K=1.4 时）

绝对压力/MPa	0.3	0.5	0.7	0.9
爆炸能量系数/(J/m³)	2.02×10^5	4.61×10^5	7.46×10^5	1.05×10^5
绝对压力/MPa	1.1	1.7	2.6	4.1
爆炸能量系数/(J/m³)	1.36×10^6	2.36×10^6	3.94×10^6	6.70×10^6
绝对压力/MPa	5.1	6.5	15.1	32.1
爆炸能量系数/(J/m³)	8.60×10^6	1.13×10^7	2.88×10^7	6.48×10^7

常用压力下的干饱和蒸汽的爆炸能量可按下式计算：

$$U_s = C_s V \tag{7-10}$$

式中 U_s——蒸汽爆炸能量，J；

V——蒸汽体积，m^3；

C_s——干饱和蒸汽爆炸能量系数（参见表 7-4），J/m^3。

表 7-4 常用压力下的干饱和蒸汽爆炸能量系数 C_s

绝对压力/MPa	0.4	0.6	0.9
爆炸能量系数/(J/m^3)	4.5×10^5	8.5×10^5	1.5×10^5
绝对压力/MPa	1.4	2.6	3.1
爆炸能量系数/(J/m^3)	2.8×10^6	6.2×10^6	7.7×10^6

7.2.1.4 液化气体与高温饱和水的爆炸能量

① 液化气体容器爆炸能量可按下式计算：

$$U_{eg} = W[(i_1 - i_2) - (s_1 - s_2)T_1] \tag{7-11}$$

式中 U_{eg}——液化气体的爆炸能量，J；

i_1——在容器破裂前的压力或温度下液化气体的焓，J/kg；

i_2——在大气压力下液化气体的焓，J/kg；

s_1——在容器破裂前的压力或温度下液化气体的熵，J/(kg·K)；

s_2——在大气压力下液化气体的熵，J/(kg·K)；

W——液化气体的质量，kg；

T_1——介质在大气压力下的沸点，K。

② 高温饱和水的爆炸能量可按下式计算：

$$U_w = C_w V \tag{7-12}$$

式中 U_w——高温饱和水的爆炸能量，J；

V——容器内饱和水所占的容积，m^3；

C_w——饱和水的爆炸能量系数（见表 7-5），J/m^3。

表 7-5 常用压力的饱和水爆炸能量系数

绝对压力/MPa	0.4	0.6	0.9
爆炸能量系数/(J/m^3)	9.6×10^6	1.7×10^7	2.7×10^7
绝对压力/MPa	1.4	2.6	3.1
爆炸能量系数/(J/m^3)	4.1×10^7	6.2×10^7	7.7×10^7

从表 7-4 和表 7-5 可以看出，饱和水的爆炸能量系数约为干饱和蒸汽的 10 余倍，即在同等体积、同等压力条件下，饱和水的爆炸能量为干饱和蒸汽的 10 余倍。所以，在锅筒（汽包）内，即使饱和水与饱和蒸汽各占一半的容积，饱和蒸汽的爆炸能量也仅占全部爆炸能量的 5%～9%。

7.2.1.5 可燃气体容器外二次爆炸能量

工作介质为可燃气体的压力容器破裂时，除了容器内气体膨胀释放能量以外，往往还会产生容器外二次爆炸，放出更大的能量，要准确计算这部分爆炸性混合气体的爆炸能量是比较困难的，因此一般只能是估算，即假定参与爆炸反应的气体所占的百分比，然后按这些可燃气体的燃烧热计算其爆炸能量。

7.2.2 技术检验和鉴定

7.2.2.1 技术检验的主要内容

在通过现场调查，事故过程调查和既往情况调查还不能确定事故原因时，应要求进一步做技术检验和鉴定工作，从而确切地查明事故原因。技术检验和鉴定的主要内容包括容器材质的分析、断口分析或相应的无损检验和破坏能量计算。

7.2.2.2 技术分析和试验的主要内容

为了检验容器制造材料在使用过程中是否发生变化，要进行化学成分分析、力学性能和金相组织检验，必要时还需做工艺性能试验。

① 化学成分分析　应重点化验对容器性能有影响的元素成分，对可能发生脱碳现象的容器，还应化验表面层含碳量和内层材质发生的变化。

② 力学性能测定　测定材料强度、塑性、硬度等以判断是否错用钢材；测定钢材的韧性指标，以鉴别是否可能发生脆性断裂。

③ 金相检查　观察断口及其他部位金属相的组成，注意是否有脱碳现象，分析裂纹性质，为鉴别事故性质提供依据。

④ 工艺性能试验　工艺性能试验主要是焊接性能试验、耐腐蚀性能试验，试验时应取与破裂容器相同的材料和焊条、焊接工艺，观察试样是否有与破裂容器类同的缺陷。

7.2.2.3 容器断口分析

为了分析破坏现象的微观机理，可做破裂容器分析，包括宏观和微观分析两种，且应重点做好宏观分析，以微观分析为辅助，不能用微观分析代替宏观分析。

① 断口的搜集、保护和保存　应尽可能将碎片搜集齐全。对断口应加以保护，不准用手触摸、对接、碰撞和弄上污物，观察分析前，要将断口清洗干净，为了保证断口不受损伤，应尽量采用物理方法清洗。

② 断口宏观分析　用肉眼或借助于放大镜在较低倍数下对断口进行观察，注意观察拉伸断口的3个组成区域，即：纤维区、放射区和剪切唇。根据断口特征，可正确判断断裂类型。

③ 断口的微观分析　根据断口宏观分析的情况，必要时可利用电子显微镜对断口的微观形态进行分析，确定断口的析出相和腐蚀产物的属性。

④ 试样保留要求　试样应保留至事故无争议并处理完毕，必要时其试样保留期应予延长。

7.2.2.4 无损检验要求

根据事故分析的要求可配合进行相应的无损检验，如容器焊缝表面裂纹分布情况、焊缝内部缺陷分布情况的无损检验。无损检验包括RT（射线）、UT（超声）、MT（磁粉）和PT（渗透）等。

7.2.2.5 事故分析中有关的计算

根据容器破裂的特征，事故分析中应做相应的计算，包括强度计算、爆炸能量的计算、液化气体过量充装可能量的计算。

① 强度计算　为了判断是设计强度不足还是运行后因腐蚀减薄导致强度不足，应进行强度计算，强度计算中的壁厚应取容器破裂前的壁厚。

② 爆炸能量估算　对发生爆炸事故的容器应进行爆炸能量的计算。

③ 液化气体过量充装可能的计算　液化气体满液充装和过量充装时，在环境温度升高时容器会发生爆炸。

对于充装过量的低压液化气体气瓶，要计算其在某一温度时瓶内的压力，可以按下列步骤进行：

a. 先计算瓶内被液态气体充满时的温度 t_1。可以按气瓶实际装入液化气体的重量除以气瓶容积算出瓶内液体的密度，用计算或查表的方法求得具有此密度时的压力 p_1 及温度 t_1。

b. 按下式计算气瓶内温度 t_1 升至 t_2 时瓶内的压力增量 Δp：

$$\Delta p=\frac{\beta-3\alpha}{Z+F_v}\Delta t \tag{7-13}$$

式中 Δp——压力增量，MPa；

α——气瓶材料在相应温度下的线胀系数，℃$^{-1}$；

F_v——气瓶在压力升高时的容积增大系数（参见表 7-6），MPa^{-1}；

Z——液化气体的压缩系数，MPa^{-1}；

β——液化气体在 t_1 至 t_2 温度下的体胀系数，℃$^{-1}$；

Δt——液化气体的温度差（$\Delta t=t_2-t_1$），℃。

c. 气体在温度为 t_2 时的饱和蒸气压力 p_2 加上 Δp 即为充装过量的气瓶在温度为 t_2 时瓶内的压力 p，即：

$$p=p_2+\Delta p \tag{7-14}$$

表 7-6 气瓶在压力升高时的容积增大系数

气瓶外径/内径 K	1.02	1.03	1.04	1.05
容积增大系数 F_v/MPa^{-1}	4.8×10^{-4}	3.2×10^{-4}	2.4×10^{-4}	1.94×10^{-4}
气瓶外径/内径 K	1.06	1.07	1.08	1.09
容积增大系数 F_v/MPa^{-1}	1.63×10^{-4}	1.4×10^{-4}	1.23×10^{-4}	1.1×10^{-4}
气瓶外径/内径 K	1.10	1.15	1.20	1.50
容积增大系数 F_v/MPa^{-1}	1.0×10^{-4}	7.3×10^{-5}	5.6×10^{-5}	2.85×10^{-5}

应当指出，这种计算只适用于气瓶内压力小于其屈服压力的情况，如果瓶内压力超过了其屈服压力，则气瓶的容积将会迅速增大，此时瓶内压力的增大将要小一些。

其他盛装液化气体的容器液化气体过量充装可能量计算也可参照上述方法进行计算。

7.2.3 事故原因分析

7.2.3.1 事故原因分析步骤和方法

压力容器发生破裂爆炸事故，经过对事故现场的观察检查和测量、对事故发生过程及容器既往情况的调查了解，以及必要的技术检验、鉴定和计算后，即可对事故原因进行技术分析。压力容器爆破事故在技术方面的原因和情况是十分错综复杂的，因此很难全面概括其分析步骤和过程，每一次事故都只能是根据已经调查掌握到的具体情况进行具体分析。以下介绍一些较为普遍使用的事故分析步骤与方法。

(1) 分析步骤

① 具体确定事故的类型，列出可能发生此类事故的所有原因。

② 根据调查情况，采用消去法逐步排除不存在的因素。

③ 分析和验证可疑因素，确定事故的直接原因，逐步深入到间接原因，从而掌握事故的全部原因。

④ 在事故分析的最后阶段需要对事故的性质、原因、责任等问题做出最后的结论。对于一些较为简单的，不涉及复杂大系统的压力容器破裂事故，经过一系列的调查分析，一般可以

凭借安全管理及劳动监察方面的专家的直接经验，再配合一些简单的测量、技术校验与鉴定，或再增加一些必要的计算（例如强度计算、爆炸能量计算、疲劳分析、断裂分析等），大体上可以正确地进行判断并做出结论。例如容器的破裂是属于韧性还是脆性的；是物理性的超压破裂，还是化学性的；是缺陷造成的，还是壁厚减薄造成的；缺陷是制造时遗留的，还是使用中产生或扩展的；若是使用中产生的，则还可以区分出是腐蚀造成的还是载荷交变或蠕变造成的等等。最后还可得出是设计、材料、制造、使用、管理上的原因，或是其他什么原因。

当有初步结论后再经专家论证鉴定修正，最后便可形成结论，再按规定上报。

(2) 分析方法

进行事故原因综合分析，可采用鱼骨图、事故树分析法或其他分析法。

① 特征-因素图法（又称"鱼骨图"法） 对于一些较复杂的系统，涉及破裂事故的因素更广泛时，就无法靠一些比较简单的逻辑推理得出最终结论。这时需要一种较为严密的逻辑判断程序帮助人们进行推进与判断，可以得出更为可靠的事故分析结论。

这方面的较为简单易行的方法是"特征-因素图"法。由于这种分析图具有树枝状结构，也像鱼骨状结构，因而也俗称"鱼骨图"法（图7-1）。图中的主干（或称主骨）由导致压力容器事故可能出现的几个主要方面原因组成。图7-2一般是设计有误、材料有误、加工制造有误，或者使用有误等几个导致破裂的原因。而每一个方面又可能由若干因素造成，这些若干因素就称为大骨或大枝。其中每一个因素又由再一级的因素引起，这

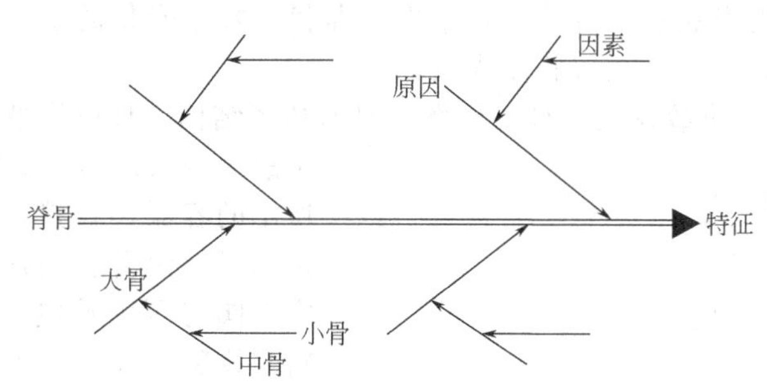

图7-1 事故分析"特征-因素图"（鱼骨图）结构

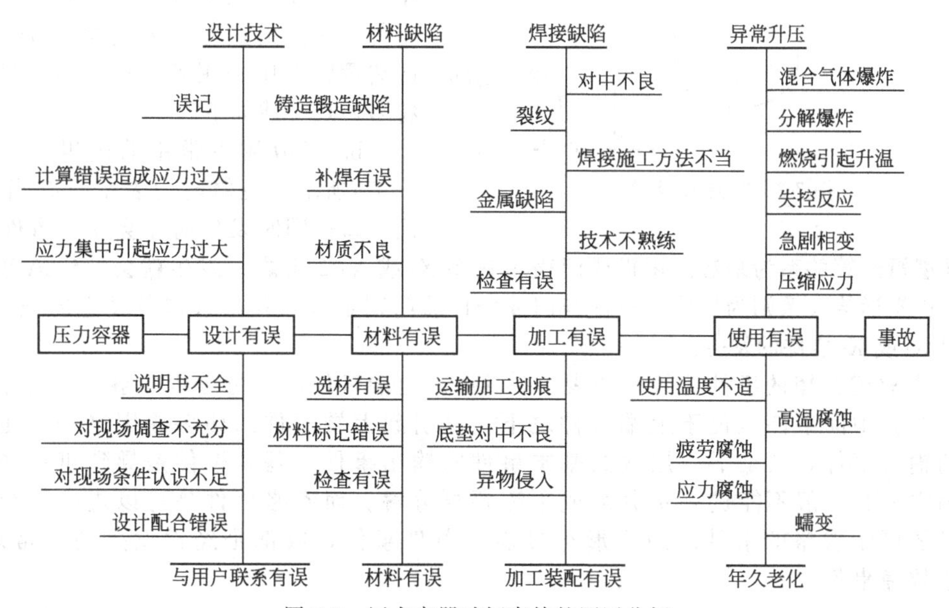

图7-2 压力容器破坏事故的原因分析

就是小骨或小枝。

在事故分析中，经调查与技术检验后确认某一因素不存在或不可能导致事故时，就可将这一因素否定，并在特征-因素图上将这一枝或这一中枝划去。在某一事故中经分析有若干因素均被否定，在其特征-因素图中最后可能仅剩下一个无法否定的因素，那么这个因素就必定是事故的必然原因。

实际事故分析中可能有几个因素不能被否定，那就要对这些因素再逐一分析，必要时还可做些验证性实验，以肯定什么或否定什么。最终剩下的一种或数种因素便是导致该事故的主要原因，其中还可以分为直接原因和间接原因。

② 事故树分析法　事故树分析法是美国于 20 世纪 60 年代初创立的一种产品可靠性分析的系统工程方法，可广泛应用于设计、制造、维修等领域。通过分析某一系统的各种故障，可提高该系统的可靠性和安全性。这种方法原来是为评价安全性而发展起来的，但这和对某一工程系统的失效事故分析所要求的多种故障事件的搜寻和分析程序基本上是相同的，因此这种事故树方法也可以引入压力容器失效事故的分析。这种分析方法特别适合于复杂的大系统中的故障分析。

事故树分析法把 1 台设备或数台设备不论多少不论大小均称为一个系统。其中每个部件都处于两种状态中的一种，即正常（完整）或者失效。因此设备也必然处于正常或者失效两种状态中的一种。部件的状态必然联系到设备的状态。它们之间也就一定存在着某种逻辑关系。事故树分析法就是分析各部件的各种事件（即状态发生变化的事故）之间的逻辑关系，区分正常事件和故障事件，从而寻找出失效原因。

a. 事故树的结构　事故树是一种逻辑图，具有树形结构。现以容器破裂（爆炸或泄漏）事故为例来说明事故树的结构。如图 7-3 所示的容器，直接引起破裂的原因可能是超压。而引起超压的直接原因可能是安全阀与压力控制与压力控制装置（进料与排料）发生了故障。而压力控制装置的故障又可能由调节器或调节阀两者中任一个发生故障而直接引起。将这些事件用一定的逻辑符号连接起来。在事故树逻辑图中采用各种逻辑符号和事件符号，现分述如下。

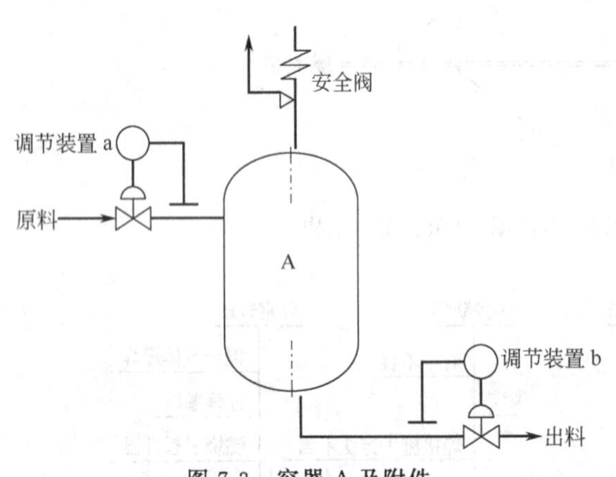

图 7-3　容器 A 及附件

b. 事故树中常用的逻辑符号　如表 7-7所示。逻辑与门表示只有当 B_1 B_2 两个事件同时发生时才会导致事件 A 发生，其逻辑运算关系为乘法。逻辑或门表示只要 X_1 或 X_2 二者之一发生就会导致 A 事件发生，其逻辑运算关系则为加法。条件与门或条件或门则是指只有在 A 事件发生的条件下才会引起 X_1 或 X_2 事件的发生。

c. 事故树常用的事件符号　如表 7-7 所示。上端事件即为待分析的事故，位于事故树的顶端。中间事件是位于上端事件之下，是引起上端事件的诸多原因之一，是上端事件的输入事件，又是下一层次的基本事件的输出事件。基本事件是导致事件的最基本原因之一，一般不能进一步分解或不需要再分解。而省略事件是可以进一步分解但没有必要可予省略的事件。用房形符号表示条件事件，或都是经常发生的正常现象，不属于故障事件。

表 7-7 逻辑门符号及运算、事件符号与图形

名称	图形	公式	名称	事件符号与图形
逻辑与门	A X_1 X_2	$A=X_1 \cdot X_2$	上端事件	矩形
逻辑或门	A X_1 X_2	$A=X_1+X_2$	中间事件	矩形
条件与门	A a X_1 X_2	$A=a \cdot X_1 \cdot X_2$	基本事件	圆形
条件或门	A b X_1 X_2	$A=b(X_1+X_2)$	省略事件	菱形
转移符号			条件事件	房形

以图 7-3 所示的容器 A 事件（破裂）为例，无疑上端事件即为容器 A 破裂。容器超压会引起破裂，超压变为中间事件。进出口调节装置发生故障而安全阀又失灵，必然会导致容器 A 超压，因此用逻辑与门符号上一中间事件连接。压力控制装置的故障又可分解为压力控制装置 a 或 b 的故障，其中任一控制回路有故障就会导致超压，即 a 发生故障致使容器进料过多或 b 发生故障致使出料过少均会引起超压，它们与上一级中间事件之间为逻辑或门关系。两套调节装置的故障还可分解为只要任一调节器或调节阀有故障均可造成上一级调节装置事故事件的发生，因此这里又有 4 个基本事件（X_2、X_3、X_4、X_5）。由此建立的事故树如图 7-4 所示。

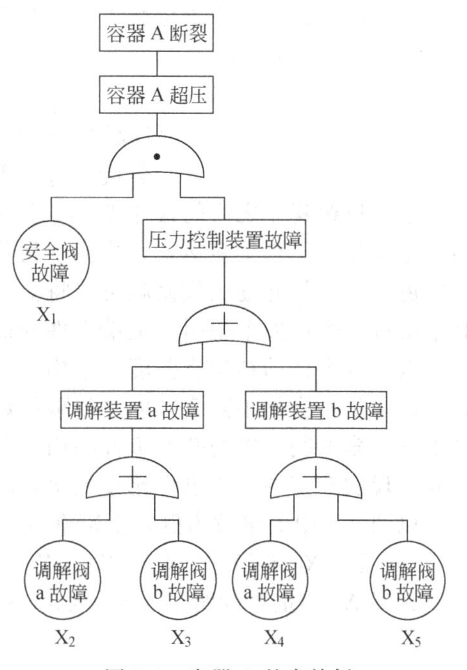

图 7-4 容器 A 的事故树

d. 故障的分类 一般将故障分为“部件性故障”和“系统性故障”两类。部件性故障是指部件本身发生的故障，例如安全阀不能起跳就是部件性故障。除部件故障之外的均属系统性故障。

部件性故障按其性质和原因又可分为 1 次失效、2 次失效和指令失效 3 类。

Ⅰ. 1 次失效是部件在规定的工作条件下失效。例如压力容器在设计压力或规定的操作压力下的失效即为 1 次失效。

Ⅱ. 2 次失效是指部件在其不能承受或不该承受的工作条件下的失效。如容器在超过设计压力下的超压失效。

Ⅲ. 指令失效是指部件在错误地点和错误时间，即在错误条件下进行正当工作时导致故障发生。例如安全阀在尚未达到额定起跳压力的情况

下就发生起跳，即属指令失效。

e. 事故树的结构　将事故的各种相关事件按上端事件→中间事件→基本事件的顺序排列，不同层次事件之间再按相互的逻辑关系用逻辑门符号连接起来，便形成倒置的树形图。如图 7-4 示出的是最简单的事故树。

f. 事故树的建树

Ⅰ. 事故树的建树准备　在建树之前必须充分熟悉事故所在系统的情况，包括流程、参数、操作情况，各设备、各容器以及各部件之间的关系。然后对事故本身再作充分的调查；在进行产品可靠性分析时还应收集以往事故的情况并作统计分析，计算故障率及上端事件发生的概率等。

Ⅱ. 建树的一般规则　首先要确定什么是上端事件。对产品或设备进行可靠性分析时一般应把不希望发生的事故作为上端事件。若对容器的破坏事故来说无疑应将破裂事件作为上端事件。之后将事故区分为“部件性故障”和“系统性故障”。部件性故障下面只能用逻辑或门与下一层次的中间事件或基本事件相连，再区分出 1 次失效、2 次失效及指令失效。注意，对系统性故障下面可跟逻辑与门，也可跟逻辑或门。再寻找与事故直接有关的原因，哪些是必要原因，哪些是必要而又充分的，并与上一级事件和下一级事件用逻辑与门、逻辑或门相连。

Ⅲ. 合成事故树　这是建树的关键一步，是事故树分析法中最实际最艰难的一步。这影响到分析结果的准确性。事故树的合成尚无统一的标准方法，一般有自动合成和手工合成，这里仅以手工合成说明建树原理。

Ⅳ. 建树后的分析方法　主要是求最小割集和求基本事件的结构重要度。

求事故树的最小割集：可能引起上端事件发生的一些基本事件的组合就是割集。调节装置 a 与安全阀同时发生故障就可能导致容器 A 破裂，$X_1 \cdot X_3$之积即为一个割集。最小割集则是能使上端事件发生的必要且充分的最小数目的基本事件的组合，如果其中一个不发生则上端事件就不会发生。上例中 $X_1 \cdot X_2 \cdot X_3$也是可以导致上端事件的判断，但不是最小割集，而 $X_1 \cdot X_2$及 $X_1 \cdot X_3$割集都是最小割集。

由此可知，求最小割集时需要运用逻辑运算，常用的 3 种基本运算公式是（对 A、B、C 3 个基本事件而言）；

$$幂等律\ A+A=A \tag{7-15}$$

$$吸收律\ A+A \cdot B=A \cdot A \cdot (A+B)=A \tag{7-16}$$

$$分配律(A+B) \cdot (A+C)=A+B \cdot C \tag{7-17}$$

在事故树建立之后的最小割集求解中，首先将最下面一排的逻辑门用底部基本事件代换，建立起若干割集表达式，代换中就要用上述 3 个基本逻辑运算公式，然后再处理上一层次的逻辑门。如此逐次代换就可以将上端事件表示为一系列底部基本事件割集之和的形式，其中就有一个或数个是引起上端事件的最小割集。

求基本事件的结构重要度：结构重要度是指基本事件在事故树中的重要程度。定性确定时的原则是：当最小割集中的基本事件数各不相等时，基本事件数少的割集中的基本事件比基本事件多的割集中的基本事件结构重要度大。另外，当最小割集中的基本事件数相等时，重复出现次数多的基本事件比重复出现次少的结构重要度大。

以图 7-4 中的事故为例，上端事件的最小割集有：

$$T=X_1 \cdot (X_2+X_3+X_4+X_5)=X_1 \cdot X_2+X_1 \cdot X_3+X_1 \cdot X_4+X_1 \cdot X_5 \tag{7-18}$$

无疑 X_1的重要度明显大于其他事件；

$$I(X_1)>I(X_2)=\cdots=I(X_5) \tag{7-19}$$

由此可以得到事故树分析的结论：要保证容器 A 不发生破裂，安全阀的良好状态比其他任何附件更重要。

从上面对事故树分析法的介绍中可以看出，现在较多被介绍和推荐用于压力容器事故分析中的事故树法，实际上仍偏重用于对产品作可靠性设计分析，可以按逻辑方法推算出哪些部件的结构重要度较大，必须提高其质量，从而可以提高整机的可靠性。这种分析方法用于压力容器破裂事故的分析时还需作进一步的改进。因为原来只涉及部件与整体的故障逻辑关系分析，还应顾及设计材料、制造与使用的各个方面。这些方面必然还涉及许多的基本事件与中间事件。另外，从容器事故分析要求来说还应判别韧性断裂还是脆性断裂，是物理性的还是化学性的原因，是材质引起的还是载荷、疲劳、腐蚀或高温等原因引起的。综合考虑这些方面，找出它们之间的逻辑关系，显得十分复杂，所建立的事故树也相当庞大。因此，在运用事故树分析法时，应尽量抓住主要矛盾，同时尽量采用先进技术，在计算机技术的支持下，建立相应的数学模型，进行科学的客观的分析。

(3) 爆炸经历及过程的判断

① 工作压力下破裂　压力容器在工作压力（或扩大到耐压试验压力）下发生爆破，可以是高应力破坏，即容器在工作压力下器壁的平均应力已经超过了材料的屈服极限或强度极限。这种情况一般发生在未经过设计计算、制造质量低劣（例如焊缝严重未焊透）或长期使用而不进行技术检验，致使器壁由于严重腐蚀而普遍减薄的容器。也可以是低应力破坏，即容器在工作压力下器壁的平均应力在材料的屈服极限以内，这种情况常见于脆性破裂、疲劳破裂和应力腐蚀断裂。

容器是否在正常工作压力下破裂，可以从其破坏迹象、可能性以及爆炸能量等各方面来考虑。第一，如果容器没有超压的迹象，如安全泄压装置灵敏正确、维护管理好（可在事故后进行技术检验）而在容器破裂前又没有开启排气，压力表也没发现异常；第二，容器没有超压工作的可能或可能性甚小，例如同一压力来源的其他容器一切正常、操作及工艺条件并无任何异常等；第三，容器本身有在正常工作压力下破裂的可能性，例如容器具有脆性破裂、疲劳破裂或应力腐蚀破裂的特征和可能性；第四，虽属韧性破裂，而验算其破裂压力却与工作压力相差不大，同时容器在工作压力下计算的爆炸能量又远大于根据现场破坏情况计算的破坏能量，在上述情况下，一般可以判断为正常工作压力下破裂。

② 超压破裂　压力容器内部的压力较多地超过工作压力（一般都超过耐压试验压力）而发生的物理现象的爆炸。发生这类事故的容器一般存在以下情况：

a. 没有按规定装设安全泄压装置或装置失灵；

b. 容器有超压的可能，例如液化气体储罐或气瓶充装过量或严重受热，操作中失误等；

c. 破裂形式多属韧性破裂，按壁厚验算容器的破裂压力远大于容器的正常工作压力；

d. 根据工作压力计算的爆炸能量小于现场的破坏能量，而根据破裂压力计算的爆炸能量大于破坏能量等。

发生这种物理现象的爆炸，虽然有时也可能压力升高较快，但总有一段增压过程，而不同于器内化学爆炸那样，压力瞬间升高。

③ 容器内化学反应爆炸　是指容器内发生不正常的化学反应，使气体体积增加或温度剧烈增大而导致压力迅速升高，容器破裂。发生这类爆炸的容器必须具备一定的条件（能产生这类反应的介质或杂质和反应条件），常见的是可燃气体与氧气（空气）的混合，例如盛装可燃气体的容器混入氧气，或盛装氧气（空气）的容器混入可燃气体等。值得注意的是，这种混合气体在压力较高的情况下可以在没有明火或静电的作用下发生反应爆炸。这类爆炸往往使容器碎裂成许多碎片，但其断口具有一部分脆性断口的特征，安全阀可能有开放过的迹象，但一般都来不及泄压；爆炸后检查压力表常可以发现有指针被撞弯或不能返回本位等异常现象。根据容器的破裂压力计算的爆炸能量小于现场的破坏能量；器内可能有燃烧的痕

迹或残留物；压力瞬时升高，在压力自动记录仪上可以见到直线上升的压力线。

④ 在工作压力下破裂后2次爆炸　有些工作介质为易燃气体的容器在工作压力下破裂，器内气体逸出与大气混合。在器外又发生第2次爆炸。这种爆炸可以根据以下一些现象来判断：

a. 从一般迹象及可能性来看，容器属于在正常工作压力下破裂。

b. 容器在工作压力下的计算爆炸能量小于现场总的破坏能量。

c. 容器在工作压力下的计算爆炸能量大于将容器或其碎片抛出所需要的能量。

d. 容器的工作介质是易燃气体等。容器发生这种爆炸时，往往还有二次化学性爆炸的其他迹象，例如在容器或室内常有燃烧痕迹或残留物，容器破裂时还伴有火光或闪光。有时还可能听到两次响声等。但这些迹象并不一定被发现或被注意和观察到，所以不能因没有发现这些迹象而否定容器发生二次爆炸的可能。

⑤ 超压下破裂后二次爆炸　这种爆炸应有以下一些现象：

a. 容器有超压爆破的迹象和可能，如安全泄压装置失灵、操作失误。

b. 破裂形式属于韧性破裂。

c. 根据壁厚计算的破裂压力远大于正常工作压力。

d. 根据破裂压力计算的爆炸能量小于事故现场的破坏能量。

e. 容器破裂不像器内化学反应爆炸那样产生大量的碎片。

f. 容器的工作介质虽为易燃气体，但没有混入氧气的可能或可能性极小等。这种爆炸有时也存在一些二次爆炸的迹象，如闪光、两次响声、室内有燃烧痕迹或残调物等；但这些迹象也不一定被发现或观察到。

(4) 事故原因分析

① 设计方面：选材不合理，强度计算错误以及设计技术要求不正确。

② 制造安装方面：焊接、加工及组装质量不好，制造、安装工艺不符合要求，材料质量不好以及材料用错。

③ 使用管理方面：没有进行定期检验或超过检验期，违章操作，管理不善，操作水平低，操作工艺不当，设备使用保养不善。

④ 修理和改造方面：修理采用不合理结构；修理工艺不符合要求，修理改造质量差及焊接材料用错，改造方案不合理。

⑤ 检验方面：检验程序及检验方法不符合要求，检验人员素质低及责任心不强，检验仪器质量达不到要求及缺陷漏检。

⑥ 安全附件选取用错误：不全、不灵、不可靠，安装不当及排量计算有误。

⑦ 充装方面：充装条件不符合要求，充装过量，介质装错。

⑧ 运输方面：运输条件不符合要求，押运方法不当，野蛮装卸，押运员不懂业务。

⑨ 储存方面：储存方法不当，储存场所不符合要求，储存管理不善，超过储存期。

7.2.3.2 事故破裂形式和鉴别

(1) 破裂形式

结合压力容器的破裂特点以及通常的分类习惯，主要考虑破裂的形式及其基本原因，把压力容器的破裂分为塑性破裂、脆性破裂、疲劳破裂、腐蚀破裂和蠕变破裂5种形式。

① 塑性破裂及主要特征　塑性破裂是压力容器在压力作用下器壁上产生的应力达到材料的强度极限，因而发生断裂的一种破坏形式。压力容器的塑性断裂也称延性破裂、韧性断裂。

金属材料的塑性断裂是显微空洞形成和长大的过程。对于一般常用于制造压力容器的碳钢及低合金钢，这种断裂首先是在塑性变形严重的地方形成显微空洞（微孔）。夹杂物是显微空洞成核的位置。在拉力作用下，大量的塑性变形使脆性夹杂物断裂或使夹杂物与基体界面脱开而形成空洞。空洞一经形成，即开始长大和聚集，聚集的结果是形成裂纹，最后导致断裂。如图7-5所示。

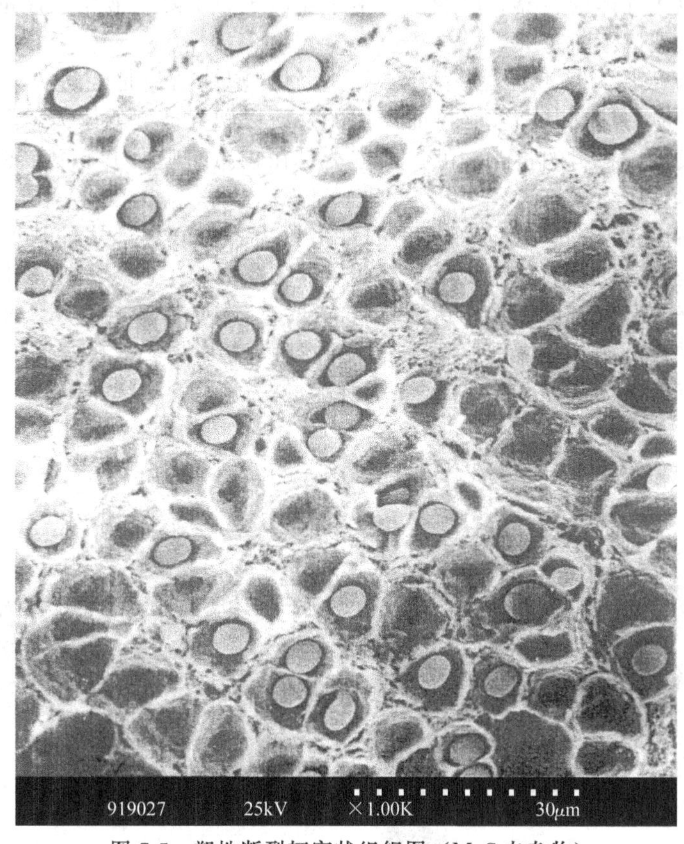

图7-5 塑性断裂韧窝状组织图（MnS夹杂物）

发生塑性破裂的压力容器，从其破裂以后的变形程度、断口和破裂的情况以及爆破压力等方面常常可以看出金属塑性断裂所具有的一些特征。

a. 容器发生明显变形。金属的塑性破裂是在大量的塑性变形后发生的，塑性变形使金属断裂后在受力方向留存下较大的残余伸长，表现在容器上则是直径增大和壁厚减薄。因此具有明显的形状改变是压力容器塑性破裂的主要特征。从许多爆破试验和爆炸事故的容器所测得的数据表明，塑性破裂的容器，最大圆周伸长率常达10%以上。容积增大率（根据爆破试验加水量计算或按破裂容器的实际周长估算）也往往高于10%，有的甚至达20%。

b. 断口呈暗灰色纤维状。碳钢和低合金钢塑性断裂时，由于显微空洞的形成、长大和聚集，最后形成锯齿形的纤维状断口。这种断裂形式多数属于穿晶断裂，即裂纹发展的途径是穿过晶粒的。因此断口没有闪烁金属光泽而呈暗灰色。由于这种断裂是先滑移而后断裂，所以其断裂方式一般是切断，即断裂的宏观表面平行于最大切应力方向而与拉应力成45°角。压力容器塑性破裂时，断口往往也具有这样一些金属塑性断裂的特征：即断口是暗灰色的纤维状，没有闪烁金属光泽；断口不齐平，而与主应力方向成45°角，圆筒形容器纵向裂开时，其破裂面与半径方向成一角度，即裂口是斜断的。

c. 容器一般不呈碎裂状。塑性破裂的容器，因为材料具有较好的塑性和韧性，所以破裂方式一般不是碎裂，即不产生碎片，而只是裂开一个裂口。壁厚比较均匀的圆筒形容器，常常是在中部裂开一个形状为“X”形状的裂口。至于裂口的大小则与容器爆破时释放的能量有关．盛装一般液体（例如水）时，则因液体的膨胀功较小，因而容器破裂的裂口也较窄，最大的裂口宽度一般也不会超过容器的半径。盛装气体时，因膨胀功较大，裂口也较宽。特别是盛装液化气体的容器，破裂以后由于器内压力下降，液化气体迅速蒸发，产生大量气体，使容器的裂口不断扩大。

d. 容器实际爆破压力接近计算爆破压力。金属的塑性断裂是经过大量的塑性变形，而且是在外力引起的应力达到其断裂强度时产生的。所以塑性破裂的压力容器，器壁上产生的应力一般都达到或接近材料的抗拉强度。即容器是在较高的应力水平下破裂的，其实际爆破压力往往与计算爆破压力相接近。

② 脆性破裂及主要特征　从以往发生的许多压力容器破裂事故的情况来看，并不是所有破裂的容器都是经过明显的塑性变形。有些容器破裂时根本没有宏观变形，根据破裂时的压力计算，其器壁的应力也远远没有达到材料的强度极限，有的甚至还低于屈服极限。这种破裂现象和脆性材料的破裂很相似，称为脆性破裂。又因为它是在较低的应力状态下发生的，故也称为低应力破坏。如图 7-6、图 7-7 所示。

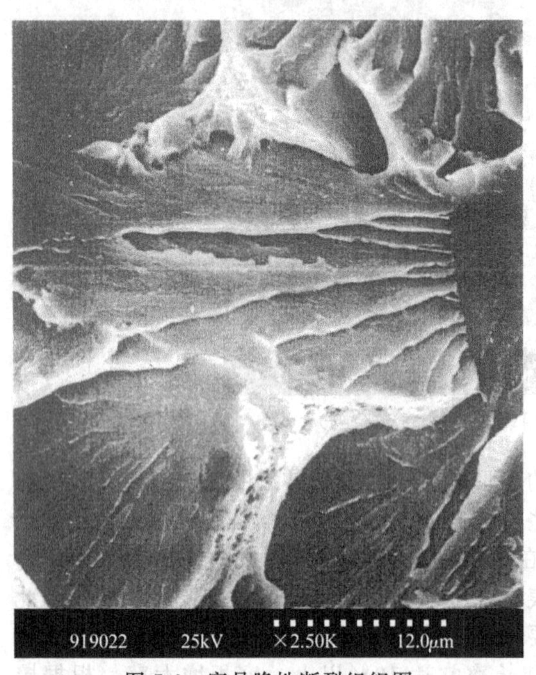

图 7-6　穿晶脆性断裂组织图

图 7-7　沿晶脆性断裂组织图

压力容器发生脆性破裂时，在破裂形状、断口形貌等方面都具有一些与塑性破裂正好相反的特征。

a. 容器没有明显的伸长变形。由于金属的脆断一般没有留下残余伸长，因此脆性破裂后的容器就没有明显的伸长变形。许多在水压试验时脆性破裂的容器，其试验压力与容积增量的关系在破裂前基本上还是线性关系，即容器的容积变形还是处于弹性状态。有些脆裂成多块的容器，将碎块组拼起来再测量其周长往往与原来的周长没有变化或变化甚微。容器的壁厚一般也没有减薄。

b. 裂口齐平、断口呈金属光泽的结晶状。脆性断裂一般是正应力引起的解理断裂，所以裂口齐平、并与主应力方向垂直。容器脆断的纵缝裂口与器壁表面垂直，环向脆断时，裂口与容器的中心线相垂直。又因为脆断往往是晶界断裂，所以断口形貌呈闪烁金属光泽的结晶状。在器壁很厚的容器脆断口上，还常常可以找到人字形纹路（辐射状），这是脆性断裂的最主要宏观特征之一。人字形的尖端总是指向裂纹源的。始裂点往往都存在缺陷或位于几何形状突变处。

c. 容器常破裂成碎块。由于容器脆性破裂时材料的塑性较差，而且脆断的过程又是裂纹迅速扩展的过程。破坏往往在一瞬间发生（有些研究报告指出，脆性断裂的速度可高达1800m/s），容器内的压力无法通过一个裂口释放，因此脆性破裂的容器常裂成碎块，且常有碎片飞出。即使是在水压试验时，器内液体膨胀功并不大，也经常产生碎片。如果容器在使用过程中，发生脆性断裂，器内的介质为气体或液化气体，则碎裂的情况就更严重。所以容器在使用过程中发生脆性破裂的破坏后果要比塑性破裂严重得多。

d. 破裂时的名义应力较低。金属的脆性断裂是由于裂纹而引起的，所以脆断时并不一定需要很高的名义应力。从国内外发生脆性断裂的容器来看，容器破裂时器壁上的名义应力常常低于材料的屈服极限。所以这种破裂可以在容器的正常操作压力或水压试验压力下发生。

e. 破坏多数在温度较低的情况下发生。由于金属材料的断裂韧性随着温度的降低而降低，降到一定温度时会发生脆性断裂，此温度为脆性转变温度。所以脆性断裂在脆性转变温度以下时，会产生脆性断裂。新制成的或定期检验的压力容器常在室温低于容器的使用温度下进行水压试验时发生脆性破裂。运行中的容器也常在温度突变的情况下可能脆裂。

f. 脆性破裂常见于用高强度钢制造的容器。

g. 用中、低强度材料制造的容器，脆性破裂一般都发生在器壁较厚的容器上。器壁较薄时，可以认为在厚度方向不存在应力，材料处于平面应力状态，有厚度方向的收缩变形。而当器壁很厚时，厚度方向的变形受到约束，接近平面应变状态，在裂纹尖端附近形成了三维拉应力，材料的断裂韧性随之降低，即所谓“厚度效应”。因此同样的钢材，厚板要比薄板更容易脆断。

③ 疲劳破裂的产生条件及主要特征　疲劳破裂是压力容器常见的一种破裂形式（图7-8）。疲劳破裂是容器在反复的加压和卸压过程中，壳体材料长期受到交变载荷的作用而出现金属疲劳，进而产生的一种破裂形式。容器发生疲劳破裂时，不管材料处于塑性还是脆性状态，一般都不产生明显的塑性变形，所以从破坏的表面现象来看，这种破裂型式和脆性破裂很相似，但产生原因和发展过程是完全不同的。

压力容器的疲劳破裂问题过去并未引起人们的足够重视。因为它不像高速转动的机器那样曾承受很高交变次数的应力，而且以往又多采用塑性较好的材料，设计应力也较低，所以问题并不突出。只是由于近年来各国的规范对容器的设计安全系数有所降低，压力容器用钢又广泛采用高强度钢。这些钢种并不能改善其低周抗疲劳性能，而且在制造过程中容易产生裂纹或其他缺陷，从而增加了压力容器疲劳破裂的危险性。

压力容器的疲劳破裂，绝大多数是属于金属的低周疲劳，金属低周疲劳的特点是承受较高的交变应力而应力交变的次数并不需要太高，这些条件在许多压力容器中都是存在的。

a. 疲劳破裂的产生条件。

Ⅰ. 存在较高的局部应力。低周疲劳的条件之一是其应力接近或超过材料的屈服极限。这在压力容器的个别部位是可能存在的。因为在压力容器的接管、开孔、转角以及其他几何形状不连续的地方，在焊缝附近，在钢板存有缺陷的地方等都有不同程度的应力集中。有些地方的局部应力往往要比设计应力大好几倍，所以完全有可能达到甚至超过材料的屈服极限。这些较高的局部应力如果仅仅是几次的作用，那并不会造成容器的破裂。但是如果反复地加载和卸载，将会使受力最大的晶粒产生塑性变形并逐渐发展成微小的裂纹。随着应力的

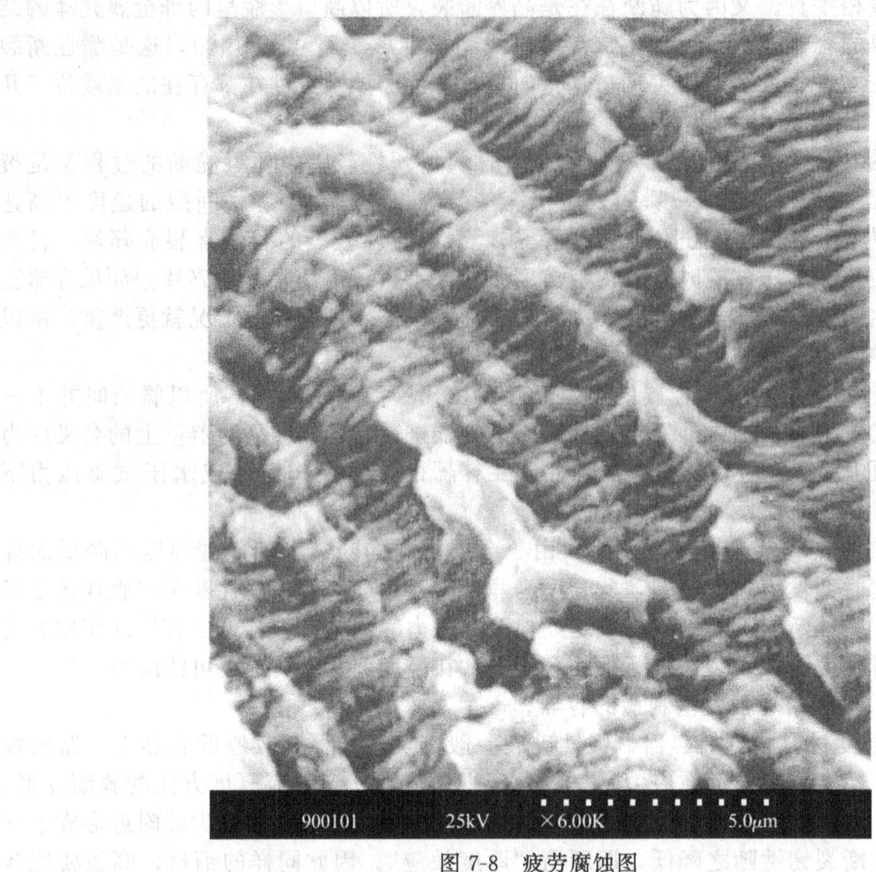

图 7-8　疲劳腐蚀图

周期变化，裂纹即逐步扩展，最后导致容器破裂。

Ⅱ. 存在反复的载荷。压力容器器壁上的反复应力主要是在以下的情况中产生：间歇操作的容器经常进行反复的加压和卸压；容器在运行过程中压力在较大幅度的范围（例如超过20%）内变化和波动；容器的操作温度发生周期性的较大幅度的变化，引起器壁温度应力的反复变化；容器有较大的强迫振动并由此产生较大的局部应力；容器受到周期性的外载荷的作用。

b. 疲劳破裂的特征。疲劳破裂的容器一般都具有以下一些特征：

Ⅰ. 容器没有明显的塑性变形。压力容器的疲劳破裂也是先在局部应力较高的地方产生微细的裂纹，然后逐步扩展，到最后所剩下截面的应力达到材料的断裂强度，进而发生开裂的。因此也和脆性破裂一样，一般没有明显的塑性变形。即使其最后断裂区是韧性断裂，也不会造成容器的整体塑性变形，即破裂后的容器直径不会有明显的增大。大部分壁厚也没有显著的减薄。

Ⅱ. 破裂断口存在两个区域。疲劳破裂断口的形貌与脆性破裂有明显的区别。疲劳破裂断口一般都存在比较明显的两个区域，一个是疲劳裂纹产生及扩展区，另一个是最后断裂区。在压力容器的断口上，裂纹产生及扩展区并不像一般受对称循环载荷的零件那样的光滑，因为其最大应力和最小应力都是拉伸应力而没有压应力，断口不会受到反复的挤压研磨。但其颜色和最后断裂区有区别，而且大多数压力容器的应力交变周期较长，裂纹扩展较为缓慢，所以有时仍可以见到裂纹扩展的弧形纹路。如果断口上的疲劳线比较清晰，还可以由它比较容易找到疲劳裂纹产生的策源点。这个策源点和断口其他地方的形貌不一样，而且常常是产生在应力集中的地方，特别是在容器的接管处。

Ⅲ. 容器常因开裂泄漏而失效。疲劳破裂的容器一般不像脆性破裂那样常常产生碎片，而是开裂使容器泄漏而失效。

Ⅳ. 破裂总是在容器经过反复的加压和卸压以后发生。容器的疲劳破裂是器壁在交变应力作用下，经过裂纹的产生和扩展然后断裂的，所以总是在容器经过多次的反复加压和卸压后发生。而且疲劳裂纹从产生、扩展到断裂，发展都比较缓慢，疲劳破裂的过程比起脆性破裂要慢得多，至于需要经历多少次的反复载荷，容器才会疲劳破裂，那就决定于其局部应力的大小以及原来是否存在缺陷和缺陷的严重程度。

④ 腐蚀破裂及特征　压力容器的腐蚀破裂是指容器壳体由于受到腐蚀介质的腐蚀而产生的一种破裂形式。在国内，容器因腐蚀而在运行中发生破裂爆炸的事例也是常见的，特别是在石油化工容器中。

压力容器的腐蚀破裂从金属的破坏现象来看也是各式各样的，有均匀腐蚀、点腐蚀、晶间腐蚀、应力腐蚀和疲劳腐蚀，而其中最危险较常见的是壳体金属被应力腐蚀破坏而产生的破裂。因为压力容器一般都承受较大的拉伸应力，而在其结构中常常难以避免地存在程度不同的应力集中，如在开孔处等。而容器的工作介质又是经常带有腐蚀性的，特别是石油、化工容器。

a. 液氨对碳钢及低合金钢容器的应力腐蚀。液氨广泛用于化肥、石油化工、冶金、制冷等工业部门。液氨的储存和运输大部分用碳钢或低合金钢制压力容器。在某些条件下，液氨可以产生应力腐蚀。据统计，在美国储运液氨的容器，使用3年后，约有3%发生腐蚀破裂。我国也发生过液氨储罐爆炸事故。这些储罐破裂爆炸虽然原因较多，但液氨引起的应力腐蚀是其中主要原因之一。经检查，断口齐平，有旧裂纹痕迹。近年来，各地通过对液氨球罐的定期检查，发现大多数储罐都存在裂纹。如某化肥厂对两台120m^3的液氨球罐进行内部检查，发现内壁有数以百计的裂纹。这些裂纹大都分布在长年处于液面下部的下极板与下温带组焊的环向焊缝上，与焊缝垂直，由焊缝中心向两侧扩展，裂纹深4～6mm，长度一般为10～30mm，经分析认为是液氨引起的应力腐蚀裂纹。

从国内外大量检验的实际情况来看，液氨的应力腐蚀裂纹产生的原因主要是液氨加焊接残余应力。残余应力大的部位比残余应力小的部位腐蚀严重，而经过消除焊接残余应力退火处理的要比焊后未进行热处理的焊缝腐蚀裂纹少得多。如前例所述的某化肥厂液氨球罐的应力腐蚀裂纹，主要分布在最后组焊的手工焊焊缝上。此处的焊接受到很大约束，残余应力最为严重。

许多试验资料还表明，球形容器所用的钢材强度越高，产生应力腐蚀裂纹的倾向就越大。综合国内外有关液氨储罐的调查资料可以看出：屈服强度高于314MPa（32kgf/mm^2）的钢材焊制的液氨储罐，几乎全部都发现有应力腐蚀裂纹。而屈服强度低于216MPa（22kgf/mm^2）的钢材焊制的液氨储罐，发现应力腐蚀裂纹破坏的比例则很小。

液氨对压力容器的应力腐蚀，与它的工作温度也有明显的关系。发现有应力腐蚀的液氨储罐，多为常温储存，而低温下储存的储罐（－33℃）则未发现应力腐蚀裂纹。

b. 硫化氢对钢制容器的应力腐蚀。在以原油、天然气和煤为原料的炼油、石油化工及煤气工业设备中，硫化氢的腐蚀是一个比较普遍的问题，其中尤以湿硫化氢对碳钢和低合金钢的应力腐蚀最值得注意。有1台容积为1200m^3的丙烷球形储罐，在使用20天后即因泄漏而停止使用，检查发现在上温带与赤道带的环焊缝中有6处横向裂纹，穿透整个器壁。球罐用784MPa（80kgf/mm^2）级的高强钢制造，介质中硫化氢含量为0.03%。

有的储罐除有裂纹外，还发现有氢鼓包。

对硫化氢的应力腐蚀起促进作用的因素较多，如钢材的组成、强度、硬度、硫化氢浓度、溶液的pH值、工作温度等。一般说来，钢中S、Si、Mn、Ni、H的含量越多，钢材的强度，特别是硬度就越高；介质中的硫化氢含量越高，溶液的pH值越小就越容易产生应力腐蚀裂纹。温度对硫化氢的应力腐蚀则以20℃左右为最敏感，升高或降低温度对减轻腐蚀都比较有利。

c. 热碱溶液对钢制容器的应力腐蚀。压力容器的工作介质中，如果含有一定浓度的氢氧化钠溶液，在温度较高的特定环境下会对碳钢或合金钢产生应力腐蚀。这种现象也称碱脆，或苛性脆化。碱脆是沿着钢的晶界开裂的。

钢的碱脆一般要同时具备3个条件，即高的温度、高的碱浓度和高拉伸应力。

引起钢碱脆的拉伸应力可以是外应力也可以是内应力，或者是两者的联合作用。应该特别指出的是，应力的大小固然是碱脆的一个影响因素，但更为重要的因素是应力的均匀与否。很多试验证明，不均匀的拉伸应力最容易引起碱脆。

碱脆常常发生在锅炉部件胀接部分的泄漏中，因为泄漏有可能同时具备3个条件，即高的温度、高的碱浓度和高的应力。

锅炉及压力容器的碱脆一般具有以下特征：断裂发生在应力集中的地方，且断口与主应力大体上成垂直；在断裂处附近常常可以发现有沿着晶界分布的许多分枝型裂纹断口，作金相检查可以看出裂纹是沿着金属的晶粒边界扩展的。在断口上往往黏附有许多磁性氧化铁；碱脆时也可有一定的塑性变形（延伸率约为0.22%～0.45%）。

d. 一氧化碳等引起的气瓶腐蚀破裂。近年来，国内外都先后发生过盛装一氧化碳、二氧化碳混合气体的容器（气瓶）爆炸事故，这也是由应力腐蚀而产生的容器腐蚀破裂。

经过大量试验，证实这种混合气体只有在含有水分的情况下才能对钢产生严重的应力腐蚀。因此认为气瓶的应力腐蚀是由于在充装气体前，气瓶在室外渗入水分，使混合气体中含有水分所造成。实验证明，在无水的一氧化碳气体中，不存在应力腐蚀的现象。

e. 高温高压的氢气对钢的腐蚀。在石油、化工容器中，有一些容器的工作介质就是温度达数百度、压力达数十兆帕甚至更高的高温高压氢气。处于上述工作条件的容器，如果设计、制造或使用不当就有可能因氢的腐蚀而导致破坏。

由于氢脆而破裂的容器，除了需要具备一定的温度、压力及介质条件以外，在其腐蚀面及断口上也具有一些特征。氢腐蚀严重的容器，在宏观上有时可以发现由于氢腐蚀而产生的特征——鼓包现象。在微观上，腐蚀面常常可以见到钢的脱碳铁素体组织，沿着断口由腐蚀面向外观察金相组织有时可以看出脱碳层的深度。被氢腐蚀的破坏带有沿着晶界扩展的腐蚀裂纹。

f. 氯离子引起的不锈钢容器的应力腐蚀。在用奥氏体不锈钢制造的压力容器中，如果有氯化物溶液存在会产生应力腐蚀。这种应力腐蚀是由溶液中的氯离子引起的。氯离子使不锈钢表面的钝化膜受到破坏，在拉伸应力的作用下，钝化膜被破坏的区域就会受腐蚀而产生裂纹，成为腐蚀电池的阳极区，继续不断的电化学腐蚀就可能最后导致金属的断裂。

在实际工作中，这种应力腐蚀往往是由于操作不正常或疏忽而引起的。有些设备并不是在正常操作条件被腐蚀破坏，而是在停止运行期间由于含有氯化物的溶液冷凝、浓缩而产生应力腐蚀。有些压力容器因为用含氯离子较高的水作水压试验，结果放水后残留的液体被浓缩而产生应力腐蚀。

氯离子引起的奥氏体不锈钢的应力腐蚀，其裂纹通常为晶间腐蚀，所以其裂纹为沿晶裂纹，并且多数是分支状裂纹。

这种应力腐蚀可以由外应力引起，也可以由内应力引起。许多腐蚀破坏事例表明，多数腐蚀裂纹都是产生在焊缝附近，说明焊接残余应力是一个重要因素。

⑤ 蠕变破裂的鉴别　蠕变破裂只发生在一些高温容器上，破裂后一般都有较为明显的

残余变形。通过金相检查可以发现微观组织有显著变化。容器由于蠕变破裂而造成的事故比较少见。在发电锅炉主蒸汽管道或有些特殊压力容器上设立蠕变监测标识，定期检验，观测其材料的蠕变状态，一旦发生蠕变破裂，可进行对比鉴别。

（2）破裂形式的鉴别

对事故进行综合分析时，应根据调查及技术检验的资料鉴别它是属于哪一种形式的破裂，以便进一步按不同的破裂形式来探查造成其破裂的直接原因。容器破裂形式的鉴别主要是根据其破裂后的形貌如变形、断口特征等以及根据其使用情况有无产生这种破坏的可能性等。

① 塑性破裂的鉴别　压力容器发生塑性破裂时，一般都具有较大的塑性变形，即容器破裂后的壳体周长要比原来的周长有较大的增加。通常可达 10%～20%。如果估算其破裂时的容积增大率，也常常要超过 10%。对破裂的壳体进行断口分析，属于韧性断口，即宏观检查可见断口大部分是纤维区加剪切唇。这种破裂一般没有碎片或偶然只有少量碎片。从使用条件来看，容器有超压的可能，或者容器由于遭受严重的均匀腐蚀致使壁厚大为减薄，以致在破裂压力下器壁上的平均应力超过了材料的屈服极限。

② 脆性破裂的鉴别　脆性破裂的压力容器，一般没有明显的塑性变形，特别是在使用的情况下，破裂时一般都裂成较多的碎块（如果在水压试验时破裂则可能碎块较少或没有碎块）。断口分析的结果，应属于脆性断口，特别是最先裂开的断口，脆性断裂的特征更为明显，即断口齐平并与主应力方向垂直，有时有晶粒状的光亮。在较厚的断面中常可找到人字形纹路，尖端指向始裂点。对始裂点进行宏观或微观检查常可发现有制造时产生的缺陷（如裂纹等）或金相组织有异常等。脆性破裂常在较低的使用温度下发生，而且多是用高强度钢制造的容器。这种破坏的断裂速度极高，所以整个破裂过程可以在一瞬间内发生而没有什么事故前兆。从国内外发生的容器脆性破裂事例来看，这种破裂常常发生在容器制成后的耐压试验过程中。

③ 疲劳破裂的鉴别　疲劳破裂的鉴别一方面是根据破坏的特征，另一方面还必须看是否存在产生这种破裂的条件。疲劳破裂的特征是没有产生明显的整体塑性变形，但它又不像脆性断裂那样使整个容器脆断成许多碎块，而只是一般的开裂，使容器泄漏而失效。疲劳破裂的断面常可见到两个不同的区域，一是裂纹的形成和逐步扩大区，另一是脆断区（也可能最后是韧性断裂）。从产生裂开的部位来看，一般都是局部应力很高的地方，尤其是在接管处。容器的疲劳破裂必须是在多次的反复载荷以后，所以只有那些较频繁的间歇操作或操作压力大幅度波动容器才有条件产生。

④ 腐蚀破裂的鉴别　腐蚀破裂只能发生在那些工作介质有可能对器壁产生晶间腐蚀和应力腐蚀的容器。这种破裂形式虽然有时也可以通过直观检查来发现，例如严重的晶间腐蚀会使金属材料失去原有的光泽和敲击声响，高温的氢对碳钢的严重腐蚀会在表面形成微细的裂纹和鼓包等。但是主要还是要通过金相检查等技术检验来鉴别。一般情况下，对断口及金属表面进行微观检查以鉴别腐蚀破裂比较容易。

⑤ 蠕变破裂的鉴别　蠕变破裂只发生在一些高温容器，破裂后一般都有较为明显的残余变形。通过金相检查可以发现微观组织有显著变化。容器由于蠕变破裂而造成的事故比较少见的。在发电锅炉主蒸汽管道或有些特殊压力容器上设立蠕变监测标识，定期检验，观测其材料的蠕变状态，一旦发生蠕变破裂，可进行对比鉴别。

7.2.3.3　事故性质的分析

压力容器的破裂，有的是在正常工作压力下发生的，有的是在超压（即较多地超过容器的设计压力）的情况下发生的。其中有的属于物理现象的爆炸，有的属于化学性的爆炸。所以要具体分析事故的原因，要根据事故现场的调查和技术检验、计算等资料对爆炸的性质或过程以及容器破裂压力等进行正确的判断。

根据爆炸事故的性质，爆炸事故可分为化学性爆炸事故和物理性爆炸事故。

（1）化学性爆炸事故

① 气体混合型爆炸事故，如反应容器中可燃介质遇明火发生爆炸。

② 有点火源泄漏型爆炸事故，如压力容器连接部位泄漏，可燃介质遇到外界明火，发生爆炸。

③ 自然着火型爆炸事故，如压力容器内介质化学反应，使温度升高，达到闪点或燃点，引起介质着火发生爆炸。

④ 化学反应失控型爆炸事故，如压力容器内的介质由于催化剂的错投或多投使化学反应加剧，而失控发生爆炸。

⑤ 二次爆炸，如盛装易燃介质的压力容器破裂后，容器内逸出的介质与空气混合后，在爆炸极限范围内又发生第 2 次爆炸。

（2）物理性爆炸事故

① 传热型蒸发爆炸事故，如夹套容器进水夹套进出口阀门关闭，内筒介质继续加热，使夹套中水蒸发超压而发生爆炸。

② 平衡破坏型爆炸事故，如容器内高压液体突然降压，使容器内液体的相平衡破坏而发生爆炸。

③ 平衡型超压爆炸事故，如由于高压液体突然降压，使容器内液体的相平衡破坏而发生爆炸，或压力表失灵器内介质压力不断升高，使其超压爆炸。

④ 未超压型爆炸事故，如压力容器结构不合理、选材错误或带缺陷运行的爆炸。

通过对爆炸性质的判断和破裂形式的鉴别以后，产生事故因素的范围比较明确，造成事故的直接原因就比较容易查找，有时甚至直接就可以得到事故原因。

如果容器是在工作压力下破裂，可按破裂形式分别从不同的方面查找原因：第一，韧性破裂，经过强度核算和焊接质量的检验即可判明是由于设计壁厚太薄、焊接质量低劣或使用过程被严重腐蚀所致；第二，脆性破裂，应从材料选用、制造缺陷和质量检查控制等方面考虑；第三，疲劳破裂，应从容器设计（是否考虑了疲劳问题和局部应力过高）或不正常的使用（不正常的频繁开停或较悬殊的压力波动）等方面考虑；第四，腐蚀破裂，应从材料选用、防腐蚀措施的效能和完整情况或介质中混入杂质和操作工艺条件不正常等方面考虑。

如果容器是在超压运行状态下破裂，应集中查找造成超压的原因。常见的超压原因是操作失误（例如关错阀门等）加上安全泄压装置失灵或排泄面积不够等；对盛装液化气体的容器则大多是充装过量或受热严重。

对容器内化学反应爆炸事故，应根据现场情况分析的各种可能性，对操作工艺条件、管路的严密性、操作是否失误等各方面逐一查找。

7.2.4 事故处理

（1）事故责任分析

① 根据事故调查所确认的事实，通过对事故原因的分析，确定事故的直接责任者和领导者。

② 在直接责任者和领导责任者中，根据其在事故发生过程中的作用，确定主要责任者。

③ 根据事故后果和事故责任者应负的责任提出处理意见。

（2）事故报告

① 写明事故发生时间、地点、容器名称、容器所属单位。

② 正确反映事故发生前容器的状况，包括设计、制造、试验、安装、检修和运行原始

材料。

③ 正确反映事故发生的全过程，包括事故开始时的异常现象，事故过程中的各种现象，操作人员采取的措施，容器爆炸或破裂的过程。

④ 确切描述事故发生后容器破裂或变形的情况和容器周围其他设备及建筑物的破坏情况。

⑤ 正确反映因压力容器爆炸或破裂造成的现场破坏情况，直接损失、间接损失、人员伤亡及其他损失情况。

⑥ 正确分析事故原因，应附以必要的现场照片，各种检验或试验报告，金相检验和断口检查照片。

⑦ 提出防止发生类似事故重复发生的措施。

⑧ 提出对事故有关责任人员的处理建议。

⑨ 写出事故调查报告书并应有调查组人员签字。

⑩ 事故调查组应当将事故调查报告书报送组织该起事故调查的行政部门（锅炉压力容器安全监察部门），并由其进行批复。

（3）事故处理

① 事故批复后，组织该起事故调查的行政部门应当将事故调查报告书归档备查并将事故调查报告书副本送达国家质检总局事故调查处理中心、当地人民政府和有关主管部门。

② 事故发生单位及主管部门和当地人民政府应当按照国家有关规定对事故责任人员做出行政处分或者行政处罚的决定；构成犯罪的，由司法机关依法追究刑事责任。行政处分或者行政处罚的决定应当在接到事故调查报告书之日起30日内完成，并告知组织该起事故调查的行政部门。

（4）事故分析会

在事故调查处理过程中，根据情况可召开各种会议，并进行必要的记录。根据事故调查工作的开展或需要，写出会议纪要或情况通报。

召开事故分析会的目的是对事故的调查、分析情况、责任者的处理意见、整改措施和对事故处理意见进行最后审定。可以吸取教训，防止类似事故重复发生。

参加事故分析会的部门和人员包括：事故发生单位的有关领导和人员；事故单位上级主管部门的有关领导和人员；安全监察机构的领导和人员；被邀请的有关专家和其他有关人员。

7.3 事故应急救援预案

7.3.1 事故应急救援预案的概述

7.3.1.1 事故应急救援预案的法律依据

我国的事故应急救援工作已经得到党和国家的高度重视，相关法律法规已经开始颁布实施。初步构成了我国的事故应急救援的法制基础，为各级政府和企业制定本地区和本行业的应急救援体系和预案，提供了法律依据。

《中华人民共和国特种设备安全法》有关事故应急救援预案的内容如下：

第六十九条　国务院负责特种设备安全监督管理的部门应当依法组织制定特种设备特重大事故应急预案，报国务院批准后纳入国家突发事件应急预案体系。

县级以上地方各级人民政府及其负责特种设备安全监督管理的部门应当依法组织制定本行政区域内特种设备事故应急预案，建立或者纳入相应的应急处置与救援体系。

特种设备使用单位应当制定特种设备事故应急专项预案，并定期进行应急演练。

《中华人民共和国安全生产法》有关事故应急救援预案的内容如下：

第三十三条 生产经营单位对重大危险源应当登记建档，进行定期检测、评估、监控，并制订应急预案，告知从业人员和相关人员在紧急情况下应当采取的应急措施。生产经营单位应当按照国家有关规定将本单位重大危险源及有关安全措施、应急措施报有关地方人民政府负责安全生产监督管理的部门和有关部门备案。

第三十六条 生产经营单位应当教育和督促从业人员严格执行本单位的安全生产规章制度和安全操作规程；并向从业人员如实告知作业场所和工作岗位存在的危险因素、防范措施以及事故应急措施。

第四十五条 生产经营单位的从业人员有权了解其作业场所和工作岗位存在的危险因素、防范措施及事故应急措施，有权对本单位的安全生产工作提出建议。

第五十条 从业人员应当接受安全生产教育和培训，掌握本职工作所需的安全生产知识，提高安全生产技能，增强事故预防和应急处理能力。

第六十八条 县级以上地方各级人民政府应当组织有关部门制定本行政区域内特大生产安全事故应急救援预案，建立应急救援体系。

第六十九条 危险物品的生产、经营、储存单位以及矿山、建筑施工单位应当建立应急救援组织；生产经营规模较小，可以不建立应急救援组织的，应当指定兼职的应急救援人员。

危险物品的生产、经营、储存单位以及矿山、建筑施工单位应当配备必要的应急救援器材、设备，并进行经常性维护、保养，保证正常运转。

第七十条 生产经营单位发生生产安全事故后，事故现场有关人员应当立即报告本单位负责人。

单位负责人接到事故报告后，应当迅速采取有效措施，组织抢救，防止事故扩大，减少人员伤亡和财产损失，并按照国家有关规定立即如实报告当地负有安全生产监督管理职责的部门，不得隐瞒不报、谎报或者拖延不报，不得故意破坏事故现场、毁灭有关证据。

7.3.1.2 事故应急救援预案的基本原则与要求

应急救援预案是事故应急救援系统中的关键组成部分，其有效实施将会指导人员快速有效的组织救援工作、控制事故发展，从而最大程度降低人员伤亡和财产损失。

(1) 应急救援预案的基本原则

① 以人为本，安全第一 把保障人民群众的生命安全和身体健康、最大程度地预防和减少安全生产事故灾难造成的人员伤亡作为首要任务。切实加强应急救援人员的安全防护。充分发挥人的主观能动性，充分发挥专业救援力量的骨干作用和人民群众的基础作用。

② 统一领导，分级负责 在国务院统一领导和国务院安委会组织协调下，各省（区、市）人民政府和国务院有关部门按照各自职责和权限，负责有关安全生产事故灾难的应急管理和应急处置工作。企业要认真履行安全生产责任主体的职责，建立安全生产应急预案和应急机制。

③ 条块结合，属地为主 安全生产事故灾难现场应急处置的领导和指挥以地方人民政府为主，实行地方各级人民政府行政首长负责制。有关部门应当与地方人民政府密切配合，充分发挥指导和协调作用。

④ 依靠科学，依法规范 采用先进技术，充分发挥专家作用，实行科学民主决策。采用先进的救援装备和技术，增强应急救援能力。依法规范应急救援工作，确保应急预案的科学性、权威性和可操作性。

⑤ 预防为主，平战结合 贯彻落实“安全第一，预防为主”的方针，坚持事故灾难应

急与预防工作相结合。做好预防、预测、预警和预报工作，做好常态下的风险评估、物资储备、队伍建设、完善装备、预案演练等工作。

(2) 应急救援预案的基本要求

① 针对性 应急救援预案应明确应急救援范围、体系和职责，且针对事故危险辨识的结果、可能发生的时间、地点和岗位以及其他薄弱环节进行编制，使得在应急救援过程中确切地做到迅速、有效。

② 科学性 应急救援预案的制定必须秉凭科学的态度。在全面调查和分析的基础上，开展科学的论证。通过先进技术、先进方法的应用，使得应急救援预案的有效性得以加强。

③ 实用性 应急救援预案应符合客观实际情况，且使用简明的语言并具备相当的可读性，便于评价和使用。同时，应急救援预案应具有足够的灵活性，以适应随时多变的救援行动。

④ 完整性 应急救援预案应严谨、详细、完整，包括实施应急救援行动所需要的所有基本信息。同时要不断地对应急救援预案进行评估、修订，以保证应急救援预案的持续改进。

⑤ 兼容性 应急救援预案应符合国家相关法律法规、标准的规定，并且能够与其他相关应急救援预案协调一致，相互兼容。

7.3.1.3 事故应急救援预案的体系与基本要素

(1) 事故应急救援预案的体系

应急救援预案的体系主要由综合应急预案、专项应急预案和现场处置方案构成。生产经营单位应根据本单位组织管理体系、生产规模、危险源的性质以及可能发生的事故类型确定应急预案体系，并可根据本单位的实际情况，确定是否编制专项应急预案。风险因素单一的小微型生产经营单位可只编写现场处置方案。

① 综合应急预案 综合应急预案是生产经营单位应急预案体系的总纲，主要从总体上阐述事故的应急工作原则，包括生产经营单位的应急组织机构及职责、应急预案体系、事故风险描述、预警及信息报告、应急响应、保障措施、应急预案管理等内容。

② 专项应急预案 专项应急预案是生产经营单位为应对某一类型或某几种类型事故，或者针对重要生产设施、重大危险源、重大活动等内容而制订的应急预案。专项应急预案主要包括事故风险分析、应急指挥机构及职责、处置程序和措施等内容。

(2) 应急救援预案的基本要素

完整的应急救援预案应包括6个一级关键要素：方针与原则；应急策划；应急准备；应急响应；现场恢复；预案管理与评审改进。

这6个一级关键要素之间既相互独立又紧密联系，形成一个有机联系并持续改进的应急管理体系。根据6个一级关键要素中所包含的任务和功能，应急策划、应急准备、应急响应3个一级关键要素可进一步划分成若干个二级要素。所有这些要素构成了重大事故应急救援预案的基本要素。

7.3.2 事故应急救援预案的编制与演练

7.3.2.1 事故应急救援预案的编制

(1) 成立应急预案编制工作组

生产经营单位应结合本单位部门职能和分工，成立以单位主要负责人（或分管负责人）为组长，单位相关部门人员参加的应急预案编制工作组，明确工作职责和任务分工，制订工作计划，组织开展应急预案编制工作。

(2) 资料收集

应急预案编制工作组应收集与预案编制工作相关的法律法规、技术标准、应急预案、国内外同行业企业事故资料，同时收集本单位安全生产相关技术资料、周边环境影响、应急资源等有关资料。

(3) 风险评估

主要内容包括：

① 分析生产经营单位存在的危险因素，确定事故危险源；

② 分析可能发生的事故类型及后果，并指出可能产生的次生、衍生事故；

③ 评估事故的危害程度和影响范围，提出风险防控措施。

(4) 应急能力评估

在全面调查和客观分析生产经营单位应急队伍、装备、物资等应急资源状况基础上开展应急能力评估，并依据评估结果，完善应急保障措施。

(5) 编制应急预案

依据生产经营单位风险评估及应急能力评估结果，组织编制应急预案。应急预案编制应注重系统性和可操作性，做到与相关部门和单位应急预案相衔接。

(6) 应急预案评审

应急预案编制完成后，生产经营单位应组织评审。评审分为内部评审和外部评审，内部评审由生产经营单位主要负责人组织有关部门和人员进行。外部评审由生产经营单位组织外部有关专家和人员进行评审。应急预案评审合格后，由生产经营单位主要负责人（或分管负责人）签发实施，并进行备案管理。

7.3.2.2 事故应急救援演练

(1) 事故应急救援演练的目的

① 检验预案。发现应急预案中存在的问题，提高应急预案的科学性、实用性和可操作性。

② 锻炼队伍。熟悉应急预案，提高应急人员在紧急情况下妥善处置事故的能力。

③ 磨合机制。完善应急管理相关部门、单位和人员的工作职责，提高协调配合能力。

④ 宣传教育。普及应急管理知识，提高参演和观摩人员风险防范意识和自救互救能力。

⑤ 完善准备。完善应急管理和应急处置技术，补充应急装备和物资，提高其适用性和可靠性。

(2) 应急预案演练的主要内容

① 预警与报告　根据事故情景，向相关部门或人员发出预警信息，并向有关部门和人员报告事故情况。

② 指挥与协调　根据事故情景，成立应急指挥部，调集应急救援队伍和相关资源，开展应急救援行动。

③ 应急通信　根据事故情景，在应急救援相关部门或人员之间进行音频、视频信号或数据信息互通。

④ 事故监测　根据事故情景，对事故现场进行观察、分析或测定，确定事故严重程度、影响范围和变化趋势等。

⑤ 警戒与管制　根据事故情景，建立应急处置现场警戒区域，实行交通管制，维护现场秩序。

⑥ 疏散与安置　根据事故情景，对事故可能波及范围内的相关人员进行疏散、转移和安置。

⑦ 医疗卫生　根据事故情景，调集医疗卫生专家和卫生应急队伍开展紧急医学救援，

并开展卫生监测和防疫工作。

⑧ 现场处置　根据事故情景，按照相关应急预案和现场指挥部要求对事故现场进行控制和处理。

⑨ 社会沟通　根据事故情景，召开新闻发布会或事故情况通报会，通报事故有关情况。

⑩ 后期处置　根据事故情景，应急处置结束后，所开展的事故损失评估、事故原因调查、事故现场清理和相关善后工作。

⑪ 其他　根据相关行业（领域）安全生产特点所包含的其他应急功能。

（3）应急预案演练评估与总结的主要内容

① 应急演练评估

a. 现场点评。应急演练结束后，在演练现场，评估人员或评估组负责人对演练中发现的问题、不足及取得的成效进行口头点评。

b. 书面评估。评估人员针对演练中观察、记录以及收集的各种信息资料，依据评估标准对应急演练活动全过程进行科学分析和客观评价，并撰写书面评估报告。

评估报告重点对演练活动的组织和实施、演练目标的实现、参演人员的表现以及演练中暴露的问题进行评估。

② 应急演练总结　演练结束后，由演练组织单位根据演练记录、演练评估报告、应急预案、现场总结等材料，对演练进行全面总结，并形成演练书面总结报告。报告可对应急演练准备、策划等工作进行简要总结分析。参与单位也可对本单位的演练情况进行总结。演练总结报告的内容主要包括：演练基本概要；演练发现的问题，取得的经验和教训；应急管理工作建议。

7.3.3　压力容器特大事故应急救援预案（案例）

为了积极应对压力容器等特种设备可能发生的特大事故，及时、高效、有序地组织开展事故抢救救援工作，最大限度地减少人员伤亡和财产损失，维护正常的生产和生活秩序。根据《中华人民共和国特种设备安全法》、《中华人民共和国安全生产法》、国务院《特种设备安全监察条例》、《国务院关于特大安全事故行政责任追究的规定》和国家质检总局《特种设备事故报告和调查处理规定》等法律法规的要求，结合××省实际状况制定本事故应急救援预案。

（1）组织结构

事故应急救援工作在省局党组的领导下，各级成员单位分工合作，各司其职，密切配合，快速、高效、有序地开展工作。

① ××省质量技术监督局成立压力容器等特种设备特大事故应急救援领导小组及指挥机构。

a. 领导小组。

组长：×××。

副组长：×××。

组员：×××、×××、×××等。

b. 指挥机构。

总指挥：×××。

副总指挥：×××。

组员：×××、×××、×××等。

c. 日常办事机构。压力容器等特种设备特大事故应急救援领导小组及指挥机构的办事机构在省局特种设备安全监察处，负责特大事故应急救援的日常工作。

d. 应急救援专家组。根据压力容器可能发生事故的特点，组建事故应急救援专家组，由省锅炉压力容器检验研究院负责组建压力容器特大事故应急救援专家组。

② 各市、县、区质量技术监督局参照省局事故应急救援的组织形式，成立相应机构，统一纳入省局的应急救援体系中；同时要保持管辖区域内压力容器等特种设备应急救援的独立性，纳入当地政府的统一预案，形成条块结合、上下信息通畅、指挥灵活的系统。

(2) 领导小组和指挥机构的主要职责

① 组织市质量技术监督局及有关单位落实《应急救援预案》中的各项措施，在事故发生时按照《应急救援预案》迅速开展抢险救灾工作，有效控制事故，力争把事故的损失降到最低程度。

② 根据事故发生情况，接受国家和省特大事故应急救援调遣。

③ 负责事故现场处置的技术支持。

④ 组织或参与事故调查。

⑤ 定期按照《应急救援预案》组织演练，根据变化的情况，及时提出组织机构和人员组成调整的意见，对《应急救援预案》进行修订和补充。

(3) 办事机构职责

① 根据总指挥的命令，启动《应急救援预案》，落实应急救援的各项措施。

② 负责应急救援工作中的具体组织协调工作。

③ 协调专家组提供技术支持。

④ 组织或参与事故的调查处理。

⑤ 组织应急救援的演练。

(4) 事故应急救援网络组成

压力容器等特种设备特大事故的《应急救援预案》应纳入全省特大事故《应急救援预案》，并报国家质检总局备案。同时与有关部门形成统一的协调机制，与有关部门和各市政府建立起联系协调机制，与公安、消防、安监、医疗卫生等部门明确具体联系部门、联系人、联系方式。市、县、区质量技术监督局结合当地实际都要制订压力容器等特种设备特大事故应急救援预案，纳入当地政府的统一预案，并与省局的预案相衔接，形成条块结合的网络和协调统一的指挥系统。各级救援机构向社会公布救援电话，制订必要的管理制度，接到群众告急和有关部门指令，立即赶赴现场，实施应急救援。

(5) 应急救援预案的启动程序

① 发生压力容器等特种设备特大事故，发生地质量技术监督部门应立即将事故情况报上一级质监部门、当地政府和省局特种设备特大事故应急救援办公室。报告内容为事故发生的地点、时间、单位、事故的简要情况、伤亡人数、初步估计的直接经济损失和已采取的应急措施等。

② 省局接到报告后，应立即报告领导小组主要负责同志和总指挥，同时向国家质检总局事故处理中心和省安委会报告，由总指挥决定启动《应急救援预案》。

③ 根据总指挥的指令，立即组建现场救援组，明确现场组长、副组长及成员单位，并第一时间赶赴现场，实施现场救援工作和调查处理。

④ 特大事故现场救援组到达后，根据省特大事故应急救援现场指挥部的命令，按照职责分工，立即开展救援工作，听取事故发生单位的汇报，分析事故发生的原因，制定抢险方案，并分工组织实施。

⑤ 专家组成员接到命令后，应立即赶赴现场，并为救援工作提供技术指导。

⑥ 对于事故还在扩大，不能有效控制，特别是毒气泄漏事故应立即报告省政府，必要时请求防化部队支援。

(6) 现场保护

事故发生地的有关单位必须严格保护事故现场，并采取必要措施抢救人员和财产，防止事故扩大和损失加重，确因抢险需要移动现场物件时，必须做出标志、拍照、详细记录和绘制图，并妥善保存现场主要痕迹、物证等。

(7) 物质保障

① 应急救援所需车辆，由省局办公室统一调配。

② 救援物资及所耗费用由省局机关财务先行垫付，事故处理后由省局计财处申请省财政核拨。

③ 专家组费用和相关支持单位的耗费由事故发生单位支付。

7.4 典型压力容器事故案例

7.4.1 蒸压釜爆炸事故

7.4.1.1 事故介绍

① 事故时间 2001 年 12 月 29 日 16 时 15 分。

② 事故地点 广西壮族自治区玉林市容县石寨乡平梨砂砖厂。

③ 事故简要经过 2001 年 12 月 29 日下午，平梨砂砖厂正常生产，共有 43 人上班。该厂有 3 台成都某化工压力容器厂制造的 ϕ1650mm×22300mm 蒸压釜，沿东西方向并列布置。当时 1 号釜已升压完毕正在保压，3 号釜已蒸好准备出砖，而 2 号釜则装砖完毕，于 14 时 36 分由司炉工李某封盖后，关闭 3 号釜进气阀，打开 2 号和 3 号釜之间的连通阀，将 3 号釜的余气通入 2 号釜，两釜压力平衡后，关闭连通阀，打开 2 号釜进气阀升压。至 16 时，2 号釜压力升至 0.8MPa，约 16 时 15 分，2 号釜西侧釜盖滑脱，发生爆炸。

④ 事故现场破坏情况 2 号釜西侧釜盖滑脱后，刮起釜东端的运输轨道，击倒制砖车间 4 座砖柱，挂在车间内 4 台砖机的连接平台上，造成制砖车间完全倒塌，同时气浪将正开着的 3 号釜盖打得反转，造成 3 号釜西侧横向位移近 1m。随后，在反冲力的作用下，2 号釜体向东射出，拉断两个固定支座的基础，铲平釜区东侧矮墙及地面，打弯东侧出砖轨道尽头的工字钢立柱，击毁正在装车或停放的 1 台手扶拖拉机、2 台农用运输车、1 台东风牌汽车，撞散一幢砂砖，击断 1 条底直径为 300mm 的水泥电杆，釜体上焊接的 5 个鞍式支座至此全部拉脱。最后，釜体飞越厂区东侧的一条小溪，落在距离 2 号釜原位置 115m 外的农田中。此外，釜区北侧自锅炉房引出的蒸汽管道及 3 号釜的连接管道被拉断成数截，其中 4m 多长的一截飞出约 30m，打到办公室屋顶后落在地上。

爆炸发生时，该厂共有 43 名工人正在岗位作业，另有一些人在进行装车作业，当场死亡 7 人，重伤 4 人，轻伤 21 人。重伤 4 人中，2 人因抢救无效于 2001 年 12 月 30 日死亡，2002 年 1 月 5 日又死亡 1 人，共死亡 10 人。

⑤ 现场调查情况 根据现场勘查的情况看，2 号釜釜体法兰和釜盖法兰的釜齿面上有明显塑性变形的痕迹。釜体法兰和釜盖法兰各有 36 个釜齿，现场检查时对釜齿的进行编号。检查中发现编号 1～19、33～36 的釜齿上有明显压伤的痕迹，宽度仅为 6～8mm，也就是说，爆炸前每齿应为 70mm 长的釜齿啮合长度，实际仅为 6～8mm，这些痕迹形成的部位证明釜盖是沿着开启方向转动的。据最先到达现场救人的人员反映，他先听到很远的一阵蒸汽泄漏声，随后就发生爆炸。这是釜盖滑脱前因釜齿变形而倾斜，密封面泄漏所致。

7.4.1.2 事故原因分析

(1) 2 号釜爆炸的 3 种可能性

根据这台压力容器的结构型式和使用特点，发生爆炸的原因有以下 3 种可能。

① 超压爆炸。即运行压力超过容器受压部件所能承受的最高压力，使受压部件的材料

发生断裂而爆炸。从实际来看，这种爆炸可能性较小，因为压力源锅炉的额定工作压力为1.27MPa，容器的设计压力为1.16MPa，相差极小，而锅炉的安全阀未起跳，同时操作工自述此时釜内压力为0.8MPa，因此这种可能可以排除。

② 釜内有爆炸物爆炸。这种爆炸有两种可能：一是釜内易燃介质在爆炸浓度范围内，遇明火而发生爆炸。蒸压釜内介质为蒸汽和砂砖，都不是易燃或易爆介质，这一可能不存在。另一种可能是釜内人为放置的爆炸物爆炸。经公安部门检测，爆炸后釜内的碎砂砖中不含炸药、火药等爆炸物成分，这一可能也不存在。因此，釜内有爆炸物爆炸这种可能也可以排除。

③ 釜盖滑脱。从本次爆炸的特点来看属于这种可能，即西侧釜盖滑脱后，釜内的蒸汽和碎砖向西喷出。巨大的反冲力使釜体向东射出，造成破坏程度严重。

由于本设备快开门的安全联锁装置不起作用，使釜盖可能在内压的作用下旋转，最后导致其滑脱。

（2）釜盖滑脱的可能性分析

平梨砂砖厂使用的蒸压釜，釜盖头和釜体的连接形式为各焊接一个带齿的法兰的快开门结构，关闭时，先将釜盖沿釜齿的空位推入，摇动启闭机构使釜盖旋转至釜齿完全重合为关闭到位。随后，关闭排气阀，使排气阀杆上连接的圆缺形板的弧面与焊在釜盖上的挡板缺口处对齐，方可升压。这一装置可防止釜盖在承压的情况下旋转，起到保护作用。而2号釜无此装置，安全联锁装置不起作用。

釜盖的启闭机构是一个手摇的减速箱，内有一对伞齿轮和一对蜗轮蜗杆，其输出端有一个齿轮与釜盖上的齿条啮合，带动釜盖转动，从而进行釜盖的开关操作，在蜗杆传动设计中，其具备自锁功能的条件是：蜗杆分度圆的螺旋线上升角$<3°50'$，经核对原厂的设计图纸，该蒸压釜启闭机构中蜗杆分度圆的螺旋线升角为$5°11'40''$，因此，该启闭机构中的蜗轮蜗杆不具备自锁功能，也就是说，安全联锁装置不具备防止釜盖转动的功能，在足够转动力矩的情况下，2号釜的釜盖是可以转动的。

从釜盖和釜体法兰釜齿啮合处的受力分析来看，如果整齿完全啮合，在蒸汽压力的作用下（暂不考虑其他外力），釜齿的变形为沿釜体的轴线方向的弹性变形，在釜齿强度不足时，可能会发生塑性变形或者断裂，但不会造成釜盖的转动。

如果釜齿有一定程度的错位，仅在蒸汽压力的作用下，就可以造成一个斜面，从而使对釜盖蒸汽的正压力分解成为轴向力和沿釜体圆周方向（也是釜盖开启的方向）的分力，36个釜齿所受的圆周方向分力就形成了一个沿开启方向作用于釜盖的转动力矩，错位越大，圆周方向的分力就越大，使釜盖转动的力矩也就越大。

7.4.1.3 结论

根据前面所做的受力分析得知，正是因为2号釜盖关闭不到位，釜齿的错位使其产生变形，在压力达到0.8MPa以上时，釜齿的变形达到最大，因齿面倾斜而产生的作用于釜盖的转动力矩使其最终滑脱，酿成事故。可以认定，操作工李某关闭釜盖不到位，致使在升压过程中釜盖的釜齿倾斜、旋转；该釜盖的安全连锁装置不起作用，不能限制釜盖的旋转，没有起到安全保护作用，是造成这起爆炸事故的一个直接原因。

7.4.2 酒精蒸发釜爆炸事故

7.4.2.1 事故介绍

（1）事故时间：1993年4月12日上午8时。

（2）事故地点：江苏省苏州市某厂。

(3) 事故经过与现场调查情况

该厂采用乙醇氧化法生产醋酸和醋酸酐。1993年4月12日上午8时许，该厂的一台酒精蒸发釜发生爆炸事故，造成1人死亡，2人受伤。

① 蒸发釜结构 该蒸发釜为立式一类换热容器。由上、中、下3段构成，3段之间由法兰连接。上段是酒精液、酒精蒸发气、热空气的混合相区；中间是列管加热段；下段是酒精液及压缩空气入口段。工作时，酒精和压缩空气从下段入口进入釜内。酒精液位由上段液位计控制掌握；压缩空气压力由薄膜阀控制调节。蒸发釜运行时，在列管段壳程通入小于0.2MPa的蒸汽，使列管内的酒精加热蒸发。同时，从下段通入的压缩空气也随之加热。正常工作时，控制上段气相压力在0.14MPa，酒精蒸发气温度在85℃。酒精蒸发气与热空气从釜顶部输出，进入氧化炉。在浮石-银网催化剂作用下，酒精蒸汽与热空气的氧发生氧化反应，生成乙醛，再由乙醛制取醋酸。

② 釜体、断口宏观检查

a. 釜体检查。进入爆炸现场，见釜体严重倾倒。釜的上段和中段壳体由于还未着地，因此无碰击损坏。其连接管道有的已被拉断，有的还挂着。爆炸时，由于釜体倾倒，管道坠落，致1人砸死，2人被釜内酒精及蒸汽烫伤。爆炸断口位于釜下段封头环焊缝的上侧热影响区，断口齐平，呈脆性断裂。釜体与下段封头完全分离，下段封头移位。

b. 断口宏观检查。观察爆炸断口，无碎块存在。断口呈不规则的黑白相间条块。靠釜内壁侧区域呈灰黑色为主，为腐蚀裂纹的扩展区；靠外壁侧呈白亮色为主，为瞬间断裂区。断口部位灰黑色区域所占比例较大。说明这些部位腐蚀裂纹多，且已扩展得较深。用放大镜在较厚的白亮处观察，其上可见放射形花样。

c. 断口焊缝检查。下段釜体的纵、环焊缝，成形差，焊波粗糙，呈人字形。经测量，断口焊缝内、外侧宽均在13～15mm，内侧余高为0.2～0.5mm，外侧为1.0～1.5mm。内侧焊缝边缘可见不太深的断续咬边。焊缝内外表面均有飞溅存在。可见，下段釜体的焊缝形貌与一般的碳钢焊缝相似。说明焊缝焊接规范过大。

d. 腐蚀及裂纹检查。在下段釜内，焊缝及两侧热影响区分布有较多的腐蚀坑，其大小一般都在ϕ3～5mm，最大为ϕ10mm，深度为1～2.5mm。腐蚀坑表面有呈淡红色的腐蚀产物。在远离焊缝的内表面，一般较光洁，偶有几处点腐蚀。经细砂纸打磨，在内侧焊缝热影响区，发现较多的裂纹。裂纹长度大，起始处较粗，且大部分裂纹方向与釜的主应力方向相垂直，具有明显的应力腐蚀裂纹特征。在内侧焊缝上，也能见到较细小的裂纹，其方向大多与焊缝垂直。显然，这是二次裂纹。釜外侧表面未见裂纹。

③ 理化检验分析

a. 材质化学成分分析。该酒精蒸发釜于1982年自制，1992年4月因发现釜下段多处泄漏，决定更换下段。新的下段由该厂化机分厂制造。为查明是否制造用材料有误，在下封头及与之相连的筒体上取样作化学分析。分析结果为：C、Si、Mn、Cr、Ni、Mo和S、P元素含量均在GB 1220—75标准规定范围。

b. 材料力学性能试验。在下段釜体上取样，制取标准拉力试样，作筒体、封头及筒体纵焊缝的拉力试验。力学性能试验结果表明，釜下段筒体、封头的母材力学性能正常，但焊缝因存在裂纹，抗拉强度十分较低。因此，失效的关键部位为焊缝。

c. 金相检验。在筒体与下封头焊缝及热影响区取样做金相检验。发现在焊缝热影响区的腐蚀坑下有裂纹存在。裂纹呈树枝状，有分枝，具有应力腐蚀的特征。从光学金相看，裂纹为穿晶型，其开口度大，裂纹内充满腐蚀产物。焊缝金属和热影响区金相组织均为奥氏体，在奥氏体晶界处，分布有少量小块状δ铁素体及点状碳化物。由于焊接规范大，奥氏体晶粒粗大，晶界较平直。用电子金相检查断口，其断口处腐蚀产物形貌呈龟裂状。在扫描电镜下观察断口能清晰见到扇形花样和河流状花样。这些都是应力腐蚀断口的典型形貌。因此，蒸发釜的失效已基本能确定属于应力腐蚀破坏。

d. 腐蚀产物 EDS 分析。为寻找产生应力腐蚀的特定介质，采用 EDS 分析仪，对腐蚀坑处的腐蚀产物作能量散射 X 光谱分析。经分析，在腐蚀产物中确实存在能导致奥氏体不锈钢应力腐蚀的 Cl 元素，且其质量分数达 5.96%。

7.4.2.2 事故原因分析

(1) 釜体材质因素

本蒸发釜采用 00Cr17Ni14Mo2 不锈钢和 A022 焊条制造，该材料具有良好的焊接性能和抗晶间腐蚀能力。但由于应力腐蚀机理不同于晶间腐蚀，因此，抗晶间腐蚀能力强的不锈钢不一定有高的抗应力腐蚀能力。理论和实践证明，应力腐蚀的敏感性主要决定于应力大小和方向，同时还与腐蚀介质种类，浓度和温度有关。奥氏体不锈钢对应力腐蚀的敏感性最大。即使在其中添加钼、铌或钛的稳定碳化物元素，也不能完全避免应力腐蚀。因此，本蒸发釜制造用材料虽为超低碳型并添加了近 2% 钼的奥氏体不锈钢，也未能避免应力腐蚀的发生。

(2) 介质因素

经 EDS 分析，证明本釜的腐蚀产物中含有质量分数为 5.96% 的氯元素。氯离子是能导致奥氏体不锈钢应力腐蚀的特定介质。通常，本釜的主要工作介质是酒精和空气，不应有氯离子的存在。但在事故调查中反映，其使用的酒精中有回收酒精。由于回收酒精来源不一，纯度难以保证，氯离子可能由此导入。

(3) 温度因素

据有关研究资料表明，奥氏体不锈钢在 50℃ 以上的含氯介质中，极易产生应力腐蚀。而本釜的工作温度在 80℃ 以上，此温度正是易发生应力腐蚀的危险温度范围。因此，本釜在运行不到一年就遭破坏。

(4) 焊接工艺因素

众所周知，焊接工艺不当，必然导致极大的焊接应力。从本釜下段的焊缝看，其焊缝宽度、余高、焊波等与碳钢焊缝相似，且焊缝边缘有咬边，这足以证明其焊缝焊接规范大。一般认为，不锈钢的焊接规范应比碳钢小 20% 以上。施焊时，应采用小电流、快焊速、快冷却及窄焊道的小规范。金相检验也证明，下段釜体焊缝及热影响区晶粒粗大。粗晶粒势必造成大的焊接应力，并使应力腐蚀临界断裂因子 K_{ISCC} 明显降低，从而增大了应力腐蚀开裂的倾向。因此，焊接工艺不当是造成本釜产生应力腐蚀，并快速失效的最主要的原因。

7.4.2.3 结论

经对蒸发釜爆炸现场调查，釜内外表面、焊缝、断口宏观检查，釜下段材质理化分析、试验、断口处腐蚀产物 EDS 分析、断口及焊缝金相检验，证明其裂纹形貌、断口电子金相形貌都具有应力腐蚀特征；主裂纹方向与釜主应力方向垂直；并在工作介质中有氯离子存在，因此，可以确认，本釜之失效为较典型的应力腐蚀破坏。

其产生的主要原因为：①蒸发釜工作介质不纯，其中含有较高的氯离子，形成了应力腐蚀的特定介质条件。②蒸发釜下段在制造时焊接工艺不当。大规范焊接使焊缝及热影响区晶粒粗大，并产生极大的焊接应力。③蒸发釜工作温度正处在最易产生应力腐蚀的危险温度区。

从本蒸发釜因应力腐蚀而快速失效的事故中得出如下经验教训：①生产中应严格控制原料的纯度，防止易产生应力腐蚀的特定介质导入。②在不锈钢容器制造时，一定要采用正确的焊接工艺规范，尽可能降低焊接应力。必要时，焊后应进行消除应力热处理。

7.4.3 蒸汽夹套反应釜失稳爆裂事故

7.4.3.1 事故介绍

① 事故时间 不详。

② 事故地点 江西省南昌市某乡镇制药厂。

③ 事故经过及现场情况 该厂一台制药用蒸汽夹套反应釜在运行中突然发生失稳爆裂，夹套内高压蒸汽大量喷出，同时，由于内筒发生的外压失稳变形，使釜内药品凡士林瞬间溢出飞溅，造成现场操作工人 11 人受到不同程度的烫伤，最大烫伤面积达 40%以上，当即有 8 名重伤者住院紧急抢救。这一事故不仅造成该反应釜设备的严重破坏，而且造成了 10 多万元的直接经济损失和较大的间接经济损失。

该夹套反应釜内介质为按一定比例混合的蜡膏和机械油，由夹套中的高温蒸汽加热，搅拌均匀后即为凡士林药品。该反应釜系使用单位自行设计、制造，且未经劳动部门注册登记发证即投入运行的设备。内筒设计压力为常压，材料为 1Cr18Ni9Ti 不锈钢。夹套介质为蒸汽，夹套工作压力为 0.28MPa，设计压力为 0.3MPa，材料为 Q235-A，釜体与夹套的设计温度均为 130℃。反应釜安装有锚式搅拌装置。

事故发生的直接原因是当班操作工为了尽快完成釜内物料的操作，拟通过加大蒸汽流量来提高釜内操作温度。但由于系统没有安装可靠的减压或超压泄放装置，大量的蒸汽经截止阀直接进入夹套内，致使夹套内压力不断升高而造成釜体内筒首先在外压作用下发生失稳，并致使夹套与内筒连接的环向焊缝撕裂。现场检测结果表明：内筒发生了明显的失稳变形，两处发生了严重的内凹，内凹深度最大达 260mm，并撞击在锚式搅拌器上，但内筒下封头没有明显变形。夹套与筒体连接的环向焊缝发生一处撕裂，裂口长达 160mm，最大宽度达 50mm。

7.4.3.2 事故原因分析及结论

根据调查分析，设备在设计、制造、使用管理中的问题是导致设备破裂失效的根本原因。

(1) 设计不合理，反应釜内筒的外压稳定性明显不足

由于釜体物料由来自锅炉的蒸汽加热，正确的设计方法是除了考虑釜体内筒的内压强度外，还必须校核内筒在夹套蒸汽压力作用下的外压稳定性。然而，该反应釜的釜体仅按内筒压力（常压）进行了内压强度设计，并没有校核釜体夹套设计压力下外压稳定性，致使内筒的稳定性明显不足而失稳。事实上，反应釜内筒直径 $D_0=1313.2$mm，筒体的有效壁厚为 $\delta_e=6.6$mm（取内筒的实测最小壁厚作为有效壁厚），计算长度 $L=2358$mm，因此内筒的无因次几何参数为：$D_0/\delta_e=1313.2/6.6=199$，$L/D_0=2358/1313.2=1.80$。

根据 GB 150—98《钢制压力容器》，由反应釜内筒的上述两参数 D_0/δ_e 与 L/D_0 查几何参数计算图得系数 $A=0.00025$，再查相应的材料温度线，得系数 $B=32$。由此可得内筒的实际许用外压力为：$[p]=B\delta_e/D_0=32/199=0.161$(MPa)。

由计算结果可见，反应釜内筒所能承受的许用外压力为 0.161MPa，不仅小于其正常工作时的蒸汽外压力 0.28MPa，而且更小于釜体失效时内筒承受的实际蒸汽外压力（釜体失效时锅炉供汽压力为 0.60～0.65MPa）。显然，釜体的设计不当致使外压稳定性不足是造成内筒发生失稳爆裂的主要原因。

应当指出，在事故发生之前，尽管反应釜釜体的许用外压力 $[p]=0.16$MPa 小于夹套的蒸汽外压力 0.28MPa，但却没有发生失稳。这是因为此时反应釜釜体的失稳临界外压力 $p_{cr}=0.483$MPa 大于夹套的蒸汽外压力 0.28MPa。当操作工全开蒸汽截止阀使夹套的蒸汽

压力达到锅炉的实际供汽压力（0.60～0.65MPa）时，釜体内筒即发生失稳爆裂。

（2）系统设计不合理，釜体夹套蒸汽进口管路没有设计安装可靠的减压装置

该反应釜的夹套加热蒸汽来自额定工作压力为1.3MPa的蒸汽锅炉，远高于反应釜工艺要求的夹套蒸汽工作压力0.28MPa。《压力容器安全技术监察规程》规定，当压力容器最高工作压力低于压力源的压力时，在通向压力容器进口的管道上必须装设可靠的减压装置。然而，反应釜的设计、使用管理者并没有按这一要求在反应釜前的蒸汽管路上设置减压阀，而只是安装了截止阀并以此来控制调节夹套蒸汽的进口压力。因此，在操作工欲提高釜内介质的操作温度而加大截止阀的开启度时，夹套蒸汽压力则随之急剧增加，并远超过釜体内筒的许用外压力而导致釜体发生失稳破裂。这是该事故发生的直接原因。

（3）压力容器管理制度不严

该单位对压力容器既无指定的专职管理人员，又无相应的管理制度，不仅没有按要求委托有资质的单位对设备进行设计和制造，而且在使用压力容器时也没有按规定对压力容器进行使用登记，更没有按规定对压力容器及其安全附件进行必要的定期检验和校验，致使釜体超压时不能及时泄放。此外，压力容器的操作人员未按规定进行压力容器安全知识培训，缺乏必要的安全生产知识，无证上岗操作，操作工为缩短操作时间加速升温而随意增加蒸汽截止阀的开启度，导致夹套蒸汽压力超过内筒的工作压力。

通过对上述夹套反应釜失稳破裂失效事故的原因分析可知，为避免类似事故的发生应注意以下几点：

① 压力容器的设计和制造必须严格按相应的法规执行，严禁压力容器产品无证设计和制造。

② 压力容器用户必须依法使用和管理压力容器，做到投用前及时到压力容器安全监察管理部门对压力容器进行登记、注册，使用过程中及时进行定期检验。

③ 加强对压力容器使用管理人员进行有关压力容器的基本知识和安全技术知识教育，建立和健全压力容器使用管理的各项规章制度。指定专职人员负责压力容器设备的管理，操作人员必须按规定持证上岗。

④ 压力容器的安全监察部门应特别注意加强对乡镇企业压力容器的监察和检验力度，做好压力容器安全监察和定期检验工作，及时消除事故隐患。

7.4.4 终洗塔爆炸事故

7.4.4.1 事故介绍

① 事故时间 2004年12月30日14时20分。

② 事故地点 吉林省某化肥厂合成气车间。

③ 事故经过及现场情况 2004年12月30日14时20分，吉林省某化肥厂合成气车间发生终洗塔爆炸重大事故。爆炸造成3人死亡，3人重伤，终洗塔报废，部分阀门管线损坏，厂房受损，直接经济损失100万元。

事故设备情况：设计压力3.2MPa；设计温度120℃；工作介质为裂化气、水；封头及筒体材质1Cr18Ni9Ti；封头厚度20mm；筒体尺寸1200mm×11400mm×18mm；裙式支座。

12月30日9时，操作工赵某检查3号气化炉温度后，认为温度偏低，要求氧压工加大送氧量后，气化炉炉温由1277℃提升至1293℃，以后的3h内操作工再没有进行过温度检查。12时，班长李某在检查时发现炉温已经升至1800℃，在采取降温措施无效后，立即请示总调度停车，12时40分，启动停车按钮。停车后技术人员、操作人员、分析工、检修人员等进入现场，研究超温原因，1h40min后终洗塔爆炸。

7.4.4.2 事故原因分析及结论

① 操作工赵某在提高了3号气化炉温度后，根据工艺流程和过氧应起的化学反应，3号炉过氧超温，产生大量二氧化碳、水蒸气、一氧化碳和氢气。12时40分3号炉停车时，2号炉终洗塔关闭入口阀门和其他与系统相连的阀门。但此时1号终洗塔与2号终洗塔出口相连的阀门仍处于连接状态，在洗涤过程中将溶于水的二氧化碳带走，冷凝水蒸气。使得2号终洗塔内的过剩氧、一氧化碳、氢气的浓度逐渐提高。同时1号终洗塔中的裂解气（一氧化碳、氢气）逐渐通过止逆阀进入2号终洗塔内，直至达到爆炸范围。

② 根据炉内自动记录仪显示，10时炉内最低温度已达1386℃，超过最高允许操作温度。11时，炉内3个测点温度分别升至1548℃、1566℃、1692℃。12时，炉内三测温点温度分别升至1656℃、1800℃以上（该表最大量程为1800℃）。从9时30分至12时40分紧急停炉，操作人进行虚假记录，没有发现3号气化炉长时间超温、长时间过氧的现象，未采取任何有效调温措施，使得在2号终洗塔内积存大量的过剩氧，同时含有蒸汽清洗后形成的高浓度一氧化碳、氢气，形成爆炸的混合气体，造成2号终洗塔在3号气化炉停车1h40min后发生爆炸。

③ 合成气车间有关人员对工艺管理不严，落实有关安全管理规章制度不认真，对重要工艺参数监督检查不到位，疏于监控。

④ 合成气车间的劳动组织不合理，没有合理安排值岗人员，没有合理组织安全生产。

⑤ 合成气车间有关人员对设备性能及工艺流程不熟悉，对气化炉内部过氧引起的后果不清楚。

7.4.5 外取热器爆炸事故

7.4.5.1 事故介绍

① 事故时间　1998年8月5日。

② 事故地点　吉林某炼油厂第二催化车间。

③ 事故经过及现场情况　该炼油厂第二催化车间外取热器中的取热管于1998年8月5日午夜发生爆炸。爆炸后管中的过热水迅速溢出并与管外的680℃的催化剂相遇迅速汽化，从而导致催化剂循环壳程压力迅速增大，这个高压气流通过管路进入第一再生器后进入烟气集合管，在连接FL101的波纹管处崩裂卸压，并将重6.5t的波纹管和12t的内衬从连接管孔处撕下并抛出15m，与该厂的其他工艺管网相撞坠落，且造成管网的严重破坏。低压瓦斯和低压柴油溢出并引起大火，全套设备被迫停产。

有关单位对源发事故管进行检验。宏观检验结果表明：在取热器管下部的裂口长1800mm，宽500mm。在封头处出现炸裂、撕裂。沿平行于裂口边缘附近发现四处无减薄裂纹，其长度分别为14mm、18mm、26mm、23mm，在裂口上有两个宽度较大的区域分别为500mm和370mm。在开裂管断口上每100mm进行一次厚度测量，发现两个开口较大的区域，管壁厚度有显著的减薄现象。在管壁显著减薄区域，管的内侧发现黏附有近1.5mm的沉积物。经过化学分析表明该沉积物是管程外的催化剂。

7.4.5.2 事故原因分析

(1) 材料化学成分、力学性能检测

① 对事故管的材料化学分析结果符合GB/T 699—1999的要求。

② 事故管材料硬度检测结果表明：在远离裂口处布氏硬度为HB119，在裂口附近布氏硬度为HB98。在裂口附近的硬度值偏低。

(2) 事故管裂口附近显微组织、断口分析结果

① 显微组织分析结果表明断口的显微组织及断口附近的显微组织均是铁素体与球状珠光体的混合组织，但两者的球化程度有较大的差别，在断口附近的珠光体球化得更加显著。珠光体发生球化，说明管材的工作温度较高，一般应在580～727℃之间，珠光体球化的量越多，说明工作的温度越高。

② 事故管断口分析在扫描电子显微镜下进行，分别对壁厚减薄严重的区域和变形较小的区域进行断口分析。同时对减薄较严重的断口附近的管内壁表面进行扫描电子显微分析，从其结果可以看出，壁厚减薄严重区域，断口显示在断裂前材料发生了显著的微观塑性变形，为被拉长韧窝断口。对变形较小的区域，断裂过程中没有发生显著的宏观塑性变形，但在微观上仍然是以韧窝断口特征为主，不同的是韧窝更加平坦一些，断裂仍然属于韧性断裂。从管内壁表面可以看出，在管子爆裂过程中，在断口附近母材内表面均产生了与主断口平行的穿透裂纹，裂纹的大小与主断裂面处的变形量大小有关，变形量大，这些裂纹就比较长。在主断口附近产生这类裂纹，说明材料在断裂过程中此区域内强度基本相同。进一步观察裂纹产生的特征可以发现这些裂纹均是在晶界上。很大的变形量集中在晶界上，这种情况只能发生在较高的温度条件下，这也说明在断裂过程中，管子处于较高的温度状况。

（3）综合分析

① 取热管爆裂时发生塑性变形的原因分析　在常温的情况下，使金属材料发生塑性变形的根本原因是构件上所承受的载荷较大，从而导致其所产生的应力超过了材料的屈服极限，发生塑性变形。当变形发生以后，构件的承载截面积减少，使应力水平逐渐提高，同时变形速度也在变快，这一过程延续到一定程度以后，继续变形会因材料本身的加工硬化所阻止（即当材料因变形产生加工硬化后的强度与该载荷下的应力水平相当时，变形就不能再进行了）。只有进一步提高载荷，变形才能继续进行，直到应力达到材料的断裂强度时，材料便发生断裂。

根据发生取热管爆炸时的工作压力记录（经确认压力表工作正常），此时的工作压力为3.44MPa，远低于设计压力4.71MPa。在正常工作情况下不可能发生塑性变形并导致爆炸。根据显微组织分析、扫描电子显微分析，断口截面发生显著塑性变形和断口附近的管内壁产生很多平行于断口的沿晶裂纹等特征，可以断定，取热管爆裂过程中，长时间工作在较高的温度下，这个温度足以消除因塑性变形造成位错增殖带来的加工硬化。从材料学角度来说，这个温度应该在再结晶温度以上，一般材料的再结晶温度为0.35～0.45T_m之间。该取热管材料的熔点约为1500℃，如果其再结晶温度为0.4T_m，则该取热管发生爆裂变形处的工作温度应该在600℃以上。这个估计在显微组织分析中得到了良好的证明。从在取热管的显微组织图片上可以看到，发生较大塑性变形的区域，珠光体被球化的量大，球化非常显著。

材料在上述的高温下工作时，本身的强度显著降低，材料的屈服点将消失，材料的强度强化特性也将消失，变形的机制也发生了很大的变化。变形是通过蠕变的机制来进行的，扫描电子显微分析的结果表明蠕变变形是通过晶界滑动和晶粒扭转的机制完成的，这也进一步说明了此时变形区域的工作温度达到了等强度点以上，工作温度是相当高的。显然，这个温度远超过了设计使用温度。

从以上的分析可以断定造成取热管爆裂的根本原因是局部过热，降低承载能力所导致的。

② 取热管局部过热的产生原因分析　对取热管的内径和壁厚整体检查的结果表明整体上没有胀粗和壁厚减薄现象，胀粗和壁厚减薄只是发生在爆裂的局部位置，说明是局部过热。为分析产生局部过热的原因，需要对取热管的工作环境和历史进行分析研究。

取热管工作时，管的内压为3.44MPa、温度为254℃的饱和蒸汽，在管的外部是压缩气体带动的固体催化剂。催化剂的热量通过管壁及管外侧的翅片吸热并向管内加热来完成热交换，管壁的温度受管内水、汽流动状态的控制。在正常情况下，水、汽在管内流动顺畅并与管壁金属直接接触，使管壁得到冷却，这时管壁工作温度不会很高。而前面的分析结果已经证明管壁爆裂处的实际工作温度远远超过了这个温度。显然，在管子爆裂前没有得到充分冷却。在对爆管进行检查时，发现爆裂处附近管子内壁上黏附厚度近1.5mm的黏附物，化学分析表明这种黏附物是管外流动的催化剂。由于催化剂本身的导热性较差，黏附层阻碍了水、蒸汽与金属管壁的直接接触，影响管子传热，导致局部强度降低，在正常的使用压力下，发生局部变形并造成爆裂。

③ 取热管中催化剂的来源　取热管中不应有催化剂存在，那么这些催化剂是从哪里来的呢？为了搞清这个问题，又对使用和维护过程进行了深入的了解，发现取热管中的催化剂是在上一次管子破裂时，催化剂发生倒灌而进入到取热管中，在维修过程中没有注意到这个方面，只是更换爆裂取热管，而没有对同组相连的另1根管的内部进行检查清理就投入使用，从而导致了这次事故的发生。

上次事故是由一次错误操作造成的。1998年5月8日，在设备正常运行过程中，为了检修阀门的泄漏情况，先将取热管的进水阀门关闭，过30min后又将排气阀门关闭，而在这个过程中，680℃的催化剂仍然按着正常工作的状态流动，使取热管在内部存在有少量的水、蒸汽并且全封闭的状态下烧了30min，之后发生了一根取热管爆裂。当管爆裂，水汽压力下降后，在壳程中流动的催化剂大量地涌进破裂的取热管并进入到同组的另一根管。

7.4.5.3　结论

① 本次事故前的错误操作和维修时疏忽了清理涌进取热管内的催化剂，是本次事故发生的根本原因。

② 本次事故是由于在管内壁局部黏附催化剂后，管子局部得不到冷却使其在高温下长时间工作，造成材料的显微组织球化、强度降低、在内部较高的压力下发生局部高温蠕变变形，局部承载截面降到较小时，发生高温下局部快速拉伸变形并导致爆裂。

③ 造成本次连带事故的原因是取热管爆裂后，给水系统没有得到及时控制，使大量的水进入壳程与高温的催化剂相遇并迅速蒸发产生很大的冲击压力，使设备的附属系统承载减薄处卸压爆炸。

7.4.6 烘筒爆炸事故

7.4.6.1　事故介绍

① 事故时间　2000年4月24日上午9时10分。

② 事故地点　安徽省淮北市某新型建材厂干燥车间。

③ 事故经过　2000年4月24日上午9时10分，该厂一台ϕ800mm×1200mm烘干滚筒，在焊接修理时，突然发生爆炸，造成了房屋倒塌，设备损坏，一名电焊工当场死亡，直接经济损失达4.3万元。

该厂干燥车间在4月21日下午停产检修2号和3号烘干滚筒刮板时，发现1号烘干滚筒环焊缝泄漏。因为22日和23日是双休日，于是决定24日再进行补焊。24日上午9时，电焊工张某用蒸汽试压确定泄漏点后，把送汽阀关闭，又将泄漏点旋到下端进行补焊。当补焊焊缝只达到5mm时，突然发生爆炸，瞬间整个干燥车间充满蒸汽，补焊端封头与筒体的环焊缝整体撕开，封头被炸飞，撞在墙上后，又反弹落到距滚筒位置1.5m处，同时筒体也向后位移了2m，与滚筒相联的蒸汽管件全部拉断，电焊工张某被飞起来的刮板击中头部，当场死亡。

该烘干滚筒是1999年10月从河南省巩义市某化工机械服务部购进，同年11月私自安装运行，滚筒外形尺寸为 ϕ800mm×1200mm，材质不明，筒体及封头壁厚均为 10mm，无任何随机资料，工作介质为水蒸气，工作压力为 0.3～0.5MPa。

7.4.6.2 事故原因分析

这次事故的技术原因是：

① 结构设计不合理，制造质量差。封头使用平板封头，封头与筒体环焊缝采用未开坡口的对接接头，单面焊结构。存在严重未焊透，致使焊缝承受拉应力的能力严重不足。

② 疏水管进口距筒体最近距离约为 180mm，使筒体内冷凝水无法排净。

③ 电焊工在施焊前虽然关闭了给汽阀，但却没有打开疏汽阀进行放汽泄压，致使带压焊接，并且补焊点处在筒体的最下端，当补焊时放出的热量被筒体内残余的冷凝水吸收汽化，筒体内部压力迅速上升，造成爆炸，这是这次爆炸的直接原因。

7.4.6.3 结论

(1) 工厂在安全管理上存在问题

① 厂领导安全生产意识淡薄，购买使用伪劣产品。

② 私自安装不规范，整个承压系统只有蒸汽母管上有 1 块超期的压力表，滚筒管件既无安全阀，又无减压装置。

③ 没有建立健全有关压力容器管理和使用方面的规章制度和操作规程。

④ 管理人员不能认真负责，电焊工、压力容器操作工均无证上岗。

(2) 事故应汲取的教训

① 领导及职工要时刻树立安全第一的思想，加强学习，增强安全生产的意识，确保把安全生产落到实处。

② 应严格执行《压力容器安全技术监察规程》及相关规范标准，严禁无证设计、无证制造、无证安装、无证使用、无证上岗等现象。

③ 企业要加强内部管理，建立健全各项规章制度和安全操作规程，对压力容器操作人员定期进行培训考核，做到持证上岗。

7.4.7 杀菌锅爆炸事故

7.4.7.1 事故介绍

① 事故时间 2004 年 8 月 19 日 17 时 30 分。

② 事故地点 广西壮族自治区南宁市某保健品有限责任公司。

③ 事故经过及现场情况 2004 年 8 月 19 日 17 时 30 分，该公司一台杀菌锅发生爆炸事故，当场造成 4 人重伤，其中 1 人在医院抢救中死亡，其余 3 人至 9 月 9 日也相继在医院死亡，直接经济损失 20 万元。

2004 年 8 月 19 日下午，该公司所在地区停电，杀菌锅电子测温仪表无法显示，但该公司仍进行生产。一工人将 15 托（每托 35 瓶，每瓶 500mL）氨基酸原浆，放入杀菌锅内。送蒸汽一段时间后，听到锅内有爆破声，即关闭蒸汽阀门停止供汽。公司法人代表等 3 人进入现场查看。该工人开启排污阀、排气阀，排放锅内高温高压气体，以达到减压泄压的目的。为了加快排气泄压速度，减少物料损失，该工人在不掌握锅内温度压力的情况下，将杀菌锅门盖旋开一缝隙，造成蒸汽涌出。3 人正在锅前查看时发生蒸汽爆炸，造成在场 4 人全部重伤，后均死亡。

事故设备型号为 RSPZJHG-0104-2 杀菌锅，设计压力：筒体 0.3MPa；设计温度：筒体 143℃；工作介质：食品、水、水蒸气；最高工作压力：筒体 0.2MPa；结构尺寸：单层；容积：2.2m³；重量：982kg；规格：内径 1100mm，壁厚 6mm，总长 2520mm；2004 年 3

月制造，7月安装投用。

该台杀菌锅门盖受气流冲击向左侧面方向打开，门盖与筒体连接转轴上部螺栓螺纹断裂(断裂表面无陈旧性裂纹)，固定螺母与上支撑座轴承脱落于地面上，失去上支撑的门盖的下部与地面相接，内面向上斜后打开，杀菌锅的开口处斜向左侧移动500mm，整体后移830mm，蒸汽进气管折断，排污管折断推出墙外，后部椭圆封头左侧撞击到后墙上，将厚度为600mm的墙壁撞出一个宽700mm、深100mm的凹坑，爆炸冲击波将该车间和相邻车间的多处门窗损坏，天花板坠落，放置于杀菌锅内的物料全部损失，现场地面遗留有大量血水，出口走道上20m范围内布满了血迹，并遗留有人员灼伤后脱落的块状皮肤。

7.4.7.2 事故原因分析及结论

① 在电子测温仪表因停电不能显示温度的情况下，操作工旋开杀菌锅门盖，形成蒸汽爆炸。因从停止供汽减压泄压到开门的过程时间短暂急促，盛装氨基酸原浆的玻璃瓶在未泄压前已达到高温状态并伴有汽化压力，形成一个个受压容器，此时玻璃瓶内的氨基酸原浆处于过热状态，形成饱和液。由于泄压较快，促使瓶内外压力失去平衡，造成玻璃瓶爆裂，器皿内的饱和液迅速膨胀，产生蒸汽爆炸。爆炸产生的高温冲击波与剩余未汽化的高温液体和玻璃碎片，沿着杀菌锅的出口处定向喷出，对杀菌锅形成作用力，同时造成人员受伤。

② 由于电子测温仪表因停电不能显示温度，锅内蒸汽存在过热情况，当人为旋开锅盖时，过热蒸汽减压膨胀，形成蒸汽爆炸特征，也产生对杀菌锅的作用力。

操作工盲目打开杀菌锅门盖，导致上述两种作用力的共同作用是杀菌锅爆炸事故的直接原因。

③ 在电子测温仪表因停电不能显示温度、安全状况不明的情况下，企业仍然违规进行生产，是造成事故的主要原因。

④ 作业人员未经培训上岗，安全意识淡薄，违规操作是造成事故的重要原因。企业法人对违规操作不制止，也是造成事故的重要原因。

⑤ 企业安全管理不落实，安全制度不健全，是造成事故的间接原因。

7.4.8 氧气瓶爆炸事故

7.4.8.1 事故介绍

① 事故时间 2000年9月22日晚8时52分。

② 事故地点 江西省南昌市东郊某私营制氧厂。

③ 事故经过及现场情况 2000年9月22日晚8时52分，该厂利用液氨储槽、液氧泵进行汽化充氧时，发生了气瓶爆炸事故，造成四周24cm厚砖墙倒塌，部分圈梁断裂，42m^{2}厂房房顶预制板断落，当场砸死3名操作人员，另1人从废墟中被救出，因伤势过重，医治无效死亡。

事故发生时，一声巨响，厂房粉尘滚滚，与被炸厂房相连的厂房及20m远的二层办公楼正面玻璃全部震碎，气浪将办公楼大部分木门掀开。同时，爆炸现场起火，将2000余只易拉罐式保健瓶氧（每罐500mL，存放在现场预制板阁楼上）及房顶塌下的预制板上的沥青引燃，造成约30min轻微燃爆。

7.4.8.2 事故原因分析

事故发生后，事故调查组及有关部门对现场进行了仔细地清理、调查和分析。

① 现场清理只找到1只被炸成6片联成一体呈开花状钢瓶残体（称重63.2kg），瓶阀与颈圈一同炸飞未找到。该钢瓶因钢印不清，只有“重量（64.3kg）”及厂标AG隐约可见。现场其余钢瓶除2只瓶体有爆炸撞击的凹陷外，均完好无损，也未发现另外爆炸钢瓶残骸，

可以判定只有1只钢瓶发生了爆炸。

② 现场中未炸1组28只，总阀、瓶阀打开（与被炸1组不在同1房间），被炸这组26只，总阀已关，除4只瓶阀关闭有气，其余未关。可以推断，可能是充氧过程中或者正值被炸这组已充装完毕，切入另1组，正在开关阀门过程中，由于开关瓶阀时产生摩擦热或静电放电火花点燃爆鸣性气体或油脂，使气瓶内温度和压力迅速升高，产生燃烧爆炸。

③ 被炸钢瓶大部分断面呈撕裂状，呈延性破坏，与主应力方向成45°角。此外，壁面无腐蚀现象及明显减薄迹象，有关测试结果：

a. 用超声波测厚仪测418点壁厚，边缘最小值5.9mm，非边缘最小值6.9mm，其余均在6.0～9.0mm范围之间。

b. 气瓶残片化学成分分析见表7-8。

表7-8 气瓶残片化学成分 单位：%

元素名称	C	Si	Mn	S	P	S+P	Cu
百分含量	0.44	0.26	1.51	0.030	0.018	0.048	
GB 5099—94	≤0.40	≤0.37	1.40～1.75	≤0.030	≤0.035	≤0.06	0.20

c. 力学性能试验，见表7-9。

表7-9 力学性能

力学性能	σ_b/MPa	σ_s/MPa	δ_s/%	α_K/(J/cm²)
纵向试件	825	665	18	67
横向试件	800	不明	9.5	44

④ 金相分析

a. 脱碳：全脱碳层为0.21～0.25mm（GB 5099—1994外壁不超过0.3mm，内壁不超过0.25mm）。

b. 非金属夹杂物：氧化物2.5级，硫化物3.5级。

c. 显微组织：F+P，F呈轻微带状组织。

d. 晶粒度：7.0级。

从上述测试结果表明，气瓶质量基本合格，该爆炸非气瓶本身质量引起，因此说本次爆炸属非物理性爆炸。

⑤ 相关气体分析

a. 气源气体分析。抽取液体储罐中液氧分析，每升液氧仅含31.2mg甲烷，总碳23.4mg，未发现乙炔及其他烃类成分，又结合仅炸1只钢瓶可推断，气源质量不存在问题。

b. 爆炸现场其他气瓶气体分析。爆炸现场剩27只钢瓶，余气抽查16只，用JJ-SSS-3.8型可燃气体报警仪及火焰特征判断法检测，无爆鸣性气体及可燃性气体。

⑥ 被炸气瓶内壁结碳物分析 经仔细检查气瓶内壁，发现瓶底边侧有大于500cm²结碳物，用嗅觉闻，微带机油味，经专业化学测试中心测试，判定为含油物质，说明该瓶爆炸前有油类物质进入瓶内。

7.4.8.3 结论

根据以上测试及分析可以推断，该瓶属化学爆炸，由于该爆炸钢瓶原为充装可带油气体的钢瓶（如空气、氮气等）因钢瓶漆色脱落，混为进行氧气充装，在充装过程中，由于油脂与高压氧气（≥3MPa）的接触即发生激烈的氧化反应，放出大量的热量，使油脂的温度迅速升高而发生自燃，产生高温高压，气瓶的应力瞬间（仅需2～3s）超过抗拉强度而发生爆炸，这是造成这起事故的直接原因。

由于检测技术的欠缺，虽然事故单位有充装前检测，但目前（国内）尚无检测瓶内带油的手段，因此充装前检测无法判断气瓶内部是否有油脂，是造成这起事故的间接原因。

综上所述，由于目前国内气瓶充装前检验技术的欠缺及事故单位违反国家有关气体充装单位充装前检查操作规程（即“钢印标记、颜色标记不符合规定及无法判定瓶内气体的，应先进行处理，否则严禁充装”），是造成该起事故的主要原因。

7.4.9 环氧乙烷汽车罐车罐体开裂事故

7.4.9.1 事故介绍

① 事故时间 1998年8月。

② 事故地点 江苏省扬州市。

③ 事故经过及现场情况 该市某化工厂1991年5月购进一辆环氧乙烷汽车罐车（技术参数见表7-10），8月注册领证投入运行。1998年8月由市锅炉压力容器检验研究所对该罐车进行检验，主要检验项目在罐内进行。经内部宏观检验，壁厚测定，和对内表面所有焊缝进行了PT检测，除发现一块防冲板撕裂脱落外，其他部位均未见异常。在对防冲板加固处理后作水压试验，当压力升至1.0MPa时，罐体前封头右下部发生严重泄漏，即停止水压试验，重新打开人孔并将该处外部保温层拆除，从内外两面对该部位进行宏观检查并作PT检测，发现前支座衬板与罐体连接角焊缝处有一长约23mm的贯穿性纵向裂纹，随即通知制造单位派员前来现场协同处理。

表7-10 技术参数

项目	数据	项目	数据
罐车型号	G5150GHYH	罐体规格	ϕ1400mm×6mm×5412mm
充装介质	环氧乙烷	容积	7954L
最大充装量	6000kg	水压试验压力	1.33MPa
设计压力	0.88MPa	主体材质	1Cr18Ni9Ti
设计温度	70℃	衬板材质	0Cr19Ni9

7.4.9.2 事故原因分析

(1) 罐车使用维护不当

① 该罐车已使用7年，汽车底盘减振性能的降低造成了罐车在行驶过程中的振动加剧。

② 在使用过程中，对设计规定的平直路面和弯道限速的要求未能予以足够的重视和严格的执行。

③ 防冲板整体撕裂脱落，而又未能得到及时处理，使罐内液化气体介质在罐车运行变速过程中前后晃动加剧。

在罐车行驶过程中上述因素都会不同程度地影响罐体的稳定性，增加了支座衬板与罐体连接部位的附加应力，经长时间的作用易在角焊缝及其热影响区等应力集中部位产生疲劳裂纹，进而不断地扩展直至贯穿罐体，发生泄漏。

(2) 可能存在的先天性制造缺陷并在使用过程扩展

① 由于该罐车罐体母材壁厚较薄，仅6mm，如控制不好焊接电流，就会灼伤母材，削弱其强度，为以后的使用埋下隐患。

② 在施焊过程中，角焊缝和热影响区也可能存在未能检出的表面或埋藏微缺陷，在使用过程中发展恶化。

(3) 支座位置设计不合理

支座衬板与前封头连接部位恰好位于椭圆封头与筒体边缘高应力区，该处应力比较集中，较易产生缺陷，而存在于该处的缺陷也较易扩展。

裂纹产生机理：液化气体罐车是移动式压力容器，在行驶变速过程中，由于罐体自身惯性和罐内液体介质晃动的作用下，支座与罐体连接部位处轴向应力在不断变化；而道路的颠簸，造成了罐体和液体介质上下震动，使该处的剪切应力也在不断地变化。轴向应力、剪切应力都是交变应力，在交变应力的作用下，位于高应力区受力最大处的晶粒，其所受应力超过屈服限时，晶粒将会产生滑移线并逐渐发展成微小的裂纹，而裂纹两端在交变应力的作用下不断扩展，最终导致容器的泄漏，甚至破裂。

7.4.9.3 结论

① 对罐车的检验不能只重视内部检验而忽略外部检验。本案例是一起裂纹从外表面向内表面扩展的实例。在裂纹贯穿之前，仅作内部检验是无法发现此类缺陷的。设计制造时要考虑到外表面重点检查部位的保温层应易于拆装。

② 不能只重视对主要受压部件的检查而忽略对其他附件的检查。像防冲板的开裂、脱落会影响罐车运行过程中罐体的稳定性，给支座及其与罐体连接的部位带来过大的附加应力，最终影响罐车的安全运行。

第8章 压力容器节能管理

CHAPTER 8

8.1 压力容器节能概述

压力容器广泛应用于化工、石油、机械、动力、冶金、核能、航空、航天、海洋等行业。其建造技术涉及冶金、机械加工、腐蚀与防腐、无损检测、安全防护等众多领域。

压力容器制造行业是典型的离散型制造业，生产过程具有加工-装配性质，加工过程基本上是把原材料分割成离散的毛坯，然后逐一经过冷、热加工，部件装配，最后装配成整机出厂。其生产方式以按订单生产为主，按订单设计和按库存生产为辅。产品结构复杂，批量小，工程设计任务很重，不仅新产品开发要重新设计，而且生产过程中也有大量的设计变更和工艺设计任务，设计版本在不断更新；制造工艺复杂，加工工艺路线具有很大的不确定性，生产过程所需要的机器设备和工装夹具种类繁多，造成工序能耗不易控制。

压力容器生产过程中主要消耗能源品种有：燃料（煤炭、焦炭、天然气等)、电力、热力、水等。据统计，与压力容器制造过程紧密相关的铸造、热处理、焊接和锻造等热加工工艺的能源消耗大约占到机械工业总能耗的50%。与钢铁、有色、电力、石化等原材料和基础行业相比，压力容器制造行业不属于高耗能产业，生产过程中直接耗能不高，单位产值耗能也较低，但却大量消耗钢材等原材料，而生产钢材则需要耗用大量能源，也就是说，压力容器制造过程是直接高耗材，间接高耗能。

我国压力容器行业在节能方面存在的问题如下。

① 节能环保意识淡薄　不少企业对节能、节材重视不够，存在着设计指标过高，加工余量大等现象。

② 产业结构不合理　中低档产品总量供给过剩，技术含量高的高附加值产品供给不足。产品集中度不高。高耗能加工行业存在企业数量多、规模小、厂点分散，难以采用先进技术装备和工艺，技术改造乏力等问题。

③ 技术创新能力不足　技术研发能力低，产品更新和设备改造速度慢；科技研发经费资金投入不足；节能减排新技术、新工艺、新产品推广应用的机制不健全，缺乏专业技术管理机构。

④ 工艺装备水平落后　大量中小企业技改投入严重不足，仍沿用20世纪90年代，甚至60～70年代落后的工艺和装备，导致能耗较高，总体用能效率低。

⑤ 相关标准体系不健全　行业节能标准体系不健全，缺少技术依据和可操作性的标准。诸如：尚未实施行业经济规模准入标准、产品能耗评价标准、高能耗产品的淘汰标识等标准。

⑥ 能源管理和服务体系不健全　企业层面，缺乏专职能源管理员，节能工作管理水平低。管理来看，行业节能管理缺位，职能未落实；监督机构、队伍、人员不健全，缺乏行业性专业检测机构。服务来看，社会化的、专业化的能源服务体系尚未建立起来。

压力容器节能管理，指从压力容器生产开始，一直到最终消费为止，在设计、制造、安装、改造、维修、使用等环节上都要减少能源损失和浪费，提高能源的有效利用程度。

8.2 压力容器节能主要法规

为了确保中国经济发展的可持续性，我国提出了“节约资源是我国的基本国策。国家实施节约与开发并举，把节约放在首位的能源发展战略”，并提出了“十二五”期间单位国内生产总值能源消耗降低16%的节能目标，为了实现这一目标，国家发布了大量的法律法规、标准，不但对用能单位的行为提出了要求，也为用能单位提供了很多的技术和财税支持，这些法规标准为加强压力容器行业的节能监管，提高能源利用效率，促进节能降耗提供了法律保障与政策支持。

(1)《中华人民共和国节约能源法》

《中华人民共和国节约能源法》于2007年10月28日修订通过，本部法律对节能管理、合理使用与节约能源、节能技术进步、激励措施、法律责任等内容进行了确定。其中明确提出对高耗能的特种设备，按照国务院的规定实行节能审查和监管。国家对落后的耗能过高的用能产品、设备和生产工艺实行淘汰制度。生产过程中耗能高的产品的生产单位，应当执行单位产品能耗限额标准。用能单位应当按照合理用能的原则，加强节能管理，制定并实施节能计划和节能技术措施，降低能源消耗。

(2)《中华人民共和国特种设备安全法》

《中华人民共和国特种设备安全法》于2013年6月29日通过，自2014年1月1日起施行。文中指出“特种设备安全工作应当坚持安全第一、预防为主、节能环保、综合治理的原则。特种设备生产、经营、使用单位应当遵守本法和其他有关法律、法规，建立、健全特种设备安全和节能责任制度，加强特种设备安全和节能管理，确保特种设备生产、经营、使用安全，符合节能要求”。

(3)《特种设备安全监察条例》

《特种设备安全监察条例》由2009年1月14日国务院第46次常务会议签署，自2009年5月1日起实施。条例指出，对特种设备生产、使用单位应当建立健全特种设备节能管理制度和节能责任制度。特种设备生产、使用单位的主要负责人应当对本单位特种设备的节能全面负责。特种设备生产、使用单位和特种设备检验检测机构，应当保证必要的节能投入。国家鼓励特种设备节能技术的研究、开发、示范和推广，促进特种设备节能技术创新和应用。

生产单位对其生产的特种设备的能效指标负责，不得生产不符合能效指标的特种设备。特种设备使用单位应当建立包括高耗能特种设备的能效测试报告、能耗状况记录以及节能改造技术资料等内容的特种设备安全技术档案。特种设备使用单位应当对特种设备作业人员进行特种设备节能教育和培训，保证特种设备作业人员具备必要的特种设备节能知识。

(4)《高耗能特种设备节能监督管理办法》

《高耗能特种设备节能监督管理办法》经2009年5月26日国家质量监督检验检疫总局局务会议审议通过，自2009年9月1日起施行。办法明确了高耗能特种设备的生产单位、使用单位、检验检测机构应当按照国家有关法律、法规、特种设备安全技术规范等有关规范和标准的要求，履行节能义务，做好高耗能特种设备节能工作，并接受国家质检总局和地方各级质量技术监督部门的监督检查。国家鼓励高耗能特种设备的生产单位、使用单位应用新技术、新工艺、新产品，提高特种设备能效水平。对取得显著成绩的单位和个人，按照有关规定予以奖励。高耗能特种设备的设计，应当在设备结构、系统设计、材料选用、工艺制定、计量与监控装置配备等方面符合有关技术规范和标准的节能要求。高耗能特种设备使用单位应当建立健全经济运行、能效计量监控与统计、能效考核等节能管理制度和岗位责任制度。

(5)《压力容器使用管理规则》

2013年1月16日，《压力容器使用管理规则》经国家质检总局批准颁布，2013年7月1日起施行。规则指出“使用的高耗能压力容器能效应当符合有关安全技术规范及其相应标准的相关能耗的规定”。

8.3 压力容器节能途径

压力容器的节能是一项复杂、系统、综合性的工作，需要各个部门在各个环节紧密配合，在设计、制造及使用等全过程降低压力容器的能源消耗水平。

8.3.1 设计环节节能

压力容器用途十分广泛，包括石油化工工业、能源工业、科研和军工等国民经济的重要部门。由于它涉及工业生产安全性，因此，每台压力容器从设计、制造、检验、运输、安装等方面都要严格遵守一系列法规和条例，来保证产品的安全性能。自“十二五”后，我国明确了压力容器的节能要求，这就要求我们在保证安全性基础上，在设计时充分考虑压力容器的经济性，增强节能降耗的综合能力。

压力容器产品从设计、制造、检验、运输、安装、运行监督及维修等方面必须严格遵照法规、规定和条例外，还应遵守节能降耗的要求。例如，TSG R0004—2009《固定式压力容器安全技术监察规程》3.7条明确提出固定式压力容器的设计应当充分考虑节能降耗原则：充分考虑压力容器的经济性，合理选材，合理确定结构尺寸；对换热容器进行优化设计，提高换热效率，满足能效要求；对有保温或者保冷要求的压力容器，要在设计文件中提出有效的保温或者保冷措施。在压力容器设计中，在保证可靠性的前提下尽量杜绝、降低无谓的能耗，节省材料，降低制造、运输和安装过程中的能耗。

8.3.1.1 新产品设计环节节能措施

在保证设计产品安全性的前提下，设计时应充分考虑压力容器的经济性。压力容器的设计参数主要有设计温度、设计压力、介质特性。根据这些数据进行强度、刚度计算，得出满足压力容器强度和稳定性的厚度。介质特性对压力容器的焊缝系数、设计结构、无损检测要求有影响。设计温度和设计压力是由使用单位提出的工作压力和工作温度加上安全裕量得到。如果设计条件定得过高会造成材料浪费，因此，需要设计者准确、合理地确定。

(1) 提高材料强度

随着冶炼技术的进步，压力容器用钢沿着一条低强度-中强度-高强度-超高强度的路线发展。超高强度钢和具有更高强度的复合材料已经在压力容器中获得应用。

以低合金高强度钢为例，低合金高强度钢具有优良的综合性能，在压力容器中得到了越来越广泛的应用。表8-1给出了不同时期我国压力容器用低合金高强度钢的强度指标。由表可见16MnR在GB 713—2008《锅炉和压力容器用钢板》(16MnR改为Q345R)、GB 6654—1996《压力容器用钢板》以及GB 6654—1986《压力容器用碳素钢和低合金钢厚钢板》中屈服强度最大值均为345MPa，但厚度范围不断扩大，厚钢板的强度在不断提高，如60～100mm厚度范围内的屈服强度从265MPa提高到305MPa；GB 6654—1996的1号修改单中纳入了屈服强度为370MPa的15MnNbR；GB 19189—2003《压力容器用调质高强度钢板》则纳入了屈服强度为490MPa的两种低合金调质高强度钢07MnCrMoVR、12MnNiVR。

表 8-1 不同时期我国压力容器用低合金高强度钢的强度指标

标准	牌号或标准号	钢板厚度/mm	屈服强度(最小)/MPa	抗拉强度/MPa
GB 6654—1986	16MnR	6～16	345	510～655
		17～25	325	490～635
		26～36	305	490～635
		38～60	285	470～620
		＞60～100	265	450～590
GB 6654—1996	16MnR	6～16	345	510～640
		＞16～36	325	490～620
		＞36～60	305	470～600
		＞60～100	285	460～590
		＞100～120	275	450～580
	13MnNiMoNbR	—	390	570～720
GB 6654—1996 1号修改单	15MnNbR	—	370	530～650
GB 19189—2003	07MnCrMoVR	—	490	610～730
	12MnNiVR	—	490	610～730
GB 713—2008	Q345R(16MnR)	3～16	345	510～640
		＞16～36	325	500～630
		＞36～60	315	490～620
		＞60～100	305	490～620
		＞100～150	285	480～610
		＞150～200	265	470～600
	13MnNiMoR (13MnNiMoNbR)	—	390	570～720
	Q370R(15MnNbR)	—	370	530～630

近年来，由于具有高强度、高刚度、高稳定性、轻质量等优点，复合材料在新能源汽车和航空航天领域高压燃料储存容器中得到广泛应用，复合材料压力容器主要有两种结构形式：一种采用金属内胆，另一种采用塑料内胆。前者的容器性能因子（定义为容器容积与爆破压力之积除以容器质量，可以表征容器的轻型化程度）可达到钛合金制容器的1.5～3倍，质量可减轻25%～50%。

(2) 降低安全系数

随着压力容器用钢质量（特别是纯净度）的提高，焊接技术的进步，射线检测、超声检测、涡流检测等无损检测技术的发展，以及寿命预测和可靠性分析技术水平的提高，压力容器安全系数呈现出下降趋势。现以ASME锅炉压力容器规范第Ⅷ篇第Ⅰ分篇为例（见表8-2）。1914～1944年，常规设计中相对于抗拉强度的安全系数为5；由于第二次世界大战期间材料紧缺，1944～1945年安全系数降低为4；鉴于没有足够的技术支撑，1945年安全系数又升到5.0；到1951年标准增补时将安全系数从5降至4；1999年增补时从4降到3.5。在分析设计中，2007版标准将相对于抗拉强度的安全系数由3降到2.4。欧盟2002年颁布的EN 13445将相对于抗拉强度的安全系数取为2.4。

表 8-2 不同时期 ASME 锅炉压力容器规范常规设计中相对于抗拉强度的安全系数值

不同时期	1914～1944 年	1944～1945 年	1945～1951 年	1951～1999 年	1999 年～现在
安全系数值	5	4	5	4	3.5

在我国，《固定式压力容器安全技术监察规程》对相对于抗拉强度的安全系数进行了调整，常规设计中 n_b 从 3 降到 2.7，分析设计中将其从 2.6 降到 2.4。对于许用应力由抗拉强度决定的压力容器用钢，安全系数的调整可节省约 10%的材料。按我国压力容器用钢年消耗量 4000 万吨计算，一年就可节省 400 万吨钢材，效益显著。

(3) 选用更高屈服强度的材料

对于奥氏体不锈钢、铝、铜、镍等具有面心立方晶格、屈强比低、韧塑性好的材料，其许用应力由屈服强度决定，因此许多国家都已采用 $R_{p1.0}$ 代替 $R_{p0.2}$ 作为屈服强度，按此方法可有效提高材料许用应力值，如奥氏体不锈钢按此方法设计可提高许用应力 12%～43%，纯铝设计时可提高 22%～80%。

采用更高的屈服强度后，容器的安全性也应得到保证。以典型 18-8 型奥氏体不锈钢 06Cr19Ni10 为例，通过工业规模奥氏体不锈钢制压力容器的爆破试验，得到采用不同屈服强度（$R_{p0.2}$ 和 $R_{p1.0}$）确定许用应力后压力容器的强度裕度（见表 8-3），可知采用更高屈服强度后，强度裕度在 3.62～4.57 之间，仍能满足工程应用的要求。

表 8-3 采用 $R_{p0.2}$ 和 $R_{p1.0}$ 作为屈服强度得到的强度裕度

容器编号		1	2	3	4	5	6
实际筒体壁厚/mm		6.6	6.5	12.5	12.7	5.6	11.9
实际爆破压力 p_b/MPa		24.6	24.4	42.1	37.8	15.1	28.1
采用 $R_{p0.2}$ 作为屈服强度	设计压力 p_d/MPa	4.45	4.38	8.30	8.43	3.03	6.37
	强度裕度 $n=p_b/p_d$	5.53	5.57	5.07	4.48	4.98	4.41
采用 $R_{p1.0}$ 作为屈服强度	设计压力 p_d/MPa	5.42	5.34	10.12	10.28	3.70	7.76
	强度裕度 $n=p_b/p_d$	4.54	4.57	4.16	3.68	4.08	3.62

(4) 选用适当材料

压力容器选材不当，会增加制造成本。特大型压力容器的材料消耗大，制造困难。极端工况下服役的压力容器往往需要昂贵的材料。随着有色金属压力容器的应用越来越广泛，实现有色金属压力容器轻型化对节能降耗具有十分重要的意义。压力容器选材时，及时采用国家或行业推荐的压力容器新材料，以生产出既安全性能高又满足节能降耗要求的压力容器。为了保证所设计的压力容器的安全性和经济性，选择材料的一般顺序是：碳素钢钢板、低合金钢钢板、高合金钢钢板。而当所需钢板厚度达到一定程度时，还可采用复合钢板。选择不锈钢复合钢板，既满足使用条件，又达到节约的目的。

提高材料强度、选用更高屈服强度以及优化压力容器结构等可以实现压力容器的轻型化。使用低合金高强钢，降低压力容器受压元件厚度，减轻重量，降低成本。例如采用低合金高强度钢 07MnMoVR、07MnNiVDR、07MnNiMoDR 等低焊裂纹敏感性钢，可以实现大型低温乙烯球罐轻量化，其中 07MnNiMoVDR 及配套 10Ni3MoVD 高强钢锻件与传统 16MnDR 钢相比，在百万吨乙烯工程建设项目中建造大型低温乙烯球罐，可以降低球罐重量 20%左右。

(5) 优化压力容器结构

压力容器结构优化有两类：一类是结构形式的优化，例如采用缠绕式高压容器结构，可以显著减少焊接工作量，提高容器的抗疲劳性能；另一类是已有结构的优化设计，即以最优化理论为基础，根据设计所追求的目标，在满足强度、稳定性等约束条件的前提下，寻求最优方案的一种设计方法。

以最小容器重量、最小应力集中系数等为目标函数，在给定的基本结构形式、材料以及载荷温度等设计条件的基础上，运用计算机辅助优化设计方法，可以在确保安全性的同时，有效减轻容器重量，实现压力容器的轻型化。例如，对典型圆柱形压力容器封头结构进行优化后，可使其重量减轻18%～31%。

对有保温或者保冷要求的压力容器，要在设计文件中提出有效的保温或保冷措施。如果不对这样的压力容器进行保温或保冷措施，将会极大浪费能源。通常的做法是在容器的外部设置保温层，减少容器与空气之间的热交换，从而减少能量的流失。

对换热容器进行优化设计，提高换热效率，满足能效要求。在不锈钢热交换器中，介质无腐蚀或腐蚀性小的情况下，只要设计和制造过程中采取适当的措施，用薄壁不锈钢换热管代替常规规格的不锈钢换热管，提高换热管的导热速率，既可以较大幅度地降低压力容器的造价，又达到节能降耗的较好效果。超标准限值大型热交换器振动预防的结构设计也是进行换热压力容器节能设计的选择。

对于带搅拌的压力容器，合理的传动结构设计，能降低搅拌功率消耗。

(6) 设计数据审核

对设计数据加强审核，压力容器的设计数据主要有设计温度、设计压力、介质特性等，设计者将根据这些数据进行强度、刚度计算，得出该压力容器的厚度，以满足该压力容器的强度和稳定性。介质特性是指压力容器所装物料的物理、化学性质，它与设计压力一起作为压力容器分类的依据，从而影响了压力容器的焊缝系数、设计结构、无损检测等。设计温度是指容器在正常的工作情况下，设定的受压元件的金属温度，它直接影响到材料的许用应力等力学性能，设计压力是指设定的容器顶部的最高压力，设计温度与相应的设计压力一起作为压力容器的设计载荷。而设计温度和设计压力都是由压力容器设计单位的工艺人员或者使用单位人员提出的工作压力和工作温度加上安全裕量得来。

GB 150—2011《压力容器》中，设计温度下圆筒的计算厚度公式规定：

$$\delta=\frac{p_c D_i}{2[\sigma]^t\phi-p_c}$$

式中，δ 为计算厚度；p_c 为设计压力；D_i 为容器直径；$[\sigma]^t$ 为材料许用应力；ϕ 为焊接接头系数。从上式可以看出，当设计条件提得过低的时候，会造成安全隐患，而当设计条件提得过高，将会造成材料的浪费。所以，一定要对设计条件进行审核，以保证所设计的压力容器的安全性和经济性。

8.3.1.2 制造工艺和检测方案设计中的节能措施

压力容器的制造工艺设计，也应当充分考虑节能降耗的原则。以开坡口为例，采用直接气割坡口的简单工艺，只要严格遵守相关图纸、工艺、技术条件、工序标准要求，选用优秀的划线和气割操作工精心操作，在锥形封头内外表面划出坡口线并气割出合格的坡口并不困难。否则，应当利用数控镗铣床回转工作台，仅在锥形封头的内外表面，使用圆柱铣刀少量地加工出坡口基孔轮廓痕迹即可，然后依据内外痕迹气割坡口及开孔余量，也可以明显地大幅缩短制造周期和降低加工费用。

奥氏体不锈钢制产品中压力容器占有较大比重，奥氏体不锈钢屈服强度比较低，即使将抗拉强度安全系数下降到2.4，材料许用应力仍由屈服强度控制。在室温下把奥氏体不锈钢拉伸到塑性变形，然后卸载，当再次加载时，材料的屈服强度将提高而塑性下降。因此提高奥氏体不锈钢的许用应力，体现压力容器安全性经济性并重的设计理念。采用室温应变强化原理，在室温下用洁净水对奥氏体不锈钢深冷容器内容器进行超压处理，使其产生一定量的塑性变形，通过提高奥氏体不锈钢屈服强度从而提高许用应力。在深冷容器制造过程中，容器壁厚的显著减薄，可以减少焊接和成型时的能量消耗。因此，对于移动式奥氏体不锈钢深冷容器，采用室温应变强化技术还可以节省油耗，降低运行成本和二氧化碳排放量。利用奥氏体不锈钢的优点，对容器实施室温和低温应变强化处理，从而降低容器壁厚，提高材料利用率。采用室温应变强化原理，使用国产材料（06Cr19Ni10 和 022Cr17Ni12Mo2）制深冷储运容器，按 GB 150 设计出的容器强度裕度都在 3.7 以上，按应变强化设计得到的强度裕度大部分都在 2.09 以上。室温应变强化奥氏体不锈钢深冷容器容积为 150m^3，设计温度为 −196℃，产品重量减轻 40%以上，容积增加 2%～10%，重容比降低 50%左右。

另外，利用复合材料的各向异性，将复合材料的组合方式与结构强度、刚度要求相结合，能降低复合材料压力容器的重量，而且能大大提高结构的安全性。

8.3.1.3　改造设计中的节能措施

压力容器提前报废或降压使用都将浪费大量钢材及人力物力，与节能降耗相违背。在实际中，有些废旧压力容器还有使用价值，则可对这些压力容器进行重新评估、检验，未到使用寿命的、满足使用要求并合格的压力容器进行合理的改造，重新再利用，减少材料浪费和工程成本，也可达到节能降耗的目的。在实际生产中，往往是随着生产工艺的升级改变、或者是停止一种无利产品的生产而代之以新品种的生产的过程中，许多原有压力容器就不能适应新的生产要求，而这些压力容器并没有超过使用寿命。如果把旧压力容器全部更新，会造成很大的浪费。

对在役压力容器，进行水压试验，要消耗大量的水和电力，大型压力容器的水压试验时间更长，不符合节能减排降耗理念的要求。另外此种超载对压力容器的基础、支撑不利。对没有材质劣化、定期检验后不需要重大修理改造的在役压力容器，在定期检验时，可以不进行水压试验，测厚并进行强度校核即可。例如：一台 5t 壁厚为 10mm 的内压储罐，在用了两年后腐蚀掉 1mm，则实际壁厚为 9mm，新的条件所计算出的壁厚要求 8mm，如果填充介质特性也相同，只是开孔不同，就可以进行旧罐利用，重新开孔并重新进行无损检测和压力试验。

8.3.2　制造环节节能

8.3.2.1　压力容器制造主要工艺流程

机械制造是一个多工序的作业过程，概括起来可分为热加工（铸造、锻造、热处理、焊接等）、机加工（车、铣、刨、磨、镗等）和装配等三大部分。

从上述工艺流程可以看出，机械行业主要耗能工艺在铸造（耗焦、耗电）、锻造（耗煤或天然气、耗电）、热处理（耗电）、焊接（耗电）和机加工（耗电）。其中铸造、锻造和热处理是机械工业制造过程中的重要耗能环节。

（1）铸造

铸造是现代制造工业的基础工艺之一。它是将金属熔炼成符合一定要求的液体并浇进铸型里，经冷却凝固、清整处理后得到有预定形状、尺寸和性能的铸件的工艺过程。铸造毛坯因近乎成形，而达到免机械加工或少量加工的目的，降低了成本并在一定程度上减少了生产时间。

金属熔炼不仅仅是单纯的熔化，还包括冶炼过程，使浇进铸型的金属，在温度、化学成分和纯净度方面都符合预期要求。熔炼金属常用的设备有冲天炉、电弧炉、感应炉、电阻炉、反射炉等。在我国大部分的生产企业采用冲天炉消耗焦炭进行金属熔炼。

(2) 锻造

锻造是利用锻压机械对金属坯料施加压力，使其产生塑性变形以获得具有一定机械性能、一定形状和尺寸锻件的加工方法。通过锻造能消除金属在冶炼过程中产生的铸态疏松等缺陷，优化微观组织结构，同时由于保存了完整的金属流线，锻件的机械性能一般优于同样材料的铸件。

按变形温度，锻造可分为热锻、温锻和冷锻。钢的再结晶温度约为460℃，但普遍采用800℃作为划分线，高于800℃的是热锻；在300～800℃之间称为温锻或半热锻。

锻造通常使用的加热设备可分为电加热炉和火焰炉，火焰炉按所用的燃料的不同又分为固体燃料炉、液体燃料炉、气体燃料炉、粉末燃料炉等。

(3) 热处理

为使金属工件具有所需要的力学性能、物理性能和化学性能，除合理选用材料和各种成形工艺外，热处理工艺往往是必不可少的。热处理是将金属工件放在一定的介质中加热到适宜的温度，并在此温度中保持一定时间后，又以不同速度冷却，通过改变金属材料表面或内部的组织结构来控制其性能的一种工艺。与其他加工工艺相比，热处理一般不改变工件的形状和整体的化学成分，而是通过改变工件内部的显微组织，或改变工件表面的化学成分，赋予或改善工件的使用性能。

热处理设备是对工件进行退火、回火、淬火、加热等热处理工艺操作的设备。热处理设备的种类很多，根据热处理工艺的不同需要配备。

(4) 焊接与切割

焊接是一种连接金属过程。焊接过程中，工件和焊料熔化形成熔融区域，熔池冷却凝固后便形成材料之间的连接，按其工艺过程的特点分有熔焊、压焊和钎焊三大类。

在国内外，电弧焊仍是焊接的主要方法，它的原理是利用电弧放电（俗称电弧燃烧）所产生的热量将焊条与工件互相熔化并在冷凝后形成焊缝，从而获得牢固接头的焊接过程。电弧焊可分为手工电弧焊、半自动（电弧）焊、自动（电弧）焊。电弧焊机是一种能耗较大设备，因此焊接节能技术的方向主要是研究电弧焊如何提高能量利用率。

金属切割是各种板材、型材、管材焊接成品加工过程中的首要步骤，也是保证焊接质量的重要工序。按照金属切割过程中加热方法的不同可以把切割方法分为火焰切割（氧-燃气切割、气割）、电弧切割（等离子弧切割、碳弧气割）和冷切割（激光切割、水射流切割）三类。

(5) 机加工

机加工工艺有车（车床）、铣（铣床）、刨（刨床）、磨（磨床）、镗（镗床）、钻（钻床）、钳（钳工）等，其中，除了钳工，其他又称为切削机加工，需要工人操作机床来完成。切削机加工是用切削刀具，在工具（刀具）与工件的相对运动中，切除工件上的多余材料，得到预想的工件形状、尺寸和表面质量的加工方法。在切削机加工中，需要使用各类机床，机床使用的各类电动机是主要耗能部件。

(6) 电镀

电镀是利用电解原理在某些金属表面上镀上一薄层其他金属或合金的过程，是利用电解作用使金属或其他材料制件的表面附着一层金属膜的工艺。电镀的目的是在基材上镀上金属镀层，改变基材表面性质或尺寸。电镀能增强金属的抗腐蚀性（镀层金属多采用耐腐蚀的金属），增加硬度，防止磨耗，提高导电性、润滑性、耐热性和表面美观性。

由于电镀工艺中需要耗用大量的电能、热能，因此，使用可控硅整流电源和高频开关电源、降低整流电源直流输出端线路压降损耗、提高加热设备热利用效率是电镀行业节能改造的重点。

(7) 涂装

涂装是机械产品的表面制造工艺中的一个重要环节。防锈、防蚀涂装质量是产品全面质量的重要方面之一。产品外观质量不仅反映了产品防护、装饰性能，而且也是构成产品价值的重要因素。

涂装车间是车辆制造的耗能大户，能耗占到总能耗的60%左右。如何在涂装车间规划时选好节能设备，在涂装车间运行时采取有效的节能措施，从而有效降低涂装车间的能耗和运行成本，是涂装车间规划和管理必须重点关注的。

(8) 装配

装配是指将加工出的零件按规定的技术要求组装在一起，并经过调试、检验使之成为合格产品的过程。

8.3.2.2 压力容器制造过程节能途径

压力容器行业节能、降耗的途径主要是通过优化产品结构、提高用能设备的效率，采用节能新产品、应用节能新技术等来降低产品生产过程中的电力、煤炭（天然气）、焦炭等能源的消耗，并把产生的余热等加以回收利用。

① 提高热工设备的热效率。主要热工设备有冲天炉、电炉、锻造炉、热处理炉和蒸汽锅炉等。提高这些设备的热效率，对于整个机械行业的节能降耗意义重大。

② 通过改变产品工艺结构，达到降低能耗的目的。改变产品工艺结构可以有效地降低产品的钢铁消耗量，例如以钢代铸，用钢结构代替铸铁件，不仅简化制造工艺，也能降低能耗。

③ 提高用电设备运行效率。机械制造企业中装备有许多电动机、风机、水泵、空压机等用电设备，注重它们的容量匹配，减少低负荷运行，加强供电、空调和照明等的用电管理，可在节约电能方面取得成效。

④ 余热回收利用。加强对热工设备的余热回收利用，可达到事半功倍的节能效果。

⑤ 通用部件专业化生产，扩大生产规模。

⑥ 加强余料管理。压力容器余料的无管理状态已经影响到企业的发展。目前，许多企业把相当一部分余料作为废料处理，而作为废料处理不仅造成了企业的浪费，还给企业的管理带来了麻烦。余料利用率的高低直接反映着压力容器制造企业的管理水平，也是影响企业经济效益的主要因素之一。发达国家板材制造工业的材料利用率已达到75%以上，国内企业一般只有55%～70%，差距较大，余料剩余较多。如果将余料的20%～30%用作原材料，每年就可以节约大量钢材，经济效益十分显著。在材料价格不断上升的形势之下，提高余料的再次利用率是压力容器生产企业不可忽视的利润来源。

另外，压力容器行业在节能建设中担负着双重的任务，一方面企业自身的生产要消耗各种能源；另一方面，企业生产出来的产品又是耗能的设备。因此，加快研发生产低能耗、高效率、高精度、高技术附加值的产品，为各个行业的生产提供高效节能的产品，从而推动国家整个生产过程的节能降耗。

8.3.2.3 节能技术应用及效果分析

(1) 铸造节能技术

① 冲天炉节能技术　冲天炉是铸造生产中的重要熔化设备，熔化工序能耗占铸件生产总能耗50%～70%。因此，研究应用冲天炉的节能技术，对我国机械行业节能降耗具有重大的现实意义。

冲天炉向大型化、长时间连续作业方向发展是必然趋势。采用大排距双层热风冲天炉，对烟气余热进行回收利用，节能效果明显。

另外，冲天炉打炉红焦的重复利用工艺研究应用，也是冲天炉节能降耗的好方法。

冲天炉具有熔速快、能耗低、出渣快的优点；感应电炉具有升温、保温、纯净铁水的能力，二者互补，应用冲天炉-电炉双联熔炼工艺，利用冲天炉预热、熔化效率高和感应电炉过热效率高的优点，由冲天炉向感应电炉提供铁水，感应电炉对铁水进行升温、调质，既能提高铁水的质量，又可达到节能降耗的目的。

另外，近些年来，随着焦炭、生铁等原材料价格的大幅上涨和铸件品质要求越来越高，单独使用电炉熔炼也日益增多，利用夜间低谷电生产，也能取得较好的经济效益和节能效果。

冲天炉采用计算机控制包含计算机配料、炉料自动称量定量和熔化过程的自动化控制。冲天炉计算机控制技术可使冲天炉处在优化状态下工作，获得高质量的铁水和合适的铁水温度。

② 中频感应电炉的谐波治理　中频电炉是将工频 50Hz 交流电进行整流，然后再逆变为中频 300Hz～10kHz 电源，利用电磁感应原理进行加热。中频炉属交-直-交供电，整流部分一般采用三相桥式电路，直流回路的脉动数为 6。

中频电炉运行产生大量的谐波，导致电能质量下降，增加设备损耗，同时功率因数较低。根据中频炉的谐波和无功状况，采取无源滤波补偿方案，在变压器低压侧安装滤波补偿装置，降低对电网的谐波污染，改善工厂其他用电设备的运行环境，使功率因数提高到 0.95 以上，节能效果显著。

③ 应用计算机辅助设计，推广精密铸造，降低铸件废品率，节能降耗　除少数企业外，我国的铸件生产多数凭技术工艺人员的经验设计，铸件浇冒口大，加工余量大，超重超厚现象普遍存在，铸件尺寸精度比国外普遍低 1～2 级，表面粗糙度比国外差 1～2 级，铸件壁厚和加工余量比国外高出 1 倍以上，铸件废品率也比国外高得多，废品率通常为 9%～15%，而国外的铸铁件和铸钢件的废品率均低于 5%。这些因素直接或间接加大了能源消耗。

推广应用计算机辅助技术、工艺设计（CAD/CAM），进行铸件精密化生产，既可避免铸件超重超厚、铸件尺寸精度低、表面粗糙、铸件废品率高等缺点，又可减少机加工余量，达到节能降耗的目的。

(2) 锻造节能技术

目前，我国锻造设备技术相对落后。效率低，能耗高。针对现有的锻造设备，首先可从实施锻造加热炉余热回收利用和加强炉壁保温技术改造等方面着手，提高锻造炉的热效率。同时推广应用节能高效的锻造技术，从根本上解决锻造设备高能耗、低效率的状况。

① 锻造加热炉节能技术改造　在现有的锻造加热炉上加装换热装置，回收利用高温烟气预热助燃入炉空气，提高锻造加热炉的热效率，可取得一定的节能效果。

加强炉壁的隔热保温，以减少散热损失；对于周期炉或间歇使用炉，炉体轻量化，可减少蓄热损失。

② 推广应用节能高效的电液锤技术　与传统的蒸汽锻锤、宝气锻锤相比较，电液锤具有回程速度快、打击频率高、行程控制准确、工作精度高、能耗低等优点。先进的智能型程控全液压电液锤不仅具有简单可靠的结构，而且具有完善的运行监测系统、故障诊断系统、能量自控系统及程序打击控制系统。采用电液锤技术对蒸空锤进行节能改造，是锻造行业节能降耗的有效途径。

(3) 热处理工业炉的节能技术

① 热处理工业炉降低热损失的节能技术　减少加热设备的热损失是提高加热效率的主要途径。减少加热炉热损失的方法有：减少炉壁散热，提高炉衬材料的隔热能力和减少其蓄热量，增加炉密封性、减少传动件和料筐、料盘带走的热量等。

采用新型节能绝热耐火材料，减少炉衬蓄热。减少炉衬蓄热的方法是采用质量、比热容和密度小的绝热耐火材料。陶瓷纤维俗称硅酸铝纤维，是一种理想的新型节能耐火材料。由于陶瓷纤维的热导率小，在同样炉膛和炉衬尺寸，相同炉温的情况下，炉外壁温度要比重质砖和轻质耐火砖低得多。陶瓷纤维炉衬的升温时间仅为轻质耐火砖和黏土炉衬的升温时间1/6～1/5。当加热炉经常为断续运转时，采用陶瓷纤维炉衬显然是特别有利的：一方面炉子的快速升温，缩短了辅助时间，另一方面大量降低蓄热、显著减少了能源消耗。

进行工装改造，减轻夹具、料盘重量，提高加热效率。对各种类型的加热炉，加热夹具、料盘等工装件需要一定的热能，所以减轻夹具、料盘的重量对于提高加热效率有重要意义。合理选用优质耐热钢等材料来制造夹具和料盘既可延长工装的使用寿命，又能达到节能的目的。

应用远红外涂料。在高温火焰炉内，存在着传导、对流和辐射三种传热方式。其中被加热物体所吸收的热量主要是辐射热。辐射传热量除了与辐射体绝对温度的 4 次方成正比外，还与炉衬内壁黑度的大小有关。在同等温度工况条件下，提高炉衬内壁的黑度能强化炉膛内热交换条件，提高炉子的热效率。

高温远红外节能涂料是采用粉体超细化技术处理的耐火粉、增黑剂和特制黏结剂、悬浮剂等材料组成的一种具有高辐射率的混合物。喷涂了高温远红外节能涂料的炉衬吸收了炉气的热量后，再以电磁波的形式放出辐射能给被加热工件，使炉膛内温度分布均匀。随着炉衬内壁辐射率的提高，传递给被加热工件的热量增加。

高温火焰炉经喷涂处理后，炉膛内火焰均匀，火焰与被加热件间的辐射热量提高，热处理炉炉体使用寿命延长 1 倍。

② 热处理工艺炉余热回收节能技术　利用空气预热装置回收利用热处理燃料炉的烟气余热，来预热入炉空气，减少燃料炉的排烟热损失，达到节能降耗的目的。

③ 热处理工业炉计算机及群控技术改造　目前随着 PLC 性能的不断提高、各类新型仪表的不断出现以及有着强大组态功能、良好人机界面的上位软件不断改进，热处理工业炉计算机控制及群控技术发展迅速。可通过对控制系统的改造，采用 PLC 控制、上下位通信及上位软件监控，实现各类电热、燃气、燃油热处理加热炉的计算机自动控制、远程监测和智能化群控管理，且在工件加热温度的控制精度方面有了本质的提高，对提高热处理质量提供了保证。由于采用了计算机控制，使热处理的整个工艺过程均由计算机预先设置的程序控制完成，可实现定时加热工艺过程无纸化记录及完成提示报警等功能，从而避免了由于手工操作的随意性带来的质量不稳定和能源的浪费。

另外，热处理过程中要严格执行 GB/T 18718《热处理能源合理利用指导性文件》、GB/T 17358《热处理生产电耗定额及其计算和测定办法》和 GB/Z 18718《热处理节能技术导则》等标准要求。

(4) 焊接与切割节能技术

① 采用逆变焊机　电弧焊至今仍是焊接的主要方法，而电弧焊技术的进步主要是由焊接电源的发展带动的。IGBT 逆变电焊机在噪声、焊接飞溅、重量、节约能源等方面都优于晶闸管 CO_2气体保护焊机和交流抽头式硅整流 CO_2气体保护焊机，自适应能力很强，在一定范围内，可不受电网波动影响。

② 激光焊接技术　激光焊接是激光材料加工技术应用的重要方面之一。20 世纪 70 年代主要用于焊接薄壁材料和低速焊接，焊接过程属热传导型，即激光辐射加热工件表面，表面热量通过热传导向内部扩散，通过控制激光脉冲的宽度、能量、峰值功率和重复频率等参数，使工件熔化，形成特定的熔池。由于其独特的优点，已成功应用于微、小型零件的精密焊接中。

高功率CO_2及高功率YAG激光器的出现，开辟了激光焊接的新领域。获得了以小孔效应为理论基础的深熔焊接，在机械、钢铁等工业领域获得了日益广泛的应用。

③ 等离子切割技术　等离子切割是利用高温等离子电弧的热量使工件切口处的金属部分或局部熔化（和蒸发），并借助高速等离子的动量排除熔融金属以形成切口的一种加工方法。等离子切割机配合不同的工作气体可以切割各种氧气切割难以切割的金属，尤其是对于有色金属（不锈钢、铝、铜、钛、镍）切割效果更佳；其主要优点在于切割厚度不大的金属的时候，等离子切割速度快，尤其在切割普通碳素钢薄板时，速度可达氧切割法的5～6倍，切割面光洁，热变形小，几乎没有热影响区。由于等离子切割机的精度高，可以达到0.1mm，切割后的工件不需二次加工，节省了二次加工的能源消耗，节能效果显著。

④ 节能激光切割技术　CO_2激光切割器配置高速能量传感器，对激光输出功率进行实时监测，稳定控制设定的输出功率。同时还来用准时放电方式，在光束关闭的同时，使激光发振器进入省电模式，大幅度削减了电力的消耗，而在不进行切割时，激光头还可自动切换到待机状态，达到节能的效果。

（5）机加工节能技术

① 龙门刨床的节能技术改造　目前，国内老式龙门刨床的主传动系统主要采用继电器、K-F-D（发电机组电动机）电气控制系统，该系统由交流电动机（原动机）带动直流发电机，然后再供电给直流电动机拖动刨床工作台往复运动，属于大功率发电机电动机组，电能消耗非常大，即使机床在装卸工件或中途休息时，机组仍在运行，且故障率高，维修困难，生产效率低。

实际生产中，刨床节能技术改造应用较多的有两种方案：

方案一：采用可编程控制器（PLC）控制、6RA27全数字直流调速系统，代替原有的励磁发电机组和交磁扩大机组原动机，降低了电能转换损失，达到节电的目的，同时调速范围、稳态精度、调速平滑性等技术指标均有所提高。

方案二：去掉原有发电机组和直流电动机，直接用变频器加可编程控制器（PLC）带动交流电动机进行调速，其性能、电耗、噪声和占地面积等各项指标均比原系统有较大的改进。

两个方案中，方案一仍使用直流调速，较适应龙门刨床低速大扭矩的工作特性，改造投资也相对较少；方案二采用变频器带动交流电机调速，改造投资相对较大。

② 电动机△/Y改接降压运行节能技术　机械加工设备在其开发设计阶段，电机配置功率是按着设备最大设计加工能力计算的，设计时都存在一定的保险系数，在设备电机选型时，又要根据计算数据向上靠到标准电机规格。而在设备投入正常使用时，异步电动机不可能总是在满负荷状态下运行，运行处于负载变动状态，在金属切削机械精加工时电动机甚至经常处于低负载运行状态，这时若降低电动机的端电压，使之与负载率合理匹配，可降低电动机的励磁电流，从而降低铁耗和从电网吸收的无功功率，有利于改善其功率因数，提高其运行效率，达到节能的目的。在现场应用较多的一种简单易行的方法就是电机绕组△/Y改接降压节能技术。

采用电动机△/Y改接降压运行节能技术，同时增加Y接线运行时就地无功自动补偿装置，可根据电动机输出功率的大小，自动改变△/Y接线运行方式，当电动机负载率低于临界负载率（一般为35%～50%）时，电动机自动由△接线改为Y接线，绕组电压与电流都只有△接线时的$1/\sqrt{3}$，功率因数增大，无功损耗降低；当负载增加到临界负载率时，电动机由Y接线改为△接线，避免出现“倒节电”现象。

异步电动机运行△/Y改接节能技术简单易行，当电动机负载率低于临界负载率（一般为35%～50%）时，特别是负载率＜10%，节能效果明显。但转换时会产生冲击电流，不宜用于轻、重频繁变动的负载。

(6) 空压机余热利用技术

压缩空气是装配、涂装等工艺使用的耗能工质。空压机在长期连续的运行过程中，把电能转换为机械能，机械能转换为气压能，在转换的过程中产生大量的热量，在没有加装热能回收装置时，水冷式空压机产生的热量通过水循环冷却塔进行冷却；风冷式空压机产生的热量通过散热器排出室外，均没有得到有效利用，这部分热量相当于空压机输入功率的1/4。

通过对空压机进行改造，加装热能回收装置（空压机热交换器），将大部分热量充分利用起来，生产50～70℃热水，可供生产、员工浴室、食堂清洗等使用，从而起到降低能耗和保护环境的作用。

根据热力学原理，压气过程越接近定温压缩，效率就越高。空压机大部分余热被回收利用，从而降低了散热温度，使空气压缩机组运行效率提高5%～10%。由于改造后主机散热负荷减少，不仅节省主机的耗电量，同时也减少主机的故障率，延长了主机和空压机机油的使用寿命，减少更换时间，它是一举多得的优秀节能技术。

8.3.2.4 压力容器制造环节节能技术发展方向

(1) 实现大型铸、锻件专业化生产，降低单位产品能耗

我国机械制造企业多为全能企业，全部工序从化铁、铸、锻开始，均由本企业完成，导致铸、锻件生产规模普遍较小，设备相对落后、工艺老化，能耗高，经济效益低。组织合理分工，实现铸、锻件“专、精、特”专业化生产，可综合利用各类资源，对传统的现役老旧设备进行技术升级改造，降低单位产品能耗。

(2) 低能耗智能化绿色机械产品的研发应用

机械行业正努力加快推进产品升级，推行绿色制造，研发应用以数控机床为代表的低能耗、数控化、智能化、高效率、高精度、高技术附加值的节能环保机械产品，来取代高能耗、低性能的传统设备，为各个行业的生产提供高效节能的产品，从而推动国家整个生产过程的节能降耗，确保我国节能减排目标的顺利实现。

(3) 光纤激光切割技术

激光加工技术一直是国家重点支持的一项高新技术和大力推广应用的一项加工新工艺。光纤激光器技术也将被作为未来激光市场的增长点之一。虽然目前光纤激光器受限于某个厚度及某种材料的某项特殊加工没有大规模使用，但其具有的最大优势就是成本较低，在节约生产面积、降低生产成本和维护成本方面的优势显而易见，未来必将具有一定的发展空间。

8.3.3 使用过程节能管理

加强压力容器使用过程的节能管理，对于促进生产装置“安、稳、长、满、优”运行，有着十分重要的意义。

8.3.3.1 加强组织领导，落实节能目标责任制

各使用企业要成立由企业主要负责人牵头的节能工作领导小组，建立和完善节能管理机构，设立能源管理岗位，明确节能工作岗位的任务和责任，为企业节能工作提供组织保障。设能源管理人员，降低单位产值能耗指标，把压力容器经济运行、节能降耗列为企业的管理目标。各企业要将本企业节能目标，层层分解，落实到车间、班组，一级抓一级，落实责任，逐级考核，加强监督，强化节能目标管理。

8.3.3.2 建立健全能源管理机构

为了落实节能工作，压力容器使用单位必须要求有相对稳定的节能管理队伍管理和监督能源的合理使用，制定节能计划，落实节能措施，并进行节能技术培训。应建立完整的日常

维护保养、巡回检查、定期检验的管理制度和责任制。保证压力容器长期、稳定的运行。

压力容器使用单位一定要遵循耗能以及节能管理的内在规律和特点，在现有设备管理资源的基础上，实现压力容器安全管理与节能管理的有效结合，这不仅能够节约特种设备使用单位的人力资本，还能提高特种设备节能工作的效率和质量。这是因为，特种设备的安全管理和节能管理是密不可分的两个方面，在很多情况下都可以实行统一、集中化的管理。例如，热交换器在运行过程中产生的污垢、腐蚀问题，既影响了热交换器的传热效率，也对设备的安全运行造成了威胁。

8.3.3.3 建立健全能源计量、统计制度，定期检查企业能源利用状况报告

压力容器使用企业要按照《加强能源计量工作的意见》和《用能单位能源计量器具配备和管理通则》的要求，配备合理的能源计量器具、仪表，加强能源计量管理。加强能源统计，建立健全原始记录和统计台账，按要求定期检查企业能源利用状况报告。企业能源利用状况报告包括能源消耗情况、用能效率、节能效益分析、节能措施等内容。

8.3.3.4 开展能源审计，编制节能规划

压力容器使用企业要参照《企业能源审计技术通则》(GB/T 17166) 的要求，开展能源审计，完成审计报告；通过能源审计，分析现状，查找问题，挖掘潜力，提出切实可行的节能措施。在此基础上，编制企业节能规划，并认真加以实施。企业节能规划要目标明确，重点突出，措施有力，并有年度实施计划。

8.3.3.5 加大投入，加快节能降耗技术改造

《中华人民共和国节约能源法》第一章第七条“国家鼓励、支持节能科学技术的研究、开发、示范和推广，促进技术创新与进步”。压力容器使用企业要淘汰国家命令禁止使用的高耗能压力容器，安排一定数额资金用于节能技术改造。要加大节能新技术、新工艺、新设备和新材料的研究开发和推广应用，加快淘汰高耗能落后工艺、技术和设备，大力调整企业产品、工艺和能源消费结构，把节能降耗技术改造作为增长方式转变和结构调整的根本措施来抓，促进企业生产工艺的优化和产品结构的升级，实现技术节能和结构节能。

8.3.3.6 建立节能激励机制

压力容器使用企业要建立和完善节能奖惩制度，安排一定的节能奖励资金，对节能发明创造、节能挖潜革新等工作中取得成绩的集体和个人给予奖励，对浪费能源的集体和个人给予惩罚；将节能目标的完成情况纳入各级员工的业绩考核范畴，严格考核，节奖超罚。

8.3.3.7 加强节能宣传与培训

《中华人民共和国节约能源法》第一章第八条“国家开展节能宣传和教育，将节能知识纳入国民教育和培训体系，普及节能科学知识，增强全民节能意识，提倡节约型的消费方式。”定期开展对作业人员和相关管理人员的日常运行和能效监控的培训，提高管理意识。《高耗能特种设备节能监督管理办法》对特种设备操作人员的操作技能等需要考核的内容做出了明确的规定，其中就明确规定了特种设备作业人员要在严格遵守特种设备的安全技术规范的基础上，要对特种设备的节能操作和节能管理知识有全面的了解和掌握，并将其作为日常考核的主要内容之一。

压力容器的安全节能使用很重要的一面是决定于操作管理人员的素质和管理制度的健全。尽管操作人员和管理人员持证上岗，但对其使用的压力容器的工作原理、性能等理解和掌握程度不同，在节能方面所产生的效果就不一样。为此，应对所有压力容器的管理人员及作业人员进行培训、考核，提高他们对压力容器的管理及操作水平。对于耗能比较高的压力容器的使用单位，要充分重视对压力容器作业人员的培训工作和教育工作，不仅要让作业人员具备设备节能的基本意识和基本技能，还要让压力容器的作业人员严格遵守行业内部以及

单位内部的节能管理制度和操作规程，实现特种设备的安全、经济运行。

各企业要组织开展经常性的节能宣传与培训，重点组织好每年一度的“全国节能宣传周”活动。定期组织能源计量、统计、管理和操作人员业务学习和培训，主要耗能设备操作人员未经培训不得上岗。加强企业节约型文化建设，提高资源忧患意识、节约意识和环境意识，增强社会责任感。

8.3.3.8 加强压力容器使用能源计量管理

能源计量工作是企业加强能源管理、提高能源管理水平的重要基础，是企业贯彻执行国家节能法规、政策、标准，合理用能，优化能源结构，提高能源利用效率，提高经济效益和市场竞争力的重要保证，是国家依法实施节能监督管理，评价企业能源利用状况的重要依据。进一步加强企业能源计量管理，建立和完善能源计量管理制度，对于减少能源消耗、保护环境、降低成本、增加效益具有十分重要的意义。

当前，能源计量工作存在的主要问题有：一是对能源计量的重要性认识不足，片面追求产量和产值，忽视能源计量管理；二是一些企业能源计量器具配备不符合国家计量法律法规和标准的要求，有些能源计量器具老化、落后，导致计量数据的准确性和可靠性降低；三是企业能源计量管理体系不完善，制度不健全，执行不严格，计量器具不能按期检定或校准，对不合格的计量器具不能及时更新；四是在能源计量数据管理和使用方面，没有把计量数据作为企业能源量化管理、实现真实成本核算的基础，存在“各自为政、数出多门”的现象；五是一些计量管理人员和技术人员缺少系统的能源计量知识和专业化的管理经验，人员素质有待提高；六是国家能源计量的法规、标准有待完善，政府管理部门对企业能源计量的监督管理力度不够，对企业能源计量的指导和信息服务不到位；技术机构和中介机构未能充分发挥其对企业能源计量工作的服务功能。

为了加强企业能源计量工作，提高能源计量管理水平，落实《节能中长期专项规划》提出的节能目标，国家质量监督检验检疫总局和国家发展和改革委员会共同研究制定了《加强能源计量工作的意见》。

能源计量是取得可靠和完整数据的唯一途径，是能源统计分析的基础，通过采集能源计量数据并对其进行诊断、分析，能有效指导企业能源的利用，帮助建立科学合理的节能流程，由此达到节能降耗的目的。没有健全的能源计量，就难以对能源的消费进行正确的统计和核算，更难以推动能量平衡、能源审计、定额管理、经济核算和计划预测等一系列科学管理工作的深入开展。因此，压力容器相关企业必须完善计量手段，建立健全仪表维护检修制度，强化节能监测。

8.3.4 合同能源管理

合同能源管理（energy management contract，简称 EMC）是 20 世纪 70 年代在西方发达国家开始发展起来一种基于市场运作的全新的节能新机制。合同能源管理不是推销产品或技术，而是推销一种减少能源成本的财务管理方法。EMC 公司的经营机制是一种节能投资服务管理；客户见到节能效益后，EMC 公司才与客户一起共同分享节能成果，取得双赢的效果。基于这种机制运作、以赢利为直接目的的专业化“节能服务公司”（在国外简称 ESCO，国内简称 EMC 公司）的发展亦十分迅速，尤其是在美国、加拿大和欧洲，ESCO 已发展成为一种新兴的节能产业。

合同能源管理是 EMC 公司通过与客户签订节能服务合同，为客户提供包括：能源审计、项目设计、项目融资、设备采购、工程施工、设备安装调试、人员培训、节能量确认和保证等一整套的节能服务，并从客户进行节能改造后获得的节能效益中收回投资和取得利润的一种商业运作模式。EMC 公司服务的客户不需要承担节能实施的资金、技术及风险，并且可以更快地降低能源成本，获得实施节能后带来的收益，并可以获取 EMC 公司提供的设备。

20 世纪 90 年代末，由中国政府、世界银行和全球环境基金签署的合作项目最先将合同能源管理模式引入中国。项目旨在改善能源利用效率、减少温室气体排放、保护全球环境和革新中国节能市场。项目旨在改善能源利用效率、减少温室气体排放、保护全球环境和革新中国节能市场。

通过十多年的实践表明，在中国引进和推广合同能源管理这一节能新机制具有十分重要的意义。通过专业化的 EMCO 以合同能源管理机制为客户实施节能项目，可以克服目前众多企业在实施节能项目时所遇到的障碍，诸如技术和方案选择、项目融资困难和管理风险等。EMCO 帮助企业克服这些障碍，可以加速实施目前广泛存在于企业中、具有良好节能效益和经济效益的项目；更重要的是，基于市场运作的 EMCO 受利益最大化驱使，会努力寻找客户实施节能项目，努力开发节能新技术和节能投资市场，从而使自身不断发展壮大，最终将在中国形成一个基于市场的节能服务产业大军。

我国政府对“合同能源管理”机制给予了高度关注，许多重要的政府文件中明确提出要把推广“合同能源管理”作为推进我国节能的重要措施。国务院批准的《节能中长期专项规划》和《国务院关于加强节能工作的决定》（国发［2006］28 号）也明确提出“加快推行合同能源管理，推进企业节能技术改造”。2010 年 4 月 2 日，国务院办公厅下达了《关于加快推行合同能源管理促进节能服务产业发展意见的通知》；2010 年 6 月 3 日，财政部颁布了《合同能源管理项目财政奖励资金管理暂行办法》；2010 年 6 月 29 日，国家发展改革委办公厅、财政部办公厅颁布了《关于合同能源管理财政奖励资金需求及节能服务公司审核备案有关事项的通知》。

《关于加快推行合同能源管理促进节能服务产业发展意见的通知》提出了节能服务产业的发展目标，即到 2015 年要建立比较完善的节能服务体系，专业化的节能服务公司要进一步壮大，服务能力要进一步增强，服务领域要进一步拓宽，到 2015 年要使合同能源管理成为用能单位实施节能改造的主要方式之一。

2012 年 6 月 16 日，国务院印发《“十二五”节能环保产业发展规划》，规划指出，大力推行合同能源管理、特许经营等节能环保服务新机制，推动节能环保设施建设和运营社会化、市场化、专业化服务体系建设，节能环保服务业培育工程。大力推行合同能源管理。

对于压力容器行业相关企业而言，通过合同能源管理，由专业节能服务公司提供节能设计、改造和运行管理等服务，可以加快节能技术的转型与升级，不断提高能源利用效率。

8.4 压力容器节能监管

8.4.1 节能监管方面存在的问题

（1）节能监管体系建立尚在起步阶段

由于历史原因，我国对高耗能特种设备能效的监管逐渐弱化，甚至取消。没有建立有效的市场准入与退出机制，更无法对高耗能特种设备实施设计、制造、安装、维修、改造、使用、检验检测全过程的节能监管。在大力提倡节能减排的历史背景下，重新修订的《节约能源法》和《特种设备安全监察条例》明确要求对高耗能特种设备实行节能监管。高耗能特种设备节能监管体系的建立刚刚起步，必须加快推进。

（2）节能法规标准不完善

目前高耗能特种设备节能法规标准体系建设尚处于起步阶段。换热压力容器无节能技术规范和能效标准。

(3) 企业节能意识不强

由于我国能源价格偏低，能源消费成本占生产总成本的比重较小，作为节能主体的压力容器生产和使用企业普遍缺乏节能动力，对节能重要性缺乏足够的认识，节能优先的方针没有落到实处。设计、制造、使用单位节能意识亟待提高，节能方面投入严重不足。

(4) 节能服务机构培育发展不足

特种设备节能服务市场尚未形成，对节能服务机构鼓励培育不够，促进节能服务机构发展的政策体系不完善，社会和使用单位对节能服务认识不足，现有节能服务机构起点低、底子薄、能力弱，节能服务领域和范围还比较窄，难以满足市场对特种设备节能咨询、设计、评估、检测、审计、认证等服务的需要。

(5) 节能监管技术支撑条件不足

压力容器节能必须依靠技术进步，需要技术机构的技术支撑。但目前技术机构的人员技术素质、设备条件等难以完全适应节能监管工作开展的需要，制约了高耗能特种设备节能监管工作全面深入开展。

8.4.2 节能监管

为了加强节能减排工作，我国把节能减排指标完成情况纳入地方经济社会发展的综合评价体系中，并不断出台和修订涉及节能减排的法律、法规和标准。在高耗能特种设备方面，我国先后出台修订了《中华人民共和国节约能源法》、《特种设备安全监察条例》、《高耗能特种设备节能监督管理办法》等法律法规，加强对高耗能特种设备的范围、生产、使用的监督管理，建立和完善对特种设备的节能审查和监管制度。在做好特种设备安全监察工作的基础上，加快建立和完善高耗能特种设备市场准入与退出机制。将政府监管和市场机制相结合，探索推进节能工作的经济手段和激励机制，积极做好落实节能主体责任、加强节能监管技术机构能力建设、组织开展节能技术应用示范等工作。

(1) 节能审查

相关机构在压力容器设计、制造、安装监管过程中应当把能效指标作为监管内容之一，建立节能审查制度。新建、扩建、改建工程项目中有新增高耗能压力容器的，由有资质的检验机构对特种设备先行进行节能审查，审查通过后，方可进行相关作业。对不符合法律法规和国家相关标准的，政府部门不得办理相关许可手续。对已列入国家和省淘汰目录的特种设备应责令相关企业停止制造和安装。

(2) 节能改造

各级政府应当加大在高耗能用压力容器的节能改造和依法取缔力度，制订在用高耗能压力容器节能改造计划，安排必要的工作经费，确保基本完成本地区高耗能特种设备节能改造任务，实现本地区的节能减排目标。要着力推进节能潜力较大的换热压力容器等设备的节能改造工作。

对从未能效测试的换热压力容器进行能效测试，能效指标测试结果不符合有关标准规定的，使用单位应积极采取措施予以整改。政府及相关职能部门应建立投诉、举报及奖励制度，依法查处和取缔制造、安装、使用能效测试结果不符合有关标准规定且逾期不整改或整改后仍不到位和列入国家明令淘汰目录的特种设备的行为。

(3) 节能技术的推广

各级政府应当支持和鼓励节能减排技术的研发和推广。对于特种设备节能的新技术、新工艺、新产品、新材料开发等项目，财政相关专项资金应当给予适当补助。支持和鼓励企业、高校、科研单位和检验检测机构开展特种设备节能技术和节能产品的研发，经鉴定具有良好节能效果并符合相关安全要求的特种设备，有关部门应积极予以推广应用，加快产业化进程，并督促和指导特种设备使用单位采用成熟的节能技术和节能产品，实现节能减排。

(4) 节能培训

国家质检总局颁布的《高耗能特种设备节能监督管理办法》明确规定对特种设备作业人员进行考核时，应当按照有关特种设备安全技术规范的规定，将节能管理知识和节能操作技能纳入高耗能特种设备作业人员考核内容。高耗能特种设备使用单位应当开展节能教育和培训，提高作业人员的节能意识和操作水平，确保特种设备安全、经济运行。高耗能特种设备的作业人员应当严格执行操作规程和节能管理制度。

(5) 禁止生产使用淘汰的高耗能特种设备，特种设备生产单位不得生产不符合能效指标要求或国家产业政策明令淘汰的高耗能特种设备。对在用国家明令淘汰的高耗能特种设备，使用单位应当在规定期限内予以改造或更换，到期未改造或更换的，不得继续使用。

(6) 开展能源审计

能源审计是指能源审计机构依据国家有关的节能法规和标准，对压力容器生产与使用企业能源利用的物理过程和财务过程进行的检验、核查和分析评价活动。企业能源审计是政府加强能源管理的重要手段，其主要目的是改善企业能源工作素质，提高企业用能水平，促进企业增产，降耗和提高经济效益。对重点耗能企业进行能源审计不但可以使用能单位及时分析掌握本单位能源管理水平及用能状况，排查问题和薄弱环节，挖掘节能潜力，而且有利于节能主管部门了解用能单位贯彻国家能源方针、政策、法令、标准情况与实施的效果。由此可见，能源审计可以为用能单位带来经济、社会和资源环境效益，从而实现经济、社会和环境效益的统一。

(7) 加强压力容器节能工作激励政策

科学制定和贯彻实施压力容器节能减排方面的财税激励政策措施，不断完善有利于压力容器节能减排的财税政策体系，实现节能减排者受益，高耗能、高排放者受罚的体制机制。建立落后产能退出机制，支持关闭淘汰高耗能和高污染企业，中央财政应对经济欠发达地区按关停后实际节能减排量，通过转移支付的方式给予适当补助和奖励。

(8) 加强节能减排法制建设，坚决遏制高耗能压力容器项目的发展，提高排污征收标准

加快完善特种设备节能减排法律法规体系，提高处罚标准，切实解决“违法成本低、守法成本高”的问题。加大节能减排执法力度，坚持有法必依、执法必严、违法必究，严厉查处各类违法行为。

(9) 实施优惠政策激励压力容器的节能减排工作

政府可以出台一系列的优惠政策来鼓励特种设备的节能减排，利用财税优惠政策来激励企业使用更多的节能新产品，降低对于高能耗压力容器的使用，从而实现节能减排的目的。应该积极地吸收和借鉴国外发达国家的成功经验，制定科学、有效的节能减排财税激励政策，完善节能减排财税政策体系，从经济方面推动压力容器节能减排工作的开展。

8.5 热交换器性能测试与能效评价

截至 2013 年年底，我国共有换热压力容器近 100 万台，随着经济的发展，换热压力容器的总量还在以每年 8%左右的速度增长。目前我国石油、化工产品单位能耗比国际先进水平高出 10%～25%，能源利用效率直接影响到这些行业的生产成本。换热压力容器是石油和化学工业中广泛应用的能量传递设备，提高其效率对降低单位产品能耗具有重要意义。目前我国换热压力容器的换热效率比国外同类产品低 15%～25%，节能潜力巨大。

8.5.1 管壳式热交换器节能技术

目前在我国石油化工行业中，换热设备投资占设备投资的30%以上，在换热设备中，使用量最大的是管壳式热交换器，其中80%以上的管壳式热交换器仍采用弓形折流板光管结构，这种结构决定了热交换器传热效果差，壳程压降大，与我国正在推行的节能减排政策不相适应。因此提高热交换器的效能对化工行业节能减排、提高效益非常重要。

换热设备传热过程的强化就是力求使换热设备在单位时间内、单位传热面积传递的热量尽可能增多。应用强化传热技术的目的是为了进一步提高换热设备的效率，减少能量传递过程中的损失，更合理更有效地利用能源。提高传热系数、扩大单位传热面积、增大传热温差是强化传热的三种途径，其中提高传热系数是当今强化传热的重点。

8.5.1.1 换热管强化传热技术

管程的强化传热通常是对光管进行加工得到各种结构的异形管，如螺旋槽纹管、横槽纹管、波纹管、低螺纹翅片管（螺纹管）、螺旋扁管、表面多孔管、针翅管等，通过这些异形管进行传热强化。

（1）螺旋槽纹管

螺旋槽纹管管壁是由光管挤压而成，如图8-1所示，有单头和多头之分，其管内强化传热主要由两种流动方式决定：一是螺旋槽近壁处流动的限制作用，使管内流体做整体螺旋运动产生的局部二次流动；二是螺旋槽所导致的形体阻力，产生逆向压力梯度使边界层分离。螺旋槽纹管具有双面强化传热的作用，适用于对流、沸腾和冷凝等工况，抗污垢性能高于光管，传热性能较光管提高2～4倍。

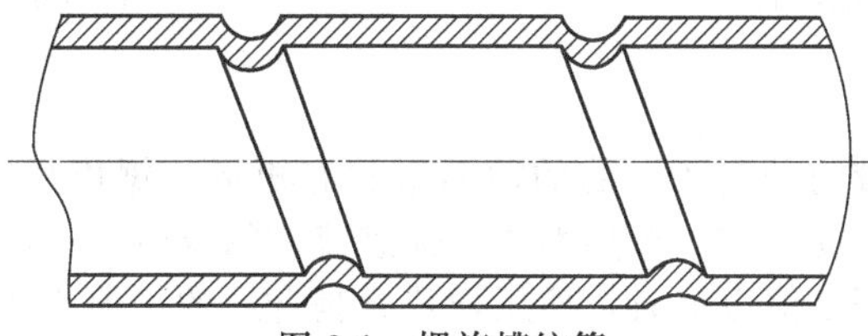

图8-1 螺旋槽纹管

（2）横槽纹管

横槽纹管强化机理为：当管内流体流经横向环肋时，管壁附近形成轴向旋涡，增加了边界层的扰动，使边界层分离，有利于热量的传递。如图8-2所示，当旋涡将要消失时流体又经过下一个横向环肋，因此不断产生涡流，保持了稳定的强化传热作用。研究和实际应用证明：横槽纹管与单头螺旋槽纹管比较，在相同流速下，流体阻力要大一些，传热性能好些，其应用场合与螺旋槽纹管相同。

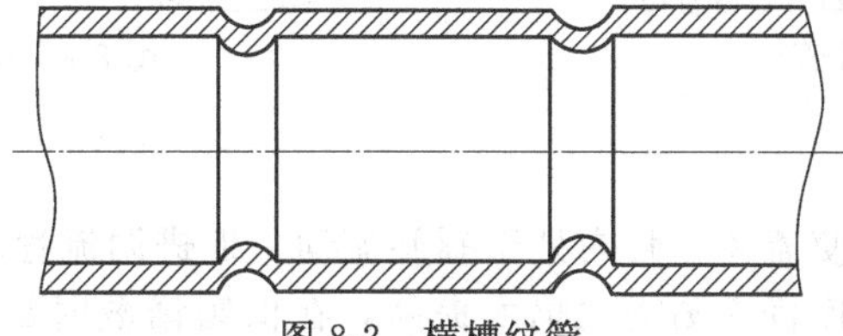

图8-2 横槽纹管

（3）波纹管

对波纹管按流体力学观点分析：在波峰处流体速度降低，静压增加，在波谷处流速增加，静压降低。流体的流动在反复改变轴向压力梯度下进行，产生了剧烈的旋涡，冲刷流体的边界层，使边界层减薄。因此用波纹管做换热管从理论上讲：由于波节的存在，增加了对管内流体流动的扰动，使波纹管具有较好的传热效果，但流动特性不如光管的好。在低雷诺数下，波纹管的换热与阻力性能比明显好于光管；在高雷诺数下，波纹管与光管的换热与阻力性能比非常接近。波纹管的波形大致可分为以下几类：波鼓形、梯形、缩放形和波节形，详细结构分别见图 8-3～图 8-6。

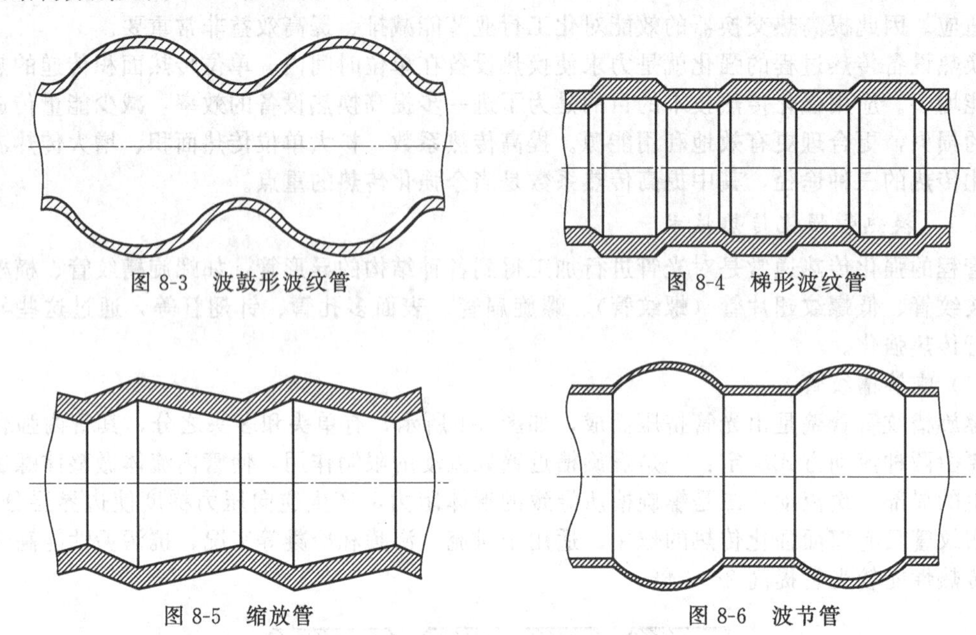
图 8-3　波鼓形波纹管　　图 8-4　梯形波纹管

图 8-5　缩放管　　图 8-6　波节管

(4) 翅片管

翅片管是一种外壁带肋的管子，肋的截面形状有矩形、锯齿形、三角形、T 型、E 型、花瓣型等等，这种管子有助于扩大传热面积，促进流体的湍流，一般用于以壳程热阻为主的情况。当壳程热阻为管程 2 倍以上时，使用翅片管是合适的。但不能用来处理容易结焦的介质，其中低螺纹翅片管（图 8-7）和变形翅片管（图 8-8）的翅化率一般小于 3，用于管内介质给热系数比管外介质给热系数大于 2 倍以上的情况时可以提高传热系数 30%左右。

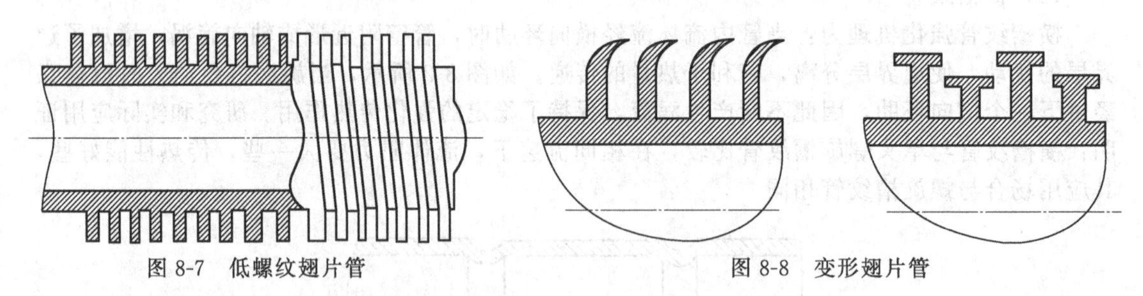
图 8-7　低螺纹翅片管　　图 8-8　变形翅片管

(5) 螺旋扁管

螺旋扁管的独特结构使流体在管内处于螺旋流动，促进湍流程度。实验研究表明：螺旋扁管管内膜传热系数通常比普通圆管大幅度提高，在低雷诺数时最为明显，达 2～3 倍；随着雷诺数的增大，通常也可提高传热系数 50% 以上。

(6) 表面多孔管

在普通金属管表面敷上一层多孔性金属层，形成表面多孔管。表面多孔管能显著地强化沸腾给热过程，但其表面的多孔状局限了其只能应用于无垢或轻垢的场合。制造表面多孔层的方法主要有：烧结法、火焰喷涂法、电镀法及机械加工法等。目前已投入规模生产的为烧结法和机械加工法。

(7) 针翅管

针翅管（图 8-9）既扩大了传热面，又可造成流体的强烈扰动，极大地强化传热，而且压降不大，并可借针翅互相支撑而取消折流支撑板（杆），大大节省支撑板材料，可代替光管和螺纹管作为油品热交换器的换热管，也是低传热膜系数、高黏度介质和含尘高温烟气的理想传热管，可用于油品等纵向流管束换热和烟气锅炉或余热回收中。

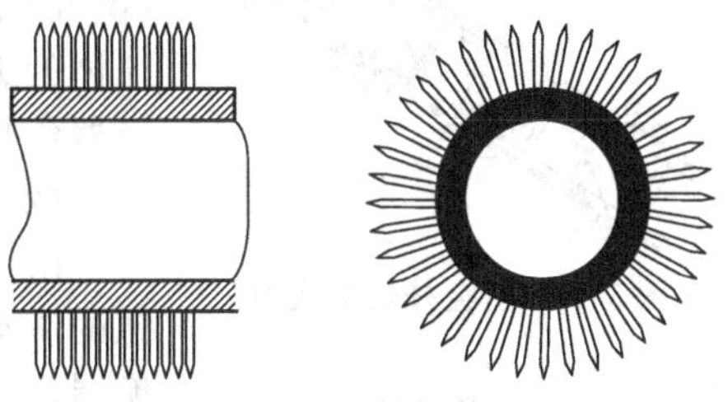

图 8-9　针翅管

(8) 管内插入件

管内插入件是强化管内单相流体传热的行之有效的方法之一。目前管内插入件的种类很多，有纽带、螺旋线圈、螺旋片、静态混合器等。管内加麻花片纽带使管内传热系数比光管增加了 56%～95%，摩擦系数增加了 70%～400%。因内插物是为了降低管内流体由层流转变到湍流时的临界雷诺数，一般说，它们在低雷诺数下强化传热的效果比湍流区更佳。

目前强化传热管已广泛地应用于石油、化工、制冷、航空、车辆、动力机械等工业部门，在利用地热、海洋热能、太阳能以及余热等低温差能源中，强化传热管将更有应用价值。强化传热管提高了热交换器的传热性能，并减小了热交换器所需的传热温差和压降损失，有巨大的经济效益。

8.5.1.2　壳程强化传热技术

在管壳式热交换器中，管束支撑结构的主要作用是：支撑管束，使壳程流体产生期望的流型和流速，阻止管子因流体诱导振动而发生失效。因此，管束支撑结构是壳程内的关键部件，直接影响着热交换器壳程的流体流动和传热性能。管束支撑结构经过多年的研究、应用和发展，概括起来有 3 种类型，横流式支撑，如传统的弓形折流板，使壳程流体呈横向流动；纵流式支撑，如折流杆式等新型支撑，使壳程流体呈纵向流动；螺旋流式支撑，如螺旋折流板，使壳程流体呈螺旋流动，分别见图 8-10～图 8-12。

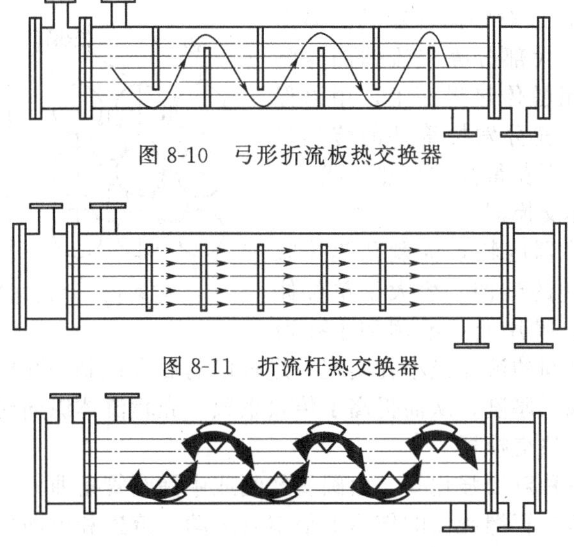

图 8-10　弓形折流板热交换器

图 8-11　折流杆热交换器

图 8-12　螺旋折流板热交换器

(1) 折流杆热交换器

传统的管壳式热交换器壳程流体横向冲刷管束，传热效率较低，流动阻力大，常发生流体诱导振动而导致破坏。为解决换热管束的振动问题，美国菲利浦石油公司在20世纪70年代开发了折流杆式热交换器（图8-13），该热交换器不仅解决了振动问题，而且由于壳侧流体的纵向流动使折流杆热交换器比传统的弓形折流板热交换器传热系数提高30%左右，壳程压降减少50%。

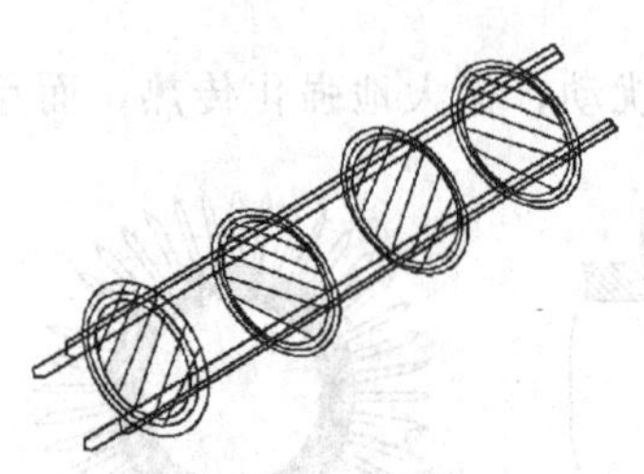

图8-13 折流杆热交换器

(2) 整圆形折流板热交换器

由于流体在壳程中作纵向流动是管壳式热交换器中最理想的流动形式，因此近年来又开发出了一些新型纵流式热交换器，如矩形孔折流板，梅花孔折流板等。这种异型折流板能有效地支撑管束，从而避免管束发生流体诱导振动（“大管孔”式除外）；孔板截面积小于壳程流通面积，因而可以调节壳程流体速度；各种形式的孔对流体具有“射流作用”，射流流体速度高且直接冲刷管外壁，因而能增加流体湍流度，减薄管壁液体的边界层，因而有效强化了壳程传热，适用于中、低黏度流体且雷诺数不太大的场合。

(3) 螺旋折流板热交换器

螺旋折流板热交换器可分为单螺旋折流板热交换器和双螺旋折流板热交换器。螺旋折流板热交换器与常规折流板相互平行布置方式不同，它的折流板相互形成一种螺旋形结构，每个折流板与壳程流体的流动方向成一定的角度，使壳程流体做螺旋运动，能减少管板与壳体之间易结垢的死角，从而提高了换热效率。螺旋流热交换器的强化传热机理为螺旋通道内的流型减弱了边界层的形成，从而使传热系数有较大增加。相对于弓形折流板，螺旋折流板消除了弓形折流板的返混现象，从而提高有效传热温差，防止流动诱导振动；在相同流速时，壳程流动压降小；基本不存在流动与传热死区，不易结垢，适宜于处理含固体颗粒、粉尘、泥沙等流体。对于低雷诺数下（$Re<1000$）的传热，螺旋折流板效果更为突出。在螺旋折流板热交换器中，螺旋角（即壳侧介质流动方向与管束横截面之间的夹角）将直接影响壳侧流体的流动及传热性能。

(4) 空心环管壳式热交换器

空心环管壳式热交换器（图8-14）用空心环管作支撑结构，该支撑方式轴向流道空隙率可比原来提高80%，故对轴向冲刷的流体形体阻力非常小，可使绝大部分壳程流体的压降作用在强化传热管的粗糙传热界面上，用以促进界面上的对流传热，充分发挥管外的传热强化作用，在低流阻条件下获得高的传热性能。

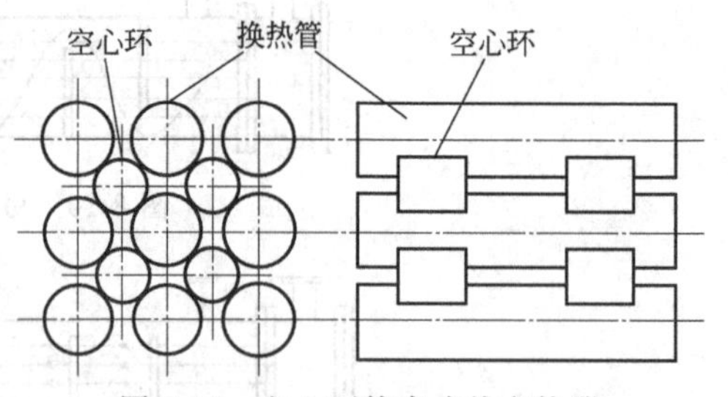

图8-14 空心环管壳式热交换器

(5) 刺孔膜片管热交换器

刺孔膜片管热交换器的特点为刺孔膜片既是支撑元件，又是管壁的延伸，增大了单位体积内的有效传热面积；膜片上的毛刺和小孔增大了流体湍流度，各区间的流体经小孔实现一定程度的混合；刺和孔使换热表面的边界层不断更新，减薄了层流底层厚度，从而提高了传热系数；壳程流体纵向流动，压力降很小。

(6) 螺旋椭圆扁管热交换器

螺旋椭圆扁管是一种双面强化管，由圆管轧制或由椭圆管扭曲而成，靠相邻管突出处的点接触支撑管子。流体在管螺旋面的作用下呈螺旋运动，流速和流向发生周期性变化，加强了流体的轴向混合和湍动程度，同时强化管内、外传热；壳程流体流经相邻管子的螺旋线接触点后形成脱离管壁的尾流，增大了流体自身的湍流度，破坏了管壁上的流体边界层，从而使壳程传热得到增强。螺旋椭圆扁管主要用于强化高黏度流体的层流换热，管内流体旋转导致的二次流是使换热得以强化的主要原因。

(7) 变截面管热交换器

变截面管是将普通圆管用机械方法相隔一定节距并互成一定角度轧制出扁管形状的管子。变截面管靠变径部分的点接触互相支撑，同时又组成壳程的扰流元件。其结构比较简单，且是双面强化管，但最大弱点是管内阻力太大。

强化传热对石油化工行业节能有着重大意义。采用各种节能技术的高效热交换器不仅能够提高能源效率，而且结构紧凑，可减少金属材料消耗。高效热交换器作为一种节能设备得到政府的高度重视，应将热交换器的节能技术与企业的应用紧密结合起来，使各种形式的高效热交换器得到大面积的推广，把石油化工行业的节能减排工作落到实处。

8.5.2 热交换器性能测试

热交换器的性能含义很广，有传热性能、阻力性能、机械性能、经济性能。用一个或多个指标从一个方面或几个方面来表征热交换器的性能是长期以来一直在探索的问题，尚在研究和改进当中。

通过热交换器性能测试获得可靠的性能试验数据是研究、了解热交换器的一个重要方面。对新设计的热交换器而言，通过性能测试可以研究其运行性能，如热交换器的换热效率，冷、热两种流体受热和冷却的程度，传热量，传热系数，流动阻力和热损失等，通过测试确定上述参数是否达到了设计要求。也可以检验一台已运行一段时期的热交换器性能的变化情况，或确定在改变运行条件下（如改变参数与热交换器的介质）的传热性能，或为了比较不同型式和种类的热交换器的传热性能的优劣。

热交换器性能评价指标已有三十多种，目前较为通用的是通过测试热交换器在要求状态下的热、冷侧进出口的温度、压力、流量等参数，并根据这些参数计算出热交换器的传热系数、热侧流体的放热量、冷侧流体的吸热量、热平衡误差、热侧流速、冷侧流速等传热结果，拟合出瞬时动态的测试传热曲线（总传热系数与流速之间的变化规律、压力降与流速之间的变化规律)、求解对流换热的准则关系式。

相似第一定理指出应当在试验中测量描述该现象的相似准则中所包含的所有量；相似第二定理指出应当把试验结果整理成为相似准则间的关系式；相似第三定理阐明这些准则方程式可以应用到所有与试验现象相似的现象群上去。根据相似第三定理所规定的相似的充分与必要条件，可用来判断两现象是否相似。这样，从个别试验中获得的试验结果经整理所得的准则关系式不仅用于被试验的现象本身，而且能推广应用到未进行试验的与之相似的现象群上去，不必逐一进行试验，这将节省人力、物力和财力。

热交换器试验分为元件试验、局部试验、整体试验和模化试验等。热交换器元件是热交换器的关键部件。

元件试验是在实验台上分别对元件内外工作流体进行对流传热试验，分别得到元件内外的对流换热系数 α_1 和 α_2。按照相似第二定理，可以对元件内外的对流换热数据整理成下列方程式：

$$Nu_1=f(Re_1, Pr_1)$$
$$Nu_2=f(Re_2, Pr_2)$$

式中，Nu，Re，Pr 分别为努塞尔数、雷诺数和普朗特数。

局部试验是根据热交换器中换热元件排列方式取一组有代表性的排列进行的实验。

整体试验是在试验室条件下测出热交换器的效率，工作流体加热和冷却的程度，流动阻力，传热系数和传热量等，验证热交换器设计的可靠程度，也为热交换器的实际应用提供可靠的数据。

模化试验是将试验对象缩小若干倍或放大若干倍后进行模拟试验研究，最后将取得的试验研究结果按模化理论转换到实物上。模化试验可以是热模化也可以做冷态模化试验。

如仅需测定换热设备的流体流动状态和流动阻力时就可以做冷态模化试验，此时制作的模型只需保证与原型几何相似，模型制作比较简单，减少了制作设备费用。

热交换器及传热元件性能测试按照 GB/T 27698《热交换器及传热元件性能测试方法》和 JB/T 10379《热交换器热工性能和流体阻力特性通用测定方法 》进行。

8.5.3 热交换器能效评价

热交换器能效评价一直是业内关注的热点，一台符合生产需要又较完善的热交换器应满足几项基本要求：①保证满足生产过程所要求的热负荷；②强度足够及结构合理；③便于制造、安装和检修；④经济上合理。在符合这些要求前提下，尚需衡量热交换器技术上的先进性和经济上的合理性问题，即所谓热交换器的能效评价问题，以便确定和比较热交换器的完善程度。广义地说，热交换器的性能含义很广，有传热性能、阻力性能、机械性能、经济性等。用一个或多个指标从一个方面或几个方面来评价热交换器的性能问题一直是长期以来在探索的问题，目前尚在研究改进中。

(1) 单一性能评价法

长期以来，对于热交换器的热性能，采用了一些单一性能的热性能指标，例如：

冷、热流体各自的温度效率

$$E_c=\frac{\text{冷流体温升}}{\text{两流体进口温度差}},\ E_h=\frac{\text{热流体温升}}{\text{两流体进口温度差}}$$

热交换器效率（即有效度） $\varepsilon=\frac{Q}{Q_{max}}$

传热系数 K

压　降 Δp

由于这些指标直观地从能量的利用或消耗角度描述热交换器的传热和阻力性能，所以给实用带来方便，易为用户所接受。但是，从能量合理利用的角度来分析，这些指标只是从能量利用的数量上，并且常常是从能量利用的某一个方面来衡量其热性能，因此应用上有其局限性，而且可能顾此失彼。例如，热交换器效率 ε 高，只有从热力学第一定律说明它所能传递的热量的相对能力大，不能同时反映出其他方面的性能。如果为了盲目地追求高的 ε 值，可以通过增加传热面积或提高流速的办法达到，但这时如果不同时考虑它的传热系数 K 或流动阻力 Δp 的变化，就难于说明它的性能改善得如何。因此，在实用上对于这种单一性能指标的使用已有改进，即同时应用几个单一性能指标，以达到较为全面地反映热交换器热性能的目的。例如，在工业界常常选择在某一个合理流速下，确定热交换器的传热系数和阻力（即压降）。经过这样的改进，这种方法虽仍有不足之处，但使用简便、效果直观，而且在一定可比条件下具有一定的科学性，所以为工业界广泛采用。

(2) 传热量与流动阻力损失相结合的热性能评价法

单一地或同时分别用传热量和流动压力降的绝对值的大小，难以比较不同热交换器之间或热交换器传热强化前后的热性能的高低。如，一台热交换器加入扰流元件后，在传热量增加的同时阻力也加大了，这时比较热性能的较为科学的办法应该是把两个量相结合，采用比较这些量的相对变化的大小。有提出以消耗单位的流体输送机械的功率 N 所得传递的热量 Q，即 Q/N 作为评价热交换器性能的指标。它把传热量与阻力损失结合在一个指标中加以考虑了，但不足之处是该项指标仍只从能量利用的数量上来反映热交换器的热性能。

(3) 熵分析法

从热力学第二定律知，对于热交换器中的传热过程，由于存在着冷、热流体间的温度差以及流体流动中的压力损失，必然是一个不可逆过程，也就是熵增过程。这样，虽然热量与阻力是两种不同的能量形态，但是都可以通过熵的产生来分析它们的损失情况，阿德里安·贝让（Adrian Bejan）提出使用熵产单元数 N_s 作为评定热交换器热性能的指标。他定义 N_s 为热交换器系统由于过程不可逆性而产生的熵增 ΔS 与两种传热流体中热容量较大流体的热容量 C_{max}之比，即

$$N_s = \Delta S / C_{max}$$

使用熵产单元数，一方面可以用来指导热交换器设计，使它更接近于热力学上的理想情况；另一方面可以从能源合理利用角度来比较不同型式热交换器传热和流动性能的优劣。通过熵分析法，把壁温与流体的温度差和压降对热交换器热性能造成的影响都统一到系统熵的变化这一个参数上来考虑，无疑地这在热交换器的性能评价方面是一个重要进展，因为它将热交换器的热性能评价指标从以往的能量数量上的衡量提高到能量质量上评价，这对于接入热力系统中的一台热交换器来说更具有实际意义。

(4) 热经济学分析法

上述几种方法的共同缺点是，它们都只从单一的科学技术观点来评价热性能。社会的发展告诉人们，科学技术的进步必须和经济的发展相结合。但是，即使采用了热力学第二定律的分析法（熵分析法），也没有体现出经济的观点。如，对于一台管壳式热交换器，通过重新选择管径和排列方式，使传热系数提高，平均温差降低，压力降增加，总的结果可能是熵产单元数减小，但这并不能说明这台热交换器的全部费用（包括设备费、运行费等多方面费用）是否也减小了。为了解决在工程应用上大量存在的这一类问题，一门新兴的学科——热经济学正在兴起，它把技术和经济融合为一体，用热力学第二定律分析法与经济优化技术相结合的热经济学分析法，对一个系统或一个设备作出全面的热经济性评价。热经济学分析法的任务除了研究体系与自然环境之间的相互作用外，还要研究体系内部的经济参量与环境的经济参量之间的相互作用，所以，它以第二定律分析法为基础，而最后得到的结果却能直接地给出以经济量纲表示的答案。

由于热经济学分析法牵涉面很广，比较复杂，使用中还有许多具体问题，所以目前尚未被工程设计正式使用。但应该肯定，这是一种目前所提出的各种方法中最为完善的方法，现已在美国等国家开始部分采用，并收到较好的效果。

(5) 综合评定法

热交换器能效评定不仅仅是热效率单一指标的评定，而是设计、制造和使用管理等诸多因素的综合评定，热交换器能效综合评定法以单一热交换器作为一个评定单元，能效评价以其热工性能的测试结果作为主要指标，设计、制造和使用管理等因素作为辅助指标，以其相应的权重系数来体现，按百分制进行能效评定总分值的计算。在此基础上，综合国内外热交换器的实际应用状况，划定分数段，建立由高至低的热交换器能效综合评定体系。

例如热交换器能效评价的总分值按照如下公式计算：

$$Z_t = C_{1\eta} Z_{1\eta} + C_{1\psi} Z_{1\psi} + C_2 Z_2 + C_3 Z_3 + C_4 Z_4 + C_5 Z_5$$

式中 Z_t——总分值；

$Z_{1\eta}$——热效率测试评定分值；

$Z_{1\psi}$——压降测试评定分值；

Z_2——设计评定分值；

Z_3——制造评定分值；

Z_4——安装、改造、维修评定分值；

Z_5——使用管理评定分值；

$C_{1\eta}$——热效率测试权重系数；

$C_{1\psi}$——压降测试权重系数；

C_2——设计权重系数；

C_3——制造权重系数；

C_4——安装、改造、维修权重系数；

C_5——使用管理权重系数。

各权重系数可以用层次分析法求得。

虽然用于工业过程中进行热交换器种类和影响因素繁多，许多参数测试存在一定的难度，但其均依据相同的换热基础理论。综合评定法以工业换热设备易于测试的温度、压力、流量等基本特征参数为基础，以其换热基础理论的基本定义为计算依据，计算得到其热效率、实际换热热流量、最大理论换热热流量、对数平均温差、总换热系数、换热单元数等参数。在综合考虑热交换器的实际使用现状和发展趋势的基础上，以热效率和换热单元数作为测试评定依据，在其对应数值段内规定出相应的能效测试分值。按照分值划分热交换器的能效等级，具有较好的操作性。

第9章 压力容器安全评定

CHAPTER 9

9.1 断裂力学理论基础

9.1.1 断裂力学的形成与发展

20世纪40年代以来，随着科学技术的进步、工业化生产的发展，锅炉、压力容器等各类承压设备不断向大型化、高性能发展，同时高强度和超高强度钢也得到了广泛的应用。但是随后连续发生了一系列按常规强度理论无法解释的低应力脆性破坏的灾难性事故。例如：

1943～1947年美国5000艘全焊接“自由轮”系列中发生了1000次脆性破坏事故，有200多艘遭严重破坏，其中7艘是在风平浪静的港湾中突然断裂。

1950年美国北极星导弹发动机壳体在试验时突然发生爆炸。壳体材料为高强度钢D6AC（$\sigma_y=1400$MPa），经检查，材料常规强度指标和韧性指标均符合设计标准，爆炸时的应力也低于许用应力。

1965年美国再次发生固体火箭发动机壳体脆断事故。该发动机壳材质为高强度钢18Ni-Cr-Mo-Ti，$\sigma_y=1750$MPa，设计压力为6.1MPa，水压试验压力为6.7MPa。1965年4月进行水压试验时，压力仅升至3.8MPa就发生爆炸开裂，爆炸压力远低于设计压力。

不仅高强度钢制压力容器会发生低应力脆断，中低强度钢制锅炉、压力容器也发生过大量的脆断事故。1944年美国俄亥俄州一台ϕ21.3m、高12.8m的筒形压力容器和3台内径ϕ14.7m的液化天然气球罐因材质韧性差而发生爆炸，造成128人死亡，损失达700万美元。1965年英国John Thompson公司制造的ϕ1925mm、壁厚150mm、重164t的大型氨合成塔在水压试验时发生爆炸。1966年英国Cokenzie大型电站锅炉发生爆炸。

这些重大破坏事故的发生使科学界感到震惊，因为这些结构物的破坏都是在满足传统设计要求的情况下发生的。人们感到这不再是什么偶然因素的作用，一定是传统的设计思想忽略了什么。通过大量的调查研究，发现许多事故是发生在以下情况：高强度钢或厚的中低强度钢；低温条件下工作；在焊接接头或高应力集中处。直接的破坏原因是结构中有裂纹存在，由于裂纹的扩展而引起结构的破坏。在对含裂纹物体的破坏进行了大量理论和试验研究的基础上，终于产生了断裂力学这门新的学科。

断裂力学是运用弹性力学和塑性力学理论，研究裂纹体强度及裂纹扩展规律的一门科学。断裂力学的思想是Griffith在1920年提出的。Griffith通过对典型脆性材料——玻璃进行的大量试验研究，提出了能量理论思想，首次将强度与裂纹长度定量地联系在一起。实际上，长久以来人们对断裂现象一直表现出浓厚的兴趣。早在文艺复兴时期，达芬奇便发现随着直径的增大铁丝单位截面积的承载能力下降的现象。用现代断裂力学的理论可以对达芬奇的发现做出合理的解释，即随铁丝直径的增大，在当时的制造工艺条件下，铁丝内部存在裂纹或材质不均匀等缺陷的概率会增加，从而导致了铁丝承载能力下降的现象出现。然而即便是在Griffith时代，由于当时金属材料的低应力脆断事故并不突出，人们对断裂和Griffith能量思想的重要性还缺乏认同，断裂在一段时期内仅停留在科学上的好奇而没有进入工程应用之中。

断裂力学作为一门科学，公认为自1948年Irwin发表了他的经典文章“Fracture Dynamic”开始。Irwin从裂纹尖端应力场出发提出应力强度因子理论与Griffith的能量理论一起构成线弹性断裂力学的理论基础。随着众多学者、工程技术人员在计算、应用等方面的不断探索，线弹性断裂力学在今天已成为断裂力学的一个严谨、成熟的分支。

一般来说，线弹性断裂力学仅适用于材料韧性低、裂纹大的情况。而对于韧性好的中低强度钢以及裂纹绝对尺寸较小的情况时，裂纹尖端塑性区得以充分发展，此时即使引入塑性区修正线弹性断裂力学已不再适用。为了研究塑性材料的断裂问题，又产生了断裂力学的另一个分支——弹塑性断裂力学。Wells的COD理论和Rice的J积分理论是弹塑性断裂力学的主要理论基础，弹塑性断裂力学的发展也是围绕着这两个理论，尤其是J积分理论展开的。现在，弹塑性断裂力学已能在一定的限制条件下，采用工程近似方法来分析裂纹从开裂、扩展至失稳的全过程。尽管弹塑性断裂力学已在工程上取得了较大范围的应用，但其自身在理论上尚存在不完善之处，还包含很多未知和推测的成分，在许多问题上还有待于更深入的研究。

近年来，断裂力学与材料、失效分析等其他学科相互交叉，不断形成跨学科的分支。如动态断裂力学、概率断裂力学、复合材料断裂力学、微观断裂力学等，以解决特定的工程问题。可见断裂力学是不断完善、发展的与工程实际需要密切相结合的研究领域。

9.1.2 断裂力学与传统设计的差别

传统设计采用的常规强度理论属于材料力学范畴。断裂力学与材料力学的差别在于：材料力学研究无缺陷连续材料的强度问题，而断裂力学则研究带裂纹材料的破坏问题。虽然断裂力学是材料力学的补充和发展，但断裂力学与材料力学的差别主要表现在以下几个方面。

9.1.2.1 静态或准静态加载情况

传统的强度条件是要求最大计算应力小于或等于材料的许用应力，即：

$$\sigma_{\max} \leqslant [\sigma] = \begin{cases} \sigma_s / n_s & \text{塑性材料} \\ \sigma_b / n_b & \text{脆性材料} \end{cases} \tag{9-1}$$

式中 σ_s——材料的屈服强度；

σ_b——材料的抗拉强度；

n_s——屈服安全系数；

n_b——抗拉安全系数。

而断裂力学采用断裂判据来判断含裂纹构件是否安全，常用断裂判据为：

$$\begin{cases} K \leqslant K_{IC} & \text{脆性材料} \\ \delta \leqslant \delta_{IC} & \text{韧性材料} \\ J \leqslant J_{IC} & \text{韧性材料} \end{cases} \tag{9-2}$$

式中 K_{IC}、δ_{IC}、J_{IC}——常用断裂参量。

式(9-2)反映了裂纹尖端附近应力场的强度，与裂纹尺寸、结构型式及载荷大小有关；而右端项为相应的断裂韧度，反映材料抗断裂能力，是一个材料性能参数。

9.1.2.2 疲劳载荷情况

传统的疲劳设计，是根据材料疲劳设计曲线进行的，通过光滑试样的疲劳试验，确定应力幅与应力循环次数之间的关系，并要求结构内的最大工作应力必须满足：

$$\sigma_{\max} \leqslant [\sigma_D] = \sigma_D / n_D \tag{9-3}$$

式中 σ_D——材料的持久强度；

n_D——相应的安全系数。

传统的疲劳设计强调工作在疲劳载荷下的构件不允许存在缺陷。断裂力学认为，即使构件带有裂纹，只要裂纹未扩展至临界裂纹尺寸，仍可继续使用。实验表明，在疲劳载荷作用下，裂纹首先发生稳定性扩展，直至裂纹尺寸达到临界尺寸后，裂纹才发生失稳扩展，导致结构破坏。裂纹扩展速率用 da/dN 表示，反映材料的抗裂纹扩展性能。断裂力学实验还表明，当应力强度因子幅 ΔK 小于某一阈值 ΔK_{th} 时，裂纹不发生扩展。因此断裂力学使用 ΔK_t 和 da/dN 参量确定含缺陷构件在疲劳载荷下的使用寿命。

综上所述，断裂力学的出现使人们对宏观的断裂规律有了进一步的认识，并且对传统的设计思想进行了必要的补充和完善。由断裂力学引入的断裂参量、断裂韧度、应力强度因子幅等崭新的概念，对结构设计、选材、制造工艺、探伤工艺等方面提出了新的准则。

9.1.3 线弹性断裂力学基本理论

9.1.3.1 裂纹的基本类型

按裂纹的几何特征可将裂纹分为穿透裂纹、表面裂纹和埋藏裂纹 3 类（图 9-1）。

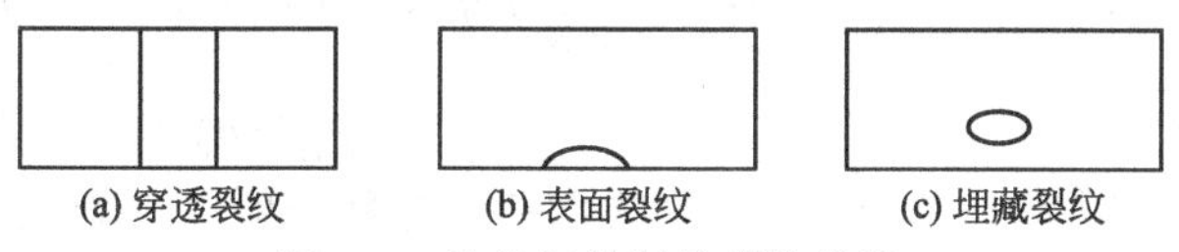

图 9-1 按几何特征的裂纹分类

穿透裂纹是指贯穿构件整个厚度的裂纹；表面裂纹是指与构件某一表面相接触的裂纹；埋藏裂纹是指处于构件内部与构件表面不相接触的裂纹。实际构件中所包含的各种形状的缺陷，均可酌情简化为上述 3 种裂纹之一。

按裂纹的受力和断裂特征可将裂纹分为张开型裂纹、滑开型裂纹和撕开型裂纹（图 9-2）。

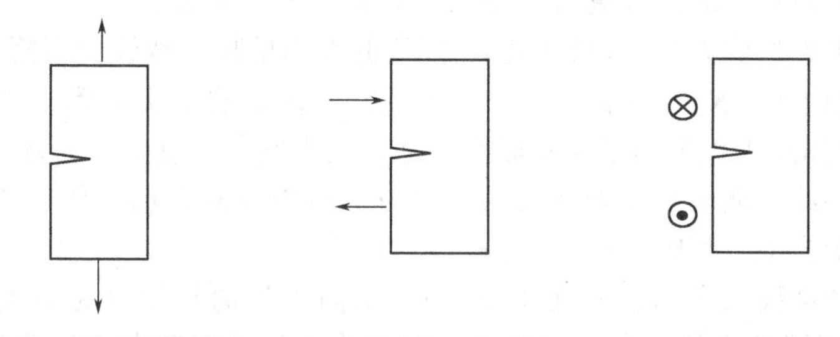

图 9-2 按载荷特征的裂纹分类

张开型裂纹又称为Ⅰ型裂纹，在垂直于裂纹表面的外力作用下，裂纹张开且沿原方向扩展；滑开型裂纹又称为Ⅱ型裂纹，在与裂纹面平行的面内剪应力作用下，裂纹滑开且沿与原方向成某一角度扩展；撕开型裂纹又称为Ⅲ型裂纹，在与裂纹面平行的面外剪应力作用下，裂纹撕开且沿原方向扩展；3 种裂纹中以Ⅰ型裂纹最常见也最为危险。如果裂纹体上的拉应力与裂纹面不垂直，或裂纹体上同时作用有拉应力和剪应力，则称裂纹为复合型裂纹。实际裂纹许多是复合型裂纹，但出于安全和方便，有时将复合型裂纹当作Ⅰ型裂纹来处理。

9.1.3.2 Ⅰ型裂纹尖端应力场及应力强度因子

对于受均匀拉伸的无限大中心穿透裂纹体（图 9-3），采用弹性力学的解析方法可以得到裂纹尖端附近的应力场：

$$
\begin{cases}
\sigma_x = \dfrac{K_{\mathrm{I}}}{\sqrt{2\pi r}}\cos\dfrac{\theta}{2}\left(1-\sin\dfrac{\theta}{2}\sin\dfrac{3\theta}{2}\right) \\
\sigma_y = \dfrac{K_{\mathrm{I}}}{\sqrt{2\pi r}}\cos\dfrac{\theta}{2}\left(1+\sin\dfrac{\theta}{2}\sin\dfrac{3\theta}{2}\right) \\
\tau_{xy} = \dfrac{K_{\mathrm{I}}}{\sqrt{2\pi r}}\sin\dfrac{\theta}{2}\cos\dfrac{\theta}{2}\sin\dfrac{3\theta}{2}
\end{cases}
\tag{9-4}
$$

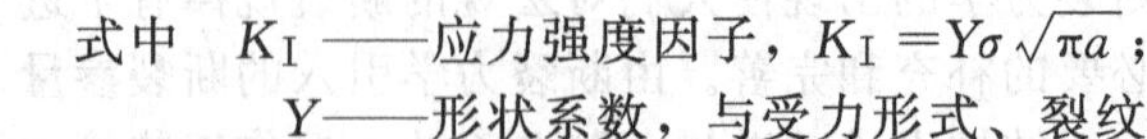

式中 K_{I} ——应力强度因子，$K_{\mathrm{I}}=Y\sigma\sqrt{\pi a}$；

Y——形状系数，与受力形式、裂纹类型及裂纹形状有关，本例中$Y=1.0$。

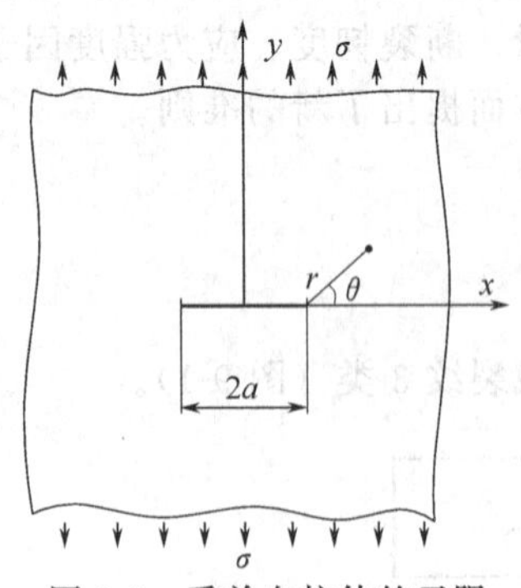

图 9-3　受单向拉伸的无限大中心穿透裂纹体

裂纹尖端应力场具有以下特征：

① 用弹性力学解析方法求得的含裂纹体全域内都准确的应力场可表达为下面的级数形式

$$
\sigma_{ij}=\frac{K}{\sqrt{2\pi r}}f_{ij}^{(0)}(\theta)+r^{0}f_{ij}^{(1)}(\theta)+r^{\frac{1}{2}}f_{ij}^{(2)}(\theta)+rf_{ij}^{(3)}(\theta)+r^{\frac{3}{2}}f_{ij}^{(4)}(\theta)+\cdots \tag{9-5}
$$

式(9-4) 仅是式(9-5) 的第一项，称为主项。显然在裂纹尖端附近 ($r\rightarrow 0$) 第一项是主要的，其余各项均可略去。故式(9-4) 所给出的应力场只有在很靠近裂纹处才具有足够的精度。

② 当 r 趋近 0 时诸应力分量均趋于无穷大，因此用应力为参量的传统的强度条件在裂纹尖端处 ($r\rightarrow 0$) 失去意义。

③ 在裂纹尖端附近，应力分量与$\sqrt{r}$成反比，具有 $r^{-\frac{1}{2}}$奇异性。

④ 裂纹尖端附近的应力与 K_{I}成正比，K_{I}值的大小反映了裂纹尖端附近应力场的强度，故称其为应力强度因子。K_{I}与坐标 (r，θ) 无关，是表征裂纹尖端附近应力场强度的单一参量。因此可以使用应力强度因子建立断裂判据，用来判断裂纹是否会发生断裂。

⑤ Ⅱ、Ⅲ型裂纹尖端应力场表达式的结构与Ⅰ型裂纹应力场类似，Ⅱ、Ⅲ型裂纹也分别具有与其对应的应力强度因子 K_{II}、K_{III}。

⑥ 不同位置的裂纹（穿透、表面、埋藏），不同类型的结构（无限大平板、有限大平板、圆筒体等），不同类型的载荷（均布力、集中力、拉伸、弯曲等）作用下的含裂纹体，在裂纹尖端附近具有相同结构的应力场，即应力场表达式的形式、主项均一致，诸应力分量与 K 成正比，与角分布函数 $f_{ij}(\theta)$ 成正比，与$\sqrt{r}$成反比。因此只要应力强度因子值相同，不同含裂纹体的裂尖应力场就完全相同。

9.1.3.3　K 准则

K 准则是线弹性断裂力学的断裂准则，描述了如下的断裂条件：对于载荷作用下的含裂纹构件，当其应力强度因子 K 达到某一临界值K_{C}时，断裂就会发生。以Ⅰ型裂纹为例，K 准则可以表达为：

$$
K_{\mathrm{I}}=K_{\mathrm{IC}} \tag{9-6}
$$

式中的右端项 K_{IC}是表示材料抵抗宏观裂纹失稳扩展的韧性参数，是材料本身的物理属性，应由实验确定，与裂纹几何特征、构件形状、载荷类型、裂纹长度等因素均无关。

实验证明，在一定温度下，只要材料有足够的厚度，裂纹前缘处于平面应变应力状态，K_{IC}即为材料常数。因此，K_{IC}称为平面应变断裂韧度或平面应变应力强度因子临界值。

对于Ⅱ、Ⅲ型裂纹，也可建立形与式(9-6) 相同的 K 准则，但由于裂纹的危险性不如Ⅰ型裂纹且 K_{IIC}、K_{IIIC}难以确定，目前都是通过复合型断裂判据来建立 K_{IIC}、K_{IIIC}与 K_{IC}之间的关系，以 K_{IC}为基准，得到 K_{IIC}、K_{IIIC}的值。

9.1.3.4　应力强度因子 K 的计算

应力强度因子 K 具有通用表达式，以Ⅰ型裂纹为例，K_{I} 可表示为：

$$K_{\mathrm{I}} = Y\sigma\sqrt{\pi a} \tag{9-7}$$

式中　a——裂纹长度；

Y——形状系数，综合反映了结构、载荷、约束等因素对应力强度因子的影响。

人们为此进行了大量的计算工作，已得到了各种含裂纹构件的 Y 值，并汇编为手册，以供查用。

对于现有手册中未提供应力强度因子解的特殊含裂纹结构，则需要通过解析方法、数值分析方法求解或通过实验方法确定其应力强度因子。其中，解析方法包括：Westergaard 函数法、复变应力函数法、积分变换法、位错模型法、Green 函数法、叠加法等；数值方法包括：边界配位法、应力集中法、交替法、有限元法等；实验方法包括：柔度法、光弹法、干涉法、全息摄影法等。

9.1.3.5　小范围屈服下对应力强度因子的修正

应力强度因子理论是线弹性断裂力学的基本理论，出发点是存在奇异性应力场且 K 是该应力场强度的单一表征参量。K 理论适用于玻璃、陶瓷这样的受力后直至开裂都不出现塑性变形的理想线弹性体。对于金属材料来说，受力后在裂纹尖端附近总会出现或大或小的塑性区。在小范围屈服的情况下，只要考虑塑性区的影响，对应力强度因子进行修正，K 准则仍旧是适用的；对于塑性区尺寸足够大的情况，K 准则不再适用，此时需使用弹塑性断裂准则。

在小范围屈服条件下，塑性区的存在会导致有限的结构刚度下降及裂纹尖端区域应力重新分布，这与裂纹长度的微小增加对结构的影响相类似。通常使用 Irwin 等效裂纹长度计算模型对裂纹长度进行修正，然后按等效裂纹长度计算同一结构的线弹性应力强度因子作为原含裂纹结构在小范围屈服条件下的应力强度因子：

$$K_{\mathrm{I}} = Y\sigma\sqrt{\pi a_{\mathrm{eff}}} \tag{9-8}$$

式中　a_{eff}——等效裂纹长度。

对于幂次硬化材料，a_{eff}按下式计算：

$$\begin{cases} a_{\mathrm{eff}} = a + \Phi r_y \\ \Phi = \left[1 + \left(\dfrac{P}{P_0}\right)^2\right]^{-1} \\ r_y = \dfrac{1}{\beta\pi}\left(\dfrac{K_{\mathrm{I}}}{\sigma_0}\right)^2 \dfrac{n-1}{n+1} \end{cases} \tag{9-9}$$

式中　P——当前广义载荷；

σ_0——材料的屈服应力或流变应力；

P_0——以 σ_0 为基础的结构极限载荷。对于平面应变状态 $\beta=6$，对于平面应力状态 $\beta=2$。

由式(9-8) 和式(9-9) 可以看出，等效裂纹长度 a_{eff}与应力强度因子 K 之间存在着交互作用，并非简单的函数关系，考虑到小范围屈服条件下塑性区的影响是有限的，故为简化计算，r_y 计算式中的 K_{I} 可以原裂纹长度 a 为依据。

9.1.4　弹塑性断裂力学基本理论

以 σ_{L}表示裂纹尖端处的局部应力，σ_{N}表示韧带处应力，σ_{S}为材料屈服应力，σ_{∞}为远处

应力，含裂纹体的断裂情况按照裂纹前缘的塑性变形程度大致可以分为以下 4 种类型：

① $\sigma_L > \sigma_S > \sigma_N > \sigma_\infty$，裂纹尖端区域塑性区尺寸趋于 0。属线弹性断裂力学范畴。

② $\sigma_L > \sigma_S \geqslant \sigma_N > \sigma_\infty$，屈服区扩大，但屈服区外围仍有弹性区包围。当屈服区很小时，属小范围屈服范畴，随屈服区进一步扩大，转变为弹塑性断裂范畴。

③ $\sigma_L > \sigma_N \geqslant \sigma_S > \sigma_\infty$，屈服区扩大到构件的边界。属弹塑性断裂范畴或韧带局部的塑性极限强度破坏。

④ $\sigma_L > \sigma_N > \sigma_\infty > \sigma_S$，构件进入全面屈服状态。属塑性断裂范畴或构件整体的塑性极限强度破坏。

对于弹塑性、大屈服、全面屈服下的断裂问题，必须采用弹塑性断裂力学理论。近年来，由于断裂力学知识的普及，选材时工程师不再单纯追求高强度材料，而兼顾重视材料的韧性指标，加之制造及检验技术水平的提高，结构中存在大裂纹的机会较少，这些都减少了线弹性断裂力学的适用范围，更显出弹塑性断裂力学的重要性。

弹塑性断裂现象所表现出的力学特征与线弹性断裂有很大的不同。裂纹尖端会产生明显的钝化，裂纹在开裂后要经过一段稳态扩展的过程（亚临界扩展）后才断裂失稳。在亚临界扩展过程中，扩展区的材料发生弹性卸载，并引起扩展区周围的非比例加载。这些弹塑性断裂所固有的复杂性为建立弹塑性断裂力学理论分析方法带来了很大困难。

与线弹性断裂力学相似，建立弹塑性断裂力学理论必须解决以下两个基本问题：

① 建立弹塑性断裂准则，找到与应力强度因子 K 类似的能定量描述屈服后裂尖区应力场与外载及裂纹长度之间关系的断裂参量。

② 测出材料的屈服后断裂韧性，并要求该值为材料常数。

目前，弹塑性断裂力学理论中的较成熟的断裂准则主要有 COD 准则及 J 积分准则。两者在弹塑性断裂力学的不同发展阶段均发挥了重要作用。

9.1.4.1　COD 准则

COD 是裂纹张开位移（crack opening displacement）的缩写，Wells 在 1965 年根据大量实验发现裂纹尖端的 COD（用 δ 表示）与含裂纹构件韧带上的名义应力、名义应变之间存在对应关系，当 δ 达到某个临界值时就会发生开裂。COD 准则可表示为：

$$\delta = \delta_C \tag{9-10}$$

Dugdale 根据对软钢薄板的拉伸实验，提出了带状屈服模型（D-M 模型），并求出材料屈服时，裂纹尖端张开位移 δ 的表达式

$$\delta = \frac{8\sigma_s a}{\pi E} \ln\left[\sec\left(\frac{\pi\sigma}{2\sigma_s}\right)\right] \tag{9-11}$$

对式(9-11) 进行幂级数展开，即可证明在小范围屈服（$\sigma/\sigma_S \ll 1$）条件下，COD 准则与 K 准则是一致的。但实验证明式(9-11) 不适用于全面屈服条件下，因此研究人员在实验数据的基础上提出了不同的含有安全系数的半经验性的 COD 设计曲线。

Wells 给出的计算公式为

$$\frac{\delta}{2\pi e_s a} = \begin{cases} \left(\dfrac{e}{e_s}\right)^2 & \left(\dfrac{e}{e_s} \leqslant 1\right) \\ \dfrac{e}{e_s} & \left(\dfrac{e}{e_s} > 1\right) \end{cases} \tag{9-12}$$

Dawes 在对 Wells 公式进行修正的基础上，给出了如下的计算公式

$$\frac{\delta}{2\pi e_s a} = \begin{cases} \left(\dfrac{e}{e_s}\right)^2 & \left(\dfrac{e}{e_s} \leqslant 0.5\right) \\ \dfrac{e}{e_s} - 0.25 & \left(\dfrac{e}{e_s} > 0.5\right) \end{cases} \tag{9-13}$$

日本提出的计算公式为

$$\delta=3.5ea \tag{9-14}$$

我国 CVDA-1984 中使用的计算公式为

$$\frac{\delta}{2\pi e_s a}=\begin{cases}\left(\dfrac{e}{e_s}\right)^2 & \left(\dfrac{e}{e_s}\leqslant 1\right)\\ \dfrac{1}{2}\left(\dfrac{e}{e_s}+1\right) & \left(\dfrac{e}{e_s}>1\right)\end{cases} \tag{9-15}$$

以上各式中 e 为屈服区中的名义应变；e_s为材料屈服应变。

COD 方法是目前弹塑性断裂力学中得到实用并已取得一定经验的方法。COD 方法有一定的理论基础，且该准则适用于从线弹性至全屈服的各断裂阶段；不存在 J 积分理论在裂纹扩展时面临的卸载、非比例加载等理论上的难题；δ_C 的测试也形成一套较成熟的方法。在 COD 理论的指导下，目前各国已形成多种设计规范和测试标准，使 COD 方法在工程上得到普遍应用，有效地控制了弹塑性断裂事故的发生。

9.1.4.2　J 积分准则

在固体力学研究中，常利用一些具有守恒性质的线积分来分析裂纹周围的应力、应变场强度。所谓守恒性，指的是积分结果是与积分路径无关的常数。在分析二维裂纹体裂尖区域的应力、应变场时，J 积分就是这种具有守恒性质的线积分之一。虽然 J 积分的定义式是由 Eshelby 首先推导出的，但 Rice 首先认识到了它用在断裂力学上的潜力。

如图 9-4 所示，一条穿透裂纹板，裂纹表面无载荷作用，但外力使裂纹周围产生了应力、应变场，则 J 积分的围线积分定义为

$$J=\int_{\Gamma}\left[w\,\mathrm{d}x_2-T_i\frac{\partial u_i}{\partial x_1}\mathrm{d}s\right] \tag{9-16}$$

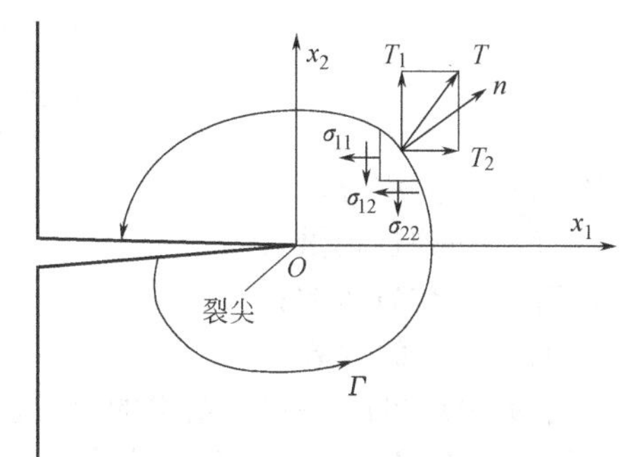

图 9-4　Rice J 积分的积分回路

式中　Γ——自裂纹下表面任一点按逆时针方向围绕裂纹尖端到裂纹上表面任一点的积分路径；

$\mathrm{d}s$——回路 Γ 上的弧元素；

T_i——弧元 $\mathrm{d}s$ 上的应力分量；

u_i——弧元 $\mathrm{d}s$ 上的位移分量；

w——应变能密度。

$$w=\int_0^{\varepsilon_{ij}}\sigma_{ij}\,\mathrm{d}\varepsilon_{ij} \tag{9-17}$$

式(9-16) 和式(9-17) 中的相同下标表示求和约定（$i=1,2$；$j=1,2$）。根据此定义式，在满足小变形、塑性全量理论、不计体积力的条件下，可以证明 J 积分具有守恒性。

根据 J 积分的围线积分定义式可以证明：在弹性阶段，J 积分就是应变能释放率G，

$$J=\frac{K_1^2}{E'}=G \tag{9-18}$$

所以至少在线弹性阶段下，J 积分具有明确的物理意义：J 积分是裂纹扩展单位面积时含裂纹体所释放的能量。

对于弹塑性材料，可近似用形状和约束条件相同，分别具有相近裂纹长度 a 和 $a+\Delta a$ 的两个二维含裂纹构件，在相同外载下产生的单位厚度总势能的差异，作为弹塑性 J 积分

的能量定义式。所以在从弹性到全面屈服整个变形阶段，J 积分的能量定义式可表示为：

$$\begin{cases} J=G=-\dfrac{1}{B}\times\dfrac{\partial \Pi}{\partial a} & \text{线弹性} \\ J=G\approx-\dfrac{1}{B}\times\dfrac{\Pi_2-\Pi_1}{\Delta a} & \text{弹塑性} \end{cases} \tag{9-19}$$

式中　B——试件厚度；

Π——总势能，$\Pi=U-W$；

U——应变能；

W——外力功。

J 积分的能量定义式揭示了 J 积分的物理意义，将 J 积分值与宏观可测参量联系起来，对 J 积分的实验测试和解析分析都有重要意义。

Hutchinson 和 Rice、Rosengren 证明了纯幂次硬化材料静态裂纹体，在从小范围屈服到全面屈服条件下，裂尖附近应力、应变场具有 HRR 奇异性。根据 HRR 理论推导出的幂次硬化材料裂尖应力、应变场可表达为：

$$\sigma_{ij}=\sigma_s\left[\frac{EJ}{\sigma_s^2 I_n}\right]^{\frac{1}{n+1}}\times r^{-\frac{1}{n+1}}\times\tilde{\sigma}_{ij}(\theta,n) \tag{9-20}$$

$$\varepsilon_{ij}=\alpha\varepsilon_s\left[\frac{EJ}{\alpha\sigma_s^2 I_n}\right]^{\frac{n}{n+1}}\times r^{-\frac{n}{n+1}}\times\tilde{\varepsilon}_{ij}(\theta,n) \tag{9-21}$$

式中　J——J 积分；

E——弹性模量；

$\tilde{\sigma}_{ij}$，$\tilde{\varepsilon}_{ij}$——位置函数；

I_n——n 的常数。

式(9-20) 和式(9-21) 给出的应力、应变场是在裂尖附近才有足够精度的局部解。由公式可见，与 K 因子理论相似，应力（变）场中任意点的应力（变）值可表示为场强与位置函数的乘积，所以 HRR 理论证明了在屈服后变形情况下，裂纹尖端应力、应变场的奇异性是存在的，并且 J 积分就是该奇异应力、应变场强度的单一表征参量。可以认为当 J 达到某临界值 J_{IC} 时材料发生开裂，即 J 积分断裂准则可表示为：

$$J=J_{IC} \tag{9-22}$$

J 积分与 COD 都是弹塑性断裂力学中的断裂参量，但 COD 理论有明显缺陷：第一，COD 定义不明确，存在多种 COD 的定义；第二，COD 的理论基础 D-M 模型将塑性区简化为窄条且材料为理想弹塑性材料，与实际情况不符，使得 COD 的应用范围受到限制；第三，δ_C 的测定值分散大且只适用于预报裂纹的初始开裂。J 积分与 COD 相比，在上述三方面均有不可替代的优越性：第一，J 积分定义清晰，物理意义明确；第二，J 积分具有严密的理论推导证明，适用于强化材料和各类裂纹；第三，利用 J 积分可进行撕裂失稳评定。因此 J 积分比 COD 具有更广阔的应用前景，目前国内外的研究也普遍使用 J 积分作为断裂参量。

9.1.4.3 J 积分的计算方法

使用 J 积分理论建立安全评定方法或进行安全评定，不可避免地要涉及 J 积分计算的问题。严格的 J 积分计算法是指用有限元法求得裂纹尖端附近应力、应变、位移场后，按 J 积分定义，直接计算 J 积分值的方法。包括基于 J 积分围线积分定义的围线积分法和基于 J 积分能量定义的虚裂纹扩展法。严格的 J 积分计算法可以获得精确的 J 积分解，但要求对含裂纹结构进行弹塑性有限元分析。虽然目前的有限元法在理论上和软硬件技术方面较 J 积分理论研究初期已有很大进步，但弹塑性有限元分析毕竟还是费时、费力的，且要求计算人员具备较深的专业知识，所以严格的 J 积分计算方法不宜直接用于工程化的含缺陷结构安全评定规范。

为了达到在工程实际问题中不借助有限元即可完成 J 积分计算的目的，美国通用电器（GE）和美国电力研究院（EPRI）在其研究报告 NP-1931《弹-塑性断裂分析的工程方法》中提出了 EPRI J 积分工程估算法，该方法要点是由弹性 J 积分和全塑性 J 积分相加而得到弹塑性 J 积分。

对于单向拉伸应力-应变关系服从式(9-23) 的 Ramberg-Osgood 关系幂硬化材料，

$$\frac{\varepsilon}{\varepsilon_y}=\frac{\sigma}{\sigma_y}+\alpha\left(\frac{\sigma}{\sigma_y}\right)^n \tag{9-23}$$

EPRI J 积分工程估算法的计算公式为：

$$J_{\mathrm{ep}}=J_{\mathrm{e}}(a_{\mathrm{eff}})+J_{\mathrm{p}}(a,n) \tag{9-24}$$

下面分别介绍式(9-24) 等号右端的弹性项 J_{e}和全塑性项 J_{p}的计算方法。

由于在弹性阶段 J 积分与应力强度因子 K 之间存在如式(9-18) 的严格换算关系，所以

$J_{\mathrm{e}}(a_{\mathrm{eff}})=\dfrac{(F\sqrt{\pi a_{\mathrm{eff}}}\,\sigma)^2}{E'}$ 式中，a_{eff}是用小范围屈服条件对裂纹长度 a 修正后的 Irwin 有效裂纹长度。

下面分析 EPRI 的 J 积分全塑性解理论。对于全塑性材料，略去与塑性应变相比很小的弹性应变，单轴应力-应变关系式为：

$$\frac{\varepsilon}{\varepsilon_y}=\alpha\left(\frac{\sigma}{\sigma_y}\right)^n \tag{9-25}$$

推广到多轴应力状态为

$$\frac{\varepsilon_{ij}}{\varepsilon_y}=\frac{3}{2}\alpha\left(\frac{\sigma_{\mathrm{e}}}{\sigma_y}\right)^{n-1}\frac{s_{ij}}{\sigma_y} \tag{9-26}$$

对这样的材料，可以将包含单一的单调增加载荷或位移边值问题的基于塑性变形理论的解假设为相当简单的形式：

$$\begin{aligned}\sigma_{ij}&=\sigma^{\infty}\hat{\sigma}_{ij}(x_i,n)\\ \varepsilon_{ij}&=\alpha\varepsilon_y\left(\frac{\sigma^{\infty}}{\sigma_y}\right)^n\hat{\varepsilon}_{ij}(x_i,n)\\ u_i&=\alpha\varepsilon_y l\left(\frac{\sigma^{\infty}}{\sigma_y}\right)^n\hat{u}_i(x_i,n)\end{aligned} \tag{9-27}$$

根据应变能密度的计算公式可得

$$w=\alpha\varepsilon_y\sigma_y\left(\frac{\sigma^{\infty}}{\sigma_y}\right)^{n+1}\hat{w}(x_i,n) \tag{9-28}$$

以上各式中，$\hat{\sigma}_{ij}$、$\hat{\varepsilon}_{ij}$、$\hat{u}_i$、$\hat{w}$是坐标 x_i和应变强化指数 n 的量纲一函数，这些函数与裂纹几何有关，与载荷无关。l 是试件的某一长度参数，σ^{∞} 为载荷引起的远场应力。

将式(9-27) 和式(9-28) 代入 J 积分定义式(9-16)，设 n 为 ds 的方向矢量，得

$$\begin{aligned}J_{\mathrm{p}}&=\int_{\Gamma}w\,\mathrm{d}x_2-\int_{\Gamma}\sigma_{ij}n_j\frac{\partial u_i}{\partial x_1}\mathrm{d}s\\ &=\alpha\varepsilon_y\sigma_y\left(\frac{\sigma^{\infty}}{\sigma_y}\right)^{n+1}\int_{\Gamma}\hat{w}\,\mathrm{d}x_2-\alpha\varepsilon_y\sigma_y l\left(\frac{\sigma^{\infty}}{\sigma_y}\right)^{n+1}\int_{\Gamma}\hat{\sigma}_{ij}n_j\frac{\partial\hat{u}_i}{\partial x_1}\mathrm{d}s\end{aligned}$$

考察上式等号右端的两项围线积分，第一项为量纲一函数对坐标的曲线积分，所得结果应具有长度的量纲，设该积分结果等于 L；第二项为量纲一函数对坐标的导数的对弧长的曲线积分，所得结果应为量纲一量，设该积分结果等于 C，则

$$J_p=\alpha\varepsilon_y\sigma_y l\left(\frac{\sigma^\infty}{\sigma_y}\right)^{n+1}\left(\frac{L}{l}+C\right) \tag{9-29}$$

由于$\hat{\sigma}_{ij}$、$\hat{u}_i$、$\hat{w}$这些量纲一函数仅与裂纹几何形状和材料常数n有关，故式(9-29)中（$L/l+C$）是一个与裂纹形状和n有关的常数，记为h_1，所以全塑性J积分可表示为

$$J_p=\alpha\varepsilon_y\sigma_y l h_1\left(\frac{\sigma^\infty}{\sigma_y}\right)^{n+1} \tag{9-30}$$

由上述推导及式(9-30)可知：J_p与载荷的（$n+1$）次方成正比，在比例系数中有一项h_1未知，获得确定的h_1值，就可避开有限元分析，直接按式(9-30)计算全塑性J积分，所以将h_1称为J积分全塑性解系数，或称为J积分全塑性解。

使用不可压缩有限元法计算出全塑性J积分后，即可反推出h_1的值，虽然h_1的获得依赖于有限元分析，但这部分工作可由断裂力学专家完成，由他们提供表格形式的全塑性解系数h_1手册，就像应力强度因子的形状系数F一样。当需要计算J积分时，只要查表确定h_1的值即可完成计算工作，不再需要有限元计算，因此在实际应用中使用全塑性解h_1是非常简单的。在EPRI的一系列研究项目中，给出了大量的不同裂纹形状和不同材料硬化指数n下的h_1解，这些解的计算工作主要是由Kumar、German、Shih、Zahoor等完成的。

9.1.5 材料断裂韧度的测试

前面介绍了应力强度因子K_I、裂纹张开位移δ和J积分的概念。在一定条件下，它们都是描述裂纹尖端区域应力应变场强度的参量，都与裂纹尺寸和外加载荷有关，均可称为裂纹扩展的驱动力。在对含裂纹结构进行断裂分析时，除需计算这些驱动力外，还需要知道含裂纹构件材料的断裂性能，即材料本身抗断裂的能力。反映材料抗断裂能力的性能参数称为断裂韧性。根据不同的断裂准则，常用的断裂韧性有3个，即K_{IC}、δ_C、J_{IC}。另外还有一种反映材料抵抗裂纹扩展能力的指标——阻力曲线。这种曲线表达了材料阻碍裂纹扩展的能力与裂纹扩展量之间的关系。阻力曲线与K_{IC}、δ_C、J_{IC}一样，在满足一定条件的情况下，都是材料的断裂性能常数，只能通过实验方法来测定。因此，材料断裂性能的测试方法也是断裂力学的重要研究内容之一。关于K_{IC}、δ_C、J_{IC}的测定，目前国内外都有标准测试方法，但阻力曲线的测试方法还没有完全标准化，仍在研究发展之中。

国内的K_{IC}测试标准为GB/T 4161—2007《金属材料平面应变断裂韧度K_{IC}试验方法》。试验测定K_{IC}时，首先对满足尺寸要求并带有预支疲劳裂纹的试样进行加载，一直到试样断裂或不能承受更大载荷为止。在加载过程中，记录载荷P和裂纹嘴张开位移V，并在P-V曲线上确定裂纹失稳扩展时的临界载荷P_C；在试样断裂后，测量断口上的裂纹尺寸a。然后将P_C、a代入标准试样的应力强度因子标定式，计算得到表观临界应力强度因子K_C。最后需对实验测得的K_C的有效性进行判断，若K_C同时满足$P_{max}/P_C\leqslant 1.1$且试样厚度$B\geqslant 2.5\left(\frac{K_C}{\sigma_s}\right)^2$，则试样满足平面应变状态的条件，测试结果$K_C$可作为材料的平面应变断裂韧度$K_{IC}$，否则必须更换更厚的试样重新进行测试。

δ_C、J_{IC}的测试方法与K_{IC}测试方法类似，均是根据试验测定的标准带裂纹试件的载荷-裂纹嘴张开位移曲线或载荷-加载点位移曲线按标准给定的计算公式计算材料断裂韧性。目前国内的δ_C测试标准为GB/T 2358—1994《金属材料裂纹尖端张开位移试验方法》，J_{IC}测试标准为GB/T 2038—1991《金属材料延性断裂韧度J_{IC}试验方法》。

9.1.6 失效评定图技术及其基本原理

含裂纹结构有两种极端的失效情况，即脆性断裂和塑性失稳，而弹塑性断裂问题属于两

种极端情况之间的过渡情况，根据材料、载荷、裂纹尺寸等影响因素的不同，有可能发生断裂破坏，也有可能发生塑性失稳破坏。为此，需引进一个新的准则对这种过渡的失效情况进行评定。这种新的准则即为以弹塑性断裂理论为依据，基于失效评定图技术的双判据准则。在上述两种极端情况下，双判据准则可自动退化为 K 准则或塑性失稳判据。

9.1.6.1 失效评定图的概念

失效评定图（FAD）的概念最早是由英国中央电力局（CEGB）在《含缺陷结构的完整性评定（R/H/R6）》标准中提出来的。最早的失效评定图如图 9-5，由 S_r、K_r坐标轴及失效评定曲线（FAC）构成。

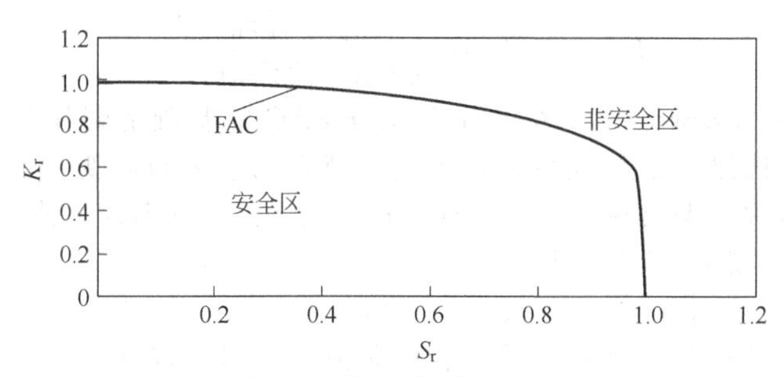

图 9-5 旧 R6 标准的 FAD

图 9-5 的 FAC 是以 COD 理论为基础推导得到的，其方程为：

$$K_r = S_r\left\{\frac{8}{\pi^2}\ln\left[\sec\left(\frac{\pi}{2}S_r\right)\right]\right\}^{-\frac{1}{2}} \tag{9-31}$$

式中，$K_r=\dfrac{K_I}{K_{IC}}$，$S_r=\dfrac{\text{施加载荷}}{\text{失稳载荷}}$。

失效评定图的纵坐标为应力强度因子 K_I 与断裂韧性 K_{IC}之比，表示含裂纹结构接近脆性断裂的程度；而失效评定图的横坐标 S_r反映了结构接近塑性失稳破坏的程度。

对于一个给定的含裂纹结构，可以根据载荷和裂纹尺寸计算得到评定点的坐标（K_r，S_r）。把评定点绘于评定图上，当评定点落于 FAC 与坐标轴所围区域，则该含裂纹结构是安全的，此时评定点与 FAC 间的距离反映了结构的安全裕度；当评定点落于 FAC 上或 FAC 外侧，则该含裂纹结构是不安全的。

9.1.6.2 以 J 积分为参量的失效评定图

美国电力研究院（EPRI）在旧 R6 的 FAD 基础上，使用 J 积分控制裂纹扩展的概念和 J 积分工程估算法，推导出以 J 积分理论为基础的 FAD，将 FAD 的横坐标改为 L_r，其 FAC 方程为

$$K_r=\sqrt{\frac{J_e}{J_{ep}}}=\left(\frac{L_r^2}{H_eL_r^2+H_nL_r^{n+1}}\right)^{\frac{1}{2}} \tag{9-32}$$

$$L_r=\frac{\text{外载}}{\text{结构屈服极限载荷}}$$

式中的 H_e、H_n为与结构、材料有关的函数。式(9-32) 是严格的 J 积分失效评定曲线，只有在含裂纹结构的弹塑性 J 积分解（H_e、H_n）为已知的情况下才能得到。

9.1.6.3 CEGB 的新 R6 失效评定图

在 EPRI 的 J 积分 FAD 的启发和促进下，CEGB 于 1986 年推出了 R6 方法的第 3 次修正版，简称 R6 第 3 版。R6 第 3 版 FAC 不再使用基于 COD 理论的老 R6 FAC，而改用 J 积

分断裂理论，同时克服了 EPRI J 积分 FAD 因缺乏 J 积分解而不便应用的缺点，堪称工程化的 EPRI J 积分 FAD。新 R6 提供的 FAC 有 3 种选择：

① 选择 3 曲线，其 FAC 方程为

$$K_r = f_3(L_r) = \sqrt{\frac{J_e}{J_{ep}}} \tag{9-33}$$

该曲线实质上就是 EPRI 严格的 J 积分失效评定曲线，具有最高的精度，但 FAC 的建立要求计算 J 积分，应用难度大。

② 选择 2 曲线，其 FAC 方程为

$$K_r = f_2(L_r) = \left(\frac{E\varepsilon_{ref}}{\sigma_{ref}} + \frac{L_r^2 \sigma_{ref}}{2E\varepsilon_{ref}}\right)^{-\frac{1}{2}} \tag{9-34}$$

选择 2 曲线是在 Ainsworth 参考应力 J 积分 FAC 的基础上略作改动而得到的，式中 σ_{ref}、ε_{ref} 为材料单向拉伸真应力-应变曲线上的任意点的应力与应变。选择 2 曲线仅取决于材料单向拉伸结构关系，与含裂纹体的结构形式、加载方式等因素无关。

③ 选择 1 曲线，其 FAC 方程为

$$K_r = f_3(L_r) = (1-0.14L_r^2)[0.3+0.7\exp(-0.65L_r^6)] \tag{9-35}$$

该曲线又称通用失效评定曲线，是对若干条典型材料的选择 2 曲线取下包络线而得到的，与材料、结构、载荷类型均无关，具有最广泛的通用性。使用选择 3 曲线的通用失效评定图，如图 9-6 所示。

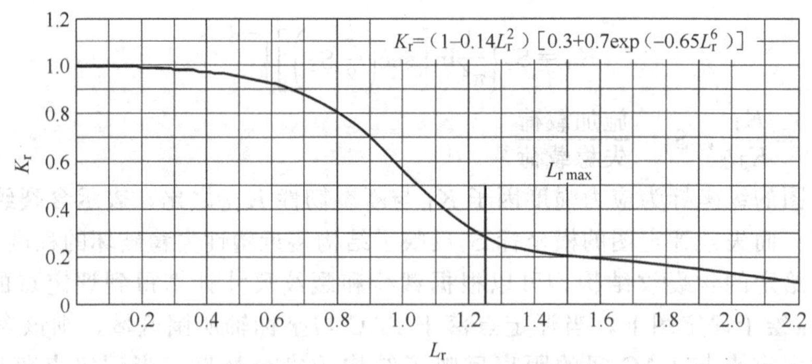

图 9-6 新 R6 标准的通用失效评定图

由式(9-33) 可知，当评定点位于 FAC 上时

$$K_r = \frac{K_I}{K_{IC}} = \sqrt{\frac{J_e}{J_{ep}}}$$

根据弹性 J 积分与 K 因子间的换算关系 $J_e = K_1^2/E'$，以及材料断裂韧性间的换算关系 $J_{IC} = K_{IC}^2/E'$，上式可简化为

$$J = J_{IC}$$

可见，虽然在评定时只需计算 K 因子，但评定结果的实质却是采用了弹塑性断裂力学的 J 积分断裂准则。在新 R6 标准中，L_r 仍是反映结构接近塑性极限状态的参量，该参量的计算公式可由评定规范或断裂手册查询，同时新 R6 失效评定图加了截止线 $L_r = L_{r\max}$，通常 $L_{r\max}$ 定义为：

$$L_{r\max} = \frac{1}{2}\frac{\sigma_y + \sigma_b}{\sigma_y} \tag{9-36}$$

式中 σ_y——材料屈服强度；

σ_b——材料抗拉强度。

9.2 压力容器缺陷安全评定方法

9.2.1 “合乎使用”原则

对于锅炉、压力容器、压力管道、核反应堆压力壳以及其他焊接结构在焊缝处容易产生焊接缺陷的问题，许多国家以断裂力学为基础制定了不同的缺陷评定标准、规范或技术性指导文件。由无损检测发现的焊接缺陷，经规范中的偏安全的断裂力学容限分析之后，如果确认不致发生断裂破坏，且还有足够的安全裕度，则这些缺陷就被认为是安全的，可接受的。这种保留不符合设计或用以控制质量的制造规范的要求的缺陷，且投用后既不致引起危险，又能保持容器完整性的缺陷处理原则，称为“合乎使用”原则。20世纪60年代以来，有些国家出现了质量控制标准与合乎使用标准同时并存的局面。即设计、制造及使用部门仍以质量控制标准来要求新建造的焊接结构的质量，对焊接质量进行严格的控制，而对早就投入使用的大量在役设备，如果经在役检查发现缺陷以后，则按合乎使用原则对缺陷进行评价。特殊情况下，对具有无法避免、无法修复的缺陷而又具有重大经济价值的新建造焊接设备，经设计、制造、使用单位的协商后，也可按合乎使用的标准来评价。

以“合乎使用”原则的标准的出现并不意味着允许制造质量下降。并且根据合乎使用原则，会使一些带有无关紧要的小缺陷的焊接结构不需报废，甚至不需返修，从而带来巨大的经济效益。美国阿拉斯加管线的安全评定案例即可证明基于“合乎使用”原则的缺陷安全评定方法的可靠性及安全评定所带来的巨大的经济效益。

在阿拉斯加原油管线部分完工的情况下，对环焊缝进行了X-RT检测。结果表明，在3000条被检查的焊缝中，共有4000处缺陷超过质量控制标准。全部返修费用高达5200万美元。为返修跨河的一条焊缝，需要修建一条沉箱水坝，仅此一项就花费了250万美元，而实际返修时间仅用了3.5min。阿拉斯加管线公司请求英国焊接研究所帮助，采用COD设计曲线对发现的缺陷进行安全评定，在进行大量材料试验及详尽的载荷应力分析的基础上，得到了全部缺陷均不需要返修的评定结果。美国政府接受了这一结果，对于其他3处跨河缺陷未作返修，节省了数百万美元。

其实不必要的返修不仅在经济上造成巨大浪费，甚至会给安全带来严重的后患。这是因为在高拘束度条件下进行返修，往往会引发更为严重的裂纹缺陷取代原来危害性较小的夹渣，这样更容易造成事故。

20世纪80年代，我国对压力容器进行安全普查，检查了一大批球罐，除极少数合格外，绝大多数都存在超标缺陷，有的甚至造成全厂停产。化工压力容器的调查表明，在役容器有1/3以上存在超标缺陷，凡有超标缺陷的压力容器都停止使用将严重影响正常的生产。随着我国的CVDA—1984《压力容器缺陷评定规范》的出台，解放了一大批在役含缺陷压力容器，事实证明“合乎使用”原则及缺陷安全评定技术应用于在役压力容器、压力管道可带来巨大的社会效益和经济效益。

9.2.2 安全监察法规对安全评定的基本要求

工程断裂分析需考虑的因素十分复杂，很多因素目前尚未为人们充分了解，某些问题往往不是采用断裂力学公式计算就能解决的，很多时候还必须辅以大量的研究和试验工作。因此，对缺陷的具体评定工作也必须十分谨慎，并非对断裂力学理论与计算方法有了一定了解之后任何人都可以对含缺陷压力容器进行安全评定。因为评定过程还涉及复杂的无损检测以及对检测结果的可靠性的充分了解，涉及因载荷或其他原因造成的各种应力应变的定量分析计算，以及材料基本力学性能，特别是断裂韧性或裂纹疲劳扩展速率数据的测试与选取，还涉及对焊接过程因素的充分了解与估计，以及热处理情况、环境因素的充分考虑等。因此缺陷评定工作必须谨慎从事。

我国 TSG R0004—2009《固定式压力容器安全技术监察规程》、TSG R7001—2013《压力容器定期检验规范》要求压力安全状况为 4 级并且监控期满的压力容器，或者定期检验发现严重缺陷可能导致停止使用的压力容器，应当对缺陷进行处理，缺陷处理的方式包括采用修理的方法消除缺陷或者进行合于使用评价。合于使用评价工作应当符合以下要求：

① 承担压力容器合于使用评价的检验机构须经过国家质检总局批准；

② 压力容器使用单位向批准的检验机构提出进行合于使用评价的申请，同时将需评定的压力容器基本情况书面告知使用登记机关；

③ 压力容器合于使用评价参照 GB/T 19624《在用含缺陷压力容器安全评定》的要求进行，承担压力容器合于使用评价的检验机构，根据缺陷的性质，缺陷产生的原因，以及缺陷的发展预测在评价报告中给出明确的评价结论，说明缺陷对压力容器安全使用的影响；

④ 压力容器合于使用评价报告，由具有相应经验的评价人员出具，并且经过检验机构法定代表人或者技术负责人批准，承担压力容器合于使用评价的检验机构对缺陷评定结论的正确性负责；

⑤ 负责压力容器定期检验的检验机构根据合于使用评价报告的结论和其他检验项目的检验结果确定压力容器的安全状况等级、允许运行参数和下次检验日期，并且出具检验报告；

⑥ 使用单位将压力容器合于使用评价的结论报使用登记机关备案，并且严格按照检验报告的要求控制压力容器的运行参数，加强年度检查。

9.2.3 压力容器安全评定中的基础工作

9.2.3.1 缺陷检测

应根据安全评定要求、对被评定对象的材质和结构以及可能存在的各种缺陷等因素，合理选择有效的检测方法进行全面的检测并确保缺陷检测结果准确、真实可靠。

对于无法进行无损检测的部位存在缺陷的可能性应有足够的考虑，安全评定人员和无损检测人员应根据经验和具体情况做出保守的估计。

9.2.3.2 应力分析

应力分析应考虑各种可能的载荷并采用成熟、可靠的方法，根据具体失效模式的安全评定需要和评定方法，计算评定中所需的应力。

9.2.3.3 材料性能的测试和获得

材料性能数据的测试和获得应按有关标准规定进行。应充分考虑到材料性能数据的分散性并按偏于保守的原则确定所需的材料性能数值。

9.2.3.4 准备评定用数据

进行安全评定前应准备好如下数据：

① 容器数据：包括容器几何尺寸，如直径、壁厚、接管补强及几何不连续部位的详细尺寸等；材料力学性能数据，如弹性模量、泊松比、屈服强度、抗拉强度、断裂韧性等，有必要时还要准备材料疲劳裂纹扩展速率及材料断裂阻力曲线数据；工作条件，如容器服役年限、内部介质、工作温度、腐蚀估计量等。

② 载荷数据：包括工况类型，如常规工况、开停车、水压试验工况等；载荷大小及其组合，如内压、自重、惯性力、支反力等。

③ 缺陷数据：包括缺陷性质，如面型缺陷的裂纹、未熔合、未焊透，或体积性缺陷的气孔、夹渣等；缺陷的方向，如轴向、环向、斜向等；缺陷大小，如实测缺陷的长度、宽度及自身高度，对于埋藏缺陷还应准备缺陷埋藏深度的数据。

9.2.3.5 安全评定与结论报告

根据TSG R0004—2009《固定式压力容器安全技术监察规程》的要求，压力容器的合于使用评价参照GB/ T 19624《在用含缺陷压力容器安全评定》的要求进行。缺陷评定完成后，评定单位应根据国家相关法规、规章和GB/T 19624《在用含缺陷压力容器安全评定》的规定，及时出具完整的评定报告并给出明确的评定结论和继续使用的条件。评定报告一般应包括被评定压力容器的设计、制造、安装、使用等基本情况和数据；检出缺陷数据；材料性能的测试或选用、应力状况、应力测试和应力分析以及综合安全评价与评定结论。评定报告应准确无误，由评定人员签字，评定单位技术负责人审查，法人代表批准并加盖评定单位有效图章。

9.2.4 压力容器缺陷安全评定规范

9.2.4.1 压力容器缺陷安全评定规范的概况

在20世纪70年代断裂力学迅速发展的基础上，一些先进国家纷纷制定出了以断裂力学为基础，以“合乎使用”为原则的缺陷安全评定规范，目前据不完全统计，已有10多个版本的规范或标准，其中主要的有如下几种

① 美国ASME《锅炉及压力容器规范》第Ⅲ篇附录G《防止非延性破坏》；

② 美国ASME《锅炉及压力容器规范》第Ⅺ篇附录A；

③ 国际焊接学会（IIW）第Ⅹ委员会《按脆断破坏观点建议的缺陷验收标准》（IIW-Ⅹ-749-74）；

④ 英国标准协会《焊接接头缺陷验收评定方法指南》（BSI PD6493）；

⑤ 日本焊接协会《按脆断评定的焊接缺陷验收标准》（WES-2805）；

⑥ 英国中央电力局《有缺陷结构完整性的评定》（CEGB R/H/R6）；

⑦ 德国焊接协会规范《焊接接头缺陷的断裂力学评定》（DVS2401-1）；

⑧ 中国压力容器学会及化工机械与自动化学会《压力容器缺陷评定规范》（CVDA—1984）；

⑨ 中华人民共和国国家质量监督检验检疫总局、中国国家标准化管理委员会《在用含缺陷压力容器安全评定》（GB/T 19624—2004）。

这些不同的规范大致分为如下3类。

第1类是以线弹性断裂力学为基础的缺陷评定方法，包括美国的ASME规范第Ⅲ篇附录G和第Ⅺ篇附录A两个规范，主要是针对核电站核反应堆压力容器而制定的，这两个规范的缺陷评定方法，都是以应力强度因子K理论为基础的。

第2类是以弹塑性断裂力学COD方法为主，有的还规定在应力水平较低时，COD与K的两种方法并举。包括英国BSI PD6493、中国CVDA—1984、德国DVS2401-1及日本的WES-2085。其中国际焊接学会第Ⅹ委员会于1974年提出的IIW-X-749-74是首先采用对线弹性和小范围屈服采用K因子法，对大范围屈服以至全面屈服采用COD法进行评价，并首次提出“COD设计曲线”的概念的缺陷评定标准文件。

英国在1975年提出一个焊接缺陷验收标准草案，作为英国标准协会（BSI）的文件，1976年公布时定名为《焊接缺陷验收标准若干方法指南》，文件代号WEE/37。该文件除保留IIW-Ⅹ-749-74的防脆断的评定内容之外，还考虑因缺陷引起的疲劳裂纹扩展破坏，剩余

截面过载屈服、应力腐蚀、腐蚀疲劳、泄漏、蠕变与蠕变疲劳等其他破坏形式的评定。1980年该文件上升为英国标准协会的正式文件即著名的BSI PD6493。

1984年，中国压力容器学会、化工机械与自动化学会联合颁布了CVDA—1984《压力容器缺陷评定规范》。该规范以COD方法为主，同时也列入应力强度因子法。且作为我国独立发展的缺陷评定方法，该方法的COD设计曲线吸收了我国“七五”科技攻关专项课题的大量成果，具有一定的特色。

第3类是以失效评定图技术为基础的评定规范。这是英国中央电力局（CEGB）于1977年首先提出的《有缺陷结构完整性的评定》，代号为R/H/R6。该方法广泛用于英国电力系统的核电站反应堆压力容器以及蒸汽锅炉和热力管道的缺陷评定。如前所述，该方法可在一张失效评定图上通过一次评定计算同时完成断裂评定与塑性失稳评定。因此该评定方法的颁布，在国际上引起广泛重视，我国2004-12-29颁布的GB/T 19624《在用含缺陷压力容器安全评定》中的常规评定方法也采用了失效评定图技术。

9.2.4.2　CVDA—1984评定规范简介

我国在20世纪70年代末，由合肥通用机械研究所和化工部化工机械研究院等单位，联合进行压力容器缺陷评定的研究工作。于1984年提出了我国的压力容器缺陷评定规范，即CVDA—1984。除静载荷下的弹塑性断裂评定方法外，CVDA—1984还给出了裂纹疲劳评定及塑性失稳评定方法。对于泄漏、应力腐蚀、腐蚀疲劳、蠕变及蠕变疲劳，CVDA—1984规范也给出了指导性意见。下面对该规范的静态弹塑性断裂评定方面的内容进行简要介绍。

由图9-7可以看出，CVDA—1984静载下的弹塑性断裂评定过程主要围绕断裂推动力分析和断裂阻力分析进行。

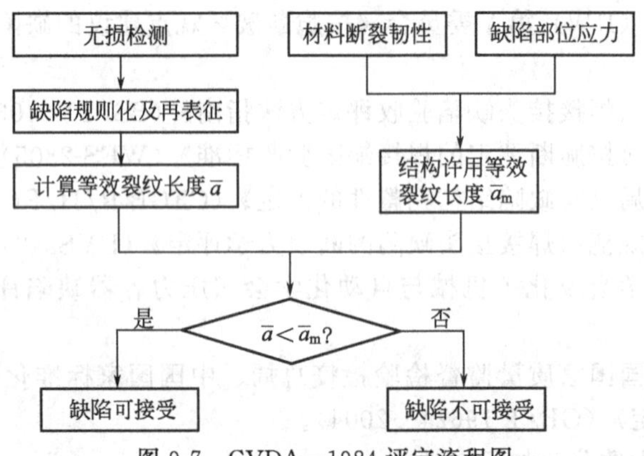

图9-7　CVDA—1984评定流程图

(1) 断裂推动力分析

首先，在无损检测确定裂纹类型及实测几何尺寸后，通过缺陷规则化，如图9-8所示，将工程实际中的不规则形状裂纹表征为便于分析计算的规则形状。为了得到偏于安全的结果，规范还要求根据规则化后裂纹韧带尺寸进行裂纹再表征或裂纹合并的工作。若表面裂纹

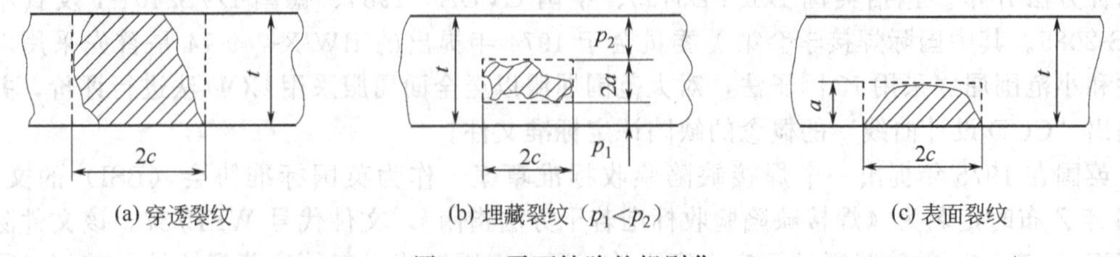

图9-8　平面缺陷的规则化

的韧带宽度小于规定值，则需将表面裂纹再表征为穿透裂纹；若埋藏裂纹的单侧或双侧韧带宽度小于规定值，则需将埋藏裂纹再表征为表面裂纹或穿透裂纹；若存在间距小于规定值的多个裂纹，则需将其合并为一个裂纹。

然后根据裂纹表征尺寸计算断裂推动力即等效裂纹长度 $\overline{a}$。

对于长 $2c$ 的穿透裂纹，其等效裂纹长度 $\overline{a}$ 为

$$\overline{a}=c \tag{9-37}$$

CVDA—1984 按 K 因子相等的原则，将非穿透裂纹换算为穿透裂纹，得到等效裂纹长度 $\overline{a}$。对于长 $2c$、高 $2a$、埋藏深度为 p_1 的埋藏裂纹，其等效裂纹长度 $\overline{a}$ 为

$$\overline{a}=a\left(\frac{\Omega}{\Psi}\right)^2 \tag{9-38}$$

式中

(9-39)

$$\Omega=1+b\left(\frac{a}{a+p_1}\right)^k \tag{9-40}$$

$$b=\left[0.42+2.23\left(\frac{a}{c}\right)^{0.8}\right]^{-1} \tag{9-41}$$

$$k=3.3+\left[1.1+50\left(\frac{a}{c}\right)\right]^{-1.0}+1.95\left(\frac{a}{c}\right)^{1.5} \tag{9-42}$$

对于长 $2c$、深 a 的表面裂纹，其等效裂纹长度 $\overline{a}$ 为

$$\overline{a}=a\left(\frac{F}{\Psi}\right)^2 \tag{9-43}$$

式中

$$F=\begin{cases}1.10+5.2\times(0.5)^{\frac{5a}{c}}\times\left(\dfrac{a}{t}\right)^{1.8+a/c} & (a/c>0)\\ 1.12-0.23\dfrac{a}{t}+10.55\left(\dfrac{a}{t}\right)^2-21.71\left(\dfrac{a}{t}\right)^3+30.38\left(\dfrac{a}{t}\right)^4 & (a/c=0)\end{cases} \tag{9-44}$$

应该指出，CVDA—1984 这种不考虑裂纹力学状态及自身特点，仅根据等 K 原则对非埋藏裂纹进行处理的做法带有一定的不确定因素，尤其是裂纹尖端发生大范围屈服时更是如此，但这种处理方法非常便于工程应用，并且结果是保守的。

(2) 断裂阻力分析

首先需确定材料的力学性能数据，所需数据包括屈服强度 σ_S、断裂韧性 K_{IC}、δ_C 等。CVDA—1984 主张优先采用实测数据，只有在无法进行实测的情况下才允许采用代用的参考数据。

其次进行缺陷所在部位的名义应力、应变分析，其通常由外载引起的应力和焊接残余应力两部分组成。一般情况下，外载引起的应力可用常规力学理论分析计算，但容器制造过程中由于焊缝形状不规则，如错边、棱角度、焊缝余高等，还会引起应力集中。规范中给出了典型情况下的应力集中系数计算方法。考虑应力集中后计算所得的应力还需进行线性化处理，分别得到缺陷所在部位的拉伸应力 σ_1 及弯曲应力的当量拉应力 σ_2。对于处于焊接区的裂纹，必须考虑焊接残余应力。根据 CVDA—1984 规范给出的典型缺陷的焊接残余应力估计方法，可计算得到残余应力的当量拉伸应力 σ_3。计算得到各应力后按下述公式计算总应力 σ 和总应变 e。

$$\sigma=\sigma_1+\sigma_2+\sigma_3 \tag{9-45}$$

$$e=e_1+e_2+e_3 \tag{9-46}$$

$$e_1=\frac{\sigma_1}{E}、e_2=\frac{\sigma_2}{E}、e_3=\frac{\sigma_3}{E}$$

式中　E——材料弹性模量。

需注意当$\sigma_1+\sigma_2>\sigma_S$时，应根据弹塑性有限元分析或实测值确定缺陷所在部位的弹塑性总应变值。

最后，根据材料断裂韧性及缺陷所在部位总应变确定结构需用的等效裂纹长度$\overline{a}_m$：

$$\overline{a}_m=\begin{cases}\dfrac{\delta_C}{\left[2\pi e_y\left(\dfrac{e}{e_y}\right)^2\right]} & \dfrac{e}{e_y}\leqslant 1\\[2ex] \dfrac{\delta_C}{\pi(e+e_y)} & \dfrac{e}{e_y}>1\end{cases} \tag{9-47}$$

式中　e_y——材料屈服应变。对于穿透裂纹或长表面裂纹，计算许用等效裂纹长度时还应考虑鼓胀效应，CVDA—1984 亦给出了相应的计算公式。

(3) 断裂评定

当计算所得$\overline{a}<\overline{a}_m$时，所评定缺陷是可接受的，反之，缺陷不可接受。

9.2.4.3　GB/T 19624—2004《在用含缺陷压力容器安全评定》规范简介

GB/T 19624—2004《在用含缺陷压力容器安全评定》(以下简称《评定》)是一部拥有自主产权的先进的大型国家标准，由我国科技工作者历经 12 年的潜心研究、撰写、修改、完善完成的，该标准通过“八五”国家重点科技攻关研究，吸收了“九五”国家重点科技攻关的部分成果。它的颁布、发行和实施为我国压力容器和压力管道的安全评定提供了可供共同遵循的、权威的科学方法，进一步推动了我国含缺陷压力容器和压力管道安全评定工作的开展，更好地保障此类设备的安全，并将进一步促进国内压力容器与压力管道整体安全评价和风险评估科学技术和方法的研究、发展和提高。

该标准的失效评定采用三级技术路线，三级评定分别为平面缺陷的简化评定、平面缺陷的常规评定和平面缺陷的分析评定。三级评定的技术路线既继承和发展国际先进的评定技术与国际接轨，又反映国内成熟的科技成果和经验，具有典型的中国特色。该标准采用“八五”重点科技攻关首创的压力容器凹坑缺陷的塑形极限载荷分析法，对凹坑缺陷进行安全评定。

本节将简单介绍《评定》平面缺陷的简化评定和常规评定，凹坑、气孔和夹杂缺陷的安全评定。平面缺陷的分析评定直接采用J积分作为断裂参量，而目前仅有部分裂纹结构的J积分解，不是任何时候都可以采用的评定方法，并且该种评定方法只能由专家来进行，因此本书不做介绍。

(1) 平面缺陷的简化评定、常规评定

① 平面缺陷的表征　平面缺陷的简化评定、常规评定首先要对检验查明的缺陷，根据实际位置、形状和尺寸依据《评定》进行规则化表征处理，表征裂纹尺寸由缺陷外接矩形长和高来确定（见图 9-9)，表征时应充分考虑斜裂纹和裂纹群的处理。

a. 平面缺陷简化评定。规则化后获得表征尺寸a、c然后根据以下规定计算等效尺寸$\overline{a}$。

ⅰ. 对长为$2a$的穿透裂纹

$$\overline{a}=c \tag{9-48}$$

ⅱ. 对长为$2c$高为$2a$的埋藏裂纹

$$\overline{a}=\Omega c \tag{9-49}$$

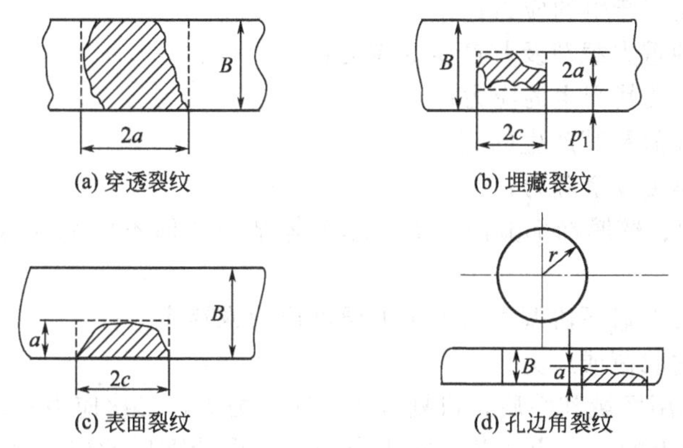

图 9-9 平面缺陷的表征图例

$$\Omega=\frac{\left(1.01-0.37\frac{a}{c}\right)^{2}}{\left\{1-\left(\frac{2a/B}{1-2e/B}\right)^{1.8}\left[1-0.4\frac{a}{c}-\left(\frac{e}{B}\right)^{2}\right]\right\}^{1.08}} \tag{9-50}$$

$$e=\frac{B}{2}-(a+p_1) \tag{9-51}$$

式(9-49) 的适用范围为：$a/B\leqslant 0.45$，$a/c\leqslant 1.0$。

ⅲ. 对长为 $2c$，深为 a 的表面裂纹

$$\bar{a}=\left(\frac{F_1}{\varphi}\right)^{2}a \tag{9-52}$$

$$F_1=\begin{cases}1.13-0.09\dfrac{a}{c}+\left(-0.54+\dfrac{0.89}{0.2+a/c}\right)\left(\dfrac{a}{B}\right)^{2}+\left[0.5-\dfrac{1}{0.65+a/c}+14\left(1-\dfrac{a}{c}\right)^{24}\right]\left(\dfrac{a}{B}\right)^{4} \\ \qquad \text{当 } a/c>0 \\ 1.12-0.23\dfrac{a}{B}+10.55\left(\dfrac{a}{B}\right)^{2}-21.71\left(\dfrac{a}{B}\right)^{2}+30.38\left(\dfrac{a}{B}\right)^{4} \\ \qquad \text{当 } a/c=0\end{cases} \tag{9-53}$$

$$\varphi=\left[1+1.464\left(\frac{a}{c}\right)^{1.65}\right]^{1/2} \tag{9-54}$$

式(9-52) 的适用范围为：$a/B\leqslant 0.8$，$a/c\leqslant 1.0$。

b. 平面缺陷的常规评定。对检查查明的缺陷，根据实际位置、形状和尺寸按照标准的规定进行规则化，得到相应的 a、c。该表征裂纹尺寸乘以表 9-1 规定的表征裂纹分安全系数后作为计算用的表征裂纹尺寸对应的 a、c 值。

表 9-1 常规评定安全系数取值

失效后果	缺陷表征尺寸分安全系数	材料断裂韧度分安全系数	应力分安全系数	
			一次应力	二次应力
一般	1.0	1.1	1.2	1.0
严重	1.1	1.2	1.5	1.0

② 应力确定 平面缺陷评定需对缺陷部位的应力进行确定。评定中主要考虑下列载荷及其产生的应力：

a. 介质的压力及其产生的应力；

b. 介质和结构的重力载荷及其产生的应力；

c. 外加机械载荷及其产生的应力；

d. 动、风载等载荷及其产生的应力；

e. 焊接引起的焊接残余应力；

f. 错边、角变形、壁厚局部减薄、不等厚度等结构几何不联系在载荷作用时所产生的应力；

g. 温度差、热胀冷缩不协调等所产生的温度应力或热应力；

h. 其他应考虑的载荷或应力。

这些应力根据作用区域和性质，可划分为一次应力 P，二次应力 Q。分别计算评定缺陷部位结构沿厚度截面上的一次应力及二次应力分布，将计算后的应力经应力线性化处理后，分解为薄膜应力分量 σ_m 弯曲应力分量 σ_B：

$$\sigma_m=(\sigma_1+\sigma_2)/2 \tag{9-55}$$

$$\sigma_B=(\sigma_1-\sigma_2)/2 \tag{9-56}$$

由一次应力分解而得到的 σ_m、σ_B 分别为 P_m、P_b；由二次应力分解而得到 σ_m、σ_B 分别为 Q_m、Q_b。

a. 平面缺陷的简化评定所需的总当量应力 σ_Σ 可按下式估算，并保守地假设总当量应力均匀地分布在主应力平面上。

$$\sigma_\Sigma=\sigma_{\Sigma 1}+\sigma_{\Sigma 2}+\sigma_{\Sigma 3} \tag{9-57}$$

$$\sigma_{\Sigma 1}=K_t P_m \tag{9-58}$$

$$\sigma_{\Sigma 2}=X_b P_b \tag{9-59}$$

$$\sigma_{\Sigma 3}=X_r Q \tag{9-60}$$

式中，K_t 为由焊缝形状引起的应力集中系数；X_b 为弯曲应力折合系数；X_r 为焊接残余应力折合系数；Q 为评定缺陷部位热应力最大值与焊接残余应力最大值 σ_{Rmax} 代数和。

b. 平面缺陷的常规评定所需的一次应力和二次应力分量 P_m、P_b、Q_m、Q_b，在分别计算各种载荷下一次应力、二次应力及其分量，并将各应力分量求代数和，乘以表 9-1 所规定的应力安全系数，得到的应力值即为常规评定计算用的应力 P_m、P_b、Q_m、Q_b。

③ 平面缺陷安全性能评定所需的材料性能数据　平面缺陷的安全评定需要的数据有材料的力学和物理性能数据：屈服点 σ_s（或条件屈服强度 $\sigma_{0.2}$）、抗拉强度 σ_b、弹性模量 E 等表征材料力学性能和物理性能的参数。材料的断裂韧度：简化评定需要的 CTOD 断裂韧度（δ_c、δ_i），常规评定需要的 J 积分断裂韧度（J_{IC}、J_C）。

④ 安全性能评定

a. 平面缺陷的简化评定采用简化失效图进行评定。

计算 $\sqrt{\delta_r}$ 和 S_r。

$$\delta=\begin{cases}\pi\bar{a}\ (\sigma_\Sigma/\sigma_S)^2 M_g^2/E & \text{当}\ \sigma_\Sigma<\sigma_s\ \text{时}\\ 0.5\pi\bar{a}\sigma_S(\sigma_\Sigma/\sigma_s+1)M_g^2/E & \text{当}\ \sigma_\Sigma\geqslant\sigma_s\geqslant(\sigma_{\Sigma 1}+\sigma_{\Sigma 2})\ \text{时}\end{cases} \tag{9-61}$$

式中　M_g——膨胀效应系数。

$$M_g^2=\begin{cases}1+1.61\bar{a}^2/RB & \text{筒壳轴向裂纹}\\ 1+0.32\bar{a}^2/RB & \text{筒壳环向裂纹}\\ 1+1.93\bar{a}^2/RB & \text{球壳裂纹}\end{cases} \tag{9-62}$$

$$\sqrt{\delta_r}=\begin{cases}\sqrt{\delta/\delta_c} & \text{单裂纹或复合后的单裂纹或不需考虑干涉效应的裂纹群}\\ 1.2\sqrt{\delta/\delta_c} & \text{需要考虑干涉效应的裂纹群}\end{cases} \quad (9\text{-}63)$$

材料的断裂韧度 δ_c 按实际情况可取的 δ_i 值或者 δ_{is} 的值（也可保守地取 $\delta_{0.05}$ 的值），将所取得 δ_c 的值除以 1.2 后作为上式计算所用的 δ_c。

$$S_r=\frac{L_r}{L_{rmax}} \quad (9\text{-}64)$$

式(9-64) 中，L_r 由 P_m 和 P_b 的值计算；L_{rmax} 的值取 1.20 与 $\frac{\sigma_S+\sigma_b}{2\sigma_S}$ 两者中的较小者。

将计算得到的评定点（S_r，$\sqrt{\delta_r}$）绘制在图 9-10 中，如果该点落在安全区内，评定结论为安全或者可以接受；否则为不能保证安全或不可接受。简化评定的结论还可以采用最大容许等效裂纹尺寸的评定方法，最大容许等效尺寸按下式计算：

$$\bar{a}_m=\begin{cases}\dfrac{E\delta_C}{2\pi\sigma_S(\sigma_\Sigma/\sigma_S)^2M_g^2} & \text{当 } \sigma_\Sigma<\sigma_s \text{ 时}\\[2ex] \dfrac{E\delta_C}{\pi\sigma_S(\sigma_\Sigma/\sigma_S+1)M_g^2} & \text{当 } \sigma_\Sigma\geqslant\sigma_s\geqslant(\sigma_{\Sigma1}+\sigma_{\Sigma2}) \text{ 时}\end{cases} \quad (9\text{-}65)$$

当 $\bar{a}\leqslant\bar{a}_m$ 且 $S_r\leqslant0.8$ 时，该缺陷是容许的。

b. 平面缺陷的常规评定采用通用失效评定图的方法进行。

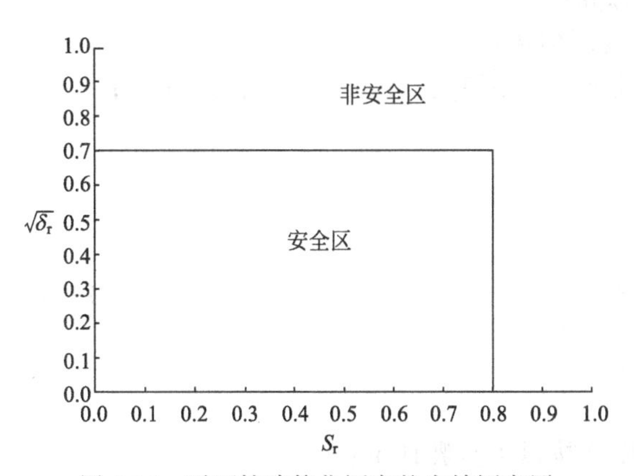

图 9-10　平面缺陷简化评定的失效评定图

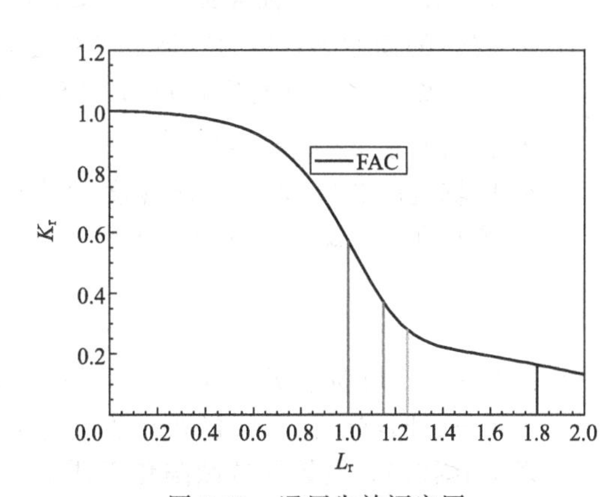

图 9-11　通用失效评定图

计算 K_r 和 L_r：

$$K_r=G(K_I^p+K_I^s)/K_p+\rho \quad (9\text{-}66)$$

式中　G——相邻两裂纹间弹塑性干涉系数；

ρ——塑形修正因子；

K_p——评定用材料的断裂韧度，由 K_C 值除以表 9-1 规定的分安全系数所得，K_C 由测得的断裂韧度 J_{IC} 按下式求得：

$$K_C=\sqrt{EJ_{IC}/(1-\nu^2)} \quad (9\text{-}67)$$

不能直接得到 J_{IC} 值时，可直接测量材料的平面应变断裂韧度 K_{IC}，此时 K_C 可以用 K_{IC} 来代替，也可用 CTOD 断裂韧度 δ_C 值，来估算 K_C 的下限值：

$$K_C=\sqrt{1.5\sigma_S\delta_C E/(1-\nu^2)} \quad (9\text{-}68)$$

L_r 由一次应力（P_m、P_b）、缺陷尺寸（a、c）以及被评定容器缺陷的结构形式来计算。将计算得到的 K_r 和 L_r 值所构成的评定点（K_r、L_r）绘制在常规评定通用失效评定图 9-11

中。如果该评定点位于安全区之内，则认为该缺陷是安全或可以接受的；否则，认为不能保证安全或不可接受。如果 $L_r < L_{rmax}$ 而评定点位于失效评定曲线的上方，则可采用平面缺陷的分析评定方法来重新评定。

（2）体积缺陷的安全评定

体积缺陷主要有凹坑、气孔和夹渣。评定时需对缺陷进行规则化处理。单个的不规则凹坑缺陷按其外接矩形将其规则为长轴、短轴及深度（$2X$、$2Y$、Z）的半圆形凹坑，长轴 $2X$ 为凹坑边缘任意两点之间的最大距离，短轴 $2Y$ 为平行于长轴且与外边缘相切的两条直线间的距离，深度 Z 为凹坑的最大深度。如果存在两个以上的凹坑，分别对单个凹坑进行规则化，若规则化后相邻凹坑最小间距 k 大于较小凹坑的长轴时，则按互相独立的单个凹坑分别评定，否则，将两个凹坑合并为一个半椭圆的凹坑来进行评定，合并后的长轴长度为两个凹坑外侧边缘直接的最大距离，短轴长度为平行于长轴且与两凹坑外缘相切的任意两直线之间的最大距离，深度为取单个凹坑深度的较大值。气孔用气孔率来表征，气孔率指在射线底片有效长度范围内，气孔投影面积占焊缝投影面积的百分比。条形夹渣用其在射线底片的长度来表征，当多个夹渣相邻时应充分考虑共面夹渣和非共面夹渣的处理。

① 凹坑缺陷的安全评定　凹坑安全评定之前，应将被评定缺陷打磨成表面光滑、过渡平缓的凹坑，确认凹坑及其周围无其他表面缺陷或埋藏缺陷。凹坑安全评定适用于满足符合下述条件的压力容器：

a. $B_0/R<0.18$ 的筒壳或 $B_0/R<0.10$ 的球壳；

b. 材料的韧性满足压力容器设计规定，未发现劣化；

c. 凹坑深度 Z 小于计算厚度 B 的 60%，且坑底最小厚度（$B-Z$）不小于 2mm；

d. 凹坑长度 $2X \leqslant 2.8\sqrt{RB}$；

e. 凹坑宽度 $2Y$ 不小于凹坑深度 Z 的 6 倍。

容器表面凹坑缺陷的量纲一常数：

$$G_0=\frac{Z}{B}\times\frac{X}{\sqrt{RB}} \tag{9-69}$$

式中　B——凹坑所在部位容器的计算厚度，mm；

R——凹坑所在部位容器的平均半径，mm。

若 $G_0 \leqslant 0.1$，则该凹坑缺陷免于评定，否则将按以下步骤评定：

计算无凹坑缺陷时壳体塑形极限载荷 P_{L0}：

$$P_{L0}=\begin{cases}2\bar{\sigma}'\ln\left(\dfrac{R+B/2}{R-B/2}\right) & \text{球形容器}\\ \dfrac{2}{\sqrt{3}}\bar{\sigma}'\ln\left(\dfrac{R+B/2}{R-B/2}\right) & \text{圆筒容器}\end{cases} \tag{9-70}$$

式(9-70) 中材料的流动应力 $\bar{\sigma}'$ 为

$$\bar{\sigma}'=\begin{cases}\sigma_S & \text{用于非焊缝区凹坑}\\ \phi\sigma_S & \text{用于焊缝区凹坑}\end{cases} \tag{9-71}$$

焊接接头系数 ϕ 按容器的设计要求选取，当无法取得容器的设计要求时可以按照 GB 150—2011 或其他相关标准确定。

带凹坑缺陷容器极限载荷 P_L 的计算：

$$P_L=\begin{cases}(1-0.6G_0)P_{L0} & \text{球形容器}\\ (1-0.3G_0)P_{L0} & \text{圆筒容器}\end{cases} \tag{9-72}$$

带凹坑缺陷容器最高容许工作压力 P_{max} 按下式计算

$$P_{max}=\frac{P_L}{1.8} \tag{9-73}$$

若$P \leqslant P_{max}$且凹坑尺寸满足凹坑评定所满足的条件要求时，可以认为凹坑缺陷是安全的或者接受的，否则，是不能保证安全或不可接受的。对于不满足限定条件的凹坑缺陷，按平面缺陷进行评定。

② 气孔和夹渣缺陷的安全评定 气孔和夹渣缺陷的评定适用于满足下述条件的压力容器：

a. $B_0/R<0.18$的压力容器。

b. 材料性能满足压力容器设计制造规定，且对铁素体钢，并且在最低使用温度下V形夏比冲击试验中3个试样的平均冲击功不小于40J、最小冲击功不小于28J；对其他材料，该气孔、夹渣所在处的K_{IC}大于$1250N/mm^{3/2}$。

c. 未发现材料劣化。

d. 气孔、夹渣未暴露于器壁表面。

e. 气孔、夹渣无明显扩展情况或可能。

f. 缺陷附近无其他平面缺陷。

暴露于器壁表面的气孔、夹渣，可打磨消除，打磨成凹坑后按照凹坑缺陷的评定方法进行评定。对于不满足上述条件的气孔、夹渣，按平面缺陷进行评定。对于满足条件的压力容器：

a. 气孔的安全评定。气孔率不超过6%；单个气孔的长径小于$0.5B$，并且小于9mm。认为气孔是允许的，否则是不可接受的。

b. 夹渣的安全评定。夹渣的允许尺寸按表9-2来评定。

表9-2 夹渣的容许尺寸

夹渣位置	夹渣尺寸的允许值	
球壳对接焊缝、圆筒体纵焊缝、与封头连接的环焊缝	总长度$\leqslant 0.6B$	自身高度或宽度$\leqslant 0.25B$，并且$\leqslant$5mm
	总长度不限	自身高度或宽度$\leqslant$3mm
圆筒体还焊缝	总长度$\leqslant 0.6B$	自身高度或宽度$\leqslant 0.30B$，并且$\leqslant$6mm
	总长度不限	自身高度或宽度$\leqslant$3mm

按照气孔或者夹渣评定方法评定为不可接受的，可表征为平面缺陷重新进行安全评定，作出相应的安全评价结论。

9.3 压力容器安全评定发展趋势

9.3.1 国际上结构完整性评定规范和技术的进展

近年来国际上广泛地将缺陷评定及安全评定称为完整性评定或“合于使用”评定，这不仅包括超标缺陷的安全评估，还包括环境（介质与温度）的影响和材料退化的安全评估。按“合于使用”原则建立的结构完整性技术及其相应的工程安全评定规程（或方法）越来越走向成熟，已在国际上形成了一个分支学科，在广度和纵深两方面均取得了重大发展。在广度方面新增了高温评定、各种腐蚀评定、塑性评定、材料退化评定、概率评定和风险评估等内容；在纵深方面，弹塑性断裂、疲劳、冲击动载和止裂评定、极限载荷分析、微观断裂分析、无损检测技术等均取得很大的进展。

1996年欧洲委员会（European Commission）为了建立一个统一的欧洲实施合于使用评

定的标准，发动组织了一个研究计划，有9个国家的17个组织参加，于1999年完成了“欧洲工业结构完整性评定方法”，简称SINTAP，已于2000年发表并已形成了一个未来欧洲统一标准的草稿。英国、德国及瑞典等相关协会都是SINTAP研究的核心成员，SINTAP也是他们共同参与研究后形成的共识。鉴于SINTAP将要成为欧洲的统一标准，R6及BSI PD 6493在其即将颁布新版前夕，对他们各自的修改稿又作了一次紧急修改。R6于2001年颁布了全新版（第4版）；PD 6493于2000年颁布了修订版，但代号已改为BS 7910:1999，取消了PD代号而正式列入正规的英国标准。

SINTAP程序提供两种评定方法：FAD（Failure Assessment Diagram）方法和CDF（Crack Driving Force）方法。FAD的关键是失效评定曲线$f(L_r)$，只要评定点（L_r，K_r）落在FAD图的安全区内，则缺陷被认为是安全的。CDF是直接按$J<J_{IC}$的判据来进行评定的，但裂纹推动力J的计算规定应按失效评定曲线$f(L_r)$求得，因此尽管CDF法和FAD法在形式上有所不同，但实质是一样的。

SINTAP方法根据获得材料拉伸数据的详细程度分为6个等级，3个标准评定级别中，第一级标准评定是初级评定，仅仅需要知道材料的屈服强度、抗拉强度和断裂韧度；第二级标准评定是考虑了匹配问题的评定，主要是针对第一级中的不均匀材料，如焊缝与母材强度比大于10%的情况；第三级标准评定是最先进的标准等级，等同于R6中的选择2曲线，该级别的评定需要材料的韧度数据和全应力-应变关系曲线。在一、二等级评定中，评定曲线的产生是仅以材料抗拉性能保守型估计为基础；在第三级评定中，通过全应力-应变曲线对材料力学性能的准确描述，可获得更准确、低保守型的结果。在高级评定级别中，第一级高级评定对FAD及K_r的计算均做了相应的修正，主要是考虑了裂纹尖端拘束度的具体情况来估算材料的实际断裂韧度；第二级高级评定实际上是严格的有限元计算解。可作为验证各低级评定方法的工具，并非是适用于工程评定的方法，该级别的评定要求已知材料的应力-应变关系曲线以计算J积分；第三级高级评定考虑了LBB状态，即有时部分深表面裂纹可能继续扩展，通过剩余韧度变成穿透裂纹，引起泄漏，但仍然可能处于稳定状态，为此SINTAP提供一个新的估算裂纹扩展过程中缺陷形状变化的方法。

作为国际缺陷评定规范，SINTAP结构完整性评定充分吸收了最新的缺陷评定理论和工程规范，评定理论严密，分级评定方法实用。在分级评定中，不可接受的结果并不是分析的失败，而是把分析级别推向一个更高的级别。若低级别的分析足够证明安全，则没有必要进行更高级别的分析。

2000年美国石油学会又颁布了针对在役石油化工设备的合乎使用评定标准API 579，在内容上具有鲜明特色，反映了结构完整性评定技术研究范围有了很大的拓宽。API 579的工业背景是石油化工承压设备，其特点是更多反映了石油化工在役设备安全评估的需要。美国初期的承压设备标准主要是关于新设备的设计、制造、检验的规则，并不提及在役设备的退化、使用中发现的新生缺陷和原始制造缺陷的处理问题。后来制定了一些在役检验规范，如API 510（压力容器检验规范），API 570（压力管道检验规范）和API 653（储罐检验规范），这些规范给出了有关在役设备检验、修理、更换，重新确定额定工作能力或改造的规划，但实践中发现仍然存在着不少不能解决的问题。API 579就是为此组织制定的，保障老设备继续工作的安全；提供良好的合乎使用的评定方法；保证给出可靠的寿命预测；帮助在用设备的优化维修及操作；保证旧设备有效利用，提高经济服务的期限。这一规程和即将发表的API 580的结合将能提供风险评估、确定检验的优先次序和维修计划。API 579与其他标准不同之处是不仅包括在役设备缺陷安全评估，还在很广范围内给出在役设备及其材料的退化损伤的安全评估方法。这些内容对石油化工承压设备的工作者来说十分重要和有益。

9.3.2 我国压力容器缺陷安全评定规范和技术进展

我国于1984年颁布了CVDA—1984《压力容器缺陷评定规范》，为当时开展的全国压力容器安全普查、检验登记工作提供了强有力的技术支撑，解决了一大批含超标缺陷压力容器继续服役的问题。即使是在时隔几十年的今天，CVDA—1984仍在压力容器安全监察与管理领域发挥着重要的作用。然而CVDA—1984规范中起主导作用的毕竟是COD与K因子理论，为与断裂力学的发展趋势相适应，提高安全评定计算精度，进一步发掘含缺陷结构的承载能力，我国发展了一部基于J积分理论以失效评定图技术为主要分析手段的国家标准——《在用含缺陷压力容器安全评定》。

该标准是原劳动部锅炉压力容器检测研究中心联合华东理工大学、北京航空航天大学、清华大学、合肥通用机械研究所、大连理工大学、全国压力容器标准化技术委员会等单位，通过"八五"国家重点科技攻关研究，吸收了"九五"国家科技攻关的部分成果，经过历时12年的撰写修改和完善后完成的，这是一部具有自主知识产权的大型国家标准。它的颁布发行，将进一步推动我国在用含缺陷压力容器安全评定技术和方法的发展和提高，并使之在国际同类标准中占有一席之地。

该标准的弹塑性断裂失效评定采用三级评定的技术路线，分别是一级平面缺陷的简化评定（简称简化评定）、二级平面缺陷的常规评定（简称常规评定）和三级平面缺陷的分析评定（简称分析评定）。平面缺陷的简化评定全面继承了我国CVDA—1984的精华，比英国BSI PD6493-91的筛选评定方法更为先进。平面缺陷的常规评定方法采用R6的通用失效评定图技术及选取了符合我国国情的安全系数。平面缺陷的分析评定方法直接采用J积分为断裂参量，这是最严格的弹塑性断裂力学方法，分析评定方法是精细的、严格的，能精确地评定含缺陷容器从起裂、有限量撕裂直至撕裂失稳的全过程安全评定方法。

该标准在给出裂纹型（面型）缺陷安全评定方法的同时，还给出了基于塑性极限分析的压力容器体积型缺陷安全评定方法。体积型缺陷如凹坑缺陷是压力容器常见缺陷，可能由腐蚀或机械损伤产生，也可能由于打磨表面或近表面缺陷后形成。与国内外现有标准、规程相比，该标准允许凹坑尺寸有所放宽，可以"解放"相当大一部分凹坑缺陷。不仅能使大部分凹坑免于焊补，而且避免了因焊补促使新裂纹产生的危险，有重大的现实意义。

9.3.3 缺陷评定研究重点和发展方向

9.3.3.1 概率断裂力学在缺陷评定中的运用

在压力容器及管道的安全评定过程中，由于缺陷形状的简化，工作载荷的随机性，工况的复杂性，材料断裂韧性的分散性和计算断裂韧性测试标定公式的不完善性等因素将影响安全评定的精确度，如果要计算这些不确定因素就需要引进基于概率理论的缺陷评定方法，目前概率断裂力学在缺陷评定中需解决如下问题。

① 数据不足的问题　可用数据缺乏是阻碍断裂力学在工程中推广应用的一个主要问题，需要不断地收集数据，改进分析处理的方法，概率断裂力学所依据的数据资料必须要有代表性。有研究者采用多试样法测定SM490B钢焊接接头在－20℃及－40℃下焊缝金属。母材及热影响区COD表示的裂纹扩展阻力曲线，得到了该焊接接头的表观开裂COD（δ_i）和条件开裂COD（$\delta_{0.05}$），为使用者提供了断裂韧性数据。也有研究者采用模糊聚类方法，确定了在用压力容器缺陷评定中断裂韧度的待用数据，结果与实验数据相符，且与其他选用原则和确定方法的结果一致。

② 模型中参量问题　理论上讲，载荷与材料特性参量需要采用依赖于时间与空间的随机过程来表述。为了简单，目前均采用随机变量模型来表述，其原因是缺乏有效计算依赖于

时间的断裂概率问题。因此需要发展依赖于时间与空间的随机模型，将它用于载荷、材料性能；发展在静态、准静态与动态加载下，计算依赖于时间的断裂概率的方法；发展由于疲劳、腐蚀、开裂、表面剥落、分层等造成的已损伤结构的阻力模型。

③ 安全判据问题　关于安全判据，目前主要研究的是构件断裂状态或临界状态。有研究者应用统计断裂理论，用分布裂纹模型模拟材料中的缺陷，通过用裂纹面的法向矢量反映材料中裂纹面的随机取向，用等效应力代替实际应力状态的破坏效应，提出了多轴应力状态下脆性材料统计断裂的判据。由于系统临界状态的确定涉及多判据的研究与多判据或多临界状态的优化问题，因此这方面的研究近年的进展不是很快。

④ 计算机断裂概率方法　计算机断裂概率的有效方法是一次二阶矩法与 Monte Carlo 模拟法，这方面的主要研究内容是改进目前计算可靠度的方法，通过验证裂解失效模型的有效方法的研究，研究多判据情形下一次二阶矩法，研究更适合力学现象的断裂失效模型；特别针对包括非线性情形下大型复杂结构系统的参数敏感性分析方法，从而系统有效的处理敏感性指标。目前国内这方面的研究已经开展，有研究者结合 CEGB-R6 含缺陷结构双判据失效准则，对给定尺寸的缺陷，考虑相关评定参数的不确定性，建立了含缺陷结构失效极限状态方程，再利用解析法-设计验算点法和当量正态分析法与数值模拟法-Monte Carlo 法对含缺陷压力容器失效概率进行分析；也有研究者利用解析形式的 R6 针对完整性评定时常遇到的问题，提出了一种简单有效的概率断裂力学的评定方法；国内研究者对我国多个厂家、多种炉号、多种板厚的 4 种钢种、5 种裂纹形式的失效评定曲线进行概率分析，采用三段分析法和逼近法得到不同可靠度下的 4 种国产钢的概率失效评定曲线及其表达式，以及一些长屈服平台国产钢在不同可靠度下的一般失效评定曲线及其表达式，运用这些表达式可实现适合我国国产钢种的含缺陷构件的工程概率安全评定分析。

9.3.3.2　模糊断裂力学在缺陷评定中的应用

传统的断裂力学研究对象是确定性的，而在工程实际中，由于工程结构存在大量的不确定性，且这种不确定性可分为随机性和模糊性，对于随机性可以用概率力学方法处理；模糊性是事物变化的中介过度造成的，用模糊数学方法来研究实际工程中压力容器安全评定所依据的事件是具有模糊性的非确定性。采用模糊数学方法对这些工程实际问题进行模糊分析，将大大提高压力容器安全评定的可靠性。研究者针对压力容器平面缺陷的塑性与断裂评定，将评定点与通用失效评定曲线（FAC）的最小距离，转化为模糊程度因子，并根据模糊评定的隶属度，建立模糊评定模型，从而得出压力容器平面缺陷的失效与安全程度，进而采用综合评定方法可对压力容器整体缺陷的失效与安全程度进行评定。该评定方法的结果直观、准确、可靠，也可用于类似对象的评定与控制。国内也有研究者对缺陷检测尺寸表征方法进行研究，提出了缺陷尺寸的模糊表征方法，建立了尺寸模糊表征下的含缺陷压力容器 R6 评定方法，该方法不但可以对压力容器进行高模糊可靠度的安全性评定而且还可以对不同检测人员检测出的不同的缺陷尺寸进行数据融合。得到与 R6 一致的评定结果，使其更准确合理。

9.3.3.3　智能方法在缺陷评定中的应用

压力容器的失效模式不仅具有模糊不确定性，而且具有高度的非线性，是多种因素综合影响的结果，引入人工智能技术能有效地解决此类问题。目前智能方法的应用越来越集中于人工神经网络技术的运用。人工神经网络技术是近年发展起来的一门交叉学科，该技术能处理高度的非线性问题，具有自学习、自组织的能力。实验证明，引入神经网络技术，以成功的评价案例为基础，运用人工神经网络进行压力容器缺陷评定是可行的，可以预测缺陷的安全裕度。如利用 Q345R 钢 CT 试样实测数据进行网络训练，训练好的神经网络可与对该材料的疲劳裂纹扩展速率进行精确预测；如采用模糊推理与人工神经网络技术相结合的人工智能方法进行压力容器失效模式的预测；结合模糊聚类方法与人工神经网络技术进行了压力容器安全评定可靠度的模糊分析；采用人工神经网络与失效评定图相结合的方法对压力容器进行安全评定等。

9.3.3.4 疲劳评定及寿命预测研究进展

疲劳评定及寿命预测目前主要有两种方法：一是以美国的 ASME 评定规范为代表的低周疲劳曲线评定法，该方法成熟且运用广泛，使用简单，易于理解，缺点是以实验数据为基础，要求大量的实验，成本很高。二是损伤容限评定法，这种方法通过疲劳扩展率来计算疲劳寿命，运用也很广泛。

疲劳评定作为缺陷评定的一部分，是目前研究的热点，而焊接接头疲劳评定的“局部法”(local approach) 是近年来疲劳研究的重要方向。“局部法”的基本原理是采用与疲劳断裂直接相关的应力集中区域应力场“局部参量”作为疲劳断裂的控制参量，建立具有普遍适用性的“局部参量”与循环次数 N 表示的 S-N 曲线，根据曲线进行疲劳强度和疲劳寿命预测与评价。由于“局部法”包括焊接接头局部焊缝几何细节等因素，因而更能反映焊接结构疲劳断裂的实际情况，受到了工程界的普遍关注。我国在“局部法”对焊接接头的疲劳评定的研究也有一定的进展，已经发展了多种疲劳评定的局部方法。如缺口应力场强度因子法(N-SIF)、等效应力场强度因子法（E-SIF)、临界距离法（CDM）[包括点（PM)、线(LM)、面（AM）和体积法（VM)]、临界面法和包括应力梯度的体积法等。

随着力学、数学、计算机科学等学科在压力容器缺陷评定技术中的应用、发展的不断深入，国际上“合乎使用”原则建立的结构完整性技术及其相关的工程评价越来越成熟，世界各国都发展形成了自己的标准和规范；然而由于工程结构问题中存在的随机性、模糊性和高度的非线性问题，压力容器缺陷评定的工作依旧任重道远。概率断裂力学、模糊断裂力学在压力容器缺陷评定中的运用研究，进一步明确疲劳机理和寿命预测指标以及实现缺陷评定的人工智能化对缺陷评定技术的发展具有深远的意义。

另外，国家标准《在役含缺陷压力容器的安全评定》为含缺陷压力容器的安全评定提供了有效的依据，但标准的评定程序比较复杂，要求评定人员掌握断裂力学、塑性力学等多学科的知识，一般技术人员很难熟悉应用，为了提高结构的安全评定在工厂企业的推广，有研究人员依据《评定》，开发高效精确、简洁实用并具有良好界面设计及良好人机交互功能的可靠性评估软件，将在役含缺陷压力容器的安全评定工作推向了一个新阶段。该软件将所评定容器的结构参数、缺陷参数、焊接工艺参数、材料参数、应力分析参数分别建立模块，并将模块联系起来，利用计算机语言开发出能在 Windows 操作环境下运行的“在役含缺陷压力容器安全评定系统”。针对不同容器的工况不同，失效形式不同，对具体容器评定需要考虑不同工况对安全评定的影响，为提高系统的应用范围，必须保证评定方法的全面，因此安全评定模块分别有断裂评定及断裂简化评定、常规评定和分析评定模块，以及考虑应力腐蚀对安全评定影响的安全评定模块，疲劳评定模块。结构工况及材料性能参数是录入评定所需数据的主要通道，缺陷规则化模块是进行评定的主体，进行安全评定所需要的数据就是用户所录入的结构参数和材料性能参数，以及进行规则化后的裂纹尺寸。各个模块采用的数据必须紧密相连，具有递进关系，同时各种评定方法之间也具有紧密的联系。评定系统能简化评定人员的工作量，为评定人员撰写评定报告提供很好的参考价值。

9.3.4 压力容器安全评定实例分析

2011 年 8 月，福建省特种设备检验研究院对辖区某石化公司 1000m^{3}二甲醚球罐进行首次全面检验，检验过程发现多处表面裂纹和埋藏缺陷，其中最严重的埋藏缺陷长 72mm，通过 TOFD 检测，确认该埋藏缺陷自身高度为 3.0mm，为了保证球罐的安全性、可靠性，并保证取得良好的经济效益，福建省特种设备检验研究院与福州大学对检测出的焊缝内部超标缺陷进行科学的分析和安全评定。判断该缺陷为原始的条渣，经过 3 年的使用在其周边扩展形成裂纹。经分析评定，认为该缺陷是可接受的，球罐的安全性能满足使用要求。

(1) 设备概述

设计规范：GB 12337—1998	制造规范：GB 50094—1998
制造日期：2008-03-15	内径：12300mm
球罐高：14424mm	容积：1000m^3
结构形式：混合式	主体厚度：28mm
主体材质：16MnR	设计压力：1.3MPa
操作压力：1.0MPa	工作温度：常温

(2) 检验检测结果

根据 JB/T 4730.4—2005 对球罐进行磁粉检测，内表面对接焊缝磁粉检测共发现两处裂纹，最深 2.0mm，经打磨消除，复检合格；根据 JB/T 4730.3—2005 对球罐进行脉冲反射法超声检测，发现一处条形缺陷，缺陷指示长度 75mm，缺陷反射波幅 SL+16，评定为Ⅲ级；根据 NB/T 47013—2010《承压设备无损检测 第 10 部分 衍射时差法超声检测》，采用超声波衍射时差法对脉冲反射超声检测出的缺陷及周边进行扫查，其结果为：埋藏缺陷深度 11.9mm，缺陷自身高度 3.0mm，缺陷长度 72mm。

(3) 安全评定

安全评定是依据 GB/T 19624—2004《在用含缺陷压力容器安全评定》（简称《评定》）进行，评定中主要考虑断裂与塑性失效，未考虑疲劳失效，采用常规评定对所检验处的超标缺陷进行安全评定。

缺陷尺寸：由缺陷的实际位置、形状和尺寸，根据《在用含缺陷压力容器安全评定》进行缺陷规则化，表征裂纹尺寸根据具体缺陷情况有缺陷外接矩形之高和长来确定。对埋藏裂纹，高为 $2a=3.0$mm，长为 $2c=72$mm，如图 9-12 所示。

缺陷规则化：$0.4h \leqslant p_1 \leqslant p_2$，且 $h \leqslant l$，该平面缺陷规则化为 $2c=l$，$2a=h$ 的椭圆形埋藏缺陷如图 9-12 所示。

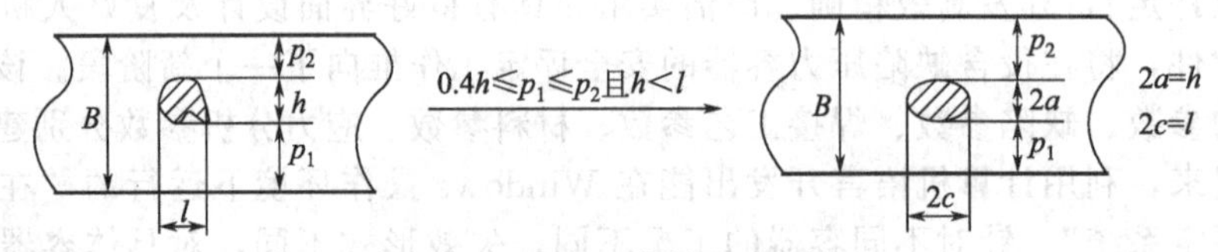

图 9-12 超标埋藏缺陷规则化

考虑缺陷表征尺寸分安全系数，按表 9-1 的要求，取系数为 1.1，则用于评定计算的表征尺寸为：$a=1.5\times1.1=1.65$mm，$c=36\times1.1=39.6$mm。

材料性能数据及应力分析：

材料性能数据见表 9-3。

表 9-3 所评定压力容器的材料数据

主体材质	抗拉强度/MPa	屈服强度/MPa	断裂韧度/mm	弹性模量/GPa	泊松比
16MnR	490	310	0.1	200	0.3

应力分析见表 9-4。

表 9-4 所评定压力容器的应力

操作压力/MPa	一次薄膜应力/MPa	一次弯曲应力/MPa	二次薄膜应力/MPa	二次弯曲应力/MPa	焊缝参与应力/MPa
1.0	132.1	0	310	0	—

一次薄膜应力分量 P_m 由式(9-74) 计算，

$$P_m=\frac{P_c(D_i+B)}{4B} \tag{9-74}$$

上式中，P_c 按照操作压力取 1.0MPa，一次弯曲应力 P_b 为零，根据《评定》中第 5.4.2.4.4 条，二次薄膜应力分量分别为：$Q_m=\sigma_s=310$MPa，二次弯曲应力 $Q_b=0$，考虑失效的严重性，一次应力分量和二次应力分量按表 9-1 要求分别乘以应力安全系数 1.2 和 1.0，则用于评定计算的应力分别为 ：$P_m=132.1$MPa，$Q_m=310$MPa。

缺陷的安全评定：

计算 K_C 和 K_p

K_C 由式(9-68) 计算，

$$K_C=\sqrt{1.5\sigma_S\delta_C E/(1-\nu^2)}=3260\text{N/mm}^{3/2}$$

考虑失效的严重性，安全系数取 1.2，则评定用材料断裂韧度，$K_p=K_C/1.2=2717\text{N/mm}^{3/2}$

应力强度因子和的计算：

应力强度因子由下式计算

$$K_{Ip}=\sqrt{\pi a}(P_m f_m+P_b f_b)$$
$$K_{Is}=\sqrt{\pi a}(Q_m f_m+Q_b f_b) \tag{9-75}$$

根据《评定》中 D.2.3 及 D.1.4.2，裂纹方向在 C 方向尖端处，故 $f_m=f_m^B$

$$f_m=f_m^B=\frac{1.01-0.37\dfrac{a}{c}}{\left\{1-\left(\dfrac{2a/B}{1-2e/B}\right)^{1.8}\left[1-0.4\dfrac{a}{c}-0.8\left(\dfrac{e}{B}\right)^{0.4}\right]\right\}^{0.54}}=0.985$$

根据《评定》中 D.2.3 及 D.1.4.2，裂纹方向在 C 方向尖端处，故 $f_b=f_b^B$

$$f_b=f_b^B=\frac{(1.01-0.37\dfrac{a}{c})[2e/B-a/B-0.34a^2/(cB)]}{\left\{1-\left(\dfrac{2a/B}{1-2e/B}\right)^{1.8}\left[1-0.4\dfrac{a}{c}-0.8\left(\dfrac{e}{B}\right)^{0.4}\right]\right\}^{0.54}}=-0.034$$

式中，$e=0.35$mm，e 为埋藏裂纹中心与板厚中心的偏移量。故有：

$$K_I^p=\sqrt{\pi a}(P_m f_m+P_b f_b)=\sqrt{3.14\times1.65}\times(132.1\times0.985+0)=296.1\text{N/mm}^{3/2}$$

$$K_I^s=\sqrt{\pi a}(Q_m f_m+Q_b f_b)=\sqrt{3.14\times1.65}\times(310\times0.985+0)=695.0\text{N/mm}^{3/2}$$

计算 L_r 和 L_{rmax}：

载荷比 L_r 由式(9-76) 计算：

$$L_r=\frac{(3\zeta P_m+P_b)+\sqrt{(3\zeta P_m+P_b)^2+9[(1-\zeta)^2+4\zeta\gamma]P_m^2}}{3[(1-\zeta)^2+4\zeta\gamma]\sigma_S} \tag{9-76}$$

式中，$\zeta=2ac/B(c+B)=0.069$，$\gamma=P_1/B=12/28=0.429$，P_1 为缺陷距板表面最近处距离（指被评定裂尖位置）。由上式计算得到 L_r 为 0.476，对于不能按照刚才类别确定 L_{rmax} 的材料，L_{rmax} 由式(9-77) 进行计算：

$$L_{\mathrm{rmax}}=\bar{\sigma}/\sigma_{\mathrm{S}}=0.5(\sigma_{\mathrm{b}}+\sigma_{\mathrm{S}})/\sigma_{\mathrm{S}} \tag{9-77}$$

计算得结果为 1.29。

断裂比 K 值得计算

断裂比 K 值由式(9-78) 计算：

$$K_{\mathrm{r}}=\frac{G(K_{\mathrm{I}}^{\mathrm{p}}+K_{\mathrm{I}}^{\mathrm{s}})}{K_{\mathrm{P}}}+\rho \tag{9-78}$$

根据《评定》中附录 A，由于缺陷与其他缺陷没有干涉现象，因此不再考虑缺陷间的影响，干涉效应系数 $G=1$。ρ 为塑性修正因子，由公式(9-79) 计算可得。

$$\rho=\begin{cases}\psi_1 & \text{当 } L_{\mathrm{r}}<0.8 \text{ 时}\\ \psi_1(11-10L_{\mathrm{r}})/3 & \text{当 } 0.8<L_{\mathrm{r}}<1.1 \text{ 时}\\ 0 & \text{当 } L_{\mathrm{r}}<1.1 \text{ 时}\end{cases} \tag{9-79}$$

根据以上计算，得知 L_{r}为 0.476 小于 0.8，则 $\rho=\psi_1$，ψ_1值依据《评定》中图 5-14 查得为 0.247，故 $\rho=0.247$，参量代入公式(9-78)，求得 K_{r}值为 0.616。

评定结果：平面缺陷的常规评定采用通用失效评定图进行评定，将计算得到的 K_{r}值和 L_{r}值所构成的评定点（K_{r}，L_{r}），也就是（0.476，0.616）绘制在通用失效评定图中(图 9-11)，评定点落在评定图的安全区内，因此，该缺陷在规定的介质和压力运行下是安全的，该缺陷的存在不影响该球罐在今后的继续安全使用。

第10章 压力容器失效分析

CHAPTER 10

压力容器是具有潜在泄漏或爆炸危险的特殊承压设备，一旦发生泄漏或爆炸，往往会造成灾难性事故。因此，研究压力容器的失效规律，准确地找到其失效原因，并提出预防和修复措施，提高设备的安全可靠性，以降低事故发生概率、减少生命和财产损失，对企业维持正常生产具有重要经济效益意义，同时对维护社会安定更具有重要的社会效益。

10.1 失效分析概念

10.1.1 失效的工程概念及失效分析

在国际通用的名词术语中，失效（failure）是指机械设备丧失其规定功能的现象，对可修复产品通常也称故障。对于压力容器来说，当它处于完全不能工作，或不能按原设计参数使用，或因受到严重损伤不能安全可靠地继续使用而必须修理或更换时，即认为是失效。失效通常由于多方面原因造成，主要因素包括设计、选材、材料冶金缺陷、制造工艺、加工、组装、检验、试验、质量控制、贮运、操作条件、维修、机械、化学损伤和意外事件等。

“失效分析”是指分析失效原因，研究、采取补救和预防措施的技术与管理活动，再反馈于生产，因而是质量管理的一个重要环节。机械产品为了满足人民生活和生产的需要，须根据一定的技术条件而制造，人们希望它能在规定的使用期限内和规定的条件下安全可靠地去完成规定的任务。然而，由于每一产品都要经历设计、选材、制造、包装、贮存、运输、安装、运行、使用和维修等过程，而在这每个过程中都可能产生缺陷、失误、偏差和损伤，产生失效的隐患，所以压力容器就始终存在着失效的危险，特别是在高压、高温、低温、冲刷、腐蚀等苛刻的工作条件下，这种危险性更大。

压力容器发生失效一般会造成下列两类损失：直接损失——容器本身的原投资损失、修理或更新费用的损失；间接损失——失效设备停产的经济损失，造成其他设备失效或停产的经济损失，造成人员伤亡、火灾、水灾和环境污染的损失，产品声誉的损失，对社会稳定和人民安全的影响。因此，压力容器的失效问题严重影响了企业的经济效益和人身、设备的安全，研究和预防压力容器的失效，是经济和质量活动中的一个重大课题。

10.1.2 失效分析的目的和意义

失效分析的目的为：判断失效模式、查找失效的原因和机理，提出防止类似事故再次发生的技术活动和管理活动。其总任务是不断降低失效率，准确评估、预测其安全状况与剩余寿命，提高可靠性，防止重大失效事故的发生，促进经济持续稳定发展。

失效分析是从现在入手着眼于未来的科学，是从失败入手着眼于成功的科学。压力容器发生事故，一般都要进行失效分析，即必须查明：压力容器为什么会破坏？关键问题在哪里？这样做的目的，不仅使我们在处理事故时能获得一些必要的数据、资料，而且还可以得到宝贵的经验，为今后工艺流程和参数的改进，设备的规划、设计、选材、加工、检验、质量控制及设备的合理使用提供依据，防止事故的重复发生。同时失效分析也是制修订技术规范、保险赔付、法律仲裁、宏观经济决策等的重要科学技术依据之一。

失效分析也与社会公共安全密切相关，陕西兴平LPG球罐因泄漏引发大火导致罐区大爆炸事故后，经过调查确认其原因是人孔石棉密封垫失效，因此，原劳动部修改了相应的LPG球罐人孔密封标准，禁止了石棉密封垫的使用，并修改了其密封形式。2002年国家质量监督检验检疫总局又进行了全国在用压力容器普查工作，为全国在用压力容器建立了统一的标准化档案，使在用压力容器的管理走上正规化和信息化的道路。在西方国家的许多现代化企业中，失效分析已成为日常工作中的一项重要内容，其社会效益巨大，间接经济效益。

压力容器设备安全管理、安全评定、寿命预测和风险评估技术离不开失效模式和机理的研究。基于风险的检验技术、安全状况综合评价方法和承压设备剩余寿命预测方法压力容器的全过程安全监察同样也离不开失效分析。

当前，风险在各个领域都受到广泛的关注，设备维护领域也不例外，它是降低风险的有效手段。压力容器的管理追求安全性与经济性统一，企业关心风险不仅是因为满足公众和法律法规的要求，更重要的是设备风险已经不只是安全问题，而是关系到企业赢利的经济问题，企业期望在降低风险方面的投入能获得收益。由于设备失效风险是不可避免的，因此，“重要的是了解和管理风险，而不是必须减少或者消除风险”。基于风险的检验RBI（risk based inspection）策略就是依据定量分析结果中风险等级和失效机理来制定的，合乎使用（fitness-for-service）、基于可靠性的维修RCM（reliability centered maintenance）、可靠性、可用性和可维护性RAM（raliability，availability and maintainability）、基于风险的维修RBM（risk-based maintenance）不仅研究设备失效模式和发生的可能性，还重点关注设备故障可能带来的后果，尤其是安全和环境后果。在分析不同设备及其部件的风险基础上，确定设备维护计划，将设备风险控制在可接受的范围内，从而减少因设备故障造成的损失。

事故既是一面镜子，更是一把尺子。失效分析的结果通常要涉及失效的责任认定，因此，失效分析人员必须具备高度的责任感，坚持原则，与各专业人员、管理人员密切合作，善于听取各方面的意见，避免主观武断，还原真相，得出科学、公正的失效分析结论。

现在压力容器失效分析的研究已不仅限于已发生的事故，而更重视产品失效的潜在因素，探索防止失效的措施，也成为提高产品质量和性能的重要手段。基于事故与失效模式的压力容器设计技术已成为压力容器的主要设计依据。压力容器失效分析是宝贵财富，前事不忘，后事之师，要汲取教训，回顾反思，才能尽可能地避免事故的重复出现。

10.1.3 压力容器失效分析的内容

失效分析是一门综合性很强的边缘学科，是一门系统工程，包括多学科知识的综合运用。所包含的内容可分为失效分析思维方法的研究和失效分析检测、试验技术的研究、失效监测、预测和预防的研究、失效机理的研究。

压力容器失效分析技术内容一般可分为失效诊断、失效预测和失效预防3个部分。失效诊断是失效发生以后的研究，失效预测和预防则是事前的。其中失效诊断是失效分析的核心，失效预测和预防则是失效分析的目的。

失效诊断包括失效模式和失效机理研究，失效模式指外在宏观表现形式和规律，失效机理则是指引起失效的物理化学变化过程和本质。

压力容器失效分析还涉及容器的设计、制造、管理、使用等许多方面。近年来，由于材料、工程力学和断裂力学、无损检测和材料现场分析技术、能谱和色谱技术、腐蚀、流体力学、摩擦学、电子显微镜、人工神经网络技术、计算机技术等科学技术的发展大大推动了压力容器失效分析技术水平的提高。

10.2　失效分析方法

失效分析是一个十分复杂的过程，特别是压力容器的失效，一般工作条件复杂、可疑点多、难度大，对失效分析人员要求的知识面广并有一定深度和丰富的实践经验。

失效分析可分为整机和零部件失效分析，也可按产品发展阶段、失效场合、分析目的进行失效分析。失效分析的工作程序通常分为明确目的和要求、资料收集、分析失效机理、提出恢复生产和预防措施等阶段。核心是失效机理的分析，失效机理是导致失效的物理或化学过程，此过程的诱发因素有内部的和外部的。在研究失效机理时，通常先从外部诱发因素和失效表现形式入手，进而再研究内在因素。失效原因也具有多层次性，上一层次的失效原因即是下一层次的失效现象，越是低层次的失效现象，就越是本质的失效原因。所以要有正确的失效分析思路和失效分析步骤。

10.2.1　失效分析思维方法

失效分析思维方法的研究是指对失效分析过程本身的研究，用于确定应进行的检验内容，分析、指导具体失效案例的分析过程，各失效因素间的关系。

10.2.1.1　失效模式和后果分析

失效模式和后果分析（failure modes and effects analysis，FMEA）在风险分析中占重要位置，主要用于预防失效。在ISO 9004质量标准中，将作为保证产品设计和制造质量控制的有效工具。FMEA如果与失效后果严重程度分析联合起来（failure modes，effects and criticality analysis，FMECA），应用范围更广泛。

FMEA是一种归纳法，对于一个系统内部每个部件的每种可能的失效模式或不正常运行模式都要进行详细分析，并推断它对于整个系统的影响、可能产生的后果以及如何才能避免或减少损失。进行FMEA工作所涉及的主要工作有：针对系统的具体情况，以设计文件或相关标准、规范为依据，从功能、工况条件、工作时间、结构等确定本系统失效的定义，并确定表征失效的主要参数。考虑系统中各部件可能存在的隐患，依据具体内容确定失效模式。如：

① 功能不符合技术条件要求；

② 应力分析中发现的可能失效模式；

③ 动力学分析、结构分析或结构分析中发现可能失效的模式；

④ 试验中发生的失效，检验中发现的偏差；

⑤ 完整性评价、安全性分析确定的失效模式。

根据所确定的失效模式，进行失效机理分析，并确定失效或危险发生的主要控制因素。在进行失效后果分析时，应考虑任务目标、维修要求以及人员和设备的安全性等，要考虑原始失效（一次失效）和可能造成的从属失效（二次失效），要考虑局部失效可能造成的整体失效，要考虑对全系统工作、功能、状态产生的总后果。

10.2.1.2　失效树分析

失效树分析（fault tree analysis，FTA）又称因果树分析，是一种复杂系统进行风险预测的方法。在产品设计阶段，失效树分析可帮助判明潜在危险的模式和灾难性危险因素，发现系统或装置的薄弱环节，以便改进设计。在生产、使用阶段有助于进行失效诊断，改进技术管理和维修方案，作为事故发生后的调查手段。

在失效树分析中，首先把需要分析的系统或装置发生失效事件的名称绘在失效树分析图的上部，称为顶事件。该图是一棵倒树，树根就是顶事件，枝叶向下蔓延。顶事件下边排列出引起顶事件发生的直接原因，称为失效二次事件（或中间事件）。在顶事件和紧接的二次事件之间，按照其逻辑关系，标出逻辑门，用以将顶事件和二次事件联结起来。接着再把造成上述失效二次事件（或中间事件）的直接原因列出，它们之间同样用逻辑门联结起来。如此继续下去，直至延伸到不能或不必再分解的基本事件为止。

失效树分析中的计算是根据逻辑代数原理进行的。可以求出基本事件在失效树结构中所造成的影响（称为重要度），还可以求出顶事件发生的概率。

10.2.1.3 事件树分析

事件树分析（event tree analysis，ETA）又称决策树分析，是在给定系统起始事件的情况下，分析此事件可能导致的各种事件的一系列结果，从而定性与定量的评价系统的特性，并帮助人们做出处理或防范的决策，这也是风险分析的一种重要方法，在寻找系统可能导致的严重事故时，是一种有效的方法。

10.2.1.4 可信性分析

可信性（dependability）是一个非定量的集合性术语。GB/T 19000—2008/ISO 9000：2005（最新版为 ISO 9000：2008）系列标准已把可信性列为质量管理的一项重要内容，根据 ISO 9000 的定义，可信性是可靠性、维修性、保障性和测试性内容的综合。

可靠性是系统或装置在规定条件下和规定时间内完成规定功能的能力。维修性是在规定条件下和规定时间内，按照规定程序和方法对系统或装置进行维修时，保持或恢复系统或装置达到规定状态的能力。保障性是系统或装置的设计特性和计划的保障资源能满足使用要求的能力。测试性是系统或装置能及时并准确地确定其状态的特性，利用监控、检测等手段可以确定系统或装置内部的危险源以及性能蜕化的影响，所要求具备的测试功能和测试精度。

基于可信性的危险可能有两类：一是系统或装置研制生产过程，预计进度计划受到干扰，预计的资金被突破或没有到位，可信性达不到预期水平；二是系统或装置运行时发生失效，其后果可能导致人身伤亡、建筑物破坏、环境污染、造成经济损失。

基于可信性的风险分析就是按照这两类危险，按照事故可能发生的概率大小和事故发生后造成的后果来度量。现代系统、装置中，除了硬件本身外，一般都使用了大量软件，许多功能由软件执行，进行风险分析时，对软件可能发生的风险也必须计算。

对压力容器的失效分析通常需要应用系统工程的概念，要综合考虑。常见的失效形式有爆炸、泄漏和降级使用等，而造成这些失效的原因一般有设计、制造、操作、腐蚀、使用、意外等。因此，对于失效的压力容器除要对其全部残骸进行仔细的检查分析，确定产生初始缺陷位置和扩展方式外，审查其设计、制造、运行资料也是压力容器失效分析的关键所在。

10.2.2 失效分析技术方法

失效分析技术方法是指具体的设备、材料、介质等方面的检测、实验技术和理论计算方法，为准确地判断失效发生的原因提供依据。对压力容器的失效分析，常用的检测和实验技术有材料的理化性能测试、断口分析、微观组织分析、电子显微镜技术、能谱分析技术、化学和电化学实验和分析、腐蚀试验、材料物理性能测试分析技术、各种无损检测技术、应力测试和分析技术、有限元分析技术等。计算主要包括强度计算和应力分析、断裂力学分析、疲劳分析、流体力学分析、温度场分析等内容。

基于概率断裂力学的失效分析方法能客观反映评定参数的不确定性，降低人为经验因素的影响，提高分析的准确性和安全性，具有较好的工程应用价值。含缺陷可靠性失效评定方法是当今压力容器结构完整性评定技术的发展趋势。基于风险评估（risk assessment）与

RBI 的失效分析技术符合压力容器安全性与经济性相统一的发展趋势，将在我国得到迅速发展和普遍应用。

如何将神经网络的处理方法应用于压力容器失效分析专家系统、完善压力容器失效分析数据库还需要进一步研究。今后，将进一步发展压力容器的智能型检测技术，例如声发射、智能超声检测、高温压力容器的寿命预测与完整性管理研究等技术和方法。

10.2.3　失效预防方法

失效分析的最终目标是提出失效预防措施，根据失效分析的结果，包括设备的安全状况预测、剩余寿命预测和累积失效概率可靠度预测等 3 个层次的内容。采取措施防止再次发生类似失效。采取的措施不一定是针对造成失效的主要原因，而应根据实际生产情况，利用经济学方法对可能采取的措施进行经济评价，采取相应的最经济的方法。

压力容器失效分析与安全评定是一个系统工程，包括多学科知识的综合运用。失效预防则应包括失效的工程预防、安全法规或标准的制定或修改、失效或安全数据库与专家系统的建立和应用。发展中的可靠性工程、风险评估、计算机技术及完整性与适用性评估是预测、预防和控制失效的技术工作和管理工作的基础和保障，这将从广度和深度进一步推进压力容器失效分析与安全评定技术的发展和完善。

10.3　压力容器的失效形式及其原因

失效按其工程含义分为暂时失效和永久失效、突然失效和渐变失效，按经济观点分为正常损耗失效、本质缺陷失效、误用失效和超负荷失效。

压力容器的失效形式多种多样，容器在压力和温度作用下主要发生两种形式的失效——变形、破裂。按容器的失效时间可分为：容器加工工艺过程的失效和容器服役过程的失效；按失效形式可分为韧性失效、断裂失效（包括韧性断裂和脆性断裂失效）和腐蚀失效；或分为强度失效、刚度失效、失稳失效和泄漏失效，其中强度失效是最主要的失效形式。

压力容器失效可按多种方式进行分类，按破裂面对外力的取向，可分为正断和切断；按裂纹发展和扩张途径，可分为沿晶断裂、穿晶断裂和混合断裂；按金属材料破裂的现象，可分为韧性破裂、脆性破裂、疲劳破裂、腐蚀破裂、蠕变破裂；按破坏形式可分压力冲击破裂和非压力冲击破裂、爆炸失效和非爆炸失效，根据爆炸形式可分为物理爆炸和化学爆炸。

物理爆炸是指由于操作介质的物理状态发生变化和压力、温度发生突变而引发爆炸现象，容器物理爆炸特点是不具有像炸药爆炸形成的高温、高压现象，设备超压或超温、腐蚀减薄导致的爆炸通常是韧性破坏，爆裂碎片较少，而因应力腐蚀、疲劳和腐蚀疲劳、晶间腐蚀等低应力条件下破坏造成的爆炸通常是脆性破坏，爆裂碎片较多，断口有脆性破裂特征。化学爆炸是指操作介质因发生剧烈化学反应而产生高温、高压导致的容器爆裂。据 1949 年后全国化工企业统计，在爆炸事故中，物理爆炸和化学爆炸约各占 50%。

失效过程特点：

① 不可逆性：任何模拟再现试验都不可能完全代替实际的失效过程；

② 有序性：一般经过起始状态→中间状态→完成状态 3 个阶段；

③ 不稳定性：中间状态是变化甚至不连续的，因素较多；

④ 积累性：失效是一个累积损伤过程。

压力容器最危险的失效形式是爆炸破坏和严重腐蚀失效，而压力容器最危险的部位是焊接接头及近缝区。容器破裂后，由于可燃介质与空气混合，可能造成介质的二次空间爆炸，危及其他设备的安全。本章主要按材料破裂的现象对压力容器的失效形式进行分类。

10.3.1 韧性断裂

10.3.1.1 韧性断裂特征

韧性破裂是指容器在应力作用下，器壁应力达到材料的强度极限而发生断裂的破坏形式，其特征有：

① 破裂容器发生明显塑性变形。

② 破坏的断口为切断撕裂，断口呈暗灰色纤维状，且与主应力方向成45°角。图10-1（a）为12mm厚、16MnR材质的拔头油储罐爆炸后的残片，该储罐受火灾影响发生爆炸，宏观断口为45°斜断口，微观断口形貌为韧窝，图10-1（b）。

③ 容器一般无碎片或碎片较少。

④ 容器实际爆破压力接近计算爆破压力。

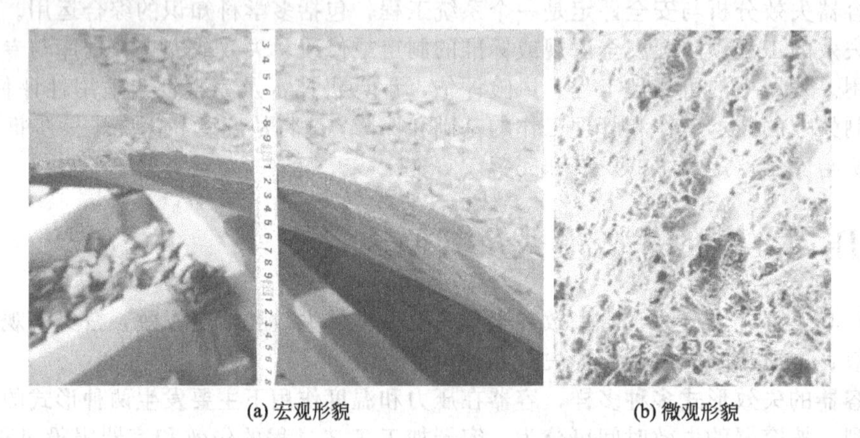

(a) 宏观形貌　　(b) 微观形貌

图10-1　壁厚12mm 16MnR储罐受热爆炸残片断口形貌

10.3.1.2 韧性断裂原因

导致韧性断裂的主要原因有：

① 超压，超温；

② 因设计、制造或腐蚀造成壁厚不足；

③ 焊接接头质量低劣，存在严重裂纹性或未焊透缺陷；

④ 容器内部发生化学爆炸。

如某化肥厂的惰性气体洗涤塔操作介质为NH_3、N_2、O_2、H_2，操作压力1.8MPa，操作温度60℃，材质1Cr18Ni9Ti，因防静电设施损坏后没有及时修复，在生产过程中由于气体高速流动产生静电火花引起化学爆炸。

10.3.1.3 韧性断裂机理

① 弹性阶段：当外力消失，材料仍能回到原理的状态而不产生明显的塑性变形。

② 弹塑性阶段：材料发生明显的塑性变形，外载荷消失后材料不再恢复原状，塑性变形仍将保留。

③ 断裂阶段：应力超过了材料的抗拉强度极限后，材料将发生断裂。

10.3.1.4 韧性断裂事故预防

① 在设计上保证选用的材料有足够强度和厚度。

② 压力容器应该按规定的工艺参数运行，安全附件应安装齐全、正确，并保证灵敏可靠。

③ 避免焊接接头存在超标缺陷，特别是裂纹和未焊透缺陷。加强不能进行 RT 或 UT 焊接接头的监理，防止这些部位存在无法检测的缺陷。

④ 加强维护和定期检验工作，采取有效的措施防止或及时发现压力容器的全面腐蚀减薄。

10.3.2　脆性断裂

10.3.2.1　脆性断裂特征

脆性断裂是指容器在器壁应力远远低于材料的强度极限，甚至低于屈服强度下发生的破坏形式，因为是在较低的应力状态下发生的，故又称低应力破坏或低应力脆断。其特征有：

① 容器破坏时几乎无明显的塑性变形。

② 断口呈金属光泽的结晶状，断口齐平，与主应力方向垂直，裂纹起始于缺陷或几何形状突变处，断裂现象与脆性材料的断裂相似。

沿晶脆性断裂的特征为其断口在宏观上呈细颗粒状，有时能观察到放射条纹，断口微观形貌呈冰糖状。如，某高压容器制造时，厚度为 90mm 的 16MnR 板材冷成形时，筒体沿轧板横向开裂，材料的 0℃ 冲击试样断口宏观形貌如图 10-2 所示，为较多的闪光的刻面，断口和剖面金相分析表明断口为沿晶解理，断面上有大量的二次裂纹和夹杂物，尤其在氢富集的源区，断裂形貌表现了沿晶特征以及较多的夹杂物，证实了筒体断裂为氢致开裂。

图 10-2　脆性冲击试样断口宏观特征

③ 脆断时无明显外观变化和外观预兆，破坏后容器器壁无明显的伸长变形，壁厚一般无减薄，容器纵向脆断时裂口与器壁表面垂直，环向脆断时断口与容器的中心线相垂直。

④ 容器脆断时，碎片较多，其后果要比韧性破坏严重得多。

⑤ 器壁的薄膜应力远低于材料的强度极限。

⑥ 在低温的情况下容易发生。

脆性断裂与韧性断裂特征对比见表 10-1。

表 10-1　脆性断裂与韧性断裂特征对比

破裂特征	塑性变形	断口形貌	破坏形式	应力状态
韧性破裂	明显	断口不齐平，暗灰色纤维状	撕裂、碎片少	达到强度极限
脆性破裂	不明显	断口齐平，呈金属光泽的结晶状	裂成碎片、碎片多	低于屈服极限

10.3.2.2　脆性断裂原因

导致脆性破坏的原因主要有：

① 低温导致材料韧性下降。

② 材料本身存在如非金属夹杂、裂纹等缺陷，焊缝存在裂纹、未焊透、夹杂、错边、

成分和组织偏析等缺陷。

如某天然气处理厂脱水脱烃装置的低温分离器投产仅数小时即发生爆炸。事故调查组将收集到低温分离器残片共68片，含有焊接缺陷的残片中，以人孔插入式接管角焊缝的缺陷最为严重（其尺寸为140mm ×23mm，以此缺陷为中心开裂向两侧扩展各约700mm），其他开裂的接管焊缝均存在不同程度的未熔合缺陷（上部封头仪表接管焊缝几乎全厚度未熔合）。焊接缺陷是引起低温分离器发生爆炸的直接原因。

对该低温分离器制造厂同批制造的其他设备进行检查，又发现气液分离器接管存在大量裂纹、空洞、夹渣、未熔合、未焊透等严重缺陷，如图10-3所示。

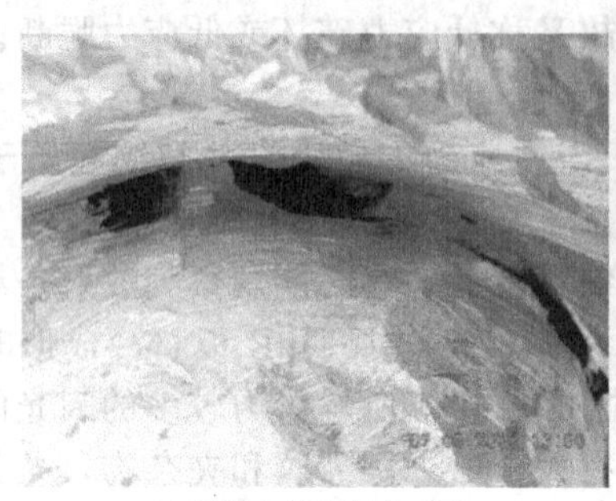

(a) 焊缝上的孔洞和夹渣

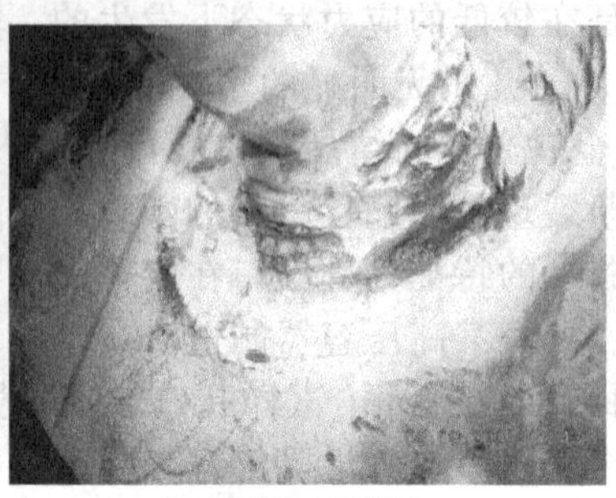

(b) 焊缝上的裂纹

图10-3 气液分离器接管焊缝上的孔洞和裂纹等缺陷

③ 热处理、焊接工艺失控。

④ 材料中S、P含量过高，应力腐蚀、晶间腐蚀等局部腐蚀。

10.3.2.3 脆性断裂机理

脆性断裂包括开裂和裂纹扩展两个阶段，开裂一般发生在材料韧性低的缺陷处，裂纹扩展是指裂纹尖端处的应力超过材料的强度极限时，裂纹以极高的速度扩展导致容器发生脆性断裂。

按断裂力学观点，压力容器受压组件一旦产生裂纹，裂纹尖端会产生应力集中，当裂纹扩展达到一定的临界尺寸，裂纹附近的应力强度因子大于材料的断裂韧性时，即使材料有足够的韧性，仍可能发生脆性断裂。

因此，容器在制造过程中，如冷加工、组装，尤其是焊接时应尽力减少残余应力并进行消除残余应力的热处理，检测方法中应有足够的灵敏度，以发现和消除裂纹缺陷，防止先天不足。容器投产后，要加强定期检验工作，及时发现裂纹，防止裂纹扩展后的脆性断裂。

沿晶脆性断裂是耐热钢、耐热合金和不锈钢等失效的一种主要形式，通常材料晶界的结合力高于晶内，但因热处理不当或在高温环境条件下造成杂质在晶界偏析或沿晶析出脆性相、或因高温使晶界强度弱化，材料发生等强度破坏，其表现为沿晶和穿晶混合型断裂。当温度再上升到一定程度后，由于晶界的强度大大下降，发生完全的沿晶断裂，这种断裂一般也是脆性断裂。按断口表面形态，沿晶脆性断裂可分为两类：一类是沿晶分离，断口反映了晶界的外形，呈岩石状断口；另一类是沿晶韧窝断口，在断口表面上有大量细小的韧窝，说明断裂过程中沿晶界发生了一定的塑性变形。

碳素钢材料按脆断产生原因、发生脆性时的现象等分为冷脆性、蓝脆性、热脆性、石墨脆性和环境致脆。

① 冷脆性　金属材料在低温下呈现的脆性称为冷脆性。材料由延性破坏转变到脆性破坏的上限温度称为韧脆转变温度。为防止发生低温脆性破坏，钢材的最低允许使用温度须高于韧脆转变温度的上限。

具有面心立方晶格结构的奥氏体不会发生低温脆性，而体心立方晶格的铁素体会发生低温脆性。低碳钢及低合金钢均有冷脆性，并常导致冷脆破裂。钢材中磷含量的增加会显著增加钢材的冷脆性。

② 蓝脆性　指在 200～300℃时钢材发生失效，钢的强度会升高，塑性和韧性明显降低的现象，常见于低碳钢。因为在 200～300℃加热时，钢的表面形成蓝色氧化物，所以这种脆性称为蓝脆性。

③ 热脆性　某些钢材长期停留在 400～500℃温度范围内后，冷却至室温，其冲击值明显下降称为热脆性。硫含量较高、硫偏析严重的钢，在热加工时容易产生，为了防止热脆性，钢中锰含量要控制在硫含量的 5～10 倍。

④ 黑脆　即石墨化，指钢材长期承受高温，其渗碳体分解析出石墨，使钢材韧性明显下降的现象。在 350℃下长期服役的碳钢材料均可能产生石墨化，温度越高，石墨化的速度越快，最终导致材料脆性开裂，其断口因石墨呈黑色，故又称黑脆。多发生在长期承受高温的低碳钢、钼钢材料上。钢的碳含量越高，石墨化越容易。硅促进石墨化，而锰阻碍石墨化。一般高温暴露时间在 150000h 后应进行石墨化检验，焊接接头、加工变形部位、应力集中部位和高温部位石墨化较严重，是检验的重点。高碳钢锻后冷却速度过慢，退火保温时间过长，多次重复加热退火容易引起石墨脆性。石墨脆性一旦发生无法消除。

球化是指碳钢和低碳钢在高温下长期使用后发生的珠光体球化现象。材料发生球化后，其力学性能将明显下降。

⑤ 环境致脆　主要有氢脆、应力腐蚀致脆、晶间腐蚀脆化等。

a. 氢脆：指钢材接触氢或含氢介质而导致韧性明显降低的现象。溶于钢中的氢，聚合为氢分子，造成应力集中，超过钢的强度极限，在钢内部形成细小的裂纹，又称白点。在材料的冶炼过程和零件的制造与装配过程（如酸洗、焊接等）中进入钢材内部的微量氢（10^{-6}量级）在内部残余的或外加的应力作用下导致材料脆化甚至开裂。在尚未出现开裂的情况下可以通过消氢处理（如加热到 200℃以上数小时，可使内氢减少）恢复钢材的性能。

b. 应力腐蚀脆化：指在腐蚀介质和应力的共同作用下，金属材料明显变脆并导致破裂的现象。如湿硫化氢腐蚀应力腐蚀、碱脆、氯化为应力腐蚀、氨脆等。

c. 晶间腐蚀脆化：指在腐蚀介质作用下，金属材料发生晶间腐蚀，使材料明显变脆并导致破裂的现象。如敏化态的不锈钢发生晶间腐蚀。

10.3.2.4　脆性断裂事故预防

① 提高容器制造质量，特别是焊接质量；

② 保证容器材料在使用条件下具有较好的韧性；

③ 加强压力容器的维护保养和定期检验工作，及时消除检验中发现的裂纹性缺陷；

④ 严格按设计参数运行，防止超温、应力腐蚀和晶间腐蚀发生。

10.3.3　疲劳断裂

10.3.3.1　疲劳断裂特征

压力容器疲劳断裂是指容器在反复交变载荷的作用下出现的金属疲劳破坏。一类是通常所说的疲劳，是在应力较低、交变频率较高的情况下发生的；另一类是低周疲劳，是在应力较高（一般接近或高于材料的屈服极限）而应力交变频率较低的情况下发生的。在腐蚀性环境中，由于介质的作用，可大大加速裂纹的扩展速率，形成腐蚀疲劳断裂。特征有：

① 容器无明显的塑性变形；

② 破裂断口宏观可见裂纹扩展区和瞬断区两个区域，断口较平整，呈瓷状或贝壳状，

有疲劳弧线、疲劳台阶、疲劳源等；

③ 微观上裂纹一般没有分支且裂纹尖端较钝，有疲劳条纹；

④ 裂纹形成、扩展较慢，一般出现 1 个裂口，容器因开裂泄漏失效；

⑤ 裂纹通常出现在局部应力很高的部位，根据断口特征可以准确地把应力腐蚀与疲劳、腐蚀疲劳区别开；

⑥ 腐蚀疲劳断口表面上常见明显的腐蚀和点蚀坑，并且没有介质的选择性。

疲劳破坏总是在经过多次的反复加压和泄压后发生的，如某制氢吸附塔，规格 ϕ3400mm×9380mm×34mm，材质 16MnR，操作温度≤40℃，操作压力 0.05～2.54MPa，介质 H_2、CH_4、CO 等，设备设计使用年限 20 年，充泄压频率 70000 次·年$^{-1}$（5.5 次·h^{-1}），总循环次数为 960000 次。实际使用 5 年，在使用过程中发现筒体梯子垫板焊缝处出现裂纹（图 10-4），产生泄漏。经分析为低周疲劳破坏，检查发现垫板焊接处角焊缝成型质量低劣。

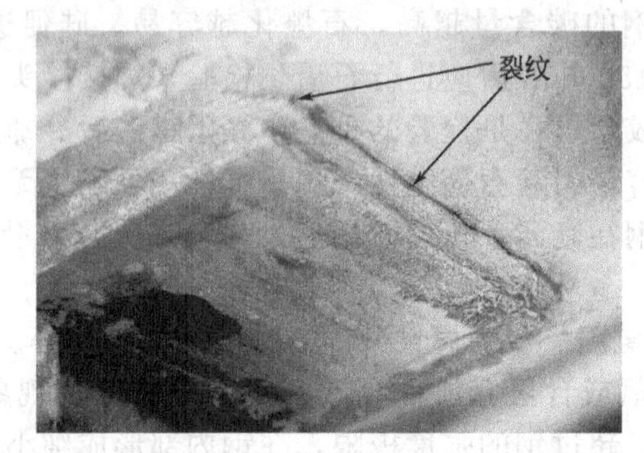

图 10-4 制氢吸附塔筒体梯子垫板焊缝疲劳开裂

10.3.3.2 *疲劳断裂机理*

① 高应力低周疲劳 压力容器的疲劳是在结构局部高应力、低交变周次下发生的疲劳。其交变载荷引起的最大应力超过材料的屈服点，疲劳寿命 $N=10^2\sim10^5$。

② 低应力高周疲劳 低应力、高交变周次下发生的疲劳。其交变载荷引起的最大应力在材料屈服点以下，疲劳寿命 $N\geqslant1\times10^5$。

金属材料的疲劳断裂过程可分为裂纹形核和裂纹扩展两阶段，形核过程是由于金属在交变应力作用下，金属表面产生晶粒滑移带，形成局部高应力区，在滑移带两个平行滑移面之间形成的空洞棱角处和晶界处形成裂纹核心。裂纹扩展可分为疲劳扩展区和瞬断区，疲劳扩展区是由于交变应力继续作用，由于材料晶粒位相不同和晶界等对裂纹扩展的阻碍作用，裂纹由沿最大切应力方向扩展转变为沿与主应力垂直方向扩展。瞬断区是由于裂纹扩展到一定程度后，由于材料的受力截面减小，当容器开裂处的薄膜应力达到其强度极限时发生快速韧性断裂的区域。

10.3.3.3 *导致疲劳断裂的主要原因*

① 间歇式操作的容器，器内压力、温度波动较大，振动，外界的风、雪、雨、地震造成的循环交变载荷；

② 由于结构或安装、缺陷造成的局部应力集中，或由于振动产生局部应力，如容器的接管、开孔、转角以及其他几何形状不连接处、管壳式换热器的管板焊缝，在焊接接头和钢板原有缺陷处的产生应力集中；

③ 容器中的搅拌轴固定部位；

④ 管道或操作平台振动；

⑤ 介质流动不稳定，或介质流动使设备整体或换热器管束产生共振；

⑥ 材料强度升高，疲劳破裂敏感性增加。

10.3.3.4 疲劳断裂事故预防

① 制造质量应符合要求，减少先天性缺陷；

② 设计和安装上要防止或减轻外来载荷源的影响；

③ 操作中要防止温度、压力和流量波动过大；

④ 改进设备结构设计；

⑤ 承受交变载荷的容器按疲劳设计。

10.3.4 腐蚀破裂

10.3.4.1 腐蚀破裂特征

腐蚀破裂是指由于容器金属材料受到腐蚀介质的作用而产生泄漏或开裂的破坏形式，是导致压力容器发生破裂的重要因素之一，其主要形式有全面腐蚀、缝隙腐蚀、点蚀、晶间腐蚀、应力腐蚀和腐蚀疲劳、氢损伤、高温灾难性氧化和热腐蚀等。腐蚀造成的破裂主要特征有金属壁厚减薄、表面出现腐蚀坑、产生腐蚀裂纹、有腐蚀产物或其他沉积物附着等现象，金属材料的性能可能随着腐蚀的进行而逐渐劣化。

10.3.4.2 导致腐蚀破裂的原因

① 设计结构不合理，局部应力集中；

② 选材不当，材料耐蚀性不适合使用环境；

③ 制造工艺失控，特别是焊接工艺和热处理失控，残余应力水平较高，衬里层因热处理而丧失原有的耐蚀特性；

④ 操作不当，超温、介质浓缩等；

⑤ 随意改变设备的操作条件、介质；或介质中的腐蚀性组分偏离设计条件；

⑥ 未考虑介质中的微量杂质对材料耐蚀性能的影响；

⑦ 防腐蚀措施失控。

腐蚀破坏可以是容器外部介质引起的，也可以是内部介质引起的破坏，通常情况下，容器的内部介质环境是造成容器腐蚀破坏的主要因素。

外部腐蚀破坏是压力容器外部环境的腐蚀性和材料的耐蚀性、设备的结构形式和力学因素导致容器壁厚减薄或材料组织结构改变、力学性能降低使压力容器承载能力不足而发生的破坏形式。主要的外部腐蚀破坏形式有：

① 大气腐蚀：无保温层的碳钢或低合金钢压力容器，壁温（连续或短时）为－26.4～106.9℃，则可能发生外部腐蚀。

② 绝热层下腐蚀：有绝热层的材料为碳钢或低合金钢压力容器，并且操作温度（连续或短时）为－26.4～106.9℃，则可能发生绝热层下腐蚀。

③ 外部应力腐蚀：容器在外部介质作用下，发生应力腐蚀。

容器内部腐蚀是指容器金属内壁与介质直接发生反应而造成的腐蚀破坏，几乎涉及腐蚀的所有类型。腐蚀类型的分类和腐蚀机理比较繁杂，详细内容可参看本丛书第六册《压力容器腐蚀控制》。

10.3.4.3 导致腐蚀破裂机理

分为化学腐蚀和电化学腐蚀，化学腐蚀主要包括金属在干燥或高温气体中的腐蚀以及在非电解质溶液中的腐蚀，典型的化学腐蚀有高温氧化、高温硫化、熔盐腐蚀、钢的渗碳与脱碳、渗氮、氢腐蚀等。电化学腐蚀是容器金属在电解质中，由腐蚀微电池构成的电化学反应而引起的腐蚀，腐蚀反应中既有电子的得失，又有电流的形成。局部腐蚀一般都是电化学腐蚀。

导致腐蚀破裂的主要原因是腐蚀造成承压组件的有效承压截面减少，在容器内压作用下，导致承压组件断裂或穿孔泄漏。

腐蚀破裂中以应力腐蚀破裂危害最大，造成应力腐蚀的主要力学因素是残余应力，而主要的残余应力是焊接残余应力，因此，应力腐蚀裂纹常产生在焊缝附近，最终造成容器破裂。振动时效或消应力热处理可以使工件中残余应力得以消除和均化。

对于压力容器，主要的应力腐蚀有碳钢和低合金钢的湿硫化氢应力腐蚀开裂、液氨对碳钢及低合金钢容器的应力腐蚀开裂、卤素离子对奥氏体不锈钢容器的应力腐蚀开裂、苛性碱对碳钢或奥氏体不锈钢的应力腐蚀开裂（碱脆或苛性脆化）等。API RP 571 给出了炼油厂固定设备常见的损伤机理和预防方法。

如，某循环油浆固定管板换热器，管板材料 16Mn，换热管材料 16Mn，介质成分：壳程水＋蒸汽，管程：循环油浆；工作温度：管程进/出口 313.4/275℃、壳程 256℃。管头焊缝未经焊后热处理，使用约 1 个月，反复多次开停车，发生管接头焊缝开裂。经分析裂纹为应力腐蚀开裂特征（图 10-5），部分裂纹具有焊接延迟特征，开裂区管接头焊缝硬度 HB 220 以上，管箱内垢物中有较高含量的 S 和 Cl 元素。造成开裂的主要原因是焊接接头硬度偏高，未经焊后热处理，焊接残余应力较大，在湿硫化氢环境中产生了湿硫化氢应力腐蚀开裂。更换的换热器管头焊缝经焊后消应力热处理，已使用 4 年，未发生开裂。

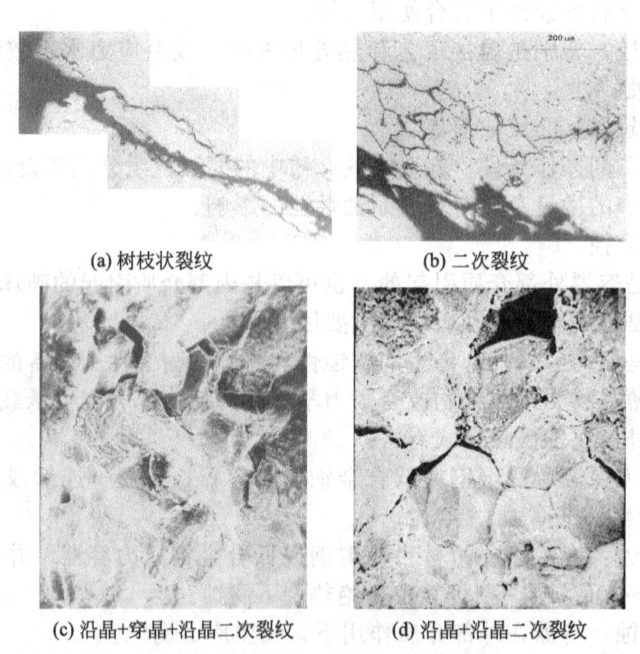

(a) 树枝状裂纹　(b) 二次裂纹

(c) 沿晶+穿晶+沿晶二次裂纹　(d) 沿晶+沿晶二次裂纹

图 10-5　油浆换热器管头裂纹扩展特征

氢损伤是一种特殊的腐蚀形式，是由于氢渗进金属内部而造成的金属性能恶化的现象，也称为氢破坏。包括如下情况。

① 氢鼓包　由于氢进入金属内部而产生，结果造成局部变形，甚至器壁遭到破坏。

② 氢脆　由于氢进入金属内部而产生，引起材料韧性和抗拉强度下降。

③ 脱碳　由于钢中渗碳体 Fe_3C 在高温下与 H_2 或 H_2O 作用被还原成铁发生脱碳反应，使得钢表面 Fe_3C 减少。由于 Fe_3C 含量的减少将使钢表面的碳含量降低，致使钢铁表面硬

度减小，疲劳极限降低的现象。

④ 氢腐蚀 在高温下氢与合金中的组分反应造成腐蚀。

10.3.4.4 腐蚀破裂事故预防

① 合理选择耐蚀材料和厚度，并避免异种材料接触，当异种钢接触不可避免时，应采取适当的防护措施。

② 采用覆盖层使承压组件材料与腐蚀性介质隔离，或采用表面处理方法提高材料的耐蚀性。

③ 合理的防腐蚀结构。

④ 正确的热处理，避免强力组装，降低容器的焊接残余应力、加工应力和硬度。

⑤ 正确的焊接工艺和良好的焊接质量，避免焊接接头出现组织、硬度等异常情况出现。

⑥ 采取适当的工艺防腐或电化学保护措施，避免不锈钢在敏化温度下使用。

⑦ 完善的全面腐蚀控制措施。

10.3.5 蠕变破裂

10.3.5.1 蠕变破裂特征

在高温和一定载荷的共同作用下，材料发生塑性变形且塑性变形随时间逐渐增加的现象，叫材料的蠕变。在高温下工作的压力容器受热应力作用，器壁发生缓慢、连续的塑性变形，严重时导致蠕变破裂。蠕变特征是：

① 只发生在高温设备上，破裂断口常有明显的氧化色彩；

② 某些材料长期在高温作用下发生金相组织变化，如晶粒长大、再结晶、碳化物和氮化物以及合金组成的沉淀，钢的石墨化、球化等；

③ 因材料的高温持久强度下降，其破裂时的应力低于材料正常操作温度下的强度极限；

④ 应力松弛，松弛是特定情况下的一种蠕变现象，松弛常造成介质泄漏及其他连带危险，承载初期仅发生弹性变形的螺栓或弹簧，在高温和应力作用下逐步产生塑性变形，即蠕变变形。

根据蠕变温度高低和应力大小，蠕变破裂可分为：

① 蠕变延性破裂，在高应力及较低温度下蠕变时，最终发生穿晶型蠕变破裂，破裂前有大量塑性变形，破裂后的伸长率高，往往形成缩颈，断口呈延性形态；

② 蠕变脆性破裂，在低应力及较高温度下蠕变时，最终发生沿晶型蠕变破裂，破裂前塑性变形很小，破裂后的伸长率甚低，缩颈很小或者没有，在晶体内常有大量细小裂纹。

10.3.5.2 蠕变破裂机理

金属材料在高温下金相组织发生晶粒长大、珠光体球化等组织变化，材料韧性下降。试验表明，蠕变温度约为材料熔化温度（开氏度）的25%～35%。碳钢出现明显蠕变的温度约为350℃，合金钢出现明显蠕变的温度在400℃以上。蠕变是一个持续塑性变形过程，蠕变破裂是蠕变的最终结果。

对于压力容器钢材来说，常把对应出现明显蠕变现象的温度称为高温，把钢材抵抗蠕变及蠕变破裂的能力称为高温强度或热强度。蠕变极限是在一定温度下，在规定的工作期限内（通常为1×10^5h）引起规定蠕变变形（1%）的应力；持久强度是在一定温度下，经过规定的工作期限（1×10^5h）引起蠕变破裂的应力。

10.3.5.3 蠕变破裂的原因

① 结构不合理，使容器的部分区域产生过热；

② 操作不正常，维护不当，如容器由于结垢、结焦、结炭、结疤等影响传热，致使容

器局部过热等；

③ 材料在高温下脆化，持久强度下降等。

蠕变寿命取决于材质、载荷、温度等因素，其中对温度尤为敏感。在蠕变条件下，温度的微小升高就可使蠕变寿命大幅度降低。如，1991年8月6日，某化肥厂正常生产时，中变炉突然发生爆炸，炉体拦腰炸断。经过分析，造成设备局部超温的主要原因是变换炉内保温层局部损坏，设备在超温过热持续2000h以上，材料产生蠕变脆性断裂而爆炸。

10.3.5.4 蠕变破裂预防措施

① 合理进行结构设计及介质流程布置，尽量避免承受高压的大型容器直接承受高温，避免结构局部高温及过热。

② 根据操作温度及压力，合理选材，使材料在使用条件下及服役期限内具有足够的常温强度及高温强度。

③ 采用合理的焊接、热处理及其他加工工艺，防止在制造、安装、修理中降低材料的抗蠕变性能。

④ 严格按操作规程运行高温设备，防止超高温、超高压降低蠕变寿命。对受热但未到蠕变温度的压力容器，要防止因结垢、存污而使设备超温。

10.3.6 压力冲击破裂

10.3.6.1 压力冲击破裂特征

压力冲击破裂是指容器内的压力由于各种原因而急剧升高，壳体受到高压力的突然冲击而造成的破裂或爆炸。压力冲击断裂特征是：

① 壳体破裂，碎裂程度一般都超过脆性断裂的壳体，常产生大量的碎片，如果是可燃性混合气体在器内爆炸而造成压力冲击断裂，还有可能是粉碎性爆炸；

② 从断口形貌状态来看，类似因受压组件存在缺陷而产生的脆性断裂；

③ 壳体内壁附有物料发生燃烧或其他非正常化学反应而产生的化学反应产物和痕迹；

④ 断裂时常伴有高温产生，放热反应产生的高温气体在壳体被压力冲击断裂后随即排出，会使周围的物料燃烧或被烘烤而产生二次火灾，断裂时壳体或碎块的温度也可能比较高；

⑤ 断口形貌类似脆性断裂，压力冲击破裂的断面一般没有或只有很薄的一层剪切唇，断口平直，开裂的方向有规律性；

⑥ 容器释放的能量较大。

如重庆某厂氯氢分厂因1号氯冷凝器列管腐蚀穿孔，造成NCl_3富集达到爆炸浓度，在启动事故处理装置时因震动引爆NCl_3，爆炸使5号、6号液氯储罐罐体破裂解体，也可以认为是压力冲击破裂。

10.3.6.2 压力冲击破裂原因

其产生的原因有容器内可燃气体爆炸、聚合釜内产生聚爆，反应器内化学反应失控产生的压力或温度的急剧升高，液化气体在容器内由于压力突然释放而产生的暴沸。

10.3.6.3 压力冲击破裂机理

因容器内压力急剧升高，其他部位的介质发生化学爆炸等反应产生的压力冲击波以极高的速度迅速传播到容器，形成压力冲击，造成容器因强度不足发生破裂。

10.3.6.4 压力冲击破裂事故预防

压力冲击破裂是压力容器在非正常工况状态下引起的爆炸事故，主要应从管理角度预防事故发生。

① 完善和执行生产工艺设计、操作规程和管理制度。凡有可能产生异常工况、出现副反应等非正常化学反应的压力容器，在操作规程中，必须从生产工艺的角度加以预想，并在操作规程中注明防范措施和操作方法。

② 根据压力容器的生产工艺状况、介质的特性结合检修内容制定压力容器或生产系统的检修规程。注意必须确保仪器、仪表测量和显示的准确性，检查阀门、仪器和仪表接口，防止泄漏。

③ 加强现场的管理和作业人员的培训，杜绝违章现象。

10.4 压力容器失效分析技术基础知识

10.4.1 压力容器强度失效准则

容器从载荷的不断加大或因腐蚀使承载截面不断减少到最后破坏经历弹性变形、塑性变形、破裂，因此容器强度失效有 3 个准则：

① 弹性失效——常规设计（GB 150 等） 弹性失效准则认为壳体内壁产生屈服即达到材料屈服限时该壳体即失效，将应力限制在弹性范围，设计上按照强度理论把筒体限制在弹性变形阶段，认为容器壁面出现屈服时即为承载的最大极限。

② 塑性失效——分析设计（JB 4732） 塑性失效准则将容器的应力限制在塑性范围，认为内壁面出现屈服而外层金属仍处于弹性状态时，并不会导致容器发生破坏，只有当容器内外壁面全屈服时才为承载的最大极限。

③ 爆破失效——高压、超高压设计 国内没有设计准则，国外 ASME Ⅲ爆破失效准则认为容器由韧性钢材制成，有明显的应变硬化现象，即便是容器整体屈服后仍有一定承载潜力，只有达到爆破时才是容器承载的最大极限。

10.4.2 力学基础

在压力容器的设计中，首先要分析容器所承受的载荷和产生的应力分布，然后根据容器的使用条件和可能的失效类型确定设计采用材料的许用应力，据此设计出容器的合理尺寸和结构。因此，力学基础知识是压力容器的设计基础，也是一个合格的失效分析人员所必须掌握的。除基础的力学知识外，强度理论、疲劳强度和疲劳寿命分析、应力分析、断裂力学是压力容器失效分析的主要力学理论依据。

10.4.2.1 强度理论

第一强度理论（最大主应力理论或最大正应力理论），常规设计（GB 150 等），该理论假定材料的破坏只取决于绝对值最大的正应力，即材料不论在什么复杂的应力状态下，只要 3 个主应力中有 1 个达到轴向拉伸或压缩中破坏应力值时，材料就要发生破坏。

第二强度理论（最大变形理论或最大线应变理论），它认为材料的破坏取决于最大线应变，即最大相对伸长或缩短。

第三强度理论（最大剪应力理论），分析设计（JB 4732），该理论认为，无论材料在什么应力状态下，只要最大剪应力达到轴向拉伸的破坏值，材料就发生破坏。

第四强度理论（剪切变形能理论或形状改变比能理论），认为材料的破坏取决于变形比能，把材料的破坏归结为应力与变形的综合。

对于不同的情况下如何选用强度理论，不单纯是力学问题，还与有关的工程技术经验和根据这些经验制定的一套计算方法和规定的许用应力值有关系。传统的压力容器用第一强度理论设计，高压容器和大型容器、球罐现大多采用第三强度理论设计。

10.4.2.2 疲劳强度和疲劳寿命分析

由于疲劳断裂时均表现为脆性断裂，因而疲劳断裂具有突发性，许多国家已把疲劳设计分析纳入了压力容器的设计规范。

压力容器疲劳失效一般分为热疲劳、高温疲劳、机械疲劳和腐蚀疲劳，对于压力容器的应力循环很少有超过 10^5 次，一般只有数千次，属于低循环疲劳破坏。造成疲劳断裂时，其交变应力的振幅一般远比材料的 R_m（抗拉强度）要低，甚至低于 R_{eL}（下屈服强度）。材料的抗疲劳强度除受材料本身性能和内部缺陷等内因影响外，还取决于构件的几何形状和尺寸、表面状态、使用环境等外部因素。

疲劳曲线是通过试验绘制的应力 σ_{max} 与对应的断裂周次 N 的关系曲线（即 S-N 曲线），由曲线可知，当应力低于某一值时，材料或构件可承受无限次应力或应变循环而不发生断裂，这一应力值称为材料或构件的疲劳极限 σ_W。材料发生破坏时的应力循环次数从开始承受应力直到断裂所经历的时间称为疲劳寿命。

疲劳极限和疲劳寿命的测定存在较大的分散性，因此在测定中需要较多的试样，所得的疲劳曲线也不是一条直线，而是一个分布带。因此疲劳曲线和疲劳极限是一组实验结果的统计平均值，通常所绘制的疲劳曲线相当于破坏概率 $P=50\%$ 的 P-S-N 曲线。

当容器或其受压组件发生疲劳失效后，一般都要进行疲劳强度校核，其基本步骤是：首先计算出启裂点的最大工作应力，确定构件的疲劳极限，计算出疲劳极限与最大工作应力的比值，根据构件的应力状态不同，在单向应力下或二向应力下校核疲劳强度。

疲劳寿命的估算是失效分析工作的一项重要内容，根据原始条件不同，可以将疲劳寿命估算分为 3 种：高周疲劳寿命估算、低周疲劳寿命估算和断裂力学疲劳寿命估算。

10.4.2.3 应力分析

压力容器使用时其应力分布对容器的安全性有重要影响，通常可以采用应力分析的方法计算容器整体或局部的应力状态来确定容器是否会因应力过大而导致失效。一般需要校核的应力有一次应力（包括一次总体薄膜应力、一次局部薄膜应力和一次弯曲应力）、峰值应力、载荷应力、热应力（包括总体热应力和局部热应力）。因二次应力有自限性，所以只要不反复加载，二次应力不会导致结构破坏。

10.4.2.4 断裂力学基础

以上是传统力学中的强度计算方法，是建立在无宏观裂纹性缺陷的材料基础上的，这对于塑韧性好、对宏观裂纹不敏感的中低强度材料较为适用。大量容器开裂事故都是在应力小于材料的屈服强度或小于设计载荷的情况下发生的，其原因是因为构件中的裂纹在附近应力场作用下发生了扩展。为了保证容器的安全，不仅要使其工作应力小于材料的屈服强度，而且要使受压组件中裂纹附近的应力场小于材料的断裂韧性，这对于高强度材料尤为重要，因为随着材料强度极限的提高，材料的断裂韧性会降低。实验结果证明，随着材料强度的提高，裂纹扩展能在冲击功中所占的比例不断下降，冲击韧性值不能反映材料的抗裂纹扩展的能力。因此，需要一个能反映材料裂纹扩展阻力的性能指标，即材料的断裂韧性，来反应材料裂纹开始失稳的断裂行为。

断裂力学是研究材料的宏观裂纹附近的应力场强、裂纹失稳扩展的断裂规律的科学，其简明的定义是“裂纹扩展的应用力学”，可以对材料的断裂韧性进行定量分析。断裂力学是在力学分析中引入了裂纹的概念。认为：

① 断裂的发生源于裂纹的扩展；

② 裂纹的扩展由裂纹尖端开始；

③ 裂纹尖端应力应变场强度的大小决定裂纹能否扩展——表征裂纹尖端应力应变场强

度参量的引入。

工程上，材料的断裂可分为如下两种。

① 线弹性断裂力学——脆性断裂：在线弹性范围，以材料的裂纹扩展能量率（裂纹扩展力，即 G 判据）和应力强度因子（K_{I} 判据）来判断构件的裂纹是否会发生失稳扩展。

② 弹塑性断裂力学——延性断裂（韧性断裂）：在弹塑性范围，用裂纹张开位移 COD（临界裂纹张开位移 δ_{C}）作为断裂力学上的重要参量和指标，可以直接作为判据使用，它既可以在弹性状态下使用，又可以在弹塑性状态下使用。

在弹塑性或非线性条件下，从能量守恒角度出发分析平面问题，用 J 积分确定材料的断裂韧性 J_{IC}，J 积分应用于当裂纹尖端的塑性区较大，材料有大面积屈服时，J 积分是围绕裂纹尖端的任意回路的能量积分，用 J_{IC}作为裂纹发生失稳的判据。

值得注意的是 J_{IC}和 δ_{C}都是弹塑性下的起裂判据，作为裂纹发生失稳的判据是比较保守的，但用断裂时的 J_{m}和 δ_{m}作为断裂判据偏危险，一般需要根据经验来确定具体的取值。

材料所承受的载荷与应变的关系见图 10-6。

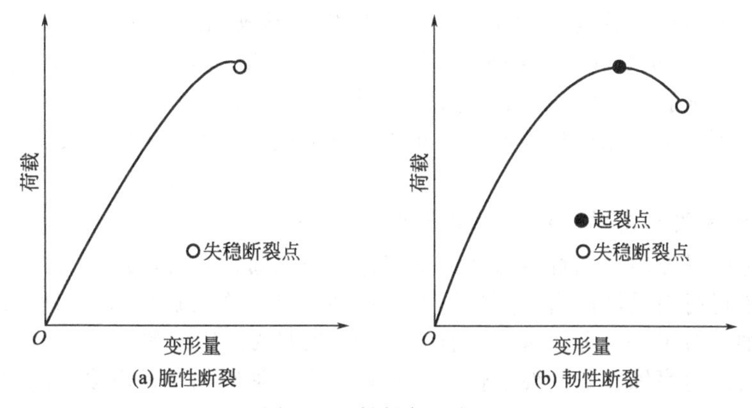

图 10-6　材料断裂类型

实际的压力容器开裂中，裂纹常为Ⅰ、Ⅱ混合型或其他类型的复合型裂纹，解决这类问题要用复合断裂判据。复合型裂纹的应力强度因子 K_{I} 的计算通常有投影估算法和应变能密度因子法（S 准则）。由于 S 准则计算复杂，所以工程上往往采用偏安全的近似关系代替。

随着计算机技术的发展，目前国外已大量利用软件来进行结构的力学分析，如 ANSYS 的断裂力学分析功能可用以计算结构在特定载荷作用下材料中裂纹尖端的线性与非线性断裂参数、3 种基本断裂模型的应力强度因子（K_{I}、K_{II}、K_{III}）、J 积分等。ANSYS 的疲劳分析功能参考 ASME 锅炉和压力容器的规范用以预测结构的疲劳寿命。ANSYS 有限元分析已广泛应用于容器的裂纹扩展分析、结构和操作应力分析、稳态和瞬态温度场分析、热传导、对流、辐射分析、介质相变分析、传热和流场分析等。

10.4.3　金属学基础

材料的材质、热处理工艺、强化方法和使用环境对失效模式有决定性的影响。要分析压力容器的失效机理，必须要掌握所用金属材料的物理性能、化学性能和工艺性能等。而金属的这些性能都与其基体组织有密切关系，这就需要从金属学的角度对材料进行微观组织上的研究。

通过对金属的金相组织、化学成分、力学性能和热处理工艺理化指标的研究，可以判断引起容器失效的原因是否与材料的制造和加工质量有关，可以为改善材料的抗断裂失效或腐蚀失效能力提供依据。

10.4.3.1 金相组织

金属材料的性能除与其成分有关外，主要取决于材料的组织特征，因此组织的识别是研究材料质量和加工工艺、使用条件是否合理的重要依据。金相组织的检查可以判断材料的金相组织、晶粒度、冶金质量、非金属夹杂物成分和分布、热处理状态、焊接工艺和使用造成的组织转变等情况，还可以观察裂纹的扩展形式，为失效分析提供重要线索，也是研究预防失效方法的重要手段。

材料的金属学研究还涉及材料晶体内部微观缺陷（如位错）的生成和运动，各组分的扩散和偏析、结晶学、氢扩散等方面的研究。

10.4.3.2 合金元素对材料性能的影响

压力容器用钢可以说都是合金，与纯金属相比，合金具有更优良的力学性能和化学性能，可以通过调节合金的组成比例来满足不同的工业要求。合金具有优异性能的原因是由于的组织、结构比纯金属更为复杂，而各种合金元素的含量对材料相结构有重要的影响，在合金组织中，不同的相被界面分开，它们之间的化学成分、晶体结构及性能均有明显的不同。

钢中的合金元素可以分为两大类：一类是碳化物形成元素，如 Mn、Cr、Mo、W、V、Ti、Nb、Zr 等；另一类是非碳化物形成元素，如 Ni、Co、Cu 等。不同的合金元素和含量对材料的脆性、回火脆性、淬透性、奥氏体化温度和奥氏体稳定性、固溶处理等热处理工艺有不同的影响。但一般都能增加淬透性，非碳化物形成元素可使钢的强度升高，降低晶间腐蚀倾向。

10.4.3.3 微量杂质元素对材料性能的影响

金属在冶炼时受原料、冶炼方法和冶炼工艺的影响通常会有微量（或痕量）的杂质元素存在，某些元素对材料的性能有不利的影响，特别是当杂质元素在晶界偏析时危害更大，使材料的脆性增加。对于低合金钢常见的有害元素为第ⅣA、ⅤA和ⅥA族的元素，大多数微量元素对钢的抗应力腐蚀、晶间腐蚀性能有影响，而这种影响又是由多方面的因素决定的。

某些非钢中的因素也可能引起钢材的脆化，如钢材表面的 Cd 镀层、Zn 镀层、金属表面微量的金属 Cd、Zn 沾污都可以导致材料的脆化。

10.4.3.4 非金属夹杂物

钢中的非金属夹杂物分为内生夹杂物与外来夹杂物，是一种非金属的化合物，一般是在冶炼、铸造和锻造时形成的，是钢中夹带的各种非金属物质颗粒的统称。主要有（Fe、Mn）O、$FeO \cdot Cr_2O_3$、Al_2O_3、SiO_2 等氧化物，AlN、TiN 等氮化物和硅酸盐，FeS、NiS、MnS 等硫化物夹杂，按 GB/T 10561 钢中非金属夹杂物评级标准为 A（硫化物类）、B（氧化铝类）、C（硅酸盐类）、D（球状氧化物类）、DS（单颗粒球状类）5 类夹杂物。A 类（硫化物类）具有高的延展性，有较宽范围形态比的单个灰色夹杂物，一般端部呈圆角。B 类（氧化铝类）大多数没有变形，带角的，形态比小（一般<3），黑色或带蓝色的颗粒，沿轧制方向排成一行，当变形量很大时，夹杂物破碎，并沿流线方向呈链状分布，至少有 3 个颗粒。氧化物夹杂多为脆性夹杂，当材料发生较大塑性变形时，基体与夹杂物之间破裂形成裂纹。C 类（硅酸盐类）具有高的延展性，有较宽范围形态比（一般$\geqslant 3$）的单个黑色或深灰色夹杂物，一般端部呈锐角。D 类（球状氧化物类）带角或圆形，不变形，形态比小（一般<3），黑色或带蓝色的，无规则分布的颗粒。DS 类圆形或近似圆形，直径$\geqslant 13\mu m$ 的单颗粒夹杂物。

10.4.3.5 热循环对材料的影响

压力容器在制造和使用过程中主要承受的热循环来自于焊接热循环、热处理和高温环境使用，不同的热循环过程对材料的性能和产生的缺陷影响不同。

(1) 热处理热循环

钢的热处理是根据钢在固态下组织转变的规律，通过不同的加热温度、保温时间和冷却速度，以改变其内部组织结构，达到改善钢材性能的一种热加工工艺，是重要的金属加工工艺。材料供货态的热处理状态对材料的力学性能和耐蚀性能有重要影响，正确的热处理工艺不仅仅可以改善钢材的工艺性能和使用性能，还可以消除钢材经铸造、锻造、焊接等热加工工艺造成的各种缺陷，细化颗粒，消除偏析，降低内应力，使组织和性能更加均匀，提高材料抗应力腐蚀、晶间腐蚀或点蚀等性能。

许多压力容器承压组件在成型或焊后都要进行热处理以改善应力分布或抗腐蚀特性，但不适当的热处理或热循环也会使材料的力学性能和抗蚀性能恶化。对于压力容器重要的是必须了解受压组件的热处理状态，是否进行了适当的、必要的焊后热处理。根据金相检查结果判断材料的热处理状态是否达到热处理目的，或评价材料是否在使用中承受了过热等。要达到这个目的，除了要掌握材料的组织转变规律、临界温度和热处理工艺外，还需要掌握不当热处理或热循环对材料引起的缺陷危害，如在实际热处理生产中，由于钢的加热温度或速度不当，容易引起许多热处理的质量问题，因此必须研究钢在热处理过程中产生的缺陷及其防止措施。热处理常见缺陷有：

① 淬火　钢件淬火时最常见的缺陷有淬火变形、开裂、氧化、脱碳、硬度不足或不均匀、表面腐蚀、欠热、过烧、过热及其他按质量检查标准规定金相组织不合格等。欠热、过热和过烧都是因加热不当形成非正常组织，导致材料的性能下降，甚至报废。如，抗湿硫化氢应力腐蚀用低合金钢要求进行调质处理，如果加热温度不足或过热都会使材料达不到预定的抗湿硫化氢应力腐蚀性能。

淬火时产生的缺陷主要有淬火应力、变形及开裂。在淬火冷却过程中可能产生两种内应力：一种是热应力；另一种是组织应力。工件在介质中迅速冷却时出现两种物理现象：一个是冷却过程中工件内沿截面将产生一定温度梯度，因而沿工件截面不同部位热膨胀量将不同，随着温度下降，工件沿长度将不均匀收缩，由此产生热应力；另一个是当温度下降到马氏体转变点时发生奥氏体向马氏体转变，这将使比体积增大，因此，在工件连续冷却过程中，工件不同部位将产生组织应力；由于工件内温差的存在，还可能出现温度下降快的部位低于M_s点，发生马氏体转变，体积胀大，而温度高的部位尚高于M_s点，仍处于奥氏体状态，不同部位由于比体积变化的差别，也将产生组织应力。故工件若在连续冷却过程中如温度不均匀，将会发生扭曲变形，产生的瞬时拉应力大于材料的抗拉强度时，将会产生淬火裂纹。淬火工件虽有高硬度与高强度，但脆性大，组织不稳定，且存在较大的淬火内应力，因此，对于压力容器用钢必须经过回火处理才能使用。

② 回火　是将淬火钢加热到A_{c1}以下的某一温度，保温一定时间，然后冷却到室温的热处理工艺。它的主要目是稳定组织、合理地调整钢的硬度和强度，提高钢的韧性，降低淬火内应力，以减少工件的变形，并防止开裂。一般来说，回火工艺是零部件淬火后必不可少的后续工艺，它也是热处理过程的最后一道工序，它赋予工件最后所需要的性能。

生产中常见的回火缺陷有：硬度过高或过低，硬度不均匀，以及回火产生变形及脆性等。硬度过高或过低，硬度不均匀，主要是由于回火温度过低、过高或炉温不均匀或保温时间不足所造成的。回火后工件发生变形，常由于回火前工件内应力不平衡，回火时应力松弛或产生应力重新分布所致。回火脆性主要由于所选回火温度不当，或回火后冷却速度不够（第二类回火脆性）所致。一旦出现回火脆性，对第一类回火脆性，只有通过重新加热淬火，另选温度回火；对第二类回火脆性，可以采取重新加热回火，然后加速回火后冷却速度的方法消除。

(2) 焊接热循环

焊接热循环主要靠焊接前热、控制焊接输入线能量和后热来控制，焊接热循环控制不当，可导致焊接接头组织不合格、过烧、未熔合、裂纹等缺陷产生。

(3) 在役热循环

高温下使用的容器，金属组织可能发生恶化，导致材料的力学性能和抗腐蚀性能恶化。

10.4.4 非金属材料基础

非金属材料已广泛应用到压力容器上，并已形成了一些标准和规范，如 TSG R0001—2004 非金属压力容器安全技术监察规程、GB/T 21432—2008 石墨制压力容器等。石墨制压力容器受压组件的材料包括石墨材料和金属材料。其中炭石墨材料（即不透性石墨材料）包括浸渍石墨材料、压型石墨材料、复合炭-石墨材料和复合炭石墨材料。用于玻璃钢压力容器的主体纤维材料应有玻璃纤维及其制品、碳纤维或石墨纤维及制品、聚酰胺纤维和其他纤维和制品。用于玻璃钢压力容器的树脂有不饱和聚酯树脂、环氧树脂、呋喃或酚醛树脂和其他树脂。塑料制压力容器材料有硬聚氯乙烯、改性聚丙烯、聚烯烃等。此外，用作容器衬里的非金属材料还有氟塑料、软聚氯乙烯、橡胶等有机高分子材料和搪玻璃等无机材料。

非金属材料容器的材料生产和制造，还涉及材料的固化剂、浸渍剂、粘接剂、焊接材料等。

非金属种类和影响其理化性能的因素繁多，失效机理比金属材料更加复杂。

10.4.5 焊接基础

焊接是制造压力容器的最基本手段，在压力容器制造中，焊接工作量占整个工作量的30%以上，焊接质量对产品质量和可靠性有着直接影响。许多压力容器往往是在焊接接头部位的缺陷而引发失效。

压力容器常用的焊接方法：手工电弧焊、埋弧自动焊、氩弧焊、二氧化碳气体保护焊、等离子焊、电渣焊等。

焊接接头组成包括焊缝、熔合区和热影响区 3 部分。

焊接接头形式有对接接头、搭接接头、角接接头、T 字接头。

焊接坡形式根据坡口的形状，坡口分成 I 形（不开坡口）、V 形、Y 形、双 Y 形、U 形、双 U 形、单边 V 形、双单边 Y 形、J 形等坡口形式。

进行失效分析时，须了解其焊接工艺和焊接接头的质量及其对介质的适应性，并进行评价。焊接过程是一个瞬时加热到超过金属熔点的温度，然后连续冷却的热循环过程。焊接接头中，焊缝金属经历了从高温液态冷却至常温固态的过程，期间经历了两次结晶过程，即从液相转变为固相的一次结晶过程和固相状态下发生组织转变的二次结晶过程。焊接接头的冶金反应、结晶、组织转变和化学成分等都处于非平衡条件下的亚稳态。因此，不能把金属学和冶金学中平衡条件下的规律和定理直接用于焊接过程。需要运用冶金学、金属学、金属物理、力学、化学、腐蚀、金相和断口分析等基础理论和试验来研究焊接材料、焊接接头的性能及其影响因素。

焊接接头的失效分析通常包括焊缝和近缝区的金属组织、化学成分、力学和化学性能、断口分析等，材料的焊接工艺评定和焊接工艺的执行情况、焊接接头的几何形状、成型质量和缺陷形态对压力容器的失效也有重要的影响。

焊接裂纹在焊接接头各区中都可能产生，是焊接凝固冶金和固相冶金过程中产生的。焊接裂纹减少了焊接接头的工作截面，因而降低了焊接结构的承载能力；裂纹是片状缺陷，其边缘构成了非常尖锐的切口，具有高的应力集中，往往成为应力腐蚀的裂纹源，既降低结构的疲劳强度，又容易引发结构的脆性破坏。

焊接结构产生的破坏事故大部分都是由焊接裂纹所引起，因此，裂纹是压力容器中最危险的缺陷。焊接裂纹种类繁多，有些裂纹在焊后立即产生，有些在焊后延续一段时间才产生，甚至在使用过程中，在一定外界条件诱发下才产生。裂纹既出现在焊缝和热影响区表面，也产生在其内部。

在压力容器焊接过程中产生的焊接裂纹首先要明确是否是焊接延迟裂纹还是热裂纹。

(1) 延迟裂纹

延迟裂纹是在氢、钢材淬硬组织和拘束应力的共同作用下产生的，形成温度一般在M_s以下200℃至室温范围，由于氢的作用而具有明显的延迟特征，故又称为氢致裂纹。延迟裂纹的产生存在着潜伏期（几小时、几天甚至更长）、缓慢扩展期和突然开裂3个连续过程。由于能量的释放，常可听到较清晰的开裂声音（可用声发射仪来监测），常发生在刚性较大的低碳钢、低合金钢的焊接结构中。要了解延迟裂纹的产生原因，需掌握焊接的力学行为和焊接冷裂控制因子、焊接冷裂判据、焊接冷裂致裂和扩展机理、焊接氢行为等。

(2) 热裂纹

热裂纹是在焊接过程中，焊缝和热影响区金属冷却到固相线附近的高温区时所产生的焊接裂纹。可分成结晶裂纹、液化裂纹和多边化裂纹3类。

焊缝结晶过程中，在固相线附近，由于凝固金属的收缩，残余液体金属不足以及时填充，在应力作用下发生沿晶开裂，称为结晶裂纹。主要产生在含杂质较多的碳钢、低合金钢焊缝中（含S、P、C、Si偏高）和单相奥氏体钢、镍基合金以及某些铝合金的焊缝中。

高温液化裂纹的尺寸很小，产生的机理与结晶裂纹基本相同。裂纹出现位置为近缝区或多层焊的层间部位。主要发生在含有铬镍的高强钢、奥氏体钢以及某些镍基合金的近缝区或多层焊的层间部位。母材和焊丝中的S、P、Si、C偏高时，液化裂纹的倾向将显著增高。

多边化裂纹，焊接时焊缝或近缝区在固相线稍下的高温区间，由于刚凝固的金属中存在很多晶格缺陷及严重的物理和化学不均匀性，在一定的温度和应力作用下，这些晶格缺陷迁移和聚集，形成了二次边界，它的组织性能脆弱，高温时的强度和塑性都很差，只要有轻微的拉伸应力，就会沿多边化的边界开裂，产生所谓“多边化裂纹”。主要发生在纯金属或单相奥氏体合金的焊缝中或近缝区。

应力腐蚀的产生与焊接应力密切相关，应力腐蚀开裂和腐蚀疲劳易发生焊接残余应力较大的部位。因此，对与有应力腐蚀倾向的设备，应采用焊后消应力热处理降低焊接残余应力的峰值，以降低其应力腐蚀开裂的倾向。热处理工艺应根据材质和板厚，以适当的升温速度将设备加热到温度为材料的A_1线以下，按厚度保温一定的时间，缓冷至400℃以下，空冷至常温。此外，降低焊接残余应力的方法还有机械方法和振动法。

10.4.6 无损检测基础

现代无损检测的定义是：在不损坏试件的前提下，以物理或化学方法为手段，借助器材，对试件的内部或表面的结构、性质、状态进行检查和测试的方法。它不仅要求发现缺陷，还要求获取更全面、准确、综合的信息。例如缺陷的分布、形状、尺寸、位置、取向、内含物、缺陷部位的组织、残余应力等。结合成像技术、自动化技术、计算机数据分析和处理等技术与材料力学、断裂力学等知识综合应用，对试件或产品的质量和性能给出全面、准确的评价。但并不是所有需要测试的项目或指标都能进行无损检测，无损检测技术自身还有局限性，还不能完全代替破坏性检测。也就是说，对一个工件、材料、设备的评价，必须把无损检测的结果与破坏性检测的结果互相对比和配合，才能作出准确的评定。

无损检测项目中的目视检验（VT）、射线检测（RT）、超声检测（UT）、磁粉检测（MT）、渗透检测（PT）是应用较广泛5种常规检测方法。其中RT和UT主要用于探测试件内部缺陷，VT、MT和PT主要用于探测试件表面缺陷。其他用于压力容器的无损检测方法有涡流检测（ET）、声发射检测（AE）等。对于承压设备进行无损检测时，由于各种检测方法都具有一定的特点，不能适用于所有工件和所有缺陷，应根据实际情况，灵活地选择最合适的无损检测方法。在无损检测中，应尽可能多采用几种检测方法，互相取长补短，取得更多的缺陷信息，从而对实际情况有更清晰的了解。

红外热成像技术在一些国家已列入常规检测方法，与超声、涡流等常规检测方法相比，该方法具有安全、不接触（甚至遥测）、检测速度很快、覆盖面积大、结果直观、易于解释、可进行在线检测、早期故障诊断、大幅减少设备停车时间有显著优点。目前，红外热成像技术主要应用于高温压力容器热传导的在线检测和对常温压力容器的高应力集中部位检测，对高温压力容器的检测可以及时发现压力容器内衬的损伤和内部的结焦、堵塞等异常情况引起的局部超温现象。压力容器上如出现早期损伤也会出现热斑迹图像，为以后的重点检测提供依据。

涡流检测技术是采用平面阻抗图技术、多频涡流技术而获得的应用性技术，该技术具有适用性强、检测速度快、灵敏度高、检测结果准确等特点，完全符合管线检测标准和技术要求，尤其是管线不需拆卸、表面不需打磨而进行在役检测。用于换热器管束、容器接管等可节省大量的人力、物力和检修费用，有很广阔的应用前景和较大经济价值。

磁记忆检测技术采用磁致伸缩逆效应原理，能有效地用于在役设备早期损伤检测，检测出可能诱发损伤或破坏的应力集中部位，缺点是难以检测非铁磁性金属材料。磁记忆检测方法用于发现压力容器存在的高应力集中部位，这些部位容易产生应力腐蚀开裂和疲劳损伤，在高温设备上还容易产生蠕变损伤。通常采用磁记忆检测仪器对压力容器焊缝进行快速扫查，以发现焊缝上存在的应力峰值部位，然后对这些部位进行MT、UT、硬度测试或金相分析，以发现可能存在的表面裂纹、内部裂纹或材料微观损伤。

声发射技术（AE）非常适用于压力容器的动态实时在线检测，检测时不受设备材料、尺寸、形状和测点位置的限制，不仅能够诊断缺陷，而且具有预测裂纹发展趋势的预警功能。利用AE不仅能可靠地检测出活动性缺陷，而且大大提高检测效率。

超声波衍射时差检测技术（time of flight diffraction technique，TOFD）、相控阵超声成像检测技术、磁致伸缩、磁力检测缺陷显示膜技术、腐蚀过程产生声发射的理论模型以及激光散斑干涉等技术已在压力容器的检测中得到应用。现场金相、硬度测试和现场材料成分光谱分析也是近来常用的检测手段。

高温压力容器与管道在线检测技术研究已对高温环境下压力容器与管道在线超声波检测技术进行了大量实践和尝试，在该领域取得了可喜的进展，但国内外系统研究温度对声衰减的影响、温度对探头的灵敏度和材料声速影响的工作还没有开展，适用于石化工业高温条件下（200～450℃）压力容器缺陷的超声检测技术尚鲜见报道。

10.4.7 断口和裂纹分析基础

材料破断后形成的一对相互匹配的断裂表面称为断口，在失效分析中，断口和裂纹分析有着极其重要的地位。首先，断口上真实地记录了裂纹的起因、环境因素对裂纹萌生的影响和结构或材料本身缺陷对裂纹萌生的促进作用，记录了裂纹在扩展过程和路径上与内外部因素的影响，指引着失效分析的正确方向；其次，断口上记录着断裂力学、断裂化学、断裂物理等方面的内外因素综合作用的结果；最后，通过断口分析可以了解材料的组织结构、杂质、环境对断裂的影响，从而为改进材料、设备结构和使用环境提供研究方向。通过断口的形态分析可以研究一些断裂的基本问题，如断裂起因、断裂性质、断裂方式、断裂机制、断裂韧性、断裂过程的应力状态以及裂纹扩展速率等。如果要求深入地研究材料的冶金和环境因素对断裂过程的影响，通常可以进行断口表面的微区成分分析、主体分析、结晶学分析和断口的应力与应变分析等。

裂纹是材料表面或内部连续性的线性破裂，裂纹的形成过程往往是复杂的，可以在材料制造、加工、设备焊接、热处理、使用等各个阶段产生。产生的必要条件一是材料承受应力(外应力或内应力)，二是材料有组织或表面缺陷。

断口和裂纹分析的要点在于裂纹的起始位置和扩展方式的确定，这需要通过裂纹的宏观和金相、电子显微镜的微观分析来观察裂纹的起始位置、裂纹尖端和扩展途径，结合力学性能检验和化学成分分析等其他学科的知识来对裂纹进行综合分析。

断口和裂纹分析的另一个要点是对断口的保护和断口的取样，应尽可能地取得完整的断口，对断口进行妥善的保护，要及时去除断口表面的污物，防止断口遭受外力的冲击和其他介质的侵蚀。在实验室进行断口取样时要注意首先对断口进行宏观检查，在此基础上确定截取金相和断口试样进行微观检查，或提取腐蚀产物进行化学分析。截取试样时如采用机加工法或气割法，要防止断口附近过热和腐蚀。

随着断裂学科的发展，断口分析同断裂力学等所研究的问题更加密切相关，互相渗透，互相配合，已成为对金属构件进行失效分析的重要手段。

10.4.8 化学和腐蚀学基础

(1) 金属腐蚀定义

按 GB/T 10123 腐蚀 (corrosion) 是金属与环境间的物理－化学相互作用，其结果使金属的性能发生变化，并常可导致金属、环境或由它们作为组成部分的技术体系的功能受到损伤。所有的压力容器失效都是在一定的环境中发生的，相同的设备在不同的环境下发生的失效形式可能是完全不同的，其原因是因为不同的环境引起的腐蚀是完全不同的。在石油、化工领域，腐蚀失效占总失效的 2/3 以上。根据 1988 年腐蚀失效案例统计结果，化学腐蚀失效占腐蚀失效的 24%，电化学腐蚀占 76%。根据化工企业的 767 起腐蚀失效案例统计，全面腐蚀占 17.8%，局部腐蚀占 82.2% (其中应力腐蚀和腐蚀疲劳 38%、点蚀 25%、缝隙腐蚀 2.2%、晶间腐蚀 11.5%、母材选择性腐蚀 2%、焊缝选择性腐蚀 0.4%、其他 3.1%)。

(2) 腐蚀的分类方法

按作用的性质分为化学腐蚀和电化学腐蚀。按腐蚀的形态分为均匀 (或全面) 腐蚀和局部腐蚀。按腐蚀发生的环境和条件可分为大气腐蚀、水腐蚀、土壤腐蚀、酸碱盐腐蚀、高温腐蚀等。全面 (均匀) 腐蚀是指腐蚀全面 (均匀) 地发生在整个金属的表面上，局部腐蚀是相对于全面腐蚀而言，腐蚀破坏仅局限于金属表面的个别部位或某一局部。根据不锈钢的实际使用统计数据显示，不锈钢的局部腐蚀中应力腐蚀最多，约占 40%～60%。点蚀和缝隙腐蚀次之，各占 20%左右。晶间腐蚀、疲劳腐蚀和均匀腐蚀相近，各占 10%左右。

(3) 耐蚀性能

耐蚀性标准是人为确定的，根据材料抵抗介质腐蚀破坏的能力将材料的耐均匀腐蚀性能分成若干个级别，如目前将不锈钢的耐蚀性划分为 10 级，将钛及钛合金耐蚀等级分为 3 级，将碳钢、低合金钢划分为 4 级 (见表 10-2)。

表 10-2 金属材料耐蚀等级

<table>
<tr><th colspan="2">不锈钢耐蚀等级</th><th>腐蚀速率/mm·a⁻¹</th><th colspan="2">钛合金耐蚀等级</th><th>腐蚀速率/mm·a⁻¹</th><th colspan="2">低合金钢耐蚀等级</th><th>腐蚀速率/mm·a⁻¹</th></tr>
<tr><td>1</td><td>完全耐蚀</td><td>0.001</td><td rowspan="5">1</td><td rowspan="5">优良</td><td rowspan="5"><0.127</td><td rowspan="4">1</td><td rowspan="4">优良</td><td rowspan="4"><0.05</td></tr>
<tr><td>2</td><td rowspan="2">很耐蚀</td><td>0.001～0.005</td></tr>
<tr><td>3</td><td>0.005～0.01</td></tr>
<tr><td>4</td><td rowspan="2">耐蚀</td><td>0.01～0.05</td></tr>
<tr><td>5</td><td>0.05～0.10</td><td rowspan="2">2</td><td rowspan="2">良好</td><td rowspan="2">0.05～0.5</td></tr>
<tr><td>6</td><td rowspan="2">尚耐蚀</td><td>0.10～0.50</td><td rowspan="2">2</td><td rowspan="2">良好</td><td rowspan="2">0.127～1.27</td></tr>
<tr><td>7</td><td>0.50～1.0</td><td>3</td><td>可用</td><td>0.5～1.5</td></tr>
<tr><td>8</td><td rowspan="2">欠耐蚀</td><td>1.0～5.0</td><td rowspan="3">3</td><td rowspan="3">差</td><td rowspan="3">>1.27</td><td rowspan="3">4</td><td rowspan="3">不适用</td><td rowspan="3">>1.5</td></tr>
<tr><td>9</td><td>5.0～10.0</td></tr>
<tr><td>10</td><td>不耐蚀</td><td>>10.0</td></tr>
</table>

耐蚀性是相对的，有条件的（介质、浓度、温度、杂质、压力、流速等），没有在任何腐蚀环境中均具耐蚀性的材料，经济合理的选材加正确的使用才能达到耐腐蚀的目的。如选择不锈钢时，既要考虑其耐均匀腐蚀性能又要考虑其耐局部腐蚀的性能，在水基介质中后者更需予以注意。对于可能遭受环烷酸腐蚀的炼油装置，可参照美国 Craig 提出的环烷酸腐蚀指数（naphthenic acid corrosion index，NACI）概念。NACI 为腐蚀速率 mpy（mpy 是 mils per year 的缩写，$1mpy = 0.0254mm \cdot a^{-1}$）与腐蚀产物膜质量（$mg \cdot cm^{-2}$）之比，当 NACI＜10 时，腐蚀类型为硫化（或可能为氧化），当 NACI 10～100，可认为有中等程度的环烷酸腐蚀，但可能受硫化作用的抑制，当 NACI≥100 时可认为有严重的环烷酸腐蚀。

非金属材料、非金属覆盖层、缓蚀剂、中和剂、阻垢剂等已成为现代压力容器控制常用的方法，要研究腐蚀和腐蚀控制问题就必须了解或掌握必要的无机化学、有机化学、结构化学、分析化学、电化学，掌握腐蚀的基础理论和合理的防腐蚀设计、腐蚀经济学，综合分析造成腐蚀的主要原因和可能的解决方法。

10.4.8.1 全面（均匀）腐蚀破裂

全面腐蚀破裂是指由于设备承压组件受到大面积腐蚀减薄（按腐蚀失重衡量，这是腐蚀速度最大的一种腐蚀），最终使设备因强度下降导致的塑性破坏。均匀腐蚀是在整个金属表面几乎以相同速度进行的全面腐蚀，全面腐蚀可以通过涂层、衬里、电化学保护、向介质中添加缓蚀剂、中和剂等措施来预防或减缓。

10.4.8.2 点蚀

点蚀是高度局部腐蚀形态，依靠钝化膜维持抗腐蚀能力的金属如奥氏体不锈钢、铝及铝合金等，在含卤素等介质的作用下，钝化膜破裂，表面形成深坑，随着腐蚀的发展，可导致器壁穿孔，或成为应力腐蚀或腐蚀疲劳的裂纹源。

10.4.8.3 晶间腐蚀

晶间腐蚀是由于金属材料的晶界发生成分或组织偏析，造成晶界的耐蚀性远低于晶粒内部，因此材料在腐蚀介质的作用下，在晶界发生选择性腐蚀，并逐渐深入到金属内部，减弱了晶粒间的相互结合力，使金属脆化。晶间腐蚀通常发生在奥氏体不锈钢和铁素体不锈钢上，而不发生在工业纯钛和铁合金、纯镍等材料上。

不锈钢的晶间腐蚀分类如下。

(1) 铬镍奥氏体不锈钢的敏化态晶间腐蚀

敏化态晶间腐蚀出现在焊接构件的焊缝热影响区或经450～850℃加热的部件上，受腐蚀部位的强度和塑性已严重丧失，落地无金属声，设备几乎无任何塑性变形。冷弯时不仅出现裂纹，严重时可出现脆断和晶粒脱落。在金相显微镜和扫描电镜下可以明显看到材料的晶界由于受腐蚀而变宽，多呈网状，严重时还有晶粒脱落现象。除受腐蚀的区域外，其他部位可以没有任何腐蚀的迹象，仍具有明显的金属光泽。

常见的敏化态晶间腐蚀用贫铬理论可得到圆满的解释。Cr-Ni奥氏体不锈钢一般以固溶态供货，此时钢中碳的饱和浓度为0.02%～0.03%（质量分数）。不锈钢在加工及制造和使用过程中，若经过450～850℃的敏化温度加热（例如焊接或在此温度范围内使用），则钢中过饱和的碳就会向晶界扩散、析出并与其附近的铬形成$Cr_{23}C_6$。由于这种碳化物含Cr量较高，所以铬碳化物沿晶界沉淀就导致了碳化物周围的基体中Cr含量的降低，形成“贫铬区”。当铬碳化物沿晶界沉淀呈网状时，贫铬区亦呈网状。不锈钢是依靠钢中的Cr与O结合形成致密的钝化膜来维持其在介质中的耐蚀性能的，而Cr的含量（质量分数）必须在12.5%以上时，不锈钢表面才能形成致密的钝化膜，并在介质中维持钝化。由于贫铬区铬量不足，使钝化能力降低，甚至消失，但晶粒本身仍具有足够钝化能力。因此，在腐蚀介质作用下晶界附近的贫铬区便优先溶解而产生晶间腐蚀。

使Cr-Ni奥氏体不锈钢产生晶间腐蚀的介质很多，一般在含无机酸、有机酸、强酸弱碱盐类、尿素甲铵液等酸性介质中都有可能发生奥氏体不锈钢晶间腐蚀。

选用含稳定化元素Ti、Nb的Cr-Ni奥氏体不锈钢，如06Cr18Ni11Ti、07Cr19Ni11Ti、06Cr17Ni12Mo2Ti、06Cr18Ni11Nb、07Cr18Ni11Nb等可以改善或防止敏化态晶间腐蚀。但含Ti、Nb，特别是含Ti的不锈钢有许多缺点，由于TiN等非金属夹杂物的形成，常常成为点蚀源而使钢的耐蚀性下降。含Ti的不锈钢在介质作用下，沿焊缝熔合线易出现“刀线腐蚀”，同样引起焊接结构设备的腐蚀破坏。由于上述缺点，在西方国家含钛不锈钢已基本上不用于制造压力容器，仅限于制造轴类部件和在连多硫酸等环境下使用。

现在一般用超低碳Cr-Ni奥氏体不锈钢取代含Ti、Nb的不锈钢，由于超低碳[w(C)≤0.02%～0.03%] Cr-Ni奥氏体不锈钢的强度较用Ti、Nb稳定化的不锈钢低，当强度不足时，可选用控氮[w(N)=0.05%～0.08%]和氮合金化[w(N)≥0.10%]的超低碳Cr-Ni奥氏体不锈钢。它们不仅强度高，且耐晶间腐蚀，耐点蚀等性能也均较含Ti，Nb的不锈钢好。

(2) 铬镍奥氏体不锈钢的非敏化态晶间腐蚀

非敏化态晶间腐蚀指固溶态不锈钢在一些腐蚀介质中出现的晶间腐蚀，一般出现在母材上。普通不锈钢、超低碳不锈钢和含Ti、Nb的不锈钢均可能产生。腐蚀现象基本上与敏化态晶间腐蚀相同，但在金相显微镜和扫描电镜下观察，在尿素生产装置中所出现的Cr-Ni奥氏体不锈钢的非敏化态晶间腐蚀形态与敏化态晶间腐蚀有很大的不同，主要表现在晶间腐蚀裂纹较宽但延伸较浅，有晶粒脱落，但晶界并未见析出物。

非敏化态晶间腐蚀主要出现在含Cr^{6+}的HNO_3中或在浓HNO_3介质中，在高温高压尿素甲铵介质中发现了尿素级和非尿素级的022C18Ni14Mo3（00Cr17Ni14Mo3）和00Cr25Ni22Mo2N以及Fe-Ni基耐蚀合金00Cr20Ni35Mo2Cu3Nb的非敏化态晶间腐蚀。

采用透射电镜和俄歇谱仪进行晶界分析结果已证实晶界P、Si、B等元素的偏聚并优先溶解是导致非敏化态晶界腐蚀的主要原因，应用溶质（杂质）偏聚理论能够解释固溶态晶间腐蚀产生的原因。

从理论上讲，高纯特别是P含量应尽量低是解决非敏化态晶间腐蚀最根本的措施。

(3) 铁素体不锈钢的晶间腐蚀

铁素体不锈钢的晶间腐蚀产生的位置在紧靠焊缝熔合线附近区域，现象基本上与奥氏体不锈钢的敏化态晶间腐蚀相同。不同的是，它一般出现在高于900～950℃加热后（或焊后），甚至在水等急冷条件下也无法避免，而经过750～850℃短时间加热处理，铁素体不锈钢的晶间腐蚀敏感性可减轻，甚至消除。

应用贫铬理论同样能解释铁素体不锈钢的晶间腐蚀。铁素体不锈钢在900～950℃以上加热后的冷却过程中，由于C、N、Cr等在奥氏体和铁素体中的溶解度和扩散速度不同，导致高铬的碳、氮化物沿晶界析出和贫铬区的形成，研究表明，$w(Cr)=20\%$的铁素体不锈钢，其贫铬区$w(Cr)=0\sim5\%$，宽度为$0.05\sim0.07\mu m$。

为了防止这种缺陷，主要措施是选用超低碳铁素体不锈钢。

10.4.8.4 应力腐蚀破裂

应力腐蚀破裂是合金在应力腐蚀作用下产生的破裂，是由于特定的金属和腐蚀介质组合，在应力（特别是拉应力，外加的或残余的）作用下产生腐蚀裂纹及其扩展破裂，是最危险的腐蚀形态之一，常引起突发性事故。其特点是：合金比纯金属更易产生应力腐蚀；介质和材料的组成是特定的；在宏观上断裂是脆性的。

应力腐蚀断裂过程可分为裂纹形核和扩展两个阶段，裂纹有沿晶或穿晶扩展、或混合型裂纹。存在应力腐蚀破裂的容器，工作应力往往远低于材料强度极限，断裂面与主应力相垂直，裂纹呈树枝状，有二次裂纹。常见的压力容器应力腐蚀形式有碳钢和低合金钢制容器的氢脆、碱脆、硝脆、氯脆、氨脆、湿硫化氢应力腐蚀开裂等，卤素离子引起的奥氏体不锈钢制容器的应力腐蚀断裂。

应力腐蚀裂纹的扩展过程可分为阳极溶解型和氢致开裂型。左景伊提出的产生应力腐蚀的机理认为裂纹的形核和扩展可分为3个阶段：

① 金属表面产生表面膜；

② 膜局部破裂，产生孔蚀或裂纹源；

③ 裂纹内加速腐蚀，在应力作用下，裂纹以垂直方向深入金属内部。

应力腐蚀可以在极低的负荷应力下（$5\%\sim10\%R_{eL}$，或远小于K_{IC}）产生，用临界应力σ_{th}临界应变S_C和临界应力强度K_{ISCC}指标可以对构件的应力腐蚀倾向进行定量的评价。应力包括残余应力、外加应力、装配应力及其叠加，残余应力在容器的制造和使用过程中都可能产生，包括焊接、扭转、冲压、螺栓连接、过盈配合、热处理不当、腐蚀产物楔入等，工作应力包括内外压差、温度梯度产生的应力等。应力集中是产生应力腐蚀的充分条件，在有表面裂纹或其他线性缺陷处、几何形状突变处、金属涂层或表面膜破裂处、腐蚀凹坑和点蚀坑都能造成应力集中、减少裂纹形核时间，有利于裂纹形核。

没有能使任何合金都产生应力腐蚀的环境，而产生应力腐蚀的介质因素往往是整体溶液中的少量组分或微量元素，如微量的卤素离子使奥氏体不锈钢产生应力腐蚀开裂，加速铝合金、高强度低合金钢、钛合金、镁合金开裂。应力腐蚀速率与温度有很大的关系，如奥氏体不锈钢除个别外，在50℃下一般不发生应力腐蚀，但通常随温度的上升而急剧上升。2205双相不锈钢在温度小于90℃以下，不发生氯化物应力腐蚀开裂，在110℃以上，敏感性大大增加。发生湿硫化氢应力腐蚀的温度在介质冰点温度至$(60+2p_w)$℃（p_w为工作压力，MPa），超出此温度范围，腐蚀就转变成全面腐蚀。介质的pH值是影响应力腐蚀速度的重要因素，一般来说，pH值越高，开裂形核的诱导期越长（碱脆除外）。pH降低，应力腐蚀可能转变成为全面腐蚀。

材料的冶金质量、化学成分、晶粒方向和晶粒度、沉淀相的成分和分布、轧制方向、冷热加工和热处理状态对应力腐蚀也有明显的影响，材料的合金元素对其抗应力腐蚀开裂性能的影响具有环境相关性。

此外，已有研究表明，在某些情况下，压应力也可能导致应力腐蚀开裂，如宏观压应力能使奥氏体不锈钢、低碳钢、铝合金、黄铜等产生应力腐蚀，但其孕育期要比拉应力腐蚀高1～2个数量级，门槛值要高3～5倍。

湿 H_2S 引起的开裂有 H_2S 应力腐蚀（SSC）、氢诱导开裂（HIC）和应力导向氢致开裂（SOHIC）及氢鼓泡（HB）等，其敏感性随 H_2S 含量增加而增加，在饱和湿 H_2S 中达最大值。对低碳钢而言，当溶液中 H_2S 含量从 2mg/kg 增加到 150mg/kg 时，均匀腐蚀速率增加较快，当高于 1600mg/kg 时腐蚀速率基本不变。但对于低合金高强度钢，即使含量很低的 H_2S，仍能引起迅速破坏。因此在 H_2S 腐蚀环境中，设备各受压组件的选材是十分重要的，在湿 H_2S 环境中，决定腐蚀程度的是 H_2S 分压，而不是 H_2S 的浓度。目前国内石化行业将 340Pa（绝压）的 H_2S 分压作为控制值，达到这一控制值时，就应从设计、制造、选材和使用等方面采取措施以尽量避免和减少碳钢设备的 H_2S 腐蚀。

合理选材是防止应力腐蚀的关键因素，从材料化学成分方面来说，钢中影响 H_2S 腐蚀的主要化学元素是 Mn 和 S，Mn 元素在设备焊接过程中，产生马氏体和贝氏体高强度、低韧性组织，表现出硬度极高，使材料的 SSCC 敏感性增加。S 元素则在钢中形成 MnS、FeS 非金属夹杂物，致使局部显微组织疏松，在湿 H_2S 环境下诱发 HIC 或 SOHIC。故对用于湿 H_2S 环境的压力容器用钢，其锰、硫含量及非金属夹杂级别都不允许超标。

为防止湿硫化氢或氯化物应力腐蚀开裂、连多硫酸应力腐蚀开裂，国内外已有较多的试验方法和选材标准。

10.4.8.5　腐蚀疲劳

腐蚀疲劳是指与惰性环境中承受交变载荷的情况相比，在腐蚀介质和交变载荷共同作用下，使金属材料的疲劳极限大大降低，造成容器的承压组件发生破裂，压力容器的疲劳破裂大部分都是腐蚀疲劳破裂。与一般机械疲劳相比，腐蚀疲劳断口表面上常见明显的腐蚀和点蚀坑，并且没有介质的选择性。腐蚀疲劳可以有多条裂纹并存，即裂纹可以在一点或多点形核并扩展。宏观常见切向和正向扩展并多呈锯齿状和台阶状，断口较平整，呈瓷状或贝壳状，有疲劳弧线、疲劳台阶、疲劳源等。微观上裂纹一般无分支，尖端较钝，断口有疲劳条纹等。对于低合金钢的腐蚀疲劳，还可根据提高钢的强度和耐蚀性或排除腐蚀介质的作用后，是否仍出现破坏来断定。如果由于钢强度提高，疲劳断裂消失或寿命延长，则可断定原断裂为机械疲劳，否则可断定原断裂为腐蚀疲劳。

腐蚀疲劳的机理主要有以下几种模型：

① 点蚀应力集中模型：蚀坑底部的应力集中是引起裂纹成核的主要原因。

② 形变金属优先溶解模型：形变金属为阳极，未变形金属为阴极，从而导致形变部分优先溶解。

③ 表面膜破裂模型：在交变应力作用下，金属滑移带穿透表面膜，形成无保护膜的台阶，从而使其处于活化态而溶解，引起裂纹形核。滑移-溶解反复作用而形成腐蚀疲劳。

④ 吸附模型：认为腐蚀介质中的活化物质吸附到金属表面上，使表面能降低，改变了材料的力学性能，从而使材料表面滑移带的产生和裂纹的扩展更易进行。

选择耐蚀性更好的材料是解决腐蚀疲劳的主要措施，如不锈钢的腐蚀疲劳多以点蚀为起源，因此，为了防止腐蚀疲劳可选择耐点蚀较好的含 Cr、Mo 较高的马氏体或铁素体不锈钢等。由于双相不锈钢不仅 Cr、Mo 较高，且多含有 N，其组织具有复相结构，因此不仅耐点蚀性能好，同时显著提高钢的腐蚀疲劳强度，疲劳裂纹的扩展也较单相组织结构困难，所以，选用双相不锈钢是解决不锈钢腐蚀疲劳破坏的重要途径。

改善设备结构，降低交变载荷和局部应力也是防止疲劳断裂的重要手段。

10.4.8.6 氢损伤

氢损伤可分为氢脆、氢腐蚀、氢鼓包和氢诱导裂纹，形成氢化物、白点或发纹，流变性能退化，高压氢引起的显微穿孔。

（1）氢脆

氢脆指氢进入金属后，引起金属宏观韧性降低或产生滞后断裂的现象，包括氢致延性损失和氢致滞后开裂。根据氢的来源不同，氢脆可分为由于材料在冶金及加工（焊接、电镀、酸洗等）中吸收氢产生的内部氢脆和由于金属在各种环境中（如水、湿气、烃类化合物、酸等）与介质作用产生的环境氢脆。机理是原子氢渗入金属基体内或由于高温高压分子氢沿金属晶界向内部扩散，由于氢溶解于金属晶格中，晶格应变增加，材料在低于屈服应力下产生延迟破裂。随着材料中氢含量的增加，材料韧性下降，出现低于屈服应力下产生的延迟破坏。其特征是：

① 材料的拉伸延展性下降，缺口抗拉强度下降，特别是出现静载荷下的延迟破坏，而屈服强度无显著变化；

② 缺口敏感性高的材料，裂纹增长的长度极小，所以在破坏前检出裂纹的可能性很小；

③ 氢的存在，降低了裂纹尖端的表面能，影响了原子键的结合力，促进了位错运动，加速了裂纹扩展；

④ 不存在应力腐蚀的特殊材料、介质组合，也不需要拉应力的存在；

⑤ 材料中的氢是可逆的，通过时效处理或真空加热可使材料的脆性下降或消除。

（2）氢腐蚀

氢腐蚀是指碳钢、低合金钢等在临氢条件下，吸附在材料表面的分子氢、分解的原子氢、离子氢与材料表面碳元素进行化学反应，使材料表面或内部脱碳，并产生晶间裂纹，造成材料的强度和韧性显著下降。其特征是：

① 高温（约200℃以上）低氢分压下，只发生表面脱碳；

② 存在材料内部脱碳、开裂的温度和氢分压门槛值；

③ 材料中碳含量越高，氢腐蚀的孕育期越短，腐蚀率越高；

④ 材料内部的氢是不可逆的，不能通过时效处理或真空加热消除。

（3）氢鼓包

氢鼓包（hydrogen bubble，HB）是介质中的原子氢扩散到金属内部，在空穴、夹杂、晶界、位错等缺陷处可聚集形成分子氢，在较高的使用温度下，还可能与材料中碳化物中的C和硫化物中的S元素发生反应，形成CH_4或H_2S，产生局部高压和应力集中。因H_2和CH_4、H_2S不能在金属中扩散，它们可积累形成达8～10MPa的内压，对材料产生永久性损伤。当缺陷在近表面时，将导致材料表面鼓包，甚至鼓包破裂。

如，某异构化装置在线检查超声测厚中发现吸收、稳定系统的稳定塔顶回流罐（V-07）、平衡蒸发罐（V-05）、级间分离罐（V-04A、B）等容器出现壁厚严重减薄现象，部分管线因腐蚀而穿孔。停工检查后续工段的管线和LPG球罐也发现了开裂和鼓包等现象，在薄壁容器上，一些大的鼓包在外壁对应位置亦能观察到有明显突起。V-07和V-05是腐蚀较为严重的设备，主体为材质16MnR、操作压力1.0MPa、操作温度35～40℃。V-07的筒体壁厚8mm，介质为液态烃。V-05筒体壁厚12mm，介质为液态烃和富气。解剖鼓包的宏观形貌见图10-7，失效分析结果表明，该鼓包为氢鼓包。

（4）氢诱导裂纹

氢诱导裂纹（氢致开裂）（hydrogen induced cracking，HIC），碳钢和低合金钢在充氢介质环境中有两种开裂形式，一种是在压力容器高强度钢板材上的硫化物应力腐蚀开裂（SCC），另一种称为氢诱导开裂（HIC）。HIC和SOHIC（stress oriented hydrogen induced cracking）宏观形貌见图10-8。HIC是渗入钢中的氢，除了在位错等晶格缺陷处以原子状态聚集外，更多的是以分子状态在非金属夹杂物（如MnS、Al_2O_3、SiO_2等）周围的间隙处，间隙处的压力可以达到数十兆帕。由此，当夹杂物造成的间隙形状带有尖锐缺口时，将在缺口产生应力集中，导致诱导裂纹形核。在无外加应力的情况下，在氢压作用下裂纹沿钢板的轧制方向扩展，形成阶梯状裂纹。因此，仅控制钢材及焊缝热影响区的硬度不能保证就可以防止充氢介质引起开裂。通过喷钙处理改变夹杂物形状，并使S质量分数降低到0.01%以下，提高钢材纯净度是目前抗氢诱导裂纹的常用方法。

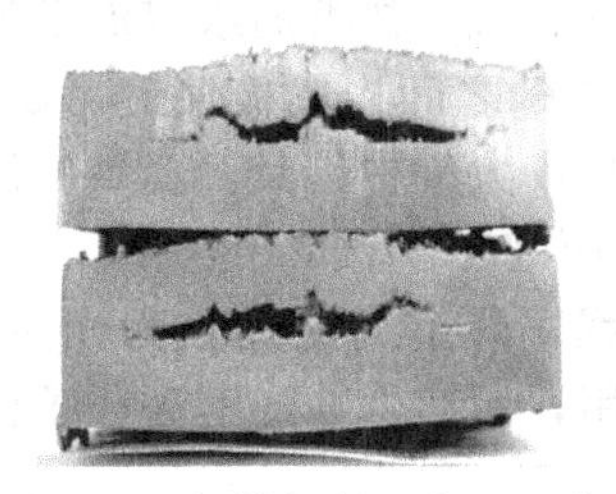

图10-7 氢鼓包断面宏观形貌

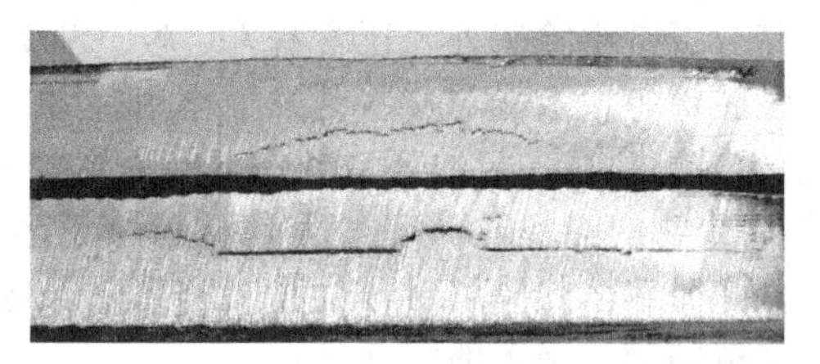

图10-8 HIC和SOHIC宏观形貌

造成氢鼓包和氢诱导裂纹的主要原因是当介质中存在S^{2-}、CN^-、含P阴离子等阻止氢原子生成氢分子反应的阴极毒化剂时，氢原子就容易进入金属中，造成氢鼓包和氢诱导裂纹。控制阴极毒化剂和选用镇静钢、奥氏体不锈钢、非金属衬里、调质处理、加入缓蚀剂可以抑制氢鼓包和氢诱导裂纹的产生。

10.4.8.7 金属的尘化

金属尘化是一种异常的高温腐蚀形式，又称灾难性渗碳腐蚀，一般是指金属（如铁、铬、镍、钴及其合金）在高温碳环境（碳氢、碳氧气氛）下碎化为由金属碳化物、氧化物、金属和碳（石墨）等组成的混合物的金属损失行为，可以造成金属构件壁厚严重减薄，极大地危害高温设备的安全使用。金属尘化在化学工业、石油化工、煤的转化、金属热处理等生产过程中比较常见，是目前兴起的化工设备事故预测技术中不可忽视的重要内容之一。其机理为渗碳层的粉化有可能同时包括不稳定碳化物的分解和渗碳应力导致渗碳层碎化这样两种机制，反应过程为：

① 碳在金属中溶解并达到饱和；

② M_3C在金属表面或晶界处析出；

③ 环境中的碳在金属表面形成M_3C并以石墨形式沉积；

④ 石墨下的M_3C分解为碳及金属颗粒，金属颗粒的催化作用使石墨进一步沉积。

氢腐蚀可以加速金属尘化腐蚀。9Cr1Mo材料的现场挂片试验和实验室模拟试验结果表明：温度越高，渗碳和尘化越严重，一般发生在450～900℃，而450℃以下一般不会发生金属尘化。金属尘化与氧化膜的破裂以及氢腐蚀有关，结焦和渗铝均能阻止渗碳和金属尘化，但一旦出现缺陷，仍然会发生严重的局部腐蚀。用挂片预测加热炉炉管的金属尘化效果有限。

10.4.8.8 非金属材料的腐蚀

非金属材料和介质环境相互作用产生的变质和破坏称为非金属的腐蚀，与金属材料相比，其腐蚀行为更呈多样性，且缺乏规律性。金属腐蚀一般多在金属表面上开始发生，逐渐向深处发展，而非金属腐蚀破坏多从内部形成。

非金属材料腐蚀按宏观腐蚀形态分类有轻度腐蚀、中度腐蚀和破坏性腐蚀，按腐蚀机理分类有物理腐蚀、化学腐蚀、大气老化降解、环境应力开裂。

(1) 有机高分子材料腐蚀和破坏形式

① 物理腐蚀　主要有溶胀、溶解两种形式。根据相似相溶原理，材料的化学结构越相似，溶解的可能性越大。非晶态材料结构松散，容易溶解；相对线性非晶态材料来说，相对分子质量增大，温度降低，溶解减缓。热应力、材料成型时的孔隙率和孔径分布对溶解也有显著影响。

② 化学腐蚀　是指发生不可逆化学反应所导致的腐蚀，其形成的主要原因是环境介质、温度、热应力等的作用下非金属材料发生降解、分解、老化等化学破坏。它往往是氧化、水解、取代和交联等反应的综合结果，可分为两类。一类是与酸、碱、盐类的水溶液发生水解反应，高分子链中除碳外，还含有O、N、Si等原子，它们与C之间构成极性键，如醚键、酯键、酰胺键等，水能与这些键发生作用。另一类是气体氧化，大气中的氧、臭氧、污染物（NO_2、SO_2等）在一定的环境条件下使高聚物发生化学反应而破坏。

③ 高聚物的降解　降解过程是相对分子质量下降的过程，降解的途径分为光照、热、机械、化学降解。热降解对非生物降解高分子材料起主要作用，所有生物降解高分子材料都含有可水解的键。降解的特征有：

a. 形态的变化，最初材料表面粗糙，慢慢地变成了多孔结构；

b. 腐蚀过程中齐聚物和单体的产生；

c. 分为表面腐蚀（体积变小）、本体腐蚀（几何形状保持不变）。

④ 环境应力开裂　在应力与某些介质（如表面活性剂）共同作用下，有些高分子材料会出现银纹，进一步长成裂纹，直至发生脆性断裂，其断裂应力比在惰性环境中低得多，这种现象称为环境应力开裂。

有些聚合物，尤其是玻璃态透明聚合物如聚苯乙烯、有机玻璃、聚碳酸酯等，在存储及使用过程中，由于应力和环境因素的影响，表面往往会出现一些微裂纹。有这些裂纹的平面能强烈反射可见光，形成银色的闪光，故称为银纹，相应的开裂现象称为银纹化现象。产生的原因是介质渗入高分子材料内部会使材料增塑和屈服强度降低，在应力作用下，材料表面层产生塑性形变和大分子的定向排列，结果在材料表面形成有一定量物质和浓集空穴组成的纤维状结构，银纹方向与应力方向垂直。银纹与裂纹不同，裂纹是开裂形成两个表面，不具有可逆性；而银纹内部有物质填充，该物质称银纹质，是由高度取向的聚合物纤维束构成。银纹具有可逆性，在压应力下或在玻璃化温度以上温度退火处理，银纹会回缩或消失，材料重新恢复光学均一状态。

环境应力开裂的类型，按介质分为表面活性物质、溶剂型物质、强氧化性介质。影响因素有：

a. 高分子材料的性质，相对分子质量小、分布窄的材料因分子间解缠溶解而使开裂所需时间短；结晶度高容易产生应力集中，且在晶区和非晶区的过渡交界处容易受到介质作用，因此易于应力开裂。

b. 非金属材料受应力的大小、方向。

c. 环境介质的性质。

(2) 复合材料

影响复合材料耐腐蚀性能的主要因素是树脂基体，增强纤维基材及二者间界面。增强纤维种类有：玻璃纤维、碳纤维、硼纤维、芳纶纤维（Kevler纤维）、碳化硅纤维（陶瓷纤维）、金属纤维等。常用的复合材料有聚合物基复合材料、金属基复合材料。

① 聚合物基复合材料　以玻璃纤维增强塑料（玻璃钢）为主，腐蚀介质对树脂基体的影响有物理侵蚀、化学腐蚀；腐蚀机理为介质通过材料中的气泡、微裂纹、沿界面的渗入，导致基体材料发生水解、氧化反应引起断键、应力开裂、聚合物的溶胀与溶解、溶出、界面

析出可溶性物质产生渗透压、纤维/树脂脱粘引起破坏。

② 金属基复合材料　金属基体与纤维增强物的界面结合为物理结合，是在不同组元形成的溶解扩散区内形成原子间结合力，结合强度主要与纤维表面的粗糙度有关。反应结合强度较大，它的耐蚀性一般比金属基体差，原因为合金元素在增强物/基体界面处偏析、围绕增强物产生残余应力、在增强物周围基体中位错密度高、增强物/基体界面处产生空洞、由于制备过程中基体金属与增强材料发生反应而导致活性界面层的电偶效应。

（3）无机非金属材料

压力容器用的无机非金属材料主要有玻璃和化工搪瓷，常用于容器上玻璃视镜、液位计、衬里等。

凡熔融体通过一定方式冷却，因黏度逐渐增加而具有固体的机械性质与一定结构特征的非晶体物质，不论其化学组成及硬化温度范围如何，都称为玻璃。压力容器上使用的一般为以 SiO_2 为主要成分的硅酸盐玻璃、石英玻璃、高硅氧玻璃、硼酸盐玻璃和低硼无硼玻璃。

玻璃的特点是化学稳定性好，除氢氟酸和含氟离子介质、高温磷酸以及强碱外，能耐各种浓度的无机酸、有机酸、盐类、有机溶剂和弱碱的腐蚀。玻璃的硬度很高，仅次于金刚石、刚玉、碳化硅等磨料，抗冲刷好。但玻璃是一种典型的脆性材料，在冲击和动负荷作用下很容易破碎，并且玻璃的抗拉强度低，仅为 59～79MPa。

化工搪瓷是将含硅量高的耐酸瓷釉涂覆在钢（铸铁）制设备的表面上，经高温煅烧使之与金属密着，形成致密的、耐腐蚀的玻璃质薄层（厚度一般为 0.8～1.5mm），耐蚀性与玻璃相似。化工搪瓷设备的机械物理性能主要取决于钢铁基材、搪瓷涂层、以及搪瓷层与基体间的结合力，兼具金属设备的力学性能和瓷釉的耐蚀性、耐磨性的双重优点。

搪玻璃设备制造及其结构的特殊性决定了其极易爆瓷损坏，任何微小的爆瓷都会直接导致基体发生腐蚀。搪玻璃设备失效的主要原因是由于搪玻璃设备的设计制造缺陷、工艺安装和使用不当造成的。主要失效形式有：

① 机械失效

a. 冲击，包括内部冲击和外部冲击。内部冲击外观为在冲击中心玻璃被压碎，在周围一圈为镜平面，再外一圈为剥落的搪瓷薄片。外部冲击外观碎片通常表现为星型裂纹，由于冲击力产生的拉伸作用导致玻璃破碎，损坏通常延伸到基层或钢材部位。

b. 压碎，外观为在最大应力处形成圆，损坏的中心处有压碎的玻璃，并在周围有碎薄片。

c. 磨损，外观为表面失光甚至瓷层变薄。

d. 振动，外观为法兰、内伸管因疲劳变形破裂。

e. 弯曲，外观为瓷层出现裂纹甚至脱落。

② 热失效

a. 吸冷或放热反应，最初的损坏表面呈网状，目视很难看见，显微镜下可看到有微小裂纹。使用一段时间后，裂纹蔓延，直到局部应力释放导致产生小碎片，最后，发展为一连串的破碎，形成了非常粗糙的表面。

b. 局部热冲击，外观与一般热冲击损坏相似，但是在局部发生。如当蒸汽从夹套管口加入时，在管口下方，会有一系列平行裂纹。

c. 大的角焊缝处伸缩受限制，外观为长直的裂纹，在焊缝两边平行、对称。通常会延伸到钢材基础层。

d. 电焊渣灼伤，外观为大量的电焊渣集中溅落在一个地方而导致局部爆瓷，瓷面上出现泪滴状损坏。

③ 电失效

a. 静电，外观为显微孔一直延伸到钢材面上，可以有或没有碎片。这种损伤经常发生在高速区域，如搅拌桨叶的端部下方，下封头在桨叶下方位置处，容器壁对着桨叶端部的部位。

b. 电火花，搪瓷上的针孔在外观上与静电放电形成的孔类似。

④ 化学失效　氢氟酸、热浓磷酸和碱的腐蚀，氢氟酸、热浓磷酸和碱对搪瓷层的腐蚀都是搪瓷层失光、粗糙、厚度减薄。搪瓷层与碱的腐蚀物累积在玻璃的泡中而引起玻璃破裂成小碎片，这种损坏叫作“腐蚀碎片”，从而丧失了抗腐蚀性。

⑤ 外部腐蚀

a. 法兰面碎片，法兰面碎片像“咬”过，法兰面周边搪瓷掉落。

b. 釜盖滴撒物料，腐蚀引起的玻璃损坏看上去像鱼鳞，经常发生在接管口，尤其是在上封头处和夹套处，还可以发生在腐蚀液体聚积的保温层下面，如设备底部。

c. 夹套内导热媒介造成的腐蚀，腐蚀引起玻璃碎片，化学清洗夹套看上去像鱼鳞。在极端事例中，大面积的玻璃整体剥落。

10.5　压力容器缺陷形式

10.5.1　焊接缺陷

10.5.1.1　外观缺陷

指用目视或表面检测可以发现的表面缺陷，常见的有成形不良、咬边、错边、焊瘤、表面气孔和表面裂纹、弧坑缩孔、烧穿、凹陷及焊接变形、单面焊的根部未焊透也位于焊缝表面，弧坑常有弧坑裂纹和弧坑缩孔。这些表面缺陷减小了母材和焊缝的有效承载面积，降低结构的承载能力，同时还会造成应力集中，发展为裂纹源。

10.5.1.2　埋藏缺陷

指在焊缝内部的缺陷，常见的有气孔、焊瘤、咬边、夹渣、电弧击伤、错边、埋藏、未熔合（包括层间未熔合）、未焊透等。其中裂纹和未熔合、未焊透最危险。

（1）裂纹

裂纹有多种分类方法，按裂纹尺寸大小，可分为宏观裂纹、微观裂纹和显微裂纹（晶间裂纹和晶内裂纹）。按裂纹延伸方向，可分为纵向裂纹、横向裂纹和辐射状裂纹等。按裂纹发生部位，可分为焊缝裂纹、热影响区裂纹、熔合区裂纹、焊趾裂纹、焊道下裂纹、弧坑裂纹等。按发生机理可分为热裂纹（结晶裂纹）、冷裂纹（延迟裂纹）、再热裂纹、层状撕裂。

层状撕裂实质上也属冷裂纹，主要是由于钢材中夹杂的硫化物（MnS）、硅酸盐类、Al_2O_3等在焊接应力或外拘束应力的作用下，金属沿轧制方向开裂。

（2）未焊透

指母材金属未熔化，焊缝金属未进入接头根部的现象。因此，减少了焊缝的有效截承载面积，引起应力集中，使接头强度下降，严重降低焊缝的疲劳强度，并可能成为裂纹源，是造成焊缝破坏的重要因素。

（3）未熔合

未熔合指焊缝金属与母材金属，或焊缝金属之间未熔化结合在一起的缺陷，是一种面积型缺陷。按其所在部位，未熔合可分为坡口未熔合、层间未熔合和根部未熔合3种。坡口未熔合和根部未熔合减少了焊缝的有效截面积，引起应力集中，其危害性仅次于裂纹。

（4）气孔

气孔一般是球状，通常呈均匀分布、成群分布、虫孔状分布或线性分布，均匀散布的气孔由单独的空穴组成，其直径大小可微观直至 3mm 或更大，成群的气孔是一组小的、局部的空穴，线性气孔曲线地出现在根部。

10.5.1.3 组织和成分缺陷

组织和成分缺陷是指焊接接头化学成分和金相组织不合格。它严重地影响了焊接接头的力学性能和抗腐蚀性能。

(1) 成分和组织不合格

因焊材与母材匹配不当、或由于焊接过程中元素烧损等原因造成焊缝化学成分不合格、或因焊接工艺和热处理工艺不当造成焊接接头及近缝区组织结构不合格或组织、成分偏析，使焊接接头的力学性能和耐蚀性能下降。

(2) 过热和过烧

因焊接工艺不当，导致出现过热组织或过烧组织。过热可通过热处理来消除，而过烧是不可逆转的缺陷。

(3) 白点

是在高应力或交变应力作用下，由于焊接氢扩散、聚集而在焊缝中产生的。通过显微镜，在焊缝金属的拉断面上可以观察到像鱼目状的白色斑，即为白点，危害极大。

10.5.2 板材中缺陷

(1) 非金属夹杂

非金属夹杂物在钢内是非正常组织，破坏了金属基体的连续性，降低了金属强度、韧性和塑性、抗疲劳和抗应力腐蚀能力，可能造成锻造和冷热加工开裂、淬火裂纹、焊缝层状撕裂等。对材料性能的影响程度除与夹杂物的种类有关外，还与其大小、形状、数量及分布密切相关。

(2) 化学成分不合格

除主要合金元素外，微量元素含量也是衡量材料化学成分是否满足要求的重要依据，这也是导致失效的常见原因之一。

(3) 组织结构

压力容器用钢对金属的组织、晶粒度都有一定的要求，因为这直接影响到材料的力学性能、组织和化学稳定性。而材料的轧制工艺、热处理状态和合金成分决定了其组织结构。

(4) 成分和组织偏析

由于钢锭在冷却过程中，其内外冷却速度不同，造成杂质在钢芯和顶部的偏聚，某些组织优先析出。因此，轧制的钢板化学成分和金相组织存在不均匀现象，特别是厚钢板的芯部的杂质含量通常较其他区域高。

在钢板的超声波检验和使用高灵敏度探头测厚时，有时可出现在 1/2 壁厚出有分层的现象，这有可能是钢板的厚度中部出现了成分偏析和较多的非金属夹杂物造成的。这一现象往往是造成低合金钢在湿 H_2S 环境中钢板芯部产生密集 HIC 的主要原因。

如，某 300MW 内置除氧器水箱 2 台，材质 16MnR，规格 ϕ3800mm×18900mm×28mm，在工程验收时，UT 发现除氧器多块筒节钢板整个面积内均有缺陷反射，深度在 14.2～16.5mm 之间，大部分缺陷波幅达不到满刻度的 50%，局部一些缺陷反射波幅超过满刻度的 50%，但底波无明显下降。外部超声测厚这些钢板厚度均为 14mm 左右，缺陷在平面内不是完全连续的。取样金相检验结果，材料组织为带状铁素体＋珠光体，板厚 1/2 部位存在组织偏析带；偏析带组织为珠光体＋铁素体＋贝氏体（图 10-9）；偏析带中存在多条平行裂纹，裂纹穿晶扩展呈台阶串接特征，长度 10mm 以下。

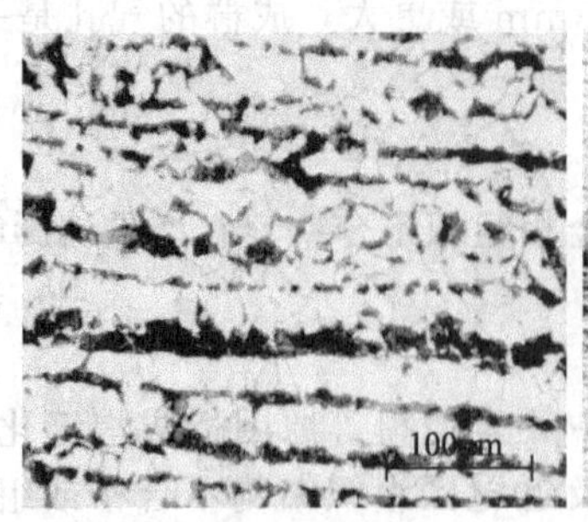

(a) 钢板正常组织

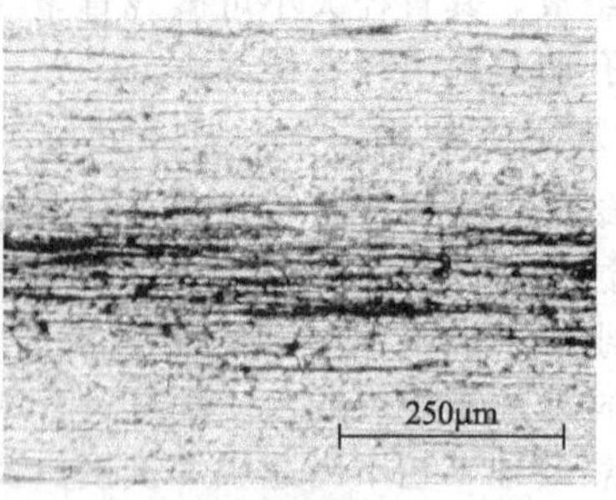

(b) 钢板厚度中部的偏析带

图 10-9　除氧器筒体材料金相组织和板厚中部聚集的夹杂物

(5) 裂纹

材料内部夹杂物在轧制过程中可能造成夹杂物周围的母材开裂，某些杂质也可能导致材料在热处理过程中产生再热裂纹。钢板中的裂纹严重削弱了材料的强度，在使用中极有可能发生失稳扩展。

(6) 氢脆

当钢中的扩散氢含量超过 3mg/kg 时，在钢内存在较大内应力时（如相变应力），可使钢锭或锻轧的钢材形成发纹、白点（鱼眼），导致钢材的韧性下降。

(7) 表面缺陷

指材料表面的机械损伤、重皮、折叠和腐蚀缺陷，它们往往成为某些失效的裂纹源。

(8) 成形加工缺陷

成形加工缺陷有冷成形缺陷和热成形缺陷。冷成形缺陷主要有塑性变形不均匀、减薄量不当，奥氏体不锈钢还可能产生形变诱导马氏体组织。热成型缺陷主要是褶皱。

(9) 热处理缺陷

热处理缺陷主要有氧化和脱碳、淬火裂纹、欠热、过热和过烧、回火脆等。

10.5.3　锻件中缺陷

锻件是压力容器中的重要受压组件，较常见的失效形式是开裂或强度不足。

(1) 缩孔和缩管

铸锭时，因冒口切除不当、铸模设计不良，以及铸造条件不良所产生的缩孔没有被锻合而遗留下来的缺陷。

(2) 非金属夹杂物

在熔炼及铸锭时，混进硫化物和氧化物等非金属夹杂物所造成的缺陷。

(3) 夹砂

在铸锭时，熔渣和耐火材料等夹渣物留在锻件中形成的缺陷。

(4) 龟裂

由于原材料成分不当、原材料表面情况不好、加热温度和加热时间不当而产生的锻钢件表面上出现的较浅的龟状表面缺陷。

(5) 锻造裂纹

锻造裂纹种类较多，常见有：

① 由缩孔残余或二次缩孔在锻造时扩大而形成的裂纹；

② 皮下气泡引起的裂纹；

③ 由柱状晶粗大引起的裂纹；

④ 轴芯晶间裂纹引起的锻造裂纹；

⑤ 非金属夹杂物引起的裂纹；

⑥ 锻造加热不当引起的裂纹；

⑦ 锻造变形不当引起的裂纹；

⑧ 终锻温度过低引起的裂纹。

(6) 晶粒粗大和晶粒不均

晶粒粗大是由于锻件始锻和终锻温度过高、变形量不足造成的组织晶粒粗大。晶粒不均是由于变形不均使晶粒破碎不一、局部加工硬化等原因造成的工件内晶粒大小不均的现象，对耐热钢及高温合金的性能影响较大。

(7) 白点

当钢中含氢量较高，在锻造过程中的残余应力、热加工后的相变应力和热应力等作用下，氢产生的聚集造成材料内部局部脆化，在断口上呈银白色的圆或椭圆形斑点。

(8) 褶皱

由于金属在变形过程中，已氧化的表层金属汇合折叠形成，往往成为疲劳源。

10.6 失效分析试验和检测技术

所有的失效分析最终都要通过试验和检测手段来完成。其目的是为失效机理分析提供证据和为失效预防提供依据。

10.6.1 无损检测技术

无损检测最主要的用途是探测缺陷，压力容器制造和使用过程中产生的缺陷主要有裂纹、变形、腐蚀、材质劣化等，这些缺陷绝大多数都可用表面检测、射线检测、超声检测、硬度测定、光谱分析、金相检验、应力测定、声发射检测、耐压试验以及其他无损检验方法检验出来。金属压力容器无损检测现行标准是JB/T 4730（NB/T 47013）承压设备无损检测系列标准，该标准已规定了适用于压力容器原材料、零部件、焊缝检测和缺陷等级评定的射线检测、超声检测、磁粉检测、渗透检测、涡流检测、目视检测、泄漏检测、声发射检测和衍射时差法超声检测9种无损检测方法。

激光全息无损检测（laser holography）、红外成像技术（infrared thermal imaging technology）、声振检测技术（acoustic vibration）、康普顿散射成像检测技术（Compton scattering imaging）、数字照相技术（computed radiography）、超声扫描成像技术（ultrasonic scan imaging）、激光超声检测技术（laser ultrasonic）、电磁超声（electro-magnetic acoustic transducer）、相控阵检测技术（phase array testing technique）、磁记忆检测技术（metal magnetic memory）等新型无损检测技术有些已经在承压设备的检验中得到应用，并取得了良好的检验效果，在最近10～20年中可能形成标准化的检验评定标准。

由于各种无损检测方法本身有局限性，某一种方法不能适用于所有工件和所有缺陷。因此，必须根据被检物的材质和几何特点，预计缺陷可能有的种类、形状、部位和方向选择合适的检测方法，应尽可能同时采用上述的几种方法，以便取得更多的信息。此外，还应利用有关材料、焊接、加工工艺、产品结构的知识，综合起来进行判断，保证检测结果可靠、准确。

10.6.1.1 射线检测（RT）

射线检测是指用X射线或γ射线穿透试件，以胶片或数字记录信息的无损检测方法，广泛用于压力容器焊缝和其他工业产品、结构材料的内部宏观几何缺陷。评片是射线检测的一道重要工序，对底片上的缺陷进行定性、定量和定位。

射线设备可分为X射线检测机、高能射线检测设备、γ射线检测机3大类。X射线检测机可分为携带式、移动式2类。移动式X射线机用在透照室内的射线检测，具有较高的管电压和管电流，最大穿透厚度约100mm。传统的携带式X射线机主要用于现场射线照相，最大穿透厚度约50mm。目前携带式X射线机趋向小型化、高参数化发展，有些最大穿透厚度已达100mm。高能X射线检测装置对钢件的检测厚度达到500mm，其中直线加速器可产生大剂量射线，检测效率高，透照厚度大。γ射线检测机因射线源体积小，可在狭窄场地、高空、水下工作，并有全景曝光等特点，已成为射线检测重要组成部分。

射线照相法检测的特点是：

① 可以获得缺陷的直观图像，定性准确，对长、宽尺寸的定量较准确。对缺陷在工件厚度方向的位置和缺陷高度确定较困难。

② 对体型缺陷检出率高，对面型缺陷如照相角度不当，容易漏检。

③ 板厚增大，射线照相绝对灵敏度下降，材质和晶粒度对检测影响不大。

④ 适宜检验对接焊缝，检验角焊缝效果较差，不适宜检验板材、棒材、锻件等。

⑤ 受结构和现场条件限制大。

⑥ 检测成本高、速度慢，但检测结果有直接记录，可以长期保存。

射线具有生物效应和积累作用，超辐射剂量可能引起放射性损伤，破坏人体的正常组织出现病理反应。所以在射线照相中，防护是很重要的。

10.6.1.2 超声检测（UT）

超声检测主要用于探测试件的内部缺陷和测厚（MUT）、测晶粒度、测应力等。超声检测有脉冲反射法、穿透法和共振法。堆焊层的检测按JB/T 8931进行。

超声检测的特点是：

① 面型缺陷检出率较高，而体型缺陷检出率较低。对缺陷在工件厚度方向上的定位较准确。

② 适宜厚度较大的工件。

③ 适用于对接焊缝、角焊缝、T形焊缝、板材、管材、棒材、锻件以及复合材料等。

④ 无法得到缺陷直观图像、定性困难，定量精度不高。

⑤ 材质、晶粒度对检测有影响，如晶粒粗大不宜用超声波进行检测。

⑥ 工件不规则的外形和结构、粗糙的表面会影响耦合和扫查，从而影响检测精度和可靠性。

⑦ 检验成本低、速度快，检测仪器体积小，重量轻，现场使用较方便，数字超声可记录检测结果。

超声测厚是检查容器壁厚变化的重要手段，可以找出容器因腐蚀、变形等导致壁厚减薄的部位，为失效分析提供重要的线索。对于铁磁性基体上的非磁性覆盖层要使用电磁测厚仪测量覆盖层的厚度。

10.6.1.3 磁粉检测（MT）

磁粉检测用来检测铁磁性材料的表面和近表面的开口性缺陷。铁磁性材料被磁化后，试件中裂纹造成的不连续性可使磁力线畸变，这时工件表面如有磁粉，漏磁场就会吸附磁粉，形成与缺陷形状相似的磁粉堆积，显示缺陷。但不是所有的磁痕都是缺陷，形成磁痕的原因很多，有时还需用如渗透检测法检测验证。为了记录磁粉痕迹，可采用照相或用透明胶带把磁痕粘下备查，这样的记录具有简便、直观的优点。

磁力检测机可分为固定式、移动式、便携式3类。固定式检测机为卧式湿法检测机，主要用于中小型工件检测。移动式检测机可现场作业，检验对象为不易搬动的大型工件。便携式检测机适合野外和高空作业，多用于锅炉压力容器焊缝和大型工件的局部检测。

磁粉检测的特点是：

① 仅适宜铁磁材料检测，当裂纹方向平行于磁力线方向时不能检出缺陷；

② 仅用于检测表面和近表面缺陷，但焊缝近表面缺陷漏检的概率高，可检出的缺陷埋藏深度与工件状况、缺陷状况以及工艺条件有关，对光洁表面，一般可检出深度为1～2mm的近表面缺陷，采用强直流磁场可检出深度为3～5mm近表面缺陷；

③ 检测灵敏度很高，可发现极细小的裂纹缺陷；

④ 检测成本低，速度快，结果可记录。

磁粉检测有湿法检测和干法检测2种。湿法磁粉检测一般在环境温度（环境温度不会超过50℃）下进行。随着磁粉技术的发展，使用温度超过300℃的高温磁粉已经得到应用，因为磁悬液高温下会汽化，所以高温磁粉检测采用干法检测。这种高温磁粉的检测原理与常用磁粉相同，它采用一种特殊的工艺制成，其原料为铁的一种复合氧化物。高温磁粉一般为空心球形，具有较好的移动性和分散性，磁化工件时，磁粉能不断地跳跃着向漏磁场处聚集，检测灵敏度高，高温不氧化。高温磁粉检测对提高压力容器制造的质量和容器在线检验有重要的作用，但其技术和应用还有待进一步研究。

对含有腐蚀产物的浅表微裂纹，常规操作已不能显示。现场检测中，为加速制取磁痕可采用丙酮磁悬液，对深度＜0.2mm的表面裂纹比水悬液更好显示灵敏度。

10.6.1.4 渗透检测（PT）

渗透检测用来检测材料的表面开口性缺陷。工件表面被涂有含染料的渗透液后，在毛细管作用下，渗透液可以渗进表面开口性缺陷中，经去除工件表面的渗透液后，再在工件表面喷涂显像剂，显像剂吸引缺陷中保留的渗透液，缺陷处的渗透液痕迹被显示，从而探测出缺陷的形貌及分布状态。

渗透检测一般适用于温度10～50℃，4～10℃时需要延长渗透时间，低温下检测需要将金属表面温度加热到10℃以上，50～56℃需要进行灵敏度对比试验。高温着色渗透探伤剂可以在50～250℃高温工件表面进行检测。

渗透检测的特点是：

① 除了疏松多孔性材料外，任何材料和形状的表面开口缺陷都可以用渗透检测。但埋藏缺陷或闭合型的表面缺陷无法检出。

② 同时存在几个方向或形状复杂的缺陷，用一次检测操作就可完成检测。但受试件表面光洁度影响较大，其结果受操作人员技术水平的影响。

③ 方便现场使用。

④ 检测程序多，速度慢，成本较高，灵敏度比磁粉检测低。

⑤ 有些检测材料易燃、有毒。

10.6.1.5 涡流检测（ET）

涡流检测只能用于导电材料的检测，对管、棒和线材等型材有很高的检测效率。用于检出材料表面和近表面的缺陷（对于非铁磁性工件，表层15mm以下的缺陷就很难发现），或用以分选材质、测量膜厚度和工件尺寸以及材料的某些物理性能等。适用范围：外径大于6mm（采用穿过式线圈时最大外径小于180mm）的钢管，外径为6～25mm的铝及铝合金管，外径小于50mm的铜及铜合金管和外径为10～60mm的钛和钛合金管。

涡流检测的特点是：

① 适用于各种导电材质的试件检测表面和近表面缺陷，但不能判断出缺陷性质；

② 探测结果以电信号输出，容易实现自动化检测，检测速度快；

③ 一般只用来检测管材、板材等轧制型材；

④ 干扰检测的因素较多，容易引起信号杂乱。

10.6.1.6 目视检测（VT）

目视检测是用人的眼睛或借助于光学仪器对工业产品表面作直接观察或测量的一种检测方法。在失效分析中，目视检测是最基本的也是最重要的检测方法。是判断失效种类和失效机理的基础，决定着后续分析工作的方向。目视检测作为一种表面检测方法，其应用范围相当广泛，不仅能检测工件的几何尺寸，结构完整性，泄漏或开裂部位形貌、形状缺陷和断口形貌等，而且还能检测工件表面上的缺陷和其他细节。但由于受到人眼分辨力和仪器设备分辨率的限制，不能发现表面上细微的缺陷，实验证明，在良好的照度条件下，人眼能分辨的最小视角为1′。在观察过程中受到表面照度、颜色的影响容易发生漏检现象。

目视检测可分为直接目视检测和间接目视检测两种检测技术。

直接目视检测是指直接用人眼或使用放大倍数为6倍以下的放大镜，对试件进行检测。在进行直接目视检测时，应当能够充分靠近被检试件，使眼睛与被检试件表面不超过600mm，眼睛与被检表面所成的夹角不小于30°。检测区域应有足够的照明条件，一般检测时，至少要有160lx的光照强度，但不能有影响观察的刺眼反光，特别是对光泽的金属表面进行检测时，不应使用直射光，而要选用具有漫散射特性的光源，通常光照强度不应大于2000lx。对于必须仔细观察或发现异常情况，需要作进一步观察和研究的区域则至少要保证有540lx以上的光照强度。

间接目视检测指不能直接进行观察，需借助于光学仪器或设备进行目视观察的方法。如使用反光镜、望远镜、工业内窥镜、光导纤维或其他合适的仪器进行检测。间接目视检测必须至少具有直接目视检测相当的分辨能力。

目视检测是基于缺陷与本底表面具有一定的色泽差和亮度差而构成可见性来实现的。因此，当被检件表面有影响目视检测的污染物时，必须将这些污染物清理干净，以达到全面、客观、真实观察的目的。清除污染物的方法分为机械方法、超声波清洗、化学方法和溶剂去除方法。

目视检验按图像记录介质一般分为纸质记录、照片记录、录像记录、腹膜记录等。

10.6.1.7 声发射检测

材料或结构受外力和内力的作用而产生变形或断裂，以弹性波形式释放出应变能的现象称为声发射。声发射技术是指用仪器检测、记录、分析声发射信号和利用声发射信号推断声发射源的技术。声发射检测就是通过探测材料受力时内部发出的应力波来判断材料内部结构损伤程度的一种无损检测方法，具有对压力容器进行动态加载和整体一次性检测的特点。可以通过对压力容器典型表面裂纹和深埋裂纹声发射特性的研究，提出压力容器声发射检测及结果评价标准。声发射检测标准GB/T 18182适用于金属压力容器及压力管道的声发射检测，其他金属构件也可参照执行。

目前声发射技术在压力容器中的应用已较普及和成功，特别适用对于大型、高压容器的缺陷的监测和危险评估。声发射检测的特点是：

① 是一种动态无损检测方法，能连续监测材料内部缺陷扩展的全过程，从而为使用安全性评价提供依据；

② 可用于在线检测，远距离操作，长期监控设备运行状态和缺陷扩展情况。

存在的不足是：

① 易受外部环境和内部因素干扰；

② 只能探测到压力容器存在的声发射源，不能区分声发射源是什么原因引起的；

③ 许多声发射部位是由应力释放引起，另有少数源内有裂纹性质的缺陷，因此要用常规无损检测方法复验。

10.6.1.8 红外成像检测技术

红外成像可以非接触检测远距离的设备的泄漏、腐蚀、壁厚减薄、衬里层脱落、壳体超温、保温失效等。设备有移动式和便携式的热红外成像检测仪，可以通过计算机对图像进行分析。目前，最先进的红外热成像仪，其温度灵敏的可达0.05℃。

10.6.1.9 残余应力检测

目前传统残余应力的测量方法主要分为两大类：

(1) 机械法

机械法有取条法、切槽法、剥层法、钻孔法等。机械法测量残余应力需释放应力，需要对工件局部分离或者分割，从而会对工件造成一定的损伤或者破坏（浅盲孔法的破坏性最小）。但机械法理论完善，技术成熟，目前在现场测试中广泛应用。

①钻孔法　测量残余应力也可以采用光弹覆膜法。严格地说，光弹覆膜法属于一种光学方法，它利用光学中的偏旋光性进行应力测定，覆膜材料采用酚醛系或醇酸系树脂，光弹法测量残余应力，应变测定范围大，测定精度高。

② 多孔差方　是对三维残余应力测量进行探索，建立试样的三维静力平衡方程的偏微分方程，用有限差分法解该偏微分方程，通过测量孔深度就可计算应力。

③ 裂纹柔度法　原理是基于线弹性断裂力学原理，在被测物体表面引入一条深度逐渐增加的裂纹来释放残余应力，从而通过测定零件表面的残余应变释放量来测定相应的应变、位移或转角等量值，用来分析与计算残余应力。研究结果表明，裂纹柔度法与逐层钻孔法及X射线衍射法相比，具有更好的敏感性和精确度，可用于测定板类构件内部残余应力。作为一种残余应力测试新技术，裂纹柔度法具有很大的工程应用潜力，但对其适用范围及测试误差等课题还有待更深入研究。

(2) 物理检测法

特理检测法主要有X射线法、超声法和磁性法等，这些方法均属无损检测法。

① X射线衍射法　X射线衍射法检测残余应力的依据是根据弹性力学及X射线晶体学理论。对于理想的多晶体，在无应力的状态下，不同方位的同族晶面间距是相等的，而当受到一定的表面残余应力作用时，不同晶粒的同族晶面间距随晶面方位及应力的大小发生有规律的变化，从而使X射线衍射谱线发生位偏移，根据位偏移的大小可以计算出残余应力。采用X射线衍射法测量残余应力准确、可靠，特别适用于在小范围应力内急剧变化情况，如容器的焊接接头、换热器的管板管头焊缝的残余应力测试。

② 中子射线衍射法　该方法的原理与X射线衍射方法相似，是以中子流为入射束，照射试样，当晶面符合布拉格条件时，产生衍射，得到衍射峰，通过研究衍射束的峰值位置和强度，可获得应力或应变及结构的数据。

③ 磁噪声法　也称为BN（巴克豪森效应）分析。铁磁材料磁化时，由于磁畴的不连续转动，在磁滞回线最陡的区域出现不可逆跳跃，从而在探测线圈中引起噪声（BN）。

④ 磁声发射　与BN分析类似的一种方法，铁磁材料在外加交变磁场作用下，磁畴来回摆动，磁畴壁运动发出弹性波，这种弹性波也受应力影响。检测弹性波的方法是采用压电晶体拾取信号，用声发射技术中的信息处理方法，因此，称为磁声发射法（MAE）。MAE除受应力影响外，也受材料成分、微观结构等多种因素影响。

⑤ 磁应力法　磁应力法测量残余应力是利用铁磁性物体的磁致伸缩效应。对普通结构

钢来说，在无应力作用时，可认为是磁各向同性体，当发生弹性变形时，则产生磁各向异性。磁应力法就是通过测定磁导率的变化来反映应力的变化，磁导率的变化通过传感器反映为磁路的阻抗变化。

⑥ 磁记忆应力检测法　处于地磁环境下的铁制构件受工作荷载的作用，内部会发生具有磁致伸缩性质的磁畴组织定向的和不可逆的重新取向，并在应力与应变集中区形成最大的漏磁场的变化。这种磁状态的不可逆变化在工作荷载消除后继续保留，增强后的磁场“记忆”了构件应力集中的位置，即磁记忆效应。通过测定漏磁场法向分量，便可准确地推断构件的应力集中区。研究表明，铁磁性金属构件表面上的磁场分布与其内部应力有一定的关系，因此可通过检测构件表面的磁场分布情况间接地对部件应力集中位置进行诊断。

⑦ 超声波法　超声应力测量是建立在声弹性理论基础上，利用受应力材料中的声双折射现象。当没有应力作用时，超声波在各向同性的弹性体内传播速度与有应力作用时传播速度不同，利用超声波波速与应力之间的关系来测量残余应力。

⑧ 扫描电子声显微镜（SEAM）　是将扫描电子显微镜和声学技术结合而研制成的技术，该技术基于热波成像原理，当一束周期性强度调制的电子束经聚焦入射于试样时，试样表面受到局部的周期加热，激发出热波，利用热波在试样中的传播对材料热学或热弹性质的微小变化进行成像，这些宏观量的微小变化是由于试样的局部晶格结构的改变而引起的，因此它能反映出光学和电子显微镜不能反映的微观热性质或热弹性质的差异，并且利用扫描电子声显微镜独特的分层成像能力，揭示了残余应力的深度分布状况，使测定残余应力三维分布成为可能。SEAM 的穿透能力较强，适合对不透明材料中的残余应力进行无损测定。

⑨ 激光超声检测法　激光超声是最近发展起来的无损检测技术，其显著优点是非接触、时空分辨率高，容易实现高精度测量，已被成功用来表征材料的表面特性。原理是用脉冲激光激发声表面波，并用外差激光干涉仪接收，通过测得的表面波声速在不同位置上的相对变化来反映材料的残余应力分布。

10.6.1.10　振动检测

机械振动是指工艺系统或系统的某些部分沿直线或者曲线并经过其平衡位置的往复运动。压力容器的振动有强迫振动和自激振动两种。

强迫振动的频率与外界干扰力的频率相同（或是它的整数倍），可采用频率分析方法，对在用设备的振动频率成分逐一进行诊断与判别。按照振动规律的特点，可将振动分为确定性振动和随机振动两大类，其中确定性振动又分为简谐振动、复杂周期振动和准周期振动。工程振动测试的主要参数有：位移、速度、加速度、激振力、振动频率等。各种参数的测量方法按测量过程的物理性质来区分，可以分成3类：

(1) 机械式的测量方法

将设备振动的参量转换成机械信号，再经机械系统放大后，进行测量、记录。常用的仪器有杠杆式测振仪和盖格尔测振仪，能测量的频率较低，精度也较差，但在现场测试时较为简单方便。

(2) 光学式的测量方法

将振动的参量转换为光学信号，经光学系统放大后显示和记录。常用的仪器有读数显微镜和激光测振仪等。目前光学测量方法主要是在实验室内用于振动仪器系统的标定及校准。

(3) 电测方法

将设备振动的参量转换成电信号，经电子线路放大后显示和记录。这是目前应用得最广泛的测量方法。它与机械式和光学式的测量方法比较，有以下几方面的优点：

① 具有较宽的频带；

② 具有较高的灵敏度和分辨率；

③ 具有较大的动态测量范围；

④ 振动传感器小，减小传感器对试验对象的附加影响；

⑤ 可做成非接触式的测量系统，能进行远距离测量；

⑥ 便于对测得的信号进行贮存，以便作进一步分析；

⑦ 适合于多点测量和对信号进行实时分析。

10.6.2 现场理化检验

现场理化检验应尽可能地采用无损或不损害设备结构的微创方法进行表面检测。材质是否劣化和是否符合要求，可根据具体情况，采用化学分析、硬度测定、光谱分析和金相检验等予以确定。

10.6.2.1 现场金相检验

现场金相检验是通过直接在设备上制样，对材料表面的组织、缺陷进行分析的一种现场无损（或微创）金属检验的技术。通常有两种方法：一种是利用现场金相显微镜直接检验设备表面微观形貌；另一种是利用金相复型技术。主要适用于大型、在用设备检验分析。在保证工件的完整性的条件下，可直接在设备上选定检验点，能较真实地反映出材料的组织形貌和裂纹扩展路径，为分析设备的材质和裂纹成因提供直观的依据。在压力容器检测和失效分析中所起的作用主要有以下几个方面：

① 较准确地反映材料表面的组织变化，如材料晶粒是否长大、是否表面渗碳、脱碳、过烧、球化及石墨化程度、表面处理状态、表面裂纹扩展特征等；

② 准确地反映焊缝三区金属的组织形貌和热处理状态；

③ 反映材料的腐蚀特征；

④ 检验材料的冶金质量。

便携式金相显微镜适用于现场的金相检查，特点是：

① 重量轻、形式简单，现场测试方便；

② 适用工件的任意方向作金相组织检查，而不损坏工件的完整性；

③ 放大倍数范围一般为 40～500。

现场金相检验部位须根据失效分析的目的，选择有代表性的部位，采用适当的方法制样和检验。直接观察组织时可用便携式金相显微镜，如需摄影再在显微镜上装上摄影仪或摄影照相机。对于无法用现场观察的部位，利用金相复型技术，制样后采用覆膜的方法将需要观察处用薄膜复制出来，带到实验室观察。

10.6.2.2 金属材料成分现场分析

材料化学成分分析是鉴定材料化学成分和测定各组成部分之间的数量关系的一门科学。在失效分析中材料分析除关注材料的总体成分外，人们经常关注的是样品某一局部（甚至是某一点的）元素组成。压力容器设备品种繁多，用材广泛，所以因选材或用材错误造成的设备早期失效的事故也较多。其设计选材或用材是否恰当，制造工艺是否合理，直接影响到设备的性能。总结材料使用的经验和教训，指导设计和制造单位合理选用金属材料、指导使用单位进行设备管理和对重点设备的监控，在制造时确定设备的材质和焊缝化学成分都离不开化学成分分析。采用便携式金属材料分析仪可以快速、低成本地完成这项工作，这也是建立压力容器材料数据库的有效和快速方法。对于某些重要的压力容器不宜直接在设备上取样，便携式现场金属分析仪就可以方便地定点、定量或半定量地检测出材料表面的化学成分。目前国外先进的现场金属分析仪器可对多种金属进行现场近似定量分析、等级和牌号的鉴别。但现场分析只能对材料的表面进行分析，不能完全真实地反映材料的化学组成，特别是其中的微量元素、杂质的含量等。

随着微电子技术的发展，固体检测组件的使用和高配置计算机的引入，使发射光谱直读仪的全谱技术进入全新的发展阶段。出现了可用于现场分析的小型台式或便携式全谱直读仪。在任何地方都可采用便携式金属分析仪方便快速地对金属材料进行牌号鉴别和材料分选，成分分析的结果达到实验室定量分析水平，检测范围可扩展至有色金属和黑色金属的全部商业牌号。

目前先进的便携式现场金属分析仪采用全功能金属标准样块，测定任何基体只需一块标样，即可进行快速准确测定铁基合金、镍基合金、钴基合金、铜基合金、钛基合金、混杂合金等所有基体的材料。

10.6.2.3 *表面硬度检测*

硬度表示金属材料表面局部对压入塑性变形，划痕，磨损或切削等的抗力，是表征材料性能的一个综合的物理量，是材料的重要力学性能之一。硬度测定是一种简便易行的评价材料强度及性能均匀性的有效手段，用于了解金属材料和零件焊接接头的强度、耐磨性、抗腐蚀性等，监视工艺的正确性、判定产品品质。

里氏硬度计由于其携带方便、操作简单、检测迅速等特点，在工业领域内得到了广泛应用和普及。适应于硬度范围很宽的金属材料检验，特别是大、重型的以及不易拆卸工件、不宜静态硬度测试的现场。但由于采用的是弹跳式测量法，对式样的质量和厚度大小有一定要求，比如小于 5kg 的式样需要固定或者偶合后才能测量，并且测量的误差比较大。

有些情况下，为了保证钢材和焊接接头的抗应力腐蚀性能，规定了允许的最高硬度值。焊缝咬边部位多处于热影响区，此处硬度高，具有产生裂纹的条件，很有必要进行硬度测定。值得注意的是对于有应力腐蚀倾向的设备，不宜在材料表面进行里氏硬度测试。如确有必要测试其表面硬度，应在测试后彻底将测试点冲击痕打磨消除，以免该测试点成为应力腐蚀开裂的裂纹源。

对于有应力腐蚀倾向的容器，建议采用超声波硬度计进行硬度测试，测试后，仍须消除探头产生的压痕。超声波硬度检测特点是：

① 对被测工件表面损伤小、操作简便、稳定性好、测试精度高；

② 特别适合检测金属薄片、金属薄层（包括渗氮层、渗碳层、电镀层）小件、异形件、不可移动的大型工件等；

③ 可手持测头直接对工件进行检测。

目前超声波硬度计执行的主要标准有德国的 DIN 50159.1、ASTM A1038。

10.6.2.4 *在用容器材料中扩散氢测试*

用材料中氢扩散量的测定来综合评价材料的氢损伤状况和设备可能存在的腐蚀行为。由于 H_2S 应力腐蚀开裂（SSCC）实际上是一个氢损伤问题，金属材料在湿 H_2S 介质中发生腐蚀反应时在材料表面生成的活性原子态氢［H］，受到 S^{2-} 等阴极毒化剂的阻碍而难以相互结合成氢分子离开反应表面，使材料表面的［H］浓度大大提高，加速了［H］向材料的内部扩散、溶解。特定材质具有一定的溶氢能力，其内部氢含量表示设备遭受氢损伤的程度。而在材料内部缺陷位置的氢含量或其压力无法用常规无损检测手段来测定，可以用测定钢铁材料扩散氢含量的办法来判定设备的氢损伤程度。

不同的材质和热处理状态决定了氢在材料中的扩散速度（氢扩散系数）是不同的，扩散系数的大小表现了氢扩散到该材料的能力。测定扩散氢的原理是：假设材料内部的扩散氢［H］是均匀分布的，当材料表面某处的［H］被移走时，其附近的［H］就会向该处扩散。采用一种特定的电极使材料表面的扩散氢［H］氧化并进入测量溶液中（电极反应为：

$H \longrightarrow H^{+} + e$)，瞬时的氧化量反映为反应电流作为测量值进行记录，材料内部的 [H] 由于浓度梯度差而向测量表面扩散，由材料的氢扩散系数和某时刻电流值即可计算出材料中的扩散氢浓度。计算公式为：

$$c(\mathrm{H})=\frac{J_t}{nF}\sqrt{\frac{\pi t}{D}} \tag{10-1}$$

式中　$c(H)$——材料中的扩散氢含量，$mol \cdot cm^{-3}Fe$；

t——测量时间，s；

J_t——t 时刻的阳极电流，$A \cdot cm^{-2}$；

D——氢在金属中的扩散系数，$cm^2 \cdot s^{-1}$；

F——法拉第常数，$F=96484.6C \cdot mol^{-1}$，

n——氧化反应的电子数。

扩散氢测定采用灵敏度较高的 Ag/Ag_2O 电极作为氧化反应的能量源，其电位为 0.2V (vs. SCE)，较钢铁电位高。采用计算机进行数据采集和图形记录，能够准确记录即时数据，可保证准确测定扩散氢含量。

10.6.2.5　奥氏体不锈钢堆焊层铁素体含量测定

奥氏体不锈钢堆焊层中的铁素体是直接由液态金属凝固结晶而形成的高温铁素体，并被保留到室温。不锈钢与异种材料焊接或复合层不锈钢焊接接头熔敷金属的铁素体脆化问题是造成不锈钢容器开裂的一个重要因素，因此，对不同用途的不锈钢容器的焊接接头有不同的铁素体含量要求。加氢反应器要求堆焊奥氏体+铁素体双相不锈钢，目的是为了抗晶间腐蚀和连多硫酸腐蚀。但当铁素体含量大于 10%时，双相不锈钢由于焊后热处理或长期在高温条件下使用，发生 δ 铁素体转变为 σ 铁素体，使堆焊层脆化。此外还将产生母材中的碳向堆焊层迁移而形成 $M_{23}C_6$，引起堆焊层脆化。

焊态的焊缝金属和焊后热处理，全部或部分非磁性转变的铁素体、堆焊金属中的铁素体含量按 GB/T 1954 测试，用铁素体数（ferrite number，FN）表示。铁素体数还可采用以磁吸引力导磁率原理的专用铁素体测量仪进行检测。磁性法铁素体测量仪测定结果受测试表面影响的因素较多，各测点的数值波动较大。在实际应用上常出现查图法与金相法差别较大的情况，所以该测试结果一般仅作参考，不能作为仲裁检验方法。

此外，还可以用探针式铁素体测量仪精确测量铁素体量。

10.6.3　实验室分析检测技术

容器失效机理的最终确定和责任判定还要靠实验室进行分析检测、模拟试验等。因此，实验室的检测和试验方法要尽可能地符合相关的标准和法规，如无相应的标准和法规，应采用尽可能成熟的检测方法或按相关协议采用特定的检测方法。材料的理化性能检测内容及方法参见本丛书第二册《压力容器材料及选用》，国外先进标准有 ASTM、NACE、ISO 等。

10.6.3.1　宏观检验

宏观检测指低倍检验，是通过目视或放大镜（20 倍以下）检测金属样品的宏观组织和缺陷。其特点是试样面积大、视域广、操作和设备简便，能较快和较全面地反映样品的品质。可检测出材料中的疏松、气泡、缩孔、非金属夹杂、偏析、白点、裂纹、非正常断口等缺陷，可以观察金属表面的腐蚀形貌，裂纹走向、宏观断口。

焊接接头的宏观检验主要是检查焊接缺陷和焊缝金属的宏观形貌、显示熔合线等，由宏观结构预测其性能，了解焊接工艺的执行情况。

超声波对白点等非体积缺陷有很好的检测效果，且方法简便，并已形成了相应的国家标

准，近年来已用于钢的宏观检验中。

10.6.3.2 金相检验技术

实验室金相检验主要是对压力容器的用材和组织进行鉴别，对材料中的夹杂物和晶粒度、焊接接头的质量进行评价，确认其热处理状态；检查使用后的材料表面腐蚀和组织转化情况，是确认失效机理的关键。金相检验结果通常可以作为仲裁的依据，常用的金相评定方法有：

(1) 金属组织鉴别

组织鉴别是金相检验的最基本内容，不同的检测对象需要用不同的检测标准，按不同的方法取样和制样、浸蚀。基本组织鉴别常用的标准有 GB/T 13299、GB/T 13298、JB/T 9211、GB/T 13302 等。

焊接接头的显微组织受众多因素影响，同一钢种因焊接工艺不同，获得的显微组织差别也很大，一般多为混合组织，在焊接接头的组织鉴别中，要根据各种类型的显微组织形貌特征进行鉴别，必要时，还要使用显微硬度计和电子显微镜进行辅助鉴别。异种钢和复合钢板、堆焊异种钢的显微组织分析关键在于熔合线两侧。

(2) 金属晶粒度测定

金属材料的晶粒度对其力学性能有着重要影响，金属实际晶粒度的测定对失效分析尤为重要，它可以反映出使用时材料的受热状态和受热时间、热处理和热加工工艺的控制、原始组织、合金元素的影响等。不同材料使用不同的晶粒显示方法显示晶粒，根据 GB/T 6394，晶粒度的测定有 3 种基本方法，即比较法、面积法和截点法，可根据试样的不同选用。

(3) 非金属夹杂物评定

对夹杂物的评定是材料质量评定的一个重要方面，非金属夹杂物分为脆性夹杂物（氧化物和脆性硅酸盐）和塑性夹杂物（硫化物和塑性硅酸盐），评定按 GB/T 10561、ASTM E45，并参照 I-JK 标准评级图进行。标准中将夹杂物分为 4 个基本类型，每类夹杂物又按厚度或直径分为粗系和细系 2 个系列，每个系列由表示夹杂物含量递增的 5 级图片组成，评定时在 90～100 倍显微镜下进行，以最差的视场作为评定等级的依据，0.5 级起评。仲裁时，放大 100 倍，在视场直径为 80mm 下进行评级。

(4) 金属表面脱碳层和增碳层测定

脱碳层和增碳层是钢材的表面缺陷，对材料的性能有很大的影响。脱碳是钢在高温条件下使用或加工时，钢材内部的碳向表层扩散与钢材表面的铁等金属被空气或工艺气（包括氢腐蚀）氧化，当碳的扩散速度大于金属的氧化速度时就发生脱碳现象，全脱碳层组织全部为铁素体，半（部分）脱碳层组织是与心部组织有差异的区域。脱碳层的深度按 GB/T 224 测量。标准中规定可以采用金相法、硬度法和化学（光谱）法 3 种方法，金相法是在显微镜下观察样品从表面到中心随含碳量的变化而产生的组织变化来确定脱碳层的厚度，显微组织测定法为仲裁方法；硬度法是测量样品横截面上沿垂直于表面方向上的硬度梯度；化学和光谱法是通过逐层剥（磨）样品表面，测定表层含碳量变化的深度来测定脱碳层深度。

增碳层是材料在高温渗碳环境下使用时，材料表面发生渗碳反应，表面因大量渗碳而脆化。通过金相法也可检测其厚度。

(5) 石墨化和球化检验

检验方法按照 GB/T 13298 和 DL/T 786、DL/T 674、DL/T 773、DL/T 787 进行，在同一检查面选择不少于 3 个视场，在放大 250 或 500 倍下，与标准评级图对照评级，石墨化程度分为 4 级，球化级别分为 5 级。必要时，可取样进行力学性能测试。

(6) 铁素体测定

不锈钢母材中的铁素体按 GB/T 13305 进行。铬镍奥氏体不锈钢焊缝和堆焊层铁素体含量的测定按GB/T 1954，标准中规定用割线法和磁性法测量焊缝或熔敷金属中的一次铁素体（δ铁素体）的百分含量，测量铁素体过程中如发现铁素体分布很不均匀，则应在测量结果中分别给出平均值、最高值和最低值及其部位。

（7）腐蚀和裂纹特征的确定

要确定裂纹的扩展特征，一般都要通过金相制样，在显微镜下观察裂纹的起源、扩展途径，以确定裂纹的产生和扩展路径，这是定性判定断裂性质的重要依据。

10.6.3.3 电子显微镜技术

受可见光波长和人眼分辨力的限制，光学显微镜的最大放大倍数约为1000倍，分辨力约200nm，景深20～0.2μm。所以光学显微镜不能观察断口和组织的精细结构，断口微观形貌的高倍分析主要是依靠电子显微镜来完成。在断口微观上有能反映断裂过程即其机理的特征，通过对这些特征的分析，能够了解断裂过程、断裂原因和机理等信息，如裂纹源、断裂性质、断口形貌、杂质对断裂的影响等。透射电镜受断口试样复型技术和观察范围的限制，使用较少。目前一般采用扫描电镜来分析断口形貌，其分辨力可达100～300Å，由于是直接观察试样断口，所以必须将试样加工成适当的有限尺寸。

通过扫描电镜还可以观察金属表面的腐蚀形貌和腐蚀产物形貌，由此确定腐蚀的性质。

10.6.3.4 硬度测定

硬度测定在工程上广泛用于检验原材料和热处理质量、鉴定热处理工艺、焊接工艺，成为评定工艺性能的手段。硬度检测的依据是容器图样、技术要求、工艺文件和相关标准或协议。在条件允许时，根据受检工件和表面状况优先选用布氏、洛氏、维氏硬度试验方法，特殊情况下可以采用里氏、超声、锤击、锉刀、显微等硬度。各种硬度计的使用应符合国家标准，并经计量检定部门的定期检定。

硬度试验设备简单，操作方便，可以不破坏零部件或构件直接进行测定。硬度与静强度指标存在一定的关系，必要时进行换算，在试样小或者不便取样进行力学性能试验时，利用硬度试验就能得到有价值的参考数据。

硬度试验可分为压入法和刻划法。在压入法中根据加载的速度不同又分为静载荷压入法和动载荷压入法。静载荷压入法硬度试验有布氏硬度试验、洛氏硬度试验、维氏硬度试验、显微硬度试验，这些硬度试验多用于实验室，需要将试样加工的合适的尺寸。动载荷压入法硬度试验有肖氏硬度试验、里氏硬度试验，这两种试验主要用于在用设备和大型零部件的硬度检验中。各种硬度试验原理不同，在不同的方法中物理量意义不同，所得出的结果也不同，因此不同的试验方法所得的硬度值没有简单准确的换算关系，现在使用的换算公式和对照表是根据同类金属材料在不同状态下和一定硬度范围内进行比较试验之后所得到的大量数据经分析比较，归纳后得到的经验关系，它们有着一定的实用价值，但在要求用准确数据进行精确计算时不能采用。各种硬度值的换算按GB/T 1172进行，布氏硬度与里氏硬度（HLG）按JJG 747标准换算。

硬度测定时要求受检部位具有代表性，保证所用硬度计能方便准确地测量，并注意区分表面硬度和基体硬度。不同热处理状态的材料表面硬度测量方法可参考JB/T 6050。

材料微区和焊接接头的硬度梯度测量宜选用显微硬度。显微硬度（Hm）是金相分析中常用的手段之一，是指用小载荷把硬度测试范围（相或结构）缩小到显微尺度内，根据测量压头的几何形状可分为维氏显微硬度（HV）（GB/T 4340.1）和努氏显微硬度（HK）（GB/T 18449），单位均为$N\cdot mm^{-2}$。HK较HV的压痕浅，更适用于薄层和过渡层硬度。焊接接头显微硬度按GB/T 27552测量。显微硬度计有专门的显微硬度计和在金相显微镜上附加的显微硬度计。

10.6.3.5 金属化学成分分析

对于金属材料来说，合金元素的含量决定着材料的主要力学和化学性能，但某些微量的有害元素（如 Se、Sn、Bi、Pb 等）超过一定限量时，会使钢材的脆性增大，易发生断裂或降低抗腐蚀能力等。另外，磷、硫在钢中含量过高，也会造成冷脆或热脆。总结材料使用的经验教训，确定设备的失效原因，仲裁材料的化学成分同样也离不开实验室化学分析。

金属在实验室的化学成分分析是在设备上进行机械取样后，用容量分析或仪器分析法对材料的平均化学成分进行分析，或用电子探针对材料断面微区进行成分分析。

材料的化学成分分析一般都需要用标准物质绘制工作曲线，分析时，应取 3 个平行试样同时进行分析，不同材料组分的容量分析，需要按不同的分析标准方法进行。奥氏体不锈钢堆焊层和焊缝中的铁素体含量也可用容量分析法测出各个元素的含量，再根据赛弗勒图(Schaeffler diagram)，求出铁素体含量。需要注意的是元素化学分析法不能区分 δ 铁素体和 σ 铁素体。

现代光学分析法是以物质的光学光谱（指波长为 100Å～1000μm 的电磁辐射）性质为基础的分析方法。X 射线荧光光谱仪采用了半导体检测器和能量色散技术就能同时测定几十种元素，灵敏度达 $10^{-12}g/cm^3$。X 射线激光器的使用可使人们通过全息 X 射线照相直接看到晶体结构中原子的空间排布。将赛曼效应应用于原子吸收光谱能消除主体背景的干扰，使样品不经分离就可直接进行分析测定。此外，分子束、离子探针、电子探针等作微区、薄层、价态的分析研究方法也都得到广泛应用。

计算机和分析仪器的联机使用，不但可提高分析仪器的自动化水平，而且可进行波形分解，基线校准，背景扣除，提高信噪比以及数据处理、显示分析结果等，并提高了分析的灵敏度和准确度。由于计算机的应用，使 X 射线荧光光谱、发射光谱、原子吸收光谱、ICP-AES 等分析仪器每批可分析 30～40 个样品，而且可同时测定几十个不同元素含量。

现代分析仪器已经发展到从宏观到微观、从总体到微区、表面和薄层，从表观到内部结构，从静止状态到运动状态（追踪观察动力学的反应过程）等进行分析，并向自动、快速、灵敏、简便、适应性强等方向不断发展。

在材料化学成分分析中，各种元素和组分的分析方法很多，应根据材料的性质、元素的含量范围、干扰组分、共存组分的影响、要求精度速度、设备条件等情况来选择合适的分析方法，失效分析中要重点关注微量杂质组分的含量。分析材料的成分、价态和形貌、相态需要原位、在线统计分析，而在压力容器的生产质量控制中，也经常涉及原位、在线分析。因此，原位、在线近年来也成为分析仪器发展的一个重要方向。

10.6.3.6 介质、沉积物和腐蚀产物、表面膜成分分析

介质、沉积物和腐蚀产物的成分是确定腐蚀机理的重要依据。介质的主要成分一般是已知的，所以介质分析项目主要是测定介质中杂质含量和 pH 值。分析沉积物和腐蚀产物时除测定其中各元素的含量外，还要测定元素的价态和阴离子团、有机物官能团。根据不同的分析对象和所含的杂质，可选择不同的分析方法。一般情况下，选用色谱仪和质谱仪可以快速准确地分析介质，pH 值可用试纸或 pH 计进行测定，表面膜和腐蚀产物、附着物可用能谱法进行定量或半定量分析。

(1) pH 值测试

溶液的pH 值一般可以用比色法（试纸）测定，但准确度较低。如果要求准确度较高时，应采用电位测定法（pH 计）测定。微区介质的 pH 值需要在实验室用冷冻法测量。

(2) 化学和电化学分析法

① 质量分析　根据化学反应生成物的质量来确定被测成分含量，它不需要标准物质或

标准试样进行比较，相对误差约0.1%～0.2%，对微量和痕量元素的分析，测量误差较大。

电解分析是质量分析的另一种形式，是在直流电的作用下，电极和溶液的界面上发生电极反应，引起溶液中发生氧化还原反应。特点是选择性好，可对有色金属等元素进行精密定量分析，可以分别测定数种离子。常用的电解法有普通电解分析法和控制阴极电位电解法。

库仑分析法是在电解分析的基础上发展起来的一种电化学分析法。该法是通过测量待测物质定量地进行某一电极反应，或者它与某一电极反应产物定量地进行化学反应所消耗的电量来进行定量分析。它需用纯物质作定量标样，适应于含氮、硫、卤素等化合物的测定，特点是灵敏度高、准确性好、适于微量分析。

② 滴定分析　滴定分析是常量分析中广泛采用的一种分析方法，一般常用的有酸碱滴定法、氧化还原滴定法、沉淀滴定法、络合滴定法和电位滴定法。特点是操作简便、相对误差小（约为0.1%）、可测定许多无机物或部分有机物。

③ 电导分析　是以测量溶液的电导值为基础的定量分析法。适用于稀溶液和反应不完全的体系和中和反应、氧化还原反应、沉淀反应等能引起离子数目有较大变化的元素。可测定水中溶解氧，大气中SO_2、CO、CO_2等微量气体。其设备简单，但精确度取决于滴定过程中电导变化的程度。

④ 极谱分析　极谱分析是电化学的一个分支，极谱是极化曲线（即极谱图）的简称。电解池内采用滴汞电极进行电解，通过对极化曲线的测量和分析，可求得试液中相应离子的浓度，具有灵敏度高、分析速度快、在同一试液中能同时测定几种元素的特点。无机极谱分析主要用于测定微量金属杂质元素，有机极谱法能在电极上测定氧化或还原反应的有机物。

（3）光学分析法

① 分子吸收光谱法　分子吸收光谱通常指可见和紫外吸收光谱、红外吸收光谱和微波谱3种。常用来研究有机物质。

② 吸收亮度分析法　比色法和分光亮度法统称为吸收亮度法，是通过测量溶液中物质对光的吸收特性而建立起来的分析方法。可根据吸收曲线（光谱图）上吸收峰的数目、形状、波长位置进行定性分析。在特定波长下测量吸亮度可对物质进行定量分析。特点是灵敏度高、精确度高、选择性好、简便快速。

③ 红外吸收光谱分析法（红外吸收分光亮度分析法）　红外吸收光谱分析法是根据物质对红外线的吸收特性而建立起来的分析法。特点是对结构复杂的有机化合物可以很准确和方便地测定出其定性组成和结构。无论样品的形态怎样，不需要进行化学处理即可进行红外吸收光谱分析。但整体设备比较复杂，操作技术性较强，需要有大量的标准谱图资料或标准样品来进行比照。

④ 发射光谱分析法　发射光谱分析是根据试样物质中不同原子处于激发态时，能级跃迁所产生的不同光谱来测定物质的化学组成。可作金属或腐蚀产物、沉积物中多元素的测定。特点是操作简单、分析速度快、绝对灵敏度高（可达10^{-8}～10^{-9}g）、选择性好。

⑤ 火焰发射光谱分析法（火焰亮度法）　即以火焰为光源的发射光谱分析法。适用于较易激发的碱金属及碱土金属元素的测定，用于肥料、焊剂等材料中K、Na、Ca、Mg等元素的分析。

⑥ 原子吸收光谱分析法（原子吸收分光亮度法）　是一种很好的定量分析法，能测定几乎全部金属和一些半金属元素。特点是选择性好、灵敏度高（火焰法时最高可达10^{-10}g，非火焰法时最低可达10^{-14}g，相对误差为0.1%～0.5%）。

⑦ 浊度分析法　是利用测量光照射在悬浮液上时透射光或散射光的强度，来测定被测物的浓度。可分为比浊法和散射浊度法。常用于SO_4^{2-}、Ba^{2+}、Sr^{2+}以及Ag^{+}、Cl^{-}等的测定。

(4) 能谱分析

① X 射线分析法　基于 X 射线对原子内层的电子间的作用而建立起来的分析方法，统称 X 射线分析法。包括 X 射线吸收光谱法（X 射线电子能谱）、X 射线荧光光谱法、X 射线衍射法、X 射线发射法以及俄歇（Auger）电子能谱等。

X 射线荧光光谱法是基于二次 X 射线而建立的分析方法，可用于原子序数大于 11 的所有元素的定性和定量分析。被测元素含量可在 $0.0x\%$～90%，绝对灵敏度为 10^{-6}g，相对灵敏度为 $10^{-4}\%$～$10^{-5}\%$。特点是选择性好，速度快，但仪器价格昂贵。

俄歇电子能谱法是基于 X 射线的二次电子发射现象建立的分析方法，可用于 H、He 以外所有元素的定性和定量分析。灵敏度高、可测 10^{10} 个原子/cm^2。特别适用于表面分析、薄层分析、状态分析以及表面化学理论研究等。

② 荧光分析法和原子荧光光谱法　荧光分析是指基于分子吸收能量后产生的荧光现象，基于原子吸收能量后而产生荧光的现象称为原子荧光。除用于能产生荧光的有机化合物的定量分析外，也可用类似显色的方法，使待测离子与适当的有机试剂形成具有荧旋光性质的络合物，再作荧光测定，可用于几十种元素的定性和定量分析。特点是灵敏度高、选择性好、检出极限在 10^{-9} 级之间。

③ 质谱分析法　质谱法是根据利用物质具有不同质荷比，确定离子的种类和相对含量。特点是可分析气态、液态和固态物元素、同位素、基团或化合物等。绝对灵敏度为 10^{-10}～10^{-13}g，相对灵敏度 $10^{-4}\%$～$10^{-8}\%$，特别适用于微量、超微量、微区、薄层等分析。

④ 激光拉曼光谱法　是基于用激光作光源的拉曼散射而建立起来的分析方法，可进行有机化合物和无机物晶体结构、纯金属表面分析等，只需 10^{-7} mL 液体或 1μg 左右固体或 10^{11} 个气体分子即可进行测定，并可用于“遥测”。

⑤ 核磁共振波谱法　简称核磁共振，用于测定有机物的结构和无机化合物的状态。

(5) 色谱分析法

色谱法又称色层法、层析法、层离法。按分析方法不同分为气相色谱和液相色谱。它可以把不同组成的混合物按成分分离开来，并进行定性和定量分析。特点是分离效率高，可分离混合物中几百个组分，能检测出 10^{-12}g 以下的物质。

10.6.3.7　*材料力学和工艺性能测试*

制造压力容器的原材料及制造过程中的焊接工艺、材料是否因使用原因造成力学性能劣化等都必须按相应的标准规定进行力学性能检验。拉伸试验、冲击试验和弯曲试验等是常用的材料力学性能检验方法。

(1) 室温拉伸试验

拉伸试验（静载荷试验）是力学性能检验中最常用的方法之一。依据拉伸曲线图，可以将试样受拉过程中的变化分为弹性变形、塑性变形及断裂 3 个阶段。能可靠地反映材料在受力时经历弹性变形、塑性变形、断裂 3 个过程的特性。

在失效分析中检测材料在塑性变形阶段的力学性能是重要的，其主要参数是屈服强度（屈服极限）和抗拉强度。工程上的应用，一般取下屈服点（R_{eL}）为屈服强度。无明显屈服现象的材料，取其 $R_{p0.2}$ 或 $R_{p1.0}$ 为屈服强度。抗拉强度（强度极限 R_m）是表示材料在拉伸条件下所能承受的最大载荷的应力值。

拉伸试验的最终结果是断裂，在断裂时的主要力学性能指标是断裂强度 σ_k。σ_k 是试样拉断时的真实应力，表示材料对断裂的抗力，在材料断裂分析中有重要意义。塑性差的材料由于塑性变形很小，在这种情况下，抗拉强度 R_m 表示材料断裂抗力。

伸长率 A 和断面收缩率 Z 是拉伸试验测得的材料塑性指标，用百分数表示。这两个指标是由试样的均匀塑性变形和局部塑性变形两部分组成，所以在试样拉断后才能够获得。

力学性能试验的取样部位、试样制作及试验方法等执行GB/T 2975、GB/T 2651、GB/T 228和协议文件。

（2）高温短时拉伸试验

测定金属材料在高温时的强度和塑性指标，与常温拉伸试验相比，增加了一个温度参数，试验按GB/T 4338进行。

（3）冲击试验

用于测定材料的韧性，是重要的力学性能指标。材料的韧性除取决于材料本身的内在因素外，还与外界条件如加载速度、应力状态及温度等有很大关系。为了提高试验的敏感性，通常采用带缺口的试样，使材料处在半脆性状态下（韧-脆过渡区）进行试验。

冲击试验对材料组织缺陷非常敏感，通过测定冲击韧性和观察断口，可评价材料的冶金缺陷、氢脆和其他腐蚀造成的脆化；检验热加工质量，如锻造和热处理所产生过热、过烧、白点、回火脆性、淬火及锻造裂纹等缺陷。采用系列冲击的方法可以评定材料的脆性转变趋势。应变时效敏感性可用金属材料时效前、后的冲击吸收功平均值之差与时效前的平均值之比的百分数表示。

冲击试验的方法很多，我国现行的冲击试验标准GB/T 229采用夏比冲击试验方法，冲击韧性指标用冲击吸收功A表示。当试样的缺口形状为"V"型或"U"型时，分别记为A_{KV}或A_{KU}。应变时效冲击按GB/T 4160执行。

（4）弯曲试验

金属弯曲试验是一种工艺性能试验方法。可以灵敏地反映材料的表面工艺质量及缺陷情况。试样截取和制作，按GB/T 2975和GB/T 232执行。试验结果按GB/T 232的规定评定为完好、微裂纹、裂纹、裂缝和断裂。

（5）金属管扩口试验

为了确定金属管在产品制造中遇到的胀形及扩口工艺中的塑性变形性能，通常用管子的扩口试验来判断。试验方法按GB/T 242标准执行，结果为试样被扩处无目视可见的裂纹为合格。

（6）金属管压扁试验

检验在给定条件下，金属管的极限塑性变形能力。试验方法按GB/T 246标准进行。试样应在外观合格位置截取，试验后试样弯曲处无目视可见的裂纹、开裂等现象即为合格。

（7）焊接接头的力学性能试验

① 焊接接头样坯的制备　焊接接头力学性能试验样坯需从工艺评定试板上按规定截取，对于失效的设备应直接从失效部位上截取。无论如何截取试样都应考虑去除加工硬化和热影响区，试板尺寸应满足试验所需的试样类别和数量的要求，并留有一定的舍弃量。进行外观检查和无损检测后在合格的部位上截取试样。

② 拉伸试验　焊接接头由焊缝金属、熔合线和热影响区3部分组成。拉伸试验的目的是考核接头的抗拉强度R_m，所以采用的试样不同于GB/T 228.1标准的比例试样。试样要求表面焊缝的余高用机械加工方法去除，使之与母材齐平。有错边时，可加工至与较低一侧的母材齐平。试样在受试长度内，不应有横向刀痕和划痕，棱角应倒圆，圆角半径不小于1mm。对有复合层的材料，当复层计人设计厚度时，试样应包括基层和复层。不计入设计厚度时，试样可去除复层后制取。

拉伸试验按GB/T 2651进行。抗拉强度R_m合格的标准是：a. 不低于产品设计的规定值。b. 焊缝两侧的母材为同种钢号时，不低于该钢号标准规定值的下限。若为两种钢号时，不低于两钢号标准规定值下限的较小者。c. 采用多片试样试验时，抗拉强度为该组试样的平均值，其平均值应符合上述要求。如断在焊缝或熔合线外的母材上，该组单片试样的最低值不得低于钢号标准规定值下限的95%（碳素钢）或97%（低合金钢和高合金钢）。

③ 冲击试验　采用夏比冲击试验，用“V”型缺口试样。试样应在垂直于焊缝方向截取，试样缺口的轴线应垂直于试板表面。焊缝金属的试样缺口位于焊缝中央。熔合线的试样缺口轴线位于试样轴线与熔合线的交点处。热影响区试样的缺口轴线位于试样轴线与熔合线交点一定距离的位置，且尽可能多地通过热影响区。根据材料的抗拉强度和板厚、使用或失效情况确定截取试样的部位，按相关标准评定试验结果。

④ 弯曲试验　焊接接头的弯曲有面弯、背弯和侧弯三种形式。当试板厚度＜20mm时，采用面弯和背弯试样。当试板厚度为10～20mm时，可以采用两个侧弯代替面弯和背弯。弯曲试验按GB/T 232的有关规定进行。试样的焊缝和热影响区应包括在弯曲变形范围内，弯曲试样的焊缝中心应对准弯心的轴线。试样按要求弯曲到规定的角度后，其受拉面上沿任何方向不得有单条长度大于3mm的裂纹或缺陷。试样的棱角开裂一般不计，但确因夹渣或其他焊接缺陷引起的棱角开裂的长度应计入。

10.6.3.8　*材料中的扩散氢测定*

压力容器在临氢环境、腐蚀环境等充氢介质中使用后，金属中都可能充氢。容器在焊接制造过程中，熔敷金属也可能含有扩散氢。制造过程熔敷金属中的扩散氢按GB/T 3965测定，在用设备材料也可以取样后按GB/T 3965测定，需要注意的是，在用设备的取样，应避免取样部位受热温度超过40℃，并应尽快进行测定。

GB/T 3965—1995规定了用甘油置换法、气相色谱法及水银置换法测定熔敷金属中扩散氢含量的方法。当用甘油置换法测定的熔敷金属中的扩散氢含量小于$2mL \cdot 100g^{-1}$时，必须使用气相色谱法测定。并规定标准中甘油置换法、气相色谱法适用于手工电弧焊、埋弧焊及气体保护焊。水银置换法只用于手工电弧焊。

GB/T 3965—2012遵照与焊材标准国际化的制修订原则，修改采用ISO 3690焊接及相关方法——电弧焊焊缝金属中氢含量的测定，主要技术内容与国际标准一致，内容作了较大修改，引入了热导法的概念，即通过热导率来测定扩散氢的方法。本次标准修订将ISO 3690的水银法和热导法作为焊缝中扩散氢含量的基本测定方法，与原国标相比，删除了甘油法，增大了原国标中水银法的试样尺寸，设为B型和C型；增加了热载气提取法（较高温度下短时完成释放并同步测定），与原气相色谱法（先收集较长时间、然后进行测定的集氢法）统称为热导法，针对热导法增加了A型加大尺寸的试块。这一重大改变拓展了集气形式和收集规范，符合国际上环保和快捷的测定趋势。较大尺寸的试块能适应较大的热输入，更适用于埋弧焊材和大规格实心、药芯焊丝等的测定，使得修订后的标准更能满足目前多种类低氢、超低氢焊接材料研发、生产和应用的检测需求。

10.6.3.9　*痕迹分析*

痕迹是由于力学、化学、热学、电学等环境因素单独或协同作用，在失效构件表面上留下了的某些标记。对痕迹进行分析，研究痕迹的形成机理、过程和影响因素，可为失效分析提供直接或间接的证据，对失效原因分析起着重大作用。

(1) 痕迹类型

① 机械接触痕迹　包括压入、撞击、滑动、滚压、微动等的单独作用或联合作用的痕迹；痕迹特点：极不均匀的塑性变形，材料转移，断裂等。

② 腐蚀痕迹　包括材料表面腐蚀形貌、腐蚀产物或垢物分布和形貌、颜色的变化、鼓包和开裂等。

③ 电侵蚀痕迹　由于电能的作用，在与电接触或放电的构件部位留下的痕迹。

④ 热损伤痕迹　金属表面层局部过热、过烧、熔化、烧穿、表面防护层的烧焦等。

⑤ 其他痕迹 非正常加工痕迹如刀痕、划痕、烧伤、变形约束等，外来污染物附着在构件上而留下的痕迹等。

(2) 痕迹分析步骤及原则

痕迹分析可以用前述的各种检查、检测方法，其主要步骤为：

① 寻找、发现和显现痕迹；

② 痕迹的提取、固定、显现、清洗、记录和保存；

③ 鉴定痕迹。

分析原则为：由表及里，由简到繁；由宏观到微观，由定性到定量。

分析顺序为：形貌→成分→组织结构→性能。

10.6.3.10 腐蚀试验

腐蚀试验包括化学腐蚀和电化学腐蚀试验，按实验目的可分为两大类：一类是为了客观地了解材料的性能而对各种金属材料在不同介质中的耐蚀和化学、电化学性能试验进行的评价，由此可以掌握各种腐蚀过程的发生原因和动力学规律；另一类为了解决面临的具体技术问题和工程问题而进行的腐蚀试验，如为了发展新的耐蚀合金材料、改进和探索新的防护技术而进行的腐蚀试验，为了分析判断生产实践中发生某一腐蚀破坏事故的原因及寻找防止同类事故继续发生的办法而进行的腐蚀试验。

因影响腐蚀的因素众多，对于压力容器的失效分析，在进行腐蚀实验时，应尽可能进行确定条件下的模拟腐蚀试验，腐蚀试验的主要目的是验证设备用材的耐蚀特性和研究腐蚀机理。在确定各种因素对腐蚀的影响时，应按正交试验或均匀试验方法来安排试验，以尽可能地减少试验数量。腐蚀试验一般须经过下列5个主要步骤：

(1) 确定实验的具体目标和实验内容

如果实验的具体目标是研究某个或某些因素的影响，在设计实验时就应考虑尽可能采用均衡的实验安排和相应的数据处理方法。

(2) 收集有关资料和确定实验标准

以便估计实验中可能出现的情况和与同类或有关的实验结果对照分析，更好地了解实验数据中包含的信息和制定试验的控制因素。要判定压力容器的失效责任，按照相关标准或协议进行腐蚀试验是必要的。但对于腐蚀机理的研究则应采用综合的试验和测试手段，而不局限于标准和协议的约束。

(3) 进行实验和记录

实验结果应包括实验数据和实验中观察到的现象的定性记录和描述，这是实验工作中的关键步骤。实验数据是通过测量取得的物理量，测得的实验数据是否准确可靠，是整个实验工作中最重要的问题。

(4) 数据的分析处理

在许多情况下，必须对实验数据进行分析处理。特别是在压力容器失效分析中，影响实验结果的因素往往很多，实验过程又往往不能控制所有因素的变化情况。因而，一般说来，实验结果可能分散性比较大，需要应用统计分析方法对实验数据进行分析处理，以便从分散性较大的实验数据中分清和判断各种因素的影响。从处理实验数据所用的统计分析方法来看，腐蚀试验的数据大致可以分成两大类：一类是可以用重复试验所得到的平均值数值范围来表示的实验数据，这一类实验数据的偶然误差或实验数据出现的概率服从正态分布；另一类是不能简单地用平均值来表示重复试验结果的实验数据，因为这类实验的重复试验结果是不属于正态分布的变量，有时，两次重复试验的结果差别可以很大，不能从重复试验的平均值获得有用的信息。例如，在设备发生点蚀和应力腐蚀的情况下，决定设备使用寿命的是最深的腐蚀孔和扩展最快的裂纹。这一类数据，不能用一般以正态分布为基础的统计分析方法处理，而需要针对具体问题采用特殊的统计分析方法。

(5) 讨论和结论

根据试验结果，进一步讨论分析产生有关现象的原因和实验数据所反映的客观规律，从而归纳成相应的结论。

10.6.3.11 实验数据误差和测量不确定度

概率论、线性代数和积分变换是误差理论的数学基础，实验标准差是分析误差的基本手段，也是不确定度理论的基础。因此从本质上说不确定度理论是在误差理论基础上发展起来的，其基本分析和计算方法是共同的，但在概念上存在比较大的差异。测量误差是表明测量结果偏离真值的差值；测量不确定度则表明赋予被测量之值的分散性，是通过对测量过程的分析和评定得出的一个区间。

部分材料的力学、化学成分和腐蚀试验方法标准给出了试验结果的不确定度，在失效分析的仲裁检验中应特别注意。

(1) 实验误差

按照引起误差的原因分类，实验数据的误差有过失误差、系统误差、计算误差和偶然误差4类。

① 过失误差（也叫做疏忽误差） 是由于实验者的疏忽引起的。发生这种误差后，往往会使实验数据或数据处理后的结果出现异常，这时，实验者应该查找原因。若经过仔细检查仍不能确定导致这个数值异常的原因，则这个异常的实验数据，可能是过失误差造成的，可以舍去。但对于同一批重复试验的数据，这个方法只允许使用一次。此外，在舍弃原因不明的异常数据时，要警惕被舍弃掉的原因不明的异常数据，可能并非是由于过失误差，而是反映了某些重要的信息。由于剔除了这样的异常数据，也就失去了追溯和发现这些信息的机会。

② 系统误差 特点是带有系统性和方向性，使所有重复试验的数据都偏离一定范围的数值。引起系统误差的主要原因有测量仪器的指示值本身存在着误差、实验者读数方法不正确、不完善的实验技术等。

③ 计算误差 是由计算过程本身引入的误差。

④ 偶然误差 是由于偶然因素引起的测量数据的误差。偶然因素是指实验者在进行该项实验的具体条件下不能加以严格控制的因素，如：各次实验所用试样之间的微观差异，实验的条件的随机起伏，由于测量仪器的灵敏度的限制而使测量读数具有不确定的偏差等。改进实验技术，尽可能严格控制实验条件，采用更加精密的仪器来进行测量，可以使偶然误差减小，但不能完全消除。在有些实验中，特别是一些现场试验中，实验条件的控制受到限制，偶然因素的影响就更大。为了从偶然误差的干扰下取出有用的信息，就需要对实验数据进行统计分析。

(2) 测量不确定度

用对观测列的统计分析进行评定得出的标准不确定度称为A类标准不确定度，用不同于对观测列的统计分析来评定的标准不确定度称为B类标准不确定度。A类不确定度是由一组观测得到的频率分布导出的概率密度函数得出；B类不确定度则是基于对一个事件发生的信任程度。它们都基于概率分布，并都用方差或标准差表征。将不确定度分为“A”类与“B”类，仅为讨论方便，并不意味着两类评定之间存在本质上的区别，两类不确定度不存在哪一类较为可靠的问题。一般来说，A类比B类较为客观，并具有统计学上的严格性。测量的独立性、是否处于统计控制状态和测量次数决定A类不确定度的可靠性。

“A”、“B”两类不确定度与“随机误差”和“系统误差”的分类之间不存在简单的对应关系。“随机”与“系统”表示误差的两种不同的性质，“A”类与“B”类表示不确定度的两种不同的评定方法。随机误差与系统误差的合成是没有确定的原则可遵循的，造成对实验结果处理时的差异和混乱。而 A 类不确定度与 B 类不确定度在合成时均采用标准不确定度，这也是不确定度理论的进步之一。

10.6.3.12 失效原因综合分析

压力容器的失效原因往往是多方面的，在综合分析上应按照“经常出现的问题要从规律上找原因，反复发生的问题要从制度上找原因”的原则，确定造成失效的主要和次要原因，认定失效的责任。

失效原因的多样性和相关性在于失效发生都是由若干环节事件（即原因组合）相继发生造成的，并且，各因素还存在可变性，有的因素在失效全过程或某一进程中发挥不同程度的作用，有的因素在失效全过程中始终存在或随机出现或不连续的存在，各因素之间可能还有交互作用。在责任认定中应紧扣标准、法规和相关协议，但在失效机理分析上应摆脱标准和法规的约束，以事实为依据，从科学、技术的角度作出客观、公正的分析，为将来标准、法规的完善和设备的改进、失效的避免提供可靠的依据。

10.7 压力容器失效分析步骤

失效分析一般是先判断失效类型，后查找失效原因，失效过程的起始状态应作为分析重点。首先应通过现场调查了解设备失效的经过和运行情况，再进行技术检验和鉴定，最后作出综合分析，确定失效原因。失效分析的主要步骤有：

① 保护失效现场；

② 现场调查；

③ 制定失效分析计划；

④ 执行失效分析计划；

⑤ 综合评定分析结果；

⑥ 研究维修和预防措施；

⑦ 完成失效分析报告；

⑧ 反馈系统。

失效分析工作流程见图 10-10。

(1) 保护失效现场

在失效分析人员到达现场之前，用户须根据设备类型及其失效发生范围确定保护现场，尽可能维持原状或将失效的样品收集后，在失效分析技术人员的指导下妥善保管。立即将操作、运行记录备份，防止数据丢失。保证失效现场的真实性是失效分析得以顺利有效地进行的先决条件。

(2) 现场调查和取样

① 收集有关背景材料：包括国内外其他企业相同或类似设备的使用和失效资料、有关的标准、法规、及其他参考文献。

② 立即调查设备的运行记录和历次检验、维修记录，检查安全阀、压力、温度、液位等测量仪表。对容器设计、制造情况进行调查和分析。

③ 失效过程的调查，包括对操作人员的询问，掌握失效发生前的运行情况。

④ 检查容器本体的破裂或泄漏情况，碎片形状和分布，现场一切可疑的杂物和痕迹。

⑤ 调查操作介质、操作条件变化情况，必要时，应了解工艺流程和生产原料的来源，重点调查最后一次开罐检查后的所有操作记录、原料变化情况（包括产地、批次）、产品质量的变化情况。

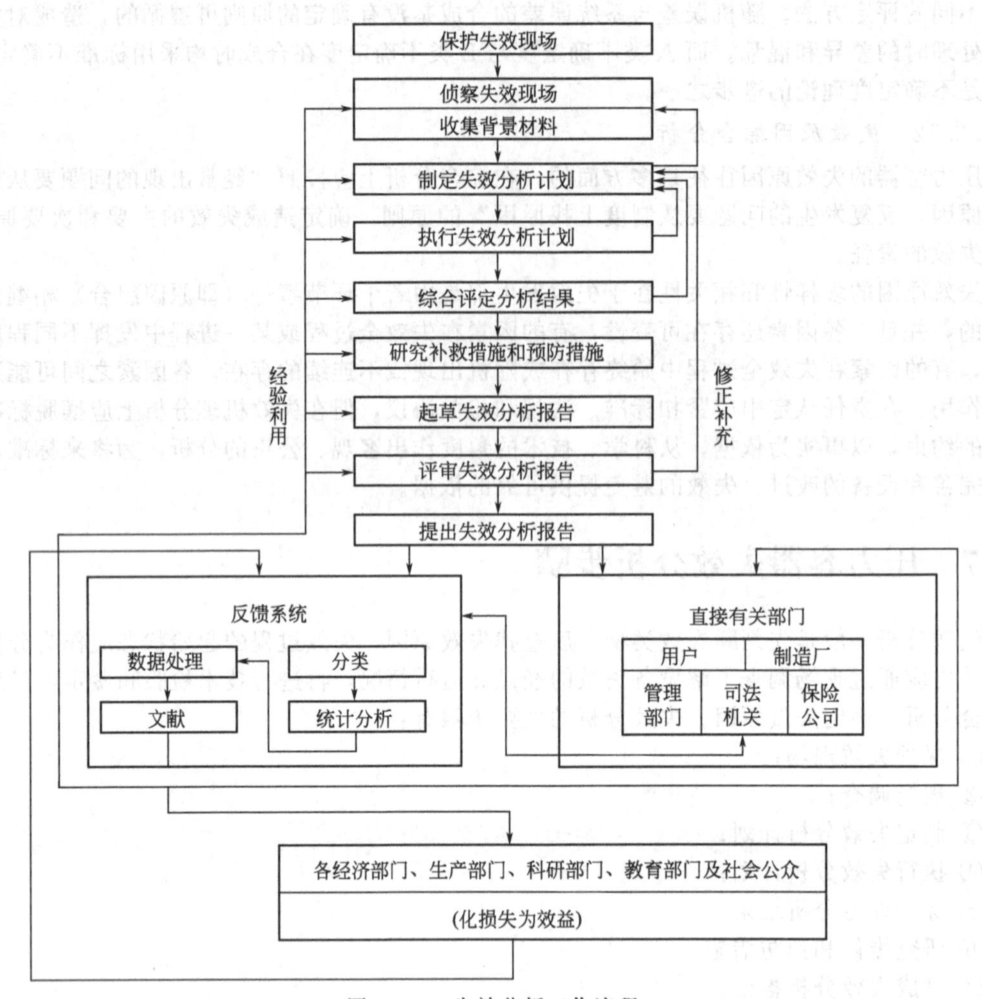

图 10-10　失效分析工作流程

⑥ 取样，取样位置应准确，取样量要留有余地。对于爆炸失效的容器，应尽可能回收所有残片，在现场根据残片宏观断口形貌和拼图分析确定率先失效部位，确定取样位置。对于开裂或穿孔的容器，如容器还要恢复使用，取样时须考虑既要满足失效分析的需要，又要尽可能减少对设备的破坏。

腐蚀产物、沉积物的取样应尽可能保持原有的形貌，以利于分析腐蚀的进程。介质取样须注意取样位置的代表性，必要时，应扩大取样范围和对介质进行跟踪。必要时，须注意对开停车操作介质的取样。

(3) 技术鉴定

尽可能多地收集失效设备的样品，并尽可能地在现场判断出失效的原始部位，对失效部位进行妥善保护。在压力容器失效分析方面，对新材料的使用性能应引起足够的重视。分析方案的制定需考虑到必要性、有效性和经济性。技术鉴定一般包括以下内容：

① 材料的理化检验：包括材料化学成分、力学性能、金相检查、工艺性能试验；必要时进行微区分析。

② 容器断口分析：包括断口宏观分析、断口微观分析。

③ 介质成分分析和腐蚀产物成分分析。如有必要，应对生产原料、中间产物、保温或隔热层等进行成分分析，对表面膜进行成分和结构分析。

④ 设备结构应力分析。

⑤ 模拟或验证试验。

(4) 综合分析

根据以上工作，对容器的失效进行综合分析得出其失效的原因，并提出防止措施。在思想上不能有“先入为主”概念，放松对试验中出现新现象的观察和思考。大多情况，失效原因可能有多种，应从技术和管理上分清主次。对于责任认定，应以合规性评价为主，技术和管理评价为辅。

10.8　压力容器失效分析案例

现实生活中的失效分析案例很多，管理不善是目前我国压力容器失效事件高发主要原因。如某公司1台25m^3蒸球出浆管伸缩节连接处意外脱落造成蒸汽纸浆喷出，导致3人死亡。技术分析结果是蒸球与出浆管道接合部的伸缩节内紧固销钉损坏，设备隐患未能及时发现并排除，使用中连接处错位脱落，是这起事故的直接原因。但事故原因是该蒸球移装前，未进行检验，这违反了压力容器管理中关于压力容器移动后，使用前必须经过检验的规定。因此，经失效分析确定这起事故是因管理不善造成的。

有时，技术上的限制，也是导致失效的主要原因。如某些设备因焊后不能进行固溶处理，其抗应力腐蚀能力下降，当介质中又含有大量的Cl^-时，焊缝区在结构应力和焊接残余应力集中、温差应力的作用下，焊缝区的腐蚀由点蚀向应力腐蚀发展，造成开裂。

有时由于设计者的设计水平低下，设备结构存在严重缺陷而造成失效。如设备中某些部位在露点温度下，使设备发生露点腐蚀导致设备穿孔。采用有机涂层防腐时未考虑开停车工况，造成涂层破损。高速介质造成的冲蚀使设备局部减薄也可能造成设备泄漏或发生物理爆炸。内衬隔热层结构不合理，造成内衬材料脱落，使设备局部超温，造成设备爆裂等。

从近年来的压力容器失效分析案例来看，由于选材不当造成的失效多数是盲目使用不锈钢或新材料造成的，设计者往往仅从力学的角度对容器进行设计，而对操作环境下介质对金属材料的腐蚀特性认识不足，这是造成错误用材的关键。

操作者不按原设计介质操作，特别是不重视介质中有害杂质含量的变化，任意改变设备的结构和运行参数，使用非法制造的容器，这也是近年来导致压力容器早期失效的重要原因之一。用户对安全生产的重要性认识不够，对设备的危险性认识不足，安全管理机构、规章制度、操作规程不健全，另外因整体设计布局不合理，容器与容器之间，容器与生产厂房及周围建筑物之间，安全距离不符合有关规定，作业人员未经法定部门培训考核，无证上岗，安全意识淡薄，厂内安全管理责任没有落实等等，这些问题都是导致大部分压力容器失效及其次生事故扩大的主要原因。从我们进行的压力容器失效分析来看，由于用户使用或管理原因造成的失效占60%以上。

10.8.1　ϕ1200mm氨冷凝器壳体开裂失效分析

某尿素车间氨冷器1999年9月投入使用，2000年7月壳体发生渗漏现象，经检查发现在壳体B2、B3两道环缝上存在穿透性裂纹，对裂纹进行补焊处理后继续使用约3个月，检修时又对补焊处重新进行了挖补处理，继续使用约15天后在B3环缝上又发现新的穿透性裂纹2处。

氨冷凝器容器类别为Ⅱ类，固定管板式，规格ϕ1200mm×7126mm×14mm，壳程介质为气、液氨+2.11% O_2+11.14% N_2、管程为循环水。设计压力壳程2.04MPa、管程0.2MPa，工作压力壳程1.7MPa、管程0.15MPa，设计温度壳程50℃、管程28℃，工作温度壳程 47℃、管程入口 28℃、出口 36℃，材质：壳程 16MnR、管程 1Cr18Ni9Ti，焊条电弧焊（J507）＋埋弧自动焊（H10Mn2），内壁焊缝经打磨处理，壳体焊后未进行整体消应力热处理。

（1）无损检测

在开裂部位用气割挖取 300mm×500mm 带有环缝和纵缝的试样 2 块，PT 结果：1# 板外壁环缝上有 2 条横向裂纹，长度为 15mm 和 10mm；内壁发现环缝上有 4 条横向裂纹，长度约为 40～60mm，其中 2 条与外壁裂纹位置相对应，这说明 2 条已经穿透，2 条尚未穿透。另外，在试板内壁，环缝和纵缝上还有许多细小的大体为横向的裂纹，纵缝和环缝的交接处的细小裂纹则为纵横交错，在一处母材上发现焊接飞溅，这个部位也有细小裂纹。

（2）理化检验

化学成分分析结果表明母材成分符合 GB 6654 中 16MnR 标准。焊缝由于是采用 J507 焊条手工焊打底，表层用 H10Mn2 焊丝自动焊覆盖，所以焊缝化验的结果 Si、Mn 含量处于 H10Mn2 和 J507 之间应属正常。力学性能测试壳体母材及焊缝的抗拉强度和冲击吸收功正常。金相组织和硬度检查结果证明各部位的金相组织均为正常，但焊缝的组织比较粗大，这反映出焊接电流过大。理化检验见表 10-3。

表 10-3 金相组织和硬度

部位		金相组织	硬度值(HB)
母材	母材	F＋P(呈带状分布)晶粒度 10 级	174,170,167
环缝	焊缝(外表层)	B＋针状铁素体(粗大柱状晶)	180,177,177
	熔合区	B(呈魏氏体态)	184,180,184(HAZ)
纵缝	焊缝(外表层)	B＋针状铁素体(粗大柱状晶)	169,164,170
	熔合区	贝氏体(呈魏氏体态)	184,184,182(HAZ)

（3）裂纹分析

① 裂纹的宏观特征

a. 裂纹在环缝和纵缝、甚至焊接飞溅上已经普遍存在。

b. 环缝上的横向裂纹，由焊缝逐渐向母材扩展。

c. 裂纹首先在内壁焊缝产生，逐渐向外壁扩展，直至穿透整个钢板。这说明起裂与氨冷器壳程接触的介质有关。

② 裂纹的微观特征

a. 从焊缝的内壁表面开始，逐渐向外壁扩展。

b. 裂纹扩展成树枝状分叉，属应力腐蚀的裂纹特征。裂纹一方面沿焊缝向外壁扩展，另一方面沿横向向母材扩展，扩展方向与设备的操作主应力方向垂直，符合应力诱导型应力腐蚀开裂特征。

c. 裂纹扩展主要表现为沿晶特征，穿晶特征较少，符合氨致应力腐蚀开裂特征。

从裂纹的以上特征判定，起裂主要是由于焊接所产生的残余应力和壳体介质腐蚀的共同作用结果，设备的操作应力对裂纹的扩展方向起决定作用，开裂的性质属应力腐蚀开裂。

（4）断口分析

断口宏观形貌，断口表面严重腐蚀，呈铁锈褐色。断口成一弧形面，可以判定裂纹最初是起始于焊缝的内表面，两边向热影响区和母材扩展。断口的微观特征可以看到多源起裂特征和裂纹扩展流线，说明裂纹起裂是多源。裂纹扩展呈放射状，并可看到裂纹前沿扩展的弧线，说明氨冷器经过多次开、停工。

经超声清洗后在电镜下观察到断口的微观特征花样，源区低倍可以看到多源起裂特征和裂纹扩展流线；观察包括焊缝区、熔合区和母材区的各种沿晶形貌；裂纹为准解理二次裂纹；腐蚀产物呈泥状花样，并有腐蚀坑。

从断口的以上特征看出，断裂为腐蚀性脆性断裂，与裂纹分析中所观察到的形貌一致，进一步证明了开裂的性质属于应力腐蚀开裂。

(5) 讨论

从裂纹扩展的形貌特征看出，壳体开裂的性质属应力腐蚀开裂。应力主要来源于焊接残余应力和操作应力，腐蚀则是因为操作介质中氨和氧的作用。裂纹的扩展方向与主应力方向垂直，说明其裂纹扩展受操作应力控制，具有应力导向型开裂的特征。壳体焊后未进行整体消除应力热处理是导致过早开裂的直接原因。根据国内外文献报道，焊态下的碳钢和低合金钢容器在含液氨环境下使用，通常会发生应力腐蚀开裂现象，氧气和氮气的存在将加速腐蚀进程，焊后消除应力热处理可以改善其抗气、液氨应力腐蚀性能。TSG R0004 和 GB 150 对指明有应力腐蚀倾向环境下碳钢和低合金钢（包括焊接接头）设备应进行焊后热处理。

解决氨冷器壳体焊缝应力腐蚀开裂，首先必须对筒体进行焊后消除应力热处理，降低焊接接头分残余应力峰值，在返修时更应注意提高焊接质量（要特别控制焊接电流）和表面成形质量，焊接时应严格按照焊接工艺评定标准进行，必须完全消除焊接飞溅。考虑到现场施工条件的限制，建议筒体材质选用 20R 以降低焊接接头的硬度，其抗氨应力腐蚀的性能也优于 16MnR。在液氨中适当地添加水分也可防止应力腐蚀的发生。

鉴于氨冷器的环缝和纵缝内壁已经有许多处出现了细小裂纹，而氨冷器的结构是固定管板式，无法对壳体内壁进行全面检测和打磨，因此，对壳体的修复建议不采用挖补或部分更换筒节处理方法，建议更换全部筒节。

(6) 结论

裂纹起始于壳体内壁焊缝表面，逐渐向两侧母材和壳体外壁扩展，裂纹的性质具有典型的氨致应力腐蚀开裂特征。焊接残余应力是导致裂纹早期萌生的主要力学因素，操作应力是导致裂纹扩展的主要力学因素。

10.8.2　甲醇水分离器爆炸失效分析

甲醇水分离器是合成氨制尿素流程中的关键设备，为Ⅲ类压力容器。1996 年 10 月 2 日 20 时 05 分某化工厂合成车间的甲醇水分离器在运行时突然发生爆炸。受中国石化总公司指派和用户委托，中石化兰州设备失效分析及预防研究中心对此进行了失效分析。

(1) 现场调查

爆炸时设备负荷 100%，装置运行平稳，系统压力 6.5MPa，工艺气出口温度－13.4℃。现场调查表明，爆炸前该设备系统及周边可能引起事故的参量均属正常。检查运行记录，系统未出现过温度低于－40℃或压力超过 8.4MPa 的情况，其他相邻设备亦未出现过异常操作情况。

据操作员回忆，当日 19 时 52 分开始对位于爆炸设备南侧的 4117、4118 现场巡视，正在 4117-V4 处巡检挂牌时，头部有灼烧感，转身看到 4115-V1（甲醇水分离器）下部着火，当其迅速离开奔跑至 4118-K2 机房东侧时，发生爆炸。据目击者称，共听到 2 次爆炸声。此次事故未引起人员伤亡和其他设备的次生事故。

事故后，在直径 300m 范围内搜集到爆炸残片共 18 片，对每块残片进行了测量，用计算机作了残片拼图，发现尚缺 1 块，从该残片面积估计其重量约 25kg。拼图上可以看出，大部分爆裂断口位于母材上，而少部分位于焊缝。此外，在母材上还有 33 条穿透或未穿透的宏观裂纹，有多源起裂特征。

(2) 资料审查及分析

该工位原甲醇水分离器为德国 Linde 公司制造，原设备容积 0.88m³，材质为 TTStE36。1996 年 5 月更换为新设备，由国内设计制造，容器内径 1800mm，容积 8.5m³，材质 CF-62，壁厚 44mm。设计压力 8.4MPa，操作压力 7.8MPa，设计和操作温度 −40～50℃。设计气相介质为工艺气中含 300×10^{-6}（体积分数）的 H_2S，实际气相操作介质为（体积分数）N_2 + Ar 0.5%，CO 1.69%，CH_4 0.81%，CO_2 33.28%，H_2 63.08%，H_2S 0.1%，NH_3 4mg·m^{-3}。液相设计介质为 N_2 0.07%，CO 0.18%，CH_3OH 51.76%，CO_2 29.77%，H_2 0.07%，H_2O 18.22%；气相流量：6147kmol·h^{-1}；液相流量：679kg·h^{-1}。

① 运行资料：设备安装后，经当地锅检所检验，安全状况等级定为Ⅰ级。设备投入运行后，运行记录完整，累计运行时间 130d，未发现超温、超压情况，但大多情况下介质中 H_2S 含量较高，在爆炸前的 4 个月使用过程中，进料气体中 H_2S 含量（mol）为 0.02%～0.18%，有时超过 1%。

② 设计文件的审查：设计是按 GB 150 标准，图样清楚，技术条件明确，施工图未发现违反相应的标准、规范。强度校核表明，该设备计算壁厚为 38.03mm，加上腐蚀裕量和考虑到钢板厚度偏差，取 44mm，属正常。经节点应力分析，节点强度正常。由于设计单位系按 GB 150 选材，但该标准中未注明此材料可否用于湿 H_2S 环境，而且按当时现行有效标准 HGJ 15—1989 钢制化工容器选用规定，设计介质并不属于湿 H_2S 环境。所以，设计中未考虑材料的湿硫化氢介质适应性。

③ 制造文件的审查：制造厂提供了基本完整的制造文件。

(3) 检验分析

① 宏观检验　从爆炸后收集的碎片观察，筒体上 2 条纵焊缝中较长的一条（长 1.7m）沿焊缝断开，并有明显的凸起，这一凸起部分是所有碎片断口中唯一凸起变形的部位。从炸后碎片的大小、形状分析可以看出，1.7m 纵焊缝周围的筒体碎片较多。而与此纵焊缝相对一侧的筒体（即人孔所在侧）未炸开，此大块残体约占整个筒体的 1/3。经现场对残片分析，确认容器下筒节纵缝距下封头环缝 550mm 处向上有 400mm 长的鼓胀区，其鼓胀最大值 70mm。在鼓胀区的爆裂口有 240mm 长的陈旧性断口，由内表面至板厚深度约 30mm，剩余 14mm 厚度为新鲜断口。其他爆裂口断口齐平，除鼓胀处外，均无明显的塑性变形。残片拼断口图人字形走向指向陈旧性裂纹，说明爆炸起裂点位该陈旧性裂纹处。

② 化学成分　母材和焊缝化学成分正常。

③ 力学性能检验　筒体母材 1/4 板厚处，轧制方向取样，1 组经 200℃×24h 消氢处理，另 1 组未经消氢处理。结果，经消氢处理的 R_m576MPa，低于 GB 150—1989 中的 R_m 610～740MPa 标准值，R_{eL} 514MPa，满足标准值≥490MPa 的要求。2 组试样的 A、Z 值符合标准，弯曲试验合格。

上下封头母材取样与筒体相同，试样未经消氢处理，结果，R_m493MPa，R_{eL} 322MPa，均远低于标准值，A、Z 值符合标准，弯曲试验合格。

环缝拉伸试样断于母材处，R_m537MPa，弯曲试验合格。

母材 1/4 板厚处轧制方向和封头母材、封头环缝焊肉和热影响区的 −40℃ 冲击值均远大于 47J 的标准值。

力学性能测试说明，筒体母材（未经消氢处理）的力学性能满足 GB 150—1989 要求，上下封头残片母材的 R_m 低于材料的供货值和标准值。封头焊缝拉伸试样在母材处断裂，且 R_m537MPa，低于标准值，表明封头母材一侧强度不足。

④ 金相组织检验　筒体残片母材金相组织符合 CF-62 钢的国家级鉴定报告中所提供的调质状态的金相组织。封头残片母材金相组织中可以看到铁素体领先相存在，板条马氏体和

贝氏体的数量和比例也偏离了正常的调质组织，从而导致了其两项性能的降低。产生的原因有：a. 淬火加热温度未能控制在 A_{c3} 以上，未能保证铁素体领先相的完全溶解；b. 淬火操作过程控制不严，工件在进入淬火介质前停留时间过长，导致出现了领先相，此后在连续冷却过程中形成偏离正常组织及比例关系的板条马氏体和贝氏体。由此可以判定，制造厂未能精确地控制封头的调质工艺过程。

⑤ 硬度检查　筒体母材各部位的硬度与沿硬度方向分布的硬度梯度尚属正常。上、下封头 1/4 厚度区硬度均值分别为 125HB 和 137HB，而筒体相同区域为 154HB。上、下封头 1/2 厚度区硬度均值分别为 124HB 和 133HB，而筒体相同区域为 158HB。封头硬度低落的情形与拉伸和金相检查结果相吻合。但在焊缝及近缝区存在硬度大于 220HB 的区域。

⑥ 母材非金属夹杂物检查　由于母材上有众多爆裂口，为证实母材材质与爆裂口的关系，检查了母材中夹杂物的性质和级别，以判明非金属夹杂物与启裂和裂纹扩展间的关系。检查方法为：a. 低倍（×100）下统计 100 个视场母材中各类夹杂物的数量，并按 GB 10561 钢中非金属夹杂物显微评定方法评定；b. 高倍下（×500）从形态上区分各类夹杂物；c. 对各类夹杂物用电子探针予以分类；d. 在高倍扫描电镜下观察，判明在介质环境下夹杂物、尤其是靠近内表面的区域是夹杂物对启裂和裂纹扩展有何贡献。

对夹杂物的分类和评级结果表明，母材冶金质量良好。1600～3200 倍下观察到在母材内夹杂物处启裂，但对材料内表面的腐蚀坑和氢致开裂而言，这些夹杂物的启裂不可能成为开裂与扩展的控制因素。

对残片母材的检验结果表明，筒体材料尚属正常，封头制造的调质处理工艺失控，导致了其常规力学性能有较大幅度的降低。

⑦ 断口分析　纵缝鼓胀区系本次爆炸的起裂部位，因此，对鼓胀区 30mm×240mm 的“陈旧性开裂特征区”进行了重点分析，以确定鼓胀区是否是设备爆炸的率先开裂区和导致其率先开裂的原因。

陈旧性断口的宏观照片中清楚地显示出该区及开裂两侧约 15mm 处由内向外放射状的撕裂特征。由内壁向外壁的断口分析表明，在约 30mm 的陈旧性断口呈台阶状脆性扩展，裂纹起始段形貌为 IG＋少量 QG。陈旧性断口区均存在垂直于主断面的二次裂纹(subcrack)，这表明该断口具有氢致脆断特征。14mm 厚的新鲜断口上清楚地显示出最后撕裂区韧性撕裂的韧窝形貌。在鼓胀区爆裂的 2 块对偶残片上，沿纵缝近缝区方向，以鼓胀区为中心的残片断面内侧存在长 1000mm 左右，深度方向 3～6mm 的晶间开裂区，鼓胀区主断面上近缝母材侧为裂纹形貌，可以看出该部位已存在严重的应力腐蚀损伤，氢致开裂特征明显。在裂纹扩展的各个部位都可观察到 IG 特征，这表明 IG 扩展是在爆炸前已存在的，而不是裂纹快速扩展的产物。

多数气孔边部或底部有开裂特征，说明圆形气孔或条形气孔即可能引起开裂，也易于开裂后扩展。在焊肉试样上观察到气孔群即其开裂特征，反映了焊接过程中对氢控制的缺陷。

在母材上随处可见宏观小裂纹，微观上亦可观察到垂直于这些裂纹的二次裂纹。在爆裂口的内侧母材上，均观察到二次裂纹，这表明爆裂口是由于前述小裂口扩展而成的。大量裂纹穿过夹杂物，表明夹杂物对裂纹的扩展有所影响。

在远离焊缝区的母材上，无论是接触介质的内表面，还是材料的芯部，均观察到氢致开裂，这是由于介质的渗氢作用造成的，这些开裂为爆炸时裂纹的扩展提供了条件。

⑧ 鼓胀区鼓胀过程的力学分析　鼓胀过程是伴随着启裂与裂纹扩展的过程，金相和断口分析表明，介质的强烈渗氢作用和焊接中氢控制不严，导致在焊接接头最薄弱的近缝区产生 IG 开裂，使开裂区尖端应力集中，有限元分析表明，在操作条件下，陈旧性裂纹的尺寸已达到裂纹失稳临界当量尺寸。

⑨ 介质分析　甲醇水分离器的操作介质为含水的工艺气，操作记录显示 H_2S 含量有时超过 1%（mol）。由于甲醇的存在，其液相在操作温度下并不结冰。当 H_2S 溶解在液相介质中时，仍可以水解出 H^+ 和 HS^-、S^{2-}，形成湿 H_2S 环境。而且，在使用过程中，由于 H_2S 与钢铁表面作用，会生成硫化物，在设备停工时，该硫化物会与空气中的水分等作用生成 H_2S，从而产生湿 H_2S 环境。操作介质中的 CO_2 和 NH_3 均是湿 H_2S 环境下对碳钢和低合金钢应力腐蚀开裂的促进因素。因此，在该环境下应考虑使用抗湿 H_2S 应力腐蚀的材料。

（4）爆炸过程分析

当应力腐蚀裂纹扩展到一定尺寸时，因所剩余的筒体壁厚不足而引起筒体鼓胀，裂纹扩展至失稳时在鼓胀处率先开裂穿透。裂纹穿透后可燃气体和液体高速喷出与空气摩擦起火，此时即巡检员在逃离着火点时颈、背部感到灼烧的原因。

裂纹随后继续快速扩展，容器发生物理爆炸。此时，目击者听到第一声爆炸。容器爆炸后，容器内部的可燃介质与空气快速混合，并达到爆炸极限，在明火的作用下，可燃介质发生了更猛烈的化学爆炸，即目击者听到的第二次爆炸声。

（5）结论

① 甲醇水分离器系由陈旧性裂纹处率先开裂爆炸的。

② 甲醇水分离器开裂是由于介质中的 H_2S 作用而产生的湿 H_2S 应力腐蚀开裂和焊接氢共同作用的结果。

③ CF-62 钢不适合甲醇水分离器的工况条件。

（6）建议

① HGJ 15—1989 标准作相应的修订。（注：该标准已于 1998 年修订，并由国家石油和化学工业局批准发布，标准号 HG 20581—1998 钢制化工容器材料选用规定，标准中取消了对湿硫化氢环境温度的下限限制，现行有效标准为 HG/T 20581—2011 钢制化工容器材料选用规定）。

② 主管部门应尽快组织力量，开展材料对湿 H_2S 环境的适应性研究，为制定相应的标准及防护措施提供背景研究。

③ 主管部门应组织力量编制湿 H_2S 环境下设备的设计、制造、安装、验收和检验规范的指导性文件，以满足当前的生产需要。

④ 研究降低工艺气中 H_2S 浓度的方法和工艺。

⑤ 立即对所有在用的在湿 H_2S 环境下使用的设备进行检测。强调对这类设备的定期检验必须进行内壁检测，内壁应进行 100% 的表面湿荧光磁粉检测，主要是检查母材和焊缝是否有裂纹等线性缺陷，100% 目视检查是否有氢鼓包。检查焊接接头是否有硬度超过 200HB 的区域，并必须打磨消除所有的硬度测点。

（7）恢复生产方案

修复原报废的德国造分离器，监控使用 6 个月。重新设计新罐，采用国产 16MnDR 材料。

由于此次爆炸事故的影响，用户倾向于继续使用德国 TTSTE36 材料，故用户重新进口了该设备。在 1997 年镇海石化的德国产甲醇水分离器上也发现大量裂纹，并泄漏。镇海石化用包扎处理的方式维持生产。采用兰州石油机械研究所改进的设计，使用 16MnDR 重新制造设备，处理能力提高 1 倍，制造周期仅 3 个月，较国外进口设备节约时间 3 个月，费用节省 100 余万元。该设备使用 1 年和 3 年时开罐检查，表面未发现线性缺陷，至今仍在安全使用。

10.8.3　加氢反应器氢致开裂性能评价方法研究

2.25Cr-1Mo钢制热壁加氢反应器在高温高压临氢环境中长期运行时，反应器器壁母材及对接焊缝金属的回火脆化、氢脆和氢致裂纹扩展等问题，是威胁热壁加氢反应器安全使用的主要问题，但对于Cr-Mo钢回火脆与氢脆交互作用的关系尚缺乏明确的认识。董绍平等采用改进型WOL试样，经高温高压气相充氢和化学充氢的方法测定了回火脆化后Cr-Mo钢的氢致开裂性能，探索准确评价使用状态下Cr-Mo钢抗氢致开裂性能的方法。

高温高压氢环境下的氢致开裂试验，无论是从母材还是焊缝金属上均未发生明显的氢致开裂。电化学充氢条件下的氢致开裂试验结果显示，除了母材试样以外，其他试样均在充氢过程中发生了裂纹扩展。对试样断口的形貌观察结果表明，大多数断口呈现出准解理的氢脆断口特征，但在少数断口中有沿晶断裂形貌。

在充氢结束后，采用甘油集气法测量试样中的扩散氢浓度，得出：

① 试样抗氢致开裂的能力随着环境温度的下降而下降；

② 试样发生氢致开裂时，扩散氢含量均大于2.9×10^{-6}；

③ 焊缝金属抵抗氢致开裂的能力低于母材。

通过对不同试验方法得到的氢致开裂性能结果比较发现，试样进行高温高压充氢与由电化学方法得到的测试结果相差甚远。由于材料中的氢含量是影响氢致开裂的重要因素，因此，准确地认识氢致开裂试验过程中试样内部的变化规律，对于正确认识氢致开裂的试验结果是十分重要的。研究结果表明：

① 材料中的扩散氢浓度和环境温度是影响铬钼钢氢致开裂的两个主要参数。只有在试样中的扩散氢含量大于2.1×10^{-6}时，试样母材才有可能在室温环境下发生氢致开裂。且环境温度越低，母材发生氢致开裂的可能性越大。

② 采用高温高压充氢方法对WOL试样进行氢致开裂试验时，表面上看其试验环境条件与反应器的运行状态最为接近，但由于试样的尺寸较小，充氢后试样中的大部分扩散氢会在冷却过程中逸出。当试样温度下降到氢致开裂的敏感温度范围时，其发生氢致开裂的可能性已较小。因此，用这种方法来确定铬钼钢在一定温度下的氢致开裂性能是很困难的。

③ 对WOL试样采用电化学充氢方法测试其氢致开裂性能，能够确定温度和扩散氢浓度对材料氢致开裂性能的影响。

10.8.4　Q345R+Incoloy825钢板卷制校圆开裂失效分析

某高压容器，材质Q345R+Incoloy 825，$\delta(81+4)$mm，筒体钢板卷在中温卷制校圆时发生筒节纵向开裂。

(1) 宏观检验

整个筒节沿着纵向开裂，断口裂纹较为平直，呈脆性断裂特征，裂纹中存在约6～8mm的凹陷区域，相对于断口裂纹呈对称状态（图10-11)。在断口裂纹靠中心部位，存在明显的外部机械划伤，呈三角形，损伤大小约为15mm×15mm（图10-12)；在外部划伤部位，断口裂纹明显没有凹陷痕迹，侧面观察断口颜色呈银白色，长度约为12mm（图10-13)。在筒节横断面，存在明显的凹陷区域，呈塑性状态；裂纹深度约为62mm。由图10-14可见，在断口横截面，裂纹扩展呈台阶状，较为曲折。

图 10-11 筒节上的平直裂纹

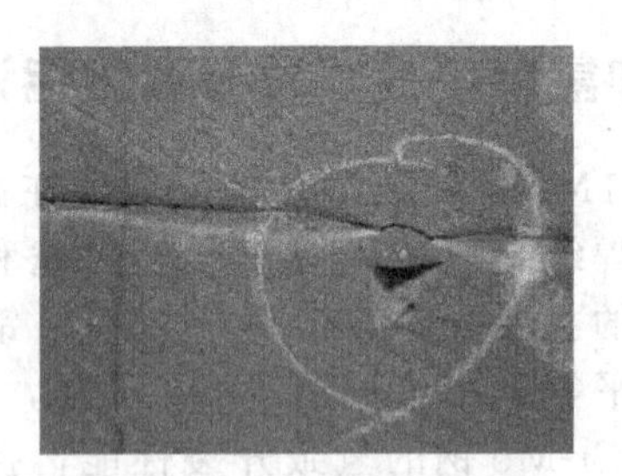
图 10-12 外表面机械划伤

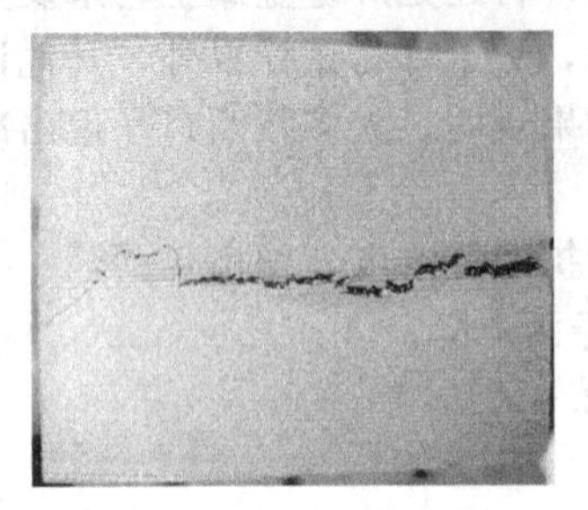
图 10-13 筒节横断面裂纹

图 10-14 横截面裂纹形态

裂纹源位于筒节外表面机械损伤处，以裂纹源为核心，呈放射状向板材内部和两侧扩展，放射状条纹较为粗大，同时在表面区域存在剪切唇区域，与断裂面呈一定的角度（图 10-15、图 10-16）。

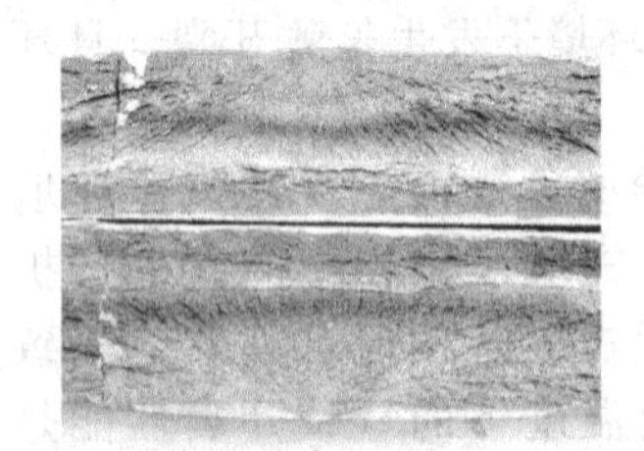
图 10-15 损伤处宏观形貌

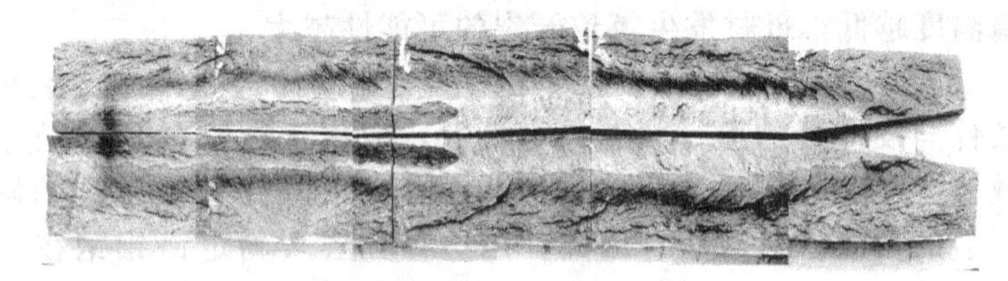
图 10-16 裂纹扩展形貌

（2）理化检验

① 化学分析、力学性能检验见表 10-4、表 10-5，结果符合 GB 713—2014《锅炉和压力容器用钢板》中的 Q345R。

表 10-4 钢板母材化学成分（质量分数） 单位：%

元素	C	S	Mn	Si	P	Cr	Ni
钢板	0.18	0.0006	1.23	0.41	0.008	0.03	0.05
GB 713 Q345R	≤0.20	≤0.015	1.20～1.60	<0.55	≤0.025	≤0.3	≤0.3
元素	Mo	Ti	Cu	Nb	V	Al	
钢板	0.03	0.02	0.11	0.01	<0.01	0.023	
GB 713 Q345R	≤0.08	≤0.12	≤0.3	≤0.05	<0.10	≥0.02	

表 10-5 钢板母材力学性能

项目	R_{eL}/MPa	R_m/MPa	A/%	A_{KV2}/J	弯曲
钢板	306	494	45	218、232、236	无裂纹
GB 713 Q345R	311	520	45	≥34	无裂纹

硬度检测结果（HBW2.5/187.5）：外侧 141、143、144，芯部 143、144、141，内侧 138、137、140；机械损伤处表面 213、220、220；损伤周围 163、164、164。

② 金相检验。按 GB/T 13298 和 GB/T 10561 对母材的金相组织检验和非金属夹杂物评定，金相组织为铁素体＋珠光体，非金属夹杂物 DS 1.5（图 10-17）。低倍宏观检查结果，一般疏松 1 级、中心疏松 1 级、偏析 1 级、无白点、裂纹、气孔等缺陷存在。

在断口剪切唇区域存在明显的塑性流变，变形方向由内指向外表面，见图 10-18。

图 10-17 试板夹杂物

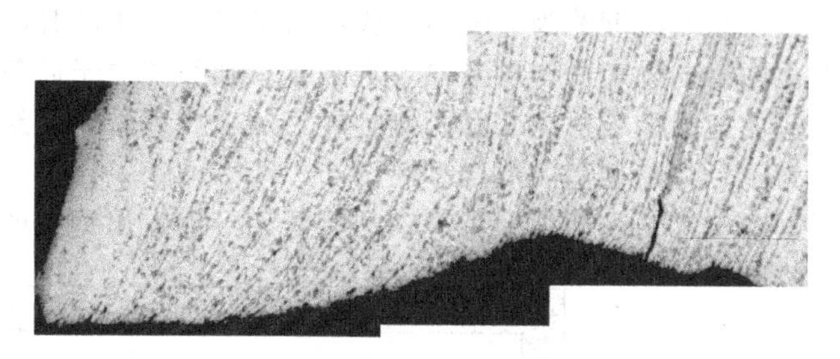

图 10-18 断口剪切唇金相组织

③ 断口分析。裂纹源位于筒节外表面机械损伤处，以裂纹源为核心，呈放射状向板材内部和两侧扩展，放射状条纹较为粗大，见图 10-19，同时在表面区域存在剪切唇区域，与断裂面呈一定的角度。

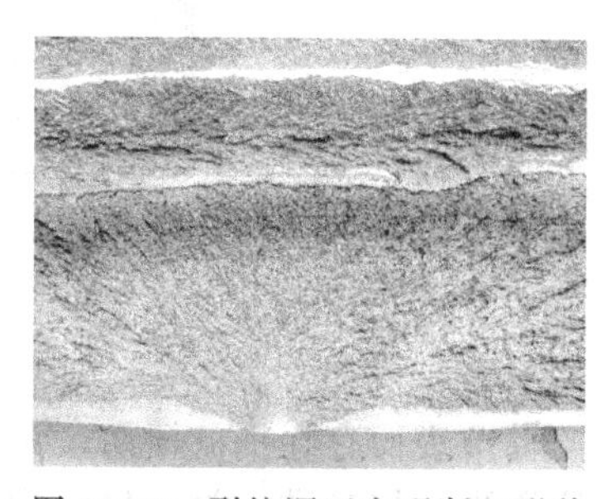

图 10-19 裂纹源区宏观断口形貌

微观检查，裂纹源区位于筒体外部机械损伤处，呈放射状向板材内部和两侧扩展；在源区距离表面 100μm 的范围内，断口特征为韧性断裂，呈韧窝特征，见图 10-20、图 10-21；在源区附近的放射区，断裂呈现以解理断裂为主，伴随韧窝的混合型断裂特征，见图 10-22；在反射区断裂特征呈现以解理断裂为主，伴随韧窝混合断裂，见图 10-23。

图 10-20 裂纹源区微观断口形貌

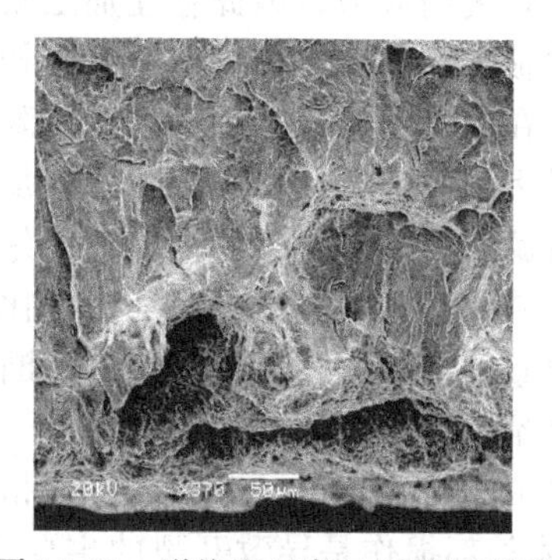

图 10-21 裂纹源区断口纤维区形貌

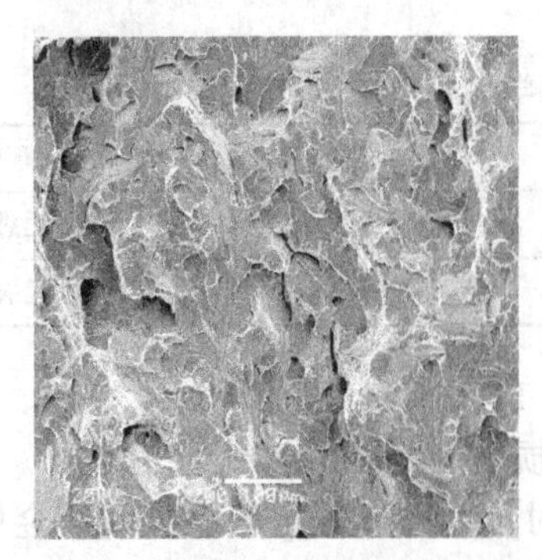

图 10-22 裂纹源区断口放射区形貌

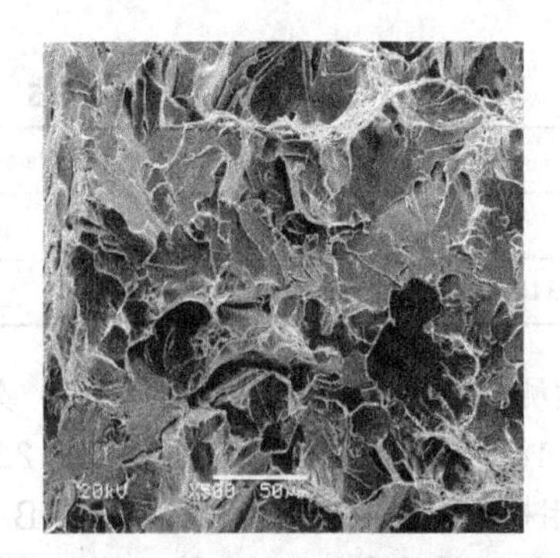

图 10-23 放射区断口形貌

(3) 分析讨论

从宏观检查中可以看出，在筒节断口附近纵向、断口横断面，存在明显的凹陷区域，呈塑性状态；裂纹深度约为 62mm。从金相观察，在断口剪切唇区域存在明显的塑性流变，变形方向由内指向外表面。从断口宏观来看，裂纹源位于筒节外表面机械划伤处，以裂纹源为核心，呈放射状向板材内部和两侧扩展，从金相来看，裂纹扩展呈台阶状，较为曲折，以解理断裂为主，伴随韧窝的混合型断裂。

根据断口宏观和微观形貌观察的特征，可以看出钢板的开裂过程如图 10-24 所示。

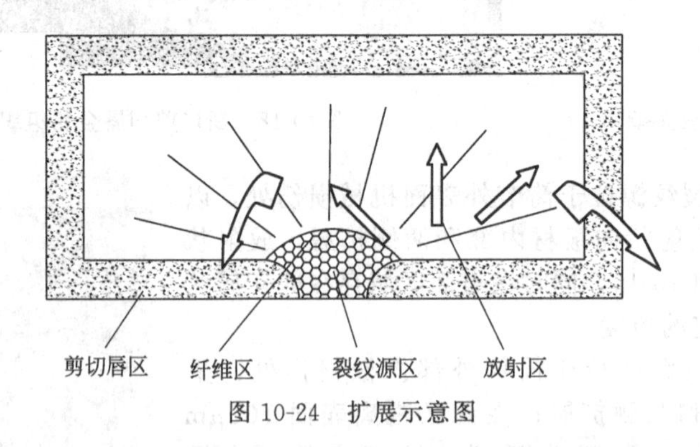

图 10-24 扩展示意图

筒节表面存在机械损伤，大小约为 15mm×15mm，作为裂纹源，然后进入纤维区，以韧窝断裂；快速进入放射区，向板材内部和两侧扩展，以解理断裂为主，伴随韧窝断裂特征；最后扩展到板材表面，局部塑形变形，形成剪切唇区，即表面区域。

裂纹源位于表面损伤的部位，此处存在局部碾压痕迹。筒节卷制过程本身是线接触，在接触面存在较大的应力，因此存在加工硬化现象。

该筒体板材在制造过程中遭受了硬物损伤，致使板材表面产生了凹坑，同时在凹坑旁边产生隆起。在筒节卷、校过程中，该处隆起被反复碾压，导致材料的冷作硬化，使得该处材料的脆性增大、塑性和韧性大幅下降，加之损伤处产生尖角导致的应力集中，使得此处成为断裂的裂纹源。另外，断裂处内表面恰好存在复合层材料的拼接焊缝，该处焊缝未完全打磨至与母材平齐，卷辊经过此处时会产生比卷制筒体其余部位时更大的应力，从而使裂纹源不断扩展，导致筒节校圆过程中最终产生断裂。

(4) 结论

① 材料的化学成分、力学性能、金相组织、夹杂物和硬度均满足 GB 713 中规定的要求。

② 筒体外部损伤是导致开裂的主要原因。断口以解理断裂为主，伴随韧窝的混合型断裂特征。

10.8.5 沸点反应器爆裂失效分析

某沸点反应器（R101）2002 年投入使用，2013 年在使用中反应器中下部突然发生爆裂。反应器规格 ϕ1800×6000×δ14（mm），材质 20R，操作压力 0.45～0.6MPa，操作温度进口 40℃、出口 75℃，介质成分：甲醇、轻汽油、催化剂。

（1）宏观检查

R101 筒体总长 6000mm，直径 1800mm，筒体板厚 14mm，自上而下有 4 根热电偶接管。R101 在其筒体中下部开裂，裂口长度约 2700mm，开口最大处约 150mm；存在局部减薄，剩余壁厚约 10mm。断口呈人字形扩展，指向最大开口处。见图 10-25～图 10-27。

图 10-25 R101 开裂宏观形貌

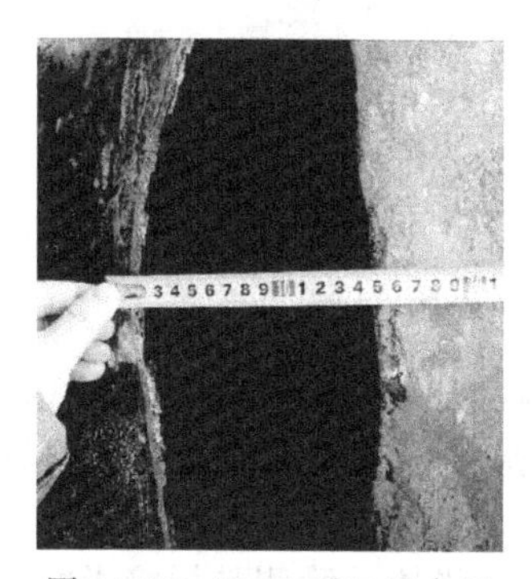

图 10-26 R101 开口最大处

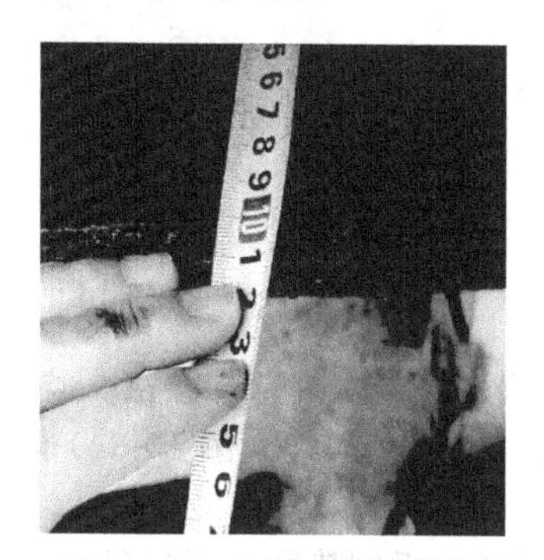

图 10-27 R101 壁厚减薄

R101 上部内壁有褐色发亮垢物附着，下部内壁有褐色、黄色垢物附着，内部局部存在腐蚀坑。切取断口后清洗发现，断裂面附近内、外表面均有平行断口裂纹存在，见图 10-28～图 10-31。

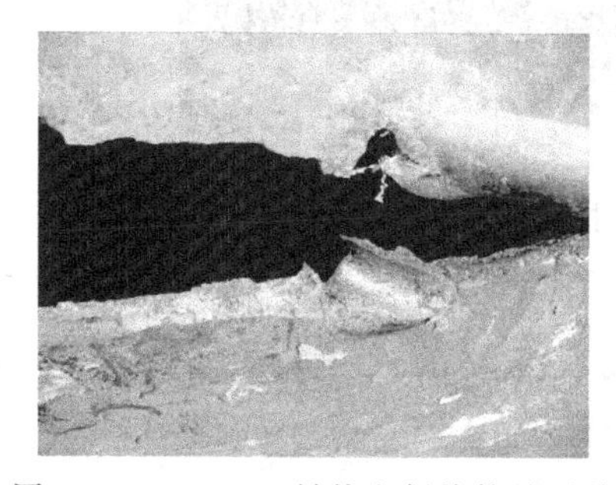

图 10-28 R101 3 号热电偶接管处形貌

图 10-29 R101 3、4 号热电偶之间断口形貌

图 10-30 内表面裂纹

图 10-31 外表面裂纹

（2）理化检验

化学分析（质量分数）：C 0.14%、S 0.019%、Mn 0.62%、Si 0.28%、P 0.012%。GB/T 6654—1996 中 20R 材料成分。

力学性能：常温 R_{eL} 393～432MPa、R_m 478～482MPa、A 34.0%～37.0%，A_{KV2} 纵向远离断口 140J、130J、214J，纵向断口附近 98J、91J、126J，横向远离断口 77J、64J、53J，横向断口附近 36J、48J、42J。按 GB/T 4340.1 试验，硬度（HV10）172.5、174.0、173.0。

金相检验：按 GB/T 13298 检验，母材金相组织为条带状铁素体＋珠光体，按 GB/T 10561 评级筒体非金属夹杂物级别 C1.5，见图 10-32。

图 10-32 非金属夹杂物

R101 热电偶套管内、外壁焊接接头均存在埋藏裂纹，裂纹位于管侧热影响区与焊缝之间，由内向外扩展（图 10-33、图 10-34）；在外壁焊接接头焊趾存在表面裂纹，裂纹由外侧向内侧扩展（图 10-35）。

焊接接头焊缝、板侧热影响区组织为铁素体＋珠光体，管侧受焊接影响，均为热影响区组织。

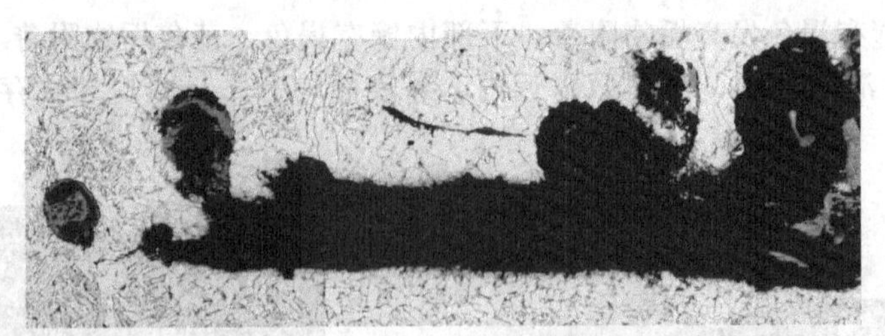
图 10-33 2 号热电偶内壁焊接接头埋藏裂纹形貌

图 10-34 2 号外壁焊接接头埋藏裂纹形貌

图 10-35 外壁焊接接头外侧焊趾裂纹

在热电偶套管存在 HIC 氢致阶梯状裂纹（图 10-36、图 10-37）。

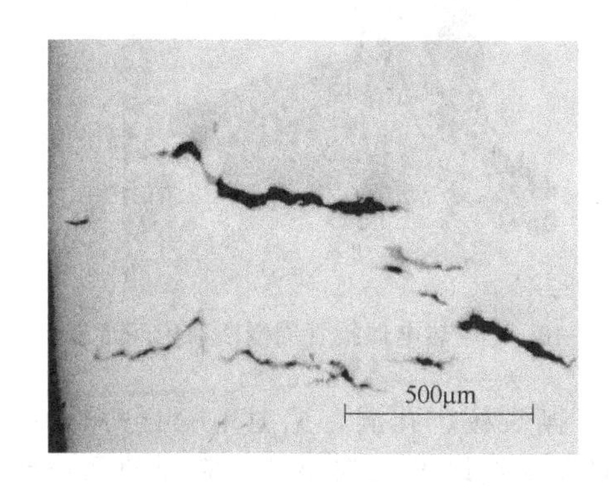

图 10-36 2 号套管裂纹（一）

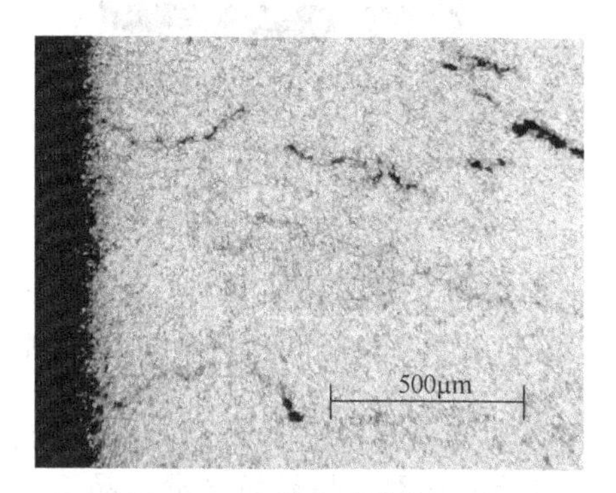

图 10-37 2 号套管裂纹（二）

（3）断口形貌分析

① 断口宏观形貌　见图 10-38～图 10-43，断口平整，无塑性变形。3 号热电偶接管上方断口整体为斜断口，近内壁侧与近外壁侧斜度较大，且断面平整，断口中部约 1/3 区域粗糙、有较多小刻面，小刻面亮但不反光，断口由内壁向外壁扩展，见图 10-38；3 号热电偶接管上方为斜断口，断面平整，小刻面亮但不反光，断口由内壁向外壁扩展，见图 10-39；3、4 号热电偶接管接管之间断口和筒体裂纹开口最大处断口均为近外壁 2/3 区域较为平整，断面有小刻面存在，近内壁 1/3 区域为斜断口，断口平整，断口由内壁向外壁扩展，见图 10-40、图 10-41；3、4 号热电偶接管带角焊缝断口宏观形貌见图 10-42、图 10-43，断面起伏较大，且在壁厚 1/2 处有明显的分界线，断口由内壁向外壁扩展。

图 10-38 3 号热电偶接管上方断口宏观形貌

图 10-39 3 号热电偶接管周围断口宏观形貌

图 10-40　3 号热电偶接管下方断口宏观形貌

图 10-41　3、4 号热电偶接管之间断口宏观形貌

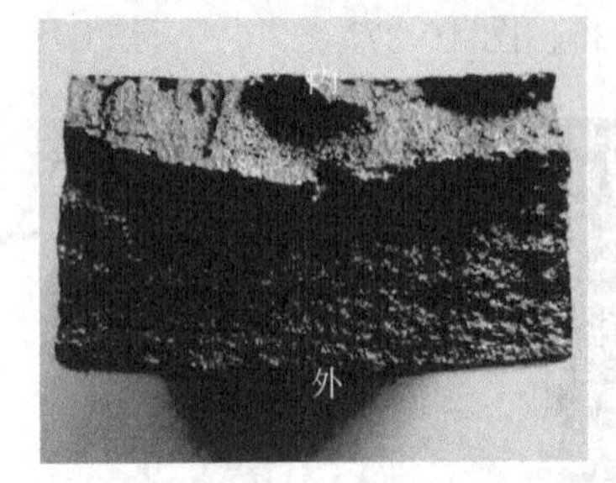

图 10-42　筒体变形最大处断口宏观形貌

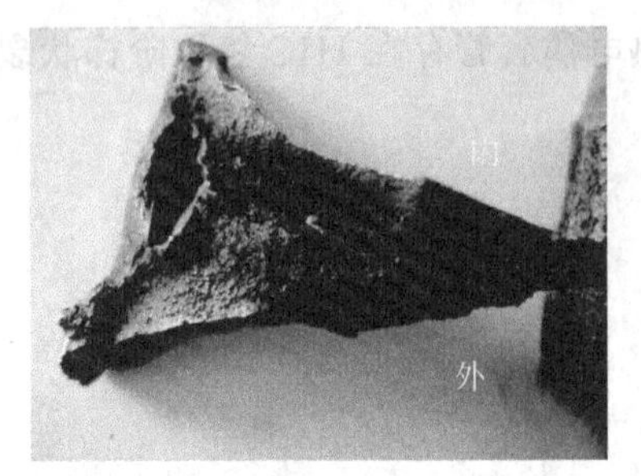

图 10-43　4 号热电偶接管周围断口宏观形貌

② 断口微观形貌　为准解理，韧窝、韧窝带、撕裂棱、孔洞，见图 10-44～图 10-48。局部可见沿晶断裂，晶界面光滑，晶面上显微孔洞和发纹以及二次裂纹。断裂源区位于内壁，从内壁向外壁扩展，断裂形貌符合氢脆断裂特征。

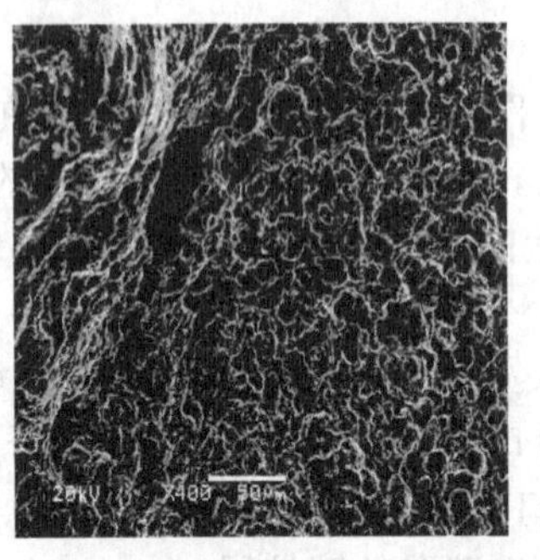

图 10-44　热电偶接管周围断口上的孔洞

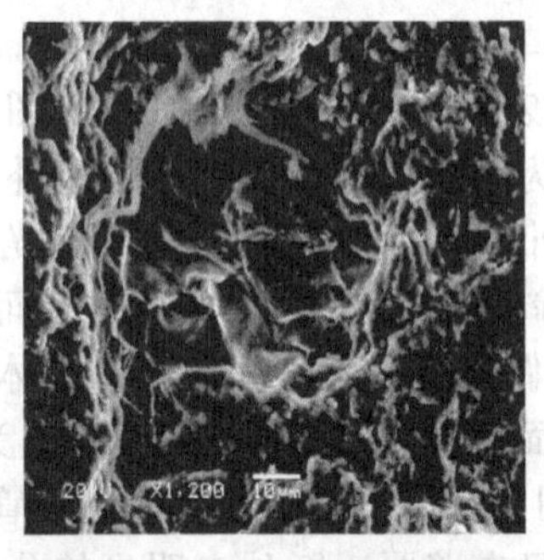

图 10-45　热电偶接管周围沿晶开裂断口

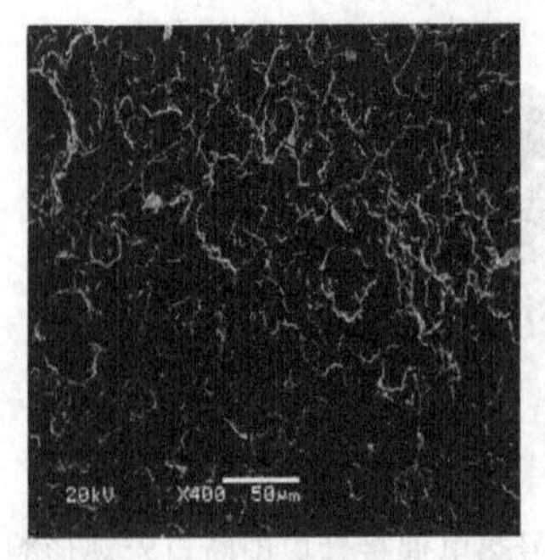

图 10-46　热电偶接管断口韧窝

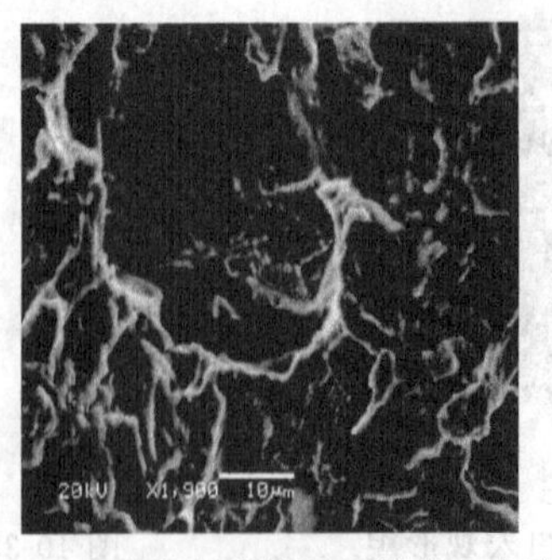

图 10-47　热电偶接管断口沿晶二次裂纹

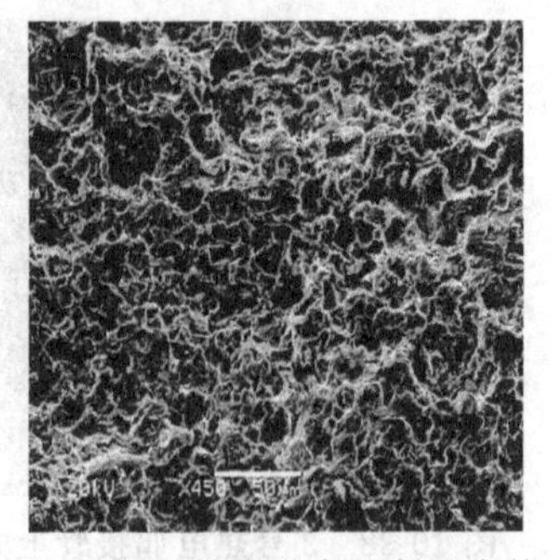

图 10-48　鼓胀最大处断口发纹

（4）垢物分析

取R101内壁垢物进行X射线成分分析和X射线衍射结构分析，结果见表10-6，垢物中含有较多的S、Cl，X射线衍射结构分析表明产物主要有Fe_4O_3和FeS_2。

表10-6　垢物X射线成分分析结果

化学元素	R101上部		R101下部	
	质量分数/%	原子百分比/%	质量分数/%	原子百分比/%
S	2.12	3.63	11.03	17.74
Cl	0.32	0.49	0.18	0.27
Mn	0.80	0.80	—	—
Fe	96.76	95.08	88.79	81.99
X射线衍射结果分析	Fe_3O_4、FeS_2		Fe_3O_4、FeS_2	

（5）结论

① R101材料化学成分符合标准GB 6654—1996压力容器用钢板中20R的要求，金相组织、夹杂物、力学性能合格。

② R101热电偶套管内、外壁焊接接头均存在埋藏裂纹，裂纹位于管侧热影响区与焊缝金属之间。内壁多源起裂，由内向外扩展，宏观形貌符合应力腐蚀开裂特征。在最大鼓胀区，因应力腐蚀裂纹向壁厚和纵向扩展，在内压作用下失稳快速扩展，导致容器爆裂。

③ 断口微观形貌为准解理＋发纹＋韧窝＋孔洞，符合氢脆断裂特征。

④ 腐蚀产物含有FeS_2，为湿硫化氢腐蚀环境腐蚀产物。

⑤ R101为湿硫化氢应力腐蚀开裂，热电偶处的焊接裂纹性缺陷对裂纹的形成和扩展有促进作用。

10.8.6　LPG球罐开裂泄漏事故分析

某化工集团的1台在用LPG球罐在投入使用约22个月后发生开裂泄漏事故。事故发生时该球罐盛装的液化石油气约72000kg，压力0.8MPa。球罐的主要技术参数见表10-7。

表10-7　球罐主要技术参数

材质	16MnR	设计压力	1.8MPa
壁厚	32mm	设计温度	50℃
内径	9200mm	结构	赤道带橘瓣式
容积	400m³	支柱	8根（ϕ320mm）

（1）宏观检查

经检测发现，在球罐顶部有一条穿透性裂纹，裂纹长达1280mm，位于球罐上极板与北温带环焊缝融合线处。裂纹最宽处为5mm，其中一端延伸至母材（图10-49、图10-50）。在南温带板对接焊缝处（球罐内表面）发现多处未穿透性裂纹；球罐的内壁有大量黑色片状附着物，附着物下有半球状鼓包，附着物下特别是在焊缝热影响区有大量蚀坑，蚀坑密度为40～50个/m²，直径3～5mm，深度约3mm。几乎所有的蚀坑部位都有不同程度的表面裂纹。

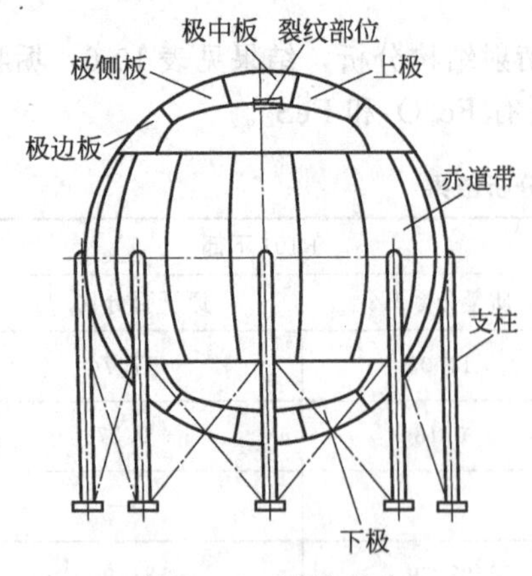

图 10-49 裂纹部位

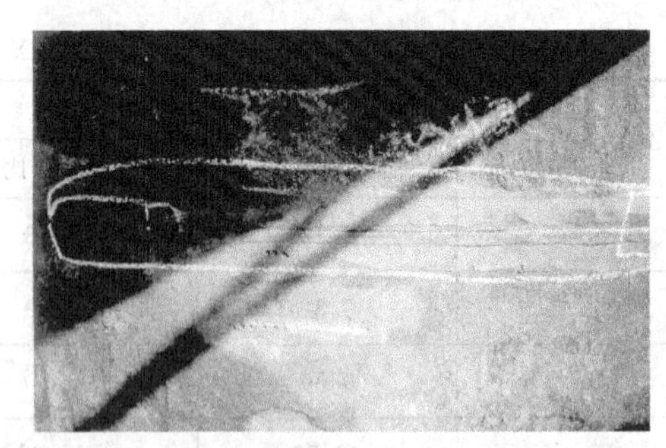
图 10-50 长 1280mm 的裂纹（上极板与北温带环焊缝处）

(2) 检验分析

在北温带环焊缝开裂部位及南温带板纵、环焊缝的未穿透性裂纹处分别取样，进行了化学成分、断口、金相、显微硬度及腐蚀产物分析：

① 化学成分分析 对球罐母材和熔敷金属的化学成分分析结果表明，球罐母材化学成分符合 GB 6654 要求，熔敷金属化学成分符合 GB/T 5117 碳钢焊条要求。

② 断口分析

a. 宏观特征：裂纹起始部位粗糙，呈齿状；扩张区逐渐平细，断口表面无塑性变形特征，有褐色腐蚀产物覆盖。

b. 微观形貌：在北温带环焊缝裂及南温带纵焊缝处伴有大量的二次裂纹（图 10-51）。断面上还存在沿晶断裂特征及腐蚀产物-泥状花样及腐蚀坑（图 10-52）。

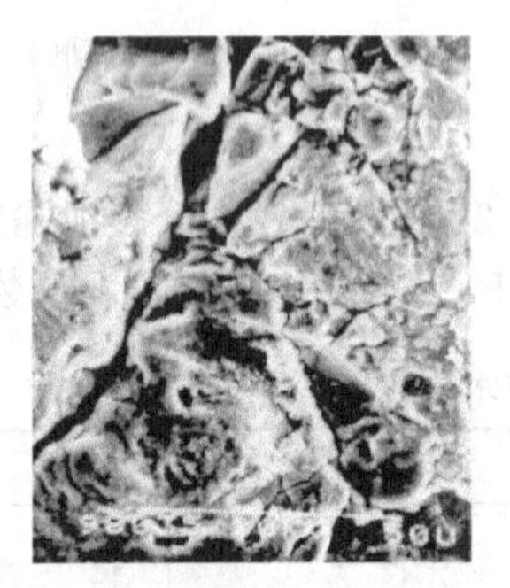
图 10-51 QCHE＋二次裂纹

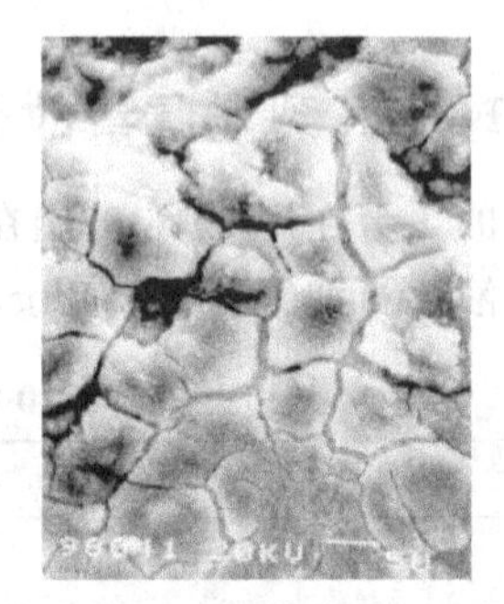
图 10-52 腐蚀产物泥状花样

c. 裂纹断口分析：样品上的裂纹均发生在焊接接头部位，为焊缝纵向裂纹，产生在球罐内壁表面，由内壁向外扩展。裂纹断口形貌为准理解式沿晶解理脆性开裂特征，且断口上存在大量垂直于主断面粗短的二次裂纹，见图 10-53。

③ 金相及显微硬度分析 分析母材、焊缝及热影响区的金相组织和相应的显微硬度，见表 10-8。金相分析结果焊缝金属组织正常，样品上的裂纹均发生在近焊缝区部位，其裂纹两侧均为对应力腐蚀开裂较为敏感的回火板条马氏体组织。对南温带环焊缝分析证实了裂纹两侧大量二次裂纹的存在，见图 10-54。显微硬度测试表明，裂纹发生部位（过热区）的显微硬度明显高于母材及其余各区的硬度。

表 10-8 金相组织及显微硬度检测结果

检验部位	金相组织	硬度(HB)(维氏换算为布氏)
母材	铁素体+珠光体,呈带状	233,229,209
焊缝热影响区	铁素体+珠光体,呈带状已分解	257,253,249
过热区	回火板马氏体+回火上贝氏体	回火马氏体 312,324,301 回火上贝氏体 254,246,252
熔合区	母材侧为回火板条马氏体,图 10-54。焊缝侧沿柱晶分布为先共析铁素体,晶内为针状铁素体+珠光体	269,281,280
焊缝	沿柱状晶分布的板条及块状铁素体,晶内为针状铁素体+珠光体	237,240,249

图 10-53 内壁表面纵向裂纹及粗短的二次裂纹

图 10-54 热影响区裂纹侧回火板条马氏体 (500×)

(3) 腐蚀产物分析

该球罐人孔内壁及罐体内壁有明显的腐蚀产物，腐蚀产物均呈片状褐色，有水分存在，腐蚀产物厚度为 2～10mm。取球罐内壁块状腐蚀产物进行分析，用 EDX-9000 型能量色散谱仪（电子探针）对腐蚀产物作全谱成分分析。分析结果其主要成分均为 FeS_x 和 Fe_2O_3 和其他氧化物。典型的腐蚀产物成分（不包括氧）见表 10-9。分析结果表明球罐介质中有硫化氢（H_2S）存在。

表 10-9 球罐内壁腐蚀产物化学成分（质量分数）

元素	Al	Si	S	Ti	Cr	Fe
含量/%	0.52	0.44	5.08	0.09	0.22	93.24

(4) 开裂原因分析

通过材料化学成分分析、断口分析、金相、显微硬度及腐蚀产物分析可以看出，裂纹起始于内壁表层焊缝热影响区的回火板条马氏体部位（对应力腐蚀开裂敏感），沿热影响区或向母材发展，裂纹形态平直，以穿晶扩展为主，在裂纹两侧有较多的短粗二次裂纹，为硫化氢应力腐蚀氢致开裂特征。经调查分析，开裂原因有以下两个方面：

① 球罐制造质量低劣、焊后热处理不当是造成该球罐材料焊接接头开裂缺陷的主要原因。球罐制造、组焊记录反映该球罐的组焊焊接工艺不符合规范，金相检验结果反映的焊接接头存在马氏体组织的事实，经调查是因为焊接时环境温度在 0℃以下，又没有可靠的缓冷

措施，使熔敷金属快速冷却，导致焊缝及其近缝区产生马氏体组织，焊后热处理不当未能使马氏体组织分解。板条马氏体组织的存在是该球罐材料焊接接头开裂缺陷的主要原因。

② LPG 中 H_2S 含量严重超标是导致球罐发生硫化氢应力腐蚀氢致开裂的介质因素。根据对开裂球罐运行情况的调查结果发现，球罐盛装的 LPG 中的 H_2S 含量最高达 500mg/L 并含有大量固体颗粒。操作上存在 LPG 脱硫、脱氮、脱水等净化处理不达标的问题。

对于未完全脱水的 LPG 在环境温度下，气、液相均有可能有游离水析出，游离水将吸附于内壁表面，或沉积于罐底，当 LPG 中存在 H_2S 时，即产生湿 H_2S 环境。游离水中的 H_2S 加速了金属的腐蚀进程，缩短了裂纹的孕育期，加速裂纹的扩展。

（5）缺陷消除和补焊

对于受到硫化物污染的球罐，应在宏观检查完成后，首先进行内壁全面喷砂处理，磨料应具有一定的硬度和冲击韧性，使用前应经筛选，不得含有油污。天然砂应选用质坚有棱的金刚砂、石英砂、硅质河砂等，其含水量不应大于1%。严禁使用海砂和河砂。表面处理要求达到 *Sa*2.5 级或 *Sa*3 级，以彻底消除金属表面的产生的硫化物腐蚀产物。

喷砂处理后，进行消缺，对于在检验过程中发现的裂纹（包括开裂的氢鼓包）和超标的埋藏缺陷应打磨消除，如裂纹较深较长，可以使用炭弧气刨消除，并经渗透探伤确认，裂纹消除后产生的凹坑可按 GB/T 19624 评定是否需要补焊修复。对于不需要补焊的凹坑，应加大圆滑过渡的半径，且打磨时用力应尽可能小，不得出现局部过热现象，避免金属表面发红产生硬化层，最后修磨的深度应大于 1mm。

对于需要补焊的凹坑，应将凹坑修成返修坡口，经渗透检查无裂纹后进行施焊，最后采用角磨机将焊接部位及周边 25mm 范围内打磨直至露出金属光泽。焊接前应进行焊接工艺评定，焊接方法宜采用手工钨极氩弧焊或焊条电弧焊，焊后按 JB/T 4730 进行无损检验，磁粉检验和超声检验均Ⅰ级合格。

对于分层角度大于 10°的球壳板应进行挖补或更换。

对于硫化物应力腐蚀开裂设备的返修，焊前消氢预处理是非常必要的。返修部位较少时可以采用局部加热的方法进行消氢，方法为，将焊接部位及周边 200mm 处采用电加热方式加热至 350°并保温 3h 后缓冷至 100℃开始焊接。典型的补焊要求和工艺为：

① 焊接方法：焊条电弧焊。

② 焊接位置：立焊＋横焊。

③ 焊接材料：宜采用低 S、P 含量，高韧性的 J507 SHA 焊条或焊丝，须按照 GB/T 3965 进行扩散氢复验，扩散氢含量应小于 5mL/100g。

④ 焊接工艺评定：需立焊焊接工艺评定一项（试板热处理时应考虑制造、现场以前返修、此次热处理的累加时间）。

⑤ 焊工资格：需具备焊接立焊、横焊资格，且按《压力容器压力管道焊工考试规则》考试合格，由省级以上技术监督部门发证的焊工担任。

⑥ 焊接电源：直流反接。

⑦ 焊接参数：见表 10-10。

表 10-10 补焊焊接工艺

焊接位置	规格/mm	焊接电流/A	焊接电压/V	焊接速度/mm·min^{-1}	线能量/kJ·mm^{-1}	层间温度/℃
立焊打底	ϕ3.2	60～80	20～22	≥60	2.0～3.5	150
立焊	ϕ4.0	80～110	20～24	≥60	2.4～4.2	150
横焊	ϕ4.0	80～110	20～24	≥120	2.4～4.2	150

注：或者以焊接工艺评定合格的焊接参数制定。

⑧ 焊后热处理。

后热：焊后将焊接部位及周边150mm范围加热至300℃保温2h后缓冷至室温（如焊后立即进行消应力热处理此项工序可省略）。焊后对补焊焊缝进行100%UT和100%MT。

消应力热处理：焊后无损检测确认修复部位无缺陷后，对球罐应进行整体热处理。热处理参数为：升降温速度≤200℃/h、温度620℃±10℃、保温时间2h。

热处理后，原则上不允许再动焊。

⑨ 复检。

压力试验：热处理后按图纸技术要求进行压力试验。

无损检测：压力试验合格后，对焊接部位进行100%UT、100%MT复检，对于复检发现的裂纹须打磨消除。

硬度检测：检查焊缝及热影响区硬度，硬度值应小于200HB。硬度测试完成后，须打磨消除硬度测点的冲击痕，对硬度异常部位进行金相检测，组织中不得有马氏体相存在，否则应打磨消除或重新进行热处理。

复检后需要动焊修复的部位，可进行局部焊后热处理。

⑩ 耐压试验：采用洁净水，水温不得低于5℃，试验压力为设计压力或核定的最高使用压力的1.25倍，必要时在水压试验过程中可对球罐进行声发射检测，以确定保留的缺陷的活动性。

(6) 修复效果

采用上述方法修复了遭受湿硫化氢腐蚀的200～400m^3液态烃球罐10余台。对于修复后的球罐的运行，要求监测罐内游离水中的S^{2-}含量，其含量应低于50mg/L（即1.56mol/m^3），严禁未脱硫、脱水的液态烃进入球罐，游离水中CN^-和NH_4^+、有机胺含量均应在10mg·L^{-1}以下、pH值应为6～8。事故状态下，如H_2S超标，超标的液态烃只能进入指定的球罐，事后应尽快安排对该球罐的内部检验。

经10年来的跟踪检验，发现经喷砂处理过的球罐开裂倾向明显降低，即使在介质中H_2S含量超标的情况下，球罐内表面焊缝开裂和母材氢鼓包的数量较未经喷砂处理的要低90%以上，裂纹的深度一般都小于1mm。未补焊的凹坑部位未发现裂纹。

采用J507 SHA焊条补焊部位几乎没有开裂，而用普通J507焊条补焊的部位有不同程度的开裂。

(7) 结论

通过以上分析，该球罐开裂泄漏是一起典型的湿硫化氢应力腐蚀氢致开裂事故。

(8) 建议

要防止硫化氢应力腐蚀氢致开裂事故的发生，必须从材料、介质、应力三方面着手采取措施。提出如下建议：

① 严格按照有关压力容器定期检验的要求进行首次开罐检验。该球罐在使用1年时间内如按时进行开罐检查，就会及时发现问题，也不至于使裂纹扩展到贯穿整个壁厚而泄漏。

② 对于盛装硫化氢含量高的介质球罐，可采取热喷涂复合涂层或有机涂层等保护措施。

③ 对采用16MnR制造盛装LPG的球罐，焊后热处理后有必要对其进行焊缝金相组织检查和硬度检查，以确认其热处理质量。

④ 加强对操作的控制，对于使用低合金钢制造的球罐，控制进入球罐的液化石油气中H_2S和游离水中的S^{2-}含量，是防止球罐开裂的根本性措施。必须严格控制液化石油气游离水中的H_2S含量小于50mg/L。

管理者应对H_2S腐蚀问题有足够的认识，球罐制造质量低劣、整体焊后热处理失控可能导致球罐在湿H_2S介质对开裂敏感，但制约球罐安全运行的重要因素是介质的H_2S含量及其他有害介质（如氨、有机胺、CN^-）的含量，对于已发生过 SSCC 的球罐，更应谨慎控制介质中的 H_2S 含量。而对发生了 SSCC 的球罐，也不能仅仅是消除发现的裂纹了事，必须对球罐内壁进行全面的喷砂处理，才是保证减少将来球罐开裂的风险，否则，金属表面的硫化物腐蚀产物还将在使用过程中参加腐蚀反应而放出 H_2S，继续导致球罐的开裂。

16MnR（HIC）是抗湿硫化氢腐蚀的专用钢种，目前还没有使用该钢种制造液态烃球罐的报道，建议使用 16MnR（HIC）材料制造有湿 H_2S 腐蚀的球罐，可减少这类球罐发生 SSCC、HB 和 HIC 风险，减少相应的维修工作。

10.9 压力容器失效预防研究

10.9.1 风险评估

TSG R0004 第 3.6 条风险评估规定：对第Ⅲ类压力容器，设计时应当出具包括主要失效模式和风险控制等内容的风险评估报告。对与含有缺陷的压力容器适用性评价，也是基于风险的评估的基础上进行的。

GB 150.1 附录 F F.3 风险评估报告内容包括所有操作、设计条件下可能发生的危害，如：爆炸、泄漏、破损、变形等。GB 150.4 第 4.2 条，压力容器制造过程中的风险预防和控制对于报告单位出具了风险评估报告的压力容器，制造单位应当根据风险评估报告提出的主要失效模式、容器制造检验要求和建议，完成下述工作：a. 合理地确定制造好检验工艺；b. 风险评估报告中给出的失效模式和防护措施应在产品质量证明文件中予以体现。

在役压力容器都不可避免地存在不同程度的缺陷，但不可能对所有含缺陷压力容器都进行更换或返修，所以，为了防止事故发生，必须对含缺陷压力容器进行安全评定。建立在役压力容器缺陷数据库及评定决策支持，对安全、经济、合理地使用、管理、检验、修理、改造、更新在役压力容器，是十分急迫和必要的。20 世纪 90 年代初期，欧美 20 余家石化企业集团共同发起资助 API 开展 RBI 在石化企业的应用研究工作，将其运用到压力容器与管道方面，提高设备的可靠性，延长设备检修周期，降低设备维修费用，具有在保证设备安全性的基础上显著降低成本的效果，引起了各个方面的关注和重视。

危险是客观存在，是无法改变的，而风险却在很大程度上随着人们的意志而改变，亦即按照人们的意志可以改变危险出现或事故发生的概率，一旦出现危险，由于改进防范措施而改变损失的程度。风险管理的风险评估过程由风险识别、风险分析和风险评价 3 个步骤组成，每个步骤都有相应的多种方法，以适用不同的环境。

对于风险分析和风险评价的结果，人们往往认为风险越小越好，实际上这是一个错误的观念。因为，从经济学的角度来说，对于任何产品的使用都要承担一定的失效风险。减少风险是要付出代价的，无论减少危险发生的概率，还是采取防范措施使事故造成的损失下降，都要投入资金、技术和劳务。通常的做法是根据影响风险的因素，经过优化，寻求最佳的投资方案，将风险限定在一个合理的、可接受的水平上。“风险与利益间要取得平衡”、“不接受不必要的风险”、“接受合理的风险”这些都是风险接受的原则。因此，失效也是人们必须承受的不可避免的风险。利用风险工程学可以帮助人们了解工程系统失效的形式，控制危险及对危险采取相应的措施，使工程取得成功。

风险研究由两部分组成：一是危险事件出现的概率；二是一旦危险出现，其后果的严重程度和损失的大小。风险工程学的研究内容和方法随不同工业类别或工艺过程、装置的不同而异。但是，作为一门学科，除了有针对性研究各个工业领域风险的个性问题外，在共性问题或方法上，近年来成为研究的热点，并且日益受到人们的重视。

风险工程学（risk engineering）是一门包括可靠性工程学、失效分析、失效预测和预防、结构完整性评价的新兴学科和工业经济预测与决策等，具有跨学科的特点，是将危险转化为安全的学科。它涉及系统复杂性和工程动力学的风险工程、风险设计、风险评价、风险接受度、风险管理、工程经济价格风险、计划风险、风险集成与计算机模拟、环境保护、人员潜在病害和相关规范、标准的判定等。

定量风险评估作为一种工程技术手段，是最为复杂的风险评估技术之一，很好地揭示了意外事故发生的机理和防护措施对降低风险的作用。具体过程为7个步骤：

① 评估准备；

② 资料收集，汇总；

③ 危险辨识；

④ 失效频率分析；

⑤ 失效后果分析；

⑥ 风险计算；

⑦ 风险评估。

10.9.2 检测和评定方法研究

10.9.2.1 世界各国缺陷评定规范的发展

1971年，美国公布了世界上第一部压力容器缺陷的评定规范，从此拉开了世界各国制定压力容器缺陷评定规范的序幕。我国自20世纪80年代以来开展了较大规模的压力容器失效分析及预防研究，成立了许多专门的失效分析研究机构，作了大量的压力容器失效机理分析和失效预防研究、使用状况调查等工作。如我国组织20多个科研院所和高校编制完成我国第一部《压力容器缺陷评定规范》（CVDA-1984），采用CTOD（裂纹尖端张开位移，crack tip opening displacement）准则，即以COD设计曲线方法作为评定缺陷的准则，真实地反映了当时压力容器评定工作的技术水平。2005年6月实施的GB/T 19624是一种适用于工程实际的安全评定方法，它基于“最弱环”与“合乎使用”的原则，用于判断在役含缺陷管道及压力容器是否能够在实际的使用工作条件下继续安全使用，该规范已进行了大量的缺陷分析和缺陷安全评定，解决了大量的安全问题，深受企业欢迎。近年来国际上提出了考虑弹塑性变形的三级评定方法，主要国内外压力容器及管道失效评定规范见表10-11。目前得到工程很好验证并普遍采用的主要有API 579、R6、SINTAP以及BS7910等。

表10-11 国内外压力容器及管道失效评定规范

颁布者	规范代号	规范名称
ASME	第Ⅲ卷附录G、第Ⅺ卷附录A	ASME锅炉压力容器规范
IIW	IIW	按脆断破坏观点建议的缺陷评定方法
日本	WES2805	按脆断评定的焊接缺陷验收标准
英国焊接标准协会	WEE/37	焊接缺陷验收标准若干方法指南
英国标准协会	BSI PD6493	焊接缺陷验收标准若干方法指南
英国中央电力局	CGEB R/H/R6	有缺陷结构完整性评定
美国电力研究院	EPRI	含缺陷核容器及管道完整性评定方法
德国焊接协会	DVS2401-1	焊接接头缺陷的断裂力学评定
英国标准协会	BS 7910	金属结构中缺陷验收评定方法导则
欧盟委员会	SINTAP	工业结构完整性评定方法

续表

颁布者	规范代号	规范名称
API	API 579	推荐用于合乎使用的实施方法
中国	CVDA	压力容器缺陷评定规范
中国	GB/T 19624	在用含缺陷压力容器安全评定

华东理工大学李培宁教授对世界各国缺陷评定规范进行了跟踪研究，西方国家的这些标准、规范都有一个长期工作的组织对其进行不断的更新。近年来国际上广泛地将缺陷评定及安全评定称之为完整性评定或“合乎使用”评定，不仅包括超标缺陷的安全评估，还包括环境影响和材料退化的安全评估。在广度方面新增了高温评定、腐蚀评定、塑性评定、材料退化评定、概率评定和风险评估等内容。在纵深方面，弹塑性断裂、疲劳、冲击动载和止裂评定、极限载荷分析、微观断裂分析、无损检测技术等方面均取得很大的进展。按“合乎使用”原则建立的结构完整性技术及其相应的工程安全评定规程（或方法）越来越走向成熟，已在国际上形成了一个分支学科。

在评定规范和方法方面，R6-Rev. 4：2001 是在英国 British Energy（英国核电公司）、BNFL（英国核燃料公司）及 AEA（英国原子能管理局）组成的结构完整性评定规程联合体下的 R6 研究组编制的。英国的 R6 规范第 3 版（1986）和 PD 6493：1991 对我国压力容器安全评定规范 SAPV—95 的建立起过很重要的作用。根据多年的研究成果，包括 SINTAP 的欧洲统一安全评定方法的研究成果，于 2000 年发表了修正版，PD 6493：1991 已与 PD 6539：1994（高温评定方法）合并，取消了 PD 代号而正式列入正规的英国标准，称为 BS 7910—1999（现 BS 7910—2013 Guide to methods for assessing the acceptability of flaws in metallic structures，金属结构裂纹验收评定方法指南）。

瑞典的缺陷评定规范（手册），德国 CKSS 研究中心 1991 年发表了 EFAM ETM 的工程缺陷评定方法，法国在其“核电厂部件在役检验规则”（RSE-M Code）的第 5 章中给出了“缺陷评定方法”。1996 年瑞典给出了“带裂纹构件安全评定规程-手册 SA/FoU-Report 的修订版”。

欧洲委员会（European Comsertium）组织欧洲 9 个国家 17 个组织研究，于 1999 年 4 月完成了 SINTAP（Structural integrity assessment procedure，欧洲工业结构完整性评定方法）编写，已于 2000 年发表并已成为一个未来欧洲统一标准的草稿。SINTAP、R6、BS790 的工业背景主要是电站（包括核电）及海洋石油平台，它们的发展主要反映了缺陷的断裂评定技术（包括塑性失效评定）和疲劳评定技术的发展。SINTAP 分为 4 章，第 1 章介绍了总的方法和规程。SINTAP 采用了失效评定图（FAD）和裂纹推动力（CDF）的两类分析方法。FAD 的关键是失效评定曲线，$f(L_r)$，只要评定点（L_r，K_r）落在 FAD 图内的安全区，则缺陷就是安全的。CDF 是直接按 $J<J_{IC}$的判据来进行评定的，尽管 CDF 法和 FAD 法形式上有所不同，但实质是一样的。美国石油学会于 2000 年颁布 API RP 579，工业背景是石油化工承压设备，特点是更多反映了石油化工在役设备安全评估的需要，反映结构完整性评定技术研究范围有了很大的拓宽。鉴于世界各国缺陷评定规范的迅速发展，《International Journal of Pressure Vessel and Piping》期刊于 2000 年发了名为《缺陷评定方法》的专刊，介绍了国际上 10 个缺陷评定规范的进展，其中也包括了我国的 SAPV—95。

ASME 锅炉压力容器规范是“一部具有国际性的规范”，为我国锅炉、压力容器研究、设计、制造、安装、检验、使用、教学单位广泛应用。

近年来，美国结构完整性评定技术也有很大发展，在规范中最引人注目的是 API RP 579 和 API RP 580。美国初期的承压设备标准主要是关于新设备的设计、制造、检验的规则，并不提及在役设备的退化和使用中发现的新生缺陷和原始制造缺陷的处理问题。后来制定了一些在役检验规范，如 API 510、API 570 和 API 653，这些规范给出了有关在役设备检验、修理、更换或改造、评定的原则和方法，但实践中发现仍然存在着不少不能解决的问题。为此制定了 API RP 579，API RP 579 与其他标准不同之处是不仅包括在役设备缺陷安全评估，还在很广的范围内给出了在役设备及其材料的退化损伤的安全评估方法，包括：第 4 章均匀腐蚀的评定；第 5 章局部减薄及槽状缺陷的评定；第 6 章点蚀的评定；第 7 章鼓泡及分层的评定；第 10 章高温蠕变操作组件的评定；第 11 章火灾对设备造成损伤的评定。API RP 579 提供了良好的合乎使用的评定方法，保证给出可靠的寿命预测，帮助在用设备优化维修及操作，保证旧设备有效提高经济服务的期限，保障在役设备继续工作的安全。这一规程和 API RP 580 的结合将能提供风险评估、确定检验的优先次序和维修计划。

10.9.2.2 我国缺陷评定规范的发展

我国参加了许多国际间的失效分析合作，以此促进了我国与国际组织的信息资源共享。如我国参加尤里卡项目的研究将获得尤里卡计划大量的科技信息，并可促进欧洲科研机构、企业与我合作。葡萄牙焊接与质量研究所（ISQ）倡导联合中国、荷兰、巴西等国家的有关单位向尤里卡委员会联合申请新材料领域“腐蚀失效分析方法在工业装置维护中的应用”项目。葡方作为项目牵头单位、中方作为参加单位。这个项目是我国首次参与欧洲尤里卡项目的研究工作，科技部是中国参与欧洲尤里卡项目的归口单位，国家腐蚀与防护工程技术研究中心的依托单位中科院金属腐蚀防护研究所为组长单位牵头负责这项工作。

CSEI（中国特种设备检测研究院）的国家重点科技攻关课题《压力容器及管道事故预防检测技术》取得重大进展，各种监测技术已方便、快捷和高效使用，该项目主要针对石油化工、化工生产中压力容器和管道含超标缺陷的安全评定，设备的剩余寿命预测、失效分析。对降低设备更新和报废率，提高设备的科学管理水平，降低或缩短设备返修费用和时间，减少设备的隐患，确保设备的安全运行，充分发挥设备的潜力具有重要意义，在生产实践中得到广泛的应用，获得了数十亿元的经济效益。

在用含缺陷压力容器安全评定将安定性概念应用到压力容器体积型缺陷的安全评定中，并提出了安全可行的体积型缺陷评定方法，该成果应用于压力容器表面裂纹打磨成凹坑的安全评定。《压力容器极限与安定性分析及体积型缺陷安全评估工程方法研究》提出了凹坑、气孔、夹渣等压力容器塑性失稳评定方法，建立了模糊疲劳评定图，汇集了 60 种结构载荷条件下极限与安全性载荷的解析公式，提出了 3 种计算程序，实现了复杂结构的计算机求解。由吉林化工学院、吉化公司合作的压力容器焊缝区缺陷安全评定试验研究项目用弹塑性断裂力学 J 积分的失效评定曲线方法，对压力容器及管线焊缝缺陷进行评定，对实际评价工作具有指导意义。清华大学力学系徐秉业教授，创立了含缺陷压力容器塑性极限分析的高效计算技术以及相应的安全评估方法，给出了极限载荷的工程计算公式，解放了一大批按常规须报废的在役设备。“八五”攻关课题《在役锅炉压力容器安全评估与爆炸预防技术研究》完成了《在役含缺陷压力容器安全评定规程》的编写，并已形成国家标准 GB/T 19624。《典型压力容器结构及常见缺陷处应力分析及应用图谱研究》针对实际工程绘出了 260 多组典型结构载荷组合的应力图谱，出版了《典型压力容器结构应力图谱》。《在役锅炉压力容器常见缺陷分类统计研究》给出了常见缺陷状况及缺陷发生、发展规律。开发了“在用锅炉压力容器定期检验跟踪系统”，对锅炉压力容器安全决策及事故预防起到重要指导作用。《锅炉压力容器失效分析研究》提出了压力容器爆破失效的能量反推技术和薄壁容器塑性失稳破坏的判定方法。《声发射技术在在用压力容器检验中的应用》、《在役压力容器危险性缺陷声发射检测、监测、评估技术研究与设备研制》中提出的提出了金属压力容器声发射检验与评价方法及球罐开罐检验大纲，相应的 GB/T 18182 已于 2013 年 7 月 1 日开始实施。《超高压反应容器无损检测技术的试验研究》提出了从外表面检测超高压反应容器内部及内表面缺陷的方法，该成果已广泛应用于人造水晶釜的缺陷检测。《X射线实时成像检测系统应用研究》形成了标准GB/T 17925和GB/T 19293。《锅炉压力容器爆炸与失效案例安全评估数据及其分析管理系统研究》建立了断裂韧性数据库（13个钢号的178组断裂韧性数据）、爆炸与失效案例库（1000个案例）和安全检验信息库（5065台在用设备检验信息），该成果已服务于锅炉压力容器安全监察、检验与管理工作。《国内外锅炉压力容器安全监察与检验体制及法规标准体系研究》对中、美、日、德、英、法等国锅炉压力容器安全监察体制和法规标准体系进行了综合分析与论述。出版了《国内外锅炉压力容器安全监察与法规标准综论》。开发了典型压力容器结构及常见缺陷处应力分析软件、压力容器应力与极限载荷分析软件、全自动压力容器有限元应力分析软件、超高压水晶釜应力分析软件等。

中石化在全国成立了兰州设备失效分析及预防研究中心等6个中心，为全国的石化企业进行失效分析及预防研究，组织兰州和合肥等中心对部分石化企业的在用液化石油气球罐和在用压力容器与管道使用现状和缺陷状况进行分析及失效预防对策研究。兰州石油机械研究所经多年试验研究、现场实践，利用端点回波法以及超声波在裂纹尖端产生衍射回波的机理，建立了一套以长焦柱大功率的分割式双晶直探头为主，结合小芯片（K1～1.7）单斜探头的检测方法。经专家鉴定和实践检验，这种方法是目前有效的多层厚壁容器环焊缝的超声检测方法。合肥通用机械研究所的国家“九五”科技攻关计划专题“在役重要压力容器寿命预测技术研究”项目对压力容器在典型介质环境下应力腐蚀开裂、腐蚀疲劳裂纹扩展、氢损伤及应变疲劳裂纹扩展的规律研究、失效机理分析、表面涂层技术应用以及将断裂力学为基础的安全评估方法与表面技术为基础的涂层方法相结合进行压力容器综合延寿等方面取得重大进展，初步解决了腐蚀环境作用下带缺陷压力容器安全评估与寿命预测的难题。《压力容器接管断裂与疲劳试验研究》、《容器中高应变梯度状态下裂纹断裂疲劳规律试验研究》、《带缺陷压力容器安全性评定研究》、《在役压力容器接管高应变区（含角焊缝）安全评估技术研究》、《在役重要压力容器寿命预测技术研究》等研究已得到具体的应用。

北京航空航天大学钟群鹏院士等的“装备的重大事故失效模式、原因和机理的分析诊断理论、技术和方法”项目将机械装备重大事故的事后分析诊断和重大隐患的事先的安全评定相结合。研究成果已经在航空航天领域、石油化工领域和其他领域等得到很好的应用，并已取得重大的社会、军事和经济效益。主要技术特点是：

① 机械装备重大事故的模式诊断和原因诊断相互联系；

② 重大事故残骸断口分析中的宏观特征判据和微观机理研究相互结合；

③ 机械装备重大事故原因分析诊断中的定性方法和定量方法互为补充；

④ 机械装备重大隐患安全评定技术中物理诊断方法和力学诊断方法相互呼应；

⑤ 安全评定方法中断裂评定、塑性失效评定和疲劳评定相并重。

这些项目主要针对压力容器和管道含超标缺陷的安全评定、剩余寿命分析、失效分析，对确保设备的安全运行、降低更新和报废率、提高设备的科学管理水平、缩短维修时间、降低维修费用、减少设备的隐患、充分发挥设备的潜力具有重要意义，这些成果将大力推动企业设备的安全保障工作。

10.9.3 腐蚀监检测与腐蚀控制

应用腐蚀经济学原理，走综合治理的道路，是控制腐蚀的根本方法。

腐蚀监检测与腐蚀控制是设备运行中防腐的两个重要组成部分，但长期以来并未得到均衡发展和获得同等重视。腐蚀监测主要目的是控制腐蚀的发生与发展，使设备处于良性运行状态，可以为失效分析和预防提供以下依据：

① 判断腐蚀程度、腐蚀形态和腐蚀进程；

② 监测腐蚀控制的有效性；

③ 对腐蚀产生的系统隐患进行预警；

④ 评价设备使用状态，预测设备的使用寿命；

⑤ 为制定设备检维修计划提供依据。

近几年，我国大量炼制高硫原油，设备腐蚀问题突出，腐蚀带来的严重经济损失和安全隐患使企业愈加感到棘手。当人们努力寻找防腐有效途径时，腐蚀监检测作为防腐的基础工作得到了企业特别的关注和重视，使压力容器在线腐蚀监检测技术成为监控和预防压力容器发生腐蚀失效的重要手段。腐蚀监检测可以分为两大类：一是在设备运行一段时间后的定期无损检验，主要是为了控制危险性和防止突发事故，获得的是腐蚀结果，离线无损检测已成为腐蚀监检测的一部分；二是检测因介质作用使设备发生的腐蚀速率，获得的是设备腐蚀过程的有关信息，以及操作参数与设备运行状态之间相互联系的数据，并依此调整操作参数，称为腐蚀的在线监测。

传统的腐蚀监检测方法主要有：挂片法、电阻探针法、电化学法、磁感法等。现代的腐蚀监测实践经验大部分来自化学、石油化学、炼油、动力等领域，在这些工业中，腐蚀行为可以通过各种无损方法监测，如超声波法、声发射法、电位法、电阻法、线性极化法、电偶法、电位监测法、红外成像、射线技术及各种探针技术。近年来出现的新的监测技术有交流阻抗技术、恒电量技术、电化学噪声技术和超声波测量技术等。由于腐蚀监检测是腐蚀控制工作的前提及设备管理工作的基础，企业首先应重视培养专业队伍，腐蚀监检测必将为企业带来巨大的经济效益。

对压力容器进行在线检测确定发现腐蚀损伤的部位和确定腐蚀的实际状况，是近年来被广泛采用的压力容器腐蚀控制方法。腐蚀监测理论和技术在40多年里虽然取得了一定的发展，但由于管理者对腐蚀监测缺乏正确认识和其在技术上难度较大，工业应用却远不如防护技术发展那么迅速。国际上自20世纪80年代起，对腐蚀监测有了更深刻的认识，防患于未然得到广泛认同。美国、英国等石油、化学公司将各种腐蚀监测技术用于精炼、水处理、缓蚀剂研究、管道监测。据1998年国内的一次防腐工作会议介绍，日本千叶炼油厂建立了全厂腐蚀监测网，这个覆盖全厂的腐蚀监测网络为企业带来了安全生产10多年无事故。这一消息对国内的石油化工行业和腐蚀科技界产生了不小的震撼，也得到了许多启发，对推动国内的腐蚀监测向纵深发展起了不可低估的作用。中国科学院金属研究所国家金属腐蚀控制工程技术研究中心郑立群高级工程师综述了国际腐蚀监检测的发展，详细论述了国内腐蚀监检测技术的研究及应用状况。

我国对石油化工腐蚀监检测技术及应用现状进行了调查，总体情况是石油化工行业很重视腐蚀在线监测工作，在技术上取得了一些突破性进展，如“高温部位的腐蚀监测技术的研究”等。2000年由中石化集团公司立项，由中国科学院金属研究所和镇海炼油化工有限公司合作研究的电阻探针腐蚀实时在线监测技术已在现场安装使用。2001年镇海炼油化工有限公司、上海炼油厂等单位，分别建立了常减压装置腐蚀实时在线监测网、减三减四线高温腐蚀在线监测系统、初馏塔顶空冷器进出口腐蚀实时在线监测系统、减压塔顶空冷器管束腐蚀状况实时监测系统。这些单位在腐蚀的在线监测方面为行业提供了成功的经验，许多企业坚持长年对设备定期定点测厚，对预防突发事故起了重要作用。存在的问题是许多企业对建立腐蚀监检测数据库缺乏重视，专业人才不稳定带来工作不连续或整体水平得不到持续发展。

10.9.4 合理选材的重要性

随着压力容器设计和制造技术的发展，加上工艺过程的复杂化、介质腐蚀性和毒性增加，操作条件越来越苛刻，这就给压力容器的选材提出了更高的要求。容器用钢不但要具有合适的力学性能，还要有适宜的抗介质腐蚀性能。正确选材，是压力容器结构优化的关键和安全运行的根本保证。因选材不当、材料本身缺陷或对材料的不当处理引发的事故很多，如选材不当可能导致设备在低应力下因材料的韧性下降而发生爆裂或因腐蚀而发生破裂。在选材中应着重进行的工作有：

① 全面分析容器的使用介质，特别是杂质的种类和含量。

② 全面分析设备的操作工艺参数，设备的结构特点。不可忽视设备的开停工操作对腐蚀的影响。

③ 掌握材料工艺性能。

④ 对新材料的选用要格外慎重，应在 GB 150 等国家标准和其他有效的行业标准、国外标准中尽可能地选用成熟的、有类似使用经验的材料，并按相关标准选用适宜的焊接材料和焊接工艺、热处理工艺。制造前对材料进行化学成分、力学性能、金相组织等复验。

⑤ 谨慎选用容器内壁选用非金属覆盖层、金属涂镀层或耐蚀合金衬里防腐。当采用非金属覆盖层或金属涂镀层防腐时，容器内壁的表面处理是控制覆盖层和涂镀层的质量关键，焊缝须打磨平整。选用耐蚀合金衬里，须考虑其与基体材料热处理的匹配性。

⑥ 过分强调材料的抗腐蚀性能和设备寿命亦是不妥当的，应从腐蚀经济学的角度对选材和其腐蚀控制方法进行分析，按经济合理性进行选材，过长的设备寿命将妨碍技术进步。

⑦ 严格管理材料，防止误用。

⑧ 设备维修、改造使用代用材料时要慎重。

随着科学技术的发展，发展新材料是当今国际材料界关注的突出热点，石油化学工业设备已使用或可选用的材料也越来越多。面对我国加入 WTO 的新形势，大量国外金属材料和设备进入我国，石油化工企业如何把好进口材料和设备的质量关？设计、制造单位如何正确地选材？腐蚀工程师如何正确地评价设备腐蚀与防护监控的有效性、评估防腐技术及经济效益、预测设备的使用寿命？除了加强材料的基础研究投资外，还要重视材料应用中数据库的建立，这是发展新材料与改善现有材料使用状况的基础，是选材与用材的依据，是优化材料应用的必要条件。

材料数据库能为压力容器的设计和制造设备选材、材料评价、维修、更换、设备腐蚀与控制，预测设备、装置的使用寿命，评估防腐技术及经济效益提供依据。对金属材料腐蚀数据进行存储，可用实验室腐蚀数据，通过极值统计方法建立数学模型，与数据库内数据进行比较，为工程防护及使用提供必要依据。可以通过对有效监测数据的分析和比较得出设备现状和寿命的预测，最后把现状分析和预测结果引入设计，选材、维护、保养和更换中，把腐蚀造成的事故消除在萌芽状态。20 世纪 90 年代我国开发的“金属材料腐蚀库信息系统”数据库应用计算机数据库技术和数据处理技术，建立了概率统计分析处理的数学模型，能较为方便地对腐蚀数据进行分析处理，并可绘制和打印直观的概率图，预测材料的可使用寿命。经过运行实例验证，具有良好的可扩展性和可维护性，结果与工程实际符合较好。但到目前为止，我国及国际上还没有石油化工行业的金属材料使用（选材）数据库或石油化工行业金属材料使用合理性评估专家系统。

我国冶金部门制定的“冶金科技发展指南（2000～2005 年）”明确了低合金钢、合金钢的发展方向。具体推广和研究的目标是：低合金钢、合金钢材料和技术推广，高硫、高氯离子原油精炼用经济耐热钢；16Mn 系列（桥梁、容器、锅炉等用）钢成分、工艺、组织、性能优化；稀土在钢中微合金化机理以及提高高强度钢的抗氢脆延迟断裂机理；低合金钢、合金钢前沿材料和技术有新一代超级钢铁材料，包括高强高韧钢、超级不锈钢、超级耐热钢；低合金钢、合金钢材表面非晶化实用技术；低合金钢、合金钢材料设计、断裂、腐蚀和磨损寿命预测和失效分析专家系统。

一般奥氏体不锈钢不耐湿 H_2S 和 Cl^- 的应力腐蚀。20R、Q235、20 钢等，在湿 H_2S 环境中的腐蚀速率比低合金钢材料更大。Q345R（16MnR）由于其 Mn 含量高，对硫化物更敏感，国内通常将其应用于 H_2S 浓度限制在 50×10^{-6} 以下，或者尽量不用。12CrMoR，15CrMoR，1.25Cr1Mo 等材料有很好的耐氢腐蚀能力和一定的抗硫作用，但对湿 H_2S 腐蚀，仍不够理想。在 H_2S 应力腐蚀方面，为提高钢的抗湿 H_2S 性能，高纯净钢种已得到广泛应用，如 Q345R（HIC）、14Cr1MoR（HIC）等，这些钢的特点是：

① 减少夹杂物，限制钢中硫含量，使 $S\leqslant0.002\%$；

② 限制钢中的含氧量，使其 $\leqslant0.002\%$；

③ 限制钢中的磷含量，尽量使其 $\leqslant0.008\%$；

④ 限制钢中的镍含量；

⑤ 在满足钢板的力学性能条件下，应尽可能降低钢的碳含量；

⑥ 加入稀土元素和改进冶金工艺，使夹杂物形态呈球形，减少氢致开裂的敏感性。

10.9.5 腐蚀研究和评价

人们在使用材料的过程中，逐步认识了导致材料腐蚀的各种内部与外部原因，选择了一些实用方法，以控制材料腐蚀发生和发展的速度与程度、或腐蚀的类型。

近年来，腐蚀界在不锈钢的钝化与局部腐蚀、硫化氢应力腐蚀开裂、应力作用下的腐蚀与防护、腐蚀断裂力学、腐蚀疲劳、高温腐蚀、表面保护技术、腐蚀监检测技术、腐蚀经济学等方面取得了很大的进展。应用现代腐蚀科学，已基本上可以对绝大多数压力容器的腐蚀失效作出合理的解释和提出合理、经济的防护措施。

近年来，从断裂化学角度，建立了描述扩展着的腐蚀疲劳裂纹内与裂纹尖端的化学与电化学条件的两维数学模型，创立了相应参量的连续测量技术。这是目前国际上唯一可以连续监测到和计算出扩展着的裂纹内及尖端的 pH 值、电极电位分布的方法。国内外许多专家如肖纪美、R. Pelloux、A. Turnbull、R. Latanision 等人均给予了很高评价，认为对腐蚀疲劳机理、断裂化学研究和工程结构寿命预测具有重要推动作用，并提出了环境断裂动力学的概念，以此为断裂控制的基础，建立了可囊括多个理论与实验模型的非线性疲劳累积损伤理论模型（过去的许多理论和实验模型均是本模型的特例），提出了疲劳强度模糊可靠性设计方法学。

应用“石化设备适应性评估技术或在线安全评定技术（fitness-for-service technology for petrochemical equipment，简称 FFS 技术）”对含体积缺陷（如全面腐蚀、局部腐蚀、复杂磨蚀、点蚀、氢鼓包和夹杂物等）或含面积缺陷（硫化物应力开裂、氢致开裂、应力腐蚀、焊接热影响区开裂、腐蚀疲劳、未焊透等）的压力容器进行安全性定量工程评定是近年来发展、完善和被广泛接受的并形成规范的一项新技术。

10.9.6 我国设备失效分析及预防研究中心简介

1995 年，中国石油化工总公司在全国范围内成立了 6 个设备失效分析及预防研究中心，中心的主要任务是积极开展石化设备的失效分析及预防研究工作。利用失效分析、预测、预防技术为石化企业及时解决在生产过程中出现的各种设备问题，提高设备的科学管理水平，确保石化设备的安全、可靠运行。

(1) 兰州设备失效分析及预防研究中心

该中心挂靠在兰州石油机械研究所（甘肃蓝科石化高新装备股份有限公司）。中心取得了国家质量监督检验检疫总局颁发的《锅炉压力容器检验许可证》、《计量认证合格证》和甘肃省劳动厅《在用锅炉压力容器安全阀检验许可证》、中国海洋总公司颁发《压力容器检验许可证》，还取得了中国船级社质量认证公司颁发的“质量体系认证证书”、中国船级社质量认证中心颁发的“质量体系认证证书”、中国实验室国家国家认可委员会和国家质量技术监督检验检疫总局颁发的“实验室认可证书”。

中心理化检测室可以进行材料力学、金相组织、电镜分析、能谱分析、色谱分析、材料化学成分和腐蚀研究等。有仪器设备300余台（套），其中检验设备170余台（套），固定资产原值约5000余万元。人员和仪器设备的配置已完全满足了一、二、三类压力容器定期检验、压力管道检验、大型常压容器检验和大型装备失效分析的需要。中心还是国家质量技术监督检验检疫总局授权的第三方监督检验机构，主要从事石油钻采炼化设备产品质量的监督检验、性能测试、产品质量争议的仲裁检验，以及产品质量体系认证检验等工作。在炼化设备方面有10个测试台架，最大介质循环量为$300m^3 \cdot h^{-1}$，加热蒸汽量为$20t \cdot h^{-1}$。爆破坑可以进行1000MPa压力的容器爆破试验。引进国外先进测试仪器设备实现了计算机集中采集、数据处理，具有先进的测试精度。

中心是专门从事石化设备检验、安全评定、失效分析、修复及失效预防的综合性研究机构。近年来，主要是为油田、炼油化工厂等企业提供了设备检测、失效分析服务和技术支持。在热壁加氢反应器、焦炭塔、炭黑洗涤塔、再生器、气化炉、大型硫冷器、尿素合成塔、氨合成塔、大型球罐、高压换热器、高压氢储罐等临氢设备、超高压管线检测和聚乙烯超高压反应釜等重要压力容器的失效分析和检验、评定方面取得了丰硕成果，多次为用户解决了在用压力容器安全使用中的设备技术难题。

(2) 合肥设备失效分析及预防研究中心

该中心挂靠在合肥通用机械研究所。合肥通用机械研究所是国内最早从事断裂力学试验研究的单位之一，对$110kt \cdot h^{-1}$尿素合成塔、ϕ1010mm $80kt \cdot h^{-1}$氨合成塔、$670t \cdot h^{-1}$锅炉汽包、ϕ700mm氨分离器，再生器和沉降器，$8250m^3$液氨球罐，热壁加氢反应器和焦炭塔等800余台设备采用我国规范或世界其他国家规范进行缺陷评定。中心自成立以来，进行了大量旨在保障设备安全运行的调查、分析、技术研究与开发工作。1995～1996年，对原中石化所属35家大型企业54346台压力容器基本情况进行了调查。1997年10月，对原中石化所属36家企业的1166台高强钢压力容器使用状况进行了调查。参加了2000年10月中国石化所属30家企业的686台在用液化石油气球罐使用状况调查。用超声技术从外壁检测内壁应力腐蚀裂纹的深度和位置，并实现了带温在线检测。对在用催化再生器、沉降器、加氢装置、焦炭塔进行了检验、检测，开展了堆焊层剥离、层下裂纹、堆焊层内裂纹的超声检测、氢腐蚀、氢损伤测试工作。对焦炭塔鼓胀变形、热疲劳裂纹等进行检测、分析和评定。开展了多层包扎式高压容器的声发射检测与评定。

(3) 沈阳设备失效分析及预防研究中心

该中心挂靠在中国科学院金属研究所。中心成立前后，为诸多石化企业解决了近百例重要设备或部件的失效分析和安全评估。例如，油泵蒸汽换热器破裂分析、柴油加氢换热器腐蚀失效分析、烷基苯脱氢装置加热炉炉管失效分析、催化裂化装置再吸收塔填料腐蚀失效分析、复水器换热管泄漏原因分析、脱硫装置汽提塔无损检测与安全评估等。1997年中心受中石化总公司委托，对9家石化公司、炼油厂的高强钢压力容器及工业管道使用情况进行了系统的调查，并提出了合理的建议。中心还参加了欧洲EUREKA项目“工业装置腐蚀失效分析方法”的软件开发工作，目的是开发一种对设备的腐蚀开裂倾向作出判断，对腐蚀开裂行为进行失效分析并提出控制措施的人工智能专家系统，开发了“腐蚀开裂失效分析多媒体软件工具库”。

（4）南京设备失效分析与预防研究中心

该中心挂靠在南京化工大学的部级研究中心，是中国机械工程学会失效分析分会授权的失效分析网点之一。中心拥有先进的实验装备和机器，如引进美国的MTS-880材料疲劳试验机（500kN）和MTS压力容器疲劳试验系统（40MPa），引进日本的双轴向疲劳试验机（250kN）、高温蠕变试验装置及测试系统、低温冲击试验机、材料步冷试验装置、多功能全自动密封垫片综合性能试验台、压力管道试验装置（1000kN）、金相组织测定与分析仪器。主要业务范围包括石化、化工装备的检测、监督和诊断，开发和研究石化、化工装备的失效分析、预测、预防新技术，进行寿命预测和延寿分析以及带缺陷装备、结构的安全评定。石化、化工装备事故的事后调查、分析，为事故原因提供技术资料。石化、化工装备失效机理研究，提供信息交流和可靠性工程、失效分析的普及教育和专业培训、技术咨询服务以及有关应用软件的开发和推广工作。近年来，中心瞄准先进制造技术前沿研究，积极开展过程装置的先进再制造技术的研究，集先进设备状态评价、诊断技术和先进的修复技术为一体，通过再制造技术，提高了石化装置的维修能力和延长装置的寿命。

（5）上海设备失效分析及预防研究中心

该中心挂靠在华东理工大学机械工程学院，参与了1997年北京东方红化工厂爆炸特大事故的分析，在2000年三峡工程塔带机断裂特大伤亡事故等装备重大事故原因分析诊断分析中，李培宁教授被国务院三峡建设委员会聘为事故调查专家组“断裂力学和安全评估”首席专家。在机械装备失效与事故原因分析、压力容器和压力管道安全评估与延寿技术方面的研究成果已应用于石油化工、化工、冶金、电力、燃气等领域。

第11章 压力容器的风险评估

CHAPTER 11

在工业领域，风险工程是将危险转化成为安全的工程，其最终目标是通过风险分析力争化险为夷，使工程达到尽可能的成功。危险的定义是可能产生潜在损失的征兆，没有危险就无所谓风险，危险是客观存在的，是无法改变的，而风险却在很大程度上随着人的意志而改变，即按照人们的意志，改进防范措施从而改变损失的程度。

近年来，压力容器正朝向大型化、复杂化、高参数方向发展。压力容器发生事故时不仅使容器本身受到破坏，往往还会诱发一连串恶性事故，因此在役压力容器的安全可靠性和经济性日益受到人们的重视。利用风险分析技术进行压力容器的安全评估对保障压力容器的安全运行具有重要意义，受到世界各国的重视，例如美国石油学会（American Petroleum Institute，API）制订的 API 581 基于风险的检测基本方法文件、API 580 基于风险检测的推荐实施方法、API 579 合乎使用标准、法国 BV（BUREAU VERITAS）公司的设备资产完整性管理（asset integrity management，AIM）方法等；我国的 TSG R0004—2009《固定式压力容器安全监察规程》中亦首次明确规定对于大型成套装置中的在用压力容器，可以应用基于风险的检验技术，并根据评价结果制定检验策略，确定检验周期。

当前我国许多石化企业都意识到：为保障装置的安全运行，应吸收国外研究成果，建立石化企业的风险评估方法，抓住影响企业安全的关键因素重点防范。本章拟从风险分析的一般方法着手，重点讨论压力容器风险评估技术，并给出相应的实例。

11.1 概述

11.1.1 可靠性、安全性和风险性

可靠性、安全性与风险性这 3 个术语有一定程度的重叠，往往还相互混淆。

可靠性是系统或装置在规定条件和规定时间内完成规定功能的能力。

规定条件包括使用条件、维护条件、环境条件等，规定时间是可靠性定义的核心，不谈时间就无可靠性可言，规定功能从功能、工况条件、工作时间、结构等方面描述，不能完成规定功能即为失效，对于不同的系统或装置，表征失效的主要参数是不同的，其失效机理、失效模式、失效后果也各不相同。

如果用随机变量 T 来表示系统从开始工作到发生故障的连续工作时间，用 t 表示规定时间，则系统在时刻 t 的可靠度 $R(t)$，为随机变量 T 大于时间 t 的概率，即

$$R(t)=P(T>t) \tag{11-1}$$

定义系统的不可靠度 $F(t)$；显而易见

$$F(t)=1-R(t) \tag{11-2}$$

从概率的角度，系统的不可靠度可以认为是系统的失效概率，设：失效密度函数 $f(t)$，失效率 $\lambda(t)$，则有：

$$f(t)=-\frac{\mathrm{d}R(t)}{\mathrm{d}t} \tag{11-3}$$

$$\lambda(t)=-\frac{1}{R(t)}\times\frac{\mathrm{d}R(t)}{\mathrm{d}t} \tag{11-4}$$

$$R(t)=\exp\left[-\int_0^t \lambda(t)\mathrm{d}t\right] \tag{11-5}$$

因而只要知道其失效概率密度 $\lambda(t)$，通过式（11-5）就能计算出系统的可靠性。

可靠度、失效率、失效密度函数是可靠性工程中的重要概念。在可靠性工程中（称图 11-1 为浴盆曲线），早期失效期的特点是故障率较高，且故障率随着时间的增加迅速下降，这通常是由于设计、制造的缺陷等引起的，一般常用的方法是通过筛选或试运行加以剔除。工作期又称偶然故障期，其特点是故障率很低而稳定，近似为常数，偶然故障是由偶然因素引起的，如工艺缺陷、材料缺陷、操作错误以及环境因素等造成的。耗损故障期，其特点是故障随着时间的增加而增加，这是由于产品内部的物理或化学的变化所引起的磨损、疲劳、腐蚀、老化和耗损所造成的，防止的办法是更换或修复。

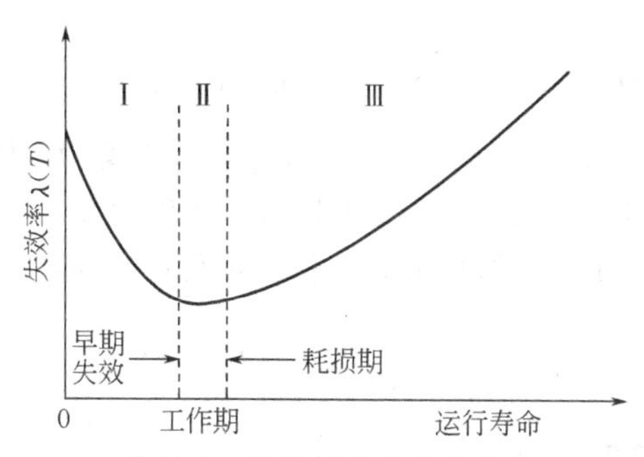

图 11-1 机械部件的浴盆曲线

安全性是建立一种环境，使人们在这种环境下生活与工作感受到的危害或危险是已知的清楚的，并且是可以控制在能够接受的水平上。

安全性不同于可靠性，但它们之间有密切关系，如果对危害或危险已知和可预测并可控制危害或危险的发生，那么是安全的。安全性以风险值（风险水平）或接受的危险概率来描述。在工业领域，危险的定义是可能产生潜在损失的征兆，没有危险就无所谓风险，危险是客观存在的，是无法改变的，而风险却在很大程度上随着人的意志而改变，亦即按照人们的意志、改进的防范措施从而改变损失的程度。

风险不是危险，而是发生灾害（损害）潜在可能性的一种度量，由两部分组成：一是危险事件出现的概率，二是一旦危险出现其后果严重程度和损失的大小。如果将这两部分的量化指标综合，就是风险的表征，或称风险系数。

风险（risk）是失效事件的发生可能性（likelihood）和失效事件发生产生的后果（consequence）的综合，用公式表示为：

$$R=FD \tag{11-6}$$

式中 R——不希望发生事件的风险值；

F——单位时间内该事件平均发生的频率；

D——该事件的后果的危险性量度。

风险值 R 也可以用可接受的危险频率 R_i 来表征，因为每种危险的幅度都相应有其发生频率，而每种危险发生的后果有各种不同的形式和大小，所以可以将概率论的一些数学方法平行地应用于风险评估中。

设：事件 E 在 t 时刻发生，可能发生的危险种类 Y，有：

$$Y=\{1,2,3,\cdots,i,\cdots\}$$

危险发生后，其后果 Z 的集合有：

$$Z=\{1,2,3,\cdots,j,\cdots\}$$

例如考虑地震事件E，可以分为里氏6.5级（$i=1$）和里氏8.3级（$i=2$）两种事件，同时对于地震事件造成的人员死亡（$j=1$），房屋倒塌（$j=2$），人员1h的损失（$j=3$）后果。

有些事故的发生与工作时间的长短无关，如地震、龙卷风等自然灾害事件，那么这一类随机事件的后果的风险值是与时间无关的函数；有些事故发生的频率与使用的时间有关，即与设备的寿命有关。有些事件发生与其产生的后果之间在时间上的延迟效应是无关的或者不重要的，那么称这种事故的后果为最终后果；有些事件必须考虑时间延迟效应对后果的影响。所以风险值的危险频率R_i要进行一般化的定义。

定义：风险密度函数$f(x_j, t)$，其物理意义是在单位时间事件内，在t时刻发生第j类后果，且危险值落在x_j和x_j+dx_j之间的频率，它的量纲为（后果）$^{-1}$，所以第j类后果的风险值R_i

$$R_i\ (\geqslant x_j,\ t)=\int_{x_j}^{\infty} R_i\ (x_j,\ t)\ \mathrm{d}x_j \tag{11-7}$$

R_i的物理解释为事件E_i在t时刻发生，且最终j类后果的危险值等于或大于x_j的频率。例如，R_1（$\geqslant x_1$，t）是里氏6.3级地震事件造成人员死亡大于x量积的频率。

在工程上，由于事件E在t时刻发生时，各类可能的后果的总风险值为：

$$R=\sum_{i=1}^{n} R_i\ (\geqslant x_j,\ t) \tag{11-8}$$

11.1.2 风险分析与风险评估

风险分析的任务一般是失效原因分析、失效机理的探索和寻求主要影响因素或者对失效后果进行估计。

在进行风险分析时，一般认为危险源、暴露和后果称为风险链，在进行风险分析时，要对链中的每个环节作具体分析和评价，首先要确定危险源的种类，如毒物释放、爆炸、火灾等，要确定系统中哪一部分是危险的来源，如压力容器、压力管道、储罐、动力装置等；其次要确定环境、人员或其他生态系统、建筑物或构筑物暴露于危险区域的程度；第三要确定危险一旦发生，对暴露目标的有害作用或可能造成的损失。

风险分析的方法很多，在工程上，一般采用：初步危险分析（PHA）、失效模式与后果分析（FMEA）、失效树与事件树分析。

风险评估则是针对具体危险源发生的概率和可能造成后果的严重程度、性质等进行定性或定量评价，通过评估寻求最低事故率、最少的损失和最优的安全投资效益。

对化工、石化过程设备进行风险评估的方法很多，但大多数都是以化学物质对火灾、爆炸、毒物泄漏的敏感性为基准，适当考虑装置的操作方式、工况条件和化学物质的危险性。根据火灾、爆炸的可能性，以及推断的事故发生可能造成的损害程度，确定应对风险的对策。常见的方法有：概率风险评估、模糊非精确推理评价法、设备重要度分类法、风险评分方法等。

从一般意义上说，风险评估要达到下列目的：

① 系统地从计划、设计、制造、运行等过程中考虑安全技术和安全管理的问题，找出生产过程中潜在的危险因素，并提出相应的安全措施。

② 对潜在事故进行定性、定量分析和预测，建立使系统安全的最优方案。

③ 评价设备、设施或系统的设计是否使收益与危险达到最合理的平衡。

因此，为达到上述目的，风险评估分为危险辨识、风险评价和风险控制3个阶段，其一般程序如图11-2所示。

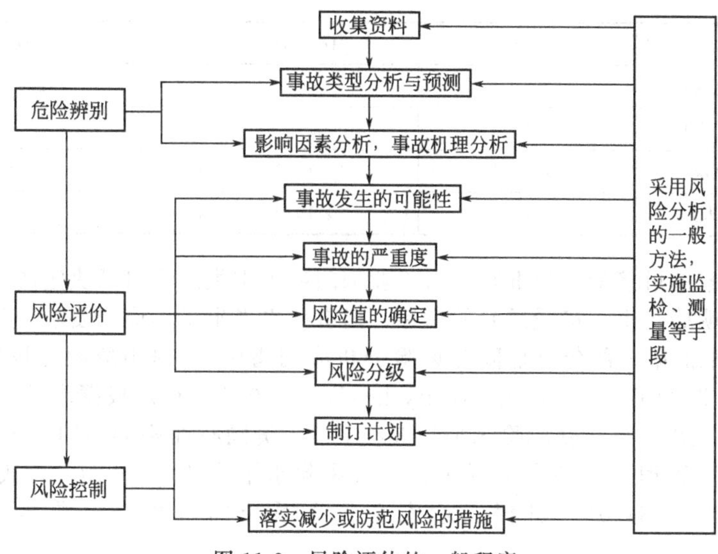

图 11-2　风险评估的一般程序

11.1.3　风险的可接受水平

对于风险分析和风险评估的结果，人们往往认为风险越小越好，但实际上这是一个错误的概念，因为，安全是相对的，而风险是可以预测的，无论减少危险发生的概率还是采取防范措施使得危险发生造成损失降到最小，都要投入资金、技术和劳务。通常的做法是将风险限定在一个合理的可接受的水平上，根据影响风险的因素，经过优化，寻求最佳的方案，所以要分析和讨论风险与利益间的平衡问题，不要接受不必要的风险，这就是风险接受准则。

对风险的接受，从不同的角度出发会有不同的态度，从安全可靠的角度出发，要使得装置尽可能安全，而不计成本；从规程与法律角度上讲，必须根据规程与法律的条文，不考虑费用与实际的风险水平；从经济角度出发，不仅希望投资最少，而且要花费尽可能少的维护费用。由此可见可接受风险水平的确定必须平衡这三方面的要求与责任，甚至要考虑更多方面。可接受风险的确定是一个非常复杂的问题，它既有工程技术问题，也有人们、社会的心理素质、道德观念和经济承受能力等问题。通常可接受风险水平的确定分两步进行：第一步进行人们愿意接受的风险和为什么能接受这些风险的心理与社会调查，用定性的方法进行研究；第二步将这些定性的研究结果加以量化和确定可接受风险水平。

风险的表征有多种形式，有定性的和定量的。API 581 中以风险矩阵来定性地表示风险的相对等级；在 Mahlbauer 的长输管道风险评价中以相对风险指数来表示风险的大小。而在可接受风险准则研究时往往从人的生命、社会、经济和环境等方面来表征风险，如个人生命风险、社会风险、经济风险、环境风险以及总风险等。

可接受风险水平的确定是一个很复杂的课题，目前有的一些国家和地区的政府机构已经制订了可接受风险的相应标准或指导性文件，如英国 HSE（Health and Safety Executive）定义和应用了可接受风险的概念，另外新加坡、荷兰、丹麦、澳大利亚、新西兰和加拿大等也都有相应的指导性文件，表 11-1 列出了一些国家与地区的个人风险的上下限。

表 11-1　政府制定的可接受风险准则

项目	英国	中国香港	荷兰
个人风险下限(工人)	1×10^{-5}	—	—

续表

项目	英国	中国香港	荷兰
个人风险下限(公众)	1×10^{-6}	—	1×10^{-8}
个人风险上限(工人)	1×10^{-3}	—	—
个人风险上限(公众)	1×10^{-4}	1×10^{-5}	1×10^{-6}
个人风险值(10人)	1×10^{-4}	1×10^{-4}	1×10^{-5}

有些国家国家的可接受风险准则是由工业部门或个别生产商自己决定的。在一些工业标准中虽多数没有明确给出可接受风险的指标，但有些也提出了相应的要求。如国际电工学会的IEC6I 511标准的第三部分《危险与风险分析应用指南》，提出危险与风险分析的应用，指出了安全总水平（SIL，safety intergrity level）为10^{-4}，它是根据事故产生死亡人数确定的在附录D中提出了可接受风险水平约3×10^{-5}。美国石油协会API RP-752《与化工厂建筑物相关的危险管理》中列出了可接受个人风险水平为$10^{-3}\sim10^{-5}$，美国标准化协会（ANSI）ANSI/ISA S84.01《过程工业安全仪表系统的应用》中推荐的个人风险在$10^{-4}\sim10^{-6}$。

英国HSE明确要求将最低合理可行（ALARP，As Low As Reasonably Practicable）准则作为进行风险管理和决策的准则。它也成为确定可接受风险水平的标准框架，图11-3表示了ALARP准则。

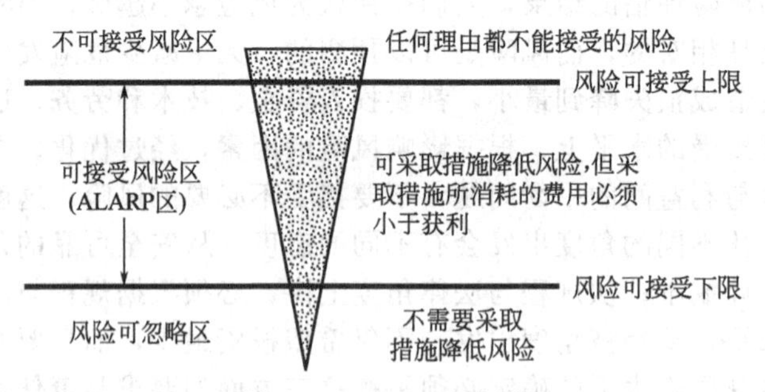

图11-3 ALARP准则

图中有两条水平线，上面的为风险水平上限线，下面的为风险可接受下限线，两条水平线将风险按高低分成三个区域：在上限线上部存在一个不可接受水平，在该水平之上，任何理由都不能接受该风险；在这个水平以下，是一个ALARP区，在这个区内，可采取一定措施以降低风险，并且只有当降低风险所获得的利益大于降低风险采取措施所花费的成本时，该风险才是可以接受的；在下限水平线以下为风险可忽略区，该区内的风险很低，对风险可以不作考虑，因为在该区采取措施降低风险是徒劳的和没有必要的。

确定可接受风险水平时应考虑的因素是根据风险评价的因素，风险是由危险产生的，即危险是风险的前提，从现代观点看，危险可以造成6大类损失：人的损失、环境的损失、材料的损失、产品的损失、数据与信息的损失以及市场的损失等，6大类又可分为12个小类，如图11-4所示。因此进行可接受风险水平确定时，应从以上12个方面去调查、分析与研究，从专家与公众的社会、文化、心理、道德等角度去研究，从成本-效益（cost-benefit）关系去计算，从而得出相关的结论，再根据国家的有关法律、规范与标准进行确定，这是一个十分复杂的系统工程。

我国工程风险分析技术的应用于研究开展得较晚，对工程风险的可接受水平或可接受风险准则的研究仅仅是刚刚起步。可接受风险水平的确定是建立在风险评价的基础上，因此必须有一个相同的风险定义与一致的定量表示方法，这样才能制定统一的风险可接受水平。最新颁布的 GB/T 26610—2011 初步建立我国风险分析与评价体系，并对可接受风险水平的制定提出了指导性的建议，标准规定风险可接受准则可以采用成本-效益分析方法，按影响面积或经济损失两种方式表述，对于无确定可接受风险准则时，可采用等风险原则。所谓等风险原则指对风险等级为低或中的压力容器采取风险控制方法，即要求压力容器在下一次检验之前风险等级不得上升。

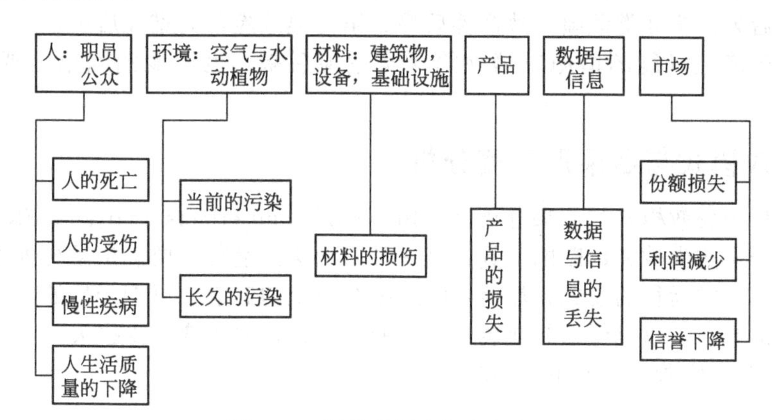

图 11-4　风险分析中损失的类型

11.2　风险分析原理与方法综述

11.2.1　初步危险分析

初步危险分析（preliminary hazard analysis，PHA）是一份实现系统安全的初步或初始的安全计划，是方案开发初期阶段之初完成的，这是一种直观的分析方法。识别危险，确定安全性的关键所在，一般采用危险分析决策树将整个系统分解为若干个子系统（见图 11-5），以便于确定哪些部分或部件最有可能成为失去控制的危险来源，因此，初步危险分析最主要两个步骤是：

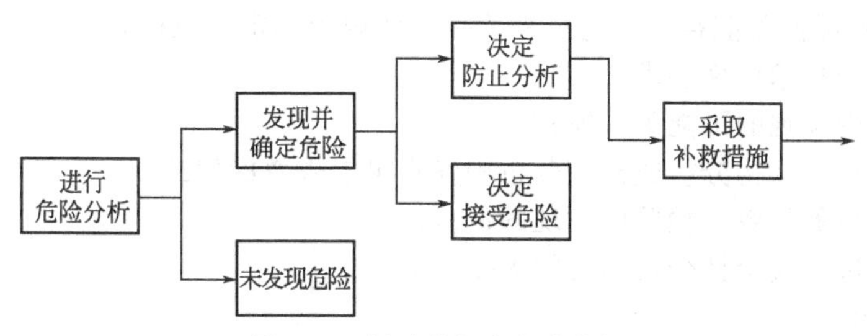

图 11-5　风险分析中的决策树

第 1 步：确定危险种类（是毒物释放？爆炸？火灾？先漏后破？……）；第 2 步：确定该子系统的哪一部分是上述危险的来源（是化学反应容器？储罐？介质腐蚀？制造缺陷扩展？……）。

事实上，只有详细地掌握了有关工艺过程、设备和环境的资料并进行工程分析后，才能对系统中可能产生的危险性有所认识，所以分析者具备关于介质毒性、安全规程、爆炸条件、腐蚀性和可燃性等知识是很重要的。一般条件下，对于以上的两个步骤和思路，通常需要确定危险来源的校核表（表 11-2），在此基础上采用决策树进行分析。

表 11-2 危险来源校核表

危险设备(因素)	危险介质	危险工艺	危险事件	危险后果	防治措施
例:反应罐 ……	H_2 ……	催化反应 ……	爆炸 ……	危及生命安全 ……	安装安全附件 ……

将其分析的结果进行分类，一种常用的分类方法是：第 1 类危险，后果可忽略；第 2 类危险，较小的后果；第 3 类危险，致命性后果；第 4 类危险，灾难性后果。

其重点在于确定可能的措施以消除第 4 类危险后果，也可能消除第 3 或第 2 类危险后果。

11.2.2 失效模式与后果严重度分析

在风险分析中失效模式与后果分析（failure mode and effects analysis，FMEA）占重要位置，主要用于预防失效和诊断的工具，是一种归纳法。它首先要确定系统内每个部件的每种失效模式或不正常运行的模式，然后推断对整个系统的影响、可能产生的后果，提出可以采取的预防改进措施，以降低系统或装置的失效可能性，避免或减少损失。

进行 FMEA 工作所涉及的主要问题是：

(1) 失效

针对系统的具体情况，以设计文件或相关标准、规范为依据，从功能、工况条件、工作时间、结构等确定本系统失效的定义，并确定表征失效的主要参数。Henley 和 Kumanoto 对于过程装置如塔器、压力容器、压力管道和储器等，提出构造 FMEA 需要考察、校核的项目：

变量：流量、温度、压力、浓度、pH 值、饱和度等；

功能：加热、冷却、供电、供水、供空气、供 N_2、控制等；

状态：维修、开车、停车、更换催化剂等；

异常：很不正常、略有一些不正常、无不正常、位移、振荡、未混合、沉淀、着火、腐蚀、断裂、泄漏、爆炸、磨损、液体溢出、超压等；

仪表：灵敏度、安放位置、响应时间等。

(2) 失效模式

考虑系统中各部件可能存在的隐患，依据具体内容确定失效模式。如：

① 功能不符合技术条件要求。

② 应力分析中发现的可能失效模式。

③ 动力学分析、结构分析或机构分析中发现可能失效的模式。

④ 试验中发生的失效，检验中发现的偏差。

⑤ 完整性评价、安全性分析确定的失效模式。

(3) 失效机理

根据所确定的失效模式，进行失效机理分析，并确定失效或危险发生的主要控制因素。

(4) 失效后果

在进行失效后果分析时，应考虑任务目标，维修要求以及人员和设备的安全性等。要考虑原始失效（1 次失效）可能造成的从属失效（2 次失效）；要考虑局部失效可能造成的整体失效，要考虑对全系统工作、功能、状态产生的总后果。

在进行失效模式与后果分析时，应编制相应表格，逐项填写，有些场合也需要半定量分析。一般需要设定失效发生频率程度、失效后果严重程度、失效原因被检出程度 3 个指标，典型的 FMEA 表格形式如表 11-3 所示。

表 11-3 失效模式与后果分析

功能分类： 单位名称： 子系统名称： 设备名称：	计划名称： 报告编号： 编制人： 日期： 审查人： 日期： 批准人： 日期：

序号	名 称	失效模式	失效原因	可能后果	发生概率	检验方法及能力	关键	补救措施

在进行失效模式与后果分析时，对于每一个部件都要考虑其对系统运行的重要程度，称之为失效模式与后果严重度分析（failure mode effects and criticality analysis，FMECA），这是通过各部件失效后严重程度 C_r 的大小来判断的。

$$C_r = \sum_{r=1}^{n} \beta \alpha K_E K_A \lambda_G t \tag{11-9}$$

式中 C_r——系统中部件的后果严重度数值；

n——系统部件的致命性失效模式数；

r——系统部件的总失效模式数；

λ_G——部件的基本失效频率；

t——每次任务中该部件运行的小时数或循环次数；

K_A——λ_G 的运行修正因子，考虑部件实际运行时的应力与测量 λ_G 时的运行应力之间的差异；

K_E——λ_G 的环境修正因子，考虑部件使用时的环境应力与测量 λ_W 时的环境应力之间的差异（注：为简单起见，可以忽略 K_E 与 K_A 而仅用 λ_G 表示某一给定失效模式与运行条件下的失效率估计值）；

α——失效模式相对比率（比率的定义是：失效模式的发生频率在 λ_G 所占的份额）；

β——在发生失效模式后，导致失效的影响的条件概率，应由以下已经规定的类别中选取适当的 β 值（见表 11-4）。

表 11-4 失效的 β 值选取

失效影响	典型的 β 值	失效影响	典型的 β 值
必然损失	100%	可能损失	>0%到 10%
或然损失	>10%到<100%	无损失	0%

11.2.3 故障树分析与事件树分析

故障树分析（fault tree analysis，FTA）是一种对复杂系统或装置进行失效概率预测的重要方法。

在故障树分析中，首先把需要分析的系统或装置发生失效事件的名称绘在故障树分析图的上部称为顶事件。顶事件下边排列出引起顶事件发生的直接原因，称为失效二次事件或中间事件。依次类推，直至引起顶事件发生的基本事件。按照其逻辑关系（逻辑与门、逻辑或门）联结起来。

事件树分析（event tree analysis，ETA）又称决策树分析，是在给定系统起始事件的情况下，分析此事件可能导致的各种事件的一系列结果，从而定性和定量地评价系统的特性，并可帮助人们做出处理或防范的决策。

事件树可以描述系统中可能发生的失效事件，特别在风险分析中，在寻找系统可能导致的严重事故时，是一种有效的方法。

进行事件树分析可以获得定量结果，即计算每项事件序列发生的概率。计算时必须有大量的统计数据。

在进行事件树分析时，应按如下步骤进行：

① 确定或寻找可能导致系统严重后果的初因事件，并进行分类，对于那些可能导致相同事件树的初因事件可划分为一类；

② 构造事件树，先建功能事件树，然后建造系统事件树；

③ 简化事件树；

④ 进行事件序列的定量化。

在进行事件树分析时，应首先了解系统的构成和功能，特别要注意以下几点：

① 在确定和寻找可能导致系统严重事故的初因事件和系统事件时，要有效地利用平时的安全检查表和巡视结果、检修结果、未遂事故和故障信息，以及相关领域或系统的类似系统和相似系统的数据资料。

② 选择初因事件时，要把重点放在对系统安全影响较大、发生频率高的事件上。与初因事件有关的系统事件，要注意到设备、环境、人员多个因素，要充分涉及各个方面。

③ 把开始选择的初因事件要进行分类整理，对于可能导致相同事件树的初因事件要划分成一类，然后分析各类初因事件对系统影响的严重性，应优先做出严重性最大的初因事件的事件树。

④ 在根据事件树分析结果制订对策时，要优先考虑事故发生概率高、事故影响大的项目。

⑤ 当系统的事故发生概率是由组成系统的作业过程中各阶段安全措施的程序错误或失败概率的逻辑积表示时，其对应的措施是使发生事故的各阶段中任何一种安全措施成功即可，并且实施对策的时机越早越好。

⑥ 系统事故的发生概率是由构成系统的作业过程中各事故发生的逻辑和表示时，其对应的对策是使可能发生事故的所有阶段中的安全措施都成功。

⑦ 事故防止对策的种类，包括体制方面、物质的对策和人的对策。

将因果树分析与事件树分析联合使用称为原因-后果分析，在本章的第 4 节将对故障树分析在压力容器风险评估中应用进行详细叙述。

11.2.4 基于可拓方法的风险分析

可拓的研究对象是客观世界中的矛盾问题，其理论基础是物元理论和可拓集合理论。

物元理论——事物变化的可能性，称为物元的可拓性。物元的定义是：事故、特征及事故的特征值 3 者组成的三元组。记作：$R=$(事物，特征，量值)$=(N, c, V)$；或者 $R=[N, c, c(N)]$；如果将特征 c 及量值 V 构成二元组，则称为特征元，记作：$M=(c, V)$。

事物在物元理论中指的是事物名称，记作 $I(N)$，特征指的是性质、功能、状态等的事物特点，量值表示特征的量化值或量度，量值的取值范围称为量域，记为 $V(c)$，或者 $V=(a, b)$，其中 a，b 为取值范围。

多维物元的表示方法：

$$R=\begin{bmatrix} N,c_1,V_1 \\ c_2,V_1 \\ \vdots \\ c_n,V_n \end{bmatrix}=\begin{bmatrix} R_1 \\ R_2 \\ \vdots \\ R_n \end{bmatrix} \tag{11-10}$$

式中　$R_i=(N,\ c_i,\ V_i)$，$i=1,\ 2,\ \cdots,\ n$，称为 R 的分物元。

物元理论包括物元模型，发散树，分合链，相关网等。

可拓集合理论——可拓集合主要内容是定量化描述事物的可变性。通过建立关联函数进行运算。

设 x 为实域（$-\infty$，$+\infty$）上的任一点，$X=(a,\ b)$ 为实域上的一个区间，

$$\rho(x,X)=\left|x-\frac{a+b}{2}\right|-\frac{1}{2}(b-a) \tag{11-11}$$

称 x 与区间 X 的距离。如果 x 与两个区间 $X_0=(a,\ b)$ 与 $X=(c,\ d)$ 的距离（称为位值）有如下关系：

$$D(x,X_0,X)=\begin{cases}\rho(x,X)-\rho(x,X_0),x\in X_0 \\ -1 \qquad x\in x_0\end{cases} \tag{11-12}$$

设 $X_0=(a,b)$ 与 $X=(c,d)$，$x_0\subset x$；则它们之间有关联函数：

$$K(x)=\frac{\rho(x,X_0)}{D(x,X_0,X)} \tag{11-13}$$

$K(x)$ 的物理意义在于其数值越大越接近期望值，其风险的程度越小，反之，其数值越小说明涉量破坏的危险性增加表征其风险程度增加。

因此，基于可拓方法的风险分析步骤如下：

(1) 确定事故 N 的失效特征元素

设 N 为可能产生的失效集为 $I=(I_1,I_2,\cdots,I_n)$。若其中 I_i 发生失效，$I_i=(N)$，其特征元集为

$$\{M_i\}=\{M_{ij}\},i=1,2,\cdots,n;j=1,2,\cdots,k \tag{11-14}$$

式中　M_{ij}——(C_{ij},V_{ij}) 为特征元；

$(V_{ij})_0$——$(a_{ij},\ b_{ij})$ 为 $I_i=(N)$ 发生时规定的量域；

V_{ij}——$(c_{ij},\ d_{ij})$ 为 $I_i=(N)$ 发生时极限量域。

(2) 建立事物 N 可能发生失效的物元

$$R_i=\begin{bmatrix} I_i(N),c_{i1},V_{i1} \\ c_{i2},V_{i2} \\ \vdots \\ c_{ik},V_{ik} \end{bmatrix}$$

(3) 建立描述事物 N 现状的物元

$$R=\begin{bmatrix} N,c_1,v_1 \\ c_2,v_2 \\ \vdots \\ c_n,v_n \end{bmatrix}$$

(4) 计算关联函数

$$K(V_{ij})=\frac{\rho[V_{ij},(V_{ij})_0]}{\rho(V_{ij},V_{ij})-\rho[V_{ij},(V_{ij})_0]}$$

(5) 计算各失效程度

$$\lambda[I_i(N)]=\sum_{j=1}^{k}a_{ij}K_{ij} \quad (11\text{-}15)$$

$$(i=1,2,\cdots,n;j=1,2,\cdots,k)$$

式中 a_{ij}——加权系数，表示各物元的相对重要度，一般根据所分析对象的具体情况而定。

(6) 确定发生何种失效

$$\max_{1\leqslant i\leqslant n}\{\lambda[I_i(N)]\}=\lambda[I_0(N)] \quad (11\text{-}16)$$

可以判断 $I_0(N)$ 发生失效。

上述提出了各种风险分析的方法及其分析步骤，但是它们各具特点，各种风险分析方法的比较见表 11-5。

表 11-5 各种风险分析方法的总结与比较

方法	特点	优点	缺点
初步危险分析(PHA)	确定系统的危险性，找出FMEA及故障树分析内的重叠诸因素，与FMEA及致命度分析	必要的第一步	无
失效模式与后果分析(FMEA)	考虑每一部件的所有各种失效模式。以硬件为对象	易于理解，是广泛采用的标准化方法，无争议，不用数学	只能用于考虑非危险性失效，花费时间，一般不能考虑各种失效的综合效应与人的因素
失效模式与后果严重度分析(FMECA)	确定各部件的相对重要性，以便改进系统性能	是已臻完善的标准化方法，易于应用与理解，不用数学	需在 FMEA 之后进行，往往不能包含人的因素，共同原因失效及系统的相互作用
故障树分析(FTA)	由初因事件开始找出引起此事件的各种失效的组合	是被广泛采用的方法，最适用于找出各种失效事件之间的关系。以故障为分析对象，目的在于寻找系统失效的可能方式	大型故障树不易于理解，且与系统流程图毫无相似之点，同时在数学上往往非单一解，包含复杂的逻辑关系
原因-后果(分析)	由一致命事件出发，向前用后果树分析，向后用故障树分析	非常灵活，可以包罗一切可能性，易于文件化，可以清楚地表明因果关系	因果图很容易复杂化，此方法具有与故障树方法同样的许多缺点

11.3 压力容器的风险评估方法

前面已介绍了风险分析与风险评估概念上的差异，压力容器作为化工、石化工艺过程装置的重要组成部分，其风险评估受到人们的重视，目前应用于实际风险评估的方法有：日本高压气体保安协会提出的设备重要度分类法，美国 API 581 "Risk-Based Inspection" 中的风险矩阵的方法开展定量，半定量风险评估；我国"八五科技攻关项目"易燃、易爆、有毒重大危险源评价技术研究，以及模糊评价法。本节将简要介绍压力容器常见的几种风险评估方法。

11.3.1 压力容器风险评估中重大危险源评价方法

重大危险源是指无论是长期地或临时地加工、生产、处理、搬运或存储危险品，且危险品数量超过临界值的单元（设备、设施或场所等）。重大危险源的评价是以危险单元作为评价对象，一般把装置的一个独立部分称为单元，对于压力容器的风险评估，可以把它作为一个单元根据其内的介质和在工艺中的作用采用重大危险源评价进行风险评估。

11.3.1.1 压力容器重大危险源评价的数学模型

危险物质失去控制后引发的偶然事件，往往会造成工厂内大量人员伤亡，或造成巨大的财产损失和环境破坏，或者两者都有，重大事故的可能性和事故影响的严重性既与物质的固有特性有关，又与设施或设备中实有的危险物质量、数量有关。因此，重大危险源评价分为固有危险性评价与现实危险性评价，后者是在前者的基础上考虑各种危险性的抵消因子，它们反映了人在控制事故发生和控制事故后果扩大上的主观能动性。固有危险性评价主要反映了物质的固有特性、危险物质的生产过程的特点和危险单元内部、外部环境状况。

固有危险性评价分为事故易发性评价和事故严重度评价。事故易发性取决于危险物事故易发性与工艺过程危险性的耦合，而危险性抵消与工艺设备、人员素质和安全管理等有关。如图11-6所示。

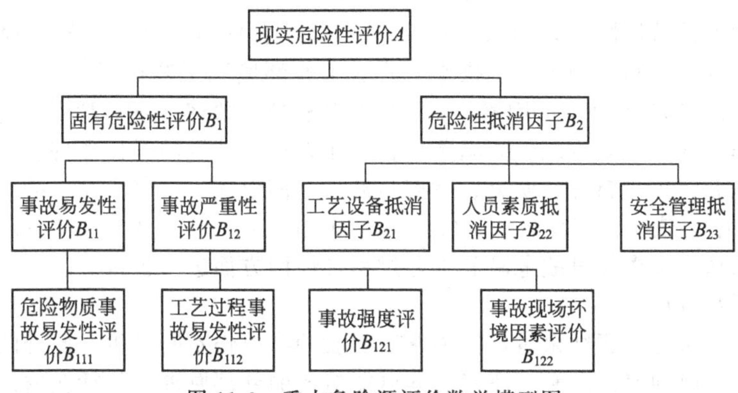

图11-6 重大危险源评价数学模型图

评价的数学模型如下：

$$A=B_1\times B_2$$

$$A=\left\{\sum_{i=1}^{n}\sum_{j=1}^{m}(B_{111})_i W_{ij}(B_{112})_j\right\}B_{12}\prod_{k=1}^{3}(1-B_{2k}) \tag{11-17}$$

式中 B_1——固有危险性；

B_2——单元综合抵消因子，$B_2=\prod_{k=1}^{3}(1-B_{2k})$；

$(B_{111})_i$——第 i 种物质危险性的评价值；

$(B_{112})_j$——第 j 种工艺危险性的评价值；

W_{ij}——第 j 种工艺与第 i 种物质危险性的相关系数；

B_{12}——事故严重度评价值；

B_{21}——工艺、设备、容器、建筑结构抵消因子；

B_{22}——人员素质抵消因子；

B_{23}——安全管理抵消因子。

11.3.1.2 危险物质事故易发性 $(B_{111})_i$ 的评价

危险物质事故易发生性评价 $(B_{111})_i$ 的计算，在压力容器的风险评估中一般将其内介质进行分类分级，如只考虑物质对事故易发性的影响，具有燃烧、爆炸、有毒危险物质的事故易发性分为8类，对于每类物质的总体危险感度给出权重 α_i；见表11-6。

表 11-6 危险物质事故易发性及权重

分类	爆炸性	气体燃烧性	液体燃烧性	固体燃烧性	自燃性	遇水易燃性	氧化性	毒性
权重 α_i	1.0	1.0	0.9	0.5	0.6	0.2	0.3	1.0

危险物质事故易发生性评价 B_{11}，工艺过程事故易发生评价 B_{12}。

设每 i 种物质的反应感度的理化参数值的状态分 G_i，

$$(B_{111})_i=\alpha_i G_i$$

如以爆炸性为例：

$$G_i=K_{\mathrm{th}}+K_{\mathrm{e}}+K_{\mathrm{m}}+K_{\mathrm{d}}$$

式中，K_{th}，K_{e}，K_{m}，K_{d}为爆炸物对热、机械、电及冲击波的敏感程度，《工业危险辨识与评价》（吴宗之等编著）给出了具体数值，对于常见物质的 $(B_{111})_i$的评价见该文献。

11.3.1.3 工艺过程中的易发性 $(B_{111})_j$的评价

工艺过程中的评价实际上是对式（11-17）中 $(B_{112})_j$ 的计算，工艺过程事故易发性与过程中的反应形式、物料处理过程、操作方式、工作环境和工艺过程等有关。确定 21 项因素为工艺过程事故易发性的评价因素，这 21 项因素是：放热反应、吸热反应、物料处理、物料贮存、操作方式、粉尘生成、高温条件、负压条件、特殊的操作条件、腐蚀、泄漏、设备因素、密闭单元、工艺布置、明火、摩擦与冲击、高温体、电器火花、静电、毒物出料及输送。定义 $(B_{112})_j$ 依次为 $(B_{112})_1$、$(B_{112})_2$、$(B_{112})_3$、$(B_{112})_4$、$(B_{112})_5$ 等。对于一个工艺过程，可以从火灾爆炸事故危险和工艺过程毒性两方面进行评价。

（1）腐蚀系数 $(B_{112})_{10}$

尽管设计已经考虑了腐蚀余量，但因腐蚀引发的事故仍不断发生。此处的腐蚀速率指内部腐蚀速率和外部腐蚀速率之和，漆膜脱落可能造成的外部腐蚀也包括在内。

① 当腐蚀速率<0.5mm/a 时，$(B_{112})_{10}$为 10；

② 0.5mm/a≤腐蚀速率<1.0mm/a 时，$(B_{112})_{10}$取 20；

③ 腐蚀速率≥1.0mm/a 时，$(B_{112})_{10}$取 50；

④ 应力腐蚀，如在湿气氨气存在时黄铜的应力腐蚀和在有 Cl^- 的水溶液中不锈钢的应力腐蚀等，有应力腐蚀时，$(B_{112})_{10}$取 75；

⑤ 有防腐衬里时，$(B_{112})_{10}$取 20。

（2）泄漏系数 $(B_{112})_{11}$

① 装置本身有缺陷或操作时可能使可燃气体逸出，如 CO 水封高度不够等。此时 $(B_{112})_{11}$取 20。

② 在敞口容器内进行混合、过滤等操作时，有大量可燃气体外泄时，$(B_{112})_{11}$取 50。

③ 玻璃视镜等脆性材料装置往往成为物料外泄的重要部位，橡胶管接头、波纹管等处也常引起泄漏，视采用数量的多少决定泄漏系数。

a. 1～2 个时，$(B_{112})_{11}$取 50；

b. 3～5 个时，$(B_{112})_{11}$取 70；

c. >5 个时，$(B_{112})_{11}$取 100。

④ 垫片、连接处的密封及轴封的填料处可能成为易燃物料的泄漏源，当它们承受温度和压力的周期性变化时，更是如此。泄漏系数 $(B_{112})_{11}$：

a. 对于焊接接头和双端面机械密封可不取系数；

b. 轴封、法兰处泄漏轻微取 10；

c. 轴封、法兰处一般泄漏取 30；

d. 物料为渗透性流体或磨蚀性物料取 40。

同一种工艺条件对于不同类的危险物质，所体现的危险程度各不相同，因此必须确定相关系数，W_{ij} 分为 5 级，W_{ij} 定级根据专家的咨询意见（见表 11-7）。

表 11-7 工艺物质危险性相关系数的分级

级别	相关性	工艺物质危险性相关系数 W_{ij}
A 级	关系密切	0.9
B 级	关系大	0.7
C 级	关系一般	0.5
D 级	关系小	0.2
E 级	没有关系	0

11.3.1.4 事故严重度的评价 B_{12}

事故严重度用事故后果的经济损失表示。事故后果是指事故中人员伤亡以及房屋、设备、物资等的财产损失，人员伤亡分为人员死亡数、重伤人数、轻伤人数等，不同的介质特性所造成的损失后果不同，如对于爆炸性物质由于其冲击波的破坏效应将损坏其爆炸范围内的各种设备房屋，同时也将人员伤亡；对于有毒物质而言，对于毒物泄漏伤害区内有死亡区、重伤区和轻伤区，但有的轻度中毒无需住院治疗。因此事故严重度与伤害模型有直接的关系，而不同的危险物具有不同的事故形态。

对于危险物主要分为爆炸（凝聚相含能材料大爆炸、蒸气爆炸、沸腾液体扩展蒸气爆炸）、可燃液体的火灾（如电火灾、固体和粉尘火灾、室内火灾）和毒物伤害（极度危害、高度危害等）。

为了使事故严重度的评价结果具有可比性，需要对不同性质的伤害用某种标度先折算再叠加，如果我们把人员伤亡和财产损失在数学上看成是不同方向的矢量，我国政府部门规定事故损失的折算公式：

$$B_{12}=C+20\left(N_1+\frac{N_2}{2}+\frac{105}{6000N_3}\right) \tag{11-18}$$

式中 C——事故中财产的评估值，万元；

N_1，N_2，N_3——事故中人员死亡、重伤、轻伤人数。

在进行事故严重度计算时，采用以下假设：

① 事故的伤害或破坏效用各向同性的，伤害和破坏区域是以单元中心为圆心，以伤害或破坏半径为半径的圆形区域，在伤害和破坏区域内无障碍物。

② 死亡区内的人员死亡概率为 50%，死亡区的半径为死亡半径；重伤区内的人员耳膜 50%破裂（爆炸模型）或人员 50%二度烧伤（火灾模型），重伤区的半径为重伤半径，轻伤区内的人员耳膜 1%破裂（爆炸模型）或人员 50%一度烧伤（非爆炸模型），轻伤区半径为轻伤半径。

③ 在爆炸破坏区的财产全部损失，在爆炸破坏区外财产毫无损失；在火灾破坏内一半财产损失，在火灾破坏区外财产无损失。

其死亡区半径、重伤区半径和轻伤区半径的计算，可参见文献[7]。

11.3.1.5 危险抵消因子（B_{21}，B_{22}，B_{23}）

尽管单元的固有危险性是由物质危险性和工艺危险性决定的，但是工艺、设备、容器、建筑结构上各种用于防范或减轻事故后果的设施，危险岗位上操作人员良好的素质，严格的安全管理制度等能够大大抵消单元内的固有危险。

对于工艺设备的抵消因子 B_{21} 有：设备维修保养系数 $(B_{21})_1$、抑爆装置系数 $(B_{21})_2$、

惰性气体保护系数 $(B_{21})_3$、紧急冷却系数 $(B_{21})_4$、电气防爆系数 $(B_{21})_5$、防静电系数 $(B_{21})_6$、避雷系数 $(B_{21})_7$、阻火装置系数 $(B_{21})_8$、事故排放及处理系数 $(B_{21})_9$。

故对于工艺设备的抵消因子 B_{21} 有

$$B_{21}=\prod_{i=1}^{n}(B_{21})_i \tag{11-19}$$

① 按计划对压力容器进行检查、维修和保养，如按照 TSG R0004-2009《固定式压力容器安全技术监察规程》，未超期服役的取 $(B_{21})_1=0.95$，基本符合上述要求的 $(B_{21})_1=0.98$。

② 采用防爆膜或泄爆口防止设备发生意外的，$(B_{21})_2=0.98$。

③ 使用阻火器、液封或者阻力材料，使火焰的传播局限在装置内，防止事故扩大 $(B_{21})_8=0.97$。

④ 应急通风管能将全部安全阀、紧急排放阀及其他气体蒸汽物料排至火炬系统或密闭受潮时，$(B_{21})_9=0.96$。

对于危险岗位人员素质良好的抵消因子 (B_{22})：

$$B_{22}=1-\prod_{i=0}^{m}(1-R_{pi}) \tag{11-20}$$

式中 R_{pi}——指定岗位人员素质的可靠性；

m——一个单元内的岗位数。

按照重大危险源评价数学模型，如果只要某一抵消比率值达到理想值，则现实危险性将变为零，这与实际情况明显相背。众所周知，机械设备故障、人的误操作和安全管理的缺陷是引发事故的 3 大原因，但并非所有事故，甚至并非大多数的事故都是这 3 种因素同时出现时才发生的，因此只控制其中的一种因素是不能避免所有事故的发生，从另一方面上来说，任何一种因素在控制事故发生方面所起的作用同另外两种因素是否得到控制是十分密切的关系，尤其是对于压力容器的风险评估而言。因此，在压力容器的风险评估时，其抵消因子需要进行关联计算。

11.3.1.6 危险源分级与危险控制程序分级

危险源分级以固有危险性大小作为分级依据，在我国分为四级，推荐用 $A^*=\lg(B_1{}^*)$ 作为危险源的分级数值，见表 11-8。

表 11-8 危险源分级标准

重大危险源级别	一级	二级	三级	四级
A^*/10 万元	≥3.5	2.5～3.5	1.5～2.5	<1.5

单元综合抵消因子 B_2 愈小，说明现实危险性与单元固有危险性比值愈小，即单元危险的受控程序愈高。各级重大危险源应该达到的受控标准是：一级危险源在 A 级以上，二级危险源在 B 级以上，三级和四级危险源在 C 级以上，这就是按重大危险源有评价时的风险可接受准则，见表 11-9。

表 11-9 危险源受控分级标准

单元危险控制程序级别	A 级	B 级	C 级	D 级
B_2	≤0.001	0.001～0.01	0.01～0.1	>0.1

压力容器重大危险源评价方法是以根据化工厂危险源评价延伸出的方法，是一个共性方法，但是针对某台压力容器风险来说，必须考虑：①压力容器的可能失效形式；②失效形式

和介质的交互环境作用；③操作参数等工艺条件对失效的影响。

11.3.2 压力容器重要度法的风险评估

压力容器重要度法的风险评估是压力容器风险评估中最直观的方法，日本气体协会用此法开展了压力容器的管理，它综合运用了初步危险分析、失效模式分析和重大危险源评价。

11.3.2.1 压力容器重要度法的风险评估的方法和步骤

① 对整个工厂的整体设备进行诊断，建立压力容器重要度分类表，重要度分类是根据容器内的介质种类、操作条件、设备历史、使用环境等，见表 11-10。压力容器在不同的使用环境中可能产生不同的失效形式，其失效原因有材料劣化、回火脆化、蠕变裂纹、应力腐蚀和腐蚀疲劳等，常见的使用环境下失效形式的重要度指数见表 11-10。

表 11-10 设备重要度分类

设备名称		主要材料		位号	
评定项目	重　要　度　评　定				
	评定内容	重要度系数	乘数	乘数×重要度系数	
介质					
操作条件					
设备历史					
使用环境					

② 对于危险性很高的压力容器与危险性很低的压力容器，以重要度系数加以区分。其危险度可分为 4 级，按危险度从高到低设定其重要度系数为 5、3、2、0.5，从表 11-11 中查出。

③ 考虑各压力容器在生产过程中发挥的作用；各评定项目对压力容器的安全性能的影响也不相同，用不同的乘数加以区别，分别给以 1、2、3、4，其乘数值越大，则影响越大；其乘数亦可以从表 11-11 中查出。

④ 对于所评定的项目，将重要度系数与乘数相乘，其乘积就是该项目的风险系数，因此整台压力容器的风险系数可以表示为：

$$\text{风险系数} = \sum_{i=1}^{n} (\text{重要度系数} \times \text{乘数}) \tag{11-21}$$

式中　i——某一特定的评定项目。

⑤ 对于不同风险系数的压力容器，将压力容器分为Ⅰ级、Ⅱ级、Ⅲ级风险，表 11-12 中列出了风险系数等级，对于不同风险系数的压力容器应采取不同检测周期、检测内容，制订不同的检查、维修方案和防范事故的措施。

表 11-11 设备重要度系数评分

编号	重要系数 / 评定系数	5	3	2	0.5	乘数
1	危险度	Ⅰ	Ⅱ	Ⅲ	—	
2	介质	有毒气体（H_2S、NH_3、Cl_2、CO）	可燃性气体	助燃性气体（O_2、空气）	非活性气体	1

续表

编号	重要系数 评定系数	5	3	2	0.5	乘数
3	温度	>1000℃操作。该温度在燃点温度以上；放热反应且温度经常变化	>1000℃操作，该温度在燃点温度以上，在250～1000℃操作，该温度在燃点温度以上；放热反应	在250～1000℃操作，该温度未达到燃点温度；>250℃操作，该温度在燃点温度以上，在-60～-10℃间	10～250℃操作，该温度未达到燃点温度	1
4	压力	>100MPa；压力或热应力经常变化	在20～100MPa之间；压力或热应力可能变化	在1～20MPa之间	小于1MPa	1
5	运行历史（无论何时制造，只要使用后进行了严格的无损检验，与其相应的重要度系数栏可以移行）	50年代前半期制造，制造时没有检验记录	50年代后半期制造，制造时有检验记录	不仅制造时有检验记录，而且耐压性能较好	根据特定设备的检查规则进行了制造检查；采用相当于特定设备检查规则进行了检查	4
6	对生产的影响程度	主要的大型装置关系全厂的开停车；停止了主要原料的供应；修复或更换期超过了6个月；有致命的损失	修复或更换期在2个月以上6个月以内；与装置相关的反应过程停车	修复或更换期在2周至2个月；修复期需要6个月以上，但同一工厂中有备品，可以单机运行	修复或更换期不超过2周	2
7	旋转机械有无备机	完全没有备机，严重影响生产	尽管没有备机，一旦发生故障，将使负荷减半	尽管没有备机，但直到开始正常运转需一定时间	有备机而且更换容易	1
8	旋转机械的电机容量/kW	>1000	100～1000	15～100	<15	1
9	维修费用/万元	>50	10～50	3～10	<3	1
10	腐蚀率/mm·a^{-1}	>1.0	0.5～1.0	0.2～0.5	<0.2	3
11（使用环境的特殊性）	硫化物应力腐蚀裂纹（高强度钢）	有硫化物应力腐蚀裂纹的实例	H_2S在50ppm（5×10^{-6}）以上，有水分没有对付SCC的方法，但也没有应力腐蚀裂纹	H_2S在50ppm（5×10^{-6}）以上，有对付SCC的方法，也没有腐蚀实例	H_2S浓度在50ppm（5×10^{-6}）以下，没有腐蚀实例	3
	回火脆化（低合金钢）	有回火脆化引起裂纹的实例。制造时没考虑回火脆性，预测了在使用温度时的脆化，但没有裂纹的事例	制造时没考虑回火脆性，但充分考虑了使用温度（包括试验）	制造时考虑了回火脆性，取得了有关数据，并据此考虑使用温度	制造时取得了有数据，且使用温度未达到回火脆化温度	4
	蠕变裂纹	有蠕变引起裂纹的事例；耐压部件在蠕变温度范围下使用，且经历了接近裂纹发生的时间	耐压部件虽然在蠕变温度范围下使用，但离预测裂纹发生的时间还有相当的裕量	在蠕变范围附近的温度下使用；尽管预测了蠕变裂纹，但与耐压性能无关，而且易于发现裂纹	在蠕变温度范围以下使用，故不必考虑蠕变裂纹的发生	3

续表

编号	重要系数 评定系数	5	3	2	0.5	乘数
11（使用环境的特殊性）	氢脆裂纹（碳钢、低合金钢）	有氢脆裂纹的事例	不满足最新的纳尔逊曲线（Nelson curve）	满足最新的纳尔逊曲线	满足最新的纳尔逊曲线，且在 10 年以上没有氢脆发生	4
	氢诱发的裂纹（碳钢）	发生过由于氢诱发（HIC）引起的断续状或板厚方向的裂纹	有氢气泡或直线状裂纹的事例	虽满足 HIC 发生的诸条件（H_2S、pH、H_2O、温度等），但没有发现裂纹	不满足 HIC 发生的诸条件，也没有发生裂纹；虽然满足 HIC 发生的诸条件，但也施行了预防措施	1
	碱脆裂纹（碳钢）高涉及度 NaOH、MEA、APID 等碱脆防护	有碱脆裂纹事例	未进行焊后热处理（PWHT），使用温度>40℃以上（包括蒸汽清扫）	未进行 PWHT，但由于不能进行充分水洗而采用蒸汽清扫	进行了 PWHT；使用温度小于 40℃。没有蒸汽示踪，而且在蒸汽清扫前进行充分的水洗	1
	氯化物应力腐蚀裂纹（奥氏体系不锈钢）	有氯化物应力腐蚀事例	未进行 PWHT，存在高浓度的氯化物，使用温度大于 50℃	未进行 PWHT，存在低浓度的氯化物，使用温度大于 50℃	低浓度的氯化物，使用温度大于 50℃，进行了 PWHT	1
	由于循环热应力引起疲劳裂纹	在高温下继续使用产生热疲劳； 由于原因不明产生了超过许用标准的显著疲劳	断续运转中有可能引起热疲劳； 有疲劳但在许用范围之内	断续运转，不必考虑由此产生的热疲劳	在连续运转中，温度压力几乎不变	3
	异材焊接部位的脆弱化（低合金奥氏体钢）	耐压部件的主要结构由异种材料组合焊接，预测由于使用温工将造成大幅度脱碳； 铁素体与奥氏体钢异材焊接后在高温下断续使用	耐压部件的主要结构由于异材焊接产生脱碳，但预测离裂纹的发生还有充分的裕度； 在主要结构部位预测有大幅度的脱碳，但采取了补强措施； 预测有铁素体和奥氏体之间热膨胀差产生的裂纹	有脱碳现象和发生裂纹的可能性，但不会引起破坏，且易发现	预测有显微脱碳现象，但在该使用温度下使用 10～20 年，预计对强度完全没有影响	3
	由液氯引起的应力腐蚀裂纹（高强度钢、碳钢）	有应力腐蚀的事例	用高强度钢制造，未经整体退火，但没有裂纹的事例	用高强度钢制造，经整体退火，没有裂纹发生事例； 用碳钢制造，未经整体退火，但没有发生裂纹事例	完全冷却（−30℃，大气压）条件下使用，材料相当于低温压力容器用碳钢，拉伸强度大于 580MPa，没有裂纹发生事例； 用碳钢制造，经整体退火，没有裂纹发生事例	2

表 11-12 压力容器风险系数的级别

级别	风险系数	典型设备
Ⅰ级	大于 35	例如高温、高压和 H_2 环境下的加氢反应器及周围的装置，即在苛刻条件下运行的设备
Ⅱ级	20～35	一般的高压设备
Ⅲ级	小于 20	制造时已进行适当的检查，从使用条件看，没有必要在使用中检查，为了慎重起见而进行定期检查的设备

⑥ 确定检验周期和检验内容。

风险系数Ⅰ级：原则上每年检查 1 次，但对需要连续运行 2 年以上的设备，如果能够确保连续运行 2 年以上而不发生问题，检查周期可不超过 2 年。

风险系数Ⅱ级：一般的高压设备原则上每 3 年开罐检查一次；但如果它与重要度Ⅰ级的设备在同一装置内，又能确保该装置在 4 年以上不出问题，开罐检查周期可不超过 4 年。

风险系数Ⅲ级：每 6～9 年检查 1 次确认设备是否有问题。各工厂可根据实际情况以及与其他设备的关系等，选取适当的检查周期。

此外，对于重要的设备，需经具体分析后，确定每个检查部位的检查内容及重新修补的返修标准。

综上所述，压力容器设备重要度法的风险评估的基本程序如图 11-7 所示。

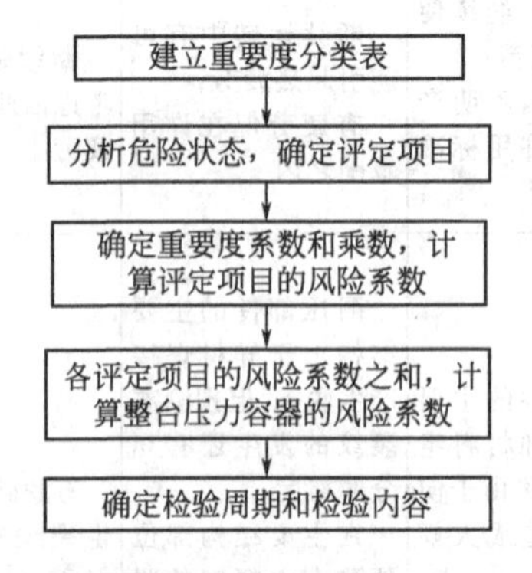

图 11-7 压力容器设备重要度法的风险评估程序

11.3.2.2 压力容器重要度法风险评估的应用

【例 11-1】 某加氢脱硫反应塔其工作参数如下。

介质：H_2、烃类化合物，工作温度：370～395℃，操作压力：8.6～9.0MPa，材料：2.25Cr-1Mo＋316L，投用日期：1962 年。制造资料不全，但在使用过程中未发生泄漏。

生产中的作用：若该设备发生故障，与其相关的反应过程停止。

风险评估：选定评定项目为介质、温度、压力对生产的影响，使用环境的特殊性等评定项目逐一进行评价，由于该台设备的使用环境比较特殊，可能的失效模式较多，如热疲劳、氢腐蚀、回火脆性等。如对于回火脆性来说其乘数为 4，由于制造时没考虑回火脆性，但选材上已考虑了回火脆化的可能性，查表 11-11 可得其重要度系数为 3，所以回火脆性的风险系数为：4×3＝12，其风险评估的结果见表 11-13，该台设备的风险系数为 52，查表 11-12 得出其风险级别为Ⅰ级，因此该台设备的检查周期应为 1～2 年检查一次，检查的方法应以无损检测为主。

表 11-13　加氢脱硫反应塔的风险评估

设备名称:加氢脱硫反应塔		主要材料:2.25Cr-1Mo+316L		位号	
评定项目	重　要　度　评　定				
	评　定　内　容	重要度系数	乘数	乘数×重要度系数	
介质	烃类化合物,H_2	3	1	1×3=3	
温度	370～395℃以上	3	1	1×3=3	
压力	8.6～9.0MPa	2	1	1×2=2	
设备历史	1962 年投入使用,使用过程中未发生泄漏	2	4	4×2=8	
对生产的影响	与设备相关的反应过程中断	3	2	2×3=6	
使用环境	回火脆化:在制造时未考虑,但在使用温度下已充分考虑	3	4	4×3=12	
	蠕变脆化:在蠕变范围附近操作,有蠕变倾向	3	2	2×3=6	
	氢脆裂纹:满足 Nelson 曲线	0.5	4	4×0.5=2	
	氢诱发裂纹:有氢气泡或直线状裂纹的事例	3	1	1×3=3	
	碱脆:几乎不发生	0	1		
	热疲劳和疲劳:在连续运转时,温度压力几乎不变	0.5	3	3×0.5=1.5	
	异种钢焊接,内侧衬里有异种钢焊接	0.5	3	3×0.5=1.5	
压力容器的风险系数				52	

11.3.3　压力容器的风险评估的模糊评估法

在进行压力容器风险评估时，尽管将有关内容、条款分得很细，对其失效模式，可能引起破坏的原因分析得很透彻，但无论是重大危险源评价还是设备重要度评价，都在确定分数或分值时有人为确定的因素，难免主观性，加之风险一般都受到复杂因素的影响，不易用确定性的数据描述，Karwowski 和 Mital 提出采用模糊评价法开展风险评价工作。模糊综合评价就是应用模糊变换原理和最大隶属度原则，考虑与被评价事物相关的各个因素，对其进行综合评价，目前这种方法在工业界被广泛采用，并取得较好的结果，如用模糊综合评价方法评价设备重要度，对飞行器设计安全系数的选取，对管道可接受失效概率准则的确定，对失效后果严惩度的评价，机械系统可靠度的分配等等。

11.3.3.1　模糊综合评价方法

(1) 建立因素集

因素集是影响评价对象的各种因素所组成的普通集合，即

$$u=\{u_1,u_2,\cdots,u_p\} \tag{11-22}$$

式中　u——因素集，$u_i(i=1,2,\cdots,p)$ 代表各影响因素；

p——影响因素的个数，这些因素通常具有不同程度的模糊性。

上述每一个因素又按影响程度分为 m 个等级，因素中的各等级所处的状态可用模糊语言“好，较好，一般，较差，差”或者“高，较高，一般，较低，低”等来表示，此状态集合即为因素等级集，记为：

$$u_i=\{u_{i1},u_{i2},\cdots,u_{im}\}(i=1,2,\cdots,p) \tag{11-23}$$

(2) 建立备择集

备择集是评价者对评价对象可能做出的各种总的评价结果所组成的集合，一般以程度语言或评定取值区间作为评价目标，通常可以表示为：

$$V=\{V_1,V_2,\cdots,V_n\} \tag{11-24}$$

(3) 建立权重集

因素权重集反映了各因素对于评价对象的影响大小，记为

$$W=(W_1,W_2,\cdots,W_p) \tag{11-25}$$

其中因素的权重应满足归一化条件，即

$$\sum_{i=1}^{p} W_i = 1 \tag{11-26}$$

一般来说，确定因素权重的方法有很多，如德菲尔法、专家调查法、层次分析法等。层次分析法（analytic hierachy process，简称 AHP 法）是目前应用较为广泛的一种方法，该方法的基本步骤是比较若干因素对同一目标的影响，从而确定其在目标中占的比重。

(4) 建立等级评价矩阵

因素等级评价是某一因素的某一等级对于评价集的隶属函数。确定隶属函数的方式有多种形式，如模糊统计法、专家评分法、二元对比排序法、指数法、代数式法（分段函数法）、推理法等。Karwowski 推荐的模糊语言隶属度函数，见表 11-14。

表 11-14 模糊语言隶属度函数

模糊语言变量	评价级						
	1	2	3	4	5	6	7
	隶属函数						
很大	0	0	0	0.1	0.5	0.8	1.0
大	0	0	0.1	0.3	0.7	0.9	1.0
中等	0	0.2	0.7	1.0	0.7	0.2	0
或多或少有些	0	0	0.3	0.5	0.85	0.95	1.0
小	1.0	0.9	0.7	0.3	0.1	0	0

(5) 模糊综合评判

一级模糊综合评价，实际上是为了处理因素的模糊性，通过综合一个因素的各个等级，对评价对象取值的贡献，来作为一种单因素的评价，对于 i 个因素的一级模糊评判集为

$$\widetilde{R}=\widetilde{A}_i \circ \widetilde{R}_i=(a_{i1},a_{i2},\cdots,a_{im})\circ\begin{pmatrix} r_{i11} & r_{i12} & \cdots & r_{i1n} \\ r_{i21} & r_{i22} & \cdots & r_{i2n} \\ \vdots & \vdots & \vdots & \vdots \\ r_{im1} & r_{im2} & \cdots & r_{imm} \end{pmatrix}=(b_{i1},b_{i2},\cdots,b_{im}) \tag{11-27}$$

其中“∘”为模糊合成运算。

(6) 模糊综合评价

通常，各个因素影响评定准则取值的重要程序是不同的，在综合评价中应充分考虑各个因素的影响，对所有因素进行评价时，可以得到模糊综合评价集：

$$\widetilde{C}=\widetilde{W}\circ\widetilde{B}=(W_1,W_2,\cdots,W_p)\circ\begin{pmatrix} b_{11} & b_{12} & \cdots & b_{1m} \\ b_{21} & b_{22} & \cdots & b_{2m} \\ \vdots & \vdots & \vdots & \vdots \\ b_{p1} & b_{p2} & \cdots & b_{pm} \end{pmatrix}=(c_1,c_2,\cdots,c_m) \tag{11-28}$$

(7) 结果

根据最大隶属度原则，即

$$V_K=\{V_L|V_L\rightarrow \max C_k\} \tag{11-29}$$

根据隶属度最大的值对应的评价集等级，确定模糊综合评价的结果。

11.3.3.2 模糊评价法在压力容器风险评估中应用实例

本实例取自文献［11］。

【例 11-2】 某化工厂的氧化反应的冷凝器基本结构如图 11-8 所示，结构参数和操作参数见表 11-15 和表 11-16。

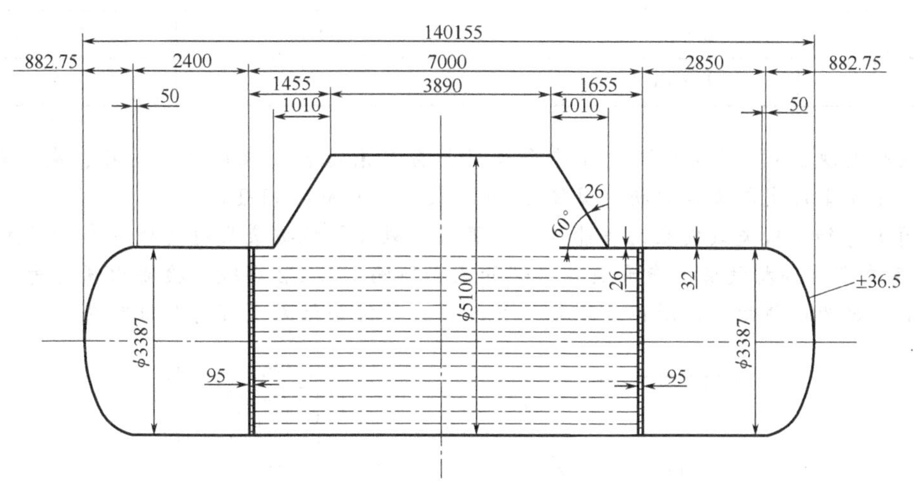

图 11-8 氧化反应冷凝器简图

表 11-15 冷凝器结构参数

壳程	直径/mm	ϕ3387	
	壁厚/mm	26	
	材料	SA-516-Gr70	
管程	管子直径/mm	ϕ19.5	
	管子壁厚/mm	1.245	
	管数	7980	
	管子材料	SB-3328-Gr2	
	管箱材料	SA-516-Gr70＋SB-265-Gr1 CLAD	
	管板材料	SA-350 LF2＋SB-265-Gr1 CLAD	
	管板直径/mm	ϕ3451	ϕ2712
	管板厚度/mm	87＋8	70＋8
	管子与管板连接形式	贴胀＋强度焊	

表 11-16 冷凝器操作参数

项目		壳程	管程
水压试验	温度/℃	7	7
	压力/MPa	0.771	2.6
设计工况	温度/℃	185	281
	压力/MPa	0.593	1.5

续表

项目		壳程	管程
操作工况	温度/℃	133～148	200～170
	压力/MPa	0.35	1.49
紧急状态	温度/℃	143.6	158～200
	压力/MPa	0.3	1.5

经检验发现在C3焊缝处错边量严重超标并存在未熔合、未焊透、气孔、夹渣等缺陷，为此开展了安全评定与失效分析，见图11-9及表11-17和表11-18。

由图中得知，从失效发生的可能性看，脆性断裂比弹性撕裂失稳失效更易于产生。由于C3焊缝存在严重超标的错边量和坡口根部的表面缺陷，而C2焊缝未检测出错边量，存在的焊接缺陷表征为埋藏缺陷，所以冷凝器的失效形式的综合结果表现为脆性断裂。

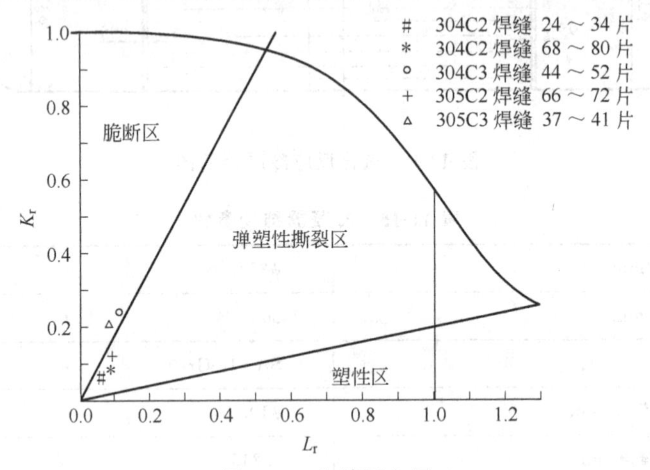

图 11-9 失效评定图

表 11-17 缺陷断裂失效形式判别结果

设备	焊缝	部位	L_r	K_r	S_c	失效模式
E1-304	C2焊缝	24#～34#片	0.082	0.077	0.94	弹塑性撕裂失稳失效
		68#～80#片	0.083	0.079	0.95	弹塑性撕裂失稳失效
	C3焊缝	44#～52#片	0.101	0.219	2.17	脆性断裂

表 11-18 C3焊缝处可能引起脆性断裂失效的部位和有关参数

设备	脆性断裂失效部位	错边量/mm	缺陷尺寸/mm
E1-304	150°～180°	+4(150°) −11(180°)	$2c=1220$ $a=2$

【解】(1) 设事故因素集

$$U=\{U_i\} \tag{11-30}$$

式中 U——缺陷部位风险因素的集合，综合反映装置缺陷的属性；

U_i——因素，设定4种因素，$i=1$，2，3，4。

U_1：缺陷种类，未焊透；U_2：缺陷大小，$2c=1220$mm，$a=2$mm；U_3：缺陷的干涉，缺陷相互干涉合并；U_4：缺陷部位与形貌，内表面半椭圆表面裂纹。

（2）评价集

$$V=\{V_i\} \tag{11-31}$$

V 为评价集合；V_i 为对各因素的评价。按 Karwowski 方法，各因素对风险贡献的评价为“很大”、“大”、“中等”、“或多或少有些”和“小”5 种。

V_1：缺陷种类“未焊透”对风险的贡献为“大”；V_2：缺陷大小（$2c=1220$mm，$a=2$mm）对风险的贡献为“很大”；V_3：缺陷相互干涉合并并对风险的贡献为“小”；V_4：缺陷部位与形貌（内表面半椭圆裂纹）对风险的贡献为“大”。

（3）隶属度函数

用隶属度函数将评价集中各模糊语言量化，按 Karwowski 方法提出的隶属度函数值列成矩阵：

$$R=\begin{bmatrix} 0 & 0 & 0.1 & 0.3 & 0.7 & 0.9 & 1.0 \\ 0 & 0 & 0 & 0.1 & 0.5 & 0.8 & 1.0 \\ 1.0 & 0.9 & 0.7 & 0.3 & 0.1 & 0 & 0 \\ 0 & 0 & 0.1 & 0.3 & 0.7 & 0.9 & 1.0 \end{bmatrix} \tag{11-32}$$

（4）确定各因素的重要度

$$W=(0.30, 0.24, 0.26, 0.20) \tag{11-33}$$

（5）风险综合评价

$$B=W\circ R=\{0.26, 0.234, M, 0.232, 0.252, 0.496, 0.642, 0.74\} \tag{11-34}$$

式中，“$\circ$”为模糊合成运算，取 B 中最大值作为风险程序评价的依据，其值为 0.74；M 为相邻两裂纹间的线弹性干涉效应系数，无量纲。

按照 Zadeh 语气算子赋值，风险程序分为“很严重”、“严重”、“较严重”、“中等”、“略有一些”、“轻微”、“否”7 个等级，0.74 属于“严重”。亦即，在“合乎使用”原则下，虽然缺陷安全评定的结论认为冷凝器全部缺陷可以接受，但风险分析的结果指出，该两台装置投入运行必须承担第二级（“严重”）的风险。

11.3.4 压力容器的风险矩阵法的评估

压力容器的风险矩阵方法是美国石油学会（American Petroleum Institute，API）最先提出，目前已在多个工程领域的风险评价中被广泛采用。

11.3.4.1 风险矩阵与风险等级

风险可以用多种方式进行表达，将事故发生的可能性和相应的后果置于一个矩阵中，该矩阵称为风险矩阵。API 581 采用了形象、直观的风险矩阵综合了失效概率与失效后果严重程度，如图 11-10 所示，横坐标表示失效后果等级，纵坐标为失效可能性等级，失效可能性与失效后果的不同组合得到不同的风险等级。

在风险矩阵中，失效可能性等级分为Ⅰ、Ⅱ、Ⅲ、Ⅳ、Ⅴ共 5 个等级，其中Ⅰ级为失效概率最低，Ⅴ级为失效概率最高；失效后果分为 A、B、C、D、E 共 5 个等级，以 A 级的后果不严重，E 级后果最严重。失效可能性与失效后果的组合将设备的风险等级分为 4 个等级，在图中以“1～4”标记依次为设备的 4 个风险等级，分别对应着低风险区、中风险区、中高风险区和高风险区，不同的风险等级需采取不同的对策。参见表 11-19。

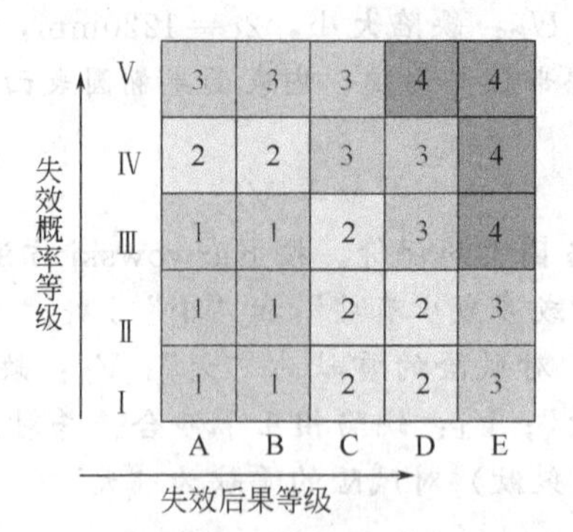

图 11-10 风险矩阵图

表 11-19 设备风险等级

等级	风险区	采取的对策
1	低风险区	酌情进行检查和抽查检验
2	中风险区	应进行定期全面检验
3	次高风险区	进行在线监测和无损检测
4	高风险区	重点加强管理，进行整改，彻底消除事故隐患

对于低风险区的设备由于设备发生失效可能性低，失效后果不严重，所以可以酌情进行检查或抽查，而对于次风险区或高风险区的设备应为装置中重大设备或关键设备，故障风险高，必须给予高度关注。

利用风险矩阵开展风险评估时，失效可能性等级和失效后果等级的确定是最关键的步骤，不同的国家有不同的确定准则，目前国内外最常采用的是基于 API 581：2000 的定性、半定量和定量的评价方法（新版本的 API 581：2008 只保留全定量方法计算设备的失效概率）。

11.3.4.2 失效可能性分析

失效可能性研究的是设备发生某种失效的概率。在进行风险分析时，失效可能性指的是设备每年可能泄漏的次数。在 API 581 中，失效可能性分析以同类设备失效频率为基础，综合考虑企业管理水平和设备服役现状对同类失效频率影响，通过管理系数和设备系数两项进行修正，得到调整后的失效频率即为设备失效可能性，其失效可能性等级的确定步骤如图 11-11 所示，用公式表示为

$$F=F_GF_EF_M \tag{11-35}$$

式中 F_G——同类设备平均失效频率；

F_E——设备修正系数；

F_M——管理系统评价系数。

GB/T 26610 进一步加入剩余寿命与缺陷影响系数 F_L，以修正压力容器剩余寿命与缺陷对其失效可能性的影响。

同类设备失效频率数据来源于 23 家世界知名石化企业可用设备失效历史的统计，API 581 已经根据这些数据编制成每一设备和每一管径的同类失效频率，如表 11-20；设备修正系数主要涉及损伤次因子（服役时间、损伤类型、失效概率、检验有效性）、通用次因子（装置条件、气温、地震）、机械次因子（装置复杂性、建造规范、寿命周期、安全系数、振动监测）及工艺次因子（稳定性、连续性、泄压阀、腐蚀工况、清洁工况），从这 4 个方面辨别可能对设备失效频率有重要影响的特定条件；管理系数主要考虑企业的设备管理水平，

用于调节工艺安全管理系统对装置的机械完整性影响。

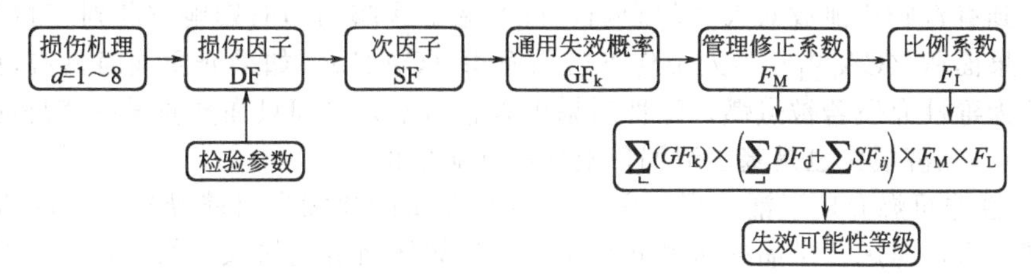

图 11-11　失效概率确定的计算框图

API 581 推荐的失效可能性等级的划分方法，如表 11-20 所示。

表 11-20　失效可能性等级划分

失效可能性系数	损伤因子的范围	失效可能性等级
0.0～0.00001	<1	1
0.00001～0.0001	1～10	2
0.0001～0.001	10～100	3
0.001～0.01	100～1000	4
0.01～1.0	>1000	5

11.3.4.3　失效后果分析

失效可能性计算用于确定失效事件发生的概率，失效后果则主要用来衡量失效事件发生后，其后果的严重程度和损失大小，失效后果考虑了四个方面的因素，燃烧后果、毒性后果、环境后果和商业损失，其计算流程如图 11-12 所示。

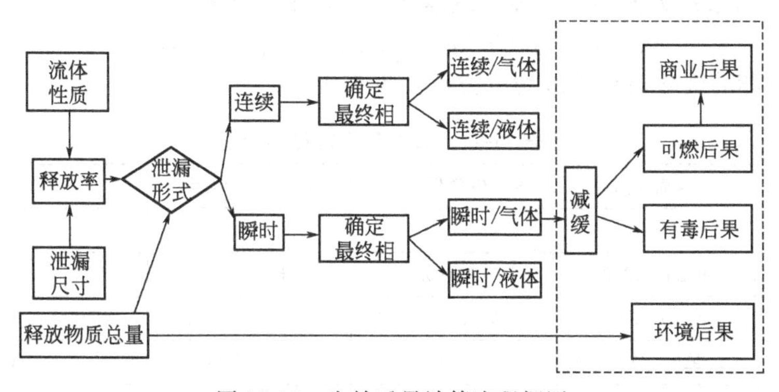

图 11-12　失效后果计算流程框图

失效后果根据后果表现途径的不同采用两种形式进行表征：面积后果和经济后果。

(1) 面积后果

面积后果包括燃烧与爆炸导致的设备破坏以及人员伤害面积后果、毒性介质泄漏导致的人员伤害面积后果、无毒性非可燃介质泄漏导致的人员伤害面积后果，面积后果是失效后果最常用的表征方式，但并非所有的失效事件都可用面积后果衡量。

① 燃烧和爆炸后果　燃烧和爆炸后果面积是基于热辐射和爆炸造成的人员伤害和财产损失而确定的，经济损失也是基于泄漏影响面积而确定的。燃烧爆炸后果采用事件树进行分析，确定每种燃烧爆炸模式（例如火池、闪燃、蒸气云爆炸等）的概率，然后采用计算模型确定总的后果面积，包括设备破坏后果面积（CA_{cmd}^{fiam}）和人员伤害后果面积（CA_{inj}^{fiam}）。

② 毒性后果　有毒介质的流体泄放会对周围人员产生毒性后果，在当前的风险分析方法中，仅提到有毒物质泄放对人类的影响，只考虑了暴露的即时影响（相对于慢性），包括设备破坏后果面积（CA_{cmd}^{tox}）和人员伤害后果面积（CA_{inj}^{tox}）。如果介质同时具有可燃性和毒性，则可认为毒性介质若被点燃，毒性后果可以忽略不计（即只在介质没有燃烧的情况下考虑毒性后果），经济损失也是基于泄漏影响面积而确定的。

③ 无毒性非可燃介质泄漏后果　无毒不可燃介质的泄漏也可能导致严重的后果，因此也要计算其后果，考虑化学品的溅洒和高温蒸气的灼伤而造成的人员伤害，物理爆炸和沸腾液体扩展爆炸同样也可能造成人员伤害和设备部件的破坏，因此需要考虑包括设备破坏后果面积（CA_{cmd}^{nfnt}）和人员伤害后果面积（CA_{inj}^{nfnt}）。

最终设备破坏后果面积计算公式为

$$CA_{cmd}=\max\left(CA_{cmd}^{fiam},\ CA_{cmd}^{tox},\ CA_{cmd}^{nfnt}\right) \tag{11-36}$$

最终人员伤害后果面积计算公式为

$$CA_{inj}=\max\left(CA_{inj}^{fiam},\ CA_{inj}^{tox},\ CA_{inj}^{nfnt}\right) \tag{11-37}$$

最终后果面积取最终设备破坏面积和最终人员伤害面积中的较大值，按下式：

$$CA=\max\left(CA_{cmd},\ CA_{inj}\right) \tag{11-38}$$

(2) 经济后果

经济后果包括设备检修或更换成本、设备失效影响区域中其他设备的破坏成本、介质泄漏和由于设备检修或更换导致的停工成本、失效所导致人员伤害成本、环境清理成本，所有的失效事件均可以用经济后果表征。

经济损失包括停工损失和与环境有关的成本：设备检修或更换成本（FC_{cmd}）、设备失效影响区其他设备破坏成本（FC_{affa}）、介质泄漏和由于设备检修或更换所导致的停工成本（FC_{prod}）、设备失效所导致的人员伤害成本（FC_{inj}）、环境清理成本（$FC_{environ}$）。

最终的经济后果果为上述 5 种经济成本之和，按下式计算：

$$FC=FC_{cmd}+FC_{affa}+FC_{prod}+FC_{inj}+FC_{environ} \tag{11-39}$$

API 581 推荐的失效后果等级划分方法，见表 11-21。

表 11-21　失效后果等级划分

后果种类	影响面积/m²	潜在生命损失/人	业务中断/万元	总风险/万元
A	0～9.29	0～0.01	0～6.6	0～66
B	9.29～92.9	0.01～0.1	6.6～66	66～660
C	92.9～929	0.10～1.0	66～660	660～6600
D	929～9290	1.0～10.0	660～6600	6600～66000
E	＞9290	＞10.0	＞6600	＞66000

11.3.5　压力容器的动态风险评价方法

有些事故发生的频率与使用的时间有关，如过程装置设备存在潜在失效源，在运行过程中可能引起状态的改变；缺陷萌生和扩展引起状态的改变；从修理状态恢复到正常工作状态的改变等。此类事故采用动态分析方法预测生产、维修过程中可能出现的风险是必要的，这是因为事故的发生是系统的动态特征而不是静态特征。目前采用的风险评价方法都是静态的分析方法，Siu 说明了在处理动态问题时所面临的困难，动态风险分析已成为风险评价领域内的发展方向，动态系统的失效可能性分析方法的研究已引起工程界的高度重视。但我国在这方面的应用和研究还几乎没有开展。

11.3.5.1　动态失效可能性分析方法简介

动态风险评价相比静态风险评价而言，需要综合考虑时间、过程变量的变化。需要计算系统的各种状态发生的概率或者估计某状态到达时间的分布，计算不同状态发生事故时引起的后果等，因此动态风险分析是一种动态随机过程。

动态系统的失效可能性分析是动态风险分析的主要内容。其核心是在动态系统的各状态转移的分析方法和状态转移概率的计算方法。状态转移分析方法一般有三类：第一类是事件树的扩展，包括连续事件树（CET）、离散动态事件树（DET）、动态逻辑分析方法（DYLAM）、事件序列图（ESD）。第二类是故障树的扩展，包括动态故障树（DFAT）、GO-FLOW 方法和基于有向图的故障树构造法。第三类是 Markov 的状态传递模型。状态转移概率的计算主要有两种方法：一是概率动力学，其核心是连续事件树模型，所以概率动力学也称为连续事件树理论（continuous event tree theory）；二是过程转移理论，其核心是 Markov 的随机过程。

Markov 链已经广泛地应用于系统的动态分析。Markov 过程是指在随机情况下，一系列连续出现事件状态，$X(t_1)$，$X(t_2)$，…，$X(t_{n-1})$ 的集合。当随机过程中所出现的取值 $X(t_1)=x_1$，$X(t_2)=x_2$，…，$X(t_{n-1})=x_n$ 已确定时，则一个将来出现事件 $X(t_n)=x_n$ 的条件概率为：

$$P\{X(t_n)|X(t_{n-1})\}=P\{X(t_n)|X(t_1),X(t_2),\cdots,X(t_{n-1})\} \tag{11-40}$$

式中，t_i 表示某一时刻，$i=1$，2，3，…，n。

随机变量 $X(t)$ 可能取值的全体称为随机过程的状态空间，一个时间与状态都是离散的 Markov 过程称为 Markov 链。它的特点在于无后效性，简单地说是指系统所处的状态只要前一个状态一经确定，该状态的概率即可确定，而与更前面的状态无关。

假定可能产生的状态有 k 个，即 S_1，S_2，…，S_k。如果由状态 S_i 转移到 S_j 的条件概率用 S_{ij} 表示，则总的转移概率可表示为：

$$S=(S_{ij})=\begin{vmatrix} S_{11} & S_{12}\cdots S_{1k} \\ S_{21} & S_{22}\cdots S_{2k} \\ & \vdots \\ S_{k1} & S_{k2}\cdots S_{kk} \end{vmatrix} \quad (i,\ j=1,\ 2,\ 3,\ \cdots,\ k) \tag{11-41}$$

因此，在 t 时刻系统处于 n 状态的概率 $P_n(t)$ 写成矩阵形式，微分方程组为：

$$\mathrm{d}P(t)/\mathrm{d}t=SP(t)$$

式中

$$P(t)=\begin{bmatrix} P_0(t) \\ P_1(t) \\ P_2(t) \\ \vdots \\ P_n(t) \end{bmatrix}$$

11.3.5.2　动态风险评价方法研究展望

动态系统的失效可能性分析是动态风险分析的主要内容，迄今为止，大多数研究方法的思路是将动态系统离散，对各状态转移的进行分析和状态转移概率的进行计算。一般应涉及下列诸方面：描述系统或装置初始状态的变量；描述系统或装置过程变化的参量；描述系统或装置所处的各状态变量以及模拟计算结果的输出变量等。

动态风险评价的数学方法是实现动态风险评价的基础，但前已叙及的动态系统失效可能性分析方法对过程变量的敏感性分析还不令人满意，大都要面对庞大的模型，其计算工作量较大。实际上，可靠性的数学方法是实现定量风险评价的实践基础，可靠性理论中的变量的敏感性分析已有一套成熟的方法，因此将可靠性理论集成到动态风险评价中是动态风险评价数学方法的一个发展方向。此外，动态过程理论如随机过程、突变理论也将为动态风险评价提供新的数学方法。

动态系统的离散化过程中，尤其是根据系统失效的逻辑模型进行离散的扩展事件树和因果树模型，往往假定基本事件为统计不相关。实际上，某些失效机理代表了导致系统或装置失效事件的逻辑上的组合，如：石化装置中大量使用的压力容器，其介质与材料的交互作用将导致应力腐蚀、腐蚀疲劳等缺陷，引起压力容器的爆破、泄漏等失效。对于同时引起几个事件发生的失效机理称为共因失效（common cause failure，CCF），因此研究动态系统的共因失效分析方法将是一个发展方向。

动态风险评价的研究对象的是一个系统，其属性复杂，过程变量具有模糊性：其系统状态的划分不是“非此即彼”那样明确，而是具有模糊性，如石化装置中大量使用的压力容器，在缺陷萌生到由于缺陷而导致失效的过程中，压力容器的安全状态的划分无法明确，有时只能用“安全”、“较安全”、“不太安全”和“不安全”等模糊语言进行表述；再者，系统状态转移是一个随机事件，转移概率数据的不充分且影响因素甚多，以压力容器的失效为例，从“安全”状态转移到“不安全”状态、转移到“较安全”状态、转移到“不太安全”状态均有可能，其转移概率与压力容器使用的材料性能、制造质量、使用条件等因素有关，而诸如材料性能等因素具有随机特性，这种随机特性是不可能消除的。因此开展不确定性处理方法与动态系统的失效可能性分析方法的耦合的研究如采用模糊数学方法分析动态事件树等是非常必要的。

11.4 故障树在压力容器风险评估中的应用

11.4.1 故障树分析的一般程序

11.4.1.1 故障树的建造

首先分析系统，对于已经确定的系统要进行深入的调查研究，了解其构成、功能、性能、操作方法、维修等情况，必要时根据系统的工艺、操作内容画出工艺流程图及布置图；其次收集、调查系统的各类故障，收集的内容包括过去的、现在的以及将来的可能发生的故障，以及同类系统、各类系统已经发生的故障和事故；最后选择合理的顶事件，确定系统的分析边界和范围，并且确定成功与失败的准则。

在以上的基础上建造事故树，这是故障树分析的核心部分之一，通过对已收集的技术资料，在设计、运行管理人员的帮助下，建造故障树，一般用演绎法，从顶事件开始，排列出故障的二次事件或中间事件，根据事件的逻辑关系，推出逻辑门，直至追溯到基本事件或初始事件为止，所谓基本事件或初始事件就是不能分解或不必再分解的事件。在建造故障树时一般使用的符号见表 11-22，通常需对故障树进行简化或模块化。

表 11-22 故障树常用符号

门符号				事件符号			
序号	使用符号	名称	输入输出关系	序号	使用符号	名称	意义
1		与门	当全部输入发生则输出发生	1		圆形	有足够数据的基本事件

续表

门符号				事件符号			
序号	使用符号	名称	输入输出关系	序号	使用符号	名称	意义
2		或门	任何一个输入存在则输出发生	2		菱形	不发展事件(未探明事件)
3		禁门	在条件存在时输入产生输出	3		矩形	用门表示的事件
4		优先与门	按左至右的次序输入发生则发生输出	4		椭圆	用于禁门的条件
5		异或门	输入中的一个发生而另外不发生则输出发生	5		房形	开关事件(发生或不发生)
6	m/n	m/n 表决门	n 中有 m 个输入则输出发生	6		三角形	转移出去转入

11.4.1.2 故障树定性分析

定性分析是故障树分析的核心内容，其目的是分析某类故障的发生规律及特点，找出控制该事件的可行方案，并从故障树结构上分析各基本原因事件的重要度，以便按轻重缓急分别采取对策。故障树定性分析的主要内容包括：

① 计算故障树的最小割集或最小径集；

② 计算各基本事件的结构重要度；

③ 分析各事件类型的危险性，确定预防故障发生的安全保障措施。

假设故障树中有几个基本事件 x_1，x_2，…，x_n，其中某些事件所组成的集合为 $C=\{x_{i1}, x_{i2}, \cdots, x_{in}\}$，当集合中全部基本事件都发生时，顶事件必然发生，则称 C 是故障树的一个割集，倘若 C 中任意去掉一个事件后，余下的事件就不再是故障树的割集时，则称集合 C 是一个最小割集。

求最小割集时，需用布尔代数进行运算，一般可以用 Fussel 算法（从顶事件开始顺序往下，利用逻辑与门仅增加割集容量逻辑或门增加割集个数，顺次把上排事件置换为下排事件）或者用 Semanderes 算法（基本事件往顶事件自下而上进行，运用布尔代数的运算法则），文献［3］中给出最小割集的基本算法。

求出最小割集后，顶事件 T 的结构函数可以用最小割度表示为

$$T=\phi(x)=\phi(x_1,x_2,\cdots,x_i,\cdots,x_n)=\bigcup_{i=1}^{N} C_i \tag{11-42}$$

对于基本事件 x，设

$$x\begin{cases}1 & \text{基本事件 } x_i \text{ 发生或顶事件发生}\\0 & \text{基本事件 } x_i \text{ 不发生或顶事件不发生}\end{cases} \tag{11-43}$$

$$x=\{x_1,x_2,\cdots,x_i,\cdots,x_n\}$$

如果结构函数从 $\phi(x_1,\cdots,x_{i-1},0,x_{i+1},\cdots,x_n)=0$

变化到

$$\phi(x_1,\cdots,x_{i-1},0,x_{i+1},\cdots,x_n)=1$$

则基本事件 x_i 发生必然导致顶事件发生，基本事件 x_i 不发生顶事件也不发生。若将基

本事件 x_i 的状态固定，即 x_i 取 1 或 0，然后使其他 $n-1$ 个事件在所有可能选取的状态组合中变化。显然共有 2^{n-1} 个可能状态，则

$$n_\phi(i)=\sum_{2^{n-1}}[\phi(x_1,\cdots,x_{i-1},1,x_{i+1},\cdots,x_n)-\phi(x_1,\cdots,x_{i-1},0,x_{i+1},\cdots,x_n)] \tag{11-44}$$

对基本事件的结构重要度加以比较后，就能列入相应于结构重要度的基本事件顺序，对其关键的事件提出改进措施。

基本事件 x_i 的结构重要度 $I_\phi(i)$ 为

$$I_\phi(i)=\frac{n_\phi(i)}{2^{n-1}} \tag{11-45}$$

11.4.1.3 故障树定量分析

定量分析是故障树分析的最终目的，其内容包括：

① 确定引起故障发生的各基本原因事件的发生概率；

② 计算事故树顶上的事件发生的概率；

③ 计算基本原因事件的概率重要度和临界重要度。

根据定量分析结果以及故障发生以后可能造成的危害，对系统进行危险分析，以确定安全投资的方向。

在计算顶事件发生概率时，利用相容事件和的计算概率公式，即

$$P(T)=P(\bigcup_{i=1}^{w}C_i)=\sum_{i=1}^{n}P(x_i)-\sum_{1\leqslant i\leqslant j\leqslant n}P(x_ix_j)+\sum_{1\leqslant i<j\leqslant n}P(x_ix_jx_k)+\cdots-P(\prod_{i=1}^{n}x_i) \tag{11-46}$$

11.4.1.4 总结故障树分析的资料

为确保系统的安全，必须综合利用各种安全分析的资料。这些资料必须是准确的，能及时送到有关部门进行整理、利用和保存。

11.4.2 故障树在压力容器风险评估中的应用

本节以文献［3］中的事例说明故障树在压力容器风险评估中的应用。

【例 11-3】 一台高温高压换热器，自 1978 年 7 月投入生产以来，在管板管束接口焊缝部位屡屡发生泄漏。经过多次补焊修理，仅仅根据 1983 年前的统计，已堵管 20 根，补修 170 处。试对这台设备进行故障分析，寻求导致管板管束焊缝泄漏的主要影响因素。

已知条件：

① 这台高温高压换热器的结构见图 11-13。

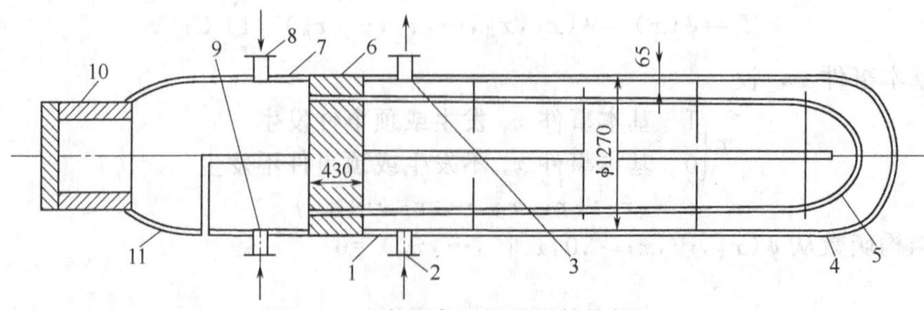

图 11-13 高温高压换热器结构简图

1—壳体；2,3—进水口，出水口；4,11—封头；5—管束；6—管板；7—管箱；8,9—管程流体进、出口；10—人孔

② 发生泄漏处管板管束接口焊缝结构见图 11-14。

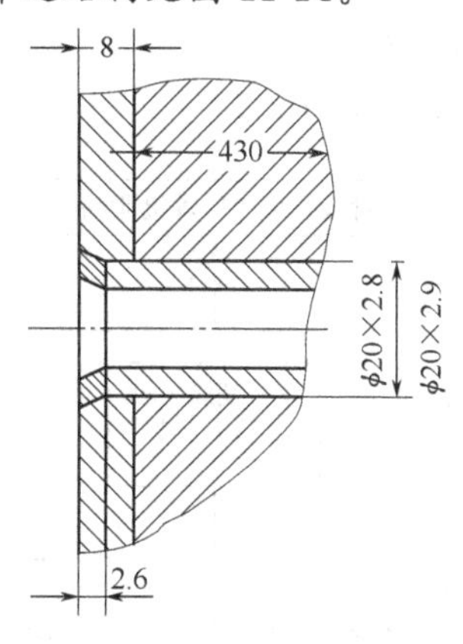

图 11-14 管板管束接口焊缝结构

③ 这台换热器的主要技术性能见表 11-23。

表 11-23 主要技术性能

项 目	管 程	壳 程
介 质	NH_3,H_2,N_2	锅炉给水
工作压力	26.086	11.082
工作温度	235/195	158/271

④ 材料特性见表 11-24。

表 11-24 材料特性

名 称	材料牌号	化学成分/%							
		C	Si	Mn	Cr	Mo	Al	S	P
管板	ASTM A338 CrF22	0.14	0.20	0.52	2.15	0.04	—	0.028	0.11
堆焊层	Sondotope	0.046	—	0.33	—	—	—	0.012	0.001
焊剂	CrMo21	0.05	0.6	0.74	2.3	1.00	—	—	—
管子	ASTM A213 CrT22	0.087	0.243	0.471	2.206	1.028	0.015	0.014	0.012

【解】 根据这台换热器运行以来的操作记录以及检修、修理等的工作记录，经过现场实际调查研究，绘制成故障树，见图 11-15，在建造故障树的过程中，以“管板管束接口焊缝泄漏”为顶事件，这一顶事件可以分为“热影响区硬化”、“疲劳裂纹扩展超过临界尺寸”、“含氢量的影响”这 3 个中间事件，其逻辑关系为逻辑和。

将基本因素模块化并加以简化，可以设：

事件 A：材料成分，加热速率，A=｛1、2、3、4、5、6、7、8｝；

事件 B：焊接工艺，B=｛9、10、11、12、13、14｝；

事件 C：漏检裂纹，C=｛15、16｝；

事件 D：预热、热处理，D=｛17、18｝；

事件 E：表面散热，E=｛19｝；

事件 F：焊接区氢含量，F=｛20、21、22｝；

事件 G：材料性质，G＝{23、24、25}；

事件 H：缺陷，H＝{26、27、28、29}；

事件 I：操作波动，I＝{30、31、32}。

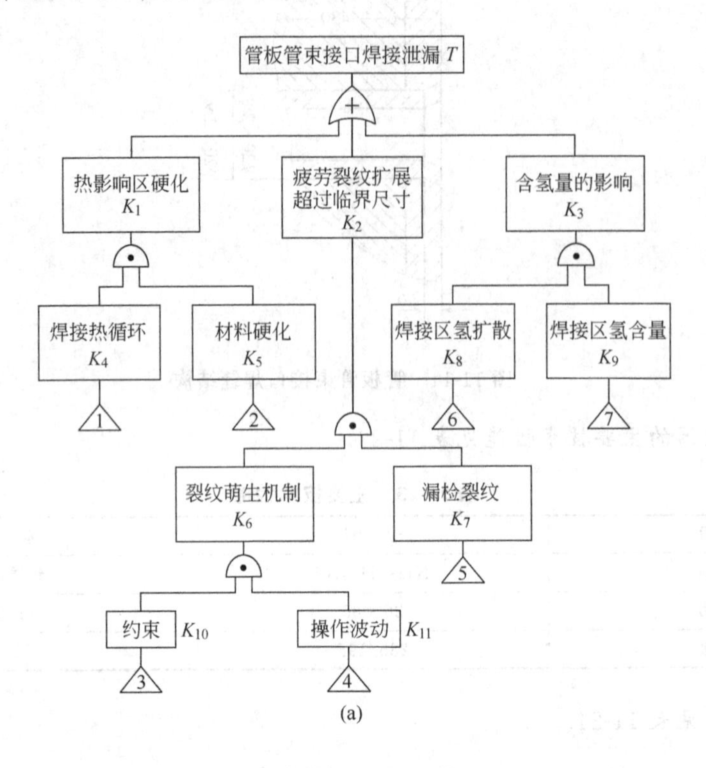

(a)

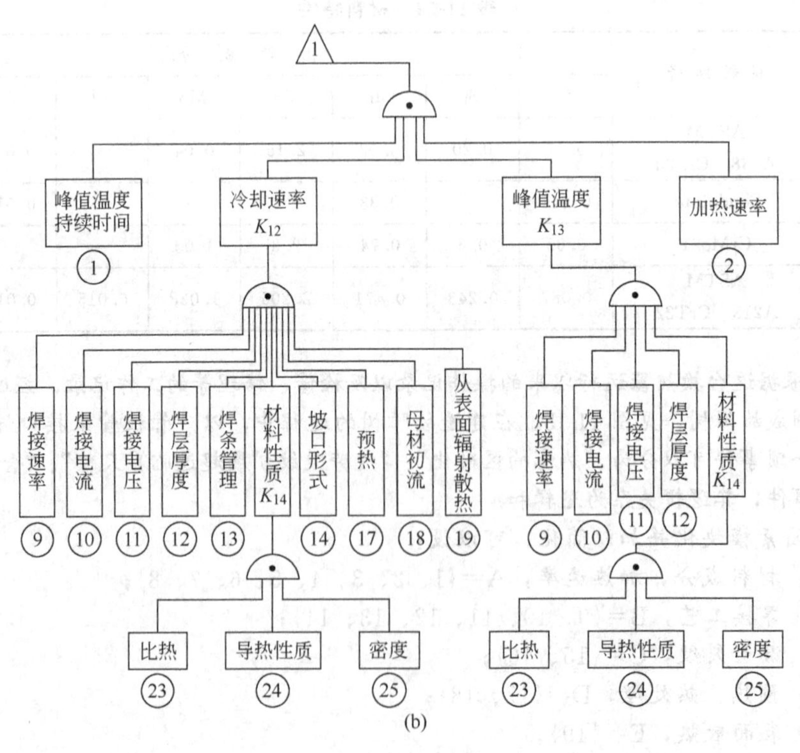

(b)

(b)

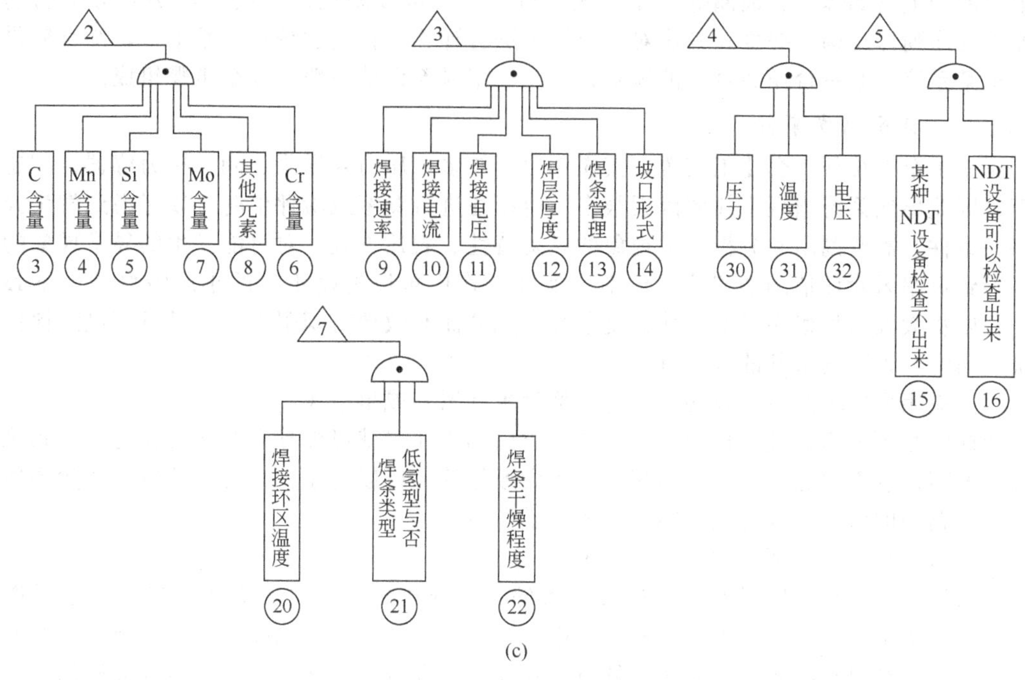

(c)

图 11-15 故障树图

按 Fussel 算法计算出最小割集为 {A, B, D, E, G}、{B, C, I}、{B, D, F, H}，按式计算的结构重要度，见表 11-25。

表 11-25 结构重要度

项目	$n_\phi(t)$	$I_\phi(t)$	项目	$n_\phi(t)$	$I_\phi(t)$
材料成分，加热速率 A	9	0.036166	焊接区氢含量 F	22	0.06694
焊接工艺 B	97	0.3789	材料性质 G	10	0.039063
漏检裂纹 C	53	0.20703	缺陷 H	22	0.06594
预热，热处理 D	32	0.125	操作波动 I	52	0.203126
表面散热 E	10	0.039063			

分析表明，影响这台高温高压换热器管板管束接口焊缝泄漏的主要原因是焊接或补焊工艺、原来存在裂纹（漏检）、操作波动和热处理工艺等。如果严格补焊要求包括严格控制热处理工艺、避免裂纹漏检、稳定操作则可提高这台换热器的可靠性，延长运行操作周期。

11.5 压力容器的概率风险评估技术

概率风险评估（probabilistic risk assessment）是复杂系统进行风险评估的重要方法，通过综合分析单个元件（如管路、阀、压力容器、控制装置、操作人员等）的失效概率进而估算整个系统发生事故的概率。最早为核电站所采用。

11.5.1 概率风险评估的一般程序

概率风险评估的主要内容包括确定系统有可能发生的一切事故序列的频率及其产生的后果，对所得到的定量结果进行定性研究。对于压力容器的概率风险评估，首先应分析压力容器事故的种类（如爆炸、泄漏等）和失效分析，一般可以采用因果树（FTA）分析引起事故原因的序列即结构重要度；其次对失效概率进行计算；在上述分析的基础上，结合后果分析给出某系统或某一台压力容器的风险评估。概率风险评估一般由 3 个步骤组成。

11.5.1.1 识别引发事件

对于 1 个系统如 1 套化工装置，其操作单元较多，压力管道泵、阀、压力容器、控制装置等，因此导致系统出现事故的因素很多，所以在进行概率风险评估时必须考虑到发生异常的每一事件，需要判断和分析异常现象的风险特性、表述方式，对可能发生的异常现象的遗漏将导致概率风险评估的准确率，但对于实际工作中可以忽略不计的小风险事件也不必计入，否则将大大增加概率风险评估的复杂性。充分而有效地辨识引发事件是概率风险评估的基础，通常辨识引发事件的方法有两种：

(1) 应用导致不产生后果的事件链（称为事件树）或事故树

用此法必须考虑失效传播的路径，管道阀门的内泄漏就可能导致与之相连的另一系统的压力的升高，进而引起压力容器的超压引起失效等等。所以对于压力容器的概率风险评估来说，失效路径的研究是其进入实际应用的关键所在。

(2) 假设和专家判断，建立专家系统

分析结果与一系列因果有关，如假设条件、系统建模以及将历史数据代入模型时作判断，从而分析引发事件，在整个分析过程中使用相当多的是专家判断方法，如果专家判断认可，那么分析结果是有效的，有时这种方法在技术上和分析方法上使用是多种多样的：描述危险特性，什么样的事件可忽略不计，模拟复杂的物理现象，描述分析结果的可信度等，往往这些分析随着专家的不同的研究领域或知识层次有所差异，难以按科学的标准鉴别，所以需建立专家系统，采用模糊非精确推理或人工神经网络予以证实。

引发事件的专家系统对于石化装置的风险评估具有重要的意义，可惜目前尚未有这方面的报道。

11.5.1.2 建立已辨识事件发生的后果及概率模型

通过估计事件的损失值来判断后果的大小，损失值通常用生命损失、受伤人数、设备和财产损失，有时用生态危害来表示。

对于石化装置，尤其是压力容器，通常有 6 种伤害模型，即：凝聚相含能材料爆炸、蒸气云爆炸、沸腾液体扩展蒸气爆炸、池火灾、固体和粉尘火灾、室内火灾，实际上不同的危险物具有不同的后果伤害，事实上，即使是同一种类型的物质，甚至同一种物质，在不同的环境、条件下也可能表现出不同的事故形态。例如液化石油气罐，如果由于火焰烘烤而破裂，往往形成沸腾液体变为蒸气发生爆炸。在事故过程中，一种事故形态还可能向另一种形态转化，例如燃烧可引起爆炸，爆炸也可引起燃烧。

后果分析需进行严重度的预先判别，通常按如下原则：

(1) 最大危险原则

如果一种危险具有多种事故形态，且其事故后果相差悬殊，则按后果最严重的事故形态考虑。

(2) 概率求和原则

如果一种危险物具有多种事故形态，且其事故后果相差不太悬殊，则按统计平均原则估计总的事故后果 S，即

$$S=\sum_{i=1}^{n}P_iS_i \tag{11-47}$$

式中　P_i——事故形态的发生的概率，可以按 Bayes 公式进行先验概率计算；

S_i——事故形态的严重度；

N——事故形态的个数。

后果分析是一个非常复杂的问题，有兴趣的读者可参阅文献［7］。

11.5.1.3 进行风险量化分析

概率风险评估可进行不同层次的量化分析，在核工业中进行三级概率风险评估：一级评估仅考虑反应堆芯熔化的概率；二级评估分析释放到环境中放射性物质浓度，三级评估分析事故产生的个体和群体危险，也称综合性或大规模风险评估。

在石化过程装置中的压力容器，对于其失效概率的分析现在已经有成熟的分析方法，但是，对于整个装置的失效分析、失效模式的识别以及引起风险的量化计算尚没有系统开展研究工作，因为石化装置内的危险物种类繁多，所以风险量化分析相对复杂。

根据我国“八五”攻关课题“易燃、易爆、有毒重大危险源辨识评价技术研究”，将设备后果量化为Ⅰ～Ⅴ级，见表 11-26。

表 11-26 设备失效后果等级

因素	等级				
	Ⅰ	Ⅱ	Ⅲ	Ⅳ	Ⅴ
失效造成的人员伤亡	>5 人死亡	死亡人数 1～5 人，多人受伤	人员严重残伤	人员轻伤	未造成人员伤亡
失效造成的财产损失	>150 万元	损失 50 万～150 万元	损失在 10 万～50 万元	损失一般	损失低
对环境的影响	环境污染极为严重	环境污染严重	环境污染较严重	环境污染一般	不造成环境污染
对生产的影响	整个工厂停产，损失极大	生产系统中断，损失较大	生产减产、损失一般	生产减产，损失较小	对生产影响极小
可维修程度	结构复杂，不易修复	结构复杂、修理费工时、故障率较高、工作量很大	结构较复杂，修理费工时，故障率一般，工作量较大	一般结构，故障率较低，工作量小	结构简单，故障率非常低
维修费用	维修费用很高，>150 万元	维修费较高，50 万～150 万元	维修费用高，10 万～50 万元	维修费一般	维修费低
维修工时	超过 6 个月	1～6 个月	1～3 个月	>10 天	<10 天

11.5.2 压力容器失效概率模型与失效概率

压力容器的失效物理模型有：应力-强度模型（干涉模型）、最弱环模型和反应论模型。

11.5.2.1 应力-强度模型（干涉模型）

装置或零部件因受到载荷作用产生的应力和材料强度之间的关系，是决定该装置或零部件失效与否的重要内容之一，可以用应力-强度模型计算其失效概率。

应力用 S 表示，材料的强度或称抗力用 y 表示。假设应力和材料强度服从任一分布，认为强度低于应力则装置或零部件失效，令 $f_s(s)$ 和 $f_r(r)$ 分别表示应力和材料强度的概率密度系数，见图 11-16，图中阴影部分表示干涉面积，示出了失效概率，即

$$P_f=F(t)=P(r<s)=P[(r-s)<0]$$

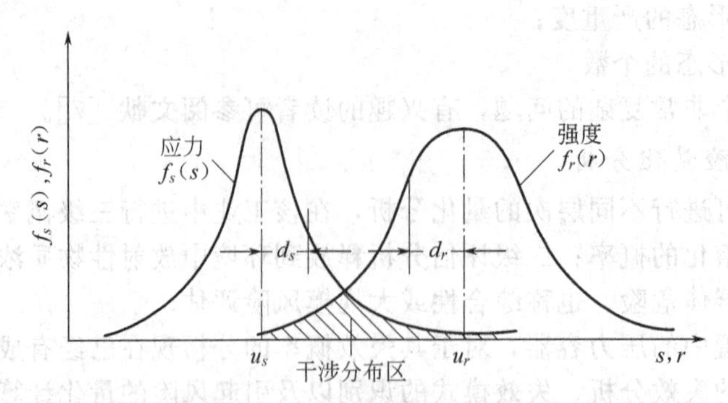

图 11-16 应力-强度模型干涉区图

P_f，$F(t)$ 分别表示失效概率和不可靠数。

根据密度函数的定义，可以得到应力 S_0，落在 S_0附近 ds 小区间概率等于

$$f_s(S_0)\mathrm{d}s = P\left(S_0 - \frac{\mathrm{d}s}{2} \leqslant S \leqslant S_0 + \frac{\mathrm{d}s}{2}\right)$$

而强度能超过小区间 $S_0 + \mathrm{d}s$ 的概率为：

$$f_s(S_0)\mathrm{d}s \times \int_{S_0}^{\infty} f_r(r)\mathrm{d}r \tag{11-48}$$

所以，材料的可靠度要求在全体应力分布条件下满足可靠度要求，则

$$R = \int_{-\infty}^{\infty} f_s(s)\mathrm{d}s \times \int_{s}^{\infty} f_r(r)\mathrm{d}r \tag{11-49}$$

同理可以求得可靠度的另一表达式为

$$R = \int_{-\infty}^{\infty} f_r(r)\mathrm{d}r \times \int_{-\infty}^{r} f_s(s)\mathrm{d}s \tag{11-50}$$

根据可靠度和失效概率的定义，则失效概率

$$P_f = 1 - R = \int_{-\infty}^{\infty} f_s(s)F_r(s)\mathrm{d}s \tag{11-51}$$

或

$$P_f = 1 - R = \int_{-\infty}^{\infty} [1 - F_s(r)] f_r \mathrm{d}r \tag{11-52}$$

文献［5］中分别给出了应力和强度服从正态分布、对数正态分布、威尔布分布的可靠度和失效概率计算。

11.5.2.2 最弱环模型

如果装置或零部件材料的破坏和故障是由于其内在缺陷或弱点所致，例如压力容器的焊缝中的夹杂、未焊透、裂纹或其他裂纹源，当受到载荷作用时，其中急速形成危害性较大的裂纹而导致失效者，这就是装备或零部件最薄弱的地方，使用寿命由此而定，这就叫做最弱环模型。

最弱环模型将它抽象化作为具有某种机能的系统（相当于链条），它是由几个互相独立的单元（相当于环）组成的，在这许多单元中，无论哪一个出故障，整个系统就因而失效。

假设各单元的可靠度为 $R_n(t)$，失效率为 $\lambda_i(t)$，整个系统的整体可靠度 $R_s(t)$，系统的失效率 λ_s（t），按可靠性理论有：

$$R_s(t) = R_1(t)R_2(t)\cdots R_n(t) = \prod_{i=1}^{n} R_i(t) \tag{11-53}$$

又

$$R(t) = \exp\left[-\int_0^t \lambda(t)\mathrm{d}t\right] \tag{11-54}$$

从而有

$$\lambda_s(t)=\sum_{i=1}^{n}\lambda_i(t) \tag{11-55}$$

根据极值理论，一个系统、装置或零部件失效，如果取决于最弱环，或者说取决于强度最小的单元或缺陷最大的单元，但在许多情况下，这些单元的真正分布可能不知道也不容易计算。对于压力容器而言，其最初的缺陷分布可能不存在一个分布去描述，然而存在一个极值使容器失效，例如压力容器在制造中，其焊缝中的气孔有 N 个，其深度、大小 d_i 各不一样，但往往构成了一个在 $0<d<t$（t 为容器壁厚）的某一分布。此时，其失效概率可以用极值分布来描述。

极值分布：假设 x_i（$i=1$，2，…，n）是独立随机变量，它们有相同的分布 $F_x(x)$，其极大值（M）分布函数为

$$F_M(Z)=P(M\leqslant Z)=P\{x_1\leqslant Z,x_2\leqslant Z,\cdots,x_n\leqslant Z\}=\prod P\{Z_i\leqslant \overset{n}{\underset{i=1}{Z}}\}=[F(Z)]^n \tag{11-56}$$

与此相似，其极小值（N）分布函数为

$$F_N(Z)=1-P\{N>Z\}=1-[1-F(Z)]^n \tag{11-57}$$

Gumbel 研究了极大值、极小值分布的性质，从理论上得出了极值分布的 3 种类型：极值Ⅰ型、极值Ⅱ型和极值Ⅲ型。

【例 11-4】 某压力容器其规格为 ϕ1000×4mm，材料为 Q235-A，由于制造原因，可能存在着夹渣、气孔等缺陷，整个容器中大约有 100 个，其平均深度为 0.2mm，设缺陷服从指数分布，其扩展速度 $k=0.0012$mm/a，求其设计寿命（10年）内的发生泄漏的失效概率？

【解】 （1）缺陷深度的概率密度函数

$$f_a(a)=\lambda e^{-\lambda} \tag{a}$$

a 为缺陷深度，$\bar{a}=\dfrac{1}{\lambda}$；$\bar{a}=0.2$mm，则 $\lambda=5\text{mm}^{-1}$。

（2）极值分布，设 t_i 为第 i 个缺陷故障前工作时间，a；t 为容器故障前的工作时间，a；可以假设这些缺陷中，任一个缺陷一旦穿透容器壁，则容器失效，所以 t 服从极小值分布。

$$t=\min(t_i)\quad(i=1,2,\cdots,n)$$

按极小值分布，则容器的失效概率为

$$F_N(t)=1-[1-F(t)]^n \tag{b}$$

（3）单个缺陷失效概率 $F(t)$，设 a_i 为第 i 个缺陷的始深度，$i=1$，2，…，n；显然有：$kt_2=\delta-a$；即 $t_i=\dfrac{1}{k}$（$\delta-a_i$）。

其中 δ 为容器壁厚，所以

$$F(t)=P_f=P(t_i\leqslant t)=P\left(\frac{1}{k}(h-a_i)\leqslant t\right)=P[a_i\geqslant(\delta-tk)]$$

$$=\int_{\delta-tk}^{\delta}f_a(a)=e^{-\lambda\delta}(e^{\lambda+k}-1) \tag{c}$$

将各数值代入（b）、（c）式后得 $F_N(t)=1\times10^{-5}$，即该台容器在 10 年内发生泄漏的概率为 1×10^{-5}。

11.5.2.3 反应论模型

装置或零部件材料的结构，在许多场合下往往受环境的影响，由于时间的变化而变化。

例如在某一特定的操作条件、腐蚀介质、温度和压力作用下，材料受机械应力和热应力的影响，如果其应力值是在材料强度允许范围之内，则不会立即发生失效。但随着时间的推移，材料内部的变化就可能不可逆地趋向失效方向发展，当达到某一临界状态后，就会发生失效。

介质腐蚀引起材料的破坏，材料晶体结构变化所发生的破坏，裂纹扩展所导致的断裂，疲劳产生的损伤，高温蠕变和低温脆断等，都是由于受到环境影响，随着时间的推移向发生失效方向发展的事例，都可以用反应论模型来描述。

剩余强度模型作为反应论模型的一个例子，在压力容器的可靠性分析中，往往把压力容器的剩余强度 r 作为某一反应动力的函数，如把疲劳强度作为循环次数（N）的函数，断裂作为裂纹扩展的函数等；并假定当作用应力等于剩余强度时，是发生破坏的临界状况，因而失效概率为

$$P_{\mathrm{f}}(N)=P[r(N)\leqslant s] \tag{11-58}$$

式中　s——应力的临界值。

更一般地：

$$P_{\mathrm{f}}=P(r\leqslant s)=P(r-s\leqslant 0) \tag{11-59}$$

通常称 $r-s=0$ 为极限方程，其 r、s 有不同的表达式形式。以具有腐蚀的压力容器的失效概率作为例子。

对于压力容器而言，腐蚀剩余寿命中存在着许多不确定因素，包括环境、力学和材质状况等因素，尤其是实际工况条件下的缺陷发展规律很难确定，如对于应力腐蚀的寿命 t_{scc}[10] 而言有

$$t_{\mathrm{SCC}}=t_{\mathrm{init}}-t_{\mathrm{cpr}} \tag{11-60}$$

式中　t_{init}——裂纹萌生时；

t_{cpr}——裂纹扩展至断裂时间。

对于腐蚀疲劳的剩余寿命为

$$NS_{\mathrm{a}}^{m}=C \tag{11-61}$$

式中　N——循环次数；

S_{a}——应力幅值；

C——材料系数；

m——指数，一般可取 $m=3$。

但当腐蚀缺陷为逐渐增大，在不同的状态下，其腐蚀缺陷尺寸和腐蚀速度具有一定的统计规律，如图 11-17 所示。

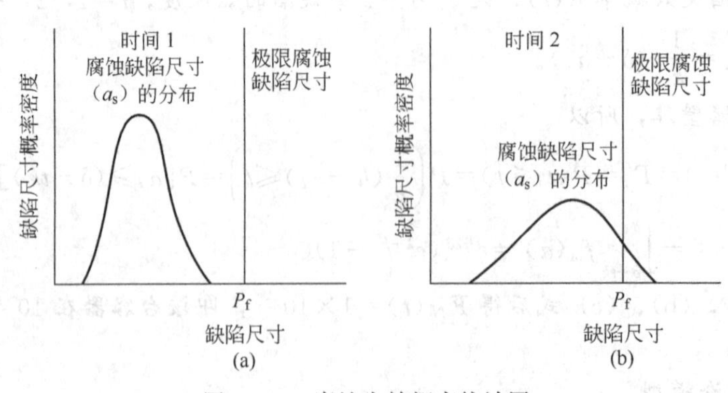

图 11-17　腐蚀失效概率统计图

随着时间的推移，当腐蚀缺陷尺寸的分布与极限腐蚀尺寸相交时，就产生了失效概率 P_f，因此腐蚀的失效概率

$$P_f=P(a_s-a_0<0) \tag{11-62}$$

文献［3］给出了一般的求解方法——拉克维兹-斯考夫（Rackwits-Skov）和派罗黑摩（Paloheimo）。

11.5.3 压力容器概率风险评价的应用实例

本节给出的应用实例取自文献［3，8，9］。

【例 11-5】 一台大型液氨球罐自1976年组装使用，至1980年首次开罐发现大量裂纹，以后每年大修期间开罐检查，均发现大量的应力腐蚀裂纹，尤其赤道带焊缝（C-D）和下半球的D-E环带焊缝腐蚀严重，最严重的情况是裂纹多达190处，裂纹总长24m，最长的一条裂纹为2300mm，深度达2.5～3.5mm，试在已知条件下对该台球罐进行风险评估。

已知条件如下。

介质：液氨，设计压力0.4MPa，设计温度：－4～5℃，直径：21500mm，壳体材料：SPV36。

【解】 （1）故障树分析

本例中其主要的缺陷是液氨球罐的裂纹，为此以“在役液氨球罐萌生裂纹”为顶事件进行故障树分析，经过分析，萌生裂纹的原因可能是①应力腐蚀，②组焊或补焊造成的裂纹，③低温运行，以此类推，可求得影响在役液氨球罐裂纹萌生的主要因素的结构重要度，见表11-27。

表11-27 在役液氨球罐裂纹萌生影响因素的结构重要度

因素	$n_\phi(i)$	$l_\phi(i)$	因素	$n_\phi(i)$	$l_\phi(i)$
组焊或补焊工艺，X_1	85	0.332	介质腐蚀作用，X_6	77	0.301
球罐焊接约束，X_2	39	0.152	漏检裂纹的存在，X_7	67	0.262
运行工况影响，X_3	17	0.066	开停车操作条件下出现隐患，X_8	39	0.152
原始缺陷，X_4	17	0.066	材料性质，X_9	69	0.270
材料抗SCC能力，X_5	29	0.113			

从重要度计算结果可知，主要因素依次为：组焊与补焊工艺，介质腐蚀作用、材料性质等，组焊与补焊工艺可以用焊接工艺评定和焊接过程的质量控制加以消除，而介质的腐蚀作用与材料性质的综合为应力腐蚀开裂。

（2）失效概率的计算

从因果树分析中得知，裂纹萌生的主要原因之一是应力腐蚀开裂所致，应力腐蚀开裂失效与球罐应力，裂纹尺寸及应力腐蚀界限SCC有关，根据前节所述。

设应力腐蚀裂纹发生临界扩展的条件为

$$\delta>\delta_{SCC}$$

式中 δ——裂纹尖端张开位移（COD），mm；

δ_{SCC}——应力腐蚀界限（COD），mm。

其极限方程，对应的失效概率为

$$P_f=P(\delta-\delta_{SCC}\geqslant 0)$$

按我国压力容器缺陷评定规范GB/T 19624—2004的平面缺陷简化评定方法，上式可等效地表述为：

$$P_f=P(\overline{a}-\overline{a}_m\geqslant 0) \tag{a}$$

式中 $\overline{a}$，$\overline{a}_{\mathrm{m}}$——等效裂纹尺寸和临界裂纹尺寸，mm。

当量穿透裂纹区，经统计分析属于 Gumbdl 及报值Ⅰ型最小值分布，

$$F(\overline{a})=1-\exp\{1-\exp[a(\overline{a}-lk)]\} \tag{b}$$

$\overline{a}$ 的均值为

$$u_{\mathrm{a}}=lk+\frac{0.577}{a}$$

$\overline{a}$ 的标准差为

$$\alpha_{\mathrm{a}}=\frac{1.282}{a} \tag{c}$$

允许裂纹对 $\overline{a}_{\mathrm{m}}$，按 GB/T 19624—2004，可以计算得出

$$\overline{a}_{\mathrm{m}}=\frac{\delta_{\mathrm{SCC}}}{[\pi(\mathrm{e}+Lr)]}=\frac{\delta_{\mathrm{SCC}}}{\pi(8.772K+13.689+22.8167)\times10^{-4}}=\frac{\delta_{\mathrm{SCC}}}{2.7558K+11.4684}\times10^{3}$$

式中，Lr 为载荷比；K 为角变形，错边量也是引起的应力集中系数，本例中经实例和计算 K 服从均值为 $u=1.492$，标准差为 $\alpha=0.1545$ 的正态分布。

δ_{SCC} 按试验结果，服从威布尔分布

$$f(\delta_{\mathrm{SCC}})=\frac{\beta}{\theta}\left(\frac{\delta_{\mathrm{SCC}}}{\theta}\right)^{\beta-1}l\left(\frac{\delta_{\mathrm{SCC}}}{\theta}\right)^{\beta} \tag{d}$$

$\beta=0.1972$，$\theta=0.05132$。

将式 (b)～式 (d) 代入式 (a) 中，利用 Monte-Cuto 方法求得出：

$$P_{\mathrm{f}}=1.786\times10^{-3}$$

这与一般的压力容器允许失效概率 1×10^{-5} 相比要大得多。

第12章 移动式压力容器管理

CHAPTER 12

12.1 移动式压力容器概述

12.1.1 移动式压力容器定义

移动式压力容器是一种以实现物流转移为目的的承压罐式或者瓶式运输装备，主要用于运输能源化工行业和城市燃气供应系统的工业原料、初级产品、工业及民用燃料等，如液氨、丙烯、混合液化石油气、丙烷、液氯、丁二烯、液化天然气、液氧、液氮等压缩气体、液化气体和冷冻气体等，广泛应用于石油化工、航天航空、电子机械、食品、烟草、医疗、造纸、印染等行业及城市燃气供应等许多领域。

按照 TSG R0005—2011《移动式压力容器安全技术监察规程》的规定，移动式容器是指由罐体或者大容积钢质无缝气瓶与走行装置或者框架采用永久性连接组成的运输装备，包括铁路罐车、汽车罐车、长管拖车、罐式集装箱和管束式集装箱等，其主要用途是装运有压力的气体或液体，具有装卸介质功能，并且参与铁路、公路或者水路运输。

12.1.2 移动式压力容器分类及应用

(1) 铁路罐车

① 定义　铁路罐车是一种压力容器罐体与定型火车走行装置底架等组成永久性连接，用于铁路运输的装备。日常所称铁路罐车又有常压和承压之分，用于运输各种粉尘介质、流体介质。常压类铁路罐车有水泥罐车、汽油罐车等，运输中罐体内基本没有压力，而承压类铁路罐车指液化气体铁路罐车。目前，也有少数真空绝热低温型铁路罐车产品投入使用，用于运输液氧、液氢、液氩等永久气体。液化气体铁路罐车除具备一般压力容器的特点外，还由于其充装、卸料、运输频繁等特殊性，更易发生事故，因此，液化气体铁路罐车的管理较一般压力容器的安全管理严格。

铁路罐车的运输能力大，运费较低，但运行及调度管理比较复杂，并受铁路路线及铁路专用线建设等条件的限制，一般适用于运输量较大、远距离运输的情况。此外，铁路罐车除了满足压力容器的相应要求以外，还必须符合铁路运输的要求。

② 分类　液化气体铁路罐车大体上可按照铁路罐车走行装置的底架和充装介质种类来进行分类。

a. 按走行装置的底架不同分类。按走行装置的底架不同分为有中梁和无中梁两种。早期设计的液化气体铁路罐车，基本上都是采用在普通货车底架上安装一个带有各种仪表和阀门的储罐，两者之间的连接主要利用钢带及防腐枕木捆绑的方式，称为有中梁的铁路罐车。它的特点是与一般铁路货车相似，有比较成熟的设计经验，缺点是整体重心较高，自身重量较大，运输途中整车摆动较大。随着高速铁路的发展和对罐车受力研究的深入，认为罐车罐体本身具有较大的刚度和强度，能够承受各种载荷，因此在罐体与车辆走行装置连接的方式上重新设计后，底架可以大为简化为无中梁（过去一般也叫做无底架）。无中梁罐车省略了中梁，其罐体与走行装置的牵引梁及枕梁直接焊接成一体，以罐体自身作为车辆承载结构，借此来传递纵向牵引力，连接更加牢固，从而取消了罐体与底架的钢带连接结构，也不需卡带和枕木，可减轻罐车自重，并充分发挥金属材料的作用。目前，有中梁的液化气体铁路罐车保有量逐步减少。另外，不论哪种底架的罐车，又分为带有押运间以及不带押运间两种罐车。

b. 按充装介质来分类。按充装介质的不同分为液氨铁路罐车、液氯铁路罐车、液态二氧化硫铁路罐车、(混合) 液化石油气铁路罐车和丙烯、丁烯铁路罐车等品种。近年来，也新出现液氧、液氮等永久气体低温介质铁路罐车。

③ 组成　如前所介绍，铁路罐车主要由承载运输任务的走行装置、充装介质的罐体和完成充装、卸载任务的管路阀门及安全附件永久组合而成。

a. 罐车的走行装置。一般由车底架、转向架、车钩、缓冲器、制动装置等组成。对有中梁罐车应包括罐体与底架连接的并组焊在底架上的零部件。

车底架是罐车本体的基础，它由各种纵向梁和横向梁组成，专业上按照位置和作用的不同，分别称为中梁、枕梁、端梁、侧梁、横梁、辅助梁、牵引梁等，用以安装其他部件形成整体。有中梁罐车和无中梁罐车的不同点，主要是无中梁 (底架) 罐车在两枕梁之间没有中梁、侧梁和横梁。另外还在于其两端的支撑部分，无中梁 (底架) 罐车的牵引梁及枕梁与罐体采用焊接固结，借此来传递纵向作用力。牵引梁由型钢或厚钢板压制而成，上盖板分成两部分，伸出罐体部分的上翼板为平板，在罐体筒体部分的制成弧面，与罐体底板焊接。在心盘座处有加强板加固。由于罐体与底架焊接一体，取消了连接装置，也不需卡带和枕木，罐车自重减轻。

转向架构造由摇枕、下心盘、锲形摩擦减振器、轮对、轴箱等部件组成，承担车辆在铁轨上的正常行走，承受来自车体及线路的各种载荷并缓和冲击力，是保证车辆运行品质的关键部件。

车钩是为车辆之间连接用的，传递运行中的牵引力和冲击力。

缓冲器的作用是为了缓和或减少冲击力及牵引力对车体的影响。车辆不仅在连接时互相碰撞发生冲击，在运行中也因速度的增减而产生冲击。这些冲击由缓冲器的压缩弹性元件，部分或全部吸收，以减轻对车辆的损害。

制动装置是安装在车辆上，由它产生阻力来迫使运行中的车辆减速或停下的一种设备。它不仅是车辆安全、正点运行的重要保证，也是提高列车运行速度的前提条件。因此，制动装置的性能好坏，对铁路运输能力和行车安全都有直接的影响。所以，不但要在机车上设置制动装置，并且于每节车辆上也必须单独设制动装置。当前铁路罐车广泛采用的是通过机车主管中空气压力的变化而使闸瓦压紧车轮的摩擦制动方式，称为空气制动机。还有一种链式手制动机，又称链子闸，它构造简单，操作灵活，制动力强，罐车在编组、调车作业时常要用到它。

走行装置一般在铁道部定型的货车底架标准中选择，其标准有 GB/T 5600—2006《铁道货车通用技术条件》、TB 1532—1984《罐车通用技术条件》、TB 1560—2002《货车安全技术的一般规定》等。

b. 罐车罐体、管路阀门及附件。目前的液化气体铁路罐车的罐体，几乎全部都是采用圆筒式储罐形式，两端配置椭圆形封头，为适合铁路运输，罐体上部中间设置直径不小于450mm 的人孔，便于制造和检修进出，在人孔盖上集中设置有液相阀、气相阀、液位计、最高液位控制阀、排净检查阀、紧急切断阀、压力表、温度计等附件，这些附件全部设置在保护罩内。保护罩应具有防意外打开功能。安全阀一般设置在罐体上部的人孔两侧 (国外有些罐车将安全阀也设置于人孔盖上)。

为便于罐车装卸操作，通常设置两个液相管 (一个备用)、一个气相管。一般不设排污管，需要清洗排污时采用泵排出的方法。

最高液位控制阀的附管长度，一般按储罐容积的90%确定，一旦超出，其排出管可通过人孔罩向外排出，防止充装时过量，危及安全。

排净检查阀的附管，一般距罐底30mm，略高于排液管10mm，以便清洗时检查是否排净液体的情况，也是取样分析罐内气体指标的通道。

在罐体靠近人孔附近，一般设有操作平台，罐外和罐内设有直梯，用于装卸和检验时上下方便。

为防止阳光暴晒升温，有的罐体上部装设有包角120°的遮阳罩，甚至填有保温材料。有的罐体底部装设蒸气夹层，用于加热烘干罐内的水分，防止罐内水分与介质发生反应，造成不良影响。

近年来，我国研制了新型液化气体铁路罐车，如GY95S、GY100S等，整车采用无中梁结构，牵枕装置采用短边梁的全钢单腹板焊接结构，制动装置装用新型120阀，旋压密封式制动缸，整车设有押运间等，其安全性、平稳性、经济性能大幅提高。

(2) 汽车罐车

由于汽车罐车具有机动、灵活、方便、投资少等优点，汽车罐车在工业及民用领域得到了广泛的采用。近十年以来，随着国民经济的快速发展，特别是石油、化工、医药、食品等行业发展壮大，加之汽车罐车所运输的介质种类也在不断拓展，对汽车罐车的需求量也在不断增加，目前汽车罐车是化工原料等其他类介质中、短途运输的主要工具之一。

① 定义　汽车罐车是一种由压力容器罐体与定型汽车底盘或者无动力半挂行走机构组成，采用永久性连接，适用于公路运输的机动车。

定型底盘指的是由各汽车制造厂生产并经国家汽车行业主管部门公告的带有动力系统的汽车底盘。通常汽车罐车使用的定型底盘按车轴和驱动轴数有：4×2、6×2、6×4、8×4等多种形式。

无动力半挂行走机构是指由各半挂车或罐车制造厂生产的无动力半挂行走装置。汽车罐车使用的无动力半挂行走机构按车轴数分为2轴和3轴两种形式。

② 分类

a. 按走行装置分类。按照汽车罐车的走行装置的类型分为单车（整车）和半挂车两类。单车（整车）是指罐体安装在定型汽车底盘上的汽车罐车，半挂车是指罐体安装在无动力半挂行走机构上的汽车罐车。

b. 按充装介质来分类。按汽车罐车所充装的介质，大致可分为液化气体运输车、永久气体运输车、低温液体运输车三类。

液化气体运输车是国内外使用最多的承压类汽车罐车，主要组成部件有走行装置、承压罐体、装卸系统。主要用于运输各种液化气体。液化气体运输（半挂）车所承装的介质大多为液化石油气、液氨、液氯等。

永久气体（也称之为压缩气体）运输罐车，是液化气体运输车的一种衍生车型，主要用于小区天然气供应及油田伴生气的储运。因所装载的是气态的高压气体，所以罐体的设计压力较高，一般在4MPa左右，罐体壁厚较厚，汽车整备质量较大，运输介质的质量有限，一般在1～2t。因其运输效率很低，通常只适用于作业半径100km范围区间。该车的结构与常见的液化气体运输车基本相同，只是罐体内无防波板、液位计，该车的介质装卸与气瓶充装气体相同，因此通常只需一个装卸接口，装有卡套式快装接头。该车使用过程中应主要控制其与充装温度对应的充装压力，同时应当对充装介质中有害物质（如H_2S）的含量进行严格控制。这种罐车国内使用数量较少。

低温液体介质（也称之为冷冻液化气体）运输车主要组成部件有走行装置、低温绝热承压罐体、装卸系统。目前低温绝热承压罐体的绝热结构主要有真空粉末绝热和高真空多层绝热两种形式，所充装的介质主要有液氧、液氮、液氩、液化天然气（LNG）等。

③ 组成　汽车罐车由以下五部分组成：

a. 定型汽车底盘或者无动力半挂走行机构；

b. 压力容器罐体；

c. V形支座或多组大包角鞍座，与行走机构（底盘）之间采用螺栓将两者牢固的联结部分；

d. 安全附件（安全阀、爆破片、压力表、温度计、液位计、紧急切断装置等），符合汽车法规要求的灯光、侧后下部防护、反光标识标记，防静电接地装置等装置；

e. 装卸阀门和软管。

(3) 长管拖车

目前气体陆路运输方式主要有两种：一是短距离情况下，采用中、小容积的气瓶运输方式，该方式运输效率低，安全性相对较差；二是长距离情况下，采用管道输送，该方式投资大，施工较为复杂。为弥补上述各自运输方式的不足和局限性，近年来，我国从美国、韩国等国家陆续引进了长管拖车这一新型的气体公路运输工具，长管拖车在国内气体运输市场，尤其是天然气运输市场上使用越来越广泛。

① 定义　一般来说，将几个或十几个大容积无缝气瓶（以下简称气瓶组）的头部连通在一起并组装在框架里，安装在拖车上运送氮、氧、氢、氦、天然气等永久气体的载重半挂车，称为长管拖车。在国外，长管拖车称为管式拖车（tube trailer）。

长管拖车是将气瓶组、附件和管路及其支撑连接件装配到有支承梁或者无支承梁的无动力半挂行走机构上，组装成管束式半挂车或者装配到汽车二类底盘上组装成管束式汽车整车。

此外，与长管拖车在生产、使用、检验和监督管理上有诸多共同点的储运工具为管束式集装箱。管束式集装箱是将气瓶组、附件和管路及其支撑连接件装配到外形尺寸和结构形式满足 GB/T 1413—2008《系列 1 集装箱分类、尺寸和额定质量》要求的标准集装箱框架内。长管拖车和管束式集装箱最大不同之处，在于瓶式容器组安装位置，前者是安装在车辆行走机构上，后者是安装在集装箱内。

② 组成　常见的长管拖车由管束撬、集装箱半挂车组成，框架式管瓶束安装在拖车上。

管束撬由框架、端板、安全仓、操作仓、瓶组等组成。操作仓由高压管路、仪表、安全泄放装置、快装接头等组成，设置在半挂车尾端，为封闭式，用于管瓶束的加气、卸气作业，具有加卸气和安全防护功能；安全仓设置在半挂车前端，靠近驾驶室。每一只气瓶瓶端设有安全泄放装置，当气瓶内气体压力超过设定压力时，安全泄放装置自动开启，并将气体引出车外，起到保护气瓶组作用。

半挂车由牵引装置、底盘、支承装置、防护装置组成。

(4) 罐式集装箱

集装箱具有能利用汽车、火车和船舶等运输工具，通过公路、水路（含海洋与内河运输）及铁路等联运方式，大大缩短车站码头的装卸时间，使货物快速便捷运输至用户等特点。而罐式集装箱正是为实现集装箱运输易燃、易爆、有毒等危险品而发展起来的一种运输设备。近年来，罐式集装箱在易燃、易爆、有毒等危险品的物流中得到了广泛使用，特别是随着“西气东输”计划的实施，对天然气的罐式集装箱等储运设备的需求量日益增长。

① 定义　集装箱是指海、陆、空不同运输方式进行联运时用以装运货物的一种容器。香港称之为“货箱”，台湾称之为“货柜”。

罐式集装箱是由单个或多个罐体与标准框架组成，采用永久性连接，适用于公路、铁路、水路或者其联运的一种集装箱。它是移动式压力容器的一种，其中JB/T 4781—2005《液化气体罐式集装箱》对液化气体罐式集装箱作了标准定义：由两个基本部分即单个罐体或多个罐体以框架组成的用于储存液化气体的移动式压力容器。

罐式集装箱既可运送液化石油气、液氯等液化气体，也可运送液氧、液氮、液氩、液化天然气等低温液体。其产品主要特点是：运输成本低，运输效率高，经济性好；运输方式适合于公路、铁路和水路及其联运，相比单一的汽车罐车而言，显得方便、灵活，适应能力大大提高，既可以作为交通工具上的包装物也可临时作为储存容器用。

② 罐式集装箱的分类　按罐体结构，罐式集装箱可分液化气体罐式集装箱、真空绝热低温罐式集装箱和瓶组式集装箱。

③ 罐式集装箱的结构及组成　液化气体罐式集装箱由框架、罐体、安全附件、操作系统、管路系统等部分组成。

真空绝热低温罐式集装箱可以运送液氧、液氮、液氩、液化天然气等低温液体。液化天然气罐式集装箱由罐体、阀门仪表箱、气控箱和框架等构成。

(5) 管束式集装箱

与长管拖车在生产、使用、检验和监督管理上有诸多共同点的储运工具为管束式集装箱。管束式集装箱是将气瓶组、附件和管路及其支撑连接件装配到外形尺寸和结构形式满足GB/T 1413—2008《系列1集装箱分类、尺寸和额定质量》要求的标准集装箱框架内，是在我国境内普遍存在而且广泛使用的一种运输压缩气体的集装箱型式。管束式集装箱是标准的集装箱，运输设备为集装箱运输专用设备。

① 定义　管束式集装箱是指由充装压缩气体的气瓶组与框架等部件组成，且气瓶与框架支撑板采用法兰螺栓连接，集储存、运输并且适用于公路、水路或联运的移动式压力容器。

② 组成　管束式集装箱主要由框架、大容积无缝气瓶、前端安全舱、后端操作舱四部分组成。大容积无缝气瓶两端瓶口均加工内外螺纹，两端外螺纹与安装法兰用螺纹连接，将安装法兰用螺栓固定在框架两端的前后支撑板上；瓶口内螺纹上旋紧端塞，在端塞上连接管件，前端设有爆破片装置构成安全舱，后端设有进出气管路、排污管路、测温仪表、测压仪表、快装接头以及爆破片装置等构成操作舱。

管束式集装箱和长管拖车最大不同之处在于气瓶组安装位置，前者是安装在集装箱内，后者是安装在车辆行走机构上。

12.1.3 移动式压力容器安全监察范围及安全管理特点

(1) 安全监察范围

按照《特种设备安全监察条例》关于压力容器定义的界定，TSG R0005—2011《移动式压力容器安全技术监察规程》将同时具备下列条件的移动式压力容器列入压力容器安全监察的范围：

① 具有装卸介质功能，并且参与铁路、公路或者水路运输；

② 罐体工作压力大于或者等于0.1MPa，气瓶公称工作压力大于或者等于0.2MPa；

③ 罐体容积大于或者等于450L，气瓶容积大于或者等于1000L；

④ 充装介质为气体以及最高工作温度高于或者等于其标准沸点的液体。

移动式压力容器的范围包括罐体或者气瓶、管路、安全附件、装卸附件、走行装置或者框架等。对虽然具有装卸功能，但仅在装置或者厂区内移动使用，不参与铁路、公路或者水路运输的压力容器，按照固定式压力容器进行监督管理。

(2) 安全管理特点

移动式压力容器具有装载量大、运输手段灵活、运营成本低、汽车罐车和罐式集装箱门到门运输等特点，并可进行公路、铁路、水路的运输，对于罐式集装箱和管束式集装箱还可以实现这些方式的联运。但同时，移动式压力容器涉及多种运输方式的安全管理，如交通运输（铁路、公路、水路或其联运等）、公安消防（道路运输、充装、卸载等）、特种设备（设计、制造、充装、使用、监督管理等）、危险化学品运输（剧毒介质运输、使用许可）等安全管理，管理复杂，牵涉面广，移动式压力容器一旦发生交通事故，对社会公共安全影响较大，对环境危害较严重。所以，世界各国的政府管理部门对移动式压力容器的安全性能都有较高的要求，其设计、制造、检验、使用、充装、维修改造等所有环节均实行法定的强制性监督管理。

在我国，从法律法规层面，移动式压力容器安全管理不但要满足《特种设备安全法》、《特种设备安全监察条例》的规定，根据运输方式的不同，还应当满足《安全生产法》、《道路运输安全法》、《铁路法》以及国务院颁布的《危险化学品安全管理条例》、《铁路运输安全保护条例》、《公路安全保护条例》、《道路运输条例》、《水路运输管理条例》和《船舶和海上设施检验条例》等法律法规的规定；从部门管理上，对移动式压力容器实行多部门管理。所以，移动式压力容器不但需要满足国务院负责特种设备安全监督管理的部门颁布的安全技术规范的规定，还应当遵守国务院其他有关主管部门颁布的规范性文件的规定。如铁路罐车不但要满足 TSG R0005—2011《移动式压力容器安全技术监察规程》的规定，还应当满足原铁道部颁布的《铁路危险货物运输管理规则》和《铁路机车车辆设计生产维修进口许可管理办法》等规定；对于汽车罐车、长管拖车、罐式集装箱、管束式集装箱等产品在公路运输时，不但要满足 TSG R0005—2011《移动式压力容器安全技术监察规程》的规定，还应当满足交通运输部颁布的《道路危险货物运输管理规定》等规定，对于参与水路或海运运输的罐式集装箱、管束式集装箱等，还应当满足交通运输部颁布的《道路危险货物运输管理规则》、《船舶载运危险货物安全监督管理规定》和《海关对用于装载海关监管货物的集装箱和集装箱式货车车辆的监管办法》等规定。

12.2 移动式压力容器设计管理

毫无疑问，设计管理是移动式压力容器安全管理的一个重要的环节，设计质量直接关系到整体安全，因此，移动式压力容器设计必须按照执行 TSG R0005—2011《移动式压力容器安全技术监察规程》的有关规定，确保移动式压力容器设计质量符合要求。这里的设计质量不但包括罐体（或者气瓶）和安全附件的设计质量，还应当包括整台运输设备适用的运输方式、整车动力学性能、整车静态强度、轴荷分配性能、纵向和侧向的稳定性、制动性能、曲线通过能力、运营速度限制及外廓尺寸等等。

12.2.1 移动式压力容器设计管理的一般要求

① 设计单位资质、设计类别、品种和级别范围应当符合 TSG R1001—2008《压力容器压力管道设计许可规则》的规定，且应当对设计质量负责。

② 设计应当为整车设计，且应符合 TSG R0005—2011《移动式压力容器安全技术监察规程》的基本安全要求。对于采用国际标准或者境外标准设计的移动式压力容器，进行设计的单位应当向国家质检总局提供设计文件与 TSG R0005—2011 基本安全要求的符合性申明。

③ 设计单位应当向设计委托方索取正式书面形式的移动式压力容器设计条件，提供完整的设计文件，设计文件至少包括设计说明书、设计计算书、设计图样、制造技术条件、风

险评估报告和使用说明书。

④ 设计总图和罐体图上，必须加盖特种设备（压力容器）设计许可印章（复印章无效），且设计许可印章中的设计单位名称必须与所加盖的设计图样中的设计单位名称一致，设计许可印章失效的设计图样和已经加盖竣工图章的设计图样不得用于制造移动式压力容器。

⑤ 设计人员应当充分考虑移动式压力容器的经济性，合理选材，合理确定结构尺寸，在满足运输及使用安全的前提下，鼓励和提倡移动式压力容器的轻型化设计。

⑥ 采用新材料、新技术、新工艺以及有特殊使用要求的移动式压力容器，不符合有关规程要求时，相关单位应当将有关的设计、研究、试验等依据、数据、结果及其检验检测报告等技术资料报国家质检总局，由国家质检总局委托有关的技术组织或者技术机构进行技术评审。

12.2.2 移动式压力容器设计管理的专项要求

移动式压力容器设计除应符合上述一般要求外，根据其结构特点，还应符合相应的专项要求。

（1）铁路罐车设计专项要求

铁路罐车设计单位除应按照 TSG R1001—2008《压力容器压力管道设计许可规则》规定取得国家特种设备安全监督管理部门颁发的 C1 级压力容器设计许可证外，还须根据《铁路机车车辆设计生产维修进口许可管理办法》取得相应铁路罐车产品型号合格证。

铁路罐车设计单位应当对设计文件的正确性和完整性负责。铁路罐车应为整车设计，且应符合 TSG R0005—2011《移动式压力容器安全技术监察规程》、GB/T 10478《液化气体铁道罐车》等标准规范的要求。铁路罐车的底架（或牵枕装置）、转向架、制动装置、车钩缓冲装置等部件的设计图样和技术文件应经国务院铁路主管部门批准。

铁路罐车的结构、强度、刚度和外压稳定性的设计计算应当按 GB 150.1～150.4《压力容器》的有关规定进行，局部应力分析可参照 JB 4732《钢制压力容器——分析设计标准》的规定进行。罐车的设计还应当充分考虑节能降耗的要求。设计人员应当准确进行设计计算和壁厚圆整，没有充分的理由，不得随意增加罐车的名义壁厚。铁路罐车的最大允许充装质量应当按相应的产品技术标准确定，但应当确保铁路罐车总重不大于线路及转向架所允许的最大承载能力。铁路罐车的设计总图上还应当注明车辆性能，如车型代号、轨距、商业运行速度、载重、自重、自重系数、轴重、车辆定距、换长、通过最小曲线半径、车辆限界等。

（2）汽车罐车设计专项要求

汽车罐车的设计单位应当按照 TSG R1001—2008《压力容器压力管道设计许可规则》的要求取得国家特种设备安全监督管理部门颁发的 C2 级压力容器设计许可证。

汽车罐车设计单位对整车设计文件的正确性和完整性负责。汽车罐车应为整体设计，且应当符合 TSG R0005—2011《移动式压力容器安全技术监察规程》、GB/T 19905《液化气体运输车》、JB/T 4783《冷冻液化气体汽车罐车》等相应的标准规范的要求。汽车罐车的设计总图上注明车辆性能，如牵引车或者底盘发动机功率、设计限速要求、最小转弯半径、满载时轴荷分配、半挂车型号、整车稳定性要求等。汽车罐车的外廓尺寸及性能参数、汽车罐车的稳定性应符合国家有关标准的要求。

汽车罐车设计时，罐体及附件应当布置合理，安全可靠，并且满足操作和运输的要求。单车汽车底盘，应当选用国务院有关部门认可并且符合环保排放要求的定型产品，其制造单位应当向订购单位提供相应的技术资料和产品合格证等产品质量证明文件。半挂车走行装置，应当满足 GB/T 23336《半挂车通用技术条件》要求，其制造单位应当向订购单位提供相应的技术资料和产品合格证等产品质量证明文件；汽车罐车的专用装置，即承压罐体、装卸系统性能参数，例如汽车罐车装运介质名称、罐体的设计压力、设计温度、主体材料、设计寿命、充装系统、安全附件的选择配备应符合上述规范标准的要求。

(3) 长管拖车设计专项要求

长管拖车的设计单位除应当按照 TSG R1001—2008《压力容器压力管道设计许可规则》的要求取得国家特种设备安全监督管理部门颁发的 C2 级压力容器设计许可证。

长管拖车的设计单位对整车设计文件的正确性和完整性负责，长管拖车应为整体设计，且应当符合 TSG R0005—2011《移动式压力容器安全技术监察规程》等相应的安全技术规范和标准的规定。

长管拖车主要以运输压缩气体类介质为主，如压缩天然气（CNG）等，但不得充装毒性程度为极度危害的介质，因此，作为长管拖车承压部件的气瓶，具有气瓶的属性，应按照《气瓶安全监察规程》进行管理。根据《特种设备安全法》第二十条规定，气瓶的设计文件，应当经负责特种设备安全监督管理的部门核准的检验机构鉴定，方可用于制造。所以，长管拖车所用气瓶的设计文件实行设计文件鉴定评审制度，具体按照 TSG R1003—2006《气瓶设计文件鉴定规则》规定执行。

长管拖车的设计总图上应注明车辆性能，如牵引车或者底盘发动机功率、设计限速要求、最小转弯半径、满载时轴荷分配、半挂车型号、整车稳定性要求等，并注明气瓶公称工作压力等。同一台长管拖车应当采用相同设计型号的气瓶。

长管拖车的设计结构、气瓶与走行装置或者框架连接结构、管路的布置结构、操作仓的设计结构等应当合理并且安全可靠，能够满足操作使用和安全运输的要求。

(4) 罐式集装箱设计专项要求

罐式集装箱的设计单位应当按照 TSG R1001—2008《压力容器压力管道设计许可规则》的要求取得国家特种设备安全监督管理部门颁发的 C3 级压力容器设计许可证。

罐式集装箱应为整体设计，设计单位对整车设计文件的正确性和完整性负责，且应当符合 TSG R0005—2011《移动式压力容器安全技术监察规程》、JB/T 4781《液化气体罐式集装箱》、JB/T 4782《液体危险货物罐式集装箱》、JB/T 4784《低温液体罐式集装箱》等相应的安全技术规范和标准的规定。

管式集装箱的设计总图上应注明允许的堆码层数等。罐式集装箱的整体结构强度、刚度应当符合相应国家标准的规定，并且采用有限元分析方法进行计算。罐式集装箱的外形尺寸和性能参数应当符合相应国家标准的规定。

适用于公路、铁路和水路及其联运的罐式集装箱，罐体设计温度应当符合引用标准的规定；用于国际联运或者海关监管的罐式集装箱按照国际海关公约的要求设置关封装置。

(5) 管束式集装箱设计专项要求

长管拖车的设计单位除应当按照 TSG R1001—2008《压力容器压力管道设计许可规则》的要求取得国家特种设备安全监督管理部门颁发的 C3 级压力容器设计许可证。

管束式集装箱应为整体设计，设计单位对整车设计文件的正确性和完整性负责，且应当符合 TSG R0005—2011《移动式压力容器安全技术监察规程》等相应的安全技术规范和标准的规定。

与长管拖车同样，管束式集装箱以运输压缩气体类介质为主，如压缩天然气（CNG）等，但不得充装毒性程度为极度危害的介质。作为管束式集装箱承压部件的气瓶，同样具有气瓶的属性，也应按照《气瓶安全监察规程》进行管理。根据《特种设备安全法》第二十条规定，气瓶的设计文件，应当经负责特种设备安全监督管理的部门核准的检验机构鉴定，方可用于制造，所以，管束式集装箱所用气瓶的设计文件实行设计文件鉴定评审制度，具体按照 TSG R1003—2006《气瓶设计文件鉴定规则》规定执行。

管束式集装箱的设计总图上应注明允许的堆码层数、气瓶公称工作压力等。同一台管束式集装箱应当采用相同设计型号的气瓶。

管束式集装箱的设计结构、气瓶与走行装置或者框架连接结构、管路的布置结构、操作仓的设计结构等应当合理并且安全可靠，能够满足操作使用和安全运输的要求。

12.3　移动式压力容器制造管理

移动式压力容器参与铁路、公路或者水路运输，使用范围大，工况条件非常复杂，安全性能要求相对较高，除要求设计严格遵守国家有关标准规范外，其制造环节也应严格执行有关标准规范的规定，从制造许可、质量控制、检验与试验到出厂技术资料等方面均应加强管理，确保移动式压力容器产品质量符合国家有关标准规范和设计文件的要求。

12.3.1　移动式压力容器制造管理的一般要求

① 制造单位应当取得特种设备制造许可证，在许可的范围内严格执行相关法规、安全技术规范及其相应标准，按照设计文件进行制造，并应接受特种设备检验机构对其制造过程的监督检验。制造单位法定代表人（主要负责人）应当对移动式压力容器制造质量负责。

② 移动式压力容器必须为整体制造，即必须在具有相应特种设备制造许可证的制造单位完成罐体、安全附件、管路、走行装置或者框架等部件的总装。总装完成后的检验项目、合格要求应当符合 TSG R0005—2011《移动式压力容器安全技术监察规程》、设计图样及有关标准的规定，必要时还应进行专项性能试验和检验。

③ 移动式压力容器出厂时，制造单位至少向移动式压力容器使用单位提供如下技术文件和资料：

a. 竣工图样（总图和罐体图）；

b. 产品合格证（含产品数据表）、产品质量证明文件和产品铭牌的拓印件或者复印件；

c. 特种设备制造监督检验证书；

d. 强度计算书；

e. 应力分析报告（需要时）；

f. 安全泄放量、安全阀排量和爆破片泄放面积的计算书；

g. 产品使用说明书和风险评估报告；

h. 安全附件、装卸附件的产品质量证明文件；

i. 受压元件（封头、锻件等）为外购或者外协件时的产品质量证明文件（外购或者外协件的制造单位必须向委托订购单位提供受压元件的产品质量证明文件）；

j. 其他必要的产品质量证明文件。

④ 移动式压力容器竣工图样上应当有设计单位许可印章（复印章无效），并且加盖竣工图章（竣工图章上标注制造单位名称、制造许可证编号、审核人的签字和“竣工图”字样）。

⑤ 制造单位必须在移动式压力容器明显的部位装设产品铭牌。产品铭牌应当采用中文（必要时可以中英文对照）和国际单位。产品铭牌上的项目应包括 TSG R0005—2011《移动式压力容器安全技术监察规程》规定内容以及铁路、公路或者水路等交通运输管理部门规定的其他必要内容。

⑥ 制造单位对原设计文件的修改，应当取得原设计单位同意修改的书面证明文件，并且对改动部位作详细描述。

⑦ 充装易燃、易爆介质罐体出厂前，应按照 TSG R0005—2011《移动式压力容器安全

技术监察规程》或者设计图样的要求进行氮气置换或者抽真空处理，合格后方可出厂。

⑧ 移动式压力容器中的真空绝热罐体的设计，应当符合 TSG R0005—2011《移动式压力容器安全技术监察规程》中的真空绝热罐体专项安全技术要求的规定。

12.3.2 移动式压力容器制造管理的专项要求

移动式压力容器制造除应符合上述一般要求外，根据其结构特点，还应符合相应的专项要求。

(1) 铁路罐车制造专项要求

铁路罐车制造单位应当按照《锅炉压力容器制造监督管理办法》(国家质检总局第 22 号令）及《锅炉压力容器制造许可条件》(国质监锅［2003］194 号)、TSG Z0004—2007《特种设备制造、安装、改造、维修质量保证体系基本要求》之规定，取得 C1 级压力容器制造许可证。此外，还须按照国务院铁路运输主管部门颁布的《铁路机车车辆设计生产维修进口许可管理办法》的规定，取得铁路罐车生产许可证（走行装置的制造及整车组装）。

铁路罐车制造应当符合 TSG R0005—2011《移动式压力容器安全技术监察规程》、GB 150《压力容器》、GB/T 10478《液化气体铁道罐车》等安全技术规范、标准和设计图样的规定。

铁路罐车在制造时，其罐体应当逐台按照相应标准的规定进行容积检定，容积检定可与罐体液压试验同时进行，也可在罐体液压试验合格后进行；铁路罐车落成后应当逐台用轨道衡称重，自重数据应当记入产品质量证明文件，并且标记在罐车铭牌和罐车性能标志中的指定位置；铁路罐车应当按照 GB/T 5601《铁道货车检查与试验规则》进行检验和试验；铁路罐车按照型号，由国务院铁路运输主管部门核准或者批准的试验机构进行型式试验或者相关试验，取得试验合格证明文件。

(2) 汽车罐车制造专项要求

汽车罐车制造单位应当按照《锅炉压力容器制造监督管理办法》(国家质检总局第 22 号令）及《锅炉压力容器制造许可条件》(国质监锅［2003］194 号)、TSG Z0004—2007《特种设备制造、安装、改造、维修质量保证体系基本要求》之规定，取得 C2 级压力容器制造许可证。此外，还应当按照《专用汽车和挂车生产企业及产品准入管理规则》(工业和信息化部工产业［2009］第 45 号公告）的规定取得相应的专用车生产企业及专用车产品许可。

汽车罐车制造应当符合 TSG R0005—2011《移动式压力容器安全技术监察规程》、GB 150《压力容器》、GB/T 19905《液化气体运输车》、JB/T 4783《低温液体汽车罐车》等安全技术规范、标准和设计图样的规定。

汽车罐车在制造时，对改装用汽车二类底盘和半挂车用走行装置，进厂后应当进行外观(包括形状及尺寸）检查、行驶检查、制动性能检查、随车文件及工具附件检查等规定项目的检验，合格后方可用于组装。

汽车罐车的标志除满足 TSG R0005—2011《移动式压力容器安全技术监察规程》及其引用标准和设计图样的规定外，还应当符合 GB 13392《道路运输危险货物车辆标志》的规定。

汽车罐车还要依据国家有关汽车的法规和标准，应当按照型号，由国务院有关部门核准或者批准的汽车性能检测试验机构进行型式试验或者相关试验，主要是汽车罐车整体行走系统的性能及安全，如汽车外廓尺寸、发动机功率及尾气排放、车辆和各轴的质量参数、制动性能、灯光、侧后下部防护装置等进行汽车安全性能检测，取得试验合格证明文件，并通过行政许可汽车产品公告的形式对每种车型进行认可管理。

(3) 长管拖车制造专项要求

长管拖车制造单位应当按照《锅炉压力容器制造监督管理办法》（国家质检总局第22号令）及《锅炉压力容器制造许可条件》（国质监锅［2003］194号）、TSG Z0004—2007《特种设备制造、安装、改造、维修质量保证体系基本要求》之规定，取得C2级压力容器制造许可证。此外，还应当按照《专用汽车和挂车生产企业及产品准入管理规则》（工业和信息化部工产业［2009］第45号公告）的规定取得相应的专用车生产企业及专用车产品许可。

按照气瓶标准制造气瓶的长管拖车制造单位应当按照《气瓶安全监察规定》（国家质检总局第46号令）、《锅炉压力容器制造监督管理办法》（国家质检总局第22号令）、《锅炉压力容器制造许可条件》（国质监锅［2003］194号）、TSG Z0004—2007《特种设备制造、安装、改造、维修质量保证体系基本要求》之规定，取得相应的气瓶制造许可证。

长管拖车用气瓶的制造、检验试验等应当按照《气瓶安全监察规程》的规定执行，并且符合TSG R0005—2011《移动式压力容器安全技术监察规程》、有关标准和设计图样的相关规定。

长管拖车在制造时，对改装用汽车二类底盘和半挂车用走行装置，进厂后应当进行外观（包括形状及尺寸）检查、行驶检查、制动性能检查、随车文件及工具附件检查等规定项目的检验，合格后方可用于组装。

长管拖车的标志除满足TSG R0005—2011《移动式压力容器安全技术监察规程》及其引用标准和设计图样的规定外，还应当符合GB 13392《道路运输危险货物车辆标志》的规定。

长管拖车应按照型号进行型式试验或者相关试验，取得试验合格证明文件。长管拖车型式试验或者相关试验由国务院有关部门核准或者批准的试验机构进行，型式试验或者相关试验项目应当符合相应国家标准或者行业标准的规定。

(4) 罐式集装箱制造专项要求

罐式集装箱的制造单位应当按照《锅炉压力容器制造监督管理办法》（国家质检总局第22号令）及《锅炉压力容器制造许可条件》（国质监锅［2003］194号）、TSG Z0004—2007《特种设备制造、安装、改造、维修质量保证体系基本要求》之规定，取得C3级压力容器制造许可证。

对于参与海运、国际联运或者海关监管的罐式集装箱的制造单位还应当按照国务院《船舶和海上设施检验条例》、交通运输部门发布的《船舶载运危险货物安全监督管理规定》以及海关总署发布的《中华人民共和国海关对用于装载海关监管货物的集装箱和集装箱式货车车厢的监管办法》的规定取得国家海事局授权的中国船级社的相应的产品制造资质。

罐式集装箱制造应当符合TSG R0005—2011《移动式压力容器安全技术监察规程》、JB/T 4781《液化气体罐式集装箱》、JB/T 4782《液体危险货物罐式集装箱》、JB/T 4784《低温液体罐式集装箱》等相应安全技术规范、标准和设计文件的规定。对于仅参与公路运输的罐式集装箱，应当在明显的部位喷涂或者粘贴仅适用于公路运输、禁止堆码的警示性标志。

罐式集装箱应当按照型号进行型式试验或者相关试验，取得试验合格证明文件。仅参与公路运输并且不进行堆码的罐式集装箱，型式试验由国家质检总局核准的型式试验机构进行，型式试验项目至少包括吊顶试验、吊底试验、纵向栓固试验、内部横向栓固试验和内部纵向栓固试验；除此而外的其他适用于公路、铁路、水路及其联运的罐式集装箱，型式试验或者相关试验由国务院有关部门核准或者批准的试验机构进行，试验项目应当符合相应国家标准或者行业标准的规定。

(5) 管束式集装箱制造专项要求

管束式集装箱的制造单位应当按照《锅炉压力容器制造监督管理办法》（国家质检总局

第 22 号令）及《锅炉压力容器制造许可条件》（国质监锅［2003］194 号）、TSG Z0004—2007《特种设备制造、安装、改造、维修质量保证体系基本要求》之规定，取得C2 级压力容器制造许可证。

对于参与海运、国际联运或者海关监管的罐式集装箱的制造单位还应当按照国务院《船舶和海上设施检验条例》和交通运输部门发布的《船舶载运危险货物安全监督管理规定》以及海关总署发布的《中华人民共和国海关对用于装载海关监管货物的集装箱和集装箱式货车车厢的监管办法》的规定取得国家海事局授权的中国船级社的相应的产品制造资质。

管束式集装箱用气瓶的制造、检验试验等应当按照《气瓶安全监察规程》的规定执行，并且符合 TSG R0005—2011《移动式压力容器安全技术监察规程》、有关标准和设计图样的相关规定。

管束式集装箱按照型号进行型式试验或者相关试验，取得试验合格证明文件。仅参与公路运输并且不进行堆码的管束式集装箱，型式试验由国家质检总局核准的型式试验机构进行，型式试验项目至少包括吊顶试验、吊底试验、纵向栓固试验、内部横向栓固试验和内部纵向栓固试验；除此而外的其他适用于公路、铁路、水路及其联运的管束式集装箱，型式试验或者相关试验由国务院有关部门核准或者批准的试验机构进行，型式试验或者相关试验项目应当符合相应国家标准或者行业标准的规定。

12.4 移动式压力容器使用管理

移动式压力容器充装的介质大多是剧毒、有毒、易燃、易爆、腐蚀等具有一定压力的气体、液体或液化气体，主要分布于公路、铁路和水路上。由于风吹日晒、路途颠簸、各种不同等级的路况、驾驶人员疲劳驾驶等因素，这类设备出现事故的概率很大，且这些事故往往都是灾难性的，而事故影响通常难以想象。因此，必须加强移动式压力容器使用管理。TSG R0005—2011《移动式压力容器安全技术监察规程》、TSG R5002—2013《压力容器使用管理规则》对使用登记、使用安全管理、安全操作和监督管理等方面均作了具体的规定。

12.4.1 移动式压力容器使用登记

① 在移动式压力容器投入使用前，使用单位应按照 TSG R0005—2011《移动式压力容器安全技术监察规程》、TSG R5002—2013《压力容器使用管理规则》的要求，并且按照铭牌和产品数据表规定的一种介质，逐台向省、自治区、直辖市质量技术监督部门（以下简称使用登记机关）办理《特种设备使用登记证》（以下简称《使用登记证》）以及电子记录卡。登记标志的放置位置应当符合有关规定。

② 移动式压力容器计划长期停用（指停用一年及以上，下同）的，使用单位应当按照规定向使用登记机关申请报停，并将使用登记证及电子记录卡交回使用登记机关。长期停用后重新启用时，应当按照 TSG R0005—2011《移动式压力容器安全技术监察规程》以及 TSG R7001—2013《压力容器定期检验规则》的规定进行定期检验，检验合格后持定期检验报告向使用登记机关申请启用，领取使用登记证。

③ 移动式压力容器需要过户的，使用单位应当按照规定向使用登记机关申请变更《使用登记证》。

④ 移动式压力容器报废时，使用单位应当按照规定向使用登记机关办理注销手续，并且将《使用登记证》及电子记录卡交回使用登记机关。

移动式压力容器的《使用登记证》及移动式压力容器 IC 卡应随车携带。

12.4.2 使用单位的安全管理

（1）对移动式压力容器使用单位的要求

① 使用单位职责 TSG R0005—2011《移动式压力容器安全技术监察规程》规定，移动式压力容器使用单位是保证移动式压力容器安全运行的责任主体，应当严格执行国家有关法律法规，按照 TSG R0005—2011《移动式压力容器安全技术监察规程》和 TSG R5002—2013《压力容器使用管理规则》的规定，保证移动式压力容器的安全使用，对移动式压力容器安全使用负责；使用单位应当配备具有移动式压力容器专业知识，熟悉国家相关技术规范及其相应标准的工程技术人员作为安全管理人员，安全管理人员应当按照规定取得相应的特种设备作业人员证，负责移动式压力容器的安全管理工作。

② 使用单位安全管理 针对移动式压力容器的使用特点，TSG R0005—2011《移动式压力容器安全技术监察规程》规定了使用单位移动式压力容器的安全管理工作应主要包括以下内容：

a. 贯彻执行有关移动式压力容器安全技术规范；

b. 建立健全移动式压力容器安全管理制度；

c. 制定移动式压力容器安全操作规程；

d. 办理移动式压力容器使用登记；

e. 建立移动式压力容器技术档案；

f. 负责移动式压力容器的设计、采购、使用、装卸、改造、维修、报废等全过程的有关管理；

g. 组织开展安全检查、定期自行检查，并且做出记录；

h. 制定移动式压力容器的定期检验计划，安排并且落实定期检验和事故隐患的整治；

i. 按照规定向使用登记机关和主管部门报送当年移动式压力容器数量及变更情况的统计报告、定期检验实施情况报告、存在的主要问题及处理情况报告等；

j. 组织开展移动式压力容器作业人员的教育培训；

k. 制定移动式压力容器事故应急救援专项预案并且组织演练；

l. 按照规定报告移动式压力容器事故，组织、参加移动式压力容器事故的应急救援、事故调查和善后处理。

（2）对移动式压力容器作业人员的要求

TSG R0005—2011《移动式压力容器安全技术监察规程》规定，移动式压力容器的安全管理人员和操作人员应当持有相应的特种设备作业人员证；使用单位应当对移动式压力容器作业人员定期进行安全教育与专业培训并且作好记录，保证作业人员了解所充装介质的性质、危害性和罐体的使用特性，具备必要的移动式压力容器安全作业知识、作业技能，及时进行知识更新，确保作业人员掌握操作规程及事故应急措施，按章作业。

按照《特种设备作业人员监督管理办法》（国家质检总局令 140 号）和国家质检总局关于公布《特种设备作业人员作业种类与项目》目录的公告（2011 年第 95 号），移动式压力容器使用单位作业人员项目及代号分别为：特种设备安全管理负责人（A1）和锅炉压力容器压力管道安全管理人员（A3）。因此，移动式压力容器各类作业人员应按照《特种设备作业人员监督管理办法》（国家质检总局令 140 号）和 TSG R6001—2011《压力容器安全管理人员和操作人员考核大纲》的要求进行考核，取得相应的作业人员证书后持证上岗，使用单位应当聘（雇）用取得《特种设备作业人员证》的人员从事相关管理和作业。

对于从事移动式压力容器运输押运的人员，应当取得国务院交通运输管理部门规定的相应资格证书。

(3) 安全管理机构及安全管理人员配置

按照 TSG R5002—2013《压力容器使用管理规则》的规定，使用移动式压力容器数量合计达5台（含5台）以上的使用单位，应当设置专门的安全管理机构，配备专职安全管理人员，逐台落实安全责任人员，并且制定应急救援预案，建立相应的应急救援队伍，配置与之适应的救援装备，适时演练并且记录；使用移动式压力容器数量合计在5台以下的使用单位，应当配备专职安全管理人员，同时制定应急救援预案，适时演练并且记录。

(4) 技术档案

TSG R0006—2011《移动式压力容器安全技术监察规程》规定，使用单位应当逐台建立移动式压力容器技术档案并且由其管理部门统一负责保管。

移动式压力容器技术档案应当包括以下内容：

①《使用登记证》及电子记录卡；

②《特种设备使用登记表》；

③ TSG R0005—2011《移动式压力容器安全技术监察规程》4.1.3规定的移动式压力容器设计制造技术文件和资料；

④ 移动式压力容器定期检验报告，以及有关检验的技术文件和资料；

⑤ 移动式压力容器维修和改造的方案、设计图样、材料质量证明书、施工质量检验技术文件和资料；

⑥ 移动式压力容器的日常检查和维护保养与定期自行检查记录、年度检查报告；

⑦ 安全附件、装卸附件（如果有）的校验、修理和更换记录；

⑧ 有关事故的记录资料和处理报告。

(5) 安全管理制度

按照 TSG R5002—2013《压力容器使用管理规则》的规定，移动式压力容器使用单位应当按照相关法律、法规和安全技术规范的要求，建立健全移动式压力容器使用管理制度。

移动式压力容器安全管理制度至少应包括以下内容：

① 安全管理机构职责（设置时）及相关人员岗位职责；

② 安全操作规程；

③ 技术档案管理规定；

④ 日常维护保养和维护运行记录规定；

⑤ 定期安全检查和隐患治理规定；

⑥ 定期检验报检和实施规定；

⑦ 作业人员管理和培训规定；

⑧ 设计、采购、使用、装卸、改造、维修、报废等管理规定；

⑨ 事故报告和处理规定；

⑩ 贯彻执行有关安全技术规范和接受安全监察规定。

(6) 操作规程

按照 TSG R5002—2013《压力容器使用管理规则》的规定，移动式压力容器使用单位应当在工艺和岗位操作规程中，明确提出移动式压力容器安全操作要求。

移动式压力容器操作规程至少包括以下内容：

① 移动式压力容器的操作工艺参数，包括工作压力、工作温度范围、最大允许充装量等；

② 移动式压力容器的岗位操作方法，包括车辆停放、装卸的操作程序和注意事项；

③ 移动式压力容器运行中应当重点检查的项目和部位，运行中可能出现的异常现象和防止措施，紧急情况的处置和报告程序；

④ 移动式压力容器的车辆安全要求，包括车辆状况、车辆允许行驶速度以及运输过程中的作息时间要求。

12.4.3 安全使用

(1) 日常检查、维护保养与定期自行检查

对移动式压力容器进行日常维护保养和定期检查，既能及时发现和消除安全隐患，有效抑制事故发生，更是使用单位安全运行主体责任的体现，因此，使用单位应当按照 TSG R0005—2011《移动式压力容器安全技术监察规程》的规定，认真做好移动式压力容器的日常检查、维护保养与定期自行检查工作。移动式压力容器日常检查和维护保养由使用单位随车作业人员负责，于每次出车前、停车后和装卸前后进行；定期自行检查由使用单位的安全管理人员负责组织，至少每月进行一次。对日常检查和维护保养与定期自行检查中发现的安全隐患，应当及时妥善处理。日常检查和维护保养与定期自行检查应当进行记录。

移动式压力容器日常检查和维护保养与定期自行检查至少包括以下内容：

① 罐体外部的标志是否清晰，罐体涂层及漆色是否完好，有无脱落等；

② 罐体保温层、真空绝热层是否完好；

③ 紧急切断阀以及相关的操作阀门是否置于闭止状态；

④ 安全附件是否完好；

⑤ 装卸附件是否完好；

⑥ 紧固件的连接是否牢固可靠、是否有松动现象；

⑦ 罐体内压力、温度是否异常及有无明显的波动；

⑧ 罐体各密封面有无泄漏；

⑨ 随车配备的应急处理器材、防护用品及专用工具、备品备件是否齐全，是否完好有效；

⑩ 罐体与底盘（底架或者框架）的连接紧固装置是否完好、牢固。

(2) 异常情况处理

移动式压力容器在使用过程中，如果突然发生故障，严重威胁设备和人身安全时，操作人员或者押运人员应立即采取紧急措施，停止容器运行，并报告有关部门。压力容器的停止运行包括卸放容器内的气体或其他物料，使容器内压力下降，并停止向容器内输入介质等。

移动式压力容器发生下列异常现象之一时，操作人员或者押运人员应当立即采取紧急措施，并且按照规定的程序，及时向使用单位的有关部门报告：

① 罐体工作压力、工作温度超过规定值，采取措施仍然不能得到有效控制；

② 罐体的主要受压元件发生裂缝、鼓包、变形、泄漏等危及安全的现象；

③ 安全附件失灵、损坏等不能起到安全保护的情况；

④ 管路、紧固件损坏，难以保证安全运行；

⑤ 发生火灾等直按威胁到安全运行；

⑥ 充装量超过核准的最大允许充装量；

⑦ 充装介质与铭牌和使用登记资料不符的；

⑧ 真空绝热罐体外表面局部存在严重结冰、结霜或者结露，介质压力和温度明显上升；

⑨ 走行部分及其与罐体连接部位的零部件等发生损坏、变形等危及安全运行；

⑩ 其他异常情况。

使用单位应当对出现故障或者发生异常情况的移动式压力容器及时进行检查处理，消除事故隐患；对存在严重事故隐患，无改造、维修价值的移动式压力容器，应当及时予以报废，并且办理注销手续。

(3) 变更使用条件的管理

鉴于移动式压力容器的使用特点，为了保证移动式压力容器使用安全，必须大力加强移动式压力容器使用条件变更管理，任何使用单位不得擅自变更移动式压力容器使用条件，不得擅自对外观漆色、环形色带、标志标识等进行任何改动，不得涂改和伪造《特种设备使用证》。

变更移动式压力容器使用条件（如变更充装介质、设计参数、最大允许充装量等）应当符合以下要求：

① 变更罐体使用条件，必须经过原设计单位或者具有相应资质的设计单位书面同意，并且出具设计修改文件。设计修改文件的内容至少包括设计修改说明、必要的检验试验要求、标志要求以及根据实际变更条件所需要的强度校核计算、安全泄放装置排放量计算、设计修改图样及产品使用说明等。

② 变更罐体使用条件，需要对罐体结构进行相应改造的，按照 TSG R0005—2011《移动式压力容器安全技术监察规程》第 7 章相关规定及设计修改文件要求执行。

③ 变更罐体使用条件，不需要对罐体结构进行相应改造的，使用单位应当向使用登记机关提出书面申请，经具备相应检验资质的检验机构按照 TSG R0005—2011《移动式压力容器安全技术监察规程》5.9 的规定及设计修改文件的要求进行相应检验，合格后方可办理使用登记变更手续。

④ 变更罐体充装介质，如果在原出厂设计文件（竣工图、产品说明书等）允许范围内，按照本条第③项的规定执行；如果不在原出厂设计规定范围内，则根据情况按照本条的相应规定执行。

⑤ 变更罐体使用条件，但是未进行 TSG R0005—2011《移动式压力容器安全技术监察规程》7.2 所述改造的，可以不更换产品铭牌，由修理单位或者改造单位根据变更后的内容，按照引用标准进行表面涂装及标志等。

⑥ 罐体使用条件变更后，使用单位必须将移动式压力容器的变更资料（包括设计单位同意的证明文件、设计修改文件及必要的检验报告等）报使用登记机关备案，并且办理使用登记变更手续。

(4) 临时进口移动式压力容器的安全管理

临时进口移动式压力容器，是指由境外制造，用以包装境内企业进口的原料、物料的，并且罐体内介质使用完后再出境的移动式压力容器。由于临时进口移动式压力容器的使用单位在境外，存在管理方面要求上的差异和检验资格的认同等因素，不能在境内的安全监察机构办理移动式压力容器使用登记，因此，必须结合实际，做好临时进口移动式压力容器的安全管理。

作为临时进口移动式压力容器的使用单位，应当按照 TSG R0005—2011《移动式压力容器安全技术监察规程》的要求，加强对临时进口移动式压力容器在境内使用期间的安全管理。

临时进口移动式压力容器的使用单位安全管理工作应当符合以下要求：

① 制定和执行临时进口移动式压力容器安全管理制度；

② 建立临时进口移动式压力容器档案；

③ 按照规定要求办理临时进口移动式压力容器的通关手续，约请检验机构实施安全性能检验，安全性能检验不合格的临时进口移动式压力容器不得使用；

④ 符合《国际海运危险货物运输规则》，并按该规则进行检验并且检验合格证明文件在有效期内的临时进口罐式集装箱，如果介质卸载后不再在境内进行充装，可不进行安全性能检验；

⑤ 临时进口移动式压力容器取得充装地省级质监部门的同意后方可在境内充装，但是满足上述第④条要求，充装前能自主执行检查并核对产权所在国家（或者地区）官方授权检验机构出具的检验合格证明文件，并且介质充装后即出境的临时进口罐式集装箱除外。

临时进口移动式压力容器安全性能检验应当符合以下要求：

① 首次进口的临时进口移动式压力容器，需要查验其产权所在国家（或者地区）官方授权检验机构出具的检验合格证明文件，并且对其产品铭牌、钢印、标志、外观质量以及安全附件等进行安全性能检验，安全性能检验合格有效期为 1 年；

② 经检验合格的临时进口移动式压力容器出境或者再次进口时，如果使用单位能够提供安全性能检验合格证明文件并且在检验有效期内，不再进行安全性能检验；

③ 安全性能检验不合格的压力容器，不得再进口。

除此而外，国家质检总局《关于加强临时进口移动式压力容器检验及监督管理工作的通知》（国质检特函［2005］191 号）文件中对临时进口压力容器安全性能检验做出如下要求：

① 对于进入我国境内的临时进口移动式压力容器，出入境检验检疫机构在办理入境通关手续时，应要求进口企业提供其产权所在国家（或地区）官方授权检验机构出具的检验合格证明文件（但不要求其境外制造厂家取得中国特种设备制造许可证），否则不予办理通关手续。

② 临时进口的移动式压力容器首次进入我国时，检验检疫机构和特种设备检验机构应按照分工对其进行检验。如入境时无法实施安全性能检验，应在容器内介质用尽后再对其进行安全性能检验；个别无法进行内部检验的压力容器，在确认容器产权所在国家（或地区）检验机构出具的定期检验合格证明后，可只进行外部检验。

(5) 运输过程安全作业要求

根据移动式压力容器的使用情况及运输行业的特点，为了移动式压力容器使用安全，预防事故发生，使用单位应当严格执行国务院有关部门的相关规定，加强移动式压力容器运输过程的安全作业管理。

移动式压力容器的运输过程作业安全至少还应当满足以下安全要求：

① 公路危险货物运输过程中，除按照有关规定配备具有驾驶人员、押运人员资格的随车人员外，还需配备具有移动式压力容器操作资格的特种设备作业人员，对运输全过程进行监护；

② 运输过程中，任何操作阀门必须置于闭止状态；

③ 快装接口安装盲法兰或者等效装置；

④ 充装冷冻液化气体介质的移动式压力容器，装卸间隔时间不得超过其标态维持时间；

⑤ 罐式集装箱或者管束式集装箱按照规定的要求进行吊装和堆放。

(6) 随车装备和随车携带的文件和资料

使用单位应当为操作人员或者押运员配备日常作业必需的安全防护装备、专用工具和必要的备品、备件等，如防护用具、防火花的专用工具和备件。除此而外，还应当根据事故应急救援的要求和所充装介质的危害特性，随车配备必需的应急处理器材（如法兰夹具、堵漏垫、堵漏楔、堵漏胶、堵漏带等带压堵漏器材）和个人防护用品（如防冻伤用品、过滤式防毒面具、空气呼吸器等）。

除随车携带有关部门颁发的各种证书外，还应当携带以下文件和资料：

①《使用登记证》及电子记录卡；

②《特种设备作业人员证》和有关管理部门的从业资格证；

③ 液面计指示值与液体容积对照表（或者温度与压力对照表）；

④ 移动式压力容器装卸记录；

⑤ 事故应急专项预案。

12.4.4 应急救援与演练

移动式压力容器发生事故一般后果严重或者产生重大社会影响，因此，使用单位应当具备应急救援方面的能力并承担相应的责任。使用单位应当制定相应的事故应急专项预案，建立相应的应急救援组织机构，配置与之适应的应急救援装备，并且定期组织演练，演练应当有记录并及时进行分析总结。

使用单位在制定本单位的事故应急救援预案时，应当根据本单位的移动式压力容器营运区域、路线和装卸站点，根据实际情况，本着安全、快速和有效的方式、方法制定适应泄漏事故处理和带压密封的专项规定，比如移动式压力容器在装卸站点发生泄漏事故可以委托借助装卸单位的技术力量进行处理，明确何种情况进行带压密封操作必须派人现场监督，营运途中如何自救和报警求救等，依靠社会力量，防止事故进一步扩大。

使用单位应当配置带压密封人员，带压密封人员应当按照 TSG R6003—2006《压力容器压力管道带压密封作业人员考核大纲》的要求取得作业人员资格证书。

12.4.5 使用管理的专项要求

对于铁路罐车、汽车罐车和罐式集装箱等由于运输方式的不同、管理模式的不同，以及真空绝热罐体、长管拖车和管束式集装箱等由于结构型式特殊，TSG R0005—2011《移动式压力容器安全技术监察规程》中分别规定了各类移动式压力容器在使用管理方面的专项要求。

（1）铁路罐车使用专项要求

① 对于已经达到设计使用年限的铁路罐车罐体，但是其罐车未超过国务院铁路运输主管部门规定的使用年限，如果罐体要继续使用，使用单位应当委托具有相应资质的检验机构对其进行检验，检验机构按照定期检验的要求作出检验结论并且评定其安全状况等级，经过使用单位主要负责人批准后，方可继续使用；

② 铁路罐车使用达到国务院铁路运输主管部门规定的罐车使用年限，需要报废时，其罐体随铁路罐车一同报废。

（2）汽车罐车使用专项要求

① 对于已经达到设计使用年限的汽车罐车罐体，但是其危险品车辆未超过规定使用年限，如果罐体要继续使用，使用单位应当委托具有相应资质的检验机构对其进行检验，检验机构按照定期检验的要求作出检验结论并且评定其安全状况等级，经过使用单位主要负责人批准后，方可继续使用。

② 危险品车辆达到规定的使用年限，需要报废时，其罐体随车辆一同报废，其中真空绝热罐体的使用未达到设计使用年限的，可以按照有关规定更新走行装置。

③ 在定期检验有效期内的真空绝热罐体的汽车罐车，更换其走行装置，应当符合以下要求：

a. 汽车罐车走行装置的更换改造由该汽车罐车的原制造单位进行，并且对更换改造的质量负责；

b. 更换走行装置后的汽车罐车质量符合引用标准要求，制造单位向使用单位提供汽车罐车改造合格证及产品质量证明文件；

c. 更换走行装置的改造过程，由具体相应资质的检验机构对其过程进行监督检验，未经监督检验合格的汽车罐车不得投入使用；

d. 使用单位按照有关规定，持制造单位提供的汽车罐车改造合格证及产品质量证明文件和检验机构的监督检验证书，以及汽车罐车登记资料向使用登记机关变更登记信息；

e. 汽车罐车走行装置更换改造前，承担更换改造的原制造单位应当对需要改造的真空绝热罐体进行全面检查和安全性能评估，其安全性能应当满足安全技术规范及其引用标准的规定。

(3) 罐式集装箱使用专项要求

① 对于已经达到设计使用年限的罐式集装箱罐体，如果罐体要继续使用，使用单位应当委托具有相应资质的检验机构对其进行检验，检验机构按照定期检验的要求作出检验结论并且评定其安全状况等级，经过使用单位主要负责人批准后，方可继续使用。

② 租赁境外产权的罐式集装箱（以下简称租赁罐箱）的使用单位，在境内使用的安全管理应符合以下要求：

a. 应当贯彻执行 TSG R0005—2011 和相关的法律法规，加强使用管理；

b. 应当制定和执行租赁罐箱租赁期间的安全管理制度；

c. 应当按台建立租赁罐箱的技术档案；

d. 租赁罐箱的制造单位应当取得 C3 级压力容器制造许可证，每台租赁罐箱应当具有境内或者境外官方检验机构的有效检验证书和租赁合同，且在租赁合同中对租赁期间如何进行定期检验及维修等作出约定；

e. 按照规定要求办理租赁罐箱的通关手续和境内检验机构的安全性能监督检查；

f. 应当到其所在地的省级质监部门办理租赁罐箱的临时使用证。

(4) 长管拖车、管束式集装箱使用专项要求

① 对于已经达到设计使用年限的管束式集装箱的气瓶，如果要继续使用，使用单位应当委托具有相应资质的检验机构对其进行检验，检验机构按照定期检验的要求作出检验结论，经过使用单位主要负责人批准后，方可继续使用。

② 长管拖车和管束式集装箱使用单位应当安排并且落实定期检验。在使用过程中，长管拖车和管束式集装箱存在以下情况的，应当提前进行定期检验：

a. 发现有严重腐蚀、损伤或者对其安全使用有怀疑的；

b. 充装介质中，腐蚀成分含量超过相关标准规定的；

c. 发生交通、火灾等事故，造成对安全使用有影响的；

d. 年度检查发现问题，影响安全使用的。

(5) 真空绝热罐体使用专项要求

冷冻液化气体汽车罐车、罐式集装箱的真空绝热罐体，使用前应进行真空度检查，不符合要求的应重新进行抽真空，抽真空结束后，应当按照相应标准规定的项目进行绝热性能检测。

12.5 移动式压力容器充装管理

充装与卸载介质是移动式压力容器不同于固定式压力容器使用的一个重要环节，是实现移动式压力容器使用功能的一个重要步骤，同时充装与卸载危险性很大，如果管理不善，容易引发泄漏、爆炸甚至人员伤亡事故。因此，应特别重视移动式压力容器的充装与卸载安全管理工作。移动式压力容器的充装与卸载安全管理工作内容主要包括充装许可、充装与卸载单位安全管理以及装卸操作过程的安全管理。

12.5.1 充装许可

按照《特种设备安全法》第四十九条的规定，从事移动式压力容器充装的单位（以下简

称充装单位）应当在技术力量、资源条件和质量保证体系方面等具备一定条件，并按照TSG R4002—2011《移动式压力容器充装许可规则》要求，取得省、自治区、直辖市级质量技术监督部门（以下简称省级质监部门）颁发的移动式压力容器充装许可证，方可在有效期内按照许可的范围从事移动式压力容器的充装工作。

（1）技术力量

充装单位应当有与充装和管理相适应的管理人员和技术人员。充装单位应当配备熟悉法律法规、安全技术规范、技术标准以及充装工艺的技术负责人、安全管理人员、充装人员和检查人员等，其中技术负责人和安全管理人员应当按TSG R6001—2011《压力容器安全管理人员和操作人员考核大纲》的规定，取得特种设备安全管理负责人（A1）和锅炉压力容器压力管道安全管理人员（A3），充装人员和检查人员应当按照TSG R6001—2011《压力容器安全管理人员和操作人员考核大纲》的规定，取得移动式压力容器充装人员证书（R2）。

（2）资源条件

充装单位应当有与充装和管理相适应的资源条件，包括充装设备、储存设备、检测手段、场地（厂房）、器具、消防、安全设施等，资源条件应当满足TSG R4002—2011《移动式压力容器充装许可规则》的有关要求，人员配备和场地、设施配置应当与其充装规模相适应。

（3）质量保证体系

充装单位应当按照相关法律、法规和安全技术规范的规定建立健全质量保证体系和适应充装工作需要的事故应急救援预案，并且能够有效实施。体系文件中的充装管理制度、安全操作规程以及相应的工作记录应当符合TSG R4002—2011《移动式压力容器充装许可规则》的有关规定。

充装单位的充装活动应符合有关安全技术规范的要求，能够保证充装工作质量，能够对使用者安全使用移动式压力容器提供指导和服务，禁止对不符合安全技术规范要求的移动式压力容器进行充装。

12.5.2 充装与卸载单位的安全管理

由于移动式压力容器充装与卸载的介质大多为易燃、易爆、有毒、有害等特性，移动式压力容器的充装卸载过程同样具有危险性。因此，装卸单位应当对装卸作业过程的安全负责，按照相关法律、法规和安全技术规范的规定建立健全安全管理制度，制定安全操作规程，并且确保各项管理制度和操作规程的有效实施。

（1）安全管理措施

为确保移动式压力容器充装与卸载安全，充装与卸载单位应当采取以下措施实施安全管理：

① 移动式压力容器作业人员必须取得相应作业人员证后方可进行许可项目的充装与卸载作业；

② 根据装卸介质的危害性为操作人员配备必要的防护用具和用品，进入易燃、易爆介质装卸区域的人员，必须穿戴防静电且阻燃的工作服和防静电鞋；

③ 易燃、易爆、有毒介质的装卸系统应当具有装卸前置换介质的处理措施及其装卸后密闭回收介质的设施，并且符合相关技术规范和标准的要求；

④ 在通风不良并且有可能发生窒息、中毒等危险场所内的操作或者处理故障、维修等活动，必须由2名以上（含2名）的操作人员进行作业，配置自给式空气呼吸器，并且采取监护措施；

⑤ 在指定部位设置安全警示标志和报警电话；

⑥ 制订应急专项预案，配备应急救援器材、设备和防护用品；

⑦ 除符合上述规定外，还应当符合公安、消防、安全生产、环境保护等管理部门的规定。

(2) 安全管理制度

移动式压力容器充装与卸载单位应当建立以下各项管理制度和岗位责任制，并且能够有效实施：

① 安全管理制度（包括安全生产、安全检查、安全教育等内容），安全责任制度，各类人员岗位责任制度；

② 装卸过程关键点控制制度（包括安全监控和巡视）；

③ 各类人员培训考核制度，特种设备作业人员持证上岗制度；

④ 特种设备安全技术档案管理制度（包括装卸用管）；

⑤ 特种设备日常维护保养、定期检查和定期检验制度（包括装卸用管）；

⑥ 特种设备安全附件、承压附件、安全保护装置、测量调控装置及其有关附属仪器仪表的定期校验、检修制度，计量器具定期检定制度；

⑦ 充装资料（包括介质成分检测报告单）管理制度；

⑧ 事故上报制度，事故应急预案定期演练制度；

⑨ 用户宣传教育与服务制度，质量信息反馈制度；

⑩ 接受安全监察制度。

(3) 安全操作规程

移动式压力容器充装与卸载单位应当建立以下各项安全操作规程，并且能够有效实施：

① 罐内介质分析和余压检测操作规程；

② 充装操作规程；

③ 充装量复检操作规程；

④ 卸载操作规程；

⑤ 设备（包括泵、压缩机和储罐）操作规程；

⑥ 装卸用管耐压试验操作规程；

⑦ 事故应急处置操作规程。

12.5.3 装卸操作安全管理

移动式压力容器装卸操作安全管理包括装卸前检查、装卸过程控制、装卸后检查、禁止装卸作业要求等。

(1) 装卸前检查

装卸前应当对移动式压力容器逐台进行检查，并做好记录。未经检查合格的移动式压力容器不得进入装卸区域进行装卸作业。

装卸前检查应按照以下要求进行：

① 随车规定携带的文件和资料是否齐全有效，并且装卸的介质是否与铭牌和使用登记资料、标志一致；

② 首次充装投入使用并且对罐体有置换要求的，是否有置换合格报告或者证明文件；

③ 购买、充装剧毒介质的，是否有剧毒介质（剧毒化学品）的购买凭证、准购证以及运输通行证；

④ 随车作业人员是否持证上岗，资格证书是否有效；

⑤ 移动式压力容器铭牌与各种标志（包括颜色、环形色带、警示性、介质等）是否符合相关规定，充装的介质与罐体涂装标志是否一致；

⑥ 移动式压力容器是否在定期检验有效期内，安全附件是否齐全、工作状态是否正常，并且在校验有效期内；

⑦ 核查压力、温度、充装量（或者剩余量）是否符合要求；

⑧ 各密封面的密封状态是否完好无泄漏；

⑨ 随车防护用具、检查和维护保养、维修（以下简称检修）等专用工具和备品、备件是否配备齐全、完好；

⑩ 易燃、易爆介质作业现场是否已经采取防止明火和防静电措施；

⑪ 装卸液氧等氧化性介质的连接接头是否采取避免油脂污染措施；

⑫ 罐体与走行装置或者框架的连接是否完好、可靠。

（2）装卸过程控制

移动式压力容器经检查并且符合装卸要求后方可进入装卸作业区域进行装卸作业。

装卸作业过程的工作质量和安全应当符合以下要求：

① 充装人员必须持证上岗，按照规定的装卸工艺规程进行操作，装卸单位安全管理人员应当进行巡回检查；

② 按照指定位置停车，罐车的发动机必须熄火，切断车辆总电源，并且采取防止车辆发生滑动的有效措施；

③ 装卸易燃、易爆介质前，移动式压力容器上的导静电装置应与装卸台接地线可靠连接；

④ 装卸接口的盲法兰或者等效装置必须在其内部压力卸尽后卸除；

⑤ 使用充装单位专用的装卸用管进行充装，不得使用随车携带的装卸用管进行充装；

⑥ 装卸用管与移动式压力容器的连接必须符合充装工艺规程的要求，连接必须安全可靠；

⑦ 装卸不允许与空气混合的介质前，应进行管道吹扫或者置换；

⑧ 装卸作业过程中，操作人员必须处在规定的工作岗位上；配置紧急切断装置的，操作人员必须位于紧急切断装置的远控系统位置；配置装卸安全连锁报警保护装置的，安全连锁报警保护装置处于完好的工作状态；

⑨ 装卸时的压力、温度和流速应符合与所装卸介质相关的技术规范及其相应标准的要求，超过规定指标时必须迅速采取有效措施；

⑩ 移动式压力容器充装量（或者充装压力）不得超过核准的最大允许充装量（或者充装压力），严禁超装、错装。

（3）装卸后检查

移动式压力容器装卸后应当进行检查，并且进行记录。

装卸后检查内容主要有：

① 与装卸作业相关的操作阀门是否置于闭止状态，装卸连接口安装的盲法兰等装置是否符合要求；

② 压力、温度、充装量（或者剩余量）是否符合要求；

③ 密封面、阀门、接管等是否泄漏；

④ 安全附件、装卸附件是否完好；

⑤ 充装冷冻液化气体的移动式压力容器，其罐体外壁是否存在结露、结霜现象；

⑥ 与装卸台的所有连接件是否分离。

充装完成后，复核充装介质和充装量（或者充装压力），如有超装、错装，充装单位必须立即处理，否则严禁车辆驶离充装单位。

（4）禁止装卸作业要求

凡遇有下列情况之一的，移动式压力容器不得进行装卸作业：

① 遇到雷雨、风沙等恶劣天气情况的；

② 附近有明火、充装单位内设备和管道出现异常工况等危险情况的；

③ 移动式压力容器或者其安全附件、装卸附件等有异常的；

④ 移动式压力容器充装证明资料不齐全、检验检查不合格、内部残留介质不详以及存在其他危险情况的；

⑤ 其他可疑情况的。

(5) 其他安全要求

① 充装易燃、易爆介质的移动式压力容器，在新制造或者改造、维修、检验检测等后的首次充装（以下简称首次充装）前，必须按照 TSG R0005—2011《移动式压力容器安全技术监察规程》的规定及产品使用说明书的要求，对罐体内气体进行分析检测，不符合规定的应当重新进行氮气置换或者抽真空处理，合格后方可投入使用；

② 充装介质对含水量有特别要求的移动式压力容器，首次充装前，必须按照产品使用说明书的要求对罐体内含水量进行处理和分析；

③ 移动式压力容器到达卸载站点后，具备卸载条件的，必须及时卸载；充装易燃、易爆介质的，卸载后罐体内余压不得小于 0.05MPa；

④ 移动式压力容器卸载作业应当满足 TSG R0005—2011《移动式压力容器安全技术监察规程》的相关安全要求，采用压差方式卸载时，接受卸载的固定式压力容器应当设置压力保护装置或者防止压力上升的等效措施；

⑤ 禁止移动式压力容器之间相互装卸作业，除应急情况下需要经过当地应急救援组织部门的批准外，禁止移动式压力容器在许可充装地址以外的地方直接向气瓶进行充装；

⑥禁止使用明火直接烘烤或者采用高强度加热的办法对移动式压力容器进行升压或者对冰冻的阀门、仪表和管接头等进行解冻。

负责第①、②项处理工作的单位，应当向使用单位出具处理和分析结果的证明文件。

(6) 装卸记录和充装证明资料

① 移动式压力容器装卸作业结束后，充装单位或者卸载单位应当填写充装记录、卸载记录，并且将充装有关的信息及时写入移动式压力容器电子记录卡，装卸记录内容必须真实有效。充装记录、卸载记录内容至少包括 TSG R0005—2011《移动式压力容器安全技术监察规程》6.4.1～6.4.4 的项目，并且由相应的称重人员、检查人员签字，装卸记录至少保存 1 年。

② 充装完成后，充装单位应当向介质买受方提交以下证明资料：充装记录、化学品安全技术说明书、危险化学品信息联络卡，按照相应国家标准的规定，注明所充装危险化学品的名称、编号、类别、数量、危害性、应急措施以及充装单位的联系方式等；必要时，还应当向介质买受方出具充装介质组分含量检测报告。

12.6　移动式压力容器改造与维修管理

移动式压力容器的基本结构、性能参数经过严格的试验、检验及考核后确定的，是考虑了各种工况条件的，如果改造或者维修不当，将影响其安全使用性能，所以要重视和加强移动式压力容器改造与维修的安全管理。

12.6.1　改造与维修单位

移动式压力容器的改造和维修专业性强，因此，TSG R0005—2011《移动式压力容器安全技术监察规程》对移动式压力容器改造和维修单位进行了严格的规定。

移动式压力容器改造和维修单位应具有以下基本条件：

① 从事移动式压力容器改造与维修的单位，必须取得相应的特种设备制造许可证；

② 移动式压力容器改造与维修单位应当按照有关安全技术规范的要求建立质量保证体系并且有效实施，单位主要负责人必须对移动式压力容器改造与维修的质量负责；

③ 改造与维修单位应当严格执行法规、安全技术规范及其相应标准；

④ 改造与维修单位应当向使用单位提供改造、维修设计图样和施工质量证明文件等技术资料。

除规定的维修和改造单位外，任何单位和个人不得擅自对移动式压力容器的罐体、管路、安全附件和阀门等进行任何活动。

12.6.2 改造与重大维修的基本要求

按照 TSG R0005—2011《移动式压力容器安全技术监察规程》的规定，对移动式压力容器罐体改造是指改变罐体主要受压元件的局部结构、管路结构、用途等；罐体重大维修是指罐体主要受压元件的更换、矫形、挖补，以及对筒体纵向接头、筒节与筒节（封头）连接的环向接头、封头的拼接接头等对接接头焊缝的焊补，气瓶更换等。

移动式压力容器改造与重大维修应符合以下基本要求：

① 移动式压力容器在改造或者重大维修前，从事移动式压力容器改造或者维修的单位应当向使用登记机关书面告知。

② 改造或者重大维修方案应当经过原设计单位或者具备相应资质的设计单位书面同意，设计单位应当出具相应的设计修改说明、设计图样及必要的强度校核计算等文件。

③ 改造或者重大维修不得改变原移动式压力容器及罐体的整体设计结构（如罐体与走行装置或者框架的连接结构、罐体的设计容积等）。

④ 移动式压力容器经过改造或者重大维修后，应当保证其结构、强度及运行性能等满足安全使用的要求。

⑤ 改造或者重大维修的施工过程，必须经过具有相应资质的检验机构进行监督检验，未经监督检验合格的移动式压力容器不得投入使用。

⑥ 罐体改造或者维修人员在进入罐体内部进行工作前，应当参照 TSG R7001—2013《压力容器定期检验规则》的要求，做好准备和清理工作，并且办理相关批准手续。达不到要求时，严禁人员进入。

⑦ 罐体的挖补、更换筒节以及焊后热处理、检验检测，应当参照相应的设计制造标准制订施工方案，并且经技术负责人批准。

⑧ 有下列情况之一的罐体，在改造或者重大维修施工过程中应当进行耐压试验：

a. 用焊接方法更换主要受压元件的；

b. 主要受压元件补焊深度大于二分之一厚度的；

c. 罐体受损、变形并且经矫形修复的；

d. 改变使用条件，超过原设计参数并且经过强度校核合格的。

⑨ 改造后，改造单位应当参照 TSG R0005—2011《移动式压力容器安全技术监察规程》附件 G 相应产品铭牌的格式和内容重新制作铭牌，更换原产品铭牌；铭牌项目中的设备代码不变，其余做相应变更（如制造单位改为改造单位等）。

⑩ 改造或者重大维修后，改造或者重大维修单位应当按照 TSG R0005—2011《移动式压力容器安全技术监察规程》、引用标准以及设计修改文件的规定进行表面涂装及标志等。

⑪ 由于变更罐体使用条件或者其他因素，经原设计单位或者具备相应资质设计单位的书面同意，仅需要相应改变安全附件的型式、参数而不需要对罐体结构进行改造时，使用单位应当向使用登记机关提出书面申请，经具备相应检验资质的检验机构按照 TSG R0005—2011《移动式压力容器安全技术监察规程》5.9 的规定及设计修改文件的要求进行相应检验合格后，方可办理使用登记变更手续。

⑫ 铁路罐车罐体维修，应当尽量与铁路罐车的厂修、段修就近、同步进行。

12.7 移动式压力容器检验管理

按照 TSG R0005—2011《移动式压力容器安全技术监察规程》的规定，移动式压力容器定期检验是指移动式压力容器停运时由检验机构进行的检验和安全状况等级评定，其中汽车罐车、铁路罐车和罐式集装箱的定期检验分为年度检验和全面检验。加强移动式压力容器定期检验，能及时发现危害性缺陷，便于及时消除事故隐患，对移动式压力容器安全运行至关重要。

12.7.1 检验管理的基本要求

① 使用单位应当于移动式压力容器定期检验有效期届满前 1 个月向检验机构提出定期检验要求。检验机构接到定期检验要求后，应当及时进行检验。

移动式压力容器走行装置的定期检验按照国务院有关部门的规定执行。

② 检验机构应当严格按照核准的检验范围从事移动式压力容器的定期检验工作，检验检测人员应当取得相应的特种设备检验检测人员证书。

12.7.2 定期检验周期

① 汽车罐车、铁路罐车和罐式集装箱的定期检验周期 年度检验每年至少一次；首次全面检验应当于投用后 1 年内进行，下次全面检验周期，由检验机构根据移动式压力容器的安全状况等级，按照表 12-1 全面检验周期要求确定。符合 TSG R0005—2011《移动式压力容器安全技术监察规程》相应附件 A、附件 B、附件 C 要求的达到设计使用年限的罐体，其全面检验周期参照安全状况等级 3 级执行。

表 12-1 汽车罐车、铁路罐车和罐式集装箱全面检验周期

罐体安全状况等级①	定期检验周期		
	汽车罐车	铁路罐车	罐式集装箱
1～2 级	5 年	4 年	5 年
3 级	3 年	2 年	2.5 年

① 罐体安全状况等级的评定按照 TSG R0005—2011《移动式压力容器安全技术监察规程》的规定。

② 长管拖车、管束式集装箱 按照所充装介质不同，定期检验周期见表 12-2。对于已经达到设计使用年限的长管拖车和管束式集装箱瓶式容器，如果要继续使用，充装 A 组中介质时其定期检验周期为 3 年，充装 B 组中介质时定期检验周期为 4 年。

表 12-2 长管拖车、管束式集装箱定期检验周期

介质组别	充装介质	定期检验周期	
		首次定期检验	定期检验
A	天然气(煤层气)、氢气	3 年	5 年
B	氮气、氦气、氩气、氖气、空气		6 年

注：除本表中 B 组的介质和其他惰性气体和无腐蚀性气体外，其他介质（如有毒、易燃、易爆、腐蚀等）均为 A 组。

12.7.3 定期检验的内容与结论

移动式压力容器定期检验的内容与要求按照按 TSG R0005—2011《移动式压力容器安全技术监察规程》和 TSG R7001—2013《压力容器定期检验规则》的规定。检验机构应当根据移动式压力容器的使用情况、失效模式制定检验方案。移动式压力容器定期检验的方法以宏观检验、壁厚测定、表面无损检测为主，必要时可以采用超声检测、射线检测、硬度检测、金相分析、材料分析、强度校核或者耐压试验、声发射检测、气密性试验等。

根据 TSG R7001—2013《压力容器定期检验规则》规定，汽车罐车、铁路罐车、罐车集装箱的定期检验结论有符合要求、不符合要求两种形式。安全状况为 1～3 级的，检验结论为符合要求，可以继续使用；安全状况等级评定为 4～5 级的，检验结论为不符合要求，不得继续使用；安全附件检验不合格的，不允许投入使用。长管拖车和管束式集装箱定期检验结论分为符合要求和不符合要求，不进行安全状况等级评定。检验结论符合要求的，应确定下次定期检验周期。

12.7.4 特殊情况的处理

(1) 在使用过程中，移动式压力容器存在下列情况之一的，应当进行全面检验：

① 停用 1 年后重新使用的；发生事故，影响安全使用的；

② 发现有异常严重腐蚀、损伤或者对其安全使用有怀疑的；

③ 变更使用条件的。

(2) 因情况特殊不能按期进行定期检验的移动式压力容器，由使用单位提出风险分析报告，经使用单位主要负责人批准，征得上次进行定期检验的检验机构同意（首次检验的延期不需要），制定可靠的安全保障措施，向使用登记机关备案后，可以延期检验，延期期限一般不超过 3 个月。不能按期进行定期检验的移动式压力容器，使用单位应当制定可靠的安全保障措施。

(3) 移动式压力容器在定期检验合格有效期届满期间内，如果回不到使用登记地，需要异地落实定期检验时，使用单位应当向使用登记机关进行告知。

12.8 典型移动式压力容器事故案例

移动式压力容器由于其具有承压、内部介质多为有害、易燃、易爆的压缩气体、液化气体和冷冻液化气体，因而具有潜在的爆炸、泄漏等事故的危害性。由于移动式压力容器经常处于移动的工作状态，造成了移动式压力容器工作环境的不确定，会经过如城镇、街道、广场等人口密集的地方，一旦发生事故，其后果将非常严重，如果控制不当，容易造成事故伤亡扩大，环境污染，甚至发生二次事故。

移动式压力容器事故是指盛装压缩气体、永久气体、液化气体等介质的移动式压力容器

因设备自身或外在（人为）因素导致设备发生泄漏、爆炸、损毁而造成人员伤亡、财产损失或者造成重大印象等后果的突发事件的总称。移动式压力容器的事故特征主要体现为罐体或其接口、密封面发生连续大量可燃、有毒液体或气体泄漏事故，火灾或爆炸事故，车因交通事故发生倾翻，罐体及附件受损等其他事故。

随着我国重化工业的发展、生产的社会化分工和道路运输条件的改善，移动式压力容器运输呈现专业化、容积呈现大型化。但是，由于承担移动式压力容器运输多为个体业主（虽然采取了挂靠式管理方式，但实际上大多为个体经营，且挂靠管理松散）和趋利行为，作业人员的专业知识缺乏与违章，再加上多头监管和工作协调不一致，近年来我国移动式压力容器事故不断发生，尤其因安全阀挂断造成泄漏事故不断发生。据某省消防部门统计，2002年该省共发生液化石油气事故100余起，其中汽车罐车事故占48%，在汽车罐车事故中，由于安全阀折断、泄漏所造成的事故约占90%。

20世纪以来，国外曾发生多起灾难性的液化气体汽车罐车事故。

① 1973年，美国亚利桑那州一座充装站，一辆容积为76m³的液化丙烷铁路罐车在卸料时，由于卸料管不合格以及卸料管与罐车连接质量不好致使大量丙烷泄漏，进而产生着火燃烧。尽管消防队迅速赶到现场，紧急施救，但10min后仍然发生了爆炸。爆炸时碎片抛出有365m远，地面火球直径达45～60m，上升至数百米高的蘑菇云有300m宽。爆炸致使距离罐车约45m远的20名消防队员死亡，距离罐车300m处有95人不同程度烧伤。

② 2002年7月8日2时左右，山东省聊城市莘县化肥有限责任公司，从液氨储罐向槽车输送液氨时，一根输送胶管发生破裂，造成13人死亡，48人受伤，其中重伤11人。经查，事故软管为钢丝增强液压橡胶软管，型号KJB-2316（钢印）外径约为65mm，内径约为51mm，管长约2850mm，河北省枣强县石油液化气机械厂生产，莘县化肥股份有限公司于2002年3月购进并使用。该管为双层钢丝缠绕加强的橡胶管。破裂中心口距工厂金属管道连接法兰约260mm处。裂口长约62mm，增强钢丝断裂橡胶层呈穿透状，裂口沿软管轴向呈45°角。充装及软管爆裂位置踞围墙约6m，墙外约25m有成排的居民房。厂内及厂外的树木有大量被氨气侵蚀的痕迹。装卸软管增强钢丝断裂，橡胶层呈穿透状破裂是造成泄漏的直接原因；操作人员离岗，司机、押运人员应急处理不当，罐车紧急切断阀失效是导致事故危害扩大的主要原因；而充装地点与居民房相距过近，是事故扩大的间接原因。

③ 2002年10月19日，廊坊市某煤气公司液化石油气汽车罐车司机，在罐车内尚有15t液化石油气的情况下，擅自将罐车开往该县一家汽车修理所，准备对汽车进行维修。由于司机对修理所门廊高度判断有误，致使罐车开进门廊的时候，罐车安全阀撞到门廊过梁折断。罐内大量液化石油气迅速从安全阀断口喷射出来，修理所所在街道两侧100m范围内，瞬间达到了爆炸极限，在静电作用下，泄漏的液化石油气迅速发生爆炸燃烧。由于安全阀断口恰好在过梁下，火焰在过梁处反向罐体猛烈喷射，罐车内液化石油气在烈焰的烧烤下，温度迅速上升，使罐内压力急剧超压，在巨大内压的作用下，气体“嘭”的一声从罐顶突破，冲起20多米高，随即燃起更大的火焰。大火整整燃烧了37个小时，烧着了街道两侧准备修理的车辆，烧毁了修理所的二层砖混结构建筑一栋。所幸没有发生空间爆炸。

④ 2003年9月5日上午，河南省某运输公司一辆液氨罐车到某化肥厂充装液氨，车主卢某是个体运输业主，挂靠在该公司，因罐车自带的液氨充装软管与该化肥厂液氨充装系统接口连接不匹配，就借用一旁同在该化肥厂等待充装液氨的江西省萍乡市某厂罐车司机杨某的充装软管。9时30分左右，在充装过程中，装卸软管的液相管突然爆裂，大量液氨外泄，瞬间液氨汽化，白雾顿时向周围扩散。此时，正在一旁工作或等候的充装人员共有4人：河南罐车司机、河南罐车车主卢某、该化肥厂充装员、萍乡市某厂罐车司机杨某。事故发生后，其中3人迅速跑离现场，河南罐车车主卢某因躲避不及，中毒倒地，后经送医院抢救无

效死亡。本次事故的直接原因是装卸软管存在质量问题，导致在正常压力下发生爆裂。事故的间接原因是操作人员安全意识不强，严重失职；日常使用管理不到位，软管长期未检验；充装站条件不完善；制度不健全，管理不善。

⑤ 2004 年 6 月 26 日，一辆装载 23.7t 液化丙烯的汽车罐车在吉林市合肥路公铁立交桥下安全阀撞断泄漏。由于公铁立交桥修建于 20 世纪 50 年代，其限制高度为 3.6m，而汽车罐车最大高度达到 3.7m，当丙烯汽车罐车违章强行驶入立交桥时，罐体上部的安全阀与桥的横梁形成剪切。泄漏现场附近就是吉哈铁路，时有装载危险化学品的铁路槽车通过，距事故现场的 50m 处是吉化公司的原料输送管架廊，其上有丙烯输送管线、氢气管线等 20 余条，在事故现场附近分别有吉化公司的化肥厂、丙烯腈厂、长松化工厂等重要单位，若发生燃爆事故，后果不堪设想。当地政府疏散市民 3 万余人，经过 5 个多小时的奋力抢救，泄漏口被成功堵住。此次事故造成吉林至哈尔滨、五常的部分列车和客车停运长达 5h。

⑥ 2004 年 9 月 2 日凌晨 1 时 30 分许，河北邯郸武安市永丰化工公司液氨罐车在武安市晶鑫化工公司厂区内充装液氨时，因车带液氨软管爆裂，引发液氨泄漏，造成 4 人死亡、19 人中毒。

⑦ 2004 年 8 月 19 日 14 时 40 分，宁波市江北运输有限公司一辆车牌号为“浙 B12126”装载有 20t 液化石油气的槽车，在进入绍兴出口公路匝道转弯约 10m 处，由于车速过快，车辆发生向左 270°侧翻，导致槽罐顶部减压阀破裂处液化气泄漏，造成附近 6000 多名村民紧急疏散。经过消防官兵 34 个小时的紧张施救，于 21 日凌晨 1 时 15 分，险情被彻底排除，杭甬高速公路全面通车。

⑧ 2005 年 3 月 29 日 1 时 50 分，挂靠山东省某市科迪化学危险货物运输中心的一辆满载液氯的汽车罐车在京沪高速江苏淮安段发生交通事故，槽车由北向南行驶，因左前轮爆胎，冲断高速公路中间隔离栏至逆向车道，与由南向北行驶载有液化气空钢瓶的卡车相撞并翻车，导致液氯罐车车头与罐体脱离，罐体进、出料口阀门齐根断裂，液氯大量泄漏。液化气空钢瓶卡车司机当场死亡，罐车驾驶员未及时报警，逃离事故现场。由于引发液氯大量泄漏，造成 29 人死亡、直接经济损失 1700 余万元的特别重大事故。事故使 463 名村民和抢救人员中毒住院治疗，门诊留治人员 1560 人，10500 多名村民被迫疏散转移，大量家畜家禽、农作物死亡，京沪高速宿迁至宝应段约 110km 路段关闭 20h。事故直接原因是，肇事车辆为图谋利，严重违反规定超量载运剧毒液化气体，额定装载 15t 的液化气体罐车实际装载 40.41t，超载 169.6%。超载引起未经检验的罐车右前轮爆胎，与货车相撞并翻车，导致罐车进、出料口阀门齐根断裂，罐内氯气泄漏。

⑨ 2005 年 6 月 15 日，西安天力危险品运输公司一辆载重 15t、车号为陕 A31778 的东风康明斯罐车在经过陕西杨陵火车站西农路铁路立交涵洞时，罐体安全阀与桥体相碰，导致液化气体大量外泄，陇海铁路因此中断。事故发生后，当地政府立即启动应急预案，对事发地点方圆 2km 内进行管制，禁止明火，限制行人，让液化气自然散逸。铁路、电力等部门采取停电、停车措施，两万余名居民紧急撤离疏散。应急处置采取先将尚存有 9t 液化气的罐车拖离立交桥，恢复陇海铁路通车。然后通过引流燃烧，使罐内残余液化气基本排空。此事故救援历时 36 个小时，造成的陇海线铁路中断 11 个小时。

⑩ 2007 年 3 月 25 日 16 时 30 分，安徽省太和县平安液化气公司的两辆各装有 24.5 吨精丙烯气体的罐车（挂靠太和县第一运输公司，车牌号为皖 K-94628），在穿越西安市临潼区行西路高速路桥涵洞时，其中一辆罐车的上部安全阀门与涵洞顶部发生挤撞，导致丙烯气体泄漏，肇事司机随后弃车逃逸。事故发生后，陕西省、西安市有关部门立即展开抢险，并对事故现场周围 7000 余名群众进行紧急疏散。经过 28 个小时处置，事故罐车内的丙烯介质全部汽化释放，另一辆罐车倒罐处理。该事故造成西潼高速公路交通在封闭了近 28 个小时，

分流过往车辆达 3 万多辆。

⑪ 2007 年 3 月 31 日，一辆装载 23.5t 液化石油气的汽车罐车从天津大港区开到北京石景山区。在穿过西五环路时，罐车顶部的安全阀被高架桥撞断，液化石油气泄漏。接到报警后，公安消防部门在最短的时间赶到现场。为了防止罐车爆炸或爆燃，消防队员迅速从车的两边架起了高压水枪，对液化气进行稀释，对车体降温。抢险工作人员将车胎刺破放气，从而降低车的高度，为堵漏创造操作空间，并用强磁性带压堵漏装置进行了堵漏。经过 9 个多小时的紧张奋战，化解了危机。

⑫ 2007 年 4 月 8 日上午 6 时 40 分，安徽省灵璧县危险化学品货物运输有限公司一辆装载 22.5t 液氨的汽车罐车（车牌皖 L22659、挂车牌号为皖 L2693、核定充装量 27.3t）于河南开封建许化工厂充装液氨后，向安徽铜陵市六国化工股份有限公司运送。进入铜陵境内后，由于驾驶员、押运员道路不熟，误驶入铜陵市铜官山化工有限公司后门的地磅房，在进入汽车磅秤时，由于车辆超高，罐车的安全阀被汽车磅房的上部水泥横梁碰断，罐体内液氨快速挥发，从安全阀口向外部大量泄漏，喷出的汽化氨气柱高达 4m 左右，并发出刺耳的气流噪声。此次救援历时 4 个多小时。由于处置得当，未造成人员中毒和伤亡，也未造成次生灾害。

⑬ 2009 年 1 月 26 日 23 时 40 分左右，陕西省延安市某公司一辆实载 23t 液化石油气罐车由延安向山东淄博送气，途经陕西关中环线公路时迷路，误入渭南市区，在经过城区一个铁路涵洞时发生擦碰，导致罐内气体泄漏。事故发生后，司机和押运人员弃车逃离。经现场救援，事故车辆于 1 月 27 日凌晨 3 时 13 分安全转移至远离渭南市区的空旷地带，上午 11 时 30 分左右，事故罐车安全转移至渭南韩马液化气站，抽排罐内气体。由于处置及时有效，未造成人员伤亡和财产损失。

⑭ 2009 年 6 月 18 日凌晨，一辆 LNG 罐车拉着约 22t 的 LNG 行驶在甘肃省刘白高速上，一辆大型货车撞击在 LNG 槽车右后侧。罐车司机停车后发现车体右后方已撞变形，阀门处有白色烟雾，供气管道已出现冻结痕迹。0 时 26 分，当地消防官兵开始对整个受到撞击的管壁进行堵漏，至 3 时 11 分，所有堵漏工作全部完成。由于夜间行驶的颠簸加上白天气温的回升，冻结的供气管道部分开始融化，10 时 27 分，罐车司机发现罐体再次泄漏并不断加剧，再次报警。经过 4 个多小时的处理至下午 17 时 12 分，险情得以成功排除。

⑮ 2009 年 12 月 4 日清晨 6 时 35 分左右，在沪陕高速公路陕西商洛市商州区杨斜镇境内，一辆装运着 19t LNG 的罐车与前面行驶的一辆拉煤半挂货车发生追尾后起火燃烧，事故造成罐车驾驶室内两人当场死亡。消防官兵用 30h 才将 LNG 的燃烧险情彻底排除。西商高速公路由北向南落差较大，沿途大陡坡路段一直持续到商州区杨斜镇附近，总长度达 14km，其间还有弯道较多长度为 4.7km 的秦岭隧道，对路况不熟悉的大型超载车辆进入秦岭隧道后，一路高速下山，其间频繁使用刹车，造成刹车片发热失灵后出现机械故障，导致车辆失控而引发交通事故。另外车辆在冬季违规使用刹车喷淋，造成路面在零下 10℃左右的气温下结冰，导致正常行驶的车辆出现打滑、失控现象，进而发生交通事故。

⑯ 2010 年 10 月 21 日凌晨 3 时 38 分左右，在长常高速（长沙至常德）由西往东方向 54km 处，一辆装载着 20t 液化天然气的罐式货车因避让不及，与前方货车发生追尾，导致罐车车头严重变形，两人受轻伤。通过现场泄压、更换牵引车等方式，经连续 32 个小时的奋战，于 10 月 22 日上午将险情成功排除。事故原因是由于罐车司机操作失误，未及时判断出两车距离，致使发生追尾事故。

⑰ 2011 年 3 月 11 日凌晨，在福银高速 1362km 处（湖北十堰市白浪开发区路段），一辆 LNG 罐式运输车因轮胎起火引燃车身，因火势越来越大，其罐体受热导致罐内压力骤增，自动减压装置开始自动排气以释放压力。排出的天然气遇明火又发生爆燃。湖北省高速

公路警察大队启动应急预案，首先将附近车辆和居民疏散至两公里外，然后开始进行灭火和防爆处置。经过20多分钟的努力，明火被扑灭。随后，消防官兵对罐体采取了降压、降温等措施，防止罐体爆炸。凌晨5时，福银高速双向恢复基本通行。

⑱ 2012年8月1日晚7时50分左右，新疆吐鲁番市张姓驾驶员驾驶一辆车牌号为浙B32288的载有19.6t液化天然气的罐车，由宁夏银川驶往上海崇明岛途中，行至沪陕高速商洛市商州区麻池河镇境内金岭隧道西口K1433km处，因后轮胎起火发生车辆侧翻，造成罐体破裂，罐体内的液化气泄漏燃烧。罐体上部形成猛烈喷射火焰，火焰一度高达10m左右，呼声刺耳，底部一片火海，火焰流淌；罐体处于烈焰的炙烤之下，空气中弥漫着刺鼻的液化气臭味，现场形势十分危急，随时都有发生爆炸的可能。受事故影响，沪陕高速商洛东到杨斜段双向封闭，麻池河镇700多名群众临时转移。经过150多名救援队员投入现场紧急救援，于8月3日上午11时结束。由于处置及时得当，未造成人员伤亡和次生灾害。

参考文献

[1] 戴树和．新兴学科《风险工程学》梗概．第五届全国压力容器学术会议专题报告集，2001.

[2] Henley，Ernest. J， H. Kumamoto. Reliability engineering and risk assessment. Englewood eliffs， NJ：Prentice-Hall，1981.

[3] Dai，Shu-Ho，Ming-O Wang. Reliability and analysis in engineering applications. New York：Von Nonstrand Reinhold，1992.

[4] 黄祥瑞．可靠性工程．北京：清华大学出版社，1990.

[5] 日本高压气体保安协会（王明娥译）. 设备重要度分类法．使设备维修管理科学化 压力容器，1989，6（1），63-71.

[6] Henley，ErnestJ.，H. kumamoto. Probabilities risk assessment，Piscatway，NJ：IEEE Press，1992.

[7] 吴宗之等编著．工业危险辨识与评价．北京：气象出版社，2000.

[8] 朱薇．液氨球罐裂纹萌生主要因素探查及安全性评估. 南京化工学院硕士论文，1986.

[9] 缪春生．液氨球罐应力腐蚀开裂诊断技术的研究. 南京化工学院硕士论文，1987.

[10] Miao Chunsheng. The study on life extension technology for pressure vessels with stress corrosion cracking（SCC），The 16th Boilers and Pressure Vessels Annual Seminar，HongKong，2000.

[11] 南京工业大学大学化工机械研究所. 氧化反应器第一、二冷凝器失效报告（内部资料）. 2003.

[12] “八五”国家科技攻关专题“易燃、易爆、有毒重大危险源辨识评估技术研究”.

[13] API 581：2000“Risk-Based Inspection”.

[14] 合肥通用机械研究所，兰州石油机械研究所．石化企业压力容器与管道评分办法. 1994.

[15] 中华人民共和国节约能源法．

[16] 中华人民共和国特种设备安全法．

[17] 特种设备安全监察条例．

[18] 压力容器使用管理规则．

[19] 工业节能“十二五”规划．

[20] 赵旭东等编著．节能技术［M］. 北京：中国标准出版社，2010．

[21] 王贵生等编著．节能管理基础［M］. 北京：中国石化出版社，2011．

[22] 刘立波编著．节能管理法规标准实用手册［M］. 北京：中国标准出版社，2009.

[23] 郑津洋，缪存坚，寿比南．轻型化——压力容器的发展方向［J］. 压力容器，2009，26（9）：42-48.

[24] 杨文娟，刘超锋．压力容器设计中节能降耗理念的实现方法研究［J］. 化学工程与装备，2013，12：122-126.

[25] 刘乾，刘阳子．管壳式热交换器节能技术综述［J］. 化工设备与管道，2008，45（5）：16-20.

[26] 热交换器设计计算与传热强化及质量检验标准规范实用手册编委会．热交换器设计计算与传热强化及质量检验标准规范实用手册［M］. 北京：北方工业出版社，2010.

参考文献

[1] [illegible], 2001.

[2] Henley, Ernest J., H. Kumamoto. Reliability engineering and risk assessment. Englewood cliffs: NJ: Prentice Hall, 1981.

[3] Dai, Shu-Ho, Ming-O Wang. Reliability and analysis in engineering applications. New York: Von Nostrand Reinhold, 1992.

[4] [illegible] 可靠性工程. 北京: [illegible]出版社, 1990.

[5] [illegible], 1959, 6 (1): 63-71.

[6] Henley, Ernest J., H. Kumamoto. Probabilistic risk assessment. Piscataway, NJ: IEEE Press, 1992.

[7] [illegible]. 北京: [illegible], 2000.

[8] [illegible], 1984.

[9] [illegible], 1987.

[10] Miao Chuanhong. The study on life extension technology for pressure vessels with stress corrosion cracking (SCC). the 10th Boiler and Pressure Vessels Annual Seminar. HongKong, 2000.

[11] 南京工业大学[illegible], 2003.

[12] [illegible]

[13] API 581, 2000 "Risk-Based inspection".

[14] [illegible], 1984.

[15] [illegible]

[16] [illegible]

[17] [illegible]

[18] [illegible]

[19] [illegible]

[20] [illegible] 节能技术 [M]. 北京: 中国[illegible]出版社, 2010.

[21] [illegible] [M]. 北京: 中国[illegible]出版社, 201[illegible].

[22] [illegible] [M]. 北京: [illegible]出版社, [illegible].

[23] [illegible] [J]. [illegible], 2009, 26 (9): 42-48.

[24] [illegible] [J]. 化学工程与装备, 201[illegible], (1): 123-126.

[25] [illegible] [J]. [illegible], 45 (5): 16-20.

[26] [illegible] [M]. 北京: 化学工业出版社, 2015.